중대재해처벌법, PSM에 기반한

위험성평가 및 분석기법

| 송지태, 이준원 지음 |

BM (주)도서출판 **성안당**

■ 도서 A/S 안내

머리말

　2017년 8월 위험성평가와 분석기법의 초판을 발간하면서 역점을 두었던 부분은 이미 소개된 공정안전관리(PSM)에 기반한 위험성평가기법들을 우선 선별하고, 이 기법들이 현장에서 활용되는 사례를 가능한 한 많이 모아 제시함으로써, 본문의 이론적인 기법들을 보다 쉽게 독자들이 이해할 수 있게 하는 것이었습니다.

　이 책을 찾는 독자들이 많아지고 독자층도 기업의 관계자뿐만이 아닌 안전보건 관련 학과의 학생들까지로 확대되면서 증보판의 필요성이 대두되었고, PSM과 관련이 없다고 생각되어 배제하였던 기법들의 소개를 원하는 독자들의 요구 또한 늘어났습니다. 이에 이전 개정증보판에는 최근에 국토교통부 고시로 정한 설계안전성검토(Design For Safety) 기법을 추가하고, 관련 법이나 인용된 옛날 자료들을 최근 자료로 정리하였습니다.

　특히 방호계층분석(LOPA)은 안전조치의 수준을 평가할 수 있는 기법으로, 최근 들어 사용 빈도가 높아지고 있어 일부 내용을 수정하고 응용사례를 재정리하였고, 사고결과분석(CA)에서 유료 프로그램이기는 하지만 기업의 선호도가 높은 응용프로그램인 PHAST를 보완하여 소개하였습니다.

　또한 위험성평가의 위험도 산출 시 대부분의 기업 현장에서는 빈도 및 강도 계산을 산재발생 현황만을 참고하고 있어 거의 모든 작업과정의 위험도가 저평가되고 있습니다. 이에 따라 안전관리가 필요하지 않거나 시급하지 않은 것으로 판단하는 부작용을 개선하기 위해 빈도 및 강도 산출 방식을 보완하였습니다.

　최근에 산업안전보건법과 시행령, 시행규칙이 전면 개정되면서 벌칙이 대폭 강화되고, 근로자의 안전보건 문제는 물론 사업장 인근에서 불특정 다수에게 피해를 줄 수 있는 중대산업 사고에 대한 사회적 관심이 높아지는 만큼 이 책이 문제해결에 도움을 줄 수 있기를 기대합니다.

　4번째 증보판을 내게 된 주된 목적은 최근 정부가 기업의 효과적인 산업재해 예방 방안으로 위험성평가를 권장하면서 기업은 물론, 안전 관련 대학 및 대학원에서 본 저서에 대한 수요가 크게 늘었고, 「사업장 위험성평가에 관한 지침(고용노동부고시 제2023-19호, 2023.5.22.)」 또한 개정되어 추가 수록이 필요하여서입니다. 증보판을 준비하면서 많은 시간과 노력이 필요했음에도 기꺼이 함께해준 전풍림 본부장을 포함한 한국안전환경과학원의 직원들 모두에게 감사의 말씀을 드립니다.

2024년 4월

한국안전환경과학원 대표　송 지 태
숭실대학교 안전융합대학원 교수　이 준 원

이 책의
차례

제3장　위험성평가 및 분석기법 지원시스템

제4장　기타 위험성평가 및 분석기법

부록　별표

▶ 참고문헌

중대재해처벌법, PSM에 기반한
위험성평가 및 분석기법

제 **1** 장

위험성평가와 응용

위험성평가와 분석기법의 기초적 · 기본적 내용으로, 위험성의 정의와 위험성과 사고 또는 재해와의 발생 메커니즘(Mechanism)을 규명하면서 위험성평가기법과 그 응용기법이라 할 수 있는 위험기반검사(RBI), 위험성평가지원시스템(KRAS) 및 화학물질 위험성평가(CHARM)를 분석의 절차와 내용 그리고 사례 중심으로 소개하였다.

1-1 들어가기

위험성평가(Risk Assessment)란 위험을 미리 찾아내어 사전에 그것이 얼마나 위험한 것인지 평가하고 그 평가의 크기에 따라 확실한 예방대책을 세우는 것을 말한다. 우리가 위험성평가제도 도입 전까지 사용하던 안전관리방법과 다른 점은 위험의 평가가 조직적, 체계적, 종합적으로 이루어진다는 점이다.

1-1-1 역사적 배경

위험성평가(Risk Assessment)는 1980년대 초반, 영국, 독일 등의 나라를 필두로 한 유럽에서 시작되었으며 1982년 세베소지침(European Communities Directive on Major Accident Hazards of Certain Industries)에 위험성평가의 구체적 개념이 도입되었다. 당시 유럽공동체(EC)에서는 지리적 특성 등으로 석유·화학업체의 폭발, 누출사고에 공동 대응의 절대적 필요성을 인식하던 차였다. 1989년 유럽공동체 이사회에서 회원국의 안전보건의 확보와 수준향상을 위한 세베소지침 II에서 「안전보건기본명령(89/391/EEC)」을 채택하면서 회원국들은 1992년까지 해당국의 관련법규를 개정하게 하고 1996년부터 시행하였다. 이 명령에 석유화학업체의 사업주에 대해 위험성평가 실시의무가 부과됨에 따라 시행이 확산되었다.

1990년대 후반부터는 ISO, IEC, OSHA 등에서 위험성평가를 국제안전기준으로 정하기에 이른다.

일본은 2006년 4월에 노동안전위생법을 개정하여 위험성 또는 유해성 등의 조사 등(위험성평가)의 실시가 노력의무로 규정화되었다.

우리나라는 2009년 2월에 산업안전보건법을 개정하여 위험성평가의 개념을 명확히 하고 관련고시를 제정하여 2013년도부터 모든 사업장에서 위험성평가를 의무적으로 실시하도록 하는 제도를 본격 시행하여 오고 있다.

1-1-2 위험과 위험성

어떤 시스템이나 그 요소에 결함 또는 위험이 존재하더라도 사람과 대상물이 서로 떨어져 있어 서로 접촉할 염려가 없다면 재해는 발생할 수 없다. 예를 들어 크레인 작업 중 매달린 하물이 흔들리는 극히 「위험」한 상황이라도 그 상황이 전개되는 위험영역 안에 사람이 들어가지만 않는다면 상해사고는 발생하지 않는다. 다시 말해서 크레인의 작업영역 안으로 사람이 들어감과 동시에 매달린 하물과 사람이 만나면서 「위험성」이 존재하게 된다. 이와 같이 사람과 「대상물」이 장소적으로 그리고 시간적으로 겹쳐지게 되는 영역을 「위험성(Risk)」이 있다고 하며 이때 재해발생의 가능성, 즉 위험성은 대상물과 사람이 가까이 접근할수록 커진다.

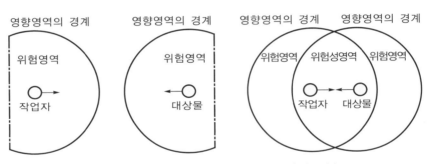

[그림 1-1] 위험(왼쪽)과 위험성(오른쪽)의 구분

「위험성(Risk)」은 예상되는 손실의 빈도나 강도에 근거한다. 따라서 「위험성(Risk)」은 예상되는 재해의 발생빈도와 재해강도에 따라 결정되며 모든 잠재적인 위험(Hazard)의 합으로 다음과 같이 표시된다.

$$Hazard = P_H \times C_H$$

여기서, $Hazard$(유해·위험요인) : 부상(신체적 상해) 또는 질병(건강장해)을 유발하는 잠재적 원인 (국제안전규격에서 규정)

P_H : 위험상태가 얼마나 자주 발생하는지를 나타내는 크기(가능성, 빈도)

C_H : 발생한 위험상태가 얼마나 심각한지를 나타내는 크기(중대성, 강도)

따라서, 위험성(Risk) $R_e = \sum_{i=0}^{n} H_i$

그러므로 어떤 사건 e의 전체 위험성 또는 위험도(Risk)는 그 사건이 가지고 있는 「잠재위험의 모든 합」이라 할 수 있다.

리스크를 쉽게 이해할 수 있는 예로 우리나라 통계청에서 2022년에 발표한 「2011~2021년 사망원인별 사망자수」의 주요내용을 살펴보면 2021년 신생물, 순환계통 질환, 분류 외 증상·징후, 호흡계통 질환, 질병이환 및 사망의 외인 순으로 리스크가 가장 높았다.

〈표 1-1〉 우리나라의 5대 사망원인 순위(리스크) 추이(2011년~2021년)

(단위 : 명)

순위	2010년		2020년		2021년				
	사망원인	사망자수	사망원인	사망자수	사망원인	사망자수	구성비(%)	'10 순위 대비	'20 순위 대비
1	신생물	72,650	신생물	83,776	신생물	84,363	26.6	−	−
2	순환계통 질환	56,877	순환계통 질환	62,196	순환계통 질환	62,370	19.6	−	−
3	질병이환 및 사망의 외인	32,445	호흡계통의 질환	36,368	분류 외 증상·징후	37,833	11.9	↑	↑
4	분류 외 증상·징후	24,998	분류 외 증상·징후	31,801	호흡계통의 질환	36,831	11.6	↑	↓
5	호흡계통의 질환	19,932	질병이환 및 사망의 외인	26,442	질병이환 및 사망의 외인	26,147	8.2	↓	−

1-1-3 위험성(Risk)과 사고(Accident) 발생 메커니즘(Mechanism)

산업활동이나 일상의 사회활동에 수반해서 발생하는 사고는 인적, 물적 손해를 초래한다. 재해란 「외부적인 영향에서 기인되는 불시적이고 바람직하지 않은 사건」으로 정의할 수 있다. 이와 같이 외부적인 영향에서 기인되는 결과는 사람과 기인물의 상호작용을 통해서 나타난다. 여기에서의 기인물이란 작업과 관련한 기계설비나 가공물질에서부터 더 넓게는 사람이 활동하는 환경까지도 포함한다.

재해발생 시에 서로에 대해 직접적인 영향을 미치는 사람과 기인물이 위험의 결과인 상해까지 몰고 간다. 일반적 재해발생의 원인은 작업자(예 과격한 성격) 그리고 기인물 (예 돌출된 날카로운 모서리)의 특성에서 찾을 수 있을 뿐만 아니라 또 다른 사람(예 지키지 않은 작업안전수칙)이나 또 다른 기인물(예 추락위험이 있는 손상된 사다리)에서도 찾을 수 있다.

1-1-4 위험성평가와 관리의 차이

위험성평가는 해당 위험요인들이 얼마나 큰 사고를 초래할 것인가와 어느 정도로 자주 사고가 발생할 것인지를 총합한 위험의 정도를 평가하는 방법이다.

따라서 위험성평가(Risk Assessment)는 대상 설비의 고장발생가능성(LoF ; Likelihood of Failure)과 고장파급효과(CoF ; Consequence of Failure)를 동시에 고려한 위험의 정도 또는 크기라고 정의할 수 있다.

$$\text{Risk} = \text{Likelihood of Failure(LoF)} \times \text{Consequence of Failure(CoF)}$$

위험성평가는 이와 같이 엄밀하게는 위험성 분석과 결정을 의미하지만 일반적으로 광의로 해석하여 감소조치까지를 포함한다.

그러나 위험성관리(Risk Management)는 산업안전에서 의미하는 위험성을 포함하는 보다 넓은 위험성을 대상으로 하고 있고 위험성 감소를 목표로 하여 조직적으로 관리, 조정, 제어하는 것을 의미한다. 특히 자연재해, 사고, 경제적 사안 등에 기인하면서 조직에 관계되는 각종 위험성의 영향을 최대한 작게 하고 사회적 손실을 가능한 한 발생시키지 않도록 하는 일련의 활동을 포함하고 있다. 위험성관리는 이와 같이 위험성평가를 포함하는 넓은 의미의 위험성을 대상으로 하고 있다.

위험성관리는 ISO 45001(안전보건경영시스템), ISO 14000(환경경영시스템), ISO 9000 (품질경영시스템) 등에서 보이는 일반적인 관리와 마찬가지로 위험성에 관한 관리에 핵심이 있다. 위험성관리에 관한 방침·계획의 수립(Plan), 관리의 실시(Do), 평가(Check), 개선의 실시(Action)이라는 소위 PDCA 사이클을 통해 계속적인 개선을 목적으로 한다. 넓은 의미의 위기관리라고 생각하면 되겠다.

1-1-5 관련 용어의 정의

(1) 위험성평가 관련 용어 정의

① 위험성(Risk) : 사고발생의 가능성과 중대성

② 위험(Hazard) : 사고발생의 조건, 사정, 정황, 요인환경 등

　예 화재라는 사고를 전제로 할 경우 건물의 구조, 용도, 보관물품, 입지 등 주위의 상황, 기상조건 등

③ 위험(Peril) : 위험이라는 용어의 두 번째 의미로, 사고 그 자체

　예 화재, 폭발, 충돌, 사망 등의 우발적인 재해나 사건

④ 위험도 등급(Risk Rank)

위험이 나타날 수 있는 빈도와 그 결과로 빚어지는 중대성의 조합으로 각 이탈현상에 대한 위험순위

⑤ RPN(Risk Priority Number)

설비별 중요도(Criticality)를 나타내는 숫자로서, 고장의 특성에 따라 적절한 정비활동을 결정하기 위한 중요한 지침이 되며, 산정하는 항목 구분 및 방법에 따라 다름. 일반적으로, 설비의 고장결과 심각성(Severity or Consequence) 및 고장발생 빈도(Occurrence or Frequency)에 대한 구분 및 점수를 산정하고 그 점수의 조합으로 RPN을 결정함(RPN=S×O), 고장감지 용이성(Detection)을 포함하는 경우도 있음(RPN=S×O×D)

⑥ 사고발생 가능성 평가(Likelihood Assessment)

설비의 사고발생 확률을 나타내는 등급으로서, 개별 설비에 대한 사고 또는 결함이 발생할 가능성과 설비 사고가 발생한 빈도 및 규모를 고려하여 사고발생 가능 위험도를 정하고, 이 위험도를 증가 또는 감소시킬 수 있는 요소들을 고려하여 고장발생가능성(LoF)을 결정

⑦ 사고 파급효과 평가(Consequence Assessment)

개별 설비의 상대적인 위험 정도. 사고발생 시 내용물 유출에 의한 사고의 위험요소 및 해당 설비의 사고가 제품생산에 영향을 미치는 공정영향도 등을 고려하여 고장파급효과(CoF)를 결정

(2) 법상 관련 용어 정의

산업안전보건법에서 산업재해, 중대재해 그리고 중대산업사고에 대한 용어의 정의는 다음과 같이 규정하고 있다. 리스크는 위험한 상태의 크기로 이것이 사고나 재해 그리고 중대재해로 발전하기도 하고 어떤 결과도 없이 그 상태로 잠재되어 있기도 한다.

① 산업재해

산업재해란 "노무를 제공하는 사람이 업무에 관계되는 건설물·설비·원재료·가스·증기·분진 등에 의하거나 작업 또는 그 밖의 업무로 인하여 사망 또는 부상하거나 질병에 걸리는 것"으로 규정한다.

② 중대재해

중대재해란 "산업재해 중 사망 등 재해의 정도가 심한 것으로 사망자가 1명 이상 발생한 재해, 3개월 이상의 요양이 필요한 부상자가 동시에 2명 이상 발생한 재해, 부상자 또는 직업성질병자가 동시에 10명 이상 발생한 재해"로 규정한다.

③ 중대산업사고

중대산업사고란 "유해·위험설비를 보유한 사업장의 해당 설비로부터의 위험물질 51종의 누출·화재·폭발 등으로 인하여 사업장 내의 근로자에게 즉시 피해를 주거나 사업장 인근지역에 피해를 줄 수 있는 사고"로 산업안전보건법 제44조(공정안전보고서의 작성·제출), 같은법 시행규칙 제50조(공정안전보고서의 세부내용 등)에 규정한 중대산업사고의 예방과 관련한 중대산업사고 조사에 관한 기술지침(KOSHA GUIDE)에서 규정한다.

※ 중대재해처벌법에서 중대재해, 중대산업재해 그리고 중대시민재해에 대한 용어의 정의는 다음과 같이 규정하고 있다.

① 중대재해

중대재해란 "중대산업재해"와 "중대시민재해"를 칭한다.

② 중대산업재해

중대산업재해란 "산업안전보건법 제2조 제1호에 따른 산업재해 중 다음 각 목의 어느 하나에 해당하는 결과를 야기한 재해"로 규정한다.

㉠ 사망자가 1명 이상 발생

㉡ 동일한 사고로 6개월 이상 치료가 필요한 부상자가 2명 이상 발생

㉢ 동일한 유해요인으로 급성중독 등 대통령령으로 정하는 직업성 질병자가 1년 이내에 3명 이상 발생

③ 중대시민재해

중대시민재해란 "특정 원료 또는 제조물, 공중이용시설 또는 교통수단의 설계, 제조, 설치, 관리상의 결함을 원인으로 하여 발생한 재해로서 다음 각 목의 어느 하나에 해당하는 결과를 야기한 재해(중대산업재해에 해당하는 재해는 제외)"로 규정한다.

ⓐ 사망자가 1명 이상 발생
　　ⓑ 동일한 사고로 2개월 이상 치료가 필요한 부상자가 10명 이상 발생
　　ⓒ 동일한 원인으로 3개월 이상 치료가 필요한 질병자가 10명 이상 발생

위험성평가의 방법, 절차, 시기 등에 대한 기준과 위험성평가 관련 용어의 정의는 「사업장 위험성평가에 관한 지침(고용노동부고시 제2023-19호, '23.5.22 일부개정)」에 상세히 나와 있다.

① 유해·위험요인

　　유해·위험을 일으킬 잠재적 가능성이 있는 것의 고유한 특징이나 속성을 말한다.

② 위험성

　　유해·위험요인이 사망, 부상 또는 질병으로 이어질 수 있는 가능성과 중대성 등을 고려한 위험의 정도를 말한다.

③ 위험성평가

　　사업주가 스스로 유해·위험요인을 파악하고 해당 유해·위험요인의 위험성 수준을 결정하여, 위험성을 낮추기 위한 적절한 조치를 마련하고 실행하는 과정을 말한다.

1-2 위험성평가(Risk Assessment)

1-2-1 개 요

위험성평가(RA)란 위험을 미리 찾아내어 사전에 그것이 얼마나 위험한 것인지 평가하고 그 평가의 크기에 따라 확실한 예방대책을 세우는 것을 말한다. 우리가 위험성평가제도 도입 전까지 사용하던 안전관리방법과 다른 점은 위험의 평가가 조직적, 체계적, 종합적으로 이루어진다는 점이다.

위험성평가의 특징은 재해발생의 잠재요인을 찾아내고 재해가 발생될 경우 그 재해의 중대성(강도)과 발생가능성(빈도)을 평가하여 기계설비나 작업절차 등을 어떻게 바꾸면 위험성이 작아지거나 제거될 것인가를 판단하고 시급성에 따라 개선조치를 해나가는 것이다. 이 평가를 통해 기업은 위험도가 높은 기계설비별로 실정과 여건에 맞는 최적화된 안전 확보방안을 마련할 수 있다.

1-2-2 위험성평가 절차

사업주는 위험성평가에 앞서 위험성평가의 실시체제, 실시규정의 작성, 교육 등의 사전준비를 한 후 ISO14121-1(위험성평가의 원칙)의 ISO/IEC Guide 51에 따른 위험성평가의 절차, 내용 등에 따르면 된다.

우리나라도 이러한 국제표준화기구(ISO)의 국제표준안전규격에 따라 제정된 고용노동부고시 「사업장위험성평가에 관한 지침」에 준거하여 위험성평가의 기본적 절차를 따른다.

다음 [그림 1-2]는 위험성평가 절차도이다.

사전준비 단계	1. 실시체제의 확립	• 최고책임자의 위험성평가 도입 및 방침 · 목표 결정 • 실시체제 및 구성원의 역할 명확화 • 평가 시기 및 절차 • 근로자에 대한 참여 · 공유방향 등
	⇩	
	2. 정보 입수	• 재해사례, 작업절차서 등 입수 • 기계 · 기구, 설비 등의 사양서, 공정 흐름에 관한 정보 • MSDS 등 유해 · 위험요인에 관한 정보
	⇩	
	3. 실시규정의 작성	• 실시규정(안)의 작성 • 시범 실시 • 실시규정의 결정 • 위험성의 수준과 그 수준을 판단하는 기준 • 허용 가능한 위험성의 수준(법적 기준 이상)
	⇩	
	4. 교육훈련 실시	• 교육 실시, 교육내용 주지

⬇

실시 단계	1. 유해 · 위험요인 파악	• 관련 작업자 파악 • 작업공정 파악 • 유해 · 위험요인 도출
	⇩	
	2. 위험성 추정 및 결정	• 위험성 허용 여부 결정 • 위험성 추정 • 위험성 우선도 결정
	⇩	
	3. 위험성 감소대책 수립 및 실행	• 위험성 감소조치의 검토 · 수립 • 채택된 감소조치 실시 • 위험성 감소조치 실시 후 평가 • 잔존위험성에의 대응
	⇩	
	4. 기록 및 검토 · 수정	• 실시과정 · 결과 기록 • 위험성평가 검토 · 수정

[그림 1-2] 위험성평가 실시 절차도

[제1단계] 유해 · 위험요인의 파악(Hazard Identification)

위험성평가의 대상인 유해 · 위험요인, 즉 사업장의 건설물, 설비, 원재료, 가스, 증기, 분진, 작업행동 등에 대하여 유해 · 위험요인을 조사한다. 이때 전문성을 감안하여 해당 작업의 근로자 · 관리감독자, 기계설비의 정비 · 보수 담당자들은 물론 안전보건관리자들이 참여하여야 한다.

[제2단계] 위험성추정(Risk Estimation)

위험성추정은 그 다음 절차인 위험성결정과 위험성감소조치에 관한 의사결정의 기초를 제공한다. 위험성은 위험한 정도로 발생할 가능성(빈도)과 중대성(강도)의 조합이다. 위험성추정 제2단계를 생략하고 제3단계로 넘어갈 수 있다.

[제3단계] 위험성결정(Risk Evaluation)

추정된 위험성이 수용 또는 허용 가능한 수준인지 여부를 결정 또는 판단하는 단계이다. 대상물의 안전상태가 충분한지, 아닌지를 판정하는 단계로 안전하지 않은 수준이면 즉시 또는 시간을 두고 위험성감소조치를 할 것인지를 판단하는 단계이다. 이 단계는 위험성평가에서 그 다음 단계인 위험성 감소대책 수립 및 실행에 관한 의사결정을 하는데 기초가 된다.

[제4단계] 위험성 감소대책 수립 및 실행(Risk Reduction)

위험성 크기가 큰 것부터 위험성 감소대책을 수립, 이행한다.

이 경우 위험성 감소대책은 미리 설정한 우선도에 따른다. 국제안전규격에서는 유해 · 위험요인 중에서도 특히 인간의 생명에 관련되는 중대한 유해 · 위험요인에 대해 '중대하고 현저한 유해 · 위험요인'이라 하고 그것을 반드시 목록화해서 이것에 대한 위험성 감소조치를 우선적으로 취해야 한다고 강조하고 있다.

감소조치의 이행은 위험도 순위에 따라 우선순위를 정하여 위험성이 큰 순서로 위험성 감소대책을 수립, 실행을 하고 기업의 실정과 여건에 맞는 최적화방안을 찾는다.

1-2-3 위험성평가 방법

(1) 위험성평가 실시준비

다음 [그림 1-3]은 위험성평가 실시준비의 흐름도이다.

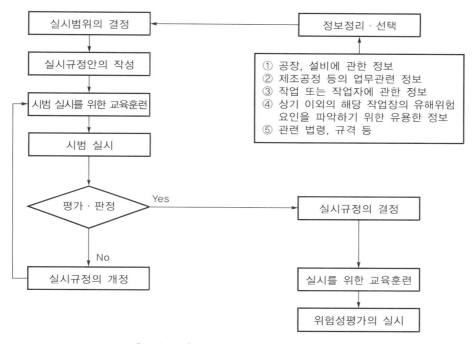

[그림 1-3] 위험성평가 실시준비 흐름도

① 위험성평가의 사전준비

사전준비는 사업장 전체의 운영을 담당하는 부문과 실제로 위험성평가를 실시하는 실행부문으로 구성하여 실시체제를 구축하는 것이다.

운영부문은 안전보건부서(안전·보건관리자)이고 안전보건부서의 스태프들은 사업장 전체의 위험성평가 업무를 총괄한다.

그리고 실행은 계·직·반장 및 근로자 등의 라인 부서에서 담당하고 해당 부서장은 실행에 대한 책임을 진다.

다음 〈표 1-2〉는 위험성평가에서 각 구성원의 역할이다.

〈표 1-2〉 위험성평가에서 각 구성원의 역할(예)

담 당	역 할
위험성평가 총괄관리자	사업장 위험성평가의 총괄관리 • 사업장 위험성평가 실시규정의 승인 • 사업장 위험성평가 실시계획서의 결정 • 사업장 차원의 위험성 감소조치에 관한 최종 결정 등 위험평가 실시의 총괄관리
사업장 위험성평가 추진자	위험성평가의 사업장 차원의 실행관리 • 위험성평가 실시에 참고가 되는 관련 자료(재해사례, 아차사고 등)의 수집·정리 및 추진 총괄 • 현장 위험성평가 추진자 교육, 지원, 지도 등 • 사업장 전체에서 대응이 필요한 위험성에 대한 총괄대응 • 산업안전보건위원회 보고 등
위험성평가 책임자	위험성평가의 부서 차원의 실행관리 • 위험성평가 실시계획서의 심사 • 위험성평가의 부서 안전보건목표·계획의 반영 • 부서 차원의 위험성 감소조치의 결정, 실시 등
위험성평가 실행책임자	위험성평가의 과 차원의 실행관리 • 위험성평가 실시계획서의 작성 • 과 안전보건목표·계획에의 반영 • 과 차원의 위험성 감소조치의 결정, 실시 • 위험성 감소조치 비용의 확보 등
현장 위험성평가 추진자	위험성평가의 현장(계·직·반 단위) 차원의 실행관리 • 위험성평가의 실시에 참고가 되는 관련 자료의 수집·정리 및 관계자에의 연락, 주지 • 현장 위험성평가의 실시와 진행관리 • 위험성평가 관련 작업자에 대한 교육과 지도 • 관리자, 사업장 위험성평가 추진자 등과의 연락·조정
위험성평가 실시자	위험성평가 실시 • 현장 아차사고 정보, 위험예지 정보 등의 제공 • 유해·위험요인의 파악, 위험성 추정·결정의 실시(참여) • 위험성 감소조치 및 잔류위험성의 대응조치의 준수 • 위험성 감소조치 실시 후의 정보제공 등
안전보건 관리자 (안전보건 관리담당자)	안전·보건관리책임자 보좌 및 지도·조언 • 유해·위험요인의 위험성 수준을 판단하는 기준을 마련하고, 유해·위험요인별로 허용 가능한 위험성 수준을 정하거나 변경하는 경우 • 해당 사업장의 유해·위험요인을 파악하는 경우 • 유해·위험요인의 위험성이 허용 가능한 수준인지 여부를 결정하는 경우 • 위험성 감소대책을 수립하여 실행하는 경우 • 위험성 감소대책 실행 여부를 확인하는 경우

② 「위험성평가 실시규정」 작성

위험성평가 실시규정은 사업장의 위험성평가 실시방법·절차 등을 정한 규정이다. 위험성평가 실시규정은 산업안전보건법에 근거한 고시 「사업장 위험성평가에 관한 지침」에 입각하여 사업장의 작업환경실태를 토대로 위험성평가 관계자가 위험성평가를 효과적·효율적으로 실시할 수 있도록 위험성평가에 관한 구체적 실시기준을 정할 필요가 있다. 위험성평가의 실시규정에는 다음과 같은 사항이 포함된다.

㉮ 위험성평가 실시목적

㉯ 위험성평가 실시체제(관계자의 역할 및 교육)

㉰ 위험성평가 실시시기 및 대상

㉱ 전문지식을 가지고 있는 자의 관여방법

㉲ 위험성평가 절차(유해·위험요인 파악, 위험성추정, 위험성결정, 위험성 감소조치 수립 및 실시)의 단계별 실시방법

㉳ 위험성평가 실시에 필요한 양식

㉴ 위험성평가 기록의 작성·관리

㉵ 위험성평가의 검토 및 수정

③ 위험성평가 실시계획서의 작성

위험성평가의 실시는 기업의 생산활동에 따라 연간 계획을 수립한다. 그리고 연도 중에 기계설비의 설치, 작업방법의 변경 등 새로운 유해·위험요인이 발생한 때에는 그 때마다 실시계획을 수립하거나 다음 연도의 계획 중에 반영한다.

실시계획서에는 계획실시의 일시 및 기간, 위험성평가 대상 작업 및 설비, 정보의 입수 및 위험성평가의 실시내용 등이다.

④ 위험성평가 교육

위험성평가의 책임자, 실무자들은 위험성평가의 내용 등에 대하여 숙지하고 있을 필요가 있다. 따라서 이들 라인 조직의 관리자들은 외부기관의 교육수강, 사내교육 등의 방법으로 평가내용을 숙지하고 여기서 사내교육은 사업장의 위험성평가 추진자로서 안전보건 부서장이 강사가 되어 실시하는 것이 바람직하다.

위험성평가 책임자, 실행 책임자에 대한 교육은 다음과 같은 항목을 포함하여 실시한다.

㉮ 사업장 안전보건관리체제에서의 위험성평가의 의의

㉯ 위험성평가 실시 목적 및 그 효과

㉰ 위험성평가의 기본적인 접근방식 및 기법

㉱ 사업장으로서 위험성평가를 실시하는 기본자세

㉲ 사업장의 일상적인 안전보건활동과 위험성평가의 관계

㉳ 정보수집방법 및 위험성평가 실시규정의 내용

㉴ 작업자에 대한 위험성평가 교육 시 유의사항

㉵ 위험성평가 결과에 따른 위험성 감소조치의 방법

㉶ 효과적인 위험성평가 실시를 위한 유의사항

㉷ 작업자에 대한 위험성평가 결과의 주지사항

위험성평가 실시자에 대한 교육은 위험성평가 실행책임자 또는 현장 위험성평가 추진자가 중심이 되어 위험성평가에 관한 교재를 사용하는 이론교육(유해·위험요인 파악방법, 추정·결정방법, 기준 등)과 현장에서 실제로 실시해 보는 현장 OJT(On the Job Training) 교육을 실시한다. 작업자에 대한 위험성평가교육에는 작업자가 위험성평가의 접근방식 및 사업장 위험성평가 실시절차를 충분히 이해하고 정확하게 위험성평가를 실시할 수 있도록 한다. 또한 유해·위험요인을 누락 없이 파악하고 효율적인 위험성 추정 및 우선순위 결정이 가능하도록 한다.

(2) 위험성 추정 및 우선순위도(Risk Ranking Matrix) 결정

[추정방법 1] 행렬화 방법

재해의 발생가능성과 중대성을 각각 3~5단계로 구분하고 각 단계에서의 판정기준을 구체적으로 정한다. 이것은 중대성과 발생가능성의 조합으로 된 표로 다음 〈표 1-3〉, 〈표 1-4〉와 같이 작성한다.

〈표 1-3〉 행렬화에 의한 위험성 추정의 설정기준(예)

재해의 발생가능성	재해의 중대성			
	A. 치명적 (Catastrophic)	B. 심각 (Serious)	C. 중정도 (Moderate)	D. 경미 (Minor)
a. 상당히 높음(Very likely)	IV	IV	IV	III
b. 높음(Likely)	IV	IV	III	II
c. 낮음(Unlikely)	III	III	II	I
d. 매우 낮음(Rare)	II	II	I	I

<표 1-4> 위험성 수준(크기)의 내용과 조치 진행방법

위험성 수준	위험성의 내용	위험성 감소조치의 진행방법
Ⅳ	안전보건상 중대한 문제가 있음	즉시 작업을 중지하거나 위험성 감소조치를 바로 실시함
Ⅲ	안전보건상 문제가 많이 있음	감소조치를 신속하게 실시함
Ⅱ	안전보건상 다소의 문제가 있음	감소조치를 계획적으로 실시함
Ⅰ	안전보건상의 문제가 거의 없음	비용 대 효과를 고려하여 감소조치를 실시함

[추정방법 2] 서열화 방법

위험성을 서열화하는 방법은 〈표 1-5〉와 같이 재해의 중대성과 발생가능성을 각 3단계로 한 표를 작성하고 중대성과 발생가능성의 모든 조합에 대하여 위험성 크기 순으로 서열을 매기고 〈표 1-6〉과 같이 구분하는 방법이다. 예를 들어 〈표 1-5〉에서 '중상', '가능성이 있음'으로 추정된 위험성은 서열점수가 6이고 〈표 1-6〉에 의해 위험성 크기는 'Ⅲ'이 되며, '안전보건상 문제가 있고 감소조치를 신속하게 실시함'에 해당된다.

<표 1-5> 위험성의 서열화

재해의 발생가능성 ＼ 중대성	중증장해·사망 (후유증을 수반하는 재해, 사망)	중상 (완치 가능한 휴업재해)	경상 (찰과상 정도의 가벼운 재해, 불휴(不休)재해)
가능성 높음	9	7	3
가능성 있음	8	6	2
거의 없음	6	4	1

<표 1-6> 위험성 서열과 위험성 수준의 관계

서 열	위험성 수준	위험성의 내용	위험성 감소조치의 진행방법
8~9	Ⅳ	안전보건상 중대한 문제가 있음	즉시 작업을 중지하거나 위험성 감소조치를 바로 실시함
6~7	Ⅲ	안전보건상 문제가 있음	감소조치를 신속하게 실시함
3~5	Ⅱ	안전보건상 다소의 문제가 있음	감소조치를 계획적으로 실시함
1~2	Ⅰ	안전보건상의 문제는 거의 없음	비용 대 효과를 고려하여 감소조치를 실시함

[추정방법 3] 위험성 요소의 수치화

추정방법은 재해의 중대성과 재해의 발생가능성으로 평가한다. 재해의 중대성은 사망, 손 또는 팔의 절단 등과 같이 사람이 입는 재해의 중대성(강도)을 나타내고 재해의 발생가능성은 재해가 발생할 빈도(1년에 몇 회)를 나타낸다.

다음 〈표 1-7〉, 〈표 1-8〉과 같이 중대성과 발생가능성의 각 구분에 평가점수를 배점하여 수치로 중요성을 부여한다. 일반적으로 발생가능성 구분에 비해 중대성의 구분에 배점을 높이 설정하는데, 이는 대형재해 등 중대성이 있는 위험요인을 우선 제거하거나 감소조치를 취해야 하기 때문이다.

위험성을 수치화하는 방법으로는 덧셈식(가산식) 방식과 곱셈식(승산식) 방식이 있다.

① 덧셈식의 경우 위험성점수

$$위험성점수 = 중대성점수 + 가능성점수$$

② 곱셈식의 경우 위험성점수

$$위험성점수 = 중대성점수 \times 가능성점수$$

※ 곱셈식 위험도의 기본 개념

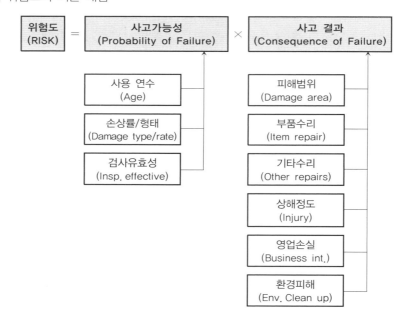

여기서 가장 중요시해야 하는 것들은 강도 계산에 포함되어야 하는 항목들이다. 대부분의 기업들이 사용하고 있는 강도의 반영요소는 중상 및 경상의 정도이다. 기업들이 실시하고 있는 위험성 평가의 결과는 Ⅰ-Ⅳ종으로 구분되어 있지만, 사망, 3개월 이상의 치료를 요구하는 중상 및 경상 정도로만 결정하다 보니 위험성 평가 결과는 대부분이 Ⅰ-Ⅱ종에 위험도가 분포되고, 그에 따라 별도의 대책이 필요하지 않게 된다. 따라서 위험도의 중대성은 상해 정도만이 아닌 다음 사항이 반영되어야 정확해질 수 있다.

※ 사고 또는 고장의 결과(Consequences of Failure)

〈산정 예〉

중대성이 '중상'에 해당하고 가능성이 '낮음'일 경우 위험성점수
- 덧셈식 : 위험성점수 = 중상(6) + 가능성 낮음(2) = 8
- 곱셈식 : 위험성점수 = 중상(6) × 가능성 낮음(2) = 12

〈표 1-7〉 재해의 중대성의 구분 배점(예)

중대성	평가점수	내 용
치명적	10점	사망 또는 신체 일부에 영구적 장해를 초래 (업무에 복귀 불가능)
중상	6점	휴업재해 1개월 이상 부상·질병[일정 시점에서는 업무에 복귀(완치) 가능] 또는 한 번에 다수의 부상·질병을 초래
중정도	3점	휴업재해 1개월 미만(동일한 업무에 복귀 가능) 부상·질병 또는 한 번에 복수의 부상·질병을 초래
경미	1점	처치 후 바로 원래의 작업을 수행할 수 있는 부상 또는 질병 (업무에 전혀 지장이 없음)

<표 1-8> 재해 발생가능성의 구분 배점(예)

발생가능성	평가점수	내 용
상당히 높음	6점	안전조치가 되어 있지 않음. 표시, 표지 등은 있어도 불비(不備)가 많은 상태
		안전기준을 준수하더라도 상당한 주의력을 기울이지 않으면 재해로 연결될 수 있음. 사내 안전규정, 작업표준 등이 없는 상태
높음	4점	방호가드·방호덮개, 기타 안전장치가 없음. 설령 있더라도 상당히 불안전한 상태임. 비상정지장치, 표시·표지류는 대충 설치되어 있음
		사내 안전규정, 작업표준 등은 있지만 준수가 어려움. 주의력을 높이지 않으면 부상 또는 질병으로 연결될 가능성이 있음
낮음	2점	방호가드·방호덮개 또는 안전장치 등은 설치되어 있지만, 가드가 낮거나 간격이 넓은 등 불안전한 상태임. 위험영역에의 출입, 유해·위험요인과의 접촉의 가능성을 부정할 수 없음
		사내 안전규정, 작업표준 등은 있지만, 일부 준수하기 어려운 점이 있음. 방심하고 있으면 부상 또는 질병으로 연결될 가능성이 있음
매우 낮음	1점	방호가드·방호덮개 등으로 둘러싸여 있고 안전장치가 설치되어 있으며, 위험영역에의 출입이 곤란한 상태
		사내 안전규정, 작업표준 등은 정비되어 있고 준수하기 용이함. 특별히 준수하지 않아도 부상 또는 질병을 입을 가능성은 거의 없음

유해·위험요인의 수치화 이후에는 다음 <표 1-9>와 같은 위험성수준에 따른 감소대책을 정한다.

<표 1-9> 위험성점수와 위험성수준에 따른 감소조치(예)

평가점수 합계	위험성 수준	위험성의 내용	위험성 감소조치의 진행방법
12~16	IV	안전보건상 중대한 문제가 있음	즉시 작업을 중지하거나 위험성 감소조치를 바로 실시함
8~11	III	안전보건상 문제가 있음	감소조치를 신속하게 실시함
5~7	II	안전보건상 다소의 문제가 있음	감소조치를 계획적으로 실시함
2~4	I	안전보건상의 문제가 거의 없음	비용 대 효과를 고려하여 감소조치를 실시함

(3) 위험성 결정

재해발생가능성 또는 위험상태의 발생가능성과 재해의 중대성으로 위험성 우선도가 결정된다. 실제의 위험성 구분은 많이 세분화하지 않고 다음 〈표 1−10〉과 같이 3∼5단계 정도로 하는 것이 좋다.

〈표 1−10〉 위험성수준의 구분에 의한 우선순위도(예)

위험성 수준	위험성의 내용	위험성 감소조치의 진행방법
Ⅳ	안전보건상 중대한 문제가 있음	• 위험성 감소조치를 즉시 실시함 • 조치를 실시할 때까지 작업을 중지함
Ⅲ	안전보건상 문제가 있음	• 위험성 감소조치를 신속하게 실시함 • 조치 시까지 작업을 제한적으로 실시함
Ⅱ	안전보건상 다소의 문제가 있음	• 위험성 감소조치를 계획적으로 실시함 • 조치를 실시할 때까지 적절하게 관리함
Ⅰ	안전보건상의 문제가 거의 없음	필요에 따라 위험성 감소조치를 실시함

위험성 결정에는 조직의 목적, 내·외부상황을 고려하여 정해진 위험성기준과 위험성수준(크기)을 비교 감안한다. 이에 근거하여 감소조치의 필요성과 긴급성 등을 결정한다. 위험성 추정을 5등급으로 한 경우에는 최초의 1∼2등급은 낮은 위험성으로 「허용 가능한 위험성」 또는 「무시할 수 있는 위험성」으로 한다. 위험성은 잔존하고 있지만 이 정도의 위험성의 존재는 허용하여도 안전하다고 하는 것이다. 다시 말하면 이것보다 큰 위험성은 절대적으로 안전조치를 하여야 함을 의미한다. 판정을 해 보아 허용 가능하다고 판단되더라도 기록하고 종료한다.

안전하다고 인정되지 않는다면, 위험성을 감소시키는 대책을 수립하는 절차에 들어간다. 조치의 필요성이 있어도 부득이한 사정에 의하여 조치할 수 없어 새로운 조치를 유예하는 경우도 있을 수 있는데, 이 경우 필요한 조치를 실시할 수 없고 위험성을 그대로 유지하게 된 상황임을 기록해 두어야 한다.

위험성 결정단계는 위험성평가 절차에서 주관성이 가장 많이 개입될 수 있는 관계로 자의적인 판단이 되지 않도록 유의할 필요가 있다. 이를 위해서는 위험성 기준을 위험성평가 실시규정 등에 미리 규정해 놓는 것이 바람직하다.

위험성 기준은 위험성의 중요성(Significance)을 평가하기 위하여 사용되는 기준으로서 조직의 목적, 내·외부의 환경 그리고 법률(Law), 기준(Standard), 정책(Policy) 및 기타 요건으로부터 정해진다.

특히 조직의 위험성 기준은 법규나 조직의 내부기준을 하회하여서는 안 된다. 위험성 기준은 위험성평가의 준비단계에서 정하고 계속적으로 검토하는 것이 바람직하다.

(4) 우선도 설정과 감소조치 방안의 수립 · 이행

위험성평가의 최종단계로서 감소조치를 어디서부터 시작할 것인지 우선도를 설정한다. 위험성 감소를 위한 우선도의 설정은 위험성추정을 실시한 관리감독자 및 작업자의 의견을 참고로 한다. 예산, 생산차질 등의 이유로 차질이 예상될 경우 설정방법대로 실시할 수 없는 사유와 임시조치 등을 기록해 두고 해당 작업자에게 주지시키고 이해를 구해야 한다.

감소조치의 구체적 내용은 법령에 규정된 사항이 있는 경우 이를 우선적으로 실시하여야 함은 물론이고 위험감소의 기본원칙을 지켜 본질적 안전대책, 직접적 안전대책, 간접적 안전대책, 참조적 안전대책 등의 순으로 감소조치의 효율성을 찾아간다. 이 경우 보호구의 착용 등 참조적 감소조치가 우선 검토되지 않아야 함은 물론이다.

다음 〈표1-11〉은 감소조치의 우선순위를 나타내는 ISO 45001(국제 안전보건경영시스템) 기준이다.

〈표 1-11〉 위험성 감소조치의 우선순위

ISO 45001 : 2018(8.1.2)		ISO 45001 : 2018(A.8.1.2)
순 위	항 목	
1	제거	유해 · 위험요인을 제거하기 위한 설계 · 계획의 변경 예 수작업을 폐지하기 위한 양중장치의 도입
2	대체	유해성이 낮은 재료로의 대체 또는 시스템 에너지의 감소 예 충격력 완화, 전압 강하, 온도 저하
3	공학적 대책	국소배기장치, 기계 · 설비의 방호조치, 인터록, 방음덮개 설치 등
4	경고/표시 및 관리적 대책	안전표지, 위험구역의 표시, 보도(步道)의 표시, 경고 사이렌/경보등, 알람(Alarm), 안전절차, 설비점검, 작업허가제 등
5	개인보호구	보호안경, 귀마개, 안전대, 호흡용 보호구 및 보호장갑 등

사업장의 위험성평가는 1회로 끝나는 것이 아니다. 작업공정, 작업방법, 위험성평가 실시방법 등에 변경이 있을 경우는 물론 새로운 유해 · 위험요인이 발견되는 경우 등에는 위험성평가에 대한 재검토를 거쳐 필요한 경우 수정해 나가야 한다.

1-2-4 위험성평가 응용사례

[사례 1] 반도체 제조공장의 정성적 위험성평가

2015년 ○월 ○○반도체에서 질식에 의한 중대재해가 발생, 고용노동부로부터 안전보건종합진단 명령이 발부, 「한국안전환경과학원」과 보건진단기관이 함께 컨소시엄을 구성하여 2015년 ○월에 7일간 진단을 실시하면서 주요설비에 대한 위험성평가를 실시한 사례이다. 각 공정에 대한 안전진단을 실시한 후 설비별로 전기, 위험기계, 환경설비 등 분야별로 전문가들의 토론과 의견조정을 거쳐 위험성평가를 실시하였다.

(1) 전기설비 위험성평가

모든 공정에 대한 진단실시 후 전기설비에 대한 위험성을 진단에 참여한 전문가 10명이 모여 빈도와 강도를 정하고 아래 그림과 같은 위험도 순위 매트릭스(Matrix)를 작성하였다.

항 목	내 용
a. 전력공급계통 (다중화와 부하여유율)	• ○○변전소-제1변전소 　- 설비부하/수전용량 여유율 47% 　- 사고대비 예비전선로 확보(3-Feeder) • 제1변전소 　- 제3변전소(M○○)/설비부하/수전용량 여유율 70% 　- 사고대비 예비전선로 확보(2-Feeder) • 추후 ○○변전소 수전선로 신설 계획(2-Feeder)
b. 전기선로 (배치와 시공)	• 제1변전소-제3변전소 선로 지하공동구 • M○○ 부하설비 난연성 Cable(TFR-CV전선) 사용
c. 방폭구조 (구획과 선정)	• 폭발위험장소는 적절하게 구분 • 방폭기계·기구는 내압방폭형으로 선정 설치됨
d. 비상발전기 용량 검토	• 비상발전기 3,300kW(※ 2set=6,600kW) • 부하량(비상전등, Scrubber, 소방설비 등) 4,939kW에 대응하도록 설계 • 비상발전기 용량 총부하 120MVA의 5.5%
e. 전기설비의 건축구조	변전실 배치/구조시공 양호하나 방수공사 하자 발생 (지하 1·2층 누수, 물고임 있음)

위험도 순위 매트릭스:

빈도＼강도	1	2	3	4	5
5					
4					
3			d		
2		e	c		
1	a	b			

모든 전기설비가 적정하게 관리되고 있었으나 비상발전기의 용량이 전체 용량 120MVA의 5.5%에 불과해 비상발전기로의 기능을 기대할 수 없는 위험성이 지적되었다.

(2) 위험기계 · 설비 위험성평가

항 목	내 용
a. 크레인/호이스트	• 주행Rail 등의 지지 및 고정 Bolt의 체결 불량 • 주행Limit S/W 설치불량 및 Hoist 주행로에 배관 등 방해물 • 비상정지, 과부하방지장치, 권과방지장치 등 정상
b. 승강기/리프트	• 인화공용승강기 16대 완성검사 수검(승강기 안전관리원, 2015.04.28.) • 화물용승강기 6대 공사작업중지로 완성검사 미실시, 현장에 사용금지 · 접근금지 등 안전조치 양호
c. 압력용기	• ACQC, CCSS Storage, CCSS Supply Tank, N_2 및 O_2 Purifier 등 총 206대 압력용기 압력계, 온도계, 안전변 및 액면계 등 구비 • 관련 배관의 내식재로 선정 및 Flange 등의 Leak Protector 부착 등 양호 ※ 급성독성물질 취급용기 안전밸브/파열판 직렬설치에 대한 문제
d. 기타 회전기계	Pump와 Blower 등의 회전축 커플링, Belt 등 보호덮개 설치상태 양호

빈도\강도	1	2	3	4	5
5					
4				a	
3					
2				c	
1		d		b	

급박한 위험성으로 호이스트 주행레일의 고정볼트 체결상태가 불량하고 주행제한 리미트스위치의 위치부적격 등이 발견되었다.

(3) 화학설비 위험성평가

항 목	내 용
a. 질소 및 조연성 Gas	질소가스의 위험성을 인지하지 못하고 위험작업 실시
b. 수소 및 가연성 Gas	H_2 Purifier Room 천장 누설 Gas 정체 가능성 누설감지기 설치 및 안전한 배기조치 강구
c. 공정가스 Cabinet과 배기처리시설	• Gas Cabinet의 배기, 용기의 전도 · 충격방지, Hose 접속부 조치, 누설감지, 긴급차단장치 • Cabinet 배기가스 정화처리장치 설치공사 지연
d. 누설감지 및 경보시설	감지기 설치 및 배선 준비 중이나 공사 중지상태로 완성단계 아님
e. 중앙공급실 (CCSS)	• 누출감지기 설치, Flange의 Leak Protector 및 배관의 이중관 설치 등 양호한 보호조치 • 산(황산)과 알칼리(암모니아수) 용기의 누설에 대비하여 Dike 분리설치 미흡
f. 화학물질 주입연결장치(ACQC)	배관 · Hose 결합부 누출방지조치, 접지선 연결, Tank Truck 계류장의 방유턱 조치 등 양호

빈도\강도	1	2	3	4	5
5					
4				a	
3			d	e	
2		b		c	
1			f		

질소가스의 위험성을 인지하지 못하고 거의 밀폐상태의 작업장에서 근로자들이 작업하는 등 즉시 개선이 필요한 급박한 위험성이 발견되었다.

(4) 환경설비 위험성평가

항 목	내 용
a. 환기 및 배기 장치	• 내부 전체환기설비 적정하게 설치됨 • 내부 국소배기장치도 대상 위치에 적절하게 설치되고 있음 • 향후 정상가동 전에 국소배기 및 전체환기의 상태를 점검할 필요가 있고, 정기적인 관리가 권장됨
b. 습식 Scrubber	중화용 가성소다 Tank Dike 건널다리 및 Pump 조작 작업대 개선 필요
c. RTO	• 불꽃 점검창 질소 Blowing 방식의 개선 필요, 정압기 Cabinet 통풍, Safety Vent 배관 개선 • 연료가스 배관의 식별 및 Valve의 개폐표시
d. 배기덕트와 Blower	통로 상의 배기Duct 응축수 Drain배관 개선 및 Drain Trap에 Valve 부착 개선
e. 전기설비의 건축구조	• 저장탱크 Dike Drain Valve 부착 및 별도 배관 분리 • 산폐액 배출Hose 연결구 Valve 오작동 가능

빈도＼강도	1	2	3	4	5
5					
4					
3			b		
2		d	c	e	
1			a		

환경설비 등에는 급박한 위험성은 발견되지 않았으나 습식 스크러버의 질소 분출(Blowing) 방법에 대한 위험성이 발견되었다.

(5) 배관설비 위험성평가

항 목	내 용
a. 배관지지	• 서포터보다는 행거 위주 시공 • 액체 배관 수직 기둥 고정용 볼트 적정여부 미확인
b. 배관식별	• 물질별 Color Code 체계가 없음 • 배관별 물질표시 보강 • 설계의도 외 타 물질 이용 시 주의/식별표지 강화 필요
c. 배관 Fitting	벨로즈 등 기계적 진동 억제대책 미비
d. 배관의 보호상태	• Safety V/V 적정설치 • Safety V/V 안정성 확보
e. 전선 Tray	• 지지 안정성, 잘못된 용접 등 • 행거, 볼트, 와셔

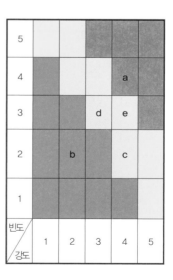

배관을 지지하는 방식이 건물 구조상 적절치 못한 위험성이 여러 곳에서 발견되었다.

[사례 2] 비상정지장치 안전커버에 대한 위험성평가

(1) 현황 및 문제점

① 컨트롤 판넬(Control panel)의 비상정지장치 버튼의 커버높이가 버튼높이보다 8mm 이상 높이 설치되어 있어 비상정지 기능 필요시 장애를 초래할 우려가 있음

※ KOSHA 기준에는 3mm를 권장하고 있음

[그림 1-4] 비상급정지버튼의 안전커버

② 현재 위험성

공정	해당 부서	위험수준[최대 20점(빈도 5×강도 4)]																			
		빈도(4)					강도(3)				현재상태 빈도 4단계, 강도 3단계로 종합 위험도는 12점임										
○○	○○ 근무자	1	2	3	4	5	1	2	3	4											
		1	2	3	4	5	6	7	8	9	10	11	12	13	14	15	16	17	18	19	20

(2) 개선방안

① 공학적 대책

㉮ 비상정지장치의 누름버튼 높이와 보호턱의 높이 차는 3mm 이내로 함

㉯ 보호 외함을 설치하는 경우에는 쉽게 파괴할 수 있는 구조(Breakable glass structure)로 설치

※ [그림 1-5] 권장되는 비상급정지버튼과 안전보호커버 참조

② 관리적 대책

사업장 내 통일된 지침 마련 시급

③ 개인보호구 사용

단정한 복장 및 개인보호구 착용

| 비상정지장치 설치 사례 | 보호커버가 부착된 비상정지장치 사례 |

[그림 1-5] 권장되는 비상급정지버튼과 안전보호커버

(3) 위험감소 정도

① 공학적 대책 및 관리적 대책, 개인보호구 사용을 적용하여 개선할 경우 : 위험도는 대폭 낮아지며 근본적인 방호로 위험은 상당히 낮아질 것으로 기대함
(빈도 1×강도 3=3)

② 관리적 대책, 개인보호구 사용을 적용하여 개선할 경우 : 위험도는 소폭 낮아지나 근본적인 위험을 제거할 수 없음
(빈도 2×강도 3=6)

③ 개인보호구 사용에 국한하여 개선할 경우 : 위험도는 미미하게 낮아지나 근본적인 위험을 제거할 수 없음
(빈도 4×강도 3=12)

위험수준[최대 20점(빈도 5×강도 4)]																			
빈도(1)					강도(3)				개선 후 빈도 1단계, 강도 3단계로 종합 위험도는 3점으로 낮아져 안전성을 확보할 수 있음										
1	2	3	4	5	1	2	3	4											
1	2	3	4	5	6	7	8	9	10	11	12	13	14	15	16	17	18	19	20

1-3 설계안전성검토(DFS ; Design For Safety)

1-3-1 설계안전성검토(DFS)의 개요

설계안전성검토(DFS)는 건설공사에서 발생하는 재해를 감소시키기 위해 발주자, 설계자, 시공자 등 모든 건설공사 참여자들이 공사시작 전 설계단계부터 발생가능성이 있는 위험성을 발굴하고 감소대책을 사전에 수립하는 위험성평가 기법이다. 선진국에서는 설계안전성검토가 건설공사뿐만 아니라 제조업에 이르기까지 모든 분야에서 설계 시의 안전성을 확보·검토하는 기법으로 일반화되어 사용되고 있다.

설계안전성검토가 우리나라에 도입되기 시작한 것은 2016년도이며, 최근 발전공기업에서도 안전진단 공동용역의 과업내용으로 설계안전성검토를 요구하는 사례가 나오고 있으며, 앞으로 설계안전성검토의 적용분야가 확대될 추세이다.

이미 완성된 시설이나 설비에서 위험요소가 발견되었다면 그 위험요소를 감소시킬 수 있는 설비를 추가로 설치하고, 방호장치를 설치하는 등 시간과 비용이 많이 소모되는 안전조치를 추가적으로 취하여야 하지만, 설계안전성검토는 설계단계에서 리스크를 발견하고 위험요소를 최소화할 수 있도록 설계를 수정하여 차후 최소한의 안전조치로 위험성 감소를 도모할 수 있다는 관점에서 효과적이고도 경제적인 기법이라고 할 수 있다.

「건설기술진흥법」 시행령 제75조의 2(설계의 안전성검토)에서 설계안전성검토를 시행해야 하는 공사를 정하고 있으며, 「건설공사 안전관리 업무수행지침」(국토교통부 고시 제2018-532호)과 「설계의 안전성검토 업무 매뉴얼」(국토교통부 발간)을 통해 수행절차, 방법 등을 알 수 있다.

1-3-2 설계안전성검토(DFS)의 절차

설계안전성검토(DFS)의 과정은 크게 준비단계와 실시단계로 구분할 수 있다.

준비단계에서는 설계안전성검토의 대상 설정, 팀의 구성, 일정 수립, 설계도서 및 사례 분석 등을 수행하고, 실시단계에서는 위험성 추정 및 평가, 저감대책 수립 및 저감대책에 대한 위험성 평가, 저감대책의 이행 및 기록 등의 절차를 수행한다.

준비단계	1. 설계안전성검토 대상 목적물 확인 및 목표 설정	• 「건설기술진흥법」 시행령 제98조에 근거 • 「건설기술진흥법」 시행령 제75조의 2에 근거 • 설계안전성검토 목표 설정
	2. 검토팀 구성 및 발주자(청) 협의(일정 수립 등)	• 설계안전성검토 보고서의 검토시기 협의 (실시설계 진행률 80% 정도 또는 발주자(청) 협의) • 대표 설계자 및 공종별 설계자 검토팀 구성 • 단계별 일정 수립
	3. 설계도서 및 사례 분석	• 재해사례, 작업절차서 등 • 설계도서 등(실시설계도면, 관련 시방서, 내역서, 수량산출서, 각종 계산서 등)
	4. 워크숍	• 워크숍 실시 • 설계안전성검토 진행에 대한 방향 설정 및 검토 참여자 교육
실시단계	1. 위험요소 인식	• 대표 설계자와 공종별 설계자가 위험요소 파악 (전문가 포함 브레인스토밍 등) • 위험요소 도출 및 기록(설계도서 검토 및 사례 참조)
	2. 위험성 추정 및 평가	• 위험성 추정 및 평가 • 위험성 허용여부 결정
	3. 위험성 저감대책 수립	• 위험성 저감대책의 검토 및 수립 • 저감대책을 반영한 위험성평가
	4. 위험성 저감대책 이행	• 도출된 저감대책 이행 • 잔존 위험요소 파악 및 안전관리문서에 기록
	5. 기록, 검토 및 수정	• 실시 과정 및 결과를 기록 • 위험성평가 검토 및 수정

[그림 1-6] 설계안전성검토의 절차

1-3-3 설계안전성검토(DFS)의 수행

[1단계] 준비단계

준비단계에서는 우선 설계안전성검토(DFS)의 목표를 확인하여야 한다. 건설공사에서 발생하는 위험요소의 위험성 허용수준은 공사기간, 공사비용 등 다양한 요소와 상호 연관성을 가지기 때문에 설계자는 사전에 발주사의 안전성 목표수준을 확인하여야 한다. 또한 설계자가 저감대책을 수립·평가함에 있어 설계안전성검토를 판단기준으로 삼기 때문에 검토목표 확인은 면밀하게 이루어져야 한다.

검토목표를 설정하였으면 검토팀을 구성하고 일정을 수립해야 한다. 일정 수립까지 진행된 후에는 사전조사를 실시하여야 한다. 사전조사는 「건설안전정보시스템의 위험요소 프로파일」(국토안전관리원, www.kalis.or.kr), 「건설공사 위험요소 프로파일 개발 연구 보고서」, 「건설공사 안전관리 업무 매뉴얼」(국토교통부, 국립중앙도서관 소장) 및 발주자가 제공한 위험요소와 저감대책, 유사 공정에 대한 재해사례 등 관련 도서와 사례를 분석하는 방식으로 진행된다. DFS 관리자는 사전조사한 내용에 대해 설계안전성 검토팀을 대상으로 교육을 진행하여야 한다.

[2단계] 위험요소 인식

설계안전성검토팀은 준비단계에서 실시한 관련 도서 및 사례분석 결과를 활용하여 위험요소를 도출한다. 이때 현장 작업자의 입장에서 위험요소를 도출하는 것이 바람직하며 필요하다면 시공 순서나 공법에 대한 이해가 깊고 현장경험이 풍부한 건설안전 전문가의 자문을 구하는 것이 좋다. 또한 공사에 사용되는 재료들의 물성을 사전에 파악하여 화재 등의 위험요소를 발굴하는 것도 중요하다.

위험요소는 크게 구축물의 붕괴, 화학물질의 누출 등 물적 피해 유형과 작업자 추락, 전도, 충돌 등 인적 피해 유형으로 나눌 수 있다.

도출된 위험요소에 대해서는 관리주체를 명확하게 정하는 것이 필요하며, 이는 요소별로 설계 단계에서 해결이 가능한 것이 있고, 시공 단계에서만 해결 가능한 요소가 있기 때문이다.

[3단계] 위험성 추정 및 평가

위험성 추정은 발생빈도(가능성)와 사고의 심각성(손실크기)을 추정하는 것으로 설계안전성검토팀 외 통계, 건설안전, 시공 등 다양한 분야의 전문가들의 참여 하에 적절한 의사결정방법을 통해 이루어져야 한다. 발생빈도와 사고 심각성의 상세평가 기준은 활용할 수 있는 자료를 바탕으로 건설안전 전문가 및 발주자 등과 협의하여 결정한다.

〈표 1-12〉 발생빈도의 상세기준(예)

빈도 수준	빈도 구분	내 용
5	발생 빈번함	최근 3개월간 아차사고 발생기록이 있거나 1개월에 1회 정도 발생할 가능성이 있는 경우
4	발생 가능성 높음	최근 1년간 아차사고 발생기록이 있거나 1년에 1회 정도 발생할 가능성이 있는 경우
3	발생 가능성 보통	최근 5년간 아차사고 발생기록이 있거나 3년에 1회 정도 발생할 가능성이 있는 경우
2	발생 가능성 낮음	최근 10년간 아차사고 발생기록이 있거나 5년에 1회 정도 발생할 가능성이 있는 경우
1	발생 가능성 없음	사고 발생기록이 없거나 10년에 1회 정도 발생할 가능성이 있는 경우

〈표 1-13〉 사고 심각성의 상세기준(예)

심각성 수준	심각성 구분	내 용
4	매우 심각	• 사망, 장기적인 장애를 일으키는 부상 • 시공 중 목적물(또는 인접 구조물)의 붕괴
3	심각	• 휴업재해를 일으키는 부상 • 목적물(또는 인접 구조물)의 심각한 파손으로 1주일 이상의 공사기간 손실이 발생
2	보통	• 경미한 재해를 포함한 불휴업 재해인 경우 • 목적물(또는 인접 구조물)의 약간의 손상으로 3일 이내의 공사기간 손실이 발생
1	경미	• 상해가 없거나 응급처치 수준의 상해 • 목적물(또는 인접 구조물)의 경미한 손상으로 공사기간에 지장이 없는 수준

일반적으로 적용되는 위험성평가의 방법은 매트릭스 평가방법으로, 발생빈도(가능성)와 사고 심각성(손실크기)의 곱으로 평가하는 방법이다.

〈표 1-14〉 위험성평가의 예시

구 분	가능성	허용 가능 여부	개선방법
12~20	높음	허용 불가능	신속하게 개선
6~11	보통	조건부 허용	계획적으로 개선
1~5	낮음	허용 가능	필요에 따라 개선

5	5	10	15	20
4	4	8	12	16
3	3	6	9	12
2	2	4	6	8
1	N/H	2	3	4
발생빈도 \ 사고 심각성	1	2	3	4

[4단계] 위험성 저감대책 수립

설계자는 허용 불가능으로 판단되는 위험요소에 대해 저감대책을 수립하고, 선정된 저감대책의 적용에 따른 위험성평가를 재실시하여 수립한 저감대책으로 위험요소가 해소됨을 확인하여야 한다.

설계단계에서 만족할만한 대책을 수립하기 어려운 경우 또는 저감대책을 세우지 않는 경우에는 설계안전성검토 보고서에 명시하여 시공단계에서 검토되도록 하여야 한다.

저감대책이 수립되었다면 목적물의 시공 특성을 반영하여 다양한 항목으로 평가하여야 한다. 아래 〈표 1-15〉는 저감대책 평가표의 예로써 안전관리, 미관, 기능 등을 평가항목으로 설정하고 평가등급을 3단계(A, B, C)로 설정한 예시이다.

〈표 1-15〉 저감대책 평가표의 예시

No.		평가 관점과 주요 목적						
위험요소								
위험성(물적)/(인적)								
대안 1								
대안 2								
대안평가	안전관리	미관	기능	기술	비용	시간	환경	총점
가중치	1	1	1	1	1	1	1	–
대안 1	평가	평가	평가	평가	평가	평가	평가	
대안 2	평가	평가	평가	평가	평가	평가	평가	
평가 : A(3점) – 바람직 B(2점) – 받아들임 C(1점) – 받아들일 수 없음								
결정	대안 1	대안 2	선정된 대안에 대한 위험성 평가 : 빈도( )×강도=( ) 허용 수준 만족 여부 : 만족( ), 불만족( ) (허용수준 불만족 시 대안 재도출 또는 시공단계 해결로 이전 명기)					
서명	설계자	(인)	총괄책임자	(인)				

저감대책 수립으로 인해 허용수준 이내로 평가된 위험요소는 시공 시에도 일정 수준으로 잔존하고 있다. 시공자 또는 발주자는 잔존 위험요소를 관리해야 한다.

설계안전성검토(DFS)의 사례

[1단계] 준비단계

(1) 설계의 목표 설정

설계안전성검토 목표 수립 협의사항				
과업명	도로 개설공사	협의일시	2018. 05. 15.	
		협의장소	설계사 사무실	
안 건	1. 설계안전성검토 목표 수립			
발주청		대표 설계자		
참석자 / 발주청				
참석자 / 설계자		공종별 설계자	첨부 : 참여자 명단	
결정사항	교육내용 및 협의내용			기 타
(1)	실시설계 시 안전성검토 목표수준은 연장 3.04km(교량 7개소, 평면교차로 3개소, 입체교차로 1개소)에 해당하는 구간의 노선 특성을 고려하여 교량 및 교차로 시공 시 발생 가능한 작업자의 안전사고, 장비 전도 및 비탈면 붕괴 등 안전사고가 빈발하고 있는 취약공종 중대 건설공사 현장사고를 방지하는 수준으로 함.			
(2)	공종별 설계는 설계안전성검토 시 설계안전성검토 목표를 고려하여 설계분야별 위험요소 발굴 및 위험성평가와 저감대책을 수립토록 함.			
향후일정/ 특이사항	• 발생빈도, 심각성 등급 및 기준 수립 • 위험성평가 허용수준 협의			
	2018년 05월 15일 설계자 : 소속 성명 발주청 : 소속 성명			

[그림 1-7] 설계안전성검토 목표 발주청 협의사항

(2) 팀의 구성 및 일정 수립

① 팀의 구성과 역할

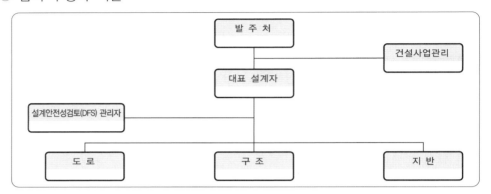

구 분	내 용	비 고
대표 설계자	• 설계안전성검토 전체 업무 총괄 – 위험요소 및 저감대책 수립의 적정성 등 종합 판단	실시설계 총괄 책임자

DFS
관리자
	• 위험요소 프로파일 조사 및 수집
	  – 건설공사 위험요소 프로파일 조사 및 검토
	  – 유사 사고사례와 저감대책 조사 및 검토
		건설안전정보시스템,
		산업안전보건공단,
		국토교통부 연구보고서 등

	• 설계안전성검토팀 구성 및 워크숍 진행
	  – 실시설계 참여사를 대상으로 설계안전성검토팀 구성
	  – 관련 법령 개정 및 업무진행절차에 대한 설계안전성
	    검토팀 교육
	  – 위험요소 프로파일 배포 및 브레인스토밍 주관
		설계안전성검토팀
		전원을 대상으로
		DFS 관련 교육 실시

	• 설계안전성검토 업무 수행
	  – 위험요소의 발생빈도, 심각성, 허용수준 기준 설정
	  – 설계분야별 도출된 위험요소 선정 및 저감대책에 대
	    해 반영유무 결정
		발주청 협의,
		가중치 산정 등
		관련 업무 수행

	• 설계안전성검토 보고서 작성
	  – 국토교통부 업무 매뉴얼 및 지침에 의거한 보고서
	    작성
		–

시공 · 안전 자문가	• 설계분야별 위험요소 선정 시 시공 · 안전 관련 자문활 동 수행 • 대안별 평가항목의 적정성 및 저감대책의 적정성 등 설계분야 시공자문 수행	설계안전성검토의 시공 · 안전 전문성 강화
공종별 설계자	• 설계분야별 위험요소 도출 및 저감대책 수립 • 저감대책 수립에 따른 관련 근거 작성(설계도면, 구조 검토, 시방서 등)	위험요소 도출 및 저감대책 수립 주체

② 전체 일정계획

설계 안전성 검토 수행절차	준비단계	실시단계	시행단계
일정표	2018년 05월	2018년 06월	2018년 07월

추진현황

'18.05.14	▷ 위험요소 프로파일 제공
'18.05.15	▷ 설계안전검토팀 구성
'18.05.16 ~ '18.05.17	위험요소 자료 수집
'18.05.18	▷ 설계안전검토 보고서 검토시기 및 일정 협의
'18.05.19 ~ '18.05.20	설계도서 및 유사 건설공사 재해사례 분석
'18.05.21	▷ 워크숍 개최
'18.05.22 ~ '18.05.24	공종별 위험요소 인식 및 기록
'18.05.25	▷ 발생빈도, 심각성, 허용수준 기준 설정
'18.05.26 ~ '18.06.04	위험성 추정 및 평가, 위험성 허용유무 결정 및 저감대책 위험성 평가
'18.06.05	▷ 저감대책 확인 및 검토

향후 추진 일정

'18.06.06 ~ '18.06.20	저감대책 설계도서 반영
'18.06.21	▷ 저감대책 설계도서 반영유무 확인
'18.06.22 ~ '18.06.26	보고서 작성
'18.06.27 예정	▷ 한국시설안전공단 검토

③ 주요 일정 상세내용

구 분	항 목	일 시	담당주체	비 고
1	설계안전성검토팀 구성	2018.05.02.	설계자	실시설계 T/F 팀으로 검토팀 구성
2	위험요소 프로파일 제공	2018.05.15.	발주청	건설공사 위험요소 프로파일 (한국시설안전공단 자료) 제공
3	위험요소 자료 수집	2018.05.16. ~ 2018.05.17.	설계자	• 건설공사 위험요소 프로파일 개발 연구 보고 • 건설공사 안전관리 업무 매뉴얼 • 설계안전성검토 업무 매뉴얼 등
4	설계안전성검토 보고서 검토시기 및 일정 협의	2018.05.18.	발주청/ 설계자	실시설계 납품일을 고려하여 설계안전성검토 보고서의 한국시설안전공단 제출시기 협의

구 분	항 목	일 시	담당주체	비 고
5	설계도서 및 유사 건설공사 재해사례 분석	2018.05.19. ~ 2018.05.20.	설계자	• 설계도서(보고서, 도면, 시방서 등) 분석 • 유사 공정 재해사례 조사 및 분석
6	워크숍 개최	2018.05.21.	설계자	설계안전성검토팀 대상 DFS 교육 실시
7	공종별 위험요소 인식 및 기록	2018.05.22. ~ 2018.05.24.	설계자	• 공종별 위험요소 도출 및 적정성 논의 • 위험요소별 저감대책 도출 및 협의
8	발생빈도, 심각성, 허용수준 기준 설정 및 발주청 협의	2018.05.25.	발주청/ 설계자	• 설계안전성검토 기준 설정 • 발주청 협의를 통한 기준안 설정
9	위험성 추정 및 평가, 위험성 허용유무 결정 및 저감대책 위험성 평가	2018.05.26. ~ 2018.06.04.	설계자	• 위험요소별 위험성 평가 수행 • 저감대책 수립 후 위험성 재평가 실시
10	저감대책 확인 및 검토	2018.06.05.	발주청/ 설계자	위험요소별 저감대책의 위험성 재평가 결과에 대한 적정성 검토
11	저감대책 설계도서 반영	2018.06.06. ~ 2018.06.20.	설계자	설계보고서, 도면, 시방서, 구조계산서, 관리도서 등 실시설계에 저감대책 반영
12	저감대책 설계도서 반영유무 확인	2018.06.21.	발주청/ 설계자	저감대책 설계도서 반영유무 최종 확인
13	설계안전성검토 보고서 보완 작성	2018.06.22. ~ 2018.07.02.	설계자	설계안전성검토 보고서 보완 작성
14	한국시설안전공단 검토	2018.07.02. ~ 이후 약 2주간	설계자	설계안전성검토 보고서 검토

(3) 사전조사

① 건설공사 위험요소 프로파일 개발 연구 보고서(국토교통부)

• 총 111건의 위험요소별 위험성과 총 100건의 공종별 설계단계의 저감대책 제시

② 건설공사 안전관리 업무 매뉴얼(국토교통부)

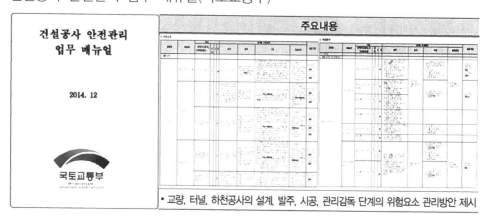

• 교량, 터널, 하천공사의 설계, 발주, 시공, 관리감독 단계의 위험요소 관리방안 제시

③ 건설공사 위험요소 프로파일(국토안전관리원)/설계안전성검토 업무 매뉴얼(국토교통부)

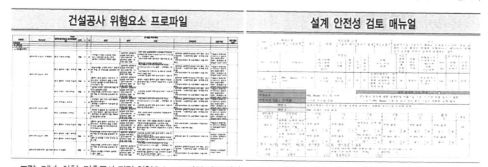

• 교량, 터널, 하천, 건축공사 관련 위험요소 프로파일 자료 제시 • 교량, 터널, 지반분야 총 79건의 설계 안전성 검토사례 제시

④ 사고사례

〈표 1-16〉 사고사례-1

구 분	내 용
공 사 명	○○오피스텔 신축공사
발생일시	2012-06-12 오후 01:50
재해형태	무너짐(붕괴 · 도괴)
재해정도	사망자수 1명 및 물적 사고
소 재 지	제주특별자치도 제주시
재해개요	흙막이(토류판＋엄지말뚝) 시공을 위해 토류판 설치작업 중 흙막이가 붕괴되어 매몰된 사고
사고원인	• 부적절한 공사계획/부적절한 작업계획 • 흙막이 지보공 미설치
개선대책	• 사전에 조립도를 작성하여 그 조립도에 따라 시공 • 정기점검 및 설계도서에 따른 계측 시행
현장사진	

〈표 1-17〉 사고사례-2

구 분	내 용
공 사 명	○○ 미르빌딩 신축현장
발생일시	2016-02-05 오전 07:59
재해형태	무너짐(붕괴 · 도괴)
재해정도	물적 사고
소 재 지	대구광역시 중구 삼덕동
재해개요	지하부 굴착 완료 후 매트 콘크리트 타설 준비 중 흙막이 벽체(e-PHC 파일) 붕괴
사고원인	• 설계 시 인접 구조물 하중 미고려 • 지하수 차수 불량에 따른 지반 연약화
개선대책	현장의 각종 상황을 고려하여 공종별 시공계획서 및 시공상세도 작성 후 시공
현장사진	

〈표 1-18〉 사고사례-3

구 분	내 용
공 사 명	○○배수장 토목공사
발생일시	2014-10-29 오전 10:00
재해형태	떨어짐(추락)
재해정도	사망자수 1명
소 재 지	경상남도 함안군 대산면
재해개요	안전난간이 해체된 흙막이 가시설 상단부에서 몸의 중심을 잃고 추락
사고원인	• 작업 중 안전난간을 해체 • 작업자의 안전의식 결여
개선대책	안전난간을 해체해야 할 경우 대체할 수 있는 추락방지대책 확보
현장사진	

〈표 1-19〉 사고사례-4

구 분	내 용
공 사 명	여수시 둔덕동 상업지역 신축공사
발생일시	2016-03-09 오후 07:00
재해형태	깔림 · 뒤집힘(전도)
재해정도	부상자수 3명 및 물적 사고
소 재 지	여수시 둔덕동
재해개요	우천으로 인해 연약해진 지반 침하로 크레인이 전도되어 근로자 부상
사고원인	강우로 인한 지반 지지력이 충분히 확보되지 않은 상태에서 작업 중 부동침하로 전도
개선대책	• 연약한 지반에서 작업하는 경우 깔판 사용 • 지지력이 부족한 경우 보강 후 작업 시행
현장사진	

(4) 교육 진행

① 설계안전성검토 워크숍 수행

㉮ 설계안전성검토 관련 최근 건설안전제도(법령, 업무지침 등) 변경사항과 설계의 안전성검토 절차 설명

㉯ 금회 사업 설계의 안전성검토 추진계획과 추진단계별 설계안전성검토팀의 업무 수행내용에 대한 교육 실시

② 워크숍 개요

구 분	내 용	비 고
일시	• 수행일시 : 2018년 05월 21일(월) • 수행시간 : 오후 01시 00분 ~ 오후 04시 00분	—
장소	• 교육장소 :	—
주관자	• DFS 관리자 :	—
참석자	• 대표 설계자 : • 공종별 설계자 :	—
진행 절차	1. 참여자 소개 및 워크숍 개회 선언 2. 최근 건설안전제도 변경사항에 따른 설계의 안전성검토 수행목표 설명 3. 설계의 안전성검토 절차 및 참여자 업무영역과 업무 범위에 대한 교육 4. 발생등급, 심각성, 위험성평가 기준과 금회 사업 적용절차 상세 교육	교육자료 배포

③ 워크숍 수행내용

㉮ 설계안전성검토팀 및 시공사 설계팀을 대상으로 설계의 안전성검토에 대한 전 반적인 교육 실시

㉯ 최근 건설안전제도 변경절차에서 설계의 안전성검토 절차와 검토 추진계획에 대 해 구체적으로 참여자 교육 수행

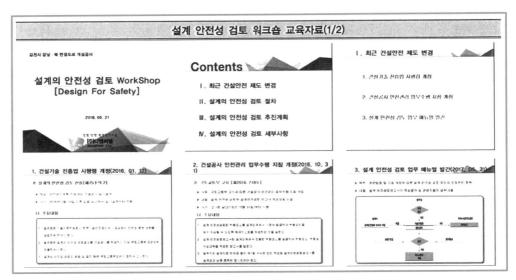

[그림 1-8] 설계의 안전성검토 워크숍 교육자료

[2단계] 위험요소 인식

(1) 위험요소의 도출

① 유사공종 사고사례 조사 및 건설안전사고 프로파일 등 관련 자료 분석을 통한 금회 공종 위험요소 선정

② 위험요소별 선정주체 및 위험요소 발굴 출처를 명확히 하여, 금회 사업 설계 안전 성검토 수행의 신뢰성 확보

〈표 1-20〉 공종별 위험요소 출처항목

구 분	출 처	주요 내용	항목 수
①	건설정보안전 시스템	건설공사 위험요소 프로파일, 건설사고 DB 중 사고사례	4개 항목
②	안전보건공단 및 뉴스보도자료	안전보건공단 산업재해사례 및 뉴스보도 사고사례	8개 항목
③	설계의 안전성검토 매뉴얼	부록Ⅳ : 설계안전성검토 사례	3개 항목
④	설계안전성검토팀 자체 검토	시공·안전 자문가를 포함한 자체 검토로 위험요소 도출	9개 항목

〈표 1-21〉 공종별 위험요소 선정주체 및 위험요소 발굴 출처

구 분	공종명	위험요소	선정주체 발주청	선정주체 설계자	도면 등 검토자료 No.	출 처
1	가설공사 – 가축도 설치공	하천 내 교각 가설 시 수위상승에 의한 가도 유실		○	구조 No.01	① : No.01
2	기초공사 – 흙막이공	폐합 가시설과 구조물 간의 공간 협소로 이동 중 작업자 추락		○	구조 No.02	① : No.02
3	기초공사 – 터파기공	A1 확대기초 터파기공사 중 인접도로(국도 59호선) 침하		○	구조 No.03	② : No.01
4	상부공사 – 가설공	전 교량 거더 가설 시 양중중량 초과로 크레인 넘어짐		○	구조 No.04	③ : No.01
5	기초공사 – 흙막이공	R-A교 P1 터파기 시 인접 철도 침하		○	구조 No.05	④ : No.01
6	상부공사 – 가설공	상부공사 중 하부도로 차량 낙하물 피해		○	구조 No.06	③ : No.02
7	상부공사 – 가설공	가도폭원 부족으로 가설 크레인 장비 전도		○	구조 No.07	② : No.02
8	상부공사 – 가설공	PSC BEAM 거치 후 충격 등에 의해 BEAM 추락		○	구조 No.08	④ : No.02
9	교량 – 거푸집공사	거푸집 동바리 붕괴		○	구조 No.09	③ : No.03

(2) 도출된 위험요소의 설계안전성검토 여부 결정

① 발주청 제공 자료 및 대표 설계자와 공종별 설계자, DFS 관리자의 브레인스토밍을 통해 총 25건의 공종별 위험요소 도출

② 총 25건의 위험요소 중 설계안전성검토 목표 및 성격에 부합되는 24건을 최종 설계안전성검토 대상으로 선정

〈표 1-22〉 공종별 위험요소 도출 결과 및 설계안전성검토 반영 여부

No.	공종명	공종별 설계자	위험요소	물적 피해	인적 피해	설계안전성 검토 반영여부	비 고
1	가설공사-가축도 설치공	구조	하천 내 교각 가설 시 수위상승에 의한 가도 유실	가도 유실-집중호우 등 외적 요인	빠짐/매몰	반영	-
2	기초공사-흙막이공	구조	폐합 가시설과 구조물 간의 공간 협소로 이동 중 작업자 추락	-	떨어짐	반영	-
3	기초공사-터파기공	구조	A1 확대기초 터파기공사 중 인접 도로(국도 59호선) 침하	인접 도로 침하-기초 터파기 비탈면 간섭	넘어짐	반영	-
4	상부공사-가설공	구조	전 교량 거더 가설 시 양중중량 초과로 크레인 넘어짐	건설기계 넘어짐-양중 중량 초과	깔림/부딪힘	반영	-
5	기초공사-흙막이공	구조	R-A교 P1 터파기 시 인접 철도 침하	침하-지반변위	부딪힘	반영	-
6	상부공사-가설공	구조	상부공사 중 하부도로 차량 낙하물 피해	차량운행 피해-낙하물	깔림	반영	-
7	상부공사-가설공	구조	가도폭원 부족으로 가설 크레인 장비 전도	크레인 전도-기도 폭원 부족	깔림	반영	-
8	상부공사-가설공	구조	PSC BEAM 거치 후 충격 등에 의해 BEAM 추락	BEAM 추락-고정 상태 불량	떨어짐/깔림	반영	-
9	교량-거푸집 공사	구조	거푸집 동바리 붕괴	거푸집 파손, 동바리 붕괴-연결재 설치 미흡	떨어짐/부딪힘	반영	-
10	교량 상부공사-가설공사	구조	PSC BEAM 거치작업 중 전도로 인한 PSC BEAM 추락	BEAM 추락-고정 상태 불량	깔림	미반영	8번 항목과 중복
11	교량-상부공	구조	상부 거더 가설 중 거더 낙하	거더 파손-거더 가설 중 안전관리 미흡	맞음/깔림	반영	-

(3) 위험요소의 관리주체 선정

〈표 1-23〉 위험요소별 관리주체 선정 근거

No.	공종명	위험요소	위험요소 관리주체	잔여 위험요소		선정 근거
				Yes/No	관리주체	
1	가설공사 - 가축도 설치공	하천 내 교각 가설 시 수위상승에 의한 가도 유실	설계자	Yes	시공자	설계자는 우기 및 홍수를 고려한 가교 설치로 유수흐름을 확보하고, 시공자는 갈수기 시공계획 수립
2	기초공사 - 흙막이공	폐합 가시설과 구조물 간의 공간 협소로 이동 중 작업자 추락	설계자	Yes	시공자	설계자는 이동식 작업사다리 설치도면 명기, 시공자는 안전계단 설치에 대한 관리감독 실시
3	기초공사 - 터파기공	A1 확대기초 터파기공사 중 인접 도로(국도 59호선) 침하	설계자	Yes	시공자	설계자는 흙막이 가시설 적용으로 안전성을 확보하고, 시공자는 기존 도로 침하 관련 정밀계측 실시
4	상부공사 - 가설공	전 교량 거더 가설 시 양중중량 초과로 크레인 넘어짐	설계자	Yes	시공자	설계자는 거더 반경 및 거더 중량을 고려한 양중안전율 적용 및 시공단계별 양중안전성 내용을 도면에 명기, 시공자는 장비제원 검토 후 시공
5	기초공사 - 흙막이공	R-A교 P1 터파기 시 인접 철도 침하	설계자	Yes	시공자	설계자는 가시설(H-Pile+Strut) 공법 적용으로 인접 철도 침하 예방, 시공자는 시공 시 정밀계측 실시
6	상부공사 - 가설공	상부공사 중 하부 도로 차량 낙하물 피해	설계자	Yes	시공자	설계자는 상부 프리캐스트 바닥판 적용으로 낙하물 피해 예방, 시공자는 프리캐스트 정밀 시공
7	상부공사 - 가설공	가도폭원 부족으로 가설 크레인 장비 전도	설계자	Yes	시공자	설계자는 가설 크레인 용량을 반영한 공사용 축도폭원 적용, 시공자는 장비제원 검토 및 시뮬레이션 수행
8	상부공사 - 가설공	PSC BEAM 거치 후 충격 등에 의해 BEAM 추락	설계자	Yes	시공자	설계자는 전도방지시설 설계도면 반영, 시공자는 전도방지시설 설치 후 후크 철거 및 가설계획 사전 검토 실시

No.	공종명	위험요소	위험요소 관리주체	잔여 위험요소 Yes/No	잔여 위험요소 관리주체	선정 근거
9	교량-거푸집공사	거푸집 동바리 붕괴	설계자	Yes	시공자	설계자는 상부 프리캐스트 바닥판 적용으로 낙하물 피해 예방, 시공자는 프리캐스트 정밀 시공
10	교량-상부공	상부 거더 가설 중 거더 낙하	시공자	Yes	시공자	설계자는 와이어로프의 지속적인 관리, 작업자 안전교육 내용 설계도면에 명기, 시공자는 신호수 배치 및 작업구간 통제
11	교량-상부공	PSC 빔 설치 후 안전시설 미비로 빔 거더 간 이동 중 작업자 떨어짐	설계자	Yes	시공자	설계자는 작업자 생명줄 및 추락방지망을 설치하도록 설계도서에 명기, 시공자는 작업자 안전띠, 생명줄 등 관리감독

[3단계] 위험성 추정 및 평가

(1) 위험성추정

① 국토교통부 [설계안전성검토 업무 매뉴얼]에 제시된 발생빈도 및 심각성은 4등급과 5등급으로 구성

② 모든 위험요소별 객관적인 자료 수집의 한계를 고려하여, 금회 사업에서는 전문가 의견수렴이 가능한 4등급을 적용

〈표 1-24〉 사고 심각성 4등급 적용기준

발생빈도		사고 심각성(인적/물적)	
4	발생 가능성 빈번함	4	• 사망, 장기적인 장애를 일으키는 부상 • 시공 중 목적물(또는 인접 구조물)의 붕괴
3	발생 가능성 높음	3	• 휴업 재해를 일으키는 부상 • 목적물(또는 인접 구조물)의 심각한 파손으로 1주일 이상의 공사기간 손실이 발생
2	발생 가능성 낮음	2	• 경미한 재해를 포함한 불휴업 재해인 경우 • 목적물(또는 인접 구조물)의 약간의 손상으로 3일 이내의 공사기간 손실이 발생
1	발생 가능성 거의 없음	1	• 상해가 없거나 응급처치 수준의 상해 • 목적물(또는 인접 구조물)의 경미한 손상으로 공사기간에 지장이 없는 수준

<표 1-25> 발생빈도 4등급 상세기준

	발생빈도	상세기준
4	발생 가능성 빈번함	최근 3개월간 동일(또는 유사)한 사고 발생 기록이 있거나 발생 가능성이 매우 높은 것으로 전문가가 판단한 경우
3	발생 가능성 높음	최근 1년간 동일(또는 유사)한 사고 발생 기록이 있거나 발생 가능성이 높은 것으로 전문가가 판단한 경우
2	발생 가능성 낮음	최근 3년간 동일(또는 유사)한 사고 발생 기록이 있거나 발생 가능성이 낮은 것으로 전문가가 판단한 경우
1	발생 가능성 거의 없음	최근 5년간 동일(또는 유사)한 사고 발생 기록이 있거나 발생 가능성이 매우 낮은 것으로 전문가가 판단한 경우

③ 4등급의 발생빈도와 심각성을 평가하기 위해 4×4 매트릭스 기법을 이용한 위험성 평가지표 선정

④ 위험성평가등급에 따라 허용과 조건부 허용, 허용 불가의 3가지로 분류하고, 조건 부 허용부터 저감대책 수립으로 결정

심각성(S) \ 발생빈도(L)	1	2	3	4
1	1	2	3	4
2	2	4	6	8
3	3	6	9	12
4	4	8	12	16

위험등급은 발생빈도(L)와 심각성(S)의 곱으로 산출

3 이하	허용(L)
4~7	조건부 허용(M)
8 이상	허용 불가(H)

㉮ 위험등급 3 이하인 허용 수준의 위험요소는 저감대책 수립 대상에서 제외

㉯ 위험등급 8 이상인 허용 불가 수준의 위험요소는 저감대책 필수 대상으로 선정

㉰ 위험등급 4~7인 조건부 허용은 설계자 판단 하에 자율 결정할 수 있으나, 금회 사업에서는 모두 저감대책 수립

(2) 위험성평가

① 선정된 24건의 위험요소에 대해 대표 설계자, 공종별 설계자, DFS 관리자가 협 의하여 위험성평가 수행

② 위험요소별 위험성평가 결과 4~7 사이인 조건부 허용(M)은 11건, 8 이상의 허 용 불가(H)는 13건으로 분석됨.

1-3 설계안전성검토(DFS ; Design For Safety)   **45**

〈표 1-26〉 위험요소별 위험성평가 결과

No.	공종명	위험요소	물적 피해	인적 피해	위험성평가 결과		
					발생 빈도	심각성	위험 등급
1	가설공사-가축도 설치공	하천 내 교각 가설 시 수위상 승에 의한 가도 유실	가도 유실-집중호우 등 외적 요인	빠짐/매몰	2	3	6
2	기초공사-흙막이공	폐합 가시설과 구조물 간의 공간 협소로 이동 중 작업 자 추락	−	떨어짐	2	4	8
3	기초공사-터파기공	A1 확대기초 터파기공사 중 인접 도로(국도 59호선) 침하	인접 도로 침하-기초 터파기 비탈면 간섭	넘어짐	2	2	4
4	상부공사-가설공	전 교량 거더 가설 시 양중 중량 초과로 크레인 넘어짐	건설기계 넘어짐-양중중량 초과	깔림/부딪힘	2	3	6
5	기초공사-흙막이공	R-A교 P1 터파기 시 인접 철도 침하	침하-지반변위	부딪힘	2	2	4
6	상부공사-가설공	상부공사 중 하부도로 차 량 낙하물 피해	차량운행 피해-낙하물	깔림	3	3	9
7	상부공사-가설공	가도폭원 부족으로 가설 크 레인 장비 전도	크레인 전도-가도폭원 부족	깔림	2	4	8
8	상부공사-가설공	PSC BEAM 거치 후 충격 등 에 의해 BEAM 추락	BEAM 추락-고정상태 불량	떨어짐/깔림	2	4	8
9	교량-거푸집 공사	거푸집 동바리 붕괴	거푸집 파손, 동바리 붕괴-연결재 설치 미흡	떨어짐/부딪힘	2	2	4
10	교량-상부공	상부 거더 가설 중 거더 낙하	거더 파손-거더 가설 중 안전관리 미흡	맞음/깔림	2	3	6
11	교량-상부공	PSC 빔 설치 후 안전시설 미비로 빔 거더 간 이동 중 작업자 떨어짐	−	떨어짐	3	4	12

[4단계] 위험성 저감대책 수립

(1) 저감대책 평가

〈표 1-27〉 위험요소 프로파일

No.	해결 단계		저감대책 단계					비고
	설치 단계	시공 단계	제거	대체	기술적 제어	관리적 통제	개인보호구	
B-01	○					○		

No.	공종명	위험요소	위험성					위험요소 저감대책	저감대책 적용 후 위험등급	위험요소 관리주체	위험요소 저감대책 가정/제3자에 의한 저감대책	잔여 위험요소			비고
			물적 피해 (사고결과-사고유발원인)	인적 피해	발생 빈도	심각성	위험 등급					Yes / No	위험 요소 보유자	안전 관리 문서	
B-01	가설공사-가족도 설치공	하천 내 교각 가설 시 수위상승에 의한 가도 유실	가도 유실-집중호우 등 외적 요인	파손/매몰	2	3	6	하천 유수부에 가교 설치	3	설계자	우기 및 홍수 시 가교를 통한 원활한 유수흐름 확보	Yes	시공자	반영	

No.	위험요소				평가 관점과 주요 목적
B-01	하천 내 교각 가설 시 수위상승에 의한 가도 유실				• 홍수 시 가도 유실로 인한 위험요소 산재 • 홍수기 시공을 원칙으로 하고 가교 설치를 통한 위험요소 제거

위험요소(물적 ☑ / 인적 ☑)

대안 1
• 하천 유수부 최대 홍수위를 반영한 가교 설치로 여유 홍수위 확보

대안 2
• 가도에 흡관 설치

대안 평가		안전관리	미관	기술	비용	시간	환경	합계
가중치		0.204	0.070	0.182	0.168	0.134	0.149	0.093
대안 1		유수흐름 확보를 통한 가도 유실 방지	영향 없음	원활한 유수흐름	가설비 증가	영향 없음	수질 오염	총점 2,796
	평가	A	B	A	B	A	A	환산점수 93.2
대안 2		수위저감대책 수립으로 안전성 확보	영향 없음	유수흐름 일부 저해	가설비 일부 증가	영향 없음	수질 오염 (시공 시)	총점 2,521
	평가	A	B	B	B	A	B	환산점수 84.0

평가 : A(3점) - 바람직 B(2점) - 반어틀직 C(1점) - 반어틀일 수 없음

결정	대안 1	대안 2	• 선정된 대안에 대한 위험성평가 : 빈도(1) × 강도(3) = 3
	◎		• 허용수준 만족 여부 : 만족(○), 불만족( )

서명	설계자 (공종별 설계자)		총괄책임자 (대표 설계자)

(2) 잔여 위험요소 관리주체 선정

① 위험요소 관리주체가 설계자 및 시공자인 경우, 설계자는 저감대책을 수립하여 실시설계 도서에 반영

② 설계단계에서 저감대책 수립 후에도 현장에서 위험요소가 완벽히 제거되지 않으므로, 설계 안전성평가 대상 22개 항목을 잔여 위험요소 대상으로 선정하여 시공자가 현장에서 관리할 수 있도록 명시

③ 따라서, 시공자는 설계단계에서 제시한 잔여요소 및 설계 반영사항의 제3자에 의한 저감대책을 참조하여, 해당 공종 착공 전 안전관리문서에 반영

<표 1-28> 위험요소 및 잔여 위험요소별 관리주체 선정 결과

No.	공종명	위험요소	물적 피해	인적 피해	위험요소 관리주체	잔여 위험요소 Yes/No	잔여 위험요소 관리주체
1	가설공사- 가축도 설치공	하천 내 교각 가설 시 수위상 승에 의한 가도 유실	가도 유실- 집중호우 등 외적 요인	빠짐/ 매몰	설계자	Yes	시공자
2	기초공사- 흙막이공	폐합 가시설과 구조물 간의 공간 협소로 이동 중 작업자 추락	-	떨어짐	설계자	Yes	시공자
3	기초공사- 터파기공	A1 확대기초 터파기공사 중 인접 도로(국도 59호선) 침하	인접 도로 침하- 기초 터파기 비탈면 간섭	넘어짐	설계자	Yes	시공자
4	상부공사- 가설공	전 교량 거더 가설 시 양중중량 초과로 크레인 넘어짐	건설기계 넘어짐- 양중중량 초과	깔림/ 부딪힘	설계자	Yes	시공자
5	기초공사- 흙막이공	R-A교 P1 터파기 시 인접 철 도 침하	침하-지반변위	부딪힘	설계자	Yes	시공자
6	상부공사- 가설공	상부공사 중 하부도로 차량 낙하물 피해	차량운행 피해- 낙하물	깔림	설계자	Yes	시공자
7	상부공사- 가설공	가도폭원 부족으로 가설 크 레인 장비 전도	크레인 전도- 가도폭원 부족	깔림	설계자	Yes	시공자
8	상부공사- 가설공	PSC BEAM 거치 후 충격 등에 의해 BEAM 추락	BEAM 추락- 고정상태 불량	떨어짐/ 깔림	설계자	Yes	시공자
9	교량- 거푸집 공사	거푸집 동바리 붕괴	거푸집 파손, 동바리 붕괴- 연결재 설치 미흡	떨어짐/ 부딪힘	설계자	Yes	시공자
10	교량- 상부공	상부 거더 가설 중 거더 낙하	거더 파손- 거더 가설 중 안전관리 미흡	맞음/ 깔림	시공자	Yes	시공자
11	교량- 상부공	PSC 빔 설치 후 안전시설 미 비로 빔 거더 간 이동 중 작업 자 떨어짐	-	떨어짐	설계자	Yes	시공자

(3) 검토 결과

No.	공종명	위험요소 (Hazard)	물적 피해 (사고결과 -사고유발 원인)	인적 피해	위험성(Risk) 발생 빈도	심각성	위험 등급	위험요소 저감대책	저감 대책 적용 후 위험 등급	위험 요소 관리 주체	위험요소 저감대책 가정/ 제3자에 의한 저감대책	잔여 위험요소 Yes / No	위험 요소 보유자	안전 관리 문서	설계 안전성 검토 반영 여부	설계 반영 여부
1	가설공사- 가축도 설치공	하천 내 교각 가설 시 수위상승에 의한 가도 유실	가도 유실- 집중호우 등 외적 요인	빠짐/ 매몰	2	3	6	하천 유실부에 가교 설치	3(L)	설계자	우기 및 홍수 시 가교를 통한 원활한 유수흐름 확보	Yes	시공자	반영	반영	반영/ 첨부자료 구조 No.01
2	기초공사- 흙막이공	폐합 가시설과 구조물 간의 공간 협소로 이동 중 작업자 추락	—	떨어짐	2	4	8	이동식 작업사다리 적용 및 작업자 안전교육 철저	4(M)	설계자	교각 기초작업 시 안전계단 설치에 대한 관리감독 실시	Yes	시공자	반영	반영	반영/ 첨부자료 구조 No.02
3	기초공사- 터파기공	A1 확대기초 터파기공사 중 인접 도로 침하	인접도로 침하- 기초 터파기 비탈면 간섭	넘어짐	2	2	4	흙막이 가시설 적용으로 인접 시설(도로) 침하 방지	2(L)	설계자	기존 도로 침하 관련 정밀계측 실시	Yes	시공자	반영	반영	반영/ 첨부자료 구조 No.03
4	상부공사- 가설공	전 교량 거더 가설 시 양중중량 초과로 크레인 넘어짐	건설기계 넘어짐- 양중중량 초과	낄림/ 부딪힘	2	3	6	작업반경 및 거더 중량을 고려한 양중안전성 확보	3(L)	설계자	장비제원 검토 및 사전 시뮬레이션 수행 후 시공	Yes	시공자	반영	반영	반영/ 첨부자료 구조 No.04
5	기초공사- 흙막이공	R-A교 P1 터파기 시 인접 철도 침하	철도 침하- 지반변위	부딪힘	2	2	4	가시설 (H-Pile+Strut) 공법 적용으로 인접 철도 침하 방지	2(L)	설계자	철도 침하 관련 정밀계측 실시	Yes	시공자	반영	반영	반영/ 첨부자료 구조 No.05

1-4 위험기반검사(RBI ; Risk Based Inspection)

1-4-1 위험기반검사(RBI)의 개요

위험기반검사(RBI)는 유럽 헝가리에서 1980년대 초에 시작된 것으로 알려져 있으며 실용화되어 쓰인 것은 베네룩스 3국에서인 것으로 알려져 있다.

좀 더 현대화된 위험기반검사는 미국기계공학협회(ASME ; American Society of Mechanical Engineers)와 미국석유협회(API ; American Petroleum Institute)가 1980년대 말, 위험기반검사 및 정비기법에 대한 지침서(Guideline on risk-based inspection and maintenance planning methods)를 발간하면서부터이다. 정량적 위험기반검사 프로젝트(RBI Project)는 미국석유협회(API)가 업계와 후원단체의 지원을 받아 1993년 5월부터 본격적으로 시작하였다. 여기서의 목적은 현재의 전통적 위험분석방법으로는 설비에 내재한 위험을 정확히 밝혀내는 데 한계가 있으므로 더욱 정밀한 위험분석법을 찾으려는 데 있었다. 위험기반검사는 검사의 우선순위를 결정하고 검사에 소요되는 자원을 관리하기 위한 기초로서 위험에 기반을 둔 방법이다. 운전 중인 플랜트에는 일반적으로 고위험설비들과 저위험설비들이 서로 혼재, 연관되어 있다. 위험기반검사는 고위험설비에 대해서 보다 높은 수준의 대책을 제시하고 저위험설비에 대해서는 낮은 단계의 대책을 제시하여, 등급별 검사와 관리를 가능케 해 준다.

위험기반검사는 최소한 같은 수준의 위험을 유지하거나 개선하면서 운전시간을 증가시키고 가동되는 관련 공정설비 라인의 수명을 늘리는 데에 목적이 있다. 위험기반검사기법(RBI Method)은 운전 중인 설비의 위험성을 대상 설비의 고장발생가능성(LoF ; Likelihood of Failure)과 사고피해크기(CoF ; Consequence of Failure)를 동시에 고려한 위험의 크기에 따라 낮은 위험으로부터 높은 위험으로 단계가 매겨진 5행 5열의 위험 매트릭스상에서 각 설비의 위험순위가 정해진다. 검사결과 발견된 설비의 결함에 대해서는 적합한 공학적 분석 또는 사용적합성 평가방법을 이용한다. 이 분석법에 기초하여 정비를 할 것인지 또는 계속해서 운전을 할 것인지가 결정된다. 검사하고 보수하여 상태를 변경, 제거하면 설비의 위험성은 현저히 낮아진다는 원리를 이용한 위험성평가기법이다.

간단히 표현하면 위험기반검사는 위험성평가기법을 응용한 기계설비 검사의 최적화 기법이라 할 수 있겠다. 다음 [그림 1-9]는 위험기반검사의 기본 개념도이다.

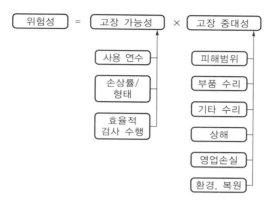

[그림 1-9] 위험기반검사(RBI)의 기본 개념도

1-4-2 위험기반검사(RBI)의 절차

시간과 경제적 이유로 위험성평가절차와 함께 평가의 범위를 최적화해야 한다. 위험성 달성 목표를 고려하여 정성적인 위험성평가까지 실행할 수도 있지만 정량적 위험성평가의 실시가 필요한 경우에도 실행하고자 하는 평가의 기법과 평가모델의 선택에 따라 작업량과 평가의 질이 달라진다. 또한 평가하고자 하는 사고의 수의 증가에 따라 필요한 자료의 양이 많아지고 평가하기가 어려워진다. 평가기법은 사고결과평가, 사고빈도평가, 위험도 산출의 순서에 따라 난이도가 증가한다. 사고결과평가는 비교적 폭넓은 연구결과들이 존재하고 위험물 누출에 대한 여러 가지 발생원에 대한 모델과 분산모델 등도 전산화 등을 통해 잘 정리되어 있다.

위험기반검사(RBI)의 절차는 다음 [그림 1-10]과 같다.

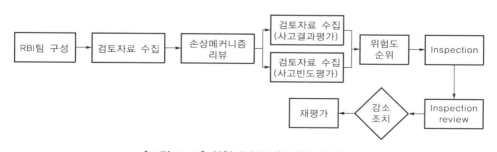

[그림 1-10] 위험기반검사(RBI)의 절차도

검토자료 수집에서는 알려진 위험성이 나타나는 방법과 그 원인이 무엇인지 알아보고, 반대의 영향이 나타날 수 있는지와 이들 잠재위험의 결과도 기록한다. 이 단계에서는 경험, 기술규정, 체크리스트, 상세한 공정지식 등을 이용하는 것이 유용하다.

사고결과평가는 특정 사건에 대한 손실이나 상해를 일으킬 수 있는 잠재력을 계산하는 데에 사용한다.

사고빈도평가 단계에서 과거의 사고자료나 결함수분석(FTA), 사건수분석(ETA) 등과 같은 모델로부터 사고발생의 빈도나 확률을 산출한다.

위험순위도 산출 단계에서는 일정 위험성을 나타내는 사고 및 사고결과와 사고빈도 등을 결합한다. 개별적으로 위험성이 높은 사고를 평가하고 합산하여 전체 위험성을 나타낸다. 또한 평가된 위험성에 대하여 불확정성, 민감도, 평가에 영향을 준 사고의 중요도 등을 반영한다.

끝으로 위험성 산출에서 나온 위험성과 위험성 달성목표를 비교하여 위험성 감소수단이 추가로 필요한지에 따라 이행과 개선을 결정한다.

1-4-3 위험기반검사(RBI)의 수행

위험기반검사(RBI) 수행단계를 구분 정리해 보면 [그림 1-11]과 같다.

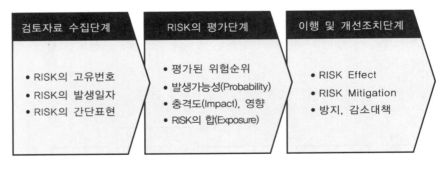

[그림 1-11] 위험기반검사의 수행단계

[제1단계] 검토자료 수집단계

리스크의 고유번호, 발생일자, 간단표현 등을 수집한다. 여기서 발생일자는 리스크가 표면화된 날짜를 말하며, 간단표현은 리스크를 분명하게 규정할 수 있어야 하며 이 리스크를 나타내는 고유번호의 부여로 이루어진다.

(1) 요구 자료

자료를 습득하기 위하여 아래의 항목을 근거하여 자료를 취득할 수 있다.
① 공정 설명서(Process description)
② PFD(Process flow diagrams)
③ P&ID(Piping & Instrumentation Diagrams)
④ 공정 흐름 데이터(Process stream data)
⑤ 배관 사양(Piping specification)
⑥ 재질 자료(Materials of construction)
⑦ 설계 기초자료(Design assumptions & information)
⑧ 배관 목록(Pipe line list)
⑨ 설비 데이터시트(Equipment data sheets)
⑩ 검사 및 유지관리 기록(Maintenance, inspection records)
⑪ 수리 및 변경 기록(Repair and modification records)
⑫ 용기 피복 및 보온 사양(Vessels coating and insulation specifications)
⑬ 기타 설비 관련 자료 등

(2) 유체 자료

입력하여야 할 유체의 정보는 유체번호, 유체명, HCl(Cl-), 산소/산화제, Sulfur, TAN, H_2S, 탄화수소, H_2SO_4, HF, NH_3, MEA, DEA, MDEA, 열안정 아민염, CO_2, NaOH, 수분, CO_3, H_2, 실제유체, 몰분율이다.

(3) 설비 자료

배관, 용기, 회전기계, 밸브에 대하여 자료를 입력하여야 한다.

[제2단계] 리스크의 평가단계

위험도의 순위는 구성된 팀의 주관적인 측정값이고 이는 일정시간 경과 후 재평가되며 그 값은 처음과 달라질 수 있다.

발생가능성(Probability)은 리스크가 실제 일어날 확률로서 백분율로 나타낼 수 있다. 중대성은 리스크 발생 시 부정적 영향의 정도를 나타내며, 극히 나쁨 5, 나쁘지 않음 1로 해서 1~5까지 구분하여 나타낸다. 물론 필요에 따라 10까지 구분할 수도 있다.

리스크의 합(Exposure)은 발생가능성(Probability)과 중대성의 합이다. 예를 들어 하나의 리스크가 발생가능성이 5이고 중대성이 5라면 리스크의 크기(Exposure)는 10이다. 다음 [그림 1-12]는 리스크를 평가한 위험성순위 매트릭스의 예이다. 위험의 크기에 따라 5는 극히 위험, 4는 크게 위험, 3은 보통 위험 그리고 2~1은 저위험으로 크게 5등급으로 나누어 평가한다.

Likelihood of Failure		Consequence of Failure				
5 Almost certain	6 Moderate	7 High	8 High	9 Extreme	10 Extreme
4 Likely	5 Moderate	6 Moderate	7 High	8 High	9 Extreme
3 Possible	4 Low	5 Moderate	6 Moderate	7 High	8 High
2 Unlikely	3 Low	4 Low	5 Moderate	6 Moderate	7 High
1 Rare	2 Low	3 Low	4 Low	5 Moderate	6 Moderate
	1 Insignificant	2 Minor	3 Moderate	4 Major	5 Catastrophic

[그림 1-12] 위험도순위 매트릭스(Risk Ranking Matrix)의 예

[제3단계] 이행 및 개선조치단계

허용될 수 없는 모든 위험성을 대상으로 위험성 감소조치를 수립, 이행하는 단계이다. 다음 〈표 1-29〉는 위험도순위 매트릭스에서 합산된 점수에 따라 취해야 할 이행 및 개선조치를 나타낸다.

〈표 1-29〉 리스크의 점수별 대응방안

리스크 점수		대응방안
9~10	매우 위험	즉시 개선조치 필요
7~8	고위험	개선계획 수립 및 최고전문가 관심 필요
5~6	중위험	특별 감시 및 절차관리 필요, 관리자 책임구체화 필요
2~4	저위험	일상적 절차에 따른 관리

리스크의 영향(Risk effect)은 공정안전보고서(PSM)에 기반하여 검토해 볼 때 아주 중요한 사항이다. 화학공장에서의 위험성은 인화성 물질, 폭발성 물질 또는 유독성 물질의 누출이 되겠고, 영향은 이들 물질들이 탱크나 배관의 구멍 또는 갈라진 틈 또는 펌프나 밸브, 플랜지의 연결부 틈새 등의 경로로 외부누출이 발생했을 때 근로자나 외부의 불특정 다수의 사람에게 어떤 영향을 미칠 수 있느냐를 검토하는 일이다. 누출량은 「안전보건공단」 등이 개발한 「누출량산출모델」을 참고하여 파악할 수 있다.

리스크 완화조치(Risk mitigation)는 설비나 검사기법의 개선, 보호구착용, 비상대피는 물론 환자의 후송 등 까지도 포함한다. 이 경우 위험성 완화조치는 미리 설정한 리스크순위 매트릭스에 따라 위험성이 큰 것부터 감소 또는 완화조치를 수립·이행하는 단계이다. 보수유지의 관점에서 볼 때, 기계설비의 특성상 시간 경과에 따라 고장률의 빈도는 증가한다. 재료, 설비 등의 성능저하가 시간경과에 비례하는 특성 때문이다. 이러한 위험성은 설비나 검사(Inspection) 방법 그리고 기법 개선으로 감소시킬 수 있다.

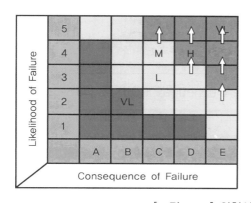
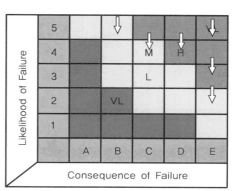

[그림 1-13] 위험성 악화와 감소관계

[그림 1-13]은 위험기반검사에서의 위험성 악화와 감소관계를 나타낸다.
레드존(Red Zone)이나 옐로존(Yellow Zone)에 있는 노후된 설비, 즉 밸브, 플랜지, 배관 등이라 할지라도 적절한 시기에 검사하고 위험성이 파악되면 정비, 교체 등으로 고장의 횟수를 줄일 수 있고 이에 따라 설비의 고장률은 레드에서 옐로 그리고 그린존(Green Zone)의 상태로 개선될 수 있다.

1-4-4 위험기반검사 응용사례

[사례 1] 에틸렌유니트에 대한 위험기반검사

다음 [그림 1-14]는 베네룩스 3국에서 실시한 에틸렌유니트의 2,000여 개 파이프에 대한 검사(Inspection) 전의 위험성평가 매트릭스이다.
검사 전 1,958개 파이프 중 138개의 상태가 안전상 극히 위험한 레드존(Extreme)에 속해 있었고, 위급한 상태는 아니라 하더라도 고위험의 오렌지존(High)에 289개의 파이프 유니트가 있었으며, 개선이 필요한 옐로존(Moderate)에 1,165개의 에틸렌파이프가, 그리고 무시해도 좋은 저위험(Low)군인 그린존(Green Zone)에 366개의 에틸렌파이프 유니트가 분포된 것으로 조사되었다.

Likelihood of Failure	A	B	C	D	E	Totals
5	0	0	0	134	0	134
4	0	2	10	75	4	91
3	0	0	2	15	0	17
2	4	362	372	784	189	1,711
1	0	0	0	5	0	5
Totals	4	364	384	1,013	193	1,958

Consequence of Failure

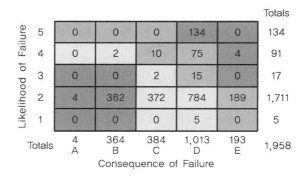

[그림 1-14] 1,958개 에틸렌파이프의 검사 전 위험도순위 매트릭스

다음 [그림 1-15], [그림 1-16]은 에틸렌파이프의 정량적 분석을 위한 자료들이다.

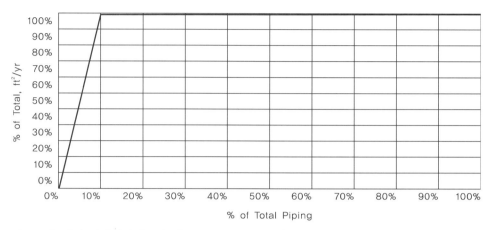

[그림 1-15] 전체 에틸렌파이프와 리스크의 점유율 관계(1,958개 파이프 유니트의 에틸렌 공장)

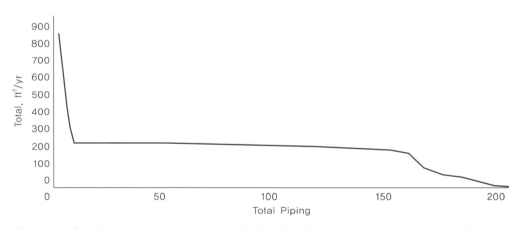

[그림 1-16] 토탈 리스크와 리스크 순위의 상관관계(에틸렌 공장의 리스크 아이템의 상위 10%)

다음 [그림 1-17]은 에틸렌파이프 검사(Ethylene Piping Inspection) 완료 후의 위험성평가순위 매트릭스이다. 극히 위험한 레드존(Extreme) 2개, 위급한 상태는 아니라 하더라도 고위험의 오렌지존(High)에 356개, 개선이 필요한 옐로존(Moderate)에 1,234개의 에틸렌파이프가, 그리고 무시해도 좋은 저위험(Low)의 그린존(Green Zone)에 366개의 에틸렌파이프 유니트가 분포되었다.

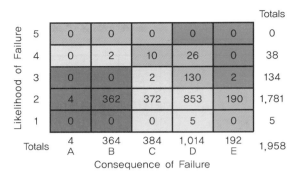

[그림 1-17] 에틸렌파이프 검사 후의 위험도 순위 매트릭스

즉, 에틸렌파이프 유니트의 검사 전, 후의 위험성은 크게 개선되어 극히 위험한 레드존 (Red Zone)의 상태가 2개의 파이프를 제외하고는 거의 해소되었음을 알 수 있다.

매우 위험 : 138units 고위험 : 289units 중위험 : 1,165units 저위험 : 366units	매우 위험 : 2units 고위험 : 356units 중위험 : 1,234units 저위험 : 366units

[사례 2] 해양 유류 및 가스 배관의 위험기반정비(RBM ; Risk-Based Maintenance)

(1) 개요

해양 유류 및 가스 배관에서 어떠한 누출이나 파손사고라도 발생하게 되면 유류나 가스 누출 때문에 해양 생명체에 크나큰 부정적 악영향을 초래하게 되므로 환경문제에 취약하다.

이러한 해양 배관에 대한 고장 보전(Breakdown maintenance)은 배관 관계자에게 매우 많은 비용이 소요될 뿐더러(Cost-intensive) 시간도 많이 걸리는(Time-consuming) 막대한 유형 및 무형의 손실(Tangible and intangible loss)을 초래하고 있다.

이러한 해양 배관 운영을 성공적으로 수행하기 위해 배관 이상유무 모니터링(Pipelines health monitoring) 및 완전성 분석(Integrity analysis) 방안이 많이 연구되었고, RBM(Risk Based Maintenance) 모델은 그 연구결과의 하나이다.

이 RBM 모델은 태국 연안의 실제 유류 및 가스 배관에 대한 적용결과 그 유효성이 입증된 바 있다.

유류 배관 시스템에서 누출 등 사고발생 시 생산성에 부정적 영향은 물론 해양환경에도 엄청난 부정적 악영향을 초래하게 되므로 해양 유류 및 가스 배관 시스템에는 RBI(Risk-Based Inspection) 및 RBM(Risk-Based Maintenance) 방법론이 특히 중요하다.

제안된 모델은 배관 관계자에게는 배관의 이상유무를 역동적으로 분석할 수 있게 하고, 배관사고의 개연성과 심각도(Probability and severity of failure)를 통해 관심 구역에서의 특정한 점검(Specific inspection) 및 보전방법(Maintenance method)을 선택할 수 있도록 도와준다.

(2) 리스크 규명(Risk Identification)

리스크는 모든 성과물과 관련된 불확실성(Uncertainty)이라고 할 수 있는데, "불확실성"은 발생가능한 사건(Event) 또는 사건의 결과 영향의 확률 형태로 나타낼 수 있다. 통상 리스크 매니지먼트는 흔히 비용(Cost) 또는 재정적 평가라는 이름으로 선행되고 있다.

본 연구에서는 해양 배관 시스템의 리스크를 사건의 발생 가능성과 사고 결과 영향의 2가지 측면으로 규명한다.

① 사건발생가능성

발생가능성(Likelihood loop) 측면에서는 배관 사고(Pipeline failure)의 가능성(Probability)을 규명한다. 본 연구에 참여한 배관 관계자들이 규명한 배관 사고를 야기할 수 있는 리스크 요인은 다음과 같다.

㉮ 부식 : 배관 내외부 부식

㉯ 외부의 영향 : 제3자의 행위 및 프리 스팬(Free span)으로 인한 피해

　　㉤ • 선박에서의 앵커 등 중량물 투하 시 배관 접촉으로 파손 또는 위치 이탈 등으로 초래되는 사고

　　　• 프리 스팬(Free span)은 해저에서 배관이 지지되지 않은 상태로 존재하는 구간을 말하는데 Span이 길어질 경우 해류에 의한 배관 손상 우려

㉰ 건설 및 자재 결함 : 부실한 건설 및 불량 자재 사용

㉱ 에러 : 작업자 및 가동 에러

　　㉤ 가동 에러는 배관 가동 중 기계설비 또는 작업절차상 에러

㉲ 기타 : 자연재해

　　㉤ 지진, 폭풍우 등

[그림 1-18]은 이러한 리스크 요인과 부차적 요인(Sub-factor)을 보여주고 있다.

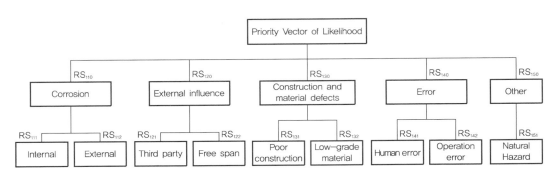

[그림 1-18] 발생가능성 다이어그램

② 사건의 결과영향

사건의 결과영향(Consequence loop) 측면에서는 배관 사고(Pipeline failure)의 영향(Effect)을 규명한다. 배관 사고로 인한 영향(Impact)은 다음의 요인들에 의거 결정된다.

㉮ 경제적 손실(Economic loss) : 총 배관 내 재고량(Reserve), 가동률, 유량, 예상되는 제품손실, 배관의 기능 관련 사항 등

㉯ 환경 및 사회적 영향 : 생태계에 미치는 중대성, 사람에게 미치는 중대성, 누출량 및 영향 면적

리스크 요인들로 인한 영향은 배관 내 재고량이 많을수록, 가동률이 클수록 더 커진다. 또 누출로 인한 제품 손실은 배관의 직경과 길이에 좌우되는데 직경이 크고 배관길이가 길수록 배관 파손 시 그 영향은 더욱 심해지게 된다. 그리고 배관 사고가 발생되면 동 사고 배관으로부터 유류 및 가스 제품을 공급받는 많은 산업체는 물론 생태계에 미치는 영향도 심각해진다.

유출된 제품의 유종이 무엇인가에 따라 영향의 중대성이 달라진다.

그 밖에도 바람, 해류 등에 영향을 받게 된다.

사건의 결과영향 관련 부차적 요인(Sub-factor)으로서 자연재해와 관계된 것은 평가하기가 어렵다. 따라서 본 연구에서는 선발된 전문가들의 경험과 의견을 기초로 부차적 요인들의 평가를 실시하였다.

[그림 1-19]는 이러한 리스크 요인과 부차적 요인의 관계를 보여주고 있다.

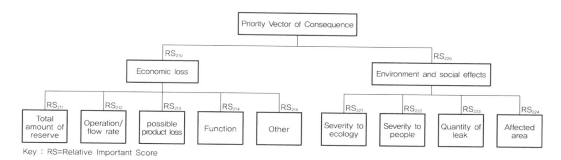

[그림 1-19] 결과영향 다이어그램

(3) 리스크 분석(Risk analysis)

연구에 참여한 6명의 15년 이상 경력 작업자들이 AHP(Analytic Hierarchy Process)를 참조하여 리스크 요인을 평가하였다.

사건의 발생가능성 측면과 결과영향 측면에서의 결과를 〈표 1-30〉 및 〈표 1-31〉에서 각각 보여주고 있다.

〈표 1-32〉는 부차적 요인(Sub-factor)들에 대한 총 상대 중요도 점수(TRS ; Total Relative importance Score) 값을 보여준다.

〈표 1-30〉 위험요인들의 발생가능성(빈도)

가능요인	작업자						평균값	표준편차	%변동계수
	1	2	3	4	5	6			
Corrosion	0.508	0.443	0.572	0.524	0.558	0.441	0.508	0.056	10.957
Internal corrosion	0.875	0.857	0.900	0.875	0.900	0.857	0.877	0.019	2.195
External corrosion	0.125	0.143	0.100	0.125	0.100	0.143	0.123	0.019	15.703
External influence	0.131	0.106	0.069	0.277	0.273	0.141	0.166	0.088	52.825
Third party activity	0.667	0.500	0.500	0.750	0.875	0.800	0.682	0.156	22.932
Free span	0.333	0.500	0.500	0.250	0.125	0.200	0.318	0.156	49.169
Construction and material defect	0.115	0.337	0.050	0.060	0.070	0.089	0.120	0.109	90.255
Poor construction	0.333	0.889	0.750	0.667	0.833	0.250	0.620	0.267	43.010
Low-grade material	0.667	0.111	0.250	0.333	0.167	0.750	0.380	0.267	70.285
Error	0.196	0.072	0.193	0.095	0.061	0.288	0.151	0.089	59.263
Human error	0.500	0.875	0.667	0.750	0.875	0.833	0.750	0.147	19.563
Operation error	0.500	0.125	0.333	0.250	0.125	0.167	0.250	0.147	58.689
Other (natural hazard)	0.049	0.043	0.116	0.044	0.037	0.041	0.055	0.030	55.181

〈표 1-31〉 위험요인들의 중대성(강도)

중대성	작업자						평균값	표준편차	%변동계수
	1	2	3	4	5	6			
Economic loss	0.500	0.100	0.167	0.875	0.125	0.800	0.428	0.350	81.722
Total amount of reserve	0.093	0.052	0.066	0.040	0.068	0.076	0.066	0.019	28.389
Operation/flow rate	0.518	0.477	0.363	0.516	0.157	0.105	0.356	0.184	51.669
Possible product loss	0.229	0.288	0.106	0.100	0.297	0.214	0.206	0.086	41.614
Function	0.067	0.151	0.389	0.295	0.434	0.561	0.316	0.184	58.138
Other	0.093	0.032	0.075	0.048	0.043	0.044	0.056	0.023	41.414
Environmental and social effects	0.500	0.900	0.833	0.125	0.875	0.200	0.572	0.350	61.093
Severity to ecology	0.052	0.295	0.284	0.178	0.270	0.179	0.210	0.093	44.354
Severity to people	0.054	0.534	0.071	0.049	0.430	0.638	0.296	0.269	90.764
Quantity of leak	0.247	0.040	0.165	0.677	0.082	0.143	0.226	0.232	102.948
Affected area	0.647	0.131	0.480	0.095	0.218	0.040	0.268	0.241	89.994

Notes : 표준편차(SD)는 데이터의 분포측정으로 쓰이며, 다음과 같이 계산된다.

$$SD = \sqrt{\sum_{i=1}^{n}(x_i - \overline{X})^2 / n - 1}$$

변동계수(%CV)는 데이터의 분포측정으로 쓰인다. 일반적으로 최소한 데이터 2세트 이상 비교되며, 변동계수는 다음과 같이 계산된다.

$$\%CV = (SD / X) \times 100$$

〈표 1-32〉 총 상대 중요도 점수(Total relative importance score)

	RS	TRS	Rank
〈가능요인(가능성)〉			
부식	0.508		
내부 부식	0.877	0.446	1
외부 부식	0.123	0.062	5
외부 영향	0.166		
제3자 활동	0.682	0.113	2
프리 스팬	0.318	0.053	7
구조, 재료 결함	0.120		
부실 구조	0.620	0.074	4
저급 재료	0.380	0.046	8
에러	0.151		
휴먼 에러	0.750	0.113	2
작동 에러	0.250	0.038	9
기타	0.055		
불가항력	1.000	0.055	6

	RS	TRS	Rank
〈심각성(중대성)〉			
경제적 손실	0.428		
전체 보유량	0.066	0.028	8
운전/흐름률	0.356	0.153	3
가능한 제품 손실	0.206	0.088	7
기능	0.316	0.135	4
기타	0.056	0.024	9
환경, 사회영향	0.572		
생태환경 심각성	0.210	0.120	6
인체 심각성	0.296	0.169	1
누출량	0.226	0.129	5
영향받는 면적	0.268	0.154	2

① 배관상태 분석

상기 결과들은 연구대상인 배관들의 상태를 판정하는 데 이용된다. 본 연구조직에서는 15개 유전과 함께 네트워크(Network)로 구성된 96개 배관을 분석하였다. 이 분석을 위해 수집된 배관 정보는 다음 〈표 1-33〉과 같다.

〈표 1-33〉 배관 정보

1. 파이프 명칭	11. 내부 공정 온도
2. 시작점, 끝점	12. 내부 공정 압력
3. 직경	13. 설계 압력
4. 파이프 길이	14. 시험 압력
5. 벽 두께	15. 시험 일자
6. 설치 일자	16. 내부 검사
7. 파이프 형식	17. 외부 검사
8. 재질	18. 부식률
9. 코팅 무게	19. 전체 보유량
10. 유속	20. 파이프 용적

배관의 상태는 객관적 및 주관적 판단에 의거 판정되었다.

㉮ 주관적 판단

배관 수가 너무 많았기 때문에 AHP(Analytic Hierarchy Process) 방법을 사용하기 위해서 전문가들은 직접 무게를 계량(Direct weighting)함으로써 배관을 평가하였다.

직접계량은 〈표 1-34〉에서 설명한 십분위계량(Ten-point scale)에 기반을 두고 실시하였다. 주관적 판단에 이용되는 부차적 요인들에는 배관 내외부 부식, 제3자의 행위, 프리 스팬(Free span), 부실한 건설, 불량 자재, 작업자 및 가동 에러, 자연재해, 배관의 기능, 부작용, 생태계 및 인체에 끼치는 영향 등이 있다.

〈표 1-34〉 직접계량 십분위계량

계량값	가능성	중대성	비 고
10	The event will occur	Strongly recommended (strongly important)	Maximum value
8	There is a strong possibility that the event will occur	Recommended (important)	
6	There is a possibility that the event will occur	Considerable (moderate important)	
4	There is a slight possibility that the event will occur	Acceptable (slightly important)	
2	It is highly unlikely that the risk event will occur	Negligible (low important)	
1	This sub-factor is not a cause of pipeline failure	Not important	Minimum value

Note : Intermediate and two decimal numbers can be used

㉴ 객관적 판단

객관적 판단에 이용되는 부차적 요인들에는 총 배관 내 재고량, 가동률, 예상되는 제품손실, 손실량(Quantity of loss)이 있다. 이 부차적 요인들은 기존 배관 정보를 이용하여 평가될 수가 있다. 주관적 판단에서처럼 객관적 판단도 배관의 최대값(Maximum value)에서 해당 배관들의 가치가 차지하는 몫에 따라 점수를 부여하는 십분위계량(Ten-point scale)에 기반을 두고 실시한다. 그런데 최대값이란 것은 대개 명확히 규정할 수 없으므로, 최대값을 점수를 부여하는 근거로 사용한다면 해당 점수는 잘 배분되지 않게 될 수도 있다. 이 문제를 해결하기 위해 "95퍼센타일(95th Percentile, 95번째 백분위수)"을 산정 근거로 이용한다. 객관적 판단을 위해 사용되는 각 부차적 요인의 점수 범위는 〈표 1-35〉와 같다.

〈표 1-35〉총 상대 중요도 점수(Total relative importance score)

순 위	95퍼센타일	전체량(gas) (BCF)	유속(gas) (MMscfd)	손실가능성 (ft³)	누출량 (ft³)
		Maximum value			
		660.20	273.79	1,486,428.66	1,486,428.66
		95th percentile			
		146.10	132.73	364,265.42	364,265.42
		Range of value			
10	>90	>131.49	>119.46	>327,838.88	>327,838.88
9	80~90	116.88~131.49	106.18~119.46	−	−
8	70~80	102.27~116.88	92.91~106.18	−	−
7	60~70	87.66~102.27	79.64~92.91	−	−
6	50~60	73.05~87.66	66.36~79.64	−	−
5	40~50	58.44~73.05	53.09~66.36	−	−
4	30~40	43.83~58.44	39.82~53.09	−	−
3	20~30	29.22~43.83	26.55~39.82	−	−
2	10~20	14.61~29.22	13.27~26.55	−	−
1	<10	<14.61	<13.27	<36,426.54	<36,426.54

객관적 판단을 하기 위해서 전문가들은 각 부차적 요인별로 모든 배관들에 점수를 매겨야 한다. 객관적 판단에서는 모든 배관에 대한 점수 부여는 〈표 1-35〉의 점수 범위를 활용하여 배관 가치를 비교함으로써 계산된다.

배관의 무게는 다음의 식을 이용하여 산정된다.

〈산정 예〉

배관 6″ PL4

$$W_{111(6''PL4)} = \left[\frac{S_{111(6''PL4)}}{\sum S_{111(for\ all\ \pi\ pelines)}} \right] \times TRS_{111} \quad \cdots\cdots\cdots\cdots (1)$$

$$W_{(ERCLE)} = \sum_{a}\sum_{b}\sum_{c} \left[W_{abc(6''PL4)} \right] \quad \cdots\cdots\cdots\cdots (2)$$

여기서, 111 : 내부 부식

abc : 루프(Loop)요인과 부차적(Sub)요인([그림 1-18] 및 [그림 1-19])에 사용된 코드(Code)

S : 전문가 또는 객관적 판단에 의거 부여된 점수이다.

그 결과는 〈표 1-36〉과 〈표 1-37〉에 보여주며, 〈표 1-36〉과 〈표 1-37〉은 고장가능성(Likelihood of failure)과 고장중대성(Consequence of failure) 측면에서 각각 최초 10여 개 우선 선정된 배관들의 부차적 요인 및 총무게(W, Total weight)를 감안한 것이다.

〈표 1-36〉 발생가능성에 대한 상대 중요도 점수(Total Relative importance Score ; TRS)

Item	Name	Internal ($\times10^{-2}$)	External ($\times10^{-2}$)	Third party activity ($\times10^{-2}$)	Free span ($\times10^{-2}$)	Poor construc-tion ($\times10^{-2}$)	Low-grade material ($\times10^{-2}$)	Human error ($\times10^{-2}$)	Operation error ($\times10^{-2}$)	Act of god ($\times10^{-2}$)	Total score ($\times10^{-2}$)	Rank
18	10″ PL8	0.598	0.065	0.147	0.069	0.076	0.047	0.115	0.042	0.057	1.216	3
19	10″ PL9	0.598	0.065	0.126	0.059	0.076	0.047	0.115	0.042	0.057	1.185	4
21	10″ PL11	0.598	0.065	0.126	0.059	0.076	0.047	0.115	0.042	0.057	1.185	4
22	10″ PL12	0.523	0.065	0.147	0.069	0.076	0.047	0.115	0.042	0.057	1.141	9
24	10″ PL14	0.598	0.065	0.126	0.059	0.076	0.047	0.115	0.042	0.057	1.185	4
32	10″ PL22	0.523	0.065	0.147	0.069	0.076	0.047	0.115	0.042	0.057	1.141	9
47	10″ PL37	0.523	0.065	0.147	0.069	0.076	0.047	0.115	0.042	0.057	1.141	9
48	10″ PL38	0.523	0.065	0.147	0.069	0.076	0.047	0.115	0.042	0.057	1.141	9
55	10″ PL45	0.672	0.065	0.105	0.049	0.076	0.047	0.115	0.035	0.057	1.222	2
64	10″ PL54	0.598	0.065	0.105	0.049	0.082	0.051	0.115	0.042	0.057	1.164	8
88	16″ PL24	0.672	0.065	0.105	0.049	0.076	0.047	0.115	0.037	0.057	1.225	1
87	16″ PL23	0.523	0.065	0.168	0.079	0.076	0.047	0.115	0.035	0.057	1.166	7

〈표 1-37〉 결과영향에 대한 상대 중요도 점수(Total Relative importance Score ; TRS)

Item	Name	Total amount of reserve ($\times10^{-2}$)	Oprera-tion rate ($\times10^{-2}$)	Possible Product loss activity ($\times10^{-2}$)	Function ($\times10^{-2}$)	Other ($\times10^{-2}$)	Severity to ecology ($\times10^{-2}$)	Severity to people ($\times10^{-2}$)	Quantity of leak ($\times10^{-2}$)	Affected area ($\times10^{-2}$)	Total score ($\times10^{-2}$)	Rank
10	8″ PL3	0.088	0.055	0.226	0.216	0.029	0.158	0.265	0.331	0.246	1.613	6
33	10″ PL23	0.088	0.055	0.226	0.220	0.030	0.161	0.264	0.331	0.245	1.619	5
65	16″ PL1	0.009	0.111	0.322	0.149	0.027	0.133	0.155	0.473	0.157	1.534	9
70	16″ PL6	0.053	0.443	0.193	0.142	0.026	0.127	0.155	0.284	0.166	1.589	8
80	16″ PL16	0.053	0.443	0.193	0.128	0.027	0.127	0.172	0.284	0.166	1.593	7
84	16″ PL20	0.088	0.554	0.322	0.177	0.025	0.096	0.187	0.473	0.116	2.038	2
92	18″ PL1	0.035	0.388	0.322	0.157	0.027	0.133	0.149	0.473	0.147	1.832	4
93	18″ PL2	0.044	0.499	0.322	0.149	0.027	0.130	0.163	0.473	0.144	1.952	3
96	24″ PL3	0.088	0.554	0.322	0.186	0.027	0.113	0.181	0.473	0.111	2.055	1
87	16″ PL23	0.009	0.333	0.226	0.149	0.027	0.113	0.155	0.331	0.147	1.509	10

분석결과 3상배관(Three-phase lines)이 사고발생가능성 측면에서 가장 취약한 것으로 나타났는데, 그 이유는 그 배관들은 석유제품 내에 물을 함유하고 있기 때문이다. 용존산소, 황화수소는 금속과 반응하여 배관 내부 부식을 초래한다. 대형 가스배관들은 사고의 결과영향 측면에서 볼 때 사고 시 다량의 유류 및 가스가 유출되므로 가장 취약하다. 그러나 누출과 파열의 강도는 배관 내의 재고량, 가동률과 유량 등에 좌우된다. 3상 및 응축제품 배관은 사회적, 환경적 관점에서 취약하다.

〈표 1-36〉과 〈표 1-37〉에서 알 수 있는 바와 같이 고장발생가능성에서 우선순위가 높은 것이 고장의 결과영향 측면에서는 그렇지 않을 수 있음을 알 수 있다. 그러므로 고장발생가능성과 고장결과영향 측면의 각 단독자료만으로는 어느 배관을 최우선적으로 보수하여야 할 것인지 찾아낼 수가 없다.

고장발생가능성과 고장결과영향 측면의 분석은 별개로 고려할 수 없으므로 그 다음 단계는 이들을 묶어 보도록 한다.

각 배관에는 우선순위(〈표 1-38〉 참조)에 기초하여 새로운 점수를 부여한다.

〈표 1-38〉 위험도 점수

Percentile of priority(percent)	Priority number	Risk score
1st~10th(first 10percentile)	1~9	10
11th~20th	10~19	9
21st~30th	20~28	8
31st~40th	29~38	7
41st~50th	39~48	6
51st~60th	49~57	5
61st~70th	58~67	4
71st~80th	68~77	3
81st~90th	78~86	2
91st~100th(last 10percents)	87~96	1

그 원리는 고장발생가능성 및 고장결과영향의 리스크 점수 2개의 값을 서로 곱함으로써 계산하는 것이다. 각 배관의 리스크 등급(Risk category)은 리스크 매트릭스([그림 1-20])에서 정한다.

Category of Risk	Range of Risk Value	Color in Risk
Critical	90~100	
High risk	80~89	
Medium to High risk	60~79	
Medium risk	30~59	
Low to Medium risk	10~29	
Low risk	1~9	

Note : Risk value = Rank score of likelihood × Rank score of consequence

10	2	2	1	1	0	0	1	2	0	0
9	3	2	0	1	0	0	2	0	1	1
8	3	1	0	0	0	0	2	1	2	0
7	1	1	0	2	0	0	3	0	2	1
6	0	2	1	1	0	0	2	1	3	0
5	0	1	2	1	0	0	1	0	1	3
4	0	1	0	1	0	0	4	1	1	2
3	0	1	0	1	0	0	4	1	1	2
2	1	0	1	1	0	0	5	0	1	1
1	0	0	1	0	0	0	7	0	0	2

Risk Score of Likelihood

[그림 1-20] 리스크 매트릭스

모든 배관들에 대한 사고발생가능성 및 사고결과영향 측면의 리스크 점수(Risk score)는 〈표 1-39〉에 보여주고 있다.

〈표 1-39〉 리스크 등급 요약

	Dia.	Risk category						Sum
		Low	Low-medium	Medium	Medium-high	High	Critical	
Three-phase	10″	13	23	14	–	–	–	50
	16″	–	2	9	9	2	1	23
	18″	–	–	1	–	1	–	2
Condensate	6″	–	6	1	–	–	–	7
	8″	–	3	–	–	–	–	3
	10″	–	2	–	–	–	–	2
Gas	10″	2	–	–	–	–	–	2
	16″	3	1	–	–	–	–	4
	24″	2	1	–	–	–	–	3
		20	38	25	9	3	1	96

리스크 등급(Risk category)은 2개의 리스크 점수(Risk score)를 곱한 결과로 정의되며, 〈표 1-39〉와 [그림 1-20](리스크 매트릭스)에서 보여주고 있다.

리스크 매트릭스에 있는 수치는 각 등급에 속하는 배관들의 수이다.

〈표 1-39〉에서 보면 Medium-high, High, Critical 등급에 해당하는 배관들은 3상 배관이다. 그 이유는 3상 배관은 배관 내부 부식의 기본 요소인 물을 함유하고 있고, 배관 내부 부식은 배관 사고를 발생시키는 주요인이기 때문이다.

(4) 보전계획

평가된 위험순위 매트릭스에 따른 위험성 감소조치는 그 양이 방대하여 본 사례에서는 생략하였다.

1-5 위험성평가지원시스템(KRAS ; Korea Risk Assessment System) 활용법

1-5-1 사업장 위험성평가 개요

사업장 위험성평가는 2013년 6월 12일 산업안전보건법 '제41조의 2(위험성평가)'가 제정되어 1년에 한번 이상 정기적으로 사업장 위험성평가를 실시하도록 제도화되었다. 동 규정에 따르면 사업주는 건설물, 기계·기구, 설비, 원재료, 가스, 증기, 분진 등에 의하거나 작업행동, 그 밖에 업무에 기인하는 유해·위험요인을 찾아내어 위험성을 결정하고 그 결과에 따라 법에서 정하는 조치를 하여야 하며, 근로자의 위험 또는 건강장해를 방지하기 위하여 필요한 경우에는 추가적인 조치를 하도록 하고 있다. 사업장 위험성평가는 근로자 수나 사업장의 규모 등에 따른 예외규정이 없어 유해·위험요인을 보유한 제조업, 건설업, 서비스업 등 모든 사업장에서 실시해야 한다.

사업장 위험성평가 제도는 ILO(국제노동기구)에서는 1981년, EU 연합은 1989년, 영국은 1992년, 일본에서는 1996년부터 위험성평가를 실시하고 있다.

우리나라는 산업안전보건의 선진화계획에 따라 위험성평가 제도에 대한 연구를 2004년부터 시작하였으며, 2010년부터 2012년까지 위험성평가 시범사업을 실시, 실효성을 검증하고 2013년 산업안전보건법을 개정하여 본격 시행하고 있다.

위험성평가지원시스템(KRAS)은 사업장에서 위험성평가를 효율적으로 수행하도록 지원하기 위해 구축한 온라인 위험성평가 시스템으로, 사업장의 업종별 위험성평가 표준모델과 위험성평가 사례, 위험성평가 가상체험 프로그램 등 위험성평가와 관련된 많은 자료와 정보 등을 제공하고 있다. 이 시스템은 산업안전보건공단 홈페이지에서 접속이 가능하며, 근로자 수 100명 미만의 사업장이 위험성평가 우수사업장으로 인정받으려면 이 시스템에서 위험성평가를 실시하여야 한다.

1-5-2 위험성평가 절차 및 방법

다음 [그림 1-21]은 위험성평가 절차 및 방법을 보여준다.

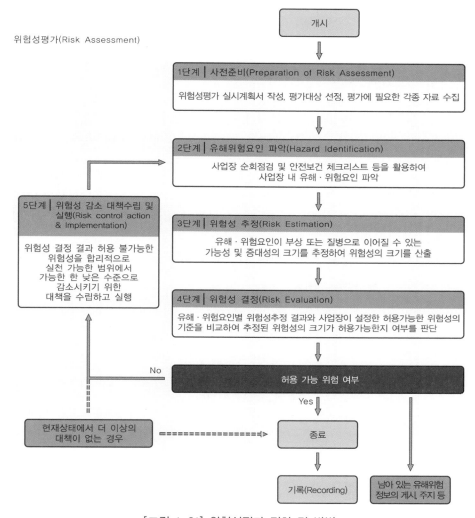

[그림 1-21] 위험성평가 절차 및 방법

위험성평가의 단계는 사전준비, 유해 · 위험요인 파악, 위험성 추정, 위험성 결정 및 위험성 감소대책의 수립 및 실행 등으로 위험성평가의 단계별 주요 내용은 다음과 같다.

[제1단계] 사전준비

위험성평가의 첫번째 단계는 사전준비 단계로서 고용노동부고시 '사업장 위험성평가에 관한 지침'을 참조하여 아래의 사항들을 위험성평가 실시규정으로 정하여야 한다.

① 평가의 목적 및 방법

② 평가 담당자 및 책임자의 역할

③ 평가시기 및 절차

④ 주지방법 및 유의사항

⑤ 결과의 기록보존

위험성평가는 과거에 산업재해가 발생한 작업, 사고가 발생이 예견 가능한 것은 모두 위험성평가의 대상으로 한다. 다만, 매우 경미한 부상 또는 질병만을 초래할 것이 명백히 예상되는 것에 대해서는 제외할 수 있다.

'위험성평가 실시규정'예는 오른쪽 QR코드를 스캔하여 다운로드 받을 수 있다. 예를 참조하여 해당 사업장의 실정에 맞게 변형하여 사용하면 된다.

다만, 규정의 내용은 '사업장 위험성평가에 관한 지침'에서 요구하는 내용은 포함하여야 한다.

위험성평가
실시규정(고시)

실시 규정에서 가장 중요한 것은 위험성평가를 실시하고 관리하기 위한 조직을 구성하고 각 구성원별로 적절히 역할을 분담하여 위험성평가를 실시하는 것이다.

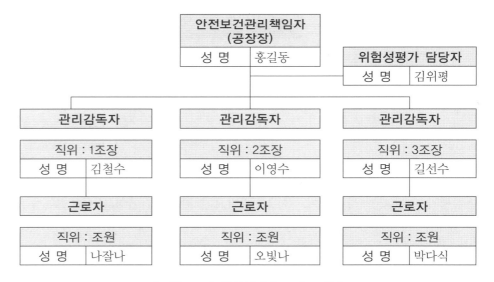

[그림 1-22] 위험성평가 조직도 예시

〈표 1-40〉 조직의 역할과 책임

조 직	역할과 책임(권한)

안전보건관리
책임자
(사업주 또는 공장장)
	위험성평가의 총괄 관리
	• 사업주의 의지 구현
	  − 방침과 추진목표를 문서화하고 게시
	  − 실시계획서 작성 지원
	  − 위험성평가 실행을 위한 조직구성과 역할 부여
	• 위험성평가 사업주 교육 이수
	• 예산지원 및 산업재해예방 노력
	• 무재해운동 참여 및 작업 전 안전점검활동 독려

관리감독자 (위험성평가담당자와 겸직 가능)	**위험성평가 실시** • 유해·위험요인을 파악하고 위험성 추정 및 결정 • 위험성 감소대책의 수립 및 실행 • 위험성평가 실시시기, 절차와 내용 • 책임과 권한 인지 및 이행
근로자(작업자) (위험성평가담당자와 겸직 가능)	**위험성평가 참여** • 담당업무와 관련된 위험성평가 활동에 참여 • 담당업무에 대한 안전보건수칙 및 위험성평가결과 감소대책 확인 • 비상상황에 대한 대비 및 대응방법 숙지 • 출입허가절차 및 위험한 장소 인지
위험성평가 담당자 (관리감독자 및 근로자와 겸직 가능)	**위험성평가의 실행 관리 및 지원** • 위험성평가 담당자 교육 이수 • 위험성평가 실시규정 수립 및 실행 • 안전보건정보 수집 및 재해조사 관련 자료 등을 기록 • 근로자에게 위험성평가 교육을 실시하고 기록 유지 • 위험성평가 검토 및 결과에 대한 기록, 보관

[제2단계] 유해·위험요인 파악

사전준비, 즉 위험성평가 실시규정을 만들었으면, 다음으로 유해·위험요인을 파악한다. 사업장 위험성평가에서 가장 중요한 단계라고 할 수 있다. 유해·위험요인을 찾기 위해서는 다음의 방법 중 1가지 이상을 사용하도록 고시에 규정되어 있다.

① 사업장 순회점검에 의한 방법

② 청취조사에 의한 방법

③ 안전보건자료에 의한 방법

④ 안전보건 체크리스트에 의한 방법

⑤ 그 밖에 사업장의 특성에 적합한 방법

이 방법 중 순회점검은 반드시 실시하여야 한다. 안전관련 업무에 경험과 지식이 충분한 경력자의 경우는 유해·위험요인 파악에 비교적 쉽게 접근할 수 있다. 하지만, 공정경험이 전무한 신입사원이나 신규입사자 등은 눈에 보이지 않는 잠재 유해·위험요인을 찾는 것이 어려우므로 다음의 체크리스트를 참고하여 찾는 것을 권장한다.

〈표 1-41〉 점검목록

1	기계적인 위험성
1a	기계적 동작에 의한 위험(예 압착, 절단, 충격 등)
1b	이동식 작업도구에 의한 위험(예 전기톱, 핸드그라인더, 착암기 등)
1c	운반수단 및 운반로에 의한 위험(예 적하 시 안전, 표시, 경사로 등)
1d	표면에 의한 위험(예 돌출, 뾰족한 부분, 미끄러운 부분, 뜨거운 부분 등)
1e	통제되지 않고 작동되는 부분에 의한 위험(예 로봇, 자동화설비 등)
1f	미끄러짐, 헛디딤, 추락 등에 의한 위험
2	전기에너지에 의한 위험성
2a	전압, 감전 등에 의한 위험
2b	고압활선 등에 의한 위험
3	위험물질에 의한 위험성
3a	눈, 피부 접촉에 의한 피해
3b	독성물질 흡입
3c	금속과 접촉에 의한 부식
3d	누출로 인한 환경오염 등
4	생물학적 작업물질에 의한 위험
4a	유기물질에 의한 위험(예 발효가스 생성, 미생물 증식 등)
4b	유전자조작물질에 의한 위험(예 생물 실험실 작업 중 인체감염 등)
4c	알레르기, 유독성 물질에 의한 위험(예 취급물질 접촉에 따른 알레르기 발생 등)
5	화재 및 폭발의 위험성
5a	가연성 물질에 의한 화재위험(예 넝마, 종이부스러기, 기름 묻은 걸레 등)
5b	폭발성 물질에 의한 위험(예 LPG, LNG, 화약 등)
5c	폭발력 있는 유증기에 의한 위험(누출된 휘발유 등)
6	열에 의한 위험
6a	뜨겁거나 차가운 표면에 의한 위험(예 용광로, 건조로 등)
6b	화염, 뜨거운 액체, 증기에 의한 위험(예 용접기, 스팀 보일러 등)
6c	냉각가스 등에 의한 위험(예 CO_2, 암모니아 등)
7	특수한 신체적 영향에 의한 위험
7a	청각장애를 유발하는 소음 등에 의한 위험(예 착암기, 85dB 이상)
7b	진동에 의한 위험(예 착암기 등)
7c	이상기압 등에 의한 위험(예 잠수작업, 압력탱크 작업 등)

8	방사선에 의한 위험
8a	뢴트겐선, 원자로 등에 의한 위험
8b	자외선, 적외선, 레이저 등에 의한 위험
8c	전기자기장에 의한 위험
9	**작업환경에 의한 위험**
9a	실내온도, 습도에 의한 위험
9b	조명에 의한 위험(예 75lux 이하 등)
9c	작업면적, 통로, 비상구 등에 의한 위험
10	**신체적 부담에 의한 위험**
10a	인력에 의한 중량물 이동으로 인한 위험(예 5Kg 이상 인력 취급 작업)
10b	강제적인 신체 자세에 의한 위험
10c	불리한 장소적 조건에 의한 동작상의 위험
11	**심리적 부담에 의한 위험**
11a	잘못된 작업조직에 의한 부담
11b	과중·과소 요구에 의한 부담
11c	조직 내부적 문제로 인한 부담
12	**불충분한 정보, 취급 부주의에 의한 위험**
12a	신호·표시 등의 불충분으로 인한 위험
12b	정보부족으로 인한 위험
12c	취급상의 결함 등으로 인한 위험
13	**그 밖의 위험**
13a	개인용 보호장구 사용에 관한 위험
13b	동물·식물의 취급상 위험
13c	기타

안전·보건 전문가라 하더라도 체크리스트를 활용하면 미처 생각지 못한 유해·위험요인도 발굴할 수 있다.

[제3단계] 위험성 추정

위험성 추정이란 2단계에서 파악한 유해·위험요인들의 위험정도가 어느 정도인지 평가하는 것이다.

위험성은 피해의 발생 가능성(빈도)과 중대성(강도)의 조합이다. 위험성평가 지원시스템(KRAS)에서는 여러 방법 중 '곱셈법'을 지원하고 있으며 다음과 같이 산정한다.

위험성(RISK) = 가능성(빈도) × 중대성(강도)

KRAS에서 '가능성×중대성' 구분은 '3×3'과 '5×4' 단계로 구분하고 있다. 정확하고 합리적인 위험성평가를 위해서는 '5×4' 단계를 선택하는 것이 좋다. 다음 〈표 1-42〉와 〈표 1-43〉의 예시를 보고 사고의 발생가능성과 중대성을 KRAS 수행자가 객관적으로 평가할 수 있도록 위험성평가 실시규정에 기준표를 만들어 놓아야 한다.

〈표 1-42〉 가능성(빈도) 예시

구 분	가능성	기 준
최상	5	피해가 발생할 가능성이 매우 높음 해당 안전대책이 되어 있지 않고, 표시 · 표지가 없으며, 안전수칙 · 작업표준 등도 없음
상	4	피해가 발생할 가능성이 높음 가드 · 방호덮개, 기타 안전장치를 설치하였으나 해체되어 있으며, 안전수칙 · 작업표준 등은 있지만 지키기 어렵고 많은 주의를 해야 함
중	3	부주의하면 피해가 발생할 가능성이 있음 가드 · 방호덮개 또는 안전장치 등은 설치되어 있지만, 작업불편 등으로 쉽게 해체하여 위험영역 접근, 위험원과 접촉이 있을 수 있으며, 안전수칙 · 작업표준 등은 있지만 일부 준수하기 어려운 점이 있음
하	2	피해가 발생할 가능성이 낮음 가드 · 방호덮개 등으로 보호되어 있고, 안전장치가 설치되어 있으며, 위험영역에 출입이 곤란한 상태이고, 안전수칙 · 작업표준(서) 등이 정비되어 있고 준수하기 쉬우나, 피해의 가능성이 남아 있음
최하	1	피해가 발생할 가능성이 매우 낮음 가드 · 방호덮개 등으로 둘러싸여 있고 안전장치가 설치되어 있으며, 위험영역에의 출입이 곤란한 상태 등 전반적으로 안전조치가 잘 되어 있음

〈표 1-43〉 중대성(강도) 예시

구 분	중대성	기 준
최대	4	사망 또는 장애발생 사망 또는 영구적으로 근로불능으로 연결되는 부상 · 질병(업무에 복귀 불가능), 장애가 남는 부상 · 질병
대	3	휴업 필요(부상/질병) 휴업을 수반하는 중대한 부상 또는 질병(일정 시점에서는 업무에 복귀 가능(완치 가능)
중	2	휴업 불필요(부상/질병) 응급조치 이상의 치료가 필요하지만 휴업이 수반되지 않는 부상 또는 질병
하	1	비치료 처치(치료) 후 바로 원래의 작업을 수행할 수 있는 경미한 부상 또는 질병(업무에 전혀 지장이 없음)

위의 기준표는 정해진 것은 아니고 사업장 여건에 맞게 합리적으로 변형하여 사용이 가능하다.

분기법은 사고의 발생가능성과 중대성을 다음 [그림 1-23]과 같이 단계적으로 분기해 나가는 방법으로 위험성(Risk)을 추정한다.

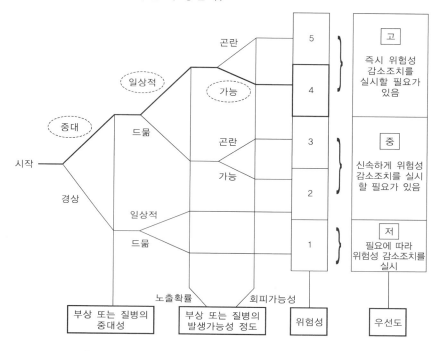

[그림 1-23] 분기법에 의한 위험성(RISK) 추정(예시)

[제4단계] 위험성 결정

위험성 결정 단계에서는 '제3단계'에서 추정한 위험성(Risk)이 허용 가능한 수준인지를 결정하는 단계이다. '사업장 위험성평가에 관한 지침'에서 위험성의 기준을 사업장 자체적으로 설정해 두도록 규정하고 있다.

사업장에 존재하는 모든 위험성을 완전히 없애는 것은 거의 불가능하다. 위험성평가의 목적은 모든 위험성을 제거하는 것이 아니라, 파악된 위험성(Risk) 중 감소조치가 필요한 수준의 위험에 대해 적절한 안전대책을 수립하여 허용가능한 수준의 위험수준으로 위험성을 낮출 수 있는 감소대책을 수립하고 실행하는 데 그 목적이 있다.

즉 위험성 결정은 추정된 위험성(Risk)이 허용 가능한(Acceptable) 수준인지 여부를 판단하는 단계이다. 동일한 한 가지의 위험에 대한 판단은 사람에 따라 달라질 수 있다.

주관성이 많이 개입될 수 있으므로 최대한 자의적인 결정이 되지 않도록 유의하여야 한다. 위험성 결정은 사업장의 특성과 여건에 따라 기준을 달리할 수 있다. 곱셈식의 위험성 결정은 다음 〈표 1-44〉와 같은 기준을 제정하여 결정한다.

〈표 1-44〉 위험성 결정 예시(5×4)

위험성 크기		허용 가능 여부	개선방법
16~20	매우 높음	허용 불가능	즉시 개선(작업 중지)
15	높음		1개월 이내 개선
9~12	약간 높음		3개월 이내 개선
8	보통		1년 이내 개선
4~6	낮음	허용 가능	필요에 따라 개선
1~3	매우 낮음		

가능성(빈도) \ 중대성(강도)	최대(4)	대(3)	중(2)	하(1)
최상(5)	20	15	10	5
상(4)	16	12	8	4
중(3)	12	9	6	3
하(2)	8	6	4	2
최하(1)	4	3	2	1

위험성 결정은 '제3단계'에서 정하는 방법 이외에 위험성 기준을 근로자와 협의하여 별도로 정할 수 있다. 즉, 허용 가능한 위험성의 수준과 위험성 감소대책을 수립하고 실행하여야 할 위험성의 수준을 구분하여 결정한다.

[제5단계] 위험성 감소대책 수립 및 실행

'제4단계'에서 결정된 위험성이 허용 가능한 수준이라면 해당 위험성평가 결과에 대해 기록을 함으로써 위험성평가의 과정은 종료가 된다. 하지만, 결정된 위험성이 감소조치가 필요한 수준이라면 위험성 감소대책을 수립하여야 한다.

위험성 감소조치 수립·실행 시에는 다음의 사항을 고려해야 한다.

① 위험성의 크기가 큰 것부터 우선적으로 감소대책을 수립한다.

② 안전보건상 중대한 문제가 있는 것은 즉시 실시하여야 한다.

③ 산업안전보건법 등에 규정된 사항이 있는 경우에는 반드시 실시해야 한다.

④ 감소대책 수립에는 다음 [그림 1-24]의 순서대로 대책을 고려해야 한다.

1	〈본질적(근원적) 대책〉 위험한 작업의 폐지·변경, 유해·위험물질 또는 유해·위험요인이 보다 적은 재료로의 대체, 설계나 계획단계에서 위험성을 제거 또는 저감하는 조치

⇩

2	〈공학적 대책〉 인터록, 안전장치, 방호덮개, 국소배기장치 등

⇩

3	〈관리적 대책〉 매뉴얼 정비, 출입금지, 노출관리, 교육훈련, 감시인 배치 등

⇩

4	〈개인보호구 사용〉 본질적 대책, 공학적 대책, 관리적 대책을 취하더라도 제거·감소할 수 없었던 위험성에 대해서만 실시

[그림 1-24] 감소대책 수립 고려 순서

위험성 감소대책을 수립하고 실행한 후, 해당 대책이 적절하고 위험성이 허용 가능한 수준인지 위험성 추정을 다시 해야 한다. 위험성이 허용 가능 수준으로 감소되지 않은 경우 추가적인 감소대책을 수립한다.

[제6단계] 기록

이러한 위험성평가의 전 과정은 실시규정과 위험성평가서로써 기록을 해야 한다. 고용노동부고시 '사업장 위험성평가에 관한 지침'에서 위험성평가 결과의 기록에 대해 지침을 정해 놓고 있다. 따라서 위험성평가를 실시하였더라도 그 결과물에 대해 기록을 남겨 놓지 않을 경우에는 위험성평가를 미실시한 것으로 판단할 수 있다.

위험성평가 결과물에는 평가대상 작업, 파악된 유해·위험요인, 추정된 위험성(크기), 실시한 감소대책의 내용 등이 포함되어야 한다. 이러한 결과물은 추후 실시할 위험성평가의 참고자료로서 유용하게 사용될 수 있다. 또한, 안전보건교육자료로서 활용 가능하며, 새로운 기계·설비 등의 도입 시 참고하는 등 안전기술의 축적에 기여할 수 있다. 결과 기록물은 3년간 보존하여야 하며, 최초 평가서는 영구보존하는 것을 권장한다.

KRAS는 유해·위험요인이 있는 모든 사업장이 사업장 위험성평가를 실시해야 함에 따라 안전전문 인력이 충분하지 않은 소규모 사업장의 위험성평가 실시를 돕기 위해 안전보건공단이 개발한 "온라인 기반의 위험성평가 지원시스템"이다.

홈페이지 주소는 'http://kras.kosha.or.kr'로서 엣지와 크롬을 지원한다.

[그림 1-25] KRAS 메인화면

KRAS를 사용하기 위해서는 메인화면 좌측 상단의 회원가입을 클릭하고 회원가입을 하여야 한다. 회원가입 메뉴로 들어가서 '일반회원'과 '사업장 회원' 둘 중 하나를 선택하면 된다. 둘의 차이점은 KRAS 상에서 '위험성평가 인정신청'을 할 수 있느냐, 없느냐이다. 회원가입 후 메인화면에서 '위험성평가 실시'를 클릭하고 '위험성평가(5단계) 방법'과 '체크리스트 방법' 중 하나를 선택하여 위험성평가를 시작할 수 있다. 위험성평가의 각 단계를 넘어가기 위해서는 단계마다 빠짐없이 모든 항목을 입력해야 다음 단계로 넘어갈 수 있으며, 수시로 저장 버튼을 눌러야 함을 잊지 말아야 한다.

구체적인 KRAS의 사용법은 아래 QR코드를 스캔하면 다운로드하여 볼 수 있다.

KRAS 표준모델
사용자 매뉴얼

KRAS
5단계 동영상

KRAS
체크리스트 동영상

1-5-3 위험성평가의 실시시기

위험성평가는 최초평가, 수시평가 및 정기평가로 구분하여 실시한다.

〈표 1-45〉 위험성평가 실시시기

최초평가	• 2015년 3월 12일 이전(기존 사업장) • 설립일로부터 1개월이 되는 날까지(신규 사업장) • 1개월 미만의 기간 동안 이루어지는 작업 또는 공사의 경우 작업 또는 공사 개시 후 지체 없이 실시
정기평가	위험성평가의 결과에 대한 적정성을 1년마다 정기적으로 재검토. 재검토 결과 허용 가능한 위험성 수준이 아니라고 검토된 유해·위험요인에 대해서는 제12조에 따라 위험성 감소대책을 수립하여 실행하여야 한다. • 기계·기구, 설비 등의 기간 경과에 의한 성능 저하 • 근로자의 교체 등에 수반하는 안전·보건과 관련되는 지식 또는 경험의 변화 • 안전·보건과 관련되는 새로운 지식의 습득 • 현재 수립되어 있는 위험성 감소대책의 유효성 등
수시평가	• 사업장 건설물의 설치·이전·변경 또는 해체 • 기계·기구, 설비, 원재료 등의 신규 도입 또는 변경 • 건설물, 기계·기구, 설비 등의 정비 또는 보수(주기적·반복적 작업으로서 정기평가를 실시한 경우에는 제외) • 작업방법 또는 작업절차의 신규 도입 또는 변경 • 중대산업사고 또는 산업재해(휴업 이상의 요양을 요하는 경우에 한정한다) 발생 • 그 밖에 사업주가 필요하다고 판단한 경우

사업장의 상시적인 위험성평가를 위해 다음 각 호의 사항을 이행하는 경우 수시평가와 정기평가를 실시한 것으로 본다.

1. 매월 1회 이상 근로자 제안제도 활용, 아차사고 확인, 작업과 관련된 근로자를 포함한 사업장 순회점검 등을 통해 사업장 내 유해·위험요인을 발굴하여 위험성결정 및 위험성 감소대책 수립·실행할 것
2. 매주 안전보건관리책임자, 안전관리자, 보건관리자, 관리감독자 등(도급사업주의 경우 수급사업장의 안전·보건 관련 관리자 등을 포함한다)을 중심으로 제1호의 결과 등을 논의·공유하고 이행상황을 점검할 것
3. 매 작업일마다 제1호와 제2호의 실시결과에 따라 근로자가 준수하여야 할 사항 및 주의하여야 할 사항을 작업 전 안전점검회의 등을 통해 공유·주지할 것

1-5-4 KRAS 응용사례

위험성평가 실시사례는 안전보건공단의 위험성평가지원시스템(KRAS) 홈페이지 자료실이나 아래의 QR코드를 스캔하여 다운로드 받을 수 있다.

사업장 위험성평가 우수사례(○○물류, ○○○기술, ○○도시공사)

[사례 1] 비철금속의 정련작업

(1) 사전준비사항

① 조직의 구성 및 역할

구성원	역 할	비 고
총괄관리 책임자	1. 위험성평가에 대한 사업주의 의지를 방침과 목표를 문서화하고 전 직원이 알 수 있도록 게시	
	2. 위험성평가 실시계획서 제(개)정 및 운영 　1) 실시 목적 및 방법, 실시 연간계획 및 시기 등 사업장 특성에 반영 　2) 위험성평가 실시계획서를 작성하도록 지원하기 위하여 회의 장소 지정, 예산지원, 회의참석	
	3. 사업주 위험성평가 관련 교육을 이수	
	4. 유해·위험요인 설비 개선 비용 또는 안전보건관련 예산을 직원 당 2만원 이상을 편성하고 계획대로 집행 실시	
	5. 중대재해 또는 중대산업사고를 예방하기 위하여 노력	
	6. 동종업종 사업장 재해율 이하로 관리	
위험성평가 담당자	1. 위험성평가 실시 공고문을 게시판에 공고	
	2. 위험성평가 담당자 교육을 이수	
	3. 해당 공정 작업에 대한 위험성평가표 최초 작성	
	4. 위험성평가기법 숙지	
	5. 안전보건정보를 수집하여 재해조사 관련 자료 등을 기록	
	6. 근로자에 대한 안전교육 실시 및 기록	
	7. 현장 위험성평가 검토 및 결과에 대한 기록 및 보관	
	8. 평가 결과에 대한 개선 계획을 평가부서와 협조하여 확정	
보건관리자	1. 위험성평가 관련 회의 또는 토론회를 분기별 최소 1회 이상 개최하며 기록을 작성	
	2. 관련 부서에 관련하여 안전보건교육 실시	

구성원	역 할	비 고
관리감독자	1. 위험성평가 실시 주기 및 위험성평가 결과 유해·위험요인 및 개선할 사항 파악하고 개선사항을 도출	
	2. 산업재해를 예방하기 위한 관련 내용을 파악하고 안전보건과 관련한 이슈 사항을 필요시마다 사업주, 임원에게 보고하며 근로자에게 전달	
	3. 안전보건회의에 정기적으로 참여하며 안전보건 절차에 따라 회의결과 등을 이행	
	4. 위험성평가서 검토 및 위험성평가 등급에 관해 조언	
안전담당자	1. 담당 업무를 수행할 때 유해·위험요인 파악이나 개선 제안 등 적극적인 안전보건 활동에 참여	
	2. 담당 업무와 관련된 위험성평가에 참여	
	3. 담당 업무에 대한 안전보건수칙, 위험성평가 결과 감소대책을 숙지	
	4. 사업장의 산업재해 및 안전보건 관련 정보를 제공받은 내용을 숙지	
	5. 유해·위험요인이 있는 공정 및 작업에 접근할 때 사전에 충분한 설명을 듣고 인지	
	6. 비상상황에 대한 대비 및 대응 방법 등을 인지	

② 위험성평가 계획 수립

㉮ 정기 및 수시 평가

위험성평가는 최초평가, 수시평가 및 정기평가로 구분하여 실시하여야 하며 최초평가 및 정기평가는 전체작업을 대상으로 한다.

㉯ 수시평가의 실시 시기

• 사업장에 건설물의 설치, 이전, 변경 또는 해체 시

• 기계, 기구, 설비, 원재료 등의 신규 도입 또는 변경 시

• 건설물, 기계, 기구, 설비 등의 정비 또는 보수 시

• 작업방법 또는 작업절차의 신규 도입 또는 변경 시

• 중대산업사고 또는 산업재해(휴업 이상의 요양을 요하는 경우에 한정) 발생 시

• 위에서 열거한 것 외에 건설물, 설비, 원재료, 가스, 증기, 분진 등에 의하거나 작업행동 기타 업무에 기인한 유해·위험요인에 변화가 있거나 있을 우려가 있을 시

㉰ 정기평가의 실시 시기

정기평가는 최초평가 후 사업장 전반에 대해 매년 정기적으로 검토를 실시한다. 이 경우 다음의 사항을 고려한다.

• 기계, 기구, 설비 등의 기간 경과에 의한 성능 저하

- 근로자의 교체 등에 수반하는 안전보건과 관련되는 지식 또는 경험의 변화
- 안전보건과 관련되는 새로운 지식의 습득
- 현재 수립되어 있는 위험성 감소대책의 유효성 등

③ 실시의 주지방법

위험성평가 실시에 대한 홍보 및 실시결과에 대해 직원 및 근로자에게 다음과 같이 주지시킨다.

㉮ 위험성평가 실시 홍보방법
- 최고경영자가 안전보건행사 등에서 구성원에게 홍보 및 주지
- 근로자가 읽을 수 있도록 사내 회보에 공지

㉯ 위험성평가 실시 결과에 대한 주지방법
- 위험성평가표를 현장 내 게시
- 사업장 내 근로자 및 협력업체의 구성원이 언제라도 열람할 수 있도록 상태 유지
- 사업장 내 정기 안전보건교육 시 안전담당자가 구두로 전달

(2) 업종별 공정 · 설비 · 물질 구분

사업장명	○○공장	사업주명	한가한
업 종	제조업	근로자수	61명
주 소	강원도 정선군 신동읍 ○○리 26-17		
참여자			

평가진행기간 : 2013.06.11 ~

업종 중분류	제조업	공정 개요	
업종 소분류	합금철		
공정 분석			

No.	공정명	공정 설명	설 비	물 질
1	원재료 투입	개별 원재료를 덤핑호퍼로 투입	페이로더	원재료
2	이송 및 계량	투입된 원재료를 호퍼로 이송	컨베이어벨트, 계량설비	〃
3	전기로 투입	계량된 원재료 투입	컨베이어벨트, 전기로	혼합 원재료
4	용융	투입된 원재료를 전기로에서 정하여진 시간 용융	〃	반제품 상태
5	출탕	Tapping 작업	착암기, 주선기, 호이스트	Fe-Mn-HC 제품 출탕
6	파쇄	출하제품 규격에 맞게 파쇄작업	크러셔, 호이스트	Fe-Mn-HC 완제품
7	포장 및 출하	포장된 제품 상차하여 출하 시킴	호이스트, 페이로더	Fe-Mn-HC 완제품
8				

(3) 위험성평가

① 위험성평가 1

위험성평가표

공정 분류		유해·위험요인 파악 (합금철 제조)			관련 근거 법규/노출기준 등	현재 안전보건조치	세부 분류 현재 위험성 가능성(빈도)	중대성(강도)	위험성 1	NO.	원재료 투입 감소대책 세부 내용
구분	분류	분류	원인	설 명							
1	기계(설비)적 요인	1.1	협착위험 부분	혼합실 청소 시 몸통에 협착위험이 있음	안전보건규칙 제87조	1. 방호장치	하 (1)	중 (2)	낮음 (2)	1-1.1	1. 관계자 외 출입금지 표지판 설치
		1.3	기계(설비)의 낙하, 비래, 전복, 붕괴, 전도위험 부분	제품 적재 시 제품 중임(근로자)로 비의 제품 낙하 시 위험 노출	안전보건규칙 제180조 [헤드가드]	1. 로더 헤드 가드	하 (1)	소 (3)	낮음 (3)	1-1.3	1. 낙출부 가이드 설치
		1.4	충돌위험 부분	페이로더 추진 시 근로자 및 건물, 이동차량과의 충돌 위험	안전보건규칙 제179조	1. 후진경보 설비	하 (1)	중 (2)	보통 (2)		1. 사내 제한운전속도 표지판 설치
				제품 계량 시 작업자가 로더와의 충돌사고	안전보건규칙 제172조	1. 1차 작업대 설치	중 (2)	상 (3)	높음 (6)	1-1.4	1. 작업대를 더 길게 설치
5	화학(물질)적 요인	3.5	교체(분진)	원료 이동라인 혼합실 청소 작업 시 교체 분진에 의한 노출	안전보건규칙 제422조 [관리대상유해물질과 관계되는 설비]	1. 집진시설 설비 1. 안전보호구 (방진마스크)	하 (1)	중 (2)	낮음 (2)	1-3.5	1. 1급 방진마스크 지급
6	작업특성 요인	5.4	근로자 실수 (휴먼에러)	동절기 혼합실 계단을 올라갈 때나 내려올 때 미끄럼 주의	안전보건규칙 제3조 [전도의 방지]	1. 계단 발판에 미끄럼 방지 장치	하 (1)	상 (3)	보통 (3)	1-5.4	1. 줄임 시 신발 눌림이게 설치 2. 안전표지판 설치
7											

② 위험성평가 2

위험성평가표

공정 분류 구분	유해·위험요인 파악 (합금철 제조)			관련 근거 (법규/노출 기준 등)	현재 안전보건조치	세부 분류 2 현재 위험성			이송 및 계량 (감소대책)	
	분류	원인	설 명			가능성 (빈도)	중대성 (강도)	위험성	NO.	세부 내용
1	기계(설비)적 요인 1.1	협착위험 부분	1. 손 등 신체부위가 말려 들어갈 위험이 있음	안전보건규칙 제87조	1. 방호장치 설치	하 (1)	중 (2)	낮음 (2)	2-1.1	1. 출입제한표지
2	기계(설비)적 요인 1.5	넘어짐(미끄러짐, 걸림, 헛디딤)	1. 계단을 오르내릴 시 위험에 노출됨	안전보건규칙 제3조 [전도의 방지]	1. 계단 발판에 미끄럼 방지 장치	하 (2)	중 (2)	보통 (4)	2-1.5	1. 출입 시 신발 눌림이게 설치 2. 안전표지판 설치
3	화학(화학물질)적 요인 3.5	교체(분진)	1. 밀폐공간의 원재료 이동이나 분진이 발생할 수 있음	안전보건규칙 제422조 [관리대상유해 물질과 관계되는 설비]	1. 집진시설 설비 2. 안전보호구 (방진마스크)	하 (1)	중 (2)	낮음 (3)	2-3.5	1. 1급 방진마스크 지급
4	작업특성 요인 5.1	소음	1. 계량 시에 소음이 발생	안전보건규칙 제513조	1. 귀마개 착용	하 (2)	중 (2)	낮음 (4)	2-5.1	1. 호퍼 글래스(Hopper glass)을 설치하여 보온 및 차음
5	작업환경 요인 6.2	조명	1. 막혀 있는 공간이라 조명이 없는 곳은 위험물 발견이 어려울 수 있음	안전보건규칙 제21조	1. 조명 설치	중 (2)	중 (2)	보통 (4)	2-6.2	1. 조명 보강 설치
6										
7										

원 자 료 투 입

③ 위험성평가 3

위험성평가표

공정 분류			유해·위험요인 파악 (함금철 제조)		관련 근거 (법규/노출기준 등)	현재 안전보건조치	세부 분류 현재 위험성			개선 대책 (전기로 투입)	
구분	분류	번호	원인	설명			가능성(빈도)	중대성(강도)	위험성	NO.	세부 내용
1	기계(설비)적 요인	1.1	협착위험 부분	1. 손 등 신체부위가 말려 들어갈 위험이 있음	안전보건규칙 제87조	1. 방호장치 설치	하 (1)	중 (2)	낮음 (2)	3-1.1	1. 출입제한표지
2		1.3	기계(설비)의 낙하, 비래, 전복, 붕괴, 전도위험 부분	1. 1~4층부터 호이스트로 운반하는 작업이 있음	안전보건규칙 제14조	1. 난간대 및 접근금지 방호장치	하 (2)	중 (2)	보통 (4)	3-1.3	1. 접근금지 난간대 설치
3		1.5	넘어짐 (미끄러짐, 걸림, 헛디딤)	1. 작업현장의 정리정돈이 안 되어 있음, 도구에 의하여 걸려 넘어질 수 있음	안전보건규칙 제3조	1. 장애물 없도록 청결상태 유지	하 (1)	중 (2)	낮음 (2)	3-1.5	1. 교육 철저
4		1.6	추락위험 부분 (개구부 등)	1. 1~4층까지 호이스트가 올라가면서 추락위험함 발생		1. 난간대 설치	중 (2)	중 (2)	보통 (4)	3-1.6	1. 난간대를 더 높이 설치함
5	화학(물질)적 요인	3.2	증기	1. 출탕 시 수증기 발생	안전보건규칙 제559조	1. 주선기 스크러버 설치	중 (2)	중 (2)	보통 (4)	3-3.2	1. 습배기장에 스크러버 연결하여 수증기 집진 2. 냉각수 주수 금지
6		3.5	고체(분진)	1. 작업현장 어디에서나 분진 발생위험이 있다고 판단	안전보건규칙 제422조 [관리대상유해물질과 관계되는 설비]	1. 집진기 2. 개인용 방진마스크	중 (2)	하 (1)	낮음 (2)	3-3.5	1. 1급 방진마스크 지급
7		3.9	복사열/폭발과대열	1. 출탕작업 시 열에 노출	안전보건규칙 제572조	1. 개인별 방열복 지급	중 (2)	중 (2)	보통 (4)	3-3.9	1. 출탕로에 모음 담아 열을 차단시킴

원재료 투입

④ 위험성평가 4

위험성평가표

공정 분류		함금철 제조					세부 분류				2		전기로 투입	
		유해·위험요인 파악					현재 위험성						감소대책	
구 분	분 류	원 인	설 명	관련 근거		현재	가능성	중대성	위험성	NO.		세부 내용	
				법규/노출 기준 등	안전보건조치	(빈도)	(강도)					
1	작업특성 요인	5.1	소음	1. 겨울철 주산기 작동 시 소음	안전보건규칙 제513조	1. 정기적 물러 교체	하 (1)	하 (1)	낮음 (1)	3-5.1	1. 물 주수 금지시킴
2		5.4	근로자 실수 (휴먼에러)	1. 전기로 작업자는 야간에 개 인보호구 착용을 소홀히 할 수 있음		1. 안전보호구 지적 확인 (터치앤드콜 실시)	중 (2)	중 (2)	보통 (4)	3-5.4	1. 전기로(3대) 작업에 안전담당자 지정·운영
3											
4											
5											

원 재 료 투 입

⑤ 위험성평가 5

위험성평가표

공정 분류				관련 근거	현재	현재 위험성			개선대책	
	합금철 제조									
	세부 분류							1		
	유해·위험요인 파악			법규/노출 기준 등	안전보건조치	가능성 (빈도)	중대성 (강도)	위험성	NO.	세부 내용
구분	분류	원인	설명							
1	기계(설비)적 요인 1.5	넘어짐(미끄러짐, 걸림, 헛디딤)	1. 겨울철 1층에서 2층 이동 시 계단이 외부에 노출되어 있어 미끄러워 넘어질 수 있음		1. 바닥을 익스 펜드트메탈 로 설치	상 (3)	중 (2)	높음 (6)		1. 계단 상부에 지붕을 설 치하여 근본적으로 사 고 방지
2	전기적 요인 2.2	아크	1. 노 상부가 열에 노출되어 복사열을 보는 배 눈이 피로감 이 올 수 있음		1. 각 곳에 문을 설치하여 차 단시킴	중 (2)	하 (1)	낮음 (1)		1. 차광막이 붙은 안전모 로 전체 교환
3										
4										
5										
6										
7										

위험평가

⑥ 위험성평가 6

위험성평가표

공정 분류 구분	유해·위험요인 파악 (함금철 제조)			관련 근거 법규/노출 기준 등	현재 안전보건조치	세부 분류 현재 위험성			NO.	감소대책 (출탕) 세부 내용
	분류	원인	설명			가능성 (빈도)	중대성 (강도)	위험성	1	
1	기계(설비)적 요인	1.5 넘어짐(미끄러짐, 걸림, 헛디딤)	출탕작업 시 주변 정리정돈이 되어 있지 않아 위급할 시 미끄러지거나 넘어질 수 있음		1. 수시로 정리정돈 실시	중 (2)	중 (2)	보통 (4)		1. 개인용 보호구 도구함 설치 2. 부식 교체 시 정리정돈 실시
2		3.2 증기	출탕작업 시 냉각수를 주수하면서 수증기 발생		1. 스크러버 설치	하 (1)	하 (1)	낮음 (1)		
3	화학(물질)적 요인	3.5 고체(분진)	작업현장 어디에서나 분진 발생위험이 있다고 판단		1. 집진기 2. 개인용 방진 마스크	중 (2)	하 (1)	낮음 (2)		
4		3.8 화재/폭발	출탕작업 시 용탕이 출탕으로 인하여 화재 및 폭발의 위험이 있음		1. 건식 출탕	중 (2)	중 (2)	보통 (4)		1. 건식 출탕 부분이 응비을 설치하여 발생할 수 있는 위험성을 막음
5										
6										
7										

⑦ 위험성평가 7

위험성평가표

공정 분류 구분			유해·위험요인 파악		관련 근거	현재 안전보건조치	세부 분류 현재 위험성			파쇄 감소대책	
합금철 제조	분류		원인	설명	법규/노출 기준 등		가능성 (빈도)	중대성 (강도)	위험성	NO.	세부 내용
1	기계(설비)적 요인	1.1	협착위험 부분	1. 작업자와 로더의 협착 사고 위험			중 (2)	상 (3)	높음 (6)		1. 작업자가 올라갈 수 있는 작업대 설치
2		1.5	넘어짐(미끄러짐·걸림·헛디딤)	1. 스크린을 새로 제작하면서 난간대 설치 부실		1. 난간대 설치	중 (2)	중 (2)	보통 (4)		1. 난간대 보수
3	화학(물질)적 요인	3.5	교체(분진)	1. 파쇄과정으로 인한 분진 발생 가능		1. 집진기 2. 개인보호구 (방진마스크)	하 (1)	중 (2)	낮음 (2)		
4	작업특성 요인	5.1	소음	1. J/C 파쇄로 인한 소음 발생		1. J/C 외벽 판 넬 시공 2. 개인보호구 (귀마개)	중 (2)	중 (2)	보통 (4)		
5		5.3	진동	1. 스크린 개조로 인한 진동이 다소 세졌음			중 (2)	중 (2)	보통 (4)		1. 스크린과 작업대 분리
6		5.7	중량물 취급	1. 베틸과 슬레그의 분리작업 중 중량물 취급		1. 호이스트로 작업	하 (1)	하 (1)	낮음 (1)		
7											

⑧ 위험성평가 8

위험성평가표

공정 분류			합금철 제조			세부 분류				포장 및 출하	
	유해·위험요인 파악			관련 근거	현재	현재 위험성				감소대책	
구분	분류	원인	설명	법규/노출기준 등	안전보건조치	가능성(빈도)	중대성(강도)	위험성 1	NO.	세부 내용	
1	기계(설비)적 요인	1.4 충돌위험 부분	1. 호이스트로 상차 시 작업자와 제품의 충돌위험			중(2)	중(2)	보통(4)			
2		1.5 넘어짐(미끄러짐, 걸림, 헛디딤)	1. 상차하는 곳과 작업장 턱이 높아서 위험할 수 있음		1. 없음	중(2)	중(2)	보통(4)		1. 이동발판 설치	
3	작업특성 요인	5.7 중량물 취급	1. 중량물 이동 시 위험		1. 없음	중(2)	중(2)	보통(4)		1. 안전표지판 설치	
4											
5											
6											
7											

원재료 투입

[사례 2] 자동차부품 제조업

(1) 위험성평가 개요

1. 사업장 개요

사업자명		대표자	
주요 생산품	자동차부품 제조	근로자수	
평가일자	2018. 10. 17.	평가자	각 현장 부서 책임자 및 현장 근로자

공 정 도

공정명	원자재 입고/적재	가공반	도장반	검사 및 포장	출하	그 외 작업
공정 사진						
공정 설명	• 화물차에서 철제류 입고 • 크레인을 이용하여 원자재(코일)를 적재장소로 운반하는 작업	프레스 및 용접 등으로 가공	하루 평균 25,000EA의 천작도장이 가능하며, 총 8종의 행거를 사용하여 DUST COVER/유압조정장치 브라켓을 주로 도장	• 완성된 부품 육안검사 • 최종 완성된 부품을 포장	제품 출하	설비 정비작업 등
주요 기계·기구	화물차, 지게차, 천장크레인, 통행로	천장크레인, 프레스/절단, 산업용 로봇, 리프트, 지게차, 보행지게차, 체인컨베이어, 통행로	호이스트, 보일러, 건조로, 폐수처리장, 행거운반, 통행로	절단용 수공구, 통행로, 지게차	화물차, 지게차, 통행로	압력용기, 인력에 의한 수공구, 통행로, 컴프레서, 압축기(스크류)
유해·위험 물질	—	분진, 소음	분진, 소음			—
유해·위험 요인	전도, 충돌, 낙하, 협착, 부딪힘	전도, 충돌, 낙하, 끼임, 말림, 감김, 호흡기질환, 근골격계질환	전도, 충돌, 낙하, 끼임, 말림, 감김, 호흡기질환, 근골격계질환	낙하, 충돌, 전도, 협착	전도, 충돌, 낙하, 협착, 부딪힘	전도, 협착, 말림, 근골격계질환

(2) 위험정보

업종명	그 외 자동차용 신품 부품 제조업 외 4종	생산품	자동차부품 제조
원(재)료	자동차부품	근로자수	

안전보건상 위험정보
(업종명 : 그 외 자동차용 신품 부품 제조업 외 4종)

공정(작업) 순서	기계·기구 및 설비		유해화학물질			기타 안전보건정보
	기계·기구 및 설비명	수 량	화학물질명	취급량/월	취급시간	
1. 원자재 입고/보관	화물차, 지게차, 천장크레인					
2. 가공	천장크레인, 프레스, 프레스펀치/절단, 산업용 로봇, 리프트, 지게차, 보행지게차, 체인컨베이어					
3. 도장	호이스트, 보일러, 건조로, 폐수처리장, 행거블러					
4. 검사 및 포장	절단용 수공구, 지게차					
5. 출하	화물차, 지게차					
6. 그 외 작업	압력용기, 보일러, 인력에 의한 수공구, 롱헬로, 집포제자, 압축기(스크랩)					

기타 안전보건정보

1. 작업표준, 작업절차에 관한정보
   • 공정별 작업지도서(지게차, 프레스공정 등)
2. 기계·기구 및 설비의 사양서
   • 지게차, 크레인, 프레스, 컨베이어 외
   • 압력용기, 보일러 등
3. 물질안전보건자료 등의 유해·위험요인에 관한 정보
   •
4. 도급(일부, 전부 또는 혼재작업(유■, 무□)
5. 재해사례, 재해통계 등에 대한 정보
6. 근로자 건강검진 유무(유■, 무□)
7. 근로자 구성 및 성력 특성
   여성 근로자■　　1년 미만 미숙련자■
   고령 근로자■　　비정규직 근로자■
   외국인 근로자■　　장애 근로자■
8. 교대작업 유무(유■, 무□)
9. 운반수단(기계■, 인력)
10. 안전작업허가증 필요작업 유무(유■, 무□)
11. 중량물 인력 취급 시 단위중량물(5kg) 및 취급형태
    (들기■, 밀기■, 끌기■)
12. 작업에 대한 특별안전보건교육 필요 유무(유■, 무□)
13. 작업환경측정 측정 유무(측정■, 미측정□, 해당무□)

(3) 평가기준

※ 위험도 = (1) 사고발생 가능성 × (2) 사고의 중대성

(1) 작업시간

구분	빈도 수준	내 용
최하	1	3개월마다(연 2~3회)
하	2	가끔(하루 또는 주 2~3일)
중	3	자주(1일 4시간 미만)
상	4	계속(1일 4시간 이상)
최상	5	초과 근무(1일 8시간 이상)

(2) 사고결과의 중대성

구분	강도 수준	내 용
소	1	• 아차사고 또는 경상 • 휴업을 동반하지 않거나 병원치료가 필요 없는 정도
중	2	• 휴업 재해(1개월 미만인 것) • 응급처치 및 의료기관의 치료를 요하는 사고 • 한번에 복수의 피해자를 수반
대	3	• 휴업 재해(1개월 이상인 것) • 협착, 낙하, 전도 등으로 작업손실을 초래하는 사고 • 한번에 다수의 피해자를 수반
최대	4	• 사망사고를 초래할 수 있는 사고 • 신체의 일부에 영구 손상을 수반

2. 평가기준

중대성(강도) / 가능성(빈도)	소 (1)	중 (2)	대 (3)	최대 (4)
최하 (1)	매우 낮음 (1)	매우 낮음 (2)	낮음 (3)	낮음 (4)
하 (2)	매우 낮음 (2)	낮음 (4)	보통 (6)	높음 (8)
중 (3)	낮음 (3)	보통 (6)	높음 (9)	높음 (12)
상 (4)	낮음 (4)	높음 (8)	높음 (12)	매우 높음 (16)
최상 (5)	낮음 (5)	높음 (10)	매우 높음 (15)	매우 높음 (20)

위험성 수준	구분		관리기준
1~2	매우 낮음	허용 가능	• 현재의 안전대책 유지 • 무시할 수 있는 위험수준
3~5	낮음		근로자에게 근골격계질환 정보 및 주기적인 안전보건 자료의 제공
6	보통		스트레칭 및 중식시간 운동 등이 작업환경개선을 통한 근골격계 위험도를 감소시킬 수 있는 단계
8~12	높음		2인 이상 공동작업 수행, 교대작업 실시, 현장감독자의 지원 하에 작업 실시, 작업 전후 근로자 상태 점검
15~20	매우 높음	허용 불가 (감소대책 수립)	즉시 개선(중장기적인 작업환경관리수준 평가 등)을 실행, 장비 및 설비도 인력을 대체하는 방안 모색

(4) 위험성평가

① 위험성평가 1

위험성평가표

번호	설비/물질명	분류	원인	유해·위험요인	관련 근거 평가/노출기준 등	현재 안전보건조치	가능성(빈도)	중대성(강도)	위험성	No.	세부내용
										1	
1	화물차	기계적 요인	협착 위험부분 (감김, 끼임)	탑차, 윙바디 트럭의 덮개 유압실린더 고장이나 파손으로 덮개가 하강하여 근로자가 끼일 위험		1. 작업 전 유압실린더 등의 기능상태 확인	1	3	3		
2	화물차	기계적 요인	기계(설비)의 낙하, 비래, 전복, 붕괴, 전도 위험부분	적재량을 초과하여 적재하여 도로 운행 중 선회 시 과적에 의한 차량 뒤집힘으로 깔림 위험		1. 과적 금지	1	3	3		
3	화물차	기계적 요인	기계(설비)의 낙하, 비래, 전복, 붕괴, 전도 위험부분	타이어의 공기압력이 저하된 상태로 계속 운행 시 타이어 파손에 의한 깔림 위험으로		1. 타이어의 공기압력을 운행 전 수시로 점검하여 보충 및 타이어 교체	1	3	3		
4	화물차	기계적 요인	기계(설비)의 낙하, 비래, 전복, 붕괴, 전도 위험부분	화물자동차 점검용 섬유로프가 절단되어 화물이 떨어져 근로자가 깔릴 위험	안전보건규칙 제189조 [섬유로프 등의 점검 등]	1. 관계 근로자 외 출입금지 2. 기구/공구 점검 및 불량품 교체 3. 섬유로프 점검 및 교체 4. 작업순서/방법을 결정하고 작업 지휘 5. 적재화물 낙하위험 확인 후 로프 풀기 및 덮개 벗기기 작업 착수 지시	1	3	3		
5	화물차	기계적 요인	충돌 위험부분	각종 오일 부족에 따른 엔진 과열 및 조향장치 미작동에 의한 부딪힘 위험		1. 각종 오일의 수준을 수시로 점검하고 수준 미달 시 보충하여 운행	1	2	2		
6	화물차	기계적 요인	충돌 위험부분	브레이크에 수준 미달로 인하여 운행 시 브레이크 미작동에 의한 부딪힘 위험		1. 브레이크에 수준을 수시로 점검하고 수준 미달 시 보충하여 운행	1	3	3		
7	화물차	기계적 요인	충돌 위험부분	전조등 미작동으로 인하여 야간운행 시 시야 미확보로 인한 안전사고 위험	안전보건규칙 제184조 [제동장치 등]	1. 경음기 설치 2. 운전석의 차 실내에 존재 시 좌우 방향지시기 설치 3. 전조등/후미등 설치(충분한 조명 확보 시 예외) 4. 제동장치 설치 5. 뒷면 중심으로부터 차체 바깥 측 65cm 이상	1	2	2		

② 위험성평가 2

위험성평가기표

공정 대분류 설비/물질명	번호	가공반 분류	원인	유해·위험요인	관련 근거 법규/노출기준 등	현재 안전보건조치	가능성(빈도)	중대성(강도)	위험성	No.	세부내용
천장 크레인	1	기계적 요인	협착 위험부분 (감김, 끼임)	점검, 보수작업 중 천장크레인 동작으로 인한 끼임 위험	안전보건기준규칙 제92조 [정비 등의 작업 시의 운전정지 등]	1. 작업자 안전교육 2. 잠금장치 부착(LOCK OUT) 3. 표지판 설치	1	4	4		
천장 크레인	2	기계적 요인	기계(설비)의 낙하, 비래, 전복, 붕괴, 전도 위험부분	천장크레인으로 중량물 권상 후 주행 중 흔들림 발생 시 주크레서 중량물 낙하로 하부 근로자가 맞을 위험	안전보건기준규칙 제137조 [해지장치의 사용]	1. 크레인 해지장치 사용	1	4	4		
천장 크레인	3	기계적 요인	기계(설비)의 낙하, 비래, 전복, 붕괴, 전도 위험부분	권상, 철판, 파이프, 기계 등 운반 시 무게중심 위치 부정함으로 편하중이 발생하여 근로자에 맞을 위험	안전보건기준규칙 제159조 [화물의 낙하 방지]	1. 편하중 적재 금지 2. 화물의 낙하 방지조치	1	3	3		
천장 크레인	4	기계적 요인	기계(설비)의 낙하, 비래, 전복, 붕괴, 전도 위험부분	천장크레인을 중량물 운반작업 중 보행자와 동시와 부딪힘 또는 인접 시설물 장애물과 부딪힘 위험	안전보건기준규칙 제20조 [출입의 금지 등]	1. 안전거주 또는 안전블록 사용 2. 출입금지구역의 관리	1	3	3		
천장 크레인	5	기계적 요인	추락 위험부분 (개구부 등)	천장크레인 상부 청소작업 중 안전대 미착용으로 인한 떨어짐 위험	안전보건기준규칙 제42조 [추락의 방지]	1. 안전망 설치(근로자 안전대 착용) 2. 작업발판 설치	1	4	4		
천장 크레인	6	전기적 요인	감전 (안전전압 초과)	펜던트스위치 비상정지버튼 불량으로 충전부 노출 시 신체접촉에 의한 감전 위험	안전보건기준규칙 제302조 [전기 기계·기구의 접지]	1. 이중절연구조 2. 전기 기계·기구의 금속제 외함, 금속제 외피 및 철대 접지	1	4	4		

③ 위험성평가 3

위험성평가표

공정 대분류		유해·위험요인 파악 (도장반)			관련 근거	현재 안전보건조치	세부분류				
							현재 위험성			감소대책 3	
번호	설비/물질명	분류	원인	유해·위험요인	법규/노출기준 등		가능성(빈도)	중대성(강도)	위험성	No.	세부내용
1	호이스트	기계적 요인	협착 위험부분 (감김, 끼임)	화물과 화물 사이에 근로자 또는 보행 이동자가 끼임 위험	안전보건규칙 제38조 [사전조사 및 작업계획서의 작성 등]	1. 궤도나 그 밖에 관련 설비의 보수, 점검작업 중 궤도 작업차량 사용 시 해당 구간 열차운행 관계자와의 협의 2. 사전조사 및 결과 기록, 보존 및 작업계획서 작성 및 작업 3. 향타기, 향발기 조립·해체·변동·이동 시 작업방법과 절차 수립 및 근로자 주지 4. 이동 시 작업방법과 절차 수립 및 근로자 주지	1	3	3		
2	호이스트	기계적 요인	기계(설비)의 낙하, 비래, 전복, 붕괴, 전도 위험부분	코일, 철판, 파이프, 각재 등의 운반작업 중에서 무게중심이 위치 부정함으로 편하중 발생 시 낙하로 인한 맞음 위험	안전보건규칙 제159조 [화물의 낙하 방지]	1. 편하중 적재 금지 2. 화물의 낙하 방지조치	1	3	3		
3	호이스트	기계적 요인	기계(설비)의 낙하, 비래, 전복, 붕괴, 전도 위험부분	호이스트 권과방지 포기가 드럼에 부딪혀 파단으로 인한 맞음 위험	안전보건규칙 제134조 [방호장치의 조정]	1. 양중기 과부하방지장치 조정 2. 양중기 권과방지장치 조정 3. 양중기 기타 방호장치의 조정 4. 양중기 비상정지장치(제동장치) 조정	1	4	4		
4	호이스트	기계적 요인	기계(설비)의 낙하, 비래, 전복, 붕괴, 전도 위험부분	호이스트로 중량물 권상 후 주행 중 훅 풀림 발생 시 후크에서 중량물 낙하로 인한 맞음 위험	안전보건규칙 제137조 [해지장치의 사용]	1. 크레인 해지장치 사용	1	4	4		
5	호이스트	기계적 요인	충돌 위험부분	호이스트로 중량물 운반작업 중 보행 이동자와 부딪힘 또는 인접 시설물, 장애물과 부딪힘 위험	안전보건규칙 제20조 [출입의 금지 등]	1. 안전지주 또는 안전블록 사용 2. 출입금지구역 관리	1	4	4		

④ 위험성평가 4

위험성평가표

| 공정 대분류 | | 유해·위험요인 파악 | | | 관련 근거 | 현재 안전보건조치 | 세부분류 현재 위험성 | | | 감소대책 | |
번호	설비/물질명	분류	원인	유해·위험요인	법규/노출기준 등		가능성(빈도)	중대성(강도)	위험성	No.	세부내용
1	절단용 수공구	기계적 요인	위험한 표면 (절단, 베임, 긁힘)	수공구를 이용한 절단작업 시 날카로운 절단날에 손가락이 베일 위험	안전보건규칙 제32조 [보호구의 지급 등]	1. 보호구(안전모, 안전대, 안전화, 보안면, 절연용 보호구, 방열복, 방진마스크, 방진모·방한모·방한화·방한장갑) 지급 2. 위 1의 보호구 착용	1	2	2		
2	절단용 수공구	화학(물질)적 요인	예제·미스트	절단작업 시 절삭유 등의 약제가 손에 이에 흡수되어 피부 염증 발생	안전보건규칙 제32조 [보호구의 지급 등]	1. 보호구(안전모, 안전대, 안전화, 보안면, 절연용 보호구, 방열복, 방진마스크, 방진모·방한모·방한화·방한장갑) 지급 2. 위 1의 보호구 착용	1	3	3		
3	절단용 수공구	작업특성 요인	근로자 실수 (휴먼에러)	수공구 절단작업 시 손으로 재료를 잡고 있어 손가락 등이 베일 위험		1. 재료는 전용 지그나 바이스 등으로 단단히 고정후 작업	1	2	2		
4	절단용 수공구	작업특성 요인	근로자 실수 (휴먼에러)	절단용 수공구를 타 근로자에게 던져서 건네줌으로써 타 근로자가 맞을 위험		1. 절단용 수공구 전달시 작업 순서에 귀 이룸	1	3	3		
5	절단용 수공구	작업특성 요인	반복작업	절단 반복적인 손가락의 근로자의 사용으로 근골격계질환 발생	안전보건규칙 제659조 [작업환경 개선]	1. 인력작업 보조설비 및 편의설비 설치 등 작업환경 개선	1	4	4		
6	절단용 수공구	작업특성 요인	불안정한 작업자세	절단작업 시 장시간 허리를 구부리는 등의 불안정한 작업자세로 근골격계 질환 발생	안전보건규칙 제659조 [작업환경 개선]	1. 인력작업 보조설비 및 편의설비 설치 등 작업환경 개선	1	4	4		

⑤ 위험성평가 5

위험성평가표

출하

공정 대분류						세부분류 현재 위험성			감소대책	
번호	설비/물질명	유해·위험요인 파악 분류	원인	유해·위험요인	관련 근거 법규/노출기준 등	현재 안전보건조치	가능성 (빈도)	중대성 (강도)	위험성	No.	세부내용
1	화물차	기계적 요인	협착 위험부분 (감김, 끼임)	탐자, 윔바디 트럭이 앞에 유압실린더 고장이나 파손으로 덮개가 하강하여 근로자가 끼일 위험		1. 작업 전 유압실린더 등의 기능상태 확인	1	3	3		
2	화물차	기계적 요인	기계(설비)의 낙하, 비래, 전복, 붕괴, 전도 위험부분	적재량을 초과하여 적재하여 도로운 행 중 전화 시 과적에 의한 차량 뒤집힘 으로 깔림 위험		1. 과적 금지	1	3	3		
3	화물차	기계적 요인	기계(설비)의 낙하, 비래, 전복, 붕괴, 전도 위험부분	타이어 공기압력이 지하되 상태로 계 속 운행 시 타이어 파손에 의한 뒤집힘 으로 깔림 위험		1. 타이어의 공기압력을 운행 전 수시로 점검하여 보충 및 타이어 교체	1	3	3		
4	화물차	기계적 요인	기계(설비)의 낙하, 비래, 전복, 붕괴, 전도 위험부분	화물자동차 점검시용 섬유로프가 절 단되어 화물이 떨어져 근로자가 깔릴 위험	안전보건규칙 제189조 [섬유로프 등의 점검 등]	1. 관계 근로자 외 출입금지 2. 기구·공구 점검 및 불량품 교체 3. 섬유로프 점검 및 교체 4. 작업순서/방법을 결정하고 작업 지휘 5. 적재물을 낙하위험 확인 후 로프 풀기 및 밑깔개 벗기기 작업 착수 지시	1	3	3		
5	화물차	기계적 요인	충돌 위험부분	차중 오일의 부족에 따른 엔진 과열 및 조향상치 미작동에 의한 부딪힘 위험		1. 차중 오일의 수준을 수시로 점검하고 수준 미달 시 보충하여 운행	1	2	2		
6	화물차	기계적 요인	충돌 위험부분	브레이크액 수준 미달로 운행 시 브레이크 미작동에 의한 부딪힘 위험		1. 브레이크액 수준을 수시로 점검하고 수준 미달 시 보충하여 운행	1	3	3		

⑥ 위험성평가 6

위험성평가표

공정 대분류	설비/물질명	유해·위험요인 파악			그 외 관련 근거 법규/노출기준 등	현재 안전보건조치	세부분류 6 현재 위험성			감소대책	
번호		분류	원인	유해·위험요인			가능성(빈도)	중대성(강도)	위험성	No.	세부내용
1	압력용기	기계적 요인	기계(설비)의 낙하, 비래, 전복, 붕괴, 전도 위험부분	지지대, 플랜지 등에 심한 손상, 변형, 깨짐 등으로 근로자와 충돌 위험		1. 주기적인 점검 및 설비 보수	1	2	2		
2	압력용기	화학(물질)적 요인	가스, 화재 폭발	파이에 따른 폭발을 방지하기 위한 안전밸브가 미설치로 인해 발생하는 사고 위험	안전보건규칙 제261조 [안전밸브 등의 설치]	1. 안전밸브 설치 2. 설치 대상 설비는 제261조 참고	1	4	4		
3	압력용기	화학(물질)적 요인	가스, 화재 폭발	반응폭주로 인한 압력 상승, 급성독성 물질 취급 등을 하는 공정에 파열판 미설치로 인한 사고발생 위험	안전보건규칙 제262조 [파열판의 설치]	1. 파열판 설치	1	4	4		
4	압력용기	화학(물질)적 요인	가스, 화재 폭발	안전밸브가 설비의 최고사용압력 이하에서 작동되어 발생하는 사고 위험	안전보건규칙 제264조 [안전밸브 등의 작동요건]	1. 안전밸브 설정압력이 설비의 최고사용압력 이하인지 확인	1	4	4		
5	압력용기	화학(물질)적 요인	가스, 화재 폭발	안전밸브 등의 전단, 후단에 차단밸브를 설치하여 발생 가능한 사고 위험	안전보건규칙 제266조 [차단밸브의 설치 금지]	1. 안전밸브 전·후단에 차단밸브 해제 단, 자물쇠형 또는 이에 준하는 차단밸브 설치 가능한 경우는 제266조 참고	1	4	4		
6	압력용기	화학(물질)적 요인	가스, 화재 폭발	용전 이음부, 노출부 등에 마모로 인한 용기 내 화학물질 누출 위험	안전보건규칙 제257조 [용접 등의 점검부]	1. 주기적인 점검 및 설비 보수 2. 안전검사 실시	1	4	4		
7	압력용기	화학(물질)적 요인	가스, 화재 폭발	덮개에의 손상, 부식으로 인한 작동상태 이상으로 방치될 수 있는 사고 위험		1. 주기적인 점검 2. 필요 시 교환, 설치	1	4	4		
8	압력용기	화학(물질)적 요인	가스, 화재 폭발	안전밸브의 손상, 부식, 마모로 용기 내 압력 증가 등의 비상상황 시 오작동으로 인해 발생되는 사고 위험		1. 주기적인 점검 2. 필요 시 교환, 설치	1	4	4		
9	압력용기	작업환경 요인	안전문화	명판 미부착 또는 최고사용압력 등의 표시가 누락되어 발생 가능한 사고 위험		1. 명판 부착 (최고사용압력 등 포함)	1	3	3		

1-6 화학물질 위험성평가
(CHARM ; Chemical Hazard Risk Management)

1-6-1 CHARM의 개요

화학물질 위험성평가 기법인 CHARM은 「Chemical Hazard Risk Management」의 약자로 주요 구성내용은 화학물질에 대한 위험성평가 방법을 제시하고 있다.

영국 보건안전청(HSE ; Health and Safety Executive)에서는 1974년 화학물질의 유해성과 노출실태(하루 취급량·분진·비산도·증기 휘발성 등) 자료를 이용하여 정성적 위험성평가 기법을 온라인으로 제공(Control banding : 정성적 위험성평가 결과를 토대로 관리대책을 제공하는 프로그램)하고 있다.

(1) CHARM의 개요

국내에서 사용되는 화학물질은 4만여 종이며, 개발된 물질안전보건자료(MSDS)는 5만여 종에 이르나, 산업안전보건법에서 규정하는 작업환경측정 대상물질은 190종에 불과하고, 노출기준이 설정된 화학물질은 721종에 불과하여, 사업주가 근로자에게 노출되는 모든 화학물질을 관리하기에는 한계가 있고 화학물질의 유해성 및 노출수준과 연계한 종합적인 화학물질 위험성평가 도구도 마련되어 있지 않아 화학물질로 인한 근로자 건강보호에 어려움이 있었다. 이에 따라 안전보건공단에서는 선진 외국에서 개발된 정성적 위험성평가 기법을 참조하여 산업안전보건법상 물질안전보건자료(MSDS) 제도 및 작업환경측정제도를 활용한 화학물질 위험성평가 기법(CHARM)에 대한 매뉴얼을 2012년 개발, 운영하고 있다. 개발된 화학물질 위험성평가 기법은 사업장이 원재료, 가스, 증기, 분진 등에 의한 유해·위험요인을 찾아내고, 그 결과에 따라 근로자의 건강장해를 방지하기 위하여 필요한 조치를 하고자 하는 경우에 적용한다. 근로자의 알 권리를 충족시키고 화학물질의 노출수준을 관리하기 위해 사업장에서 제조하거나 취급하는 화학물질에 대해서는 화학물질 위험성평가 기법(CHARM)을 활용하여 위험성평가를 실시하면 된다.

(2) CHARM 관련 용어 정의

① 위험성 : 근로자가 화학물질에 노출됨으로써 건강장해가 발생할 가능성(노출수준)과 건강에 영향을 주는 정도(유해성)의 조합

② 노출수준 : 화학물질이 근로자에게 노출되는 정도(빈도)
  작업환경측정 결과, 하루 취급량, 비산성·휘발성 등의 정보 활용

③ 유해성 : 인체에 영향을 미치는 화학물질의 고유한 성질(강도)
  노출기준(TLV), 위험문구, 유해·위험문구 등의 정보 활용

④ 위험문구(R-phrase) : 유럽연합(EU)의 CLP 규정에 따라 화학물질 고유의 유해성을 나타내는 문구

⑤ 유해·위험문구(H-code) : GHS(Globally Harmonized System of classification and labelling of chemicals) 기준의 유해성·위험성 분류 및 구분에 따라 정해진 문구로서, 적절한 유해정도를 포함하여 화학물질의 고유한 유해성을 나타내는 문구

1-6-2 CHARM의 수행방법

화학물질 위험성평가는 안전보건공단이 개발한 온라인 기반의 「위험성평가지원시스템(KRAS)」에서 별도로 마련된 「화학물질 위험성평가 프로그램」(CHARM)을 사용하면 편리하다. 프로그램 활용에 앞서 다음의 각 단계로 기술한 절차의 준비가 끝나면 위험성평가지원시스템을 이용하기 위한 회원가입절차를 밟고 「화학물질 위험성평가」 프로그램을 이용하면 된다.

[제1단계] 사전준비

위험성을 평가하기 위한 부서 또는 공정(작업)을 구분하고, 평가대상 선정, MSDS, 작업환경측정 결과표 및 특수건강진단 결과표 등의 자료를 수집하는 단계이다.

  ※ 위험성평가 대상 사업장의 부서 또는 공정(작업) 단위는 화학물질의 위험성을 충분히 나타낼 수 있는 단위로 구분한다.
  ※ 화학물질을 취급하는 모든 공정을 위험성평가 대상으로 선정하는 것을 원칙으로 한다.

(1) 위험성평가 단위 구분

① 위험성평가를 실시하기 쉽도록 평가단위를 구분한다.

② 위험성평가의 기본적인 구분은 공정도와 작업표준서를 참고로 하여 작업부서별로 나눈다.

③ 작업환경측정을 실시한 경우에는 측정결과표의 측정단위를 확인하여 '부서 또는 공정' 혹은 '단위작업장소'로 구분할 수 있다.

다음 [그림 1-26]은 위험성평가 단위의 구분 예시이다.

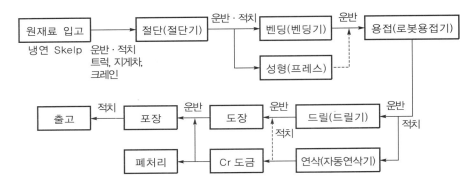

위험성평가 대상 선정공정	유해 · 위험요인
용접(로봇용접기), 연삭(자동연삭기)	화학물질(중금속), 소음
도장, Cr 도금	화학물질(유기용제, 중금속)

[그림 1-26] 자동차부품 제조사 작업공정의 위험성평가 단위의 구분 예시

(2) 위험성평가 대상 선정

① 위험성평가 단위에 대하여 따로 정해진 방법은 없으므로, 유해요인(화학물질)이 누락되지 않도록 하고, 현실적으로 위험성평가를 수행하기 쉬운 평가단위를 사업장별로 선정한다.

② 향후 더 실제적인 방법이 발견되면 그때그때 수정 가능할 수 있다.

(3) 기타 자료의 준비

사업장에서 취급하는 화학물질의 물질안전보건자료(MSDS), 작업환경측정 및 특수건강진단 결과표 등 위험성평가에 필요한 각종 자료를 수집한다.

[제2단계] 유해 · 위험요인 파악

사전에 확보된 물질안전보건자료(MSDS) 등을 이용하여 위험성평가 대상으로 선정된 단위 공정별로 유해 · 위험요인(화학물질)의 종류, 취급량, 물질특성 등을 파악하는 단계이다.

(1) 단위공정별 화학물질 취급현황 파악

① 화학물질에 대한 원 · 부자재 입출고현황 등을 확인, 평가대상 단위공정별로 사용하고 있는 화학물질을 목록화한다.

② 화학물질 목록은 사용부서 또는 공정명, 화학물질명(상품명), 제조/사용 여부, 사용 용도, 월 취급량, 유소견자 발생여부 및 물질안전보건자료(MSDS) 보유현황 등의 내용을 포함한다.

③ 작업환경측정 결과표도 참조하여 작성한다.

다음 〈표 1-46〉은 톨루엔 60%, 벤젠 10%, 크실렌 30%로 구성된 신나의 월 취급량이 30m^{3}인 경우의 유해 · 위험요인을 파악, 작성한 예이다.

〈표 1-46〉 도장공정의 화학물질 취급 현황표

부서 또는 공정명	화학물질명 (상품명)	제조 또는 사용 여부	사용 용도	월 취급량 (m^3 · 톤)	유소견자 발생여부	MSDS 보유 (O, X)
도장	톨루엔	사용	희석제	18m^3		O
도장	벤젠	사용	희석제	3m^3	1명	O
도장	크실렌	사용	희석제	9m^3		X

(2) 불확실 유해인자

화학물질에 대한 물질안전보건자료(MSDS), 측정 결과표 등이 확보되지 않아 유해성 정보를 알 수 없는 불확실 유해인자는 해당 정보가 확보될 때까지 가급적 사용을 금지하거나 동일 사용 목적에 맞는 저독성 물질로 대체하는 것이 바람직하다.

(3) 대상 화학물질의 작업환경측정 결과 및 물질특성 등의 파악

① 〈표 1-47〉과 같은 작업환경측정 결과표에서 금회 측정치(TWA)를 파악한다.

〈표 1-47〉 작업환경측정 결과표

작업장명 :　　　　　　작업장 기온 :　　　　　작업장 습도 :　　　　　측정일 :

부서 / 공정	단위 작업 장소	유해 물질	작업 자수	작업 형태 / 실 작업 시간	발생 시간 (주기)	측정 위치 (작업 자명)	측정 시간 (시작 ~ 종료)	측정 횟수	측정 치	작업 강도	냄새 유/무	냄새 상세 기술	TWA 전회	TWA 금회	노출 기준	측정 농도 평가 결과	측정 방법	비 고

② 화학물질의 MSDS 등을 확인하여 사업장에서 사용하는 화학물질의 노출기준, 물질특성 및 유해성 · 위험성 정보 등을 파악한다.

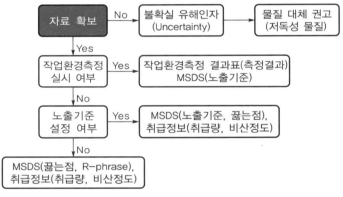

[그림 1-27] 유해 · 위험요인 파악도

(4) MSDS에서 유해성 · 위험성 및 물질특성 정보

① 노출기준 정보 : MSDS의 [8. 노출방지 및 개인보호구] 확인

8. 노출방지 및 개인보호구

가. 화학물질의 노출기준, 생물학적 노출기준 등

국내 규정	TWA-50ppm 188mg/m^3 STEL-150ppm 560mg/m^3
ACGIH 규정	TWA 20ppm
생물학적 노출기준	0.02mg/l, 매체 : 혈액, 시간 : 주당 근로시간의 마지막 교대근무 전, 파라미터 : 톨루엔 ; 0.03mg/l, 매체 : 소변, 시간 : 교대근무 후, 파라미터 : 톨루엔 ; 0.3mg/g 크레아틴, 매체 : 소변, 시간 : 교대근무 후, 파라미터 : 가수분해 o-크레졸(배경)

② 물질특성 정보 : MSDS의 [9. 물리화학적 특성] 확인

9. 물리화학적 특성

가. 외관

성상	액체
색상	무색(투명)

나. 냄새   벤젠 냄새

다. 냄새역치   2.14ppm

라. pH   자료없음

마. 녹는점/어는점   −95℃

바. 초기 끓는점과 끓는점 범위   111℃

③ 고시에 따른 CMR 정보 : GHS MSDS의 [11. 독성에 관한 정보] 확인

11. 독성에 관한 정보

가. 가능성이 높은 노출경로에   자료없음
관한 정보

나. 건강 유해성 정보

급성독성

경구	LD50 930mg/kg Rat
경피	LD50 > 8,200mg/kg Rabbit
흡입	증기 LD50 44.66mg/l 4hr Rat
피부 부식성 또는 자극성	토끼를 이용한 피부 자극성 시험 결과 자극을 일으킴
심한 눈손상 또는 자극성	토끼를 이용한 눈 자극성 시험 결과 중정도의 자극을 일으킴
호흡기 과민성	자료없음
피부 과민성	자료없음

발암성

산업안전보건법	발암성(특별관리물질)
고용노동부고시	1A
IARC	1
OSHA	자료없음
ACGIH	A1
NTP	K
EU CLP	Carc. 1A(벤젠)
생식세포 변이원성	• 산업안전보건법 특별관리물질(생식세포 변이원성) • 고용노동부고시 1B
생식독성	NTP(1986), ATSDR(2005)에 어미 동물 독성이 나타나는 용량으로 태아 독성이 보이는 것으로 구분 2로 분류

※ CMR : 발암성(Carcinogenicity), 생식세포 변이원성(Mutagenicity), 생식독성(Reproductive toxicity) 물질로서 각각 1A, 1B, 2로 구분

- 발암성 물질 : 암을 일으키거나 그 발생을 증가시키는 물질
- 생식세포 변이원성 물질 : 자손에게 유전될 수 있는 사람의 생식세포에 돌연변이를 일으킬 수 있는 물질
- 생식독성 물질 : 생식기능, 생식능력 또는 태아의 발생·발육에 유해한 영향을 주는 물질

④ 위험문구(R-phrase) 정보 : MSDS의 [15. 법적 규제현황] 확인

15. 법적 규제현황

가. 산업안전보건법에 의한 규제	작업환경측정대상물질(측정주기 : 6개월)
	관리대상유해물질
	특수건강진단대상물질(진단주기 : 12개월)
	공정안전보고서(PSM) 제출대상물질
	노출기준설정물질
나. 화학물질관리법에 의한 규제	사고대비물질
	유독물질
다. 위험물안전관리법에 의한 규제	4류 제1석유류비(비수용성 액체) 200*l*
라. 폐기물관리법에 의한 규제	지정폐기물
마. 기타 국내 및 외국법에 의한 규제	
국내규제	
잔류성유기오염물질관리법	해당없음
국외규제	
미국관리정보(OSHA 규정)	해당없음
미국관리정보(CERCLA 규정)	453.599kg 1,000lb
미국관리정보(EPCRA 302 규정)	해당없음
미국관리정보(EPCRA 304 규정)	해당없음
미국관리정보(EPCRA 313 규정)	해당됨
미국관리정보(로테르담협약물질)	해당없음
미국관리정보(스톡홀름협약물질)	해당없음
미국관리정보(몬트리올의정서물질)	해당없음
EU 분류정보(확정분류결과)	F : R11Repr, Cat.3 ; R63Xn ; R48/20-65XI ; R38R67
EU 분류정보(위험문구)	R11, R38, R48/20, R63, R65, R67
EU 분류정보(안전문구)	S2, S36/37, S46, S62

⑤ 유해 · 위험문구(H-code) 및 GHS 분류정보 : GHS MSDS의 [2. 유해성 · 위험성] 확인

※ 기존 MSDS에는 H-code 및 GHS 분류정보 없음

2. 유해성 · 위험성

가. 유해성 · 위험성 분류	인화성 액체 : 구분 2
	급성 독성(흡입 : 증기) : 구분 4
	피부 부식성/피부 자극성 : 구분 2
	심한 눈 손상성/눈 자극성 : 구분 2
	생식독성 : 구분 2
	특정표적장기 독성(1회 노출) : 구분 1
	특정표적장기 독성(1회 노출) : 구분 3(마취작용)
	특정표적장기 독성(1회 노출) : 구분 3(호흡기계 자극)
	특정표적장기 독성(반복 노출) : 구분 1
	흡인 유해성 : 구분 1

나. 예방조치문구를 포함한 경고표지 항목

그림문자

신호어	위험
유해 · 위험문구	H225 고인화성 액체 및 증기
	H304 삼켜서 기도로 유입되면 치명적일 수 있음
	H315 피부에 자극을 일으킴
	H319 눈에 심각한 자극을 일으킴
	H332 흡입하면 유해함
	H335 호흡기계 자극을 일으킬 수 있음
	H336 졸음 또는 현기증을 일으킬 수 있음
	H361 태아 또는 생식능력에 손상을 일으킬 것으로 의심됨
	H370 신체 중 (…)에 손상을 일으킴
	H372 장기간 또는 반복 노출되면 신체 중 (…)에 손상을 일으킴

[제3단계] 위험성 추정

(1) 위험성 산출방법

노출수준(가능성)과 유해성(중대성)을 곱하여 산출한다.

> **위험성(Risk) = 노출수준(Probability) × 유해성(Severity)**

(2) 화학물질의 노출수준(가능성) 결정방법

① 작업환경측정결과가 있는 경우

〈표 1-48〉 작업환경측정결과가 있는 화학물질의 가능성(노출수준)

구 분	가능성	내 용
최상	4	화학물질(분진)의 노출수준이 100% 초과
상	3	화학물질(분진)의 노출수준이 50% 초과~100% 이하
중	2	화학물질(분진)의 노출수준이 10% 초과~50% 이하
하	1	화학물질(분진)의 노출수준이 10% 이하

※ 여기서, 노출수준(%)=[측정결과/노출기준(TWA)]×100

직업병 유소견자가 발생한 경우에는 작업환경측정결과에 관계없이 "노출수준=4"

② 작업환경측정결과가 없는 경우

화학물질의 하루 취급량과 비산성·휘발성 및 밀폐·환기상태 등을 이용하여 노출수준을 결정한다.

㉮ 하루 취급량 : 하루 동안 취급하는 유해화학물질 양의 단위에 따라 다음과 같이 분류한다.

〈표 1-49〉 하루 취급량 분류기준(예시)

구 분	3(대)	2(중)	1(소)
하루 취급량	ton, m³ 단위	kg, l 단위	g, ml 단위

㉯ 비산성 : 화학물질의 발생형태가 분진, 흄인 경우 다음과 같이 분류한다.

〈표 1-50〉 비산성 분류기준(예시)

구 분	비산성
3(고)	미세하고 가벼운 분말로 취급 시 먼지 구름이 형성되는 경우
2(중)	결정형 입상으로 취급 시 먼지가 보이나 쉽게 가라앉는 경우
1(저)	부스러지지 않는 고체로 취급 중에 거의 먼지가 보이지 않는 경우

㉰ 휘발성 : 휘발성 분류기준은 다음과 같다.

〈표 1-51〉 휘발성 분류기준

구 분	3(고)	2(중)	1(저)
사용(공정)온도가 상온(20℃)인 경우	끓는점 < 50℃	50℃ ≤ 끓는점 ≤ 150℃	150℃ < 끓는점
사용(공정)온도가(X) 상온 이외의 온도인 경우	끓는점 < $2X+10$℃	$2X+10$℃ ≤ 끓는점 ≤ $5X+50$℃	$5X+50$℃ < 끓는점

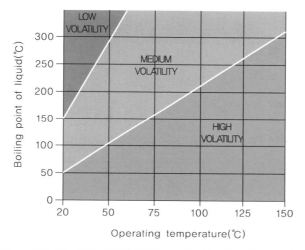

[그림 1-28] 끓는점과 사용(공정)온도에 따른 휘발성 분류기준

위에서 분류한 하루 취급량과 비산성 또는 휘발성을 조합하여 다음과 같이 노출수준을 결정한다.

〈표 1-52〉 하루 취급량과 비산성·휘발성에 따른 노출수준(예시)

하루 취급량	비산성(분진, 흄 상태)			휘발성(액체, 가스 상태)		
	3(고)	2(중)	1(저)	3(고)	2(중)	1(저)
3(대)	4	4	2	4	3	2
2(중)	3	3	2	3	3	2
1(소)	2	1	1	2	2	1

화학물질을 사용하는 작업장의 밀폐 · 환기상태를 다음과 같이 분류한다.

〈표 1-53〉 밀폐 · 환기상태 분류기준

구 분	밀폐 · 환기상태
2(매우 양호)	원격조작 · 완전밀폐
1(양호)	국소배기장치 설치

최종 노출수준은 〈표 1-52〉에서 결정된 노출수준에서 〈표 1-53〉에서 분류한 밀폐 · 환기상태를 고려하여 다음과 같이 결정한다.

최종 노출수준 = 노출수준 － 밀폐 · 환기상태

(3) 화학물질의 유해성(중대성) 결정방법

노출기준이 설정된 화학물질은 다음과 같이 결정한다.

〈표 1-54〉 화학물질의 유해성(중대성) 예시

구 분	유해성	노출기준	
		발생형태 : 분진	발생형태 : 증기
최대	4	$0.01 mg/m^3$ 이하	0.5ppm 이하
대	3	$0.01 \sim 0.1 mg/m^3$ 이하	0.5~5ppm 이하
중	2	$0.1 \sim 1 mg/m^3$ 이하	5~50ppm 이하
소	1	$1 \sim 10 mg/m^3$ 이하	50~500ppm 이하

※ GHS 지침의 건강 유해성 분류기준에 따라 1A, 1B, 2로 분류되는 발암성, 생식세포 변이원성, 생식독성 물질의 경우에는 노출기준에 관계없이 "유해성 = 4"

노출기준이 미설정되었거나 노출기준이 $10 mg/m^3$(분진) 또는 500ppm(증기)을 초과하는 화학물질은 물질안전보건자료(MSDS)의 위험문구(R-phrase) 또는 유해 · 위험문구(H-code)를 이용하여 유해성을 결정한다.

〈표 1-55〉 위험문구 또는 유해 · 위험문구 분류기준

등 급	위험문구 (R-Phrase)	유해 · 위험문구 (H-Code)	비 고
최대 (4)	Muta cat 3 R40	H341	생식세포 변이원성 2
	R42/43	H334, H317	호흡기 과민성 1, 피부 과민성 1
	R45	H350	발암성 1B
	R46	H340	생식세포 변이원성 1A, 1B
	R49	H350	발암성 1A
	R26	H330	급성 독성(흡입) 1, 2
	R26/27	H330, 310	급성 독성(흡입, 경피) 1, 2
	R26/27/28	H330, 310, 300	급성 독성(흡입, 경피, 경구) 1, 2
	R26/28	H330, 300	급성 독성(흡입, 경피) 1, 2
	R27	H310	급성 독성(경피) 1, 2
	R27/28	H310, 300	급성 독성(경피, 경구) 1, 2
	R28	H300	급성 독성(경구) 1, 2
	R40	H351	발암성 2
	R48/23 R48/23/24 R48/23/24/25 R48/23/25 R48/24	H372	특정표적장기 독성(반복 노출) 1
	R48/24/25 R48/25	H372	특정표적장기 독성(반복 노출) 1
	R60, R61	H360	생식독성 1A, 1B
	R62, R63	H361	생식독성 2
대(3)	R23	H330	급성 독성(흡입) 2(증기)
	R23/24	H330/H331, H311	급성 독성(흡입) 2(증기)/3(가스, 분진/미스트), 급성 독성(경피) 3
	R23/24/25	H330/H331, H311, H301	급성 독성(흡입) 2(증기)/3(가스, 분진/미스트), 급성 독성(경피, 경구) 3
	R23/25	H330/H331, H301	급성 독성(흡입) 2(증기)/3(가스, 분진/미스트), 급성 독성(경구) 3
	R24	H311	급성 독성(경피) 3
	R24/25	H311, H301	급성 독성(경피, 경구) 3
	R25	H301	급성 독성(경구) 3

등 급	위험문구 (R-Phrase)	유해·위험문구 (H-Code)	비 고
대(3)	R34, R35	H314	피부 부식성/피부 자극성 1
	R36/37	H319, H335	심한 눈 손상성/눈 자극성 2, 특정표적장기 독성(1회 노출) 3 (호흡기계 자극)
	R36/37/38	H319, H335, H315	심한 눈 손상성/눈 자극성 2, 특정표적장기 독성(1회 노출) 3 (호흡기계 자극) 피부 부식성/피부 자극성 2
	R37	H335	특정표적장기 독성(1회 노출) 3 (호흡기계 자극)
	R37/38	H335, H315	특정표적장기 독성(1회 노출) 3 (호흡기계 자극) 피부 부식성/피부 자극성 2
	R41	H318	심한 눈 손상성/눈 자극성 1
	R43	H317	피부 과민성 1
	R48/20 R48/20/21 R48/20/21/22 R48/20/22 R48/21 R48/21/22 R48/22	H373	특정표적장기 독성(반복 노출) 2
중(2)	R20	H332	급성 독성(흡입) 4
	R20/21	H332, H312	급성 독성(흡입, 경피) 4
	R20/21/22	H332, H312, H302	급성 독성(흡입, 경피, 경구) 4
	R20/22	H332, H302	급성 독성(흡입, 경구) 4
	R21	H312	급성 독성(경피) 4
	R21/22	H312, H302	급성 독성(경피, 경구) 4
	R22	H302	급성 독성(경구) 4
소(1)	R36	H319	심한 눈 손상성/눈 자극성 2
	R36/38	H319, H315	심한 눈 손상성/눈 자극성 2, 피부 부식성/피부 자극성 2
	R38	H315	피부 부식성/피부 자극성 2

※ 중(2)~최대(4) 등급에 분류되지 않는 기타 위험문구 또는 유해·위험문구는 "유해성 = 1"

〈표 1-56〉 화학물질의 위험성 추정

유해성(HL) 노출수준(EL)		최대 A	대 B	중 C	소 D	최소 E
최상	5	V	V	IV	IV	III
상	4	V	IV	IV	III	II
중	3	IV	IV	III	III	II
하	2	IV	III	III	II	II
최하	1	III	II	II	II	I

※ 숫자의 값이 큰 것은 위험성 저감대책의 우선도가 높은 것을 나타냄

행렬에 의한 위험성 추정 시 화학물질의 노출수준(가능성) 및 유해성 등급(중대성)은 다음과 같이 결정한다.

화학물질은 작업환경 수준(ML)을 추정하고 거기에 작업시간·작업빈도 수준(FL)을 조합하여 노출수준(EL)을 추정한다.

① 작업환경 수준(ML)의 추정

화학물질 등의 취급량, 휘발성·비산성, 작업장의 환기 상황 등에 따라 점수를 주어, 그 점수를 가감한 합계에 근로자의 복장, 손과 발, 보호구에 대상화학물질이 오염되어 있는 것을 볼 수 있는 경우에는 1점을 수정 점수로 더하여 다음과 같이 작업환경 수준을 추정한다.

〈표 1-57〉 작업환경 수준 기준(예시)

작업환경 수준(ML)	최고(a)	고(b)	중(c)	저(d)	최저(e)
A+B−C+D	6, 5	4	3	2	1∼(−2)

※ A(취급량 점수)+B(휘발성·비산성 점수)−C(환기 점수)+D(수정 점수)

여기에서, A부터 D까지의 점수를 부여하는 방법은 다음과 같다.

㉮ A : 제조 · 취급량 점수

구 분		기 준
3	대	ton, k*l* 단위로 재는 정도의 양
2	중	kg, *l* 단위로 재는 정도의 양
1	소	g, m*l* 단위로 재는 정도의 양

㉯ B : 휘발성 · 비산성 점수

구 분		기 준
3	고	끓는점 50℃ 미만/미세하고 가벼운 분진이 발생하는 것
2	중	끓는점 50~150℃/결정성 입자로 즉시 침강하는 것
1	저	끓는점 150℃ 초과/작은 구형, 박편 모양, 덩어리 형태

㉰ C : 밀폐환기 점수

구 분		기 준
4	매우 양호	원격조작 · 완전밀폐
3	양호	국소배기
2	보통	전체 환기 · 옥외작업
1	미흡	환기 없음

㉱ D : 수정 점수

구 분		기 준
1	오염	근로자의 복장, 손과 발, 보호구에 대상화학물질이 오염되어 있는 것을 볼 수 있는 경우
0	비오염	근로자의 복장, 손과 발, 보호구에 대상화학물질이 오염되어 있는 것을 볼 수 없는 경우

② 작업시간 · 작업빈도 수준(FL)의 추정

근로자가 해당 작업장에서 해당 화학물질 등에 노출되는 연간 작업시간을 고려하여 다음과 같이 작업빈도를 추정한다.

〈표 1-58〉 작업시간 · 작업빈도 수준(FL) 추정기준(예시)

작업시간 · 작업 빈도 수준(FL)	최상(ⅴ)	상(ⅳ)	중(ⅲ)	하(ⅱ)	최하(ⅰ)
연간 작업시간	400시간 초과	100~400시간	25~100시간	10~25시간	10시간 미만

③ 노출수준(EL)의 추정

작업환경 수준(ML)과 작업시간·작업빈도 수준(FL)을 조합하여 다음과 같이 노출수준(EL)을 추정한다.

〈표 1-59〉 노출수준(EL)의 추정기준(예시)

작업환경(ML)⟍작업빈도(FL)	최고(a)	고(b)	중(c)	저(d)	최저(e)
최상(ⅴ)	5	5	4	4	3
상(ⅳ)	5	4	4	3	2
중(ⅲ)	4	4	3	3	2
하(ⅱ)	4	3	3	2	2
최하(ⅰ)	3	2	2	2	1

④ 화학물질의 유해성 등급(HL) 분류방법

화학물질 등에 대한 MSDS 자료, GHS 기준 등을 참고하여 유해성 등급을 A~E의 5단계로 분류한다.

〈표 1-60〉 화학물질의 유해성 등급(HL) 분류기준(예시)

유해성 등급(HL)		GHS 유해성 분류 및 GHS 구분
최대	A	• 생식세포 변이원성 구분 1A, 1B, 2 • 발암성 구분 1A, 1B • 호흡기 과민성 구분 1
대	B	• 급성 독성 구분 1, 2 • 발암성 구분 2 • 특정표적장기 독성(반복 노출) 구분 1 • 생식독성 구분 1A, 1B, 2
중	C	• 급성 독성 구분 3 • 특정표적장기 독성(1회 노출) 구분 1 • 피부 부식성 구분 1 • 심한 눈 손상성 구분 1 • 특정표적장기 독성(1회 노출) 구분 3(호흡기계 자극) • 피부 과민성 구분 1 • 특정표적장기 독성(반복 노출) 구분 2
소	D	• 급성 독성 구분 4 • 특정표적장기 독성(1회 노출) 구분 2
최소	E	• 피부 자극성 구분 2 • 눈 자극성 구분 2 • 그 밖에 그룹으로 분류되지 않은 고체 및 액체

㉮ 곱셈법

- 곱셈법은 부상 또는 질병의 발생 가능성과 중대성을 일정한 척도에 의해 각각 수치화한 뒤, 이것을 곱셈하여 위험성을 추정하는 방법이다.
- 위험성의 크기는 가능성(빈도)과 중대성(강도)의 곱(×)이다.
- 위험성 추정방법 : 유해·위험요인에 대한 위험성 추정은 가능성과 중대성의 수준을 곱하여 계산한다. 위험성 추정(가능성 × 중대성)은 다음과 같다.

〈표 1-61〉 위험성 추정(예시)

가능성 \ 중대성	단계 \ 단계	최대 4	대 3	중 2	소 1
최상	5	20	15	10	5
상	4	16	12	8	4
중	3	12	9	6	3
하	2	8	6	4	2
최하	1	4	3	2	1

- 보건분야 화학물질(분진 포함)의 위험성 추정방법

〈표 1-62〉 화학물질의 위험성 추정(예시)

노출수준 (가능성) \ 유해성 (중대성)	단계 \ 단계	최대 4	대 3	중 2	소 1
최상	4	16	12	8	4
상	3	12	9	6	3
중	2	8	6	4	2
하	1	4	3	2	1

㉯ 덧셈법

- 덧셈법은 부상 또는 질병의 발생 가능성과 중대성(강도)을 일정한 척도에 의해 각각 추정하여 수치화한 뒤, 이것을 더하여 위험성을 추정하는 방법이다.
- 위험성의 크기는 가능성(빈도)과 중대성(강도)의 합(+)이다.

〈표 1-63〉 덧셈식에 의한 위험성 추정(3단계 예시)

가능성(빈도)		중대성(강도)	
상(높음)	6	대(사망)	10
중(보통)	3	중(휴업사고)	5
하(낮음)	1	소(경상)	1

〈표 1-64〉 덧셈식에 의한 위험성 추정(4단계 예시)

가능성 (빈도)	평가 점수	유해·위험 작업의 빈도	평가 점수	중대성 (강도)	평가 점수
최상	6	매일	4	최대(사망)	10
상	4	주 1회	2	대(휴업 1월 이상)	6
중	2	월 1회	1	중(휴업 1월 미만)	3
하	1	–	–	소(휴업 없음)	1

※ 해당하는 평가점수에 ○ 표시를 하고 점수를 합산한다.

　　㉲ 분기법

　　　분기(分岐)법은 부상 또는 질병의 발생 가능성과 중대성(강도)을 단계적으로 분
　　기해가는 방법으로 앞의 [그림 1-23]과 같이 추정할 수 있다.

[제4단계] 위험성 결정

　위험성 추정결과에 따라 허용할 수 있는 위험인지, 허용할 수 없는 위험인지를 판단하
는 단계이다.

　혼합물질의 위험성 결정은 다음과 같이 한다.

① 혼합물질을 구성하고 있는 단일물질이나 혼합물질에서 노출되는 유해인자에 대한 위
　험성 계산 결과 가장 높은 값을 혼합물질의 위험성으로 결정한다.

② 위험성 결정은 사업장 특성에 따라 기준을 달리할 수 있다.

〈표 1-65〉 화학물질의 위험성 결정(예시)

위험성 크기		허용 가능 여부	개선방법
12~16	매우 높음	허용 불가능	즉시 개선
5~11	높음		가능한 한 빨리 개선
3~4	보통	허용 가능, 불가능 혼재	연간 계획에 따라 개선
1~2	낮음	허용 가능	필요에 따라 개선

※ 허용 불가능 : 위험성 추정 결과가 4인 화학물질 중 직업병 유소견자가 발생(노출수준 = 4)하였
　　거나 해당 화학물질이 CMR 물질(유해성 = 4)인 경우

[제5단계] 위험성 감소대책 수립 및 실행

위험성을 결정한 후 개선조치가 필요한 위험성이 있는 경우 감소대책을 수립하고, 우선 순위를 정하여 실행하는 단계이다.

① 위험성 감소대책(작업환경 개선대책) 수립 및 실행 시 고려사항

    ㉮ 법령, 고시 등에서 규정하는 내용을 반영하여 수립

    ㉯ 감소대책 수립 및 실행 후 위험성은 "경미한 위험" 수준 이내이어야 함

    ㉰ 위험성 감소대책 수립·실행 후에도 위험성이 상위수준에 해당되는 경우 낮은 수준의 위험성이 될 때까지 추가 감소대책 수립·실행

② 작업환경 개선대책 수립 및 실행 우선순위

    화학물질 제거 → 화학물질 대체 → 공정 변경(습식) → 격리(차단, 밀폐) → 환기장치 설치 또는 개선 → 보호구 착용 등 관리적 개선

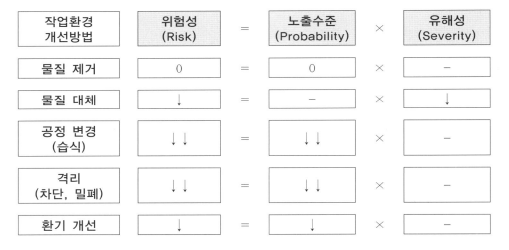

[그림 1-29] 작업환경 개선에 따른 위험성 저감 효과

③ 위험성 수준별로 관리기준에 따라 개선조치 실시

    ㉮ 위험성 수준이 「상당한 위험」, 「중대한 위험」, 「허용불가 위험」에 해당하는 경우 구체적인 작업환경 개선대책을 수립하여 실행

    ㉯ 작업환경 개선이 완료된 이후에는 위험성의 크기가 허용 가능한 위험성의 범위에 들어갈 수 있도록 조치

1-6-3 위험성평가지원시스템(KRAS) 활용

화학물질 위험성평가 방법으로 위험성평가지원시스템(KRAS)을 활용하는 방법이 있다. 앞서의 준비된 자료들을 이용하여 위험성평가지원시스템(KRAS)의 홈페이지에 들어가 회원가입하고 화학물질 위험성평가(CHARM)를 실시하면 다음 [그림 1-30]과 같은 결과 창이 나타난다.

[그림 1-30] CHARM 실시(예)

1-6-4 화학물질 위험성평가 응용사례

[사례 1] 옵셋인쇄공정 혼합유기화합물에 대한 위험성평가

(1) 화학물질 위험성평가 대상 공정 선정

위험성평가 단위를 구분하고 취급 또는 발생하는 화학물질의 유해성, 사용량, 노출실태 등을 고려하여 위험성평가 대상 공정을 선정한다.

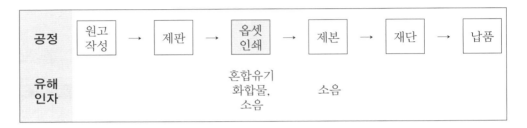

해당 사업장의 경우 옵셋인쇄공정에서 사용하는 유성잉크의 혼합유기화합물을 위험성평가하기 위해 「옵셋인쇄」공정을 대상 공정으로 선정한다.

(2) 화학물질 취급현황 파악

① 화학물질의 물질안전보건자료(MSDS), 화학물질 취급대장 등을 확인하여 사업장에서 제조 또는 사용하는 화학물질을 목록화한다.

② 화학물질 목록은 사용부서 또는 공정명, 화학물질명, 제조 · 사용여부, 사용용도, 월 취급량, 유소견자 발생여부 등의 내용을 포함한다.

공 정	화학물질명 (상품명)	제조 또는 사용여부	사용 용도	월 취급량	유소견자 발생여부	MSDS 보유(○,×)
옵셋 인쇄	유성잉크	사용	인쇄	30kg	–	○
	크리놀	사용	세척	15ℓ	–	○

(3) 노출수준 등급(Probability, 빈도) 결정

① 직업병 유소견자(D1) 발생여부 확인

위험성평가 대상 공정에서 작업하는 근로자 중에서 직업병 유소견자(D1)가 없다. 따라서, 작업환경측정결과를 확인하여 노출수준을 결정한다.

② 작업환경측정결과 확인

작업환경측정 결과표의 금회 측정치와 노출기준을 확인한다.

부서 또는 공정	단위 작업 장소	유해인자	근로 자수	작업 형태/ 실작업 시간	유해 인자 발생 시간 (주기)	측정 위치 근로 자명	(시작 - 종료시간)		횟수 측정	측정치	시간가중 평균치 (TWA)		노출 기준	측정 농도 평가 결과	측정 방법	비고
											전회	금회				
옵셋 인쇄	옵셋 인쇄	혼합유기화합물 (EM)	3	1조 1교대 8시간	480	1. A	9:43	16:45	1	0.1145	0.2798	0.1145	1	미만	14	
옵셋 인쇄	옵셋 인쇄	헥산(n-헥산)	3	1조 1교대 8시간	480	1. A	:	:	1	0.075	1.582	0.075	50	미만		
옵셋 인쇄	옵셋 인쇄	이소프로필 알코올	3	1조 1교대 8시간	480	1. A	:	:		1.108	1.682	1.108	200	미만		
옵셋 인쇄	옵셋 인쇄	톨루엔	3	1조 1교대 8시간	480	1. A	:	:		5.374	11.985	5.374	50	미만		
옵셋 인쇄	옵셋 인쇄	혼합유기화합물 (EM)		1조 1교대 8시간	480	2. B	9:44	16:46	1	0.0595	0.1511	0.0595	1	미만	14	
옵셋 인쇄	옵셋 인쇄	헥산(n-헥산)		1조 1교대 8시간	480	2. B	:	:	1	0.036	0.791	0.036	50	미만		
옵셋 인쇄	옵셋 인쇄	이소프로필 알코올		1조 1교대 8시간	480	2. B	:	:		0.566	불검출	0.566	200	미만		
옵셋 인쇄	옵셋 인쇄	톨루엔		1조 1교대 8시간	480	2. B	:	:		2.795	6.762	2.795	50	미만		

혼합유기화합물의 측정치가 높은 A근로자의 결과를 사용하여 유성 잉크 및 세척제의 구성성분인 n-헥산 등 유기화합물 3가지의 측정치와 노출기준을 확인한다.

③ 노출수준 등급 결정

각각의 측정치를 노출기준으로 나누어 그 비율(%)에 따라 노출수준을 아래와 같이 산출한다.

공 정	화학물질명	단위물질명	측정치 (ppm)	노출기준 (ppm)	측정치/ 노출기준	노출 수준
옵셋 인쇄	유성잉크, 크리놀(세척제)	헥산(n-헥산)	0.075	50	0.2%	1
		이소프로필 알코올	1.108	200	0.6%	1
		톨루엔	5.374	50	10.7%	2

(4) 유해성 등급(Severity, 강도) 결정

① CMR 물질(1A, 1B, 2) 해당 여부 확인

고용노동부고시 제2018-62호(2018.7.30.) 화학물질 및 물리적 인자의 노출기준 [별표 1]에서 제공되는 발암성, 생식세포 변이원성 및 생식독성(CMR) 정보 확인 결과, 아래와 같이 n-헥산 및 톨루엔이 「생식독성 2」에 해당하여 유해성을 4등급 으로 한다.

일련 번호	유해물질의 명칭		화학식	노출기준				비 고 (CAS 번호 등)
	국문표기	영문표기		TWA		STEL		
				ppm	mg/m³	ppm	mg/m³	
38	노말-헥산	n-Hexane	$CH_3(CH_2)_4CH_3$	50	180	–	–	[110-54-3] 생식독성 2
458	이소프로필 알코올	Isopropyl alcohol	$CH_3CHOHCH_3$	200	480	400	980	[67-63-0]
569	톨루엔	Toluene	$C_6H_5CH_3$	50	188	150	560	[108-88-3] 생식독성 2

② 화학물질의 노출기준 확인

CMR에 해당하지 않는 물질은 고용노동부고시인 화학물질 및 물리적 인자의 노출 기준 [별표 1] 또는 작업환경측정 결과표의 노출기준을 확인하여 적용한다.

③ 유해성 등급 결정

CMR 물질 해당여부와 노출기준을 적용하여 유해성을 결정한다.

공 정	화학물질명	단위물질명	CMR	노출기준(ppm)	유해성
옵셋 인쇄	유성잉크, 크리놀(세척제)	헥산(n-헥산)	생식독성 2	50	4
		이소프로필 알코올	–	200	1
		톨루엔	생식독성 2	50	4

㉮ 「n-헥산」 및 「톨루엔」은 노출기준을 활용한 유해성 산정 시 노출기준이 50ppm 으로서 유해성이 2등급(증기의 노출기준이 5~50ppm 이하)이지만, CMR 정보가 「생식독성 2」이므로 유해성을 4등급으로 한다.

㉯ 「이소프로필 알코올」은 노출기준이 200ppm으로서 유해성을 1등급(증기의 노 출기준이 50~500ppm 이하)으로 한다.

(5) 위험성 추정

노출수준과 유해성을 조합하여 위험성을 계산한다.

공정	평가대상 유해요인					위험성평가 결과		
	화학물질명	단위물질명	CMR	측정치 (ppm)	노출기준 (ppm)	노출수준	유해성	위험성
옵셋 인쇄	유성잉크, 크리놀 (세척제)	헥산(n-헥산)	생식독성 2	0.075	50	1	4	4
		이소프로필 알코올	–	1.108	200	1	1	1
		톨루엔	생식독성 2	5.374	50	2	4	8

(6) 위험성 결정

단위 화학물질에 대하여 계산된 위험성 중에서 최고등급에 대한 위험성 수준을 결정하고 관리기준을 제시한다.

공정	화학물질명	위험성 (최고등급)	위험성 수준	관리기준
옵셋인쇄	유성잉크, 크리놀(세척제)	8등급	중대한 위험	현행법상 작업환경개선을 위한 조치기준에 대한 평가 실시

옵셋인쇄 공정에서 유성잉크, 크리놀(세척제)의 위험성은 유해인자 중 위험성이 가장 높은 「톨루엔」의 8등급으로 결정한다.

위험성 8등급은 「중대한 위험」에 해당하므로 관리기준을 참조하여 현장에 적합한 작업환경 개선대책을 수립한다.

(7) 위험성 감소대책 수립 및 실행

① 작업환경 개선대책 수립

㉮ 「작업환경 관리상태 체크리스트」를 활용하여 현재 상태를 점검한다.

구 분	작업환경 관리상태 평가내용	가능여부 (대상여부)	현재상태
물질의 유해성 (3)	현재 취급하고 있는 물질보다 독성이 적은 물질(노출기준수치가 높은)로 대체 가능한가?	×	×
	현재 발암성 물질을 취급하고 있다면 비발암성 물질로 대체 가능한가?	×	×
	현재의 유해물질 취급 공정의 폐쇄가 가능한가?	×	×

구 분	작업환경 관리상태 평가내용	가능여부 (대상여부)	현재상태
물질 노출 가능성 (11)	현재 사용하는 화학물질의 사용량을 줄일 수 있는가?	×	×
	분진 등 고체상 물질의 경우 습식 작업이 가능한가?	×	×
	유해물질 취급 공정의 완전 밀폐가 가능한가?	×	×
	유해물질 발생 지점에 국소배기장치의 설치가 가능한가?	○	○
	국소배기장치 후드가 부스형으로 설치 가능한가?	×	×
	국소배기장치 후드를 유해물질 발생원에 현재보다 좀 더 가까이 설치가 가능한가?	○	×
	후드의 위치가 근로자의 호흡기 영역을 보호하고 있는가?	○	×
	포집효율을 높이기 위한 플랜지(Flange) 설치가 가능한가?	○	×
	국소배기장치의 제어풍속이 법적 기준을 만족하는가?	○	×
	국소배기장치 성능을 주기적으로 점검하는가?	○	×
	전체환기장치(Fan)를 병행하여 설치 가능한가?	○	○
작업 방법 (5)	유해물질 취급 공정을 인근 공정 및 작업장소와 격리하여 작업할 수 있는가?	×	×
	유해물질 취급 공정과 인근 작업 장소 사이의 공기 이동을 차단하기 위한 차단벽 설치가 가능한가?	×	×
	현재의 유해물질 취급 작업을 자동화 또는 반자동화로의 공정 변경이 가능한가?	×	×
	유해물질 용기를 별도의 저장장소에 보관 가능한가?	○	○
	유해물질을 직접적인 접촉 없이 취급 가능한가?	×	×
관리 방안 (11)	특수건강진단을 정기적으로 실시하고 있는가?	○	○
	작업환경측정을 정기적으로 실시하고 있는가?	○	○
	취급 화학물질에 대한 근로자 교육을 실시하는가?	○	×
	개인전용의 호흡용 보호구가 적정하게 지급되는가?	○	○
	근로자가 작업 중 호흡용 보호구를 착용하고 있는가?	○	×
	호흡용 보호구의 성능이 적정하게 관리되는가?	○	○
	작업장에 호흡용 보호구 착용 표지판을 설치했는가?	○	×
	보호구 보관함이 설치되어 청결하게 관리되고 있는가?	○	×
	화학물질 취급 공정에 대한 청소상태는 적정한가?	○	○
	취급 화학물질의 물질안전보건자료를 비치 · 게시했는가?	○	○
	취급 화학물질 용기 · 포장에 경고표지를 부착했는가?	○	○

㉯ 「작업환경 관리상태 체크리스트」의 「가능여부(대상여부)」에서 가능 혹은 대상으로 확인된 평가항목 중 「현재상태」에서 현재 실시 또는 적용하지 않고 있는 작업환경개선 대상 목록을 작성한다.

④ 대상 목록을 다음의 우선순위에 따라 정리한다.

화학물질 제거 → 화학물질 대체 → 공정 변경(습식) → 격리(차단, 밀폐) → 환기장치 설치 또는 개선 → 보호구 착용 등 관리적 개선

우선순위	작업환경 관리상태 평가내용	평가결과 문제점
환기장치 설치 또는 개선	• 국소배기장치 후드를 유해물질 발생원에 현재보다 좀 더 가까이 설치가 가능한가? • 후드의 위치가 근로자의 호흡기 영역을 보호하고 있는가? • 포집효율을 높이기 위한 플랜지(Flange) 설치가 가능한가? • 국소배기장치의 제어풍속이 법적 기준을 만족하는가? • 국소배기장치 성능을 주기적으로 점검하는가?	• 옵셋인쇄기 상부에 캐노피 후드가 설치되어 있으나, 발생원과의 거리가 멀고 주변 방해 기류에 대한 영향을 많이 받아 적정 제어풍속을 유지하지 못함 • 일부 후드의 댐퍼를 닫은 상태로 운전 중임
보호구 착용 등 관리적 개선	• 취급 화학물질에 대한 근로자 교육을 실시하는가? • 근로자가 작업 중 호흡용 보호구를 착용하고 있는가? • 작업장에 호흡용 보호구 착용 표지판을 설치했는가? • 보호구 보관함이 설치되어 청결하게 관리되고 있는가?	• 신규 근로자 교육 미실시 • 인쇄 롤러 세척작업 시 방독마스크가 아닌 면마스크 착용 • 인쇄기 주변 호흡용 보호구 착용 표지판 미설치 • 보호구 보관함 덮개 파손

② 작업환경개선 실행계획 수립

㉮ 위험성등급 감소 목표 : 8등급(중대한 위험) → 4등급(상당한 위험)

대상 공정	대상 화학물질	감소방안	
		유해성	노출수준
옵셋인쇄	유성잉크, 크리놀(세척제)	감소 불가 (현 4등급 유지)	국소배기장치 개선을 통해 노출기준 10% 미만 유지(목표 : 2등급 → 1등급)

• 물질대체 등 현재 사용 중인 유해물질(유성잉크, 세척제) 변경이 불가하여 유해성은 현 등급(4등급)과 동일하게 유지
• 「국소배기장치 개선」을 통해 유해물질 노출 가능성을 최소화하여 노출기준의 10% 미만으로 감소시켜 노출수준을 1등급으로 감소
• 이에 따라, 옵셋인쇄공정의 위험성은 기존 8등급에서 4등급(노출수준 1등급 ×유해성 4등급)으로 감소될 것으로 예상됨
• 하지만, 위험성 4등급은 「상당한 위험」 수준에 해당하기 때문에, 화학물질 유해성에 대한 교육 및 보호구 착용에 대한 관리적 개선이 필요

㉯ 작업환경개선 실행계획

항 목	세부 실행계획	실행방법
환기 장치 개선	• 캐노피 후드에 비닐커튼을 이용한 포위식 후드 설치 : 5개소 • 후드의 댐퍼 정상화 : 5개소 • 주기적인 국소배기장치 점검 실시 : 분기별 1회	자체 개선 (투자비용 50만원)
안전 보건 교육	• 근로자 대상으로 화학물질 유해성 및 관리방안 교육 : 연 4회 – 법 제31조에 따른 안전보건교육에 포함하여 실시	공단 요청 (집체교육)
보호구 착용	• 인쇄기 주변 호흡용 보호구 착용 표지판 설치 : 2개소 • 보호구 보관함 교체 : 3개 • 적정 보호구 비치 : 보호장갑, 방독마스크 등 2종	자체 개선 (투자비용 100만원)

※ 환기장치 개선 시 필요한 경우 안전보건공단 등 전문가를 위촉하여 활용한다.

[옵셋인쇄 표준환기방안]

■ 환기방안 개요도

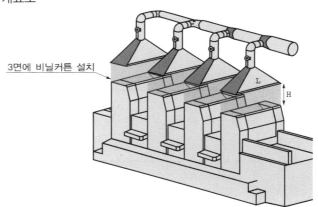

3면에 비닐커튼 설치

■ 설계자료
  • 후드 형태 : 비닐커튼을 활용한 포위식 배기후드
  • 설계 유량(Q)=후드 개구면적당 $40\mathrm{m}^3/\mathrm{min/m}^2$ 이상
  • 후드 개구면적(A)=길이(L)×높이(H)
  • 비닐커튼 설치 : 현장 상황에 따라 탈부착이 가능하도록 설계함
■ 유의사항
  • 배기덕트에 댐퍼(Damper)를 설치하여 배기유량 관리를 실시한다.
  • 작업자가 공정에서 작업 시 반드시 보호구를 착용한다.
  • 비닐커튼 설치 시 인쇄기 주변을 충분히 밀폐할 수 있도록 설치해야 한다.

[안전보건교육]

- 취급 화학물질의 물질안전보건자료, 화학물질 정보카드 등을 이용하여 근로자들에게 취급하고 있는 화학물질로 인한 건강영향과 적절한 관리방안, 주의사항, 지침서, 제공되는 보호구를 왜 착용하여야만 하는지 등을 주기적으로 교육하도록 할 것
- 화학물질을 안전하게 취급하는 방법을 교육하고, 기계의 조종장치가 잘 작동하고 있는지를 확인하고 작업자들에게 뭔가가 잘못되고 있다면 어떻게 행동해야 하는지를 확실하게 주지시킬 것
- 근로자와 사용자 모두 유기화합물 중독 예방에 대하여 구체적인 지식을 알고 있어야 함. 따라서 잘 보이는 작업장소에 해당 물질안전보건자료를 항상 게시하여 둘 것
- 작업에 종사하는 근로자가 유기화합물에 오염되거나 혹은 흡입하지 않도록 하기 위하여 작업의 방법을 결정하고 근로자를 교육할 것
- 근로자 및 작업장에 주지시킨 경고가 잘 지켜지고 있는지를 체크하는 예방체계를 만들 것

[보호구 착용]

- 인쇄작업 시 사용할 수 있는 보호구로는 유기가스용 방독마스크로서 사업주는 근로자에게 개인별로 지급하고, 근로자는 작업 시 보호구를 착용하고 작업에 임할 것
- 화학물질에 피부와 눈의 접촉을 방지하기 위해 적절한 보호의, 불침투성 보호장갑, 보호장화, 안면보호구, 고글/보안경 등을 착용할 것
- 피부가 젖거나 오염이 되었을 때는 즉시 씻고, 작업복이 오염될 가능성이 있을 경우에는 매일 갈아입거나 일회용 보호의를 사용할 것. 불침투성이 아닌 보호의 등이 젖거나 오염이 되었을 때는 즉시 벗을 것
- 보호장갑은 화학 작업용으로 제조된 것을 사용하는 것이 좋으며, 화학물질에 대하여 침투성 검사 결과가 우수한 재질을 사용하는 것이 좋음
- 방독마스크의 정화통(카트리지)은 유효기간을 고려하여 정기적으로 지급·교환하도록 할 것. 특히, 정화통이 개방된 상태로 습기, 유기용제 가스 등과 접촉하게 하면 유효기간이 단축되므로 주의하도록 할 것
- 개인보호구를 항상 확인하고 사용하지 않을 때는 청결하게 안전한 장소에 보관할 것
- 보호구가 손상되었거나 유효기간이 경과한 경우는 즉시 교환할 것

㉺ 예방조치 실행
- 작업환경 개선대책이 수립되면 우선순위를 결정하여 구체적인 실행계획을 수립한다.

항 목	실행계획	담 당	분기/월											
			1			2			3			4		
			1	2	3	4	5	6	7	8	9	10	11	12
환기 장치	국소배기 장치 점검	공무팀	■			■			■			■		
	댐퍼 정상화	공무팀	■											
	포위식 후드 설치	공무팀		■										
교육	안전보건 교육 실시	생산팀	■			■			■			■		
보호구	표지판 설치	생산팀	■											
	보관함 교체	생산팀	■											
	보호구 비치	생산팀	■											
위험성 평가	작업환경 측정	경영팀										■		
	평가 수정 및 재검토	경영팀											■	
	차년도 계획 수립	경영팀												■

- 수립된 세부 실행계획에 따라 적정하게 예방조치를 실행하여야 하며, 조치되는 예방대책에 대한 감시와 재검토를 통하여 작업환경 개선대책이 효율적으로 유지되도록 한다.

(8) 기록 및 검토 · 수정

① 위험성평가 결과를 기록하고 작업환경 개선대책을 포함한 위험성평가 결과를 근로자에게 공지한다.

② 작업환경 개선대책을 실행한 후 모니터링을 주기적으로 실시한다.

③ 모니터링과 차기 작업환경 측정결과를 통해 위험성평가를 재실시하고 허용 가능한 범위로 개선되었는지를 평가하여 지속적 개선이 이루어지도록 한다.

제 2 장

공정안전관리(PSM)에 기반한 위험성평가 및 분석기법

다양한 위험성평가 및 분석기법 중 공정안전관리(PSM)에 주로 사용되는 14가지 기법을 PSM 적용대상기업에서 많이 사용하는 기법부터 배치, 정리하였으며 정성적, 정량적 분석 및 위험영향평가 순으로 이해의 난이도에 따라 순차적으로 배치하였다.

2-1 위험성평가 및 분석의 개요

2-1-1 위험성평가 개요

모든 위험성을 전부 목록화하기는 실제로 어렵겠지만 중요한 위험성이 빠지면 평가결과가 크게 왜곡될 수 있으므로 여러 가지 기법(HAZOP, FMEA, What-if, Checklist, PHA 등)을 이용하여 가능한 한 모든 위험성을 찾는다.

위험성의 열거로 만들어진 초기 목록에서 비용, 계획 등을 고려하여 관련이 적거나 중복된 것을 정리하되 중요한 위험성은 빠짐이 없도록 사고목록을 만든다.

다음으로 정리된 사고목록을 비슷한 위험성끼리 묶어 소집단화한다. 이때 취급물질, 성분, 유출속도, 유출장소 등이 고려되어야 한다.

위의 과정으로 작성된 것을 사고의 확장목록으로 하고 위험성의 확장목록을 사고 시 영향을 미치는 중대사고, 공장 주변의 지역에도 영향을 미치는 중대사고, 대형사고(중대산업사고)로 나눈다. 이들 사고 중 한 가지 이상을 포함하는 것을 위험성분석의 주 세트로 한다.

먼저 회사의 모든 설비를 고려하여 구간을 나누는 기준을 세운 후에 평가대상의 위험성 순위 매트릭스를 결정한다.

위험성이 높은 곳에 우선적으로 위험저감 수단을 찾아 사고결과를 낮출 수 있도록 한다. 위험성평가는 어느 단계에도 적용할 수 있지만 기본적으로 기계설비의 낮은 단계의 특정 요소(저장탱크의 파열로 인한 위험성 등)를 찾는 것이 바람직하다.

회사 자체의 공학적 설계 매뉴얼을 가지고 있지 않은 중소영세기업들은 기본적 이론, 건설코드, 관련법규, 국내외 기술단체코드 등을 설계를 위한 기준으로 활용해야 한다. 주로 많이 사용되는 기준으로는 다음과 같은 것이 있다.

[자주 사용되는 외국의 기술지침]

- American Society of Mechanical Engineering(ASME) : 보일러와 압력용기(Pressure Vessel) 코드는 해당 설비의 세계적 공용표준
- American Petroleum Institute(API) : 석유화학공정장치의 사용과 일반적인 기계설비공장의 배치(Layout)에 대한 표준
- Instrument Society of America(ISA) : 공정장치의 생산, 보정 그리고 응용에 대한 표준
- National Electric Code(NEC) : 전기장비들의 분류와 사용지침
- National Fire Protection Association(NFPA) : 화재에 의한 재산, 인명손실방지를 위한 안전장치 설치방법에 대한 표준

이 장에서 다루고자 하는 PSM에 기반한 위험성평가 및 분석방법은 위험과 운전분석(HAZOP ; Hazard and Operability Studies), 작업안전분석(JSA ; Job Safety Analysis), 작업자실수분석(HEA ; Human Error Analysis), 공정안전성분석(K-PSR ; KOSHA Process Safety Review), 예비위험분석(PHA ; Preliminary Hazard Analysis), 체크리스트(Checklist), 사고예상질문분석(What-if), 원인-결과분석(CCA ; Cause-Consequence Analysis), 이상위험도분석(FMECA ; Failure Modes Effects and Criticality Analysis), 결함수분석(FTA ; Fault Tree Analysis), 사건수분석(ETA ; Event Tree Analysis), 상대위험순위결정(DMI ; Dow and Mond Indices), 방호계층분석(LOPA ; Layer of Protection Analysis), 공정위험분석(PHR ; Process Hazard Review) 등이다.

그러나 다양하고 정확한 위험성을 찾기 위해서는 위에 열거한 방법 외에도 사고의 근본원인 분석(RCA ; Root Cause Analysis), 4M 위험성평가, 특성요인도분석(FA ; Fishbone Analysis) 등을 활용할 수도 있다.

※ 참고로 첨부한 부록의 [별표 1]은 PSM과 관련되는 위험성평가 및 분석기법을 정리한 것이다.

2-1-2 위험성평가 및 분석기법의 종류

위험성평가와 분석기법으로는 크게 정성적 평가(Qualitative Assessment), 준정량적 평가(Semi-Quantitative Assessment)와 정량적 평가(Quantitative Assessment) 등 3가지로 나눌 수 있다. 정성적 평가는 어떠한 위험요소가 존재하고 그 위험의 감소조치로는 어떤 것이 있는지를 찾아내는 방법이고 정량적 평가는 그 위험요소를 정량적으로 분석평가하고 그 크기에 따라 대내적, 대외적 예방대책이나 저감대책을 수립하기 위한 평가·분석방법이다. 전체 위험성의 우선순위를 정하기 위한 사고의 가능성과 사고의 크기를 시스템적으로 정하는 방법으로 주요 차이점은 분석을 수행하기 위하여 필요로 하는 정보량의 차이라고 할 수 있다.

다음 〈표 2-1〉은 위험성평가 및 분석기법의 특징을 나타낸다.

〈표 2-1〉 위험성평가 및 분석기법의 특징

구 분	특 징
정성적	• 5리스크 매트릭스에 의한 가장 간단한 방법으로 신속, 용이하지만 아주 전통적 방법 • 위험성 순위를 나타내는 좋은 수단으로 위험성의 초기분류에 적정 • 안전, 환경, 기업경영 충격과 관련해 범용적으로 사용
준정량적	• 5×5 리스크 매트릭스, 더 많은 문제와 시간을 조합한 분석방법 • 결과물이 정량적 분석보다는 세밀하지 않으나 정성적 분석보다는 세밀한 평가방법 • RBI 등 위험성평가 방법의 대부분에 사용
정량적	• 가장 포괄적이며, 세밀하고 정확한 평가방법 • 개개 장비에 대한 확실한 리스크 점수, 사고가능성 및 사고 피해크기를 산출하는 데 적정 • 방출량, 방출영향, 작업자 및 공중안정, 사내·외 환경영향 및 상세 기업운영 영향을 분석하는 데 유용

다음은 PSM 대상 기업에서 통상 사용하는 정성적, 정량적 위험성평가기법의 종류이다.

(1) 정성적 위험성평가 및 분석기법

① 공정/시스템 체크리스트(Process/System Checklist)
② 안전성 검토(Safety Review)
③ 상대위험순위(Relative Review)
④ 예비위험분석(Preliminary Hazard Analysis)
⑤ 위험과 운전분석(Hazard and Operability Studies)
⑥ 이상위험도분석(Failure Modes Effects & Criticality Analysis)
⑦ 작업자실수분석(Human Error Analysis)

(2) 정량적 위험성 분석기법

① 결함수분석(Fault Tree Analysis)
② 사건수분석(Event Tree Analysis)
③ 원인-결과분석(Cause-Consequence Analysis)

2-1-3 위험성평가 및 분석기법의 발전과정

사고의 위험성평가 및 분석기법은 가장 멀리는 1931년 허버트윌리엄 하인리히 (Herbert William Heinrich)가 펴낸 산업재해예방-과학적 접근(Industrial Accident Prevention : A Scientific Approach)에서 사고발생 전에 그와 관련된 수많은 경미한 사고원인들이 존재한다는 사고의 연속성 이론(Domino theory)을 발표하면서부터라 할 수 있다. 그러나 공정안전보고서(PSM)에서 사용되는 위험성 분석기법은 이러한 고전적 이론에서 훨씬 발전해 위험성(Risk)을 산출하는 위험성평가(Risk Assessment) 기법의 사용에서부터라 할 수 있고 이는 대상설비의 사고발생가능성(LoF ; Likelihood of Failure) 과 고장파급효과, 즉 사고결과의 중대성(CoF ; Consequence of Failure)을 동시에 고려하면서부터라 할 수 있다.

1976년 이탈리아「세베소」에서 대형의 산업사고가 발생하고 유사한 사고들이 이어지면서 1982년 유럽연합(EU)에서 산업체의 주요 위험성(Industrial Major Hazards)으로부터의 대형사고 예방을 위한 유럽연합 지침(EU Directives)을 공포하고 그 내용에 사업주는 대형사고에 적절히 대응하는 대책을 마련하도록 의무화하고 각국은 자국의 관련법에 이를 법령화하도록 하면서 위험성평가 및 분석기법이 활발히 사용되기에 이른다.

미국의 중대산업사고에 대한 법령 정비는 EU국가들보다 늦었으나 1989년 필립스 사의 폭발사고 발생 이후 1991년 미국의 안전보건청(OSHA)에서는 OSHA Act 시행령에 PSM 관련 부분을 추가한 개정안을 마련하고 1992년 고도의 유해화학물질에 대한 프로세스 안전관리규칙(일명 공정안전관리제도 : Process Safety Management of Highly Hazardous Chemicals, 29 CFR Part1910.119)을 시행하게 된다. 이 내용에 사업주는 프로세스 위험분석을 수행하고 이를 근거로 필요한 대책을 수립하여 문서화하도록 의무화하고 있다.

위험성평가 및 분석기법은 초기에는 미 항공우주국이나 군사용으로 사용되던 분석기법들이 대부분이었다면 미국의 PSM제도가 도입, 실시된 이후에는 석유화학업체와 이들의 지원을 받는 전문단체들이 기업의 수요에 따라 개발한 분석기법이 주를 이루게 된다. 위험성평가 및 분석의 큰 흐름도 초기에는 위험성을 발견하고 기업 내의 사고감소대책을 마련하는 전통적인 정성적 방식에서 구체적 자료를 바탕으로 전산시스템이 지원되는 정량적 분석방법으로 기업 내는 물론 기업 밖의 환경과 일반 시민들의 안전까지로 피해 최소화 대상도 확대된다. 특히 위험성의 크기를 구해 최적화 대책을 마련하려는 기업들의 요구에 전산에 의한 각종 정보를 합산할 수 있는 수단이 출현됨에 따라 2000년대에는 위험성평가 및 분석기법에 실로 엄청난 변화가 예상된다. 이들의 발전과정을 정리해 보면 다음 [그림 2-1]과 같이 크게 4단계로 나눌 수 있다.

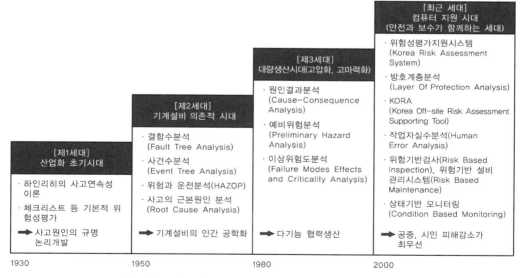

[그림 2-1] 위험성분석의 개념과 기법의 시대적 변화

2-2 위험과 운전분석(HAZOP ; Hazard and Operability Studies) 기법

2-2-1 HAZOP의 개요

HAZOP(위험과 운전분석)은 Hazard and Operability의 조합어로 그 어원에서 알 수 있듯이 화학공장에서의 위험성(Hazard)과 운전성(Operability)을 정해진 규칙과 설계도면에 의하여 체계적으로 분석·평가하는 방법이다.

HAZOP은 1963년 영국의 종합화학업체인 ICI(Imperial Chemical Industries)의 사내표준(Critical examination techniques)이었다. 이 기법을 사용하면서, 평가자들의 기술이나 경험에만 전적으로 의존하지 않고 보다 체계적이고 합리적인 평가 및 분석방법을 이용함으로써 검토 시 누락의 가능성을 배제하고 비교적 객관화된 평가서를 작성할 수 있는 등의 장점들이 인정되면서 화학공장의 위험성평가에 널리 이용되기 시작하였다.

첫 번째 공식적인 지침(Guide)은 1977년 ICI와 화학산업협회(Chemical Industries Associations Ltd)에 의해 제정되었다.

Hazard and Operability(HAZOP) Study는 기존의 공정이나 신규로 설치되는 공정에서 발생될 수 있는 소프트웨어와 하드웨어적 위험요인을 확인하는 과학적, 체계적인 위험성평가 기법이다.

HAZOP은 화학공정(Chemical Process)을 분석하기 위해 최초로 개발되었으나 복잡한 공정의 운전, 조작, 소프트웨어 시스템의 문제점도 확인하기 위한 위험분석기법으로 발전되었다.

HAZOP의 특징은 가이드워드(Guide word)와 HAZOP Team의 난상토론(Brainstorming)에 의해 위험요인을 도출하는 정성적 위험성평가 및 분석기법이다.

HAZOP은 설계변경이 가능한 초기 설계단계에서 수행하는 것이 가장 바람직하다. HAZOP을 수행함으로써 보다 완벽한 공정설계를 이끌어낼 수 있지만 통상 세부설계가 완료되면 최종 점검 시에 수행되는 것이 보통이다. 그러나 HAZOP은 기존 운전설비에서도 위험성(Risk)을 줄이거나 운전상의 문제점을 해소하기 위한 목적으로 적용되기도 한다.

2-2-2 HAZOP 용어 정의

다음은 HAZOP에 사용되는 용어에 대한 설명이다.

(1) 검토구간(Node)

검토구간(Node)은 위험성평가를 하고자 하는 설비구간을 말하며 P&ID에서 검토가 가능한 구간을 HAZOP 팀에서 선정한다.

(2) 변수(Parameter)

변수는 질이나 유량, 압력, 온도, 물리량이나 공정의 흐름조건을 말하며, 특정변수(Specific parameter)와 일반변수(General parameter)로 구분된다.

① 특정변수

물리 · 화학적으로 표현할 수 있는 변수로 대개 수치화가 가능하고 가이드워드와 조합되어 하나의 이탈을 발생

예 Flow, Temperature, Pressure, Level, Composition, Phase, Viscosity, Time(회분식), Sequence(회분식) 등

② 일반변수

가이드워드와의 조합 없이 단독으로 하나의 이탈을 구성할 수 있는 변수

예 Addition, Reaction, Maintenance, Testing, Instrumentation, Sampling, Relief, Service/Utilities, Corrosion/Erosion, Mixing 등

(3) 이탈(Deviation)

가이드워드와 공정변수가 조합되어, 유체흐름의 정지 또는 과잉상태 등과 같이 설계의도에서 벗어난 상태를 말한다.

(4) 가이드워드(Guide word)

가이드워드(Guide word)는 공정변수의 질, 양 또는 단계를 나타내는 간단한 단어로서 공통적으로 가장 많이 사용되는 가이드워드(Guide word)는 'No', 'More', 'Less', 'As well as', 'Parts of', 'Other than', 'Reverse'이다. 추가적으로, 'Too early', 'Too late', 'Instead of' 등은 회분식 공정에서 많이 사용되는 가이드워드이다.

가이드워드는 모든 변수(Parameter)에 적용, 공정의 의도하지 않은 이탈을 확인하게 된다.

다음 〈표 2-2〉, 〈표 2-3〉은 대표적으로 많이 쓰는 가이드워드의 예이다.

〈표 2-2〉 연속식, 회분식 공정에 공통 적용되는 가이드워드

가이드워드	정 의	적용 예시[이탈] (변수 : 유량)
NO[없음]	변수(Parameter)의 양이 없는 상태	검토구간 내에서 유량이 없거나 흐르지 않는 상태
More[증가]	변수가 양적으로 증가되는 상태	검토구간 내에서 유량이 설계의도보다 많이 흐르는 상태
Less[감소]	변수가 양적으로 감소되는 상태	증가의 반대
Reverse[반대]	설계의도와 반대	역류, 검토구간 내에서 정반대방향으로 흐르는 상태
As well as[부가]	설계의도 외에 다른 변수가 부가되는 상태	오염 등과 같이 설계의도 외에 부가로 이루어지는 상태
Parts of[부분]	설계의도대로 완전히 이루어지지 않는 상태	조성 비율이 잘못된 것과 같이 설계의도대로 되지 않는 상태
Other than[기타]	설계의도대로 되지 않거나 운전 유지되지 않는 상태	원료 공급 잘못, 밸브 설치 잘못 등

〈표 2-3〉 회분식 공정에 적용되는 가이드워드

가이드워드	정 의	적용 예시[이탈]
Too early	시기가 의도와 다르게 빠름	변수 : Time 허용범위(시간, 조건)보다 이른 종료
Too late	시기가 의도와 다르게 늦음	변수 : Time 허용범위(시간, 조건)보다 늦음
Faster	절차가 의도된 시기보다 빠르게 진행됨	변수 : Sequence 조기 조작
Slower	절차가 의도된 시기보다 느리게 진행됨	변수 : Sequence 조작 지연
Instead of	첨가제 등의 변수가 대체됨	변수 : Addition 무반응, 고속반응 등

2-2-3 HAZOP 수행절차와 내용

HAZOP Study의 수행절차는 [그림 2-2]와 같다.

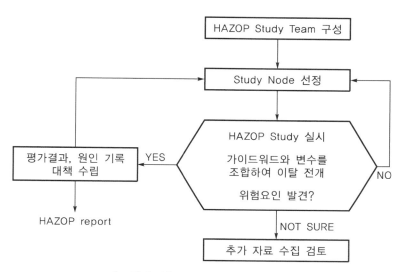

[그림 2-2] HAZOP Study 흐름도

[제1단계] HAZOP Study Team 구성

HAZOP Study Team은 일반적으로 아래와 같이 구성되며 사업장의 여건에 맞게 조정할 수 있다.

① 신설 공장의 경우 사업 책임자, 공정, 계측제어, 기계, 전기 기술자, 운전조장, 안전 또는 위험성평가 전문가로 구성함을 권장하며 기존 공장의 경우에는 유지 · 보수 기술자(공무, 계전팀 등)가 추가된다.

② HAZOP Study Team은 팀 리더와 서기를 정하고 팀 리더는 평가대상 공정을 이해하고 HAZOP에 대해 경험이 있는 자로 임명해야 한다. 서기는 회의의 내용을 충분히 이해하고 기록할 수 있는 사람이어야 한다.

③ HAZOP Study Team 구성원의 주요 임무는 〈표 2-4〉와 같으며 사업장 특성 및 여건에 맞게 적절히 업무분장을 하여야 한다.

④ HAZOP Study는 팀장의 주도하에 Brain Storming 방식으로 진행한다. 각자의 의견을 자유롭게 토론할 수 있는 분위기를 형성하는 것이 중요하다.

〈표 2-4〉팀 구성원의 주요 임무 예시

팀 구성원	주요 임무
팀 리더	• 위험성평가의 전반을 책임진다. • 평가의 목적과 범위 설정 • 검토 일정 수립 ※ 서기는 팀의 회의내용과 위험성평가 결과 작성
운전 조장 및 조원	• 각 검토구간에 대한 공정 설명 • 각 공정의 기본설계자료 제공 • 운전자료 제공 • P&ID 또는 운전절차서의 실제 공정 일치 여부 확인 • 상세한 운전실무와 절차의 제공 • 운전팀 관심사항의 반영
기계 기술자	• 설비 설계에 적용되는 기준 제공 • 설비 및 배관 등의 명세 제공 • 일괄 공급설비의 상세 자료 제공 • 설비 및 배관 배치도면 제공
계장 · 제어 기술자	• 제어계통 개념 및 제어시스템 설명 • 제어시스템의 하드웨어 및 소프트웨어에 대한 정보 제공 • 하드웨어에 대한 신뢰성 및 일반적인 고장 형태 제공 • 제어 시퀀스, 경보/트립 설정치, 자동비상정지 등에 대한 시험, 조정 및 보수 등에 대한 자료 제공
공정 전문가	• 공정 내 사용되는 물질안전보건자료 제공 • 이상반응, 부산물, 부식 등 화학물질에 의한 잠재위험성에 관한 자료 제공
안전 전문가	• 회사 내의 안전표준이 반영되는지의 확인 • 회사 내의 모든 설비에 대한 안전조치상태 확인

[그림 2-3] HAZOP Study

[제2단계] Study Node(검토구간) 선정

HAZOP Study를 위해서는 P&ID 상의 공정설비 평가가 적절히 이루어질 수 있도록 구분을 해야 한다. 이 구분된 묶음을 Node라고 한다. 다음은 화학제품 제조공정의 Node 선정의 예이다.

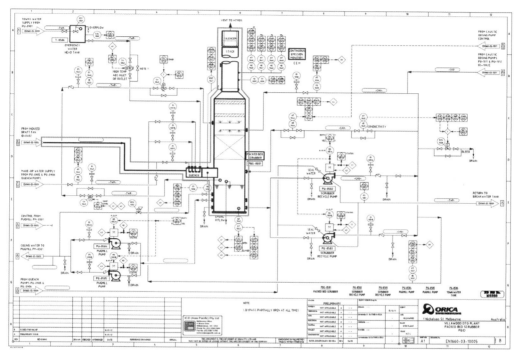

[그림 2-4] 검토구간 분할의 예시

Study Node를 정하는 방법은 일반적으로 기능에 따라 나누는 방법과 시스템의 복잡성을 감안해 나누는 방법이 있는데, 일반적으로 기능에 의한 검토구간 산정방법을 많이 사용한다.

(1) 기능에 의한 검토구간 선정

 ① P&ID 상 인입배관이 있는 곳에서 첫 번째 검토구간을 시작할 것
 ② 다음의 경우는 Study Node를 변경할 것
  ㉮ 설계목적의 변경이 있을 때
  ㉯ 공정상의 조건에 중요한 변경이 있을 때
  ㉰ 하나의 도면에서 다른 도면으로 연결되는 경우에는 하나의 검토구간으로 선정

(2) 복잡성에 따른 검토구간 설정

P&ID(Piping and Instrument Diagram)의 복잡성에 따라 HAZOP 수행경험이 있는 팀원의 경험에 의해 HAZOP Study에 적당한 검토구간을 구분하여 설정하는 방법이다.

검토구간이 너무 크면 검토하는 데 시간이 많이 걸릴 뿐만 아니라 모든 위험요인을 도출하기가 어려워진다. HAZOP 리더(팀장)는 HAZOP Study 팀원의 수준에 맞게 검토구간을 결정하고 조정해야 한다. HAZOP Study 팀원이 공정과 HAZOP에 익숙하게 되면 검토 소요시간이 줄어들게 되며 이때 검토구간을 점차 크게 설정할 수 있다.

[제3단계] 이탈(Deviation)의 전개

공정이탈은 공정변수(Parameter)와 가이드워드(Guide word)의 조합으로 전개 된다.

가이드워드
(Guide word) + 변수
(Parameter) → 이탈
(Deviation)

이탈을 전개하기 위해 〈표 2-5〉와 같은 이탈 행렬 매트릭스(Deviation matrix)를 구성한다.

〈표 2-5〉 이탈 행렬 매트릭스

가이드워드 / 공정변수	MORE	LESS	NONE	REVERSE	PART OF	AS WELL AS	OTHER THAN
FLOW	HIGH FLOW	LOW FLOW	NO FLOW	BACK FLOW	WRONG AMOUNT	ADDED COMPONENT	WRONG COMPONENT
PRESSURE	HIGH PRESSURE	LOW PRESSURE		VACUUM			
TEMPERATURE	HIGH TEMP.	LOW TEMP.					
LEVEL	HIGH LEVEL	LOW LEVEL	NO LEVEL				
REACTION	HIGH REACTION	LOW REACTION	NO REACTION	DECOMPOSE	INCOMPLETE	SIDE REACTION	WRONG REACTION
TIME	TOO MUCH	TOO LITTLE					
STEP	STEP LATE	STEP EARLY	MISSED STEP	BACK STEP	PARTIAL STEP	EXTRA ACTION	WRONG ACTION
COMPOSITION	HIGH CONC.	LOW CONC.	NONE			EXTRA COMPONENT	WRONG COMPONENT
PHASE	TOO MANY	TOO FEW	SINGLE	INVERSION	EMULSION		
ADDITION	TOO MUCH	TOO LITTLE					
MIXING	TOO MUCH	TOO LITTLE	NONE				

이탈 행렬 매트릭스는 가로축에 가이드워드를, 세로축에 공정변수를 기재하고 이들의 조합을 통해 이탈을 구성한다. 공정변수의 특성에 따라 모든 가이드워드와 조합이 불가능한 것도 있을 수 있으며 이 경우에는 해당 행렬 칸을 여백으로 남겨두면 된다.

이밖에도 평가대상 공정에 적합한 여타 가이드워드와 변수를 선정하여 추가적으로 이탈을 이끌어낼 수 있다. 특히, 회분식 공정의 경우에는 조작시간 및 조작절차에 대한 이탈을 이끌어낼 수 있는 가이드워드를 사용한 평가가 추가로 필요하다.

예를 들어 아래 검토구간(Study line)과 같은 배관라인을 대상으로 가이드워드를 사용하여 이탈을 도출하려 할 때의 과정은 다음과 같다.

① 리더는 [그림 2-5]의 'Study line 1'에 대해 가이드워드와 변수를 하나씩 팀원들에게 제시한다. 일례로 'Study line 1'의 변수 「FLOW」에 대해 가이드워드 「MORE」를 제시한다.

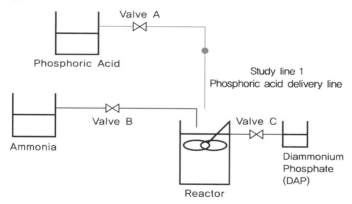

[그림 2-5] Study line 1의 공정도

② 팀원들은 상기 배관라인의 유량이 증가됐을 경우 일어날 수 있는 이탈을 브레인스토밍(Brain Storming) 방식으로 도출해야 한다.

③ Study line 1의 유량이 증가됐을 경우에는 반응기(Reactor)에 과량의 인산(Phosphoric Acid)이 유입되어 비정상 반응을 하거나, 반응기의 넘침이 발생하는 등의 이탈(Deviation)과 원인(Causes) 및 결과(Consequence)를 이끌어낼 수 있다.

④ 도출된 이탈에 대해서는 팀원들과의 협의를 통해 위험도를 평가하고, 허용범위를 벗어난 수용 불가한 위험도에 대해서는 개선대책을 수립해야 한다. HAZOP Study 중 도출된 이탈(Deviation)과 원인(Causes) 및 결과(Consequence) 등에 대해서는 빠짐없이 기록해야 한다.

[제4단계] HAZOP 검토결과 분석표 작성

HAZOP 검토를 수행함에 있어서 잠재위험의 원인(Causes)이나 결과(Consequence)에 대해 체계적으로 정리를 해야 한다.

HAZOP 검토결과 분석표를 체계적으로 정리하여야 사후조치에 대한 점검에도 유용하게 이용할 수 있다. 「HAZOP 검토결과 분석표」의 대표적인 사례는 〈표 2-6〉과 같으며 사업장 특성에 따라 조금씩 바꾸어 사용할 수 있다.

〈표 2-6〉 HAZOP 검토결과 분석표(예)

공정							
도면					검토일		
구간					PAGE		
이탈 번호	이탈 (Deviation)	원인 (Cause)	결과 (Consequence)	현재 안전조치 (Safe Guards)	위험등급 (Risk)	개선 번호	개선권고사항 (Recommendation)

HAZOP 검토결과 분석표는 다음과 같이 작성한다.

① 이탈(Deviation)

설계도면(P&ID)에서 검토구간을 선정하고 가이드워드와 공정변수를 조합하여 이탈을 기록한다. 〈표 2-5〉 이탈 행렬 매트릭스를 참조하면 누락이나 중복 가능성을 배제할 수 있다.

② 원인(Cause)

설계도면을 중심으로 공정 이탈이 발생할 수 있는 원인들을 면밀히 검토하여 모두 기록한다. 대개의 경우는 한 가지 이탈을 발생시키는 원인들이 한 가지 이상의 복수 원인으로 구성되는 경우가 많으며 이 원인들을 중심으로 대책수립이 진행되므로 누락되지 않도록 각별히 주의한다.

③ 결과(Consequence)

앞에서 검토된 모든 원인 각각에 대하여 예상되는 결과를 기록한다. 예상되는 결과도 한 가지 원인에 대해 2개 이상의 결과가 예상되는 경우에는 이를 모두 기록한다.

④ 현재 안전조치(Safe guards) 현황

각각의 예상되는 결과를 방호하기 위한 안전장치가 P&ID 등에 어떻게 반영되었는지를 기록하고 관리적 대책(점검, 안전작업 절차 등)이 수립되어 있을 경우 이를 기록한다.

⑤ 위험등급(Risk)

예상되는 원인과 결과에 따른 위험등급 순위를 기록한다. 위험등급은 일반적으로 사고가 발생할 수 있는 빈도수와 중대성을 조합하여 산정한다. 위험등급 산정은 사업장의 여건에 맞게 제정할 수 있으며 일반적으로 〈표 2-7〉과 같은 위험등급 대조표를 사용할 수 있다.

〈표 2-7〉 위험등급(Risk) 대조표(예)

중대성＼빈 도	(1) 상	(2) 중	(3) 하
(1) 치명적(Severe)	1	2	3
(2) 보통(Moderate)	2	4	6
(3) 경미(Slight)	3	6	9
(4) 무시 가능	4	8	12

발생빈도와 중대성의 구분은 다음 〈표 2-8〉, 〈표 2-9〉와 같이 할 수 있다.

〈표 2-8〉 발생빈도(Frequency)

빈 도	내 용
(1) 상	전 공정수명을 통하여 1회 이상 발생
(2) 중	전 공정수명을 통하여 발생할 가능성이 있음
(3) 하	전 공정수명을 통하여 발생할 가능성이 희박함

〈표 2-9〉 중대성(Seriousness)

중대성	내 용
(1) 치명적	사망·부상 2명 이상, 손해액 10억원 이상, 조업중지 10일 이상
(2) 보통	부상 1명, 손해액 1억~10억원 미만, 조업중지 1~10일 미만
(3) 경미	상해자 무, 손해액 1억원 이하, 조업중지 1일 미만
(4) 무시 가능	무시할 수 있을만한 손실

⑥ 개선권고사항(Recommendation)

개선권고사항 칸에는 추가적인 조치가 필요한 경우 추천하는 안전설비나 대책을 기입한다.

[HAZOP의 전제조건]

- 동시사고 및 고장 가능성을 배제한다.
  ※ 화학공장은 보통 비상시를 대비하여 이중안전(Fail-Safe) 설계의 개념을 도입하고 있다. A펌프의 고장에 대비하여 예비펌프 B를 설치하였는데, B펌프의 고장 가능성 이라는 문제제기가 될 수 있지만 위험성평가는 두 가지 이상의 기기나 설비의 고장 등이 동시에 발생하지 않는다는 전제조건 하에 진행해야 한다.
- 안전밸브, 체크밸브, 경보시스템, 비상정지시스템 등의 안전장치는 필요한 때 정상적으로 작동하는 것으로 간주한다.
- 장치 및 부품과 배관 등은 설계·제작사양에 적합한 것으로 간주한다.
- 작업자는 위험상황을 발견해 인식할 수 있고 조치사항을 충분히 취할 수 있는 것으로 간주한다.

[HAZOP 성공요인]

다음은 성공적 HAZOP 분석을 위해 감안할 사항들이다.
- HAZOP Study를 위해 정확한 도면과 기술자료
- HAZOP Team 리더의 경험과 역량
- 팀 구성원의 전문성과 통찰력
- 팀원의 HAZOP 기법에 대한 이해
- 도출된 위험요인의 심각성을 판단할 수 있는 팀 구성원의 능력
- 경제성을 고려하여 개선대책을 수립
- 기술적 대책만 고집하지 말고 관리적 대책도 고려
- 사소한 변경 시에도 HAZOP 수행은 필요
- 복잡한 사안에 대해서는 외부전문가의 참여를 검토
- 서기는 HAZOP Study 대상 공정을 숙지한 사람이 수행

2-2-4 HAZOP 응용사례

[사례 1] 연속식 공정의 HAZOP

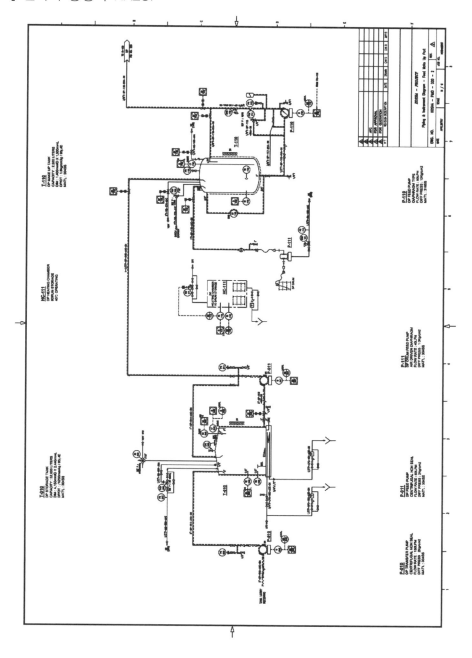

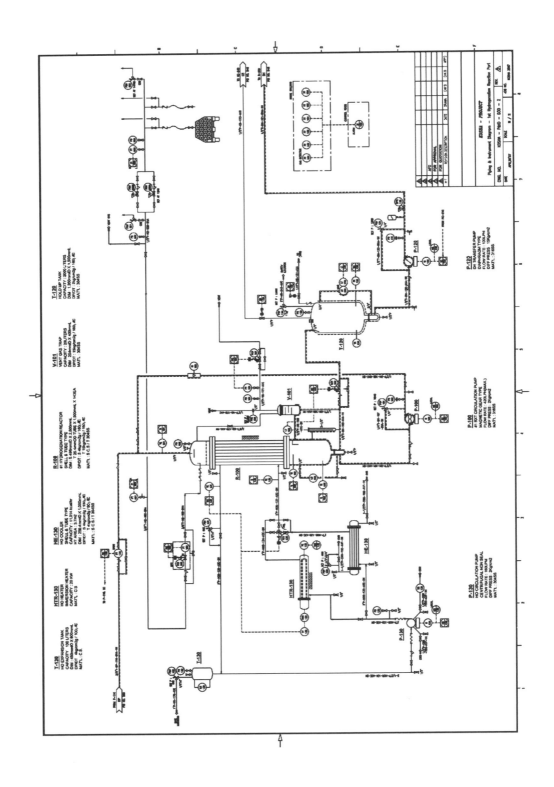

(1) NODE LIST

NODE NO.	P&ID NO.	검토구간 설명	비 고
1	D20-2	TANK LORRY에서 P-010을 사용하여 T-010에 DCPD를 투입하는 공정	
2	D20-2	T-010에 NITROGEN PURGING 및 VENT SYSTEM	
3	D20-2	DP원료를 P-011을 사용하여 T-110에 투입하는 공정	
4	D20-2	DP drum을 P-111을 사용하여 T-110에 투입하는 공정	
5	D20-2	T-110에 NITROGEN PURGING 및 VENT SYSTEM	
6	D30-2	H₂ TUBE TRAILER에서 R-100에 공급하는 구간	
7	D30-2	DP원료를 P-110을 사용하여 R-100에 투입하는 공정	
8	D30-2	R-100 순환펌핑 시스템	
9	D30-2	R-100 반응물 DH TRANSFER SYSTEM	
10	D30-2	R-100 반응기 HOT OIL 순환 SYSTEM	

(2) NODE NO. 1 가이드워드 정보

검토구간		변 수	설계 의도	가이드워드							
번 호	설 명			No	Low	High	Some	Part of	As well as	Reverse	Other
1	TANK LORRY에서 P-010을 사용하여 T-010에 DCPD를 투입하는 공정	FLOW	150LPM	○	○	×	×	×	×	○	×
		PRESS-URE	2Bar	×	○	×	×	×	×	×	×
		TEMPE-RATURE	상온	×	○	○	×	×	×	×	×
		LEVEL	50% 이내	×	○	○	×	×	×	×	×
		OTHER THAN		×	×	×	×	×	×	×	○

(3) NODE NO. 1 위험성평가 검토결과

P&ID NO.	KOSHA-P&ID-D20-2	검토구간	TANK LORRY에서 P-010을 사용하여 T010에 DCPD를 투입하는 공정
대상 공정	DCPD STORAGE SYSTEM	설계의도	150LPM의 유량으로 T-010에 DCPD 원료를 투입

구 분	이 탈	원 인	결 과	현재안전조치	빈 도	강 도	위험 등급	조치 번호	개선 권고사항
1	NO/LOW FLOW NO LEVEL	1. DISCH. VALVE BLOCK (P-010)	PUMP DAMAGE (과부하)	PG-010 HS-010 LS-010 LI-010 CENTRIFUGAL TYPE TANK LORRY LG	1	2	1		없음
2	REVERSE FLOW	1. PUMP TRIP (P-010)	PUMP DAMAGE (과부하)	PG-010 HS-010 LS-010 LI-010 CHECK V/V SPARE PART 준비	1	2	1		없음
3	NO LEVEL	1. DISCH. VALVE BLOCK (P-010)	PUMP DAMAGE (과부하)	PG-010 HS-010 LS-010 LI-010 CENTRIFUGAL TYPE TANK LORRY LG	1	2	1		없음
4	LOW TEMP.	1. LPS 공급 밸브 차단 (스팀)	원료 DCPD 공급 중단	TG-010 TIA-010(HIGH/LOW) PG-011 HS-011	1	2	1		없음
5	LOW TEMP.	1. LPS 공급 밸브 차단 (스팀)	원료 DCPD 공급 감소	TG-010 TIA-010(HIGH/LOW)	1	3	2		없음
6	LOW PRESSURE	1. LPS 공급 밸브 차단 (스팀)	원료 DCPD 공급 감소	TG-010 TIA-010(HIGH/LOW)	1	3	2		없음

(4) NODE NO. 2 가이드워드 정보

검토구간		변 수	설계 의도	가이드워드							
번 호	설 명			No	Low	High	Some	Part of	As well as	Reverse	Other
2	T-010에 NITROGEN PURGING 및 VENT SYSTEM	FLOW	–	○	×	×	×	×	×	×	×
		PRESS-URE	50~100 mmH$_2$O	×	○	○	×	×	×	×	×
		TEMPE-RATURE	상온	×	×	×	×	×	×	×	×
		LEVEL		×	×	×	×	×	×	×	×
		OTHER		×	×	×	×	×	×	×	○

(5) NODE NO. 2 위험성평가 검토결과

P&ID NO.	KOSHA-P&ID-D20-2	검토구간	T-010에 NITROGEN PURGING 및 VENT SYSTEM
대상 공정	DCPD STORAGE SYSTEM	설계의도	50~100mmAq의 질소압력으로 T-010를 PURGE

구분	이탈	원인	결과	현재 안전조치	빈도	강도	위험등급	조치번호	개선권고사항
1	NO/LOW FLOW	1. VALVE BLOCK	1. 탱크 찌그러짐 2. 원료 손상	BC-010 PG-012	1	2	1		없음
		2. PCV-010 고장(잠김)	1. 탱크 찌그러짐 2. 원료 손상	BV-010 PG-012	1	2	1		없음
2	HIGH FLOW	1. PRV-010 FAIL OPEN	1. 탱크 파손 2. 원료 누출 3. 화재 폭발	BV-010 PCV-010 EVC-010	1	3	2		없음
3	LOW PRESSURE	1. VALVE BLOCK	1. 탱크 찌그러짐 2. 원료 손상	BV-010 PG-012	1	2	1		없음
		2. PCV-010 고장(잠김)	1. 탱크 찌그러짐 2. 원료 손상	BV-010 PG-012	1	2	1		없음
4	HIGH PRESSURE	1. PRV-010 FAIL OPEN	1. 탱크 파손 2. 원료 누출 3. 화재 폭발	BV-010 PCV-010 EVC-010	1	3	2		없음

(6) NODE NO. 3 가이드워드 정보

검토구간		변수	설계의도	가이드워드							
번호	설명			No	Low	High	Some	Part of	As well as	Reverse	Other
3	DP원료를 P-011을 사용하여 T-110에 투입하는 공정	FLOW	50LPM	○	○	×	×	×	×	○	×
		PRESS-URE	2bar	×	○	×	×	×	×	×	×
		TEMPE-RATURE	20℃	×	○	○	×	×	×	×	×
		LEVEL	30~70%	×	○	○	×	×	×	×	×
		OTHER		×	×	×	×	×	×	×	○

(7) NODE NO. 3 위험성평가 검토결과

P&ID NO.	KOSHA-P&ID-D20-2	검토구간	DP원료를 P-011을 사용하여 T-110에 투입하는 공정
대상 공정	DCPD STORAGE SYSTEM	설계의도	50LPM의 유량으로 T-110에 DP원료를 투입

구분	이 탈	원 인	결 과	현재 안전조치	빈 도	강 도	위험등급	조치번호	개선 권고사항
1	NO/LOW FLOW	1. T-010 NO/LOW LEVEL	1. PUMP CAVITATION 2. PUMP DAMAGE 3. T-110 NO/LOW LEVEL 4. 공정 중단	PG-011 HS-011 LS-011 LI-010, 110(ALARM)	1	1	1		없음
		2. DISCH. VALVE BLOCK (XV-110)	1. 공급배관압력 상승 2. T-110 LEVEL LOW 3. PUMP DAMAGE (과부하) 4. PUMP TRIP	PG-011 HS-011 LS-011 LI-010, 110(HIGH/LOW) MINIMUM BY-PASS CENTRIFUGAL TYPE	1	1	1		없음
		3. PUMP TRIP (P-011)	1. 배관압력 저하 2. T-110 LEVEL LOW 3. REVERSE FLOW 4. 공정 중단	PG-011 HS-011 LS-011 LI-010, 110(HIGH/LOW) CHECK V/V SPARE PART 준비	1	1	1		없음
2	REVERSE FLOW	1 PUMP TRIP (P-011)	1. 배관압력 저하 2. T-110 LEVEL LOW 3. REVERSE FLOW 4. 공정 중단	PG-011 HS-011 LS-011 LI-010, 110(HIGH/LOW) CHECK V/V SPARE PART 준비	1	1	1		없음
3	HIGH LEVEL	1. T-010 NO/LOW LEVEL	1. PUMP CAVITATION 2. PUMP DAMAGE 3. T-110 NO/LOW LEVEL 4. 공정 중단	PG-011 HS-011 LS-011 LI-010, 110(ALARM)	1	1	1		없음
		2. DISCH. VALVE BLOCK (XV-110)	1. 공급배관압력 상승 2. T-110 LEVEL LOW 3. PUMP DAMAGE (과부하) 4. PUMP TRIP	PG-011 HS-011 LS-011 LI-010, 110(HIGH/LOW) MINIMUM BY-PASS CENTRIFUGAL TYPE	1	1	1		없음
		3. PUMP TRIP (P-011)	1. 배관압력 저하 2. T-110 LEVEL LOW 3. REVERSE FLOW 4. 공정 중단	PG-011 HS-011 LS-011 LI-010, 110(HIGH/LOW) CHECK V/V SPARE PART 준비	1	1	1		없음
4	OTHERS	1. DRAIN V/V OPEN	1. DP 누출 오염 2. 화재 폭발	누출확산 방지턱 설치 PG-011	1	3	2	3	1. V/V 끝단에 cap 설치 2. 가스감지기 설치 검토

(8) NODE NO. 4 가이드워드 정보

검토구간		변 수	설계 의도	가이드워드							
번 호	설 명			No	Low	High	Some	Part of	As well as	Reverse	Other
4	DP drum을 P-111을 사용하여 T-110에 투입하는 공정	FLOW	40LPM	○	○	×	×	×	×	×	×
		PRESS- URE	1Bar	×	○	×	×	×	×	×	×
		TEMPE- RATURE	40℃	×	○	○	×	×	×	×	×
		LEVEL	30~ 70%	×	×	×	×	×	×	×	×
		OTHER		×	×	×	×	×	×	×	○

(9) NODE NO. 4 위험성평가 검토결과

P&ID NO.	KOSHA-P&ID-D20-2	검토구간	DP drum을 P-111을 사용하여 T-110에 투입하는 공정
대상 공정	FEED MAKE UP SYSTEM	설계의도	40LPM의 유량으로 T-110에 DP원료를 투입

구 분	이 탈	원 인	결 과	현재 안전조치	빈 도	강 도	위험 등급	조치 번호	개선 권고사항
1	NO/LOW FLOW	1. PUMP TRIP (P-011)	1. 배관압력 저하 2. T-110 LEVEL LOW 3. REVERSE FLOW 4. 공정 중단	PG-111 HS-011 LS-011 LI-010, 110 (HIGH/LOW) CHECK V/V SPARE PART 준비	1	2	1		없음
2	HIGH FLOW	1. Control V/V FULL OPEN (TIC-111 MALFUC- TION)	1. DP DRUM 온도 상승 2. DP DRUM 과압 3. 누출, 화재, 폭발 4. 화상 위험	TI-111 TCV-111 F.C TYPE TIR-111 BY-PASS LINE 바닥 접지 정전기 방지 보호구	1	3	2		없음
		2. AIR LINE V/V FULL OPEN(PRV -111 고장)	1. 배관압력 상승 2. DP 이송 단축 3. PUMP DAMAGE	PG-111 SPARE ITEM 준비 SIGHT GLASS	1	1	1		없음

구 분	이 탈	원 인	결 과	현재 안전조치	빈 도	강 도	위험 등급	조치 번호	개선 권고사항
3	REVERSE FLOW	1. PUMP TRIP (P-011)	1. 배관압력 저하 2. T-110 LEVEL LOW 3. REVERSE FLOW 4. 공정 중단	PG-011 HS-011 LS-011 LI-010, 110 (HIGH/LOW) CHECK V/V SPARE PART 준비	1	2	1		없음
4	HIGH TEMP.	1. Control V/V FULL OPEN (TIC-111 MALFUC-TION)	1. DP DRUM 온도 상승 2. DP DRUM 과압 3. 누출, 화재, 폭발 4. 화상 위험	TI-111 TCV-111 F.C TYPE TIR-111 BY-PASS LINE 바닥 접지 정전기 방지 보호구	1	3	2		없음
5	HIGH PRESSURE	1. AIR LINE V/V FULL OPEN (PRV-111 고장)	1. 배관압력 상승 2. DP 이송 단축 3. PUMP DAMAGE	PG-111 SPARE ITEM 준비 SIGHT GLASS	1	1	1		없음
6	HIGH LEVEL	1. PUMP TRIP (P-011)	1. 배관압력 저하 2. T-110 LEVEL LOW 3. REVERSE FLOW 4. 공정 중단	PG-011 HS-011 LS-011 LI-010, 110 (HIGH/LOW) CHECK V/V SPARE PART 준비	1	2	1		없음

(10) NODE NO. 5 가이드워드 정보

번 호	설 명	변 수	설계 의도	No	Low	High	Some	Part of	As well as	Reverse	Other
5	T-110에 NITROGEN PURGING 및 VENT SYSTEM	FLOW	–	○	×	×	×	×	×	○	×
		PRESS-URE	2Bar	×	○	○	×	×	×	×	×
		TEMPE-RATURE		×	×	×	×	×	×	×	×
		LEVEL		×	×	×	×	×	×	×	×
		OTHER		×	×	×	×	×	×	×	○

(11) NODE NO. 5 위험성평가 검토결과

P&ID NO.	KOSHA-P&ID-D20-2	검토구간	T-110에 NITROGEN PURGING 및 VENT SYSTEM
대상 공정	DP FEED SYSTEM	설계의도	1k의 질소압력으로 T-110를 PURGE

구 분	이 탈	원 인	결 과	현재 안전조치	빈 도	강 도	위험 등급	조치 번호	개선 권고사항
1	NO/LOW FLOW	1. VALVE BLOCK (XY-115)	1. 질소공급 실패 2. 압력 감소	PG-110 XV-115, 116 연동	1	1	1		없음
	NO/LOW FLOW	2. VALVE BLOCK (XV-116)	1. 압력증가 2. 반응기 과압 파손	PG-110 XV-115, 116 연동 PSV-110	1	2	1		없음
2	LOW PRESSURE	1. VALVE BLOCK (XV-115)	1. 질소공급 실패 2. 압력 감소	PG-110 XV-115, 116 연동	1	1	1		없음
3	HIGH PRESSURE	2. VALVE BLOCK (XV-116)	1. 압력 증가 2. 반응기 과압, 파손	PG-110 XV-115, 116 연동 PSV-110	1	2	1		없음

(12) NODE NO. 6 가이드워드 정보

검토구간		변 수	설계 의도	가이드워드							
번 호	설 명			No	Low	High	Some	Part of	As well as	Reverse	Other
6	H$_2$ TUBE TRAILER에서 R-100에 공급하는 구간	FLOW	1.15 kg/hr	○	○	○	×	×	×	○	×
		PRESS-URE	200→10 kg/cm^2	×	○	○	×	×	×	×	×
		TEMPE-RATURE	상온	×	×	×	×	×	×	×	×
		LEVEL	–	×	×	×	×	×	×	×	×
		OTHER	–	×	×	×	×	×	×	×	○

(13) NODE NO. 6 위험성평가 검토결과

P&ID NO.	KOSHA-P&ID-D30-2	검토구간	H₂ TUBE TRAILER에서 R-100에 공급하는 구간
대상 공정	H₂ STORAGE SYSTEM	설계의도	1.15kg/hr, 200→10kg의 수소를 반응기에 공급

구 분	이 탈	원 인	결 과	현재 안전조치	빈 도	강 도	위험 등급	조치 번호	개선 권고사항
1	REVERSE FLOW	1. H₂ TUBE EMPTY	1. REVERSE FLOW 2. CARTRIDGE 압력 상승 3. PROCESS UPSET	CHECK V/V PG-020, 021 PI-020, 021 (HIGH, LOW)	1	2	1		없음
2	HIGH PRESSURE	1. RV-020A 고장	1. 수소공급배관 과압 2. 반응기 온도, 압력 증가 3. 반응기 손상 4. 반응기 운전장치	PSV-021 PG-020, 021 PI-020, 021 (HIGH,LOW) PRV-020B TIC-131, TCV-130	1	2	1		없음
3	OTHERS	1. PSV POP-PING	1. 수소가스 고압 누출 2. 화재 폭발 위험	PG-200, 201 PIC-201 TIC-231, TCV-230 TI-200, 201, 202	1	3	2	1	1. 벤트배관 끝단에 정전기방지링 설치 2. PSV 후단을 안전한 장소에 유도하여 설치
		2. 직사광선에 의한 수소홀더의 표면 가열	1. 홀더 내부의 압력 상승 2. 수소가스 누출	PG-200, 201 PIC-201 PSV-021 TIC-231, TCV-230	1	3	2	2	1. WATER SPRAY 설비, 햇볕 차단막 설치 검토(수소 홀더 차량 위치) 2. PSV-021 후단을 안전한 장소에 유도하여 설치

(14) NODE NO. 7 가이드워드 정보

검토구간		변 수	설계 의도	가이드워드							
번 호	설 명			No	Low	High	Some	Part of	As well as	Reverse	Other
7	DP원료를 P-110을 사용하여 R-100에 투입하는 공정	FLOW	38.5 kg/hr	○	○	×	×	×	×	○	×
		PRESS-URE	10Bar	×	○	×	×	×	×	×	×
		TEMPER-ATURE	40℃	×	○	○	×	×	×	×	×
		LEVEL	–	×	○	○	×	×	×	×	×
		OTHER		×	×	×	×	×	×	×	○

(15) NODE NO. 7 위험성평가 검토결과

P&ID NO.	KOSHA-P&ID-D30-2	검토구간	DP원료를 P-110을 사용하여 R-100에 투입하는 공정
대상 공정	DP FEEDING SYSTEM	설계 의도	가이드 정보 SHEET 참조

구 분	이 탈	원 인	결 과	현재 안전조치	빈 도	강 도	위험 등급	조치 번호	개선 권고사항
1	NO/LOW FLOW	1. DISCH. VALVE BLOCK (XV-113) 2. XV-114 FULL OPEN	1. 공급배관압력 상승, LEAK 2. T-110 LEVEL HIGH 3. PUMP DAMAGE (과부하) 4. R-100 과열	PSV-111 PG-112 XV-114 TIC-131 FIC-110	1	1	1		없음
2	HIGH FLOW	1. FIC-110 MALFUNC- TION	1. R-100 LEVEL HIGH 2. T-110 LEVEL LOW 3. PROCESS UPSET	PG-100 LG-100 TI-100, 101, 102 BPR-110 FT-110	1	1	1		없음
3	REVERSE FLOW	1. PUMP TRIP (P-110)	1. 배관압력 저하 2. T-100 LEVEL HIGH 3. REVERSE FLOW	CHECK V/V PG-112 LG-100 LT/LI-110 FT-110 SPARE PUMP 준비	1	1	1		없음
4	HIGH LEVEL	1. DISCH. VALVE BLOCK (XV-113) 2. XV-114 FULL OPEN	1. 공급배관압력 상승, LEAK 2. T-110 LEVEL HIGH 3. PUMP DAMAGE (과부하) 4. R-100 과열	PSV-111 PG-112 XV-114 TIC-131 FIC-110	1	1	1		없음
5	LOW TEMP.	1. HEAT TRACE 차단(스팀)	1. DP온도 저하, 점도상승 2. 유체점도 증가, PLUGING 3. PUMP DAMAGE (과부하) 4. Pump TRIP	TG-110 TI-110 FIC-110 TI-101	1	2	1		없음
6	HIGH PRESSURE	1. FIC-110 MALFUNC- TION	1. R-100 LEVEL HIGH 2. T-110 LEVEL LOW 3. PROCESS UPSET	PG-100 LG-100 TI-100, 101, 102 BPR-110 FT-110	1	1	1		없음

(16) NODE NO. 8 가이드워드 정보

검토구간		변 수	설계 의도	가이드워드							
번 호	설 명			No	Low	High	Some	Part of	As well as	Reverse	Other
8	R-100 순환 펌핑 시스템	FLOW	39 kg/hr	○	○	×	×	×	×	○	×
		PRESS-URE	10Bar	×	○	×	×	×	×	×	×
		TEMPE-RATURE	100℃	×	○	○	×	×	×	×	×
		LEVEL	–	×	×	×	×	×	×	×	×
		OTHER		×	×	×	×	×	×	×	○

(17) NODE NO. 8 위험성평가 검토결과

P&ID NO.	KOSHA-P&ID-D30-2		검토구간	R-100 순환 펌핑 시스템
대상 공정	TH FEED PUMP		설계의도	가이드 정보 SHEET 참조

구 분	이 탈	원 인	결 과	현재 안전조치	빈 도	강 도	위험 등급	조치 번호	개선 권고사항
1	NO/LOW FLOW	1. HEAT TRACE 차단(스팀)	1. 유체온도 저하, 점도 상승 2. 유체점도 증가, PLUGING 3. PUMP DAMAGE (과부하) 4. 반응 중단	FI-100 PG-102 PG-100 TI-100, 101, 102	1	1	1		없음
2	HIGH PRESSURE	1. DISCH. VALVE BLOCK	1. 배관과압으로 파손 3. PUMP DAMAGE 3. R-100 반응 실패	PSV-101 PG-102 PG-100 FI-100 LG-100	1	2	1		없음
3	LOW PRESSURE	1. SUCTION VALVE BLOCK	1. PUMP DAMAGE 2. R-100 반응 미흡 3. 제품 불량, 원료 손실	FI-100 PG-102 PG-100 TI-100, 101, 102	1	1	1		없음
4	OTHERS	1. DRAIN V/V OPEN	1. DP 누출 오염 2. 화재 폭발	누출 확산 방지턱 설치 LG-100 LT/LI-100 누출감지경보장치	2	2	2		없음

(18) NODE NO. 9 가이드워드 정보

검토구간		변 수	설계 의도	가이드워드							
번 호	설 명			No	Low	High	Some	Part of	As well as	Reverse	Other
9	R-100 반응물 DH TRANSFER SYSTEM	FLOW	39kg/hr	○	○	×	×	×	×	×	×
		PRESS-URE	1.5Bar	×	○	×	×	×	×	×	×
		TEMPE-RATURE	100℃	×	○	○	×	×	×	×	×
		LEVEL	–	×	×	×	×	×	×	×	×
		OTHER		×	×	×	×	×	×	×	○

(19) NODE NO. 9 위험성평가 검토결과

P&ID NO.	KOSHA-P&ID-D30-2		검토구간	R-100 반응물 DH TRANSFER SYSTEM
대상 공정	DH TRANSFER LINE		설계의도	가이드 정보 SHEET 참조

구 분	이 탈	원 인	결 과	현재 안전조치	빈 도	강 도	위험 등급	조치 번호	개선 권고사항
1	NO/LOW FLOW	1. R-100 LOW LEVEL	1. T-120 LOW LEVEL 2. R-100 반응 미흡 3. 제품 불량, 원료 손실	FI-100 PG-102 PG-100 TI-100, 101, 102	1	2	1		없음
2	HIGH PRESSURE	1. LCV-100 FULL CLOSE (LIC-100 MALFUNCTION)	1. LEVEL 상승 2. 과반응에 의한 압력 상승 3. 제품 불량, 원료 손실	PSE-100 LT/LIC-100 LG-100 TE/TI-100, 101, 102 PIC-101	2	2	2		없음
3	LOW PRESSURE	1. LCV-100 FULL OPEN (LIC-100 MALFUNCTION)	1. 반응 실패 2. R-100 LEVEL LOW	LT/LIC-100 LG-100 TE/TI-100, 101, 102 PIC-101 PSV-120	2	2	2		없음
4	HIGH LEVEL	1. LCV-100 FULL CLOSE (LIC-100 MALFUNCTION)	1. LEVEL 상승 2. 과반응에 의한 압력 상승 3. 제품 불량, 원료 손실	PSE-100 LT/LIC-100 LG-100 TE/TI-100, 101, 102 PIC-101	2	2	2		없음
5	NO/LOW LEVEL	1. LCV-100 FULL OPEN (LIC-100 MALFUNCTION)	1. 반응 실패 2. R-100 LEVEL LOW	LT/LIC-100 LG-100 TE/TI-100, 101, 102 PIC-101 PSC-120	2	2	2		없음
6	OTHERS	1. PSE PINHOLE	1. 압력 감소 2. 공정 중단	PG-101 LG-100 LT/LI-100 GAS DETECTOR	1	1	1		없음

(20) NODE NO. 10 가이드워드 정보

검토구간		변 수	설계 의도	가이드워드							
번 호	설 명			No	Low	High	Some	Part of	As well as	Reverse	Other
10	R-100 반응기 HOT OIL 순환 SYSTEM	FLOW	160LPM	○	○	×	×	×	×	×	×
		PRESS- URE	2Bar	×	○	×	×	×	×	×	×
		TEMPE- RATURE	150℃	×	○	○	×	×	×	×	×
		LEVEL	–	×	×	×	×	×	×	×	×
		OTHER		×	×	×	×	×	×	×	○

(21) NODE NO. 10 위험성평가 검토결과

P&ID NO.	KOSHA-P&ID-D30-2	검토구간	R-100 반응기 HOT OIL 순환 SYSTEM
대상공정	HO CIRCULATION SYSTEM	설계의도	가이드 정보 SHEET 참조

구 분	이 탈	원 인	결 과	현재 안전조치	빈 도	강 도	위험 등급	조치 번호	개선 권고사항
1	NO/LOW FLOW	1. BLOCK VALVE CLOSE (Suction, DISCHARGE)	열매유 순환 중단 반응기 온도조절 실패 공정 중단	PG-130, 132 TE/TI-130 TE/TIC-131 PSV-131	2	2	2		없음
		2. P-130 TRIP	열매유 순환 실패 R-100 REACTOR 온도조절 실패 공정 중단	PG-130, 132 TE/TI-130 TE/TIC-131 SPARE PUMP	2	1	1		없음
		3. P-130 C.W. 공급 차단	펌프 과열로 기동 중단 열매순환 실패 반응기 온도조절 실패	SG-130 HS-130 PG-130 TE/TI-130 TE/TIC-131	1	1	1		없음
2	LOW PRESSURE	1. P-130 C.W. 공급 차단	펌프 과열로 기동 중단 열매순환 실패 반응기 온도조절 실패	SG-130 HS-130 PG-130 TE/TI-130 TE/TIC-131	1	1	1		없음
3	OTHERS	1. VENT, DRAIN V/V 열림 2. 열매유 순환 배관 LEAK	열매유 누출 화재폭발 화상재해	PG-101 LG-100 LT/LI-100 GAS DETECTOR	1	2	1	3	1. V/V 끝단에 누출방지용 CAP 설치

(22) HAZOP 결과 조치계획

조치 번호	위험등급 전	위험등급 후	개선권고사항	책임 부서	조치 일정	조치진행결과	완료확인 팀장	완료확인 공장장
1	2	1	수소가스 벤트배관 끝단에 고압방출 시 정전기발생으로 인한 제트화재 예방을 위하여 정전기방지링을 설치 권고	공무	'19.4.6	수소 고압분출배관 끝단에 정전기방지링 설치	홍○○	유○○
2	2	1	수소 Tube Trailer의 직사광선 노출에 따른 복사열에 의한 온도상승 및 압력상승을 방지하기 위한 Water spray 및 차단막 설치 검토	공무	'19.6.1	Water spray 및 차단막 설치	홍○○	유○○
3	2	1	벤트밸브 및 드레인밸브 끝단에는 오조작으로 인한 누출 예방을 위하여 Valve cap 또는 Blinding 실시	공무	'19.3.30	1. 밸브 끝단에 누출방지 Cap 설치 2. 관련 도면(P&ID) 수정	홍○○	유○○
4	2	1	고온, 고압의 유체를 샘플링하는 작업의 위험성을 판단하여 설비 및 작업방법의 개선 검토 필요	공무	'19.4.9	1. 샘플링 배관은 2중밸브를 설치하고, 밸브의 종류는 Needle valve를 사용 2. 관련 도면(P&ID) 수정	홍○○	유○○
					'19.5.6	3. 샘플링 관련 작업 표준 및 관련자 정기교육 실시		

[사례 2] 소형 오일정제공장의 HAZOP(호주)

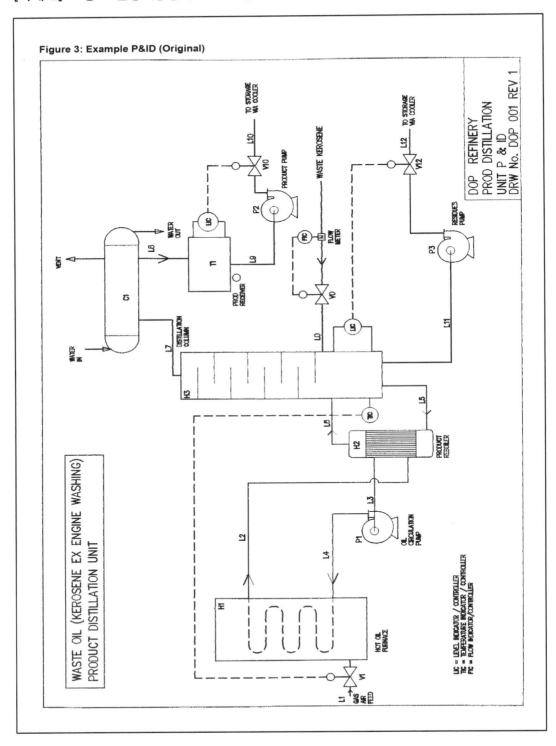

Figure 3: Example P&ID (Original)

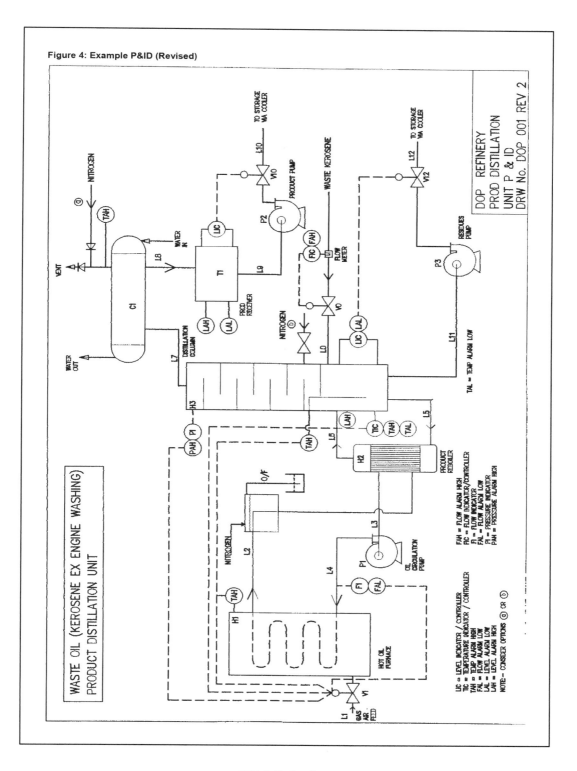

Figure 4: Example P&ID (Revised)

DOP REFINERY

HAZOP MINUTE SHEET

Project: *PRODUCT DISTILLATION UNIT — WASTE OIL (kerosene ex engine washing)*   Node: *Lo*   Page: *1*

Node Description: *Product feed line*

Date: *07.09.94*

Drw No *DOP 001 Rev 1*

GUIDEWORD	CAUSE	CONSEQUENCE	SAFEGUARD	REC#	RECOMMENDATION	INDIV	ACTION
1. *High Flow*	*Flow controller fault*	*Level in column rises and hence temperature falls. Product reboiler will attempt to maintain temperature in column until reboiler capacity is reached. After this point liquid level will rise and -Mood line LS. Column stops operating.*		*1*	*Independent high flow alarm on LO.*	*NJ*	
2. *Low Flow*	*1. Product feed pump failed.* *2. Isolating valve jammed*	*Temperature rise in column. Drop in liquid level in column. Overheating. Reboiler can handle this. TIC will in addition control gas/air feed to furnace Hi. Not a problem.*					
3. *Zero Flow*	*As above*	*As above*					

DOP REFINERY

HAZOP MINUTE SHEET

Project: *PRODUCT DISTILLATION UNIT — WASTE OIL (kerosene ex engine washing)*

Node Description: *Distillation column*

Node: *H3*

Page: *2*

Date: *07.09.94*

Drw No *DOP 001 Rev 1*

GUIDEWORD	CAUSE	CONSEQUENCE	SAFEGUARD	REC#	RECOMMENDATION	INDIV	ACTION
4. *High Level*	*Level controller fault*	*Flooding of L6 and reboiler operation stops.*		*2*	*High level alarm independent, of level controller LIC. Alarm level below L6.*	*NJ*	
5. *Low Level*	*Level controller malfunction or low flow.*	*Not a problem (as for No Flow).*		*3*	*Low level alarm.*	*NJ*	
6. *High Pressure*	*Water failure in condenser.*	*Condenser vent will act as relief device. No adverse effect.*		*4*	*Pressure indicator on column. High pressure alarm + trip on gas/air control valve V1.*	*NJ*	
7. *High Temperature*	*Loss of feed.*	*No adverse effect.*		*5*	*Temperature alarm (high & low) on TIC. Additional high temp alarm linked to furnace gas inlet shut off.*	*NJ*	

DOP REFINERY

HAZOP MINUTE SHEET

Project: *PRODUCT DISTILLATION UNIT — WASTE OIL (kerosene ex engine washing)*

Node Description: *Condenser, water cooled*

Node: *C1*

Page: *3*

Date: *07.09.94*

Drw No *DOP 001 Rev 1*

GUIDEWORD	CAUSE	CONSEQUENCE	SAFEGUARD	REC#	RECOMMENDATION	INDIV	ACTION
8. Reverse Flow	*Cooling of condenser and H3 after shutdown.*	*Suck back of air into H3 on cooling.*		*6*	*Consider nitrogen purge.*	*JS*	
9. High Pressure	*Water failed or flow.*	*Excess pressure*		*7*	*1. backup cooling water system.* *2. Thermocouple on vent.* *3. Reorient water line for counter-current flow.*	*JS* *JS* *JS*	

DOP REFINERY

HAZOP MINUTE SHEET

Project: *PRODUCT DISTILLATION UNIT — WASTE OIL (kerosene ex engine washing)*			Node: *T1, LS, L9*			Page: *4*
Node Description: *Product receiver and associated pipework*						Date: *07.09.94*
						Drw No *POP 001 Rev 1*
GUIDEWORD	CAUSE	CONSEQUENCE	SAFEGUARD	REC#	RECOMMENDATION	INDIV	ACTION
10. High Level	*Pump P2 fault* *LIC fault* *V10 fault*	*T1 overfills. High pressure in C1 and H3 if C1 floods.*		*8*	*LAH (independent) on T1.*	*NJ*	
11. Low Level	*LIC fault* *V10 fault*	*Pump damage*		*9*	*Consider LAL (independent)*	*NJ/JS*	

DOP REFINERY

HAZOP MINUTE SHEET

Project: *PRODUCT DISTILLATION UNIT — WASTE OIL (kerosene ex engine washing)* Node: *L3, P1, L4, H1, L2* Page: 5

Node Description: *Hot oil furnace, Hot oil circulation pump and pipework*

Date: *07.09.94*

Drw No *DOP 001 Rev 1*

GUIDEWORD	CAUSE	CONSEQUENCE	SAFEGUARD	REC#	RECOMMENDATION	INDIV	ACTION
12. *Low Flow*	*P1 fails*	*Loss of heat to H2; TIC will call for further opening of V1 resulting in temperature rise in H1.*		*10*	*Install flow sensor/ indicator/alarm to trip furnace via V1 or other.*	*NJ*	
13. *High Pressure*	*Heating/ expansion of hot oil*	*Burst pipe, etc.*		*11*	*Surge tank in oil system. Evaluate location of tank: on L3 (at pump suction) or on L2. Check: Dead leg and condensation of moisture in oil.*	*JS*	
14. *High Temperature*	*1. High product load on H3 causing high flame in H1* *2. TIC on H3 failed V1 failed open* *3. H2 partly blocked or heat transfer poor*	*High temperature in furnace.*		*12*	*Pyrometer in furnace to alarm/trip gas supply.*	*JS*	
15. *Contamination (water in oil)*	*Water from atmosphere through vent*	*Water turns to steam and explodes.*		*13*	*Locate surge tank to be in hot system. Avoid dead legs. Steam vents at high points in pipe system. Nitrogen connection on vent*	*JS*	

[사례 3] 수지재생 화학물질(Chemical) 공급설비의 HAZOP

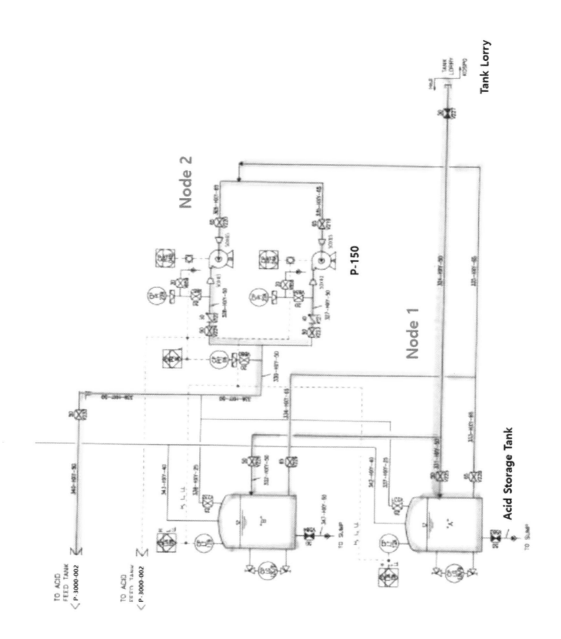

(1) Node List

P&ID No.	Node No.	Node(검토구간) 설명	비 고
PID-3000-001	Node 1	Tank Lorry에서 Acid(HCl 30% 수용액)를 Acid Storage Tank로 이송하여 저장	
PID-3000-002	Node 2	Acid Storage Tank에서 Acid(HCl 30% 수용액)를 Acid Feed Tank로 이송하여 저장	

(2) Deviation Matrix

구간 번호	공정변수	설계의도	NO	LESS	MORE	REVERSE	PART OF	AS WELL AS	OTHER THAN	기타
Node 1	FLOW	Tank Lorry에서 Acid (HCl 30% 수용액)를 Acid Storage Tank로 이송하여 저장	○	○	○	○				
	PRESSURE			○	○					
	TEMPERATURE			○	○					
	LEVEL			○	○					
	COMPOSITION									
	SAFETY									○
	CORROSION									
	INSTRUMENTATION									
Node 2	FLOW	Acid Storage Tank에서 Acid(HCl 30% 수용액)를 Acid Feed Tank로 이송하여 저장	○	○	○	○				
	PRESSURE			○	○					
	TEMPERATURE			○	○					
	LEVEL			○	○					
	COMPOSITION									
	SAFETY									○
	CORROSION									
	INSTRUMENTATION									

(3) HAZOP 검토결과

P&ID NO.	PID-3000-001	설계의도	Tank Lorry에서 Acid(HCl 30% 수용액)를 Acid
NODE NO.	Node 1		Storage Tank로 이송하여 저장
검토구간	HCl 수용액(30%) Tank Lorry To HCl Storage Tank A/B		

구분	이탈	원인	결과	현재 안전조치	빈도	중대성	위험등급	시나리오	개선권고사항
1	No/Less Flow	V100, V200 Close	• HCl Unloading 작업 지연 • HCl Storage Tank A/B 액위 저하	LI-100A/B	3	D	4	1-1	
2	High Flow	V100, V200 Wide Open	HCl Tank level 상승 /Over Flow	• LI-150A/B • 탱크 Dike • 감시 CCTV	3	D	4	1-2	
3	Reverse Flow	No Credible Cause (발생 가능성 원인 없음)						1-3	
4	Low Pressure	No/Less Flow 참조			3	D	4	1-4	
5	High Pressure	High Flow 참조			3	D	4	1-5	
6	Low Temperature	No Credible Cause (발생 가능성 원인 없음)						1-6	
7	High Temperature	No Credible Cause (발생 가능성 원인 없음)						1-7	
8	Low Level	• V150, V160 Close(Unload-ing Stop) • Transfer Pump(P-150) 지속 가동	운전상의 소규모 지연만 있음	LI-150A/B	3	D	4	1-8	
9	High Level	Tank Lorry 하역 지속 유지	Tank Over Flow	• LI-150A/B • 탱크 Dike • 감시 CCTV	3	D	4	1-9	
10	Safety	Tank Lorry 연결구 파손 누출	HCl 수용액은 인화성은 없으나 증기발생 시 독성이 있음	• Tank Lorry 하역 지역 Trench 설비 • 감시 CCTV	3	D	4	1-10	• 누출 및 화재 폭발 정량적 평가 (장외영향평가 등)를 통한 위험도 감소대책 수립 시행
		P&ID 내 설비에 주요 Spec.이 기재되지 않아 설비 이해도 저하	공정 운전 및 정비 시 자료 활용 장애로 다양한 사고 가능성	-	3	D	4	1-11	P&ID 상 누락된 주요 설비 Short Spec. 반영

2-2 위험과 운전분석(HAZOP ; Hazard and Operability Studies) 기법

P&ID NO.	PID-3000-002	설계의도	Acid Storage Tank에서 Acid(HCl 30% 수용액)
NODE NO.	Node 2		를 Acid Feed Tank로 이송하여 저장
검토구간	Acid(HCl 30% 수용액) Storage Tank to Acid Feed Tank		

구분	이탈	원인	결과	현재 안전조치	빈도	중대성	위험등급	시나리오	개선권고사항
1	No/Less Flow	• V300 Close • FV-300 오동작 Close • Transfer Pump Stop	• HCl Feed Tank Level 저하 • HCl 공급작업 지연	• LI-300 • Stand-By Pump 가동	3	D	4	2-1	
2	High Flow	• V300 Wide Open • FV-300 오동작 Wide Open	HCl Tank Level 상승/Over Flow	• LI-300 • 탱크 Dike • 감시 CCTV	3	D	4	2-2	
3	Reverse Flow	Transfer 가동 중 중지	배관상 HCl 역류	Pump 후단 Check Valve	3	D	4	2-3	
4	Low Pressure	No/Less Flow 참조			3	D	4	2-4	
5	High Pressure	High Flow 참조			3	D	4	2-5	
6	Low Temperature	No Credible Cause						2-6	
7	High Temperature	No Credible Cause						2-7	
8	Low Level	• V300 Close (Feed Stop) • FV-300 오동작 Close • Transfer Pump Stop	운전상의 소규모 지연만 있음	• LI-300 • Stand-By Pump 가동	3	D	4	2-8	
9	High Level	Transfer Pump 지속 가동	Tank Over Flow	• LIA-08 • 탱크 건물 실내 위치 • 탱크 Dike • 감시 CCTV	3	D	4	2-9	
10	Safety	Tank 및 배관 접속부 누출(Flange, Gasket 등)	• HCl 수용액은 인화성은 없으나 증기발생 시 독성이 있음	• 배관 주변 Trench • Feed Tank가 실내에 위치 • 탱크 Dike • 감시 CCTV	3	D	4	2-10	누출 및 화재 폭발 정량적 평가(장외영향평가 등)를 통한 위험도 감소대책 수립 시행

(4) HAZOP 결과 조치 계획

권고 번호	조치 순위	위험등급		개선권고사항	조치계획	조치 기한	책임 부서	조치완료확인 (서명)	
		조치 전	조치 후					책임 부서장	확인 부서장
R-1	1	4	5	누출 및 화재 폭발 정량적 평가(장외영향평가 등)를 통한 위험도 감소대책 수립 시행(HCl 수용액)	장외영향평가 및 위해관리계획서 작성 시 수행	2018.12			
R-2	2	4	5	P&ID 상 누락된 주요 설비 Short Spec. 반영	내용 파악 검토 후 조치	2018.06			

[사례 4] 보일러 설비 공사 HAZOP

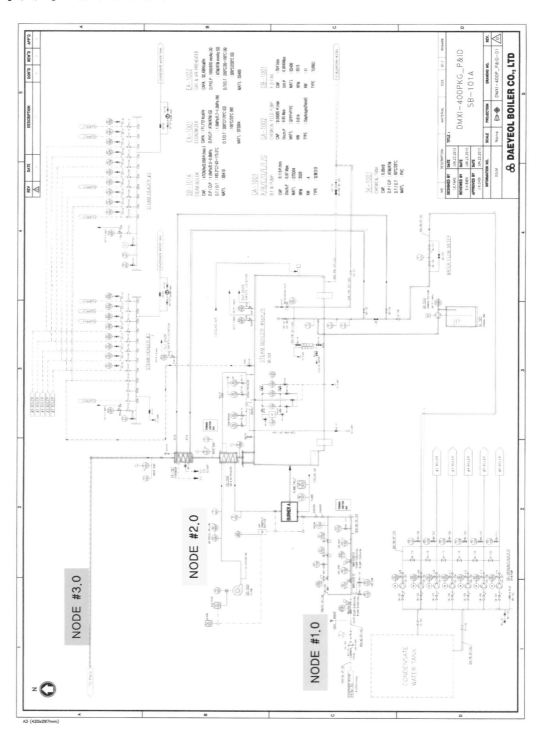

(1) Node List

프로젝트명 (JOB NO.)	도면번호 (DWG NO.)	도면 이름	구간번호 (NODE NO.)	구간표시 (NODE)	설계의도 (DESIGN CONCEPT)	공정 종류 (PROCESS)
S1	DMXI-400P_ P&ID-01	DMXI-400PKG P&ID	NODE #1.0	LNG Line 정압기실~ 보일러버너 및 보일러	보일러를 가동하기 위한 NG Gas(8,400mmAq)의 압력을 감압(4,000mmAq →1,500mmAq)하여 보 일러 기동	
S1	DMXI-400P_ P&ID-01	DMXI-400PKG P&ID	NODE #2.0	급기 Line 급기팬~버 너까지	보일러를 가동하기 위한 공기를 가스 압력에 연동 하여 공급	
S1	DMXI-400P_ P&ID-01	DMXI-400PKG P&ID	NODE #3.0	배기 Line 보 일러~Stack 까지	연소 후 배기가스 배출 및 열회수 설비	

(2) 검토 구간별 가이드워드 정보

OBJECT : DS-1 Project 보일러 설비 공사

구간 번호	변 수	설계의도	GUIDE WORD			
			없음	증가	감소	반대
NODE #1.0	유량	보일러를 가동하기 위한 NG Gas(8,400mmAq) 의 압력을 감압(4,000mmAq→1,500mmAq) 하여 보일러 기동	○	○	×	×
	PRESSURE		×	○	×	×
	TEMPERATURE		×	○	×	×
	LEVEL		×	×	×	×
	SAFETY		×			
	LEAKAGE		○			
	OTHERS		×			

구간 번호	변 수	설계의도	GUIDE WORD			
			없음	증가	감소	반대
NODE #2.0	유량	보일러를 가동하기 위한 공기를 가스압력 에 연동하여 공급	○	×	○	×
	PRESSURE		×	×	×	×
	TEMPERATURE		×	×	×	×
	LEVEL		×	×	×	×
	SAFETY		○			
	LEAKAGE		○			
	OTHERS		×			

구간 번호	변 수	설계의도	GUIDE WORD			
			없음	증가	감소	반대
NODE #3.0	유량	연소 후 배기가스 배출 및 열회수 설비	×	×	×	×
	PRESSURE		×	×	×	×
	TEMPERATURE		×	○	×	×
	LEVEL		×	×	×	×
	SAFETY		○			
	LEAKAGE		○			
	OTHERS		×			

(3) HAZOP 검토결과

Unit Process	DS-1 Project 보일러 설비 공사		Node NO.	NODE #1.0	현재 위험도	2.3	개선 후 위험도	–
Drawing NO.	DMXI-400P_P&ID-01		Date	2018. 06. 27	REVISION	1	PAGE	1
Study Area	DMXI-400PKG BOILER, BURNER 및 관련 설비		Design Concept	보일러를 가동하기 위한 LNG Gas(8,400mmAq)의 압력을 감압 (4,000mmAq → 1,500mmAq)하여 보일러 기동				

이탈 (DEVIA-TION)	원인 (CAUSE)	결과 (CONSEQUE-NCE)	현재 안전조치 (SAFEGUARD)	현재 위험도			개선권고사항 (RECOMMEN-DATION)	개선 후 위험도			ACTION NO.
				빈도	중대성	위험등급		빈도	중대성	위험등급	
	1. BV-102 valve mal-operation close	1. LNG 공급 중단으로 보일러 운전 stop 우려	1. PG-1101, 1102, 1103 2. PSL-1101, 1102 3. IG-1401 4. BE-1401 5. 안전운전 절차서	2	1	2	No action required				
	2. GV-1101, SV-1101, 1102 malfunctions close	1. LNG 공급 중단으로 보일러 운전 stop 우려	1. PG-1102, 1103 2. PSL-1102 3. IG-1401 4. BE-1401 5. GV-1101, SV-1101, 1102 점검, 유지, 보수	2	1	2	No action required				
1.1 NO FLOW	3. PRV-1101 malfunctions close	1. LNG 공급 중단으로 보일러 운전 stop 우려	1. PG-1101, 1102, 1103 2. PSL-1101, 1102 3. IG-1401 4. BE-1401 5. PRV-1101 점검, 유지, 보수	2	1	2	No action required				
	4. PRV-1102 malfunctions close	1. LNG 공급 중단으로 보일러 운전 stop 우려	1. PG-1102 2. IG-1401 3. BE-1401 4. PRV-1102 점검, 유지, 보수	2	1	2	No action required				
	5. BV-104 valve malfunctions close	1. LNG 초기점화 실패로 인한 보일러 내부 폭발분위기 위험성 우려	1. PG-1102 2. IG-1401 3. BE-1401 4. 초기점화 실패 시 F.D Fan 가동으로 인한 blow down interlock 5. 운전절차서	2	1	2	No action required				

이탈 (DEVIA- TION)	원인 (CAUSE)	결과 (CONSEQUE- NCE)	현재 안전조치 (SAFEGUARD)	현재 위험도			개선권고사항 (RECOMMEN- DATION)	개선 후 위험도			ACTION NO.
				빈도	중대성	위험등급		빈도	중대성	위험등급	
1.1 NO FLOW	6. PRV-1103 malfunctions close	1. LNG 초기점화 실패로 인한 보일러 내부 폭발분위기 위험성 우려	1. PG-1102 2. IG-1401 3. BE-1401 4. 초기점화 실패 시 F.D Fan 가동으 로 인한 blow down interlock 5. PRV-1103 점검, 유지, 보수	2	1	2	No action required				
1.2 MORE FLOW	1. PRV-1101 malfunctions wide open	1. LNG 공급과 잉으로 인한 보일러 과열 우려	1. PG-1101, 1102, 1103 2. PSH-1103 3. IG-1401 4. BE-1401 5. PRV-1101 점검, 유지, 보수	1	3	3	No action required				
		2. LNG 공급과 잉으로 인한 보일러 압력 증가 우려	1. PG-1101, 1102, 1103 2. PSH-1103 3. PSV-1301, 1302 4. PRV-1101 점검, 유지, 보수	1	3	3	No action required				
	2. PRV-1102 malfunctions wide open	1. LNG 공급 과잉으로 인한 보일러 과열 우려	1. PG-1102 2. IG-1401 3. BE-1401 4. PRV-1102 점검, 유지, 보수	1	3	3	No action required				
1.3 LESS FLOW	No credible cause										

Unit Process	DS-1 Project 보일러 설비 공사			Node NO.	NODE #1.0		현재 위험도	3.4	개선후 위험도	–
Drawing NO.	DMXI-400P_P&ID-01			Date	2018. 06. 27		REVISION	1	PAGE	2
Study Area	DMXI-400PKG BOILER, BURNER 및 관련 설비			Design Concept	보일러를 가동하기 위한 LNG Gas(8,400mmAq)의 압력을 감압 (4,000mmAq → 1,500mmAq)하여 보일러 기동					

이탈 (DEVIA-TION)	원인 (CAUSE)	결과 (CONSEQUE-NCE)	현재 안전조치 (SAFEGUARD)	현재 위험도			개선권고사항 (RECOMMEN-DATION)	개선 후 위험도			ACTION NO.
				빈도	중대성	위험등급		빈도	중대성	위험등급	
1.4 REVERSE FLOW	No credible cause										
1.5 MORE PRESS-URE	1. PRV-1101 malfunctions wide open	1. LNG 공급과잉으로 인한 보일러 과열 우려	1. PG-1101, 1102, 1103 2. PSH-1103 3. IG-1401 4. BE-1401 5. PRV-1101 점검, 유지, 보수	1	3	3	No action required				
		2. LNG 공급과잉으로 인한 보일러 압력 증가 우려	1. PG-1101, 1102, 1103 2. PSH-1103 3. PSV-1301, 1302 4. PRV-1101 점검, 유지, 보수	1	3	3	No action required				
	2. PRV-1102 malfunctions wide open	1. LNG 공급과잉으로 인한 보일러 과열 우려	1. PG-1101 2. IG-1401 3. BE-1401 5. PRV-1102 점검, 유지, 보수	1	3	3	No action required				
1.6 LESS PRESS-URE	No credible cause										
1.7 MORE TEMPERA-TURE	1. PRV-1101 malfunctions wide open	1. LNG 공급과잉으로 인한 보일러 과열 우려	1. PG-1101, 1102, 1103 2. PSH-1103 3. IG-1401 4. BE-1401 5. PRV-1101 점검, 유지, 보수	1	3	3	No action required				
		2. LNG 공급과잉으로 인한 보일러 압력 증가 우려	1. PG-1101, 1102, 1103 2. PSH-1103 3. PSV-1301, 1302 4. PRV-1101 점검, 유지, 보수	1	3	3	No action required				

이탈 (DEVIATION)	원 인 (CAUSE)	결 과 (CONSEQUE-NCE)	현재 안전조치 (SAFEGUARD)	현재 위험도			개선 권고사항 (RECOMMEN-DATION)	개선후 위험도			ACTION NO.
				빈도	중대성	위험등급		빈도	중대성	위험등급	
1.7 MORE TEMPERA-TURE	2. PRV-1102 malfunctions wide open	1. LNG 공급과 잉으로 인한 보일러 과열 우려	1. PG-1102 2. IG-1401 3. BE-1401 4. PRV-1102 점검, 유지, 보수	1	3	3	No action required				
1.8 LESS TEMPERA-TURE	No credible cause										
1.9 MORE LEVEL	No credible cause										
1.10 LESS LEVER	No credible cause										
1.11 SAFETY	No credible cause										
1.12 LEAKAGE	Flange & valve gland packing 등에서 누출	1. Leakage 주위에 점화 원이 존재 시 화재 및 폭발 을 일으킬 수 있음	(loosen bolt & gland packing tightening) 1. 주기적인 누설검사 실시 2. 주기적인 현장 점검 실시 3. 가스감지기 설치 4. 방폭기계 기구 설치	2	4	8	No action required				
1.13 OTHERS	No credible cause										

Notes : LNG(CH$_4$)

1) NFPA Hazard Category Classification
   Health Hazard : 1, Flammability : 4, Reactivity : 0
2) Flammable Limit in air
   LFL : 5.0%, UFL : 15.0%,
3) A.I.T(자연발화점) : 540℃

Unit Process	DS-1 Project 보일러 설비 공사			Node NO.	NODE #2.0	현재 위험도	2.0	개선 후 위험도	–
Drawing NO.	DMXI-400P_P&ID-01			Date	2018. 06. 27	REVISION	1	PAGE	3
Study Area	DMXI-400PKG BOILER, BURNER 및 관련 설비			Design Concept	보일러를 가동하기 위한 공기를 가스압력에 연동하여 공급				

이탈 (DEVIATION)	원인 (CAUSE)	결과 (CONSEQUENCE)	현재 안전조치 (SAFEGUARD)	현재 위험도			개선 권고사항 (RECOMMENDATION)	개선후 위험도			ACTION NO.
				빈도	중대성	위험등급		빈도	중대성	위험등급	
2.1 NO FLOW	1. DA-1401 malfunctions close	1. Air 공급 중단으로 burner flame off	1. PS-1401 2. IG-1401 3. BE-1401 4. DA-1401 점검, 유지, 보수	2	1	2	No action required				
	2. F.D Fan (GB-1001) Trouble	1. Air 공급 중단으로 burner flame off	1. PS-1401 2. IG-1401 3. BE-1401 4. F.D FAN 점검, 유지, 보수	2	1	2	No action required				
2.2 MORE FLOW	No credible cause										
2.3 LESS FLOW	1. Flange & valve gland packing 등에서	1. Air 부족으로 burner 온도 down	1. PS-1401 (loosen bolt & gland packing tightening) 2. 주기적인 누설검사 실시	2	1	2	No action required				
	2. F.D Fan Trouble	1. Air 부족으로 burner 온도 down	1. PS-1401 (loosen bolt & gland packing tightening) 2. 주기적인 누설검사 실시 3. F.D FAN 점검, 유지, 보수	2	1	2	No action required				

이탈 (DEVIATION)	원 인 (CAUSE)	결과 (CONSEQUE- NCE)	현재 안전조치 (SAFEGUARD)	현재 위험도			개선 권고사항 (RECOMMEN- DATION)	개선후 위험도			ACTION NO.
				빈도	중대성	위험등급		빈도	중대성	위험등급	
2.4 REVERSE FLOW	No credible cause										
2.5 MORE PRESS- URE	No credible cause										
2.6 LESS PRESS- URE	No credible cause										
2.7 MORE TEMPER- ATURE	No credible cause										
2.8 LESS TEMPER- ATURE	No credible cause										
2.9 MORE LEVEL	No credible cause										
2.10 LESS LEVEL	No credible cause										
2.11 SAFETY	1. F.D Fan (GB-1001) shaft에 말 림	1. 인체 및 의류 접촉 시 말림 으로 인한 인 체상해 우려	1. Safety cover 2. 근로자 교육 훈련	2	2	4					
2.12 LEAKAGE	Flange & valve gland packing 등에 서 Leakage Notes : AIR	1. Utility loss	(loosen bolt & gland packing tightening) 1. 주기적인 누설검사 실시 2. 주기적인 현장 점검	1	1	1	No action required				
2.13 OTHERS	No credible cause										

Unit Process	DS-1 Project 보일러 설비 공사	Node NO.	NODE #3.0	현재 위험도	3.5	개선후 위험도	–
Drawing NO.	DMXI-400P_P&ID-01	Date	2018. 06. 27	REVISION	1	PAGE	5
Study Area	DMXI-400PKG BOILER	Design Concept	연소 후 배기 가스 배출 및 열회수 설비				

이탈 (DEVIATION)	원 인 (CAUSE)	결 과 (CONSEQUE-NCE)	현재 안전조치 (SAFEGUARD)	현재 위험도			개선 권고사항 (RECOMMEN-DATION)	개선후 위험도			ACTION NO.
				빈도	중대성	위험등급		빈도	중대성	위험등급	
3.1 NO FLOW	No credible cause										
3.2 MORE FLOW	No credible cause										
3.3 LESS FLOW	No credible cause										
3.4 REVERSE FLOW	No credible cause										
3.5 MORE PRES-SURE	No credible cause										
3.6 LESS PRESS-URE	No credible cause										
3.7 MORE TEMPERA-TURE	1. 배기가스 온도 상승	1. Gas & Air preheater (EA-1002) 파손 우려 (DT : 300℃)	1. TE-1503 interlock	1	3	3	No action required				
		2. Economizer (EA-1001) 파손 우려 (DT : 300℃)	1. TE-1501 interlock	1	3	3	No action required				
3.8 LESS TEMPERA-TURE	No credible cause										
3.9 MORE LEVEL	No credible cause										

이탈 (DEVIATION)	원인 (CAUSE)	결과 (CONSE- QUENCE)	현재 안전조치 (SAFEGUARD)	현재 위험도			개선 권고사항 (RECOMMEN -DATION)	개선후 위험도			ACTION NO.
				빈도	중대성	위험등급		빈도	중대성	위험등급	
3.10 LESS LEVEL	No credible cause										
3.11 SAFETY	1. 고온 배관으 로 인한 화상	1. 인체 접촉 시 고온으로 인 한 인체 상해 우려	1. 보온 2. 근로자 교육 훈련	2	2	4	No action required				
3.12 LEAKAGE	Flange & valve gland packing 등에서 누출 Notes : HOT AIR	1. 인체 상해 (화상, 중독) 및 환경오염 우려	(loosen bolt & gland packing tightening) 1. 주기적인 현 장 점검	2	2	4	No action required				
3.13 OTHERS	No credible cause										

2-3 작업안전분석(JSA ; Job Safety Analysis) 기법

2-3-1 JSA의 개요

작업안전분석(JSA)은 작업 대상물에 나타나거나 잠재되어 있는 모든 물리적, 화학적 위험과 근로자의 불안전한 행동요인을 발견하기 위한 작업절차에 관한 위험성평가 및 분석기법으로 작업안전분석의 결과, 확인된 위험에 관한 정보는 사고원인의 제거와 시정책을 구체화하고 장비, 기계, 도구의 개선 또는 안전교육에 필요한 안전작업절차를 수립하는 데 기초자료로 활용된다.

작업안전분석(JSA)은 일반적으로 유해·위험요인들이 존재하거나 발생할 가능성이 있고, 유해·위험요인이 절차서 또는 작업허가서에 충분히 반영되지 않을 때 그리고 절차서, 지침서 또는 작업 프로그램에서 JSA를 수행하도록 요구할 때 활용된다.

작업안전분석(JSA)의 수행시점은 주로 작업을 수행하기 전이나 사고발생 시 원인을 파악할 때, 대책의 적절성을 평가할 때 그리고 공정 또는 작업방법을 변경할 경우 등이다.

작업안전분석(JSA) 기법은 표준운전절차(SOP ; Standard Operating Procedure) 및 유사 또는 동일한 작업이 반복될 경우에 활용효과가 높다. 또한, 안전한 작업과 JSA기법의 실행효과를 높이기 위해서는 안전작업허가제도와의 연계가 필요하다.

고용노동부가 산업안전보건법의 공정안전보고서(PSM) 관련 고시를 2016년 8월 개정하면서 공정안전보고서 작성 시에 기존의 위험성분석기법에 추가하여 작업안전분석(JSA)을 추가하도록 고시를 개정한 것은 사업장에서 휴먼에러(Human Error)가 중대산업사고에서 무시할 수 없는 중요원인이 될 수 있다고 판단한 때문으로 해석된다.

※ 산업안전보건법 제36조(위험성평가의 실시), 고용노동부고시 제2020-55호(공정안전보고서의 제출·심사·확인 및 이행상태평가 등에 관한 규정)의 제27조(공정위험성평가서의 작성 등)에 따라 작업안전분석기법(JSA) 등을 활용하여 위험성평가 실시 규정을 별도로 마련하여야 함

2-3-2
JSA 수행절차

JSA의 수행절차는 다음 [그림 2-6]과 같다.

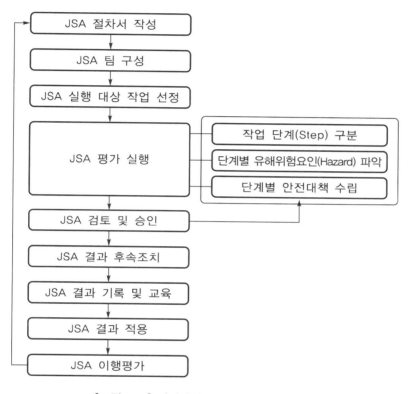

[그림 2-6] 작업안전분석(JSA)의 수행절차

JSA의 수행 시 팀 구성에는 대상 작업 수행자, 안전전문가를 반드시 포함시키고, JSA 평가 실행 시 관리감독자는 작성된 JSA 결과의 내용을 작업자들이 숙지하고 지키는지 관찰하여야 하며, 안전부서에서는 이행평가를 정기적으로 실시하여야 한다.

2-3-3 JSA 작성방법

JSA의 작성방법은 다음 〈표 2-10〉과 같다.

〈표 2-10〉 작업단계별 유해요인과 대책(JSA 기법)

작업명		Page		날짜	___New ___Revised
장비		감독관		분석자	
작업부서		승인자			

요구되는 개인보호장구(PPE)

작업단계	잠재위험	권장되는 안전작업절차
먼저 수행된 작업, 다음에 수행되는 작업 등을 기본적 단계로 세분화	각 단계마다 작업자가 업무수행 시 발생 가능한 위험들을 확인, 다음의 조합에서 해법을 찾음	잠재적인 사고나 위험에 대한 근로자에 제공되어야 할 방호조치, 근로자들이 위험을 피하기 위한 작업절차
1. 작업 관찰 2. 운전자와 의견교환 3. 작업개요 기술 4. 세 가지의 조합	1. 작업 관찰 2. 운전자와 의견교환 3. 기 발생 사고의 기억 4. 세 가지 조합	1. 리드에 대한 작업 관찰 2. 숙련공과 주의사항 논의 3. 경험의 기술 4. 세 가지 조합
〈기록방법〉 – 발생순서에 따라 단계별로 기록 – 작업단계의 기술 　(너무 상세한 설명은 지양) – 기본 작업단계를 개조식으로 간단히 묘사 　예 소화기 사용의 첫 번째 작동순서는 　　1. 벽 브래킷에서 소화기 꺼냄	〈잠재위험 확인사항〉 – 넘어지거나, 떨어지거나 부딪힐 위험 여부 – 유해가스, 방사선, 용접광선 등에 노출 여부 　예 산에 의한 화상, 유해 흄에 노출	〈예방조치 이행사항〉 – 사용해야 할 안전장치와 주의사항을 구체적으로 언급 – 옆 칸에 언급된 중요 잠재위험 각각에 해당하는 예방조치를 빠짐없이 기록 – 예방조치는 말하듯 쉽게 설명 　예 • 허리가 아닌 하체로 중량물 들어올리기 　　• 조심, 주의 긴장 등 일반적 사항은 피할 것

[제1단계] 작업단계의 구분

1. 연삭기의 오른쪽에 가공용 주조물이 든 금속박스를 두고 잡은 주조물을 숫돌로 이동

2. 연삭작업을 위해 숫돌 쪽으로 가공물을 밀어 버(Burr) 제거

3. 연삭기의 왼쪽에 위치한 저장박스에 가공, 처리된 주조물 저장

[그림 2-7] 주조물 연삭작업의 단계

① 작업의 진행순서대로 단계를 구분한다.

② 너무 자세하게 또는 너무 포괄적으로 단계를 구분하지 않는다. 위의 [그림 2-7]은 연삭작업과 관련한 단계 구분의 예를 보여준다.

③ 각 작업단계는 작업의 변화가 있고 관찰 가능하도록 구분한다.

④ 각 작업단계별로 특별한 위험이 없는 경우에는 해당 단계를 합치거나 생략한다.

⑤ 작업단계의 구분 수는 작업의 복잡성에 따라 다르지만, 일반적으로 10단계 이내가 적당하며, 그 이상은 작업자에게 혼란을 야기할 수 있다.

⑥ 만약 작업단계가 10단계를 초과하는 경우에는 중분류의 작업단계를 설정하여 중분류별로 작업단계를 구분할 필요가 있다. 예를 들면 열교환기를 분리하여 청소 및 조립하는 작업과 같이 연속적으로 진행되는 작업은 분리작업, 운반작업, 청소작업 및 조립작업 등과 같이 구분한 후에 세부적인 작업단계를 구분할 수 있다.

⑦ 작업단계에 대한 명칭은 해당 작업을 설명할 수 있는 행동 중심의 단어가 마지막에 위치하도록 작성하는 것이 좋다(예 제거, 덮개 운반, 볼트 조립, 내부 물질의 개방 등).

⑧ 다음 〈표 2-11〉은 작업단계의 구분 시 참고해야 할 사항이다.

〈표 2-11〉 차량 바퀴 교환 시 작업 단계 구분의 예

너무 넓게 구분한 단계	너무 자세히 구분한 단계	적절히 구분한 단계
1. 주차한다. 2. 펑크 난 바퀴를 꺼낸다. 3. 예비 바퀴를 끼운다. 4. 운전한다.	1. 차를 도로 옆으로 세운다. 2. 주차위치에 차를 세운다. 3. 브레이크를 동작시킨다. 4. 비상등을 켠다. 5. 차 문을 연다. 6. 차에서 내린다. 7. 차 트렁크로 걸어간다. 8. 키 홈에 키를 삽입한다. 9. 트렁크를 연다. 10. 잭을 제거한다. 11. 예비 바퀴를 꺼낸다. 12. ……	1. 주차한다. 2. 잭과 바퀴를 트렁크에서 꺼낸다. 3. 잭을 위치시킨다. 4. 휠 캡을 제거한다. 5. 휠 너트를 푼다. 6. 잭으로 차량을 들어올린다. 7. 바퀴를 빼낸다. 8. 새 바퀴를 설치한다. 9. 휠 너트를 체결한다. 10. 차량을 내린다. 11. 휠 너트를 최종 체결한다. 12. 잭과 제거한 바퀴를 트렁크에 싣는다.

[제2단계] 유해·위험요인 파악

1. 오른쪽 통에서 가공재를 꺼내는 중 금속박스 또는 연삭숫돌에 부딪힘
2. 비산하는 칩에 부딪히거나 연삭숫돌에 부딪힘
3. 왼쪽 통에 손이 부딪히거나 가공재를 넣는 중 회전하는 숫돌 또는 통에 부딪힘

[그림 2-8] 주조물 연삭작업의 유해·위험요인

① 각 작업단계별로 존재하거나 발생 가능한 유해·위험요인을 파악한다. 유해·위험요인 파악 시에는 유해·위험요인 파악용 점검표를 사용할 수 있다.

② 유해·위험요인을 좀 더 상세하게 파악하기 위해서는 KOSHA Guide "중소규모 사업장의 리스크 평가 관련 유해·위험요인 분류를 위한 기술지침"에 표시된 「유해·위험요인별 분류 및 점검·확인사항」에서 소개되는 아래와 같은 요인을 참조하여 파악할 수 있다.

- 기계적 요인
- 전기적 요인
- 물질(화학물질, 방사선) 요인
- 생물학적 요인
- 화재 및 폭발 위험요인
- 고열 및 한랭 요인
- 물리학적 작용에 의한 요인
- 작업환경조건으로 인한 요인
- 육체적 작업부담/작업의 어려움 요인
- 인지 및 조작능력 요인
- 정신적 작업부담 요인
- 조직 관련 요인
- 그 밖의 요인

③ 각 단계별로 모든 유해·위험요인을 다각도로 파악하며, 각 단계에는 여러 가지 유해·위험요인이 있을 수 있다. 위험요인 파악 시 고려해야 할 요소는 다음과 같은 사항이 있다.

- 작업에 적합한 복장과 장비를 사용해야 하는 위험이 있습니까?
- 작업 위치, 기계, 웅덩이 또는 개구부 등은 보호되고 있습니까?
- 필요한 경우 기계 작동 해제에 잠금 절차가 사용됩니까?
- 작업자는 의복이나 보석을 착용하고 있습니까?
- 두발상태는 안전합니까?
- 날카로운 모서리 등 부상을 입을 수 있는 물체가 있습니까?
- 작업 흐름이 체계화되어 있습니까?
  예 작업자가 너무 빨리 움직이며 작업해야 합니까?

- 작업자가 움직이는 부품에 걸리거나 끌려갈 수 있습니까?
- 기계 부품이나 재료 이동 시 다칠 수 있습니까?
- 쉽게 균형을 잃을 수 있는 상태입니까?
- 위험한 상태로 기계에 노출되어 있습니까?
- 반복적 움직임 등 부상 가능한 행동을 제한해야 하는 상태입니까?
- 물체에 부딪히거나 기계에 기댈 경우 부상 위험이 있습니까?
- 작업자가 떨어질 위험이 있습니까?
- 작업자가 물건을 들어 올리거나 움직일 경우 부상을 입을 수 있습니까?
- 작업 수행으로 인해 환경적 위험(먼지, 화학물질, 방사선, 용접광선, 과열 또는 과도한 소음)이 발생합니까?

[제3단계] 단계별 안전대책 수립

1. 규격품의 안전화 또는 보호장갑 착용
2. 연삭숫돌 회전부 앞면에 안전덮개 설치, 보안경 착용
3. 가공작업 후 「이송기구」 제공

[그림 2-9] 주조물 연삭작업의 안전작업절차 준수 또는 개인보호구 착용

각 위험 또는 잠재적 위험을 열거한 후 해당 작업을 수행하는 근로자와 함께 검토한 후에는 단계를 합하거나 순서를 변경하는 것과 같은 위험을 제거하기 위한 다른 방법이 있는지 여부를 검토하고 예방조치가 필요하다.

새로운 작업방법을 사용하여 작업수행 시 근로자가 알아야 할 사항을 정확히 열거하여야 한다. "조심!"과 같이 절차에 대한 일반적인 대책을 피하고 가능한 한 구체적인 대책을 제시하여야 하며, 세부적인 안전대책 수립절차는 다음과 같다.

① 각각의 유해·위험요인에 대한 예방, 감소 대책을 파악한다.

② 대책에는 유해·위험요인의 제거, 기술적·관리적·교육적 대책 등이 모두 포함되어야 하며, 대책의 수립순서는 아래와 같다.

- 유해·위험요인의 제거(근본적인 대책)
- 기술적(공학적) 대책
- 관리적 대책(절차서, 지침서 등)
- 교육적 대책

③ 각각의 유해·위험요인이 제거되거나, 허용할 수 있는 수준으로 저감되도록 대책을 수립하여야 한다.

④ 구체적이고, 실행 가능한 대책을 수립하여야 한다.

※ 위험성평가 시 주의사항

① 일반적으로 위험성평가(Risk assessment)를 실시하는 주요 이유는 사고의 발생빈도와 강도를 조합한 위험성을 허용 가능한 수준으로 낮추고, 한정된 자원에 따른 대책의 우선순위를 결정하며 대책의 적절성을 평가하기 위한 것이다.

② 작업안전분석(JSA)에서는 대상 작업 자체가 유해·위험요인이 높은 작업을 대상으로 하고 있고, 실제 작업을 수행하는 현장 작업자가 참여하여 세부적인 작업단계별 유해·위험요인을 파악하고 대책을 수립하기 때문에 사고의 발생빈도와 결과의 심각도를 고려한 리스크 평가는 필요하지 않을 수 있다.

③ 작업안전분석(JSA)에서 위험성평가를 적용하고자 할 경우에는 사업장에서 기존에 적용하고 있는 위험성평가 기준(절차)에서 정한 발생빈도, 결과의 강도 및 매트릭스 표를 사용하거나, KOSHA GUIDE "정성적 보우타이(Bow-Tie) 리스크 평가기법에 관한 지침"에서 사용하는 발생가능성, 결과의 중대성 및 매트릭스 표와 같은 종류의 기준을 적용할 수 있다.

주기적으로 검토하고 업데이트할 경우 작업장에서 사고 및 부상을 줄이는 데 보다 많은 도움을 주고 효과를 나타내며, 작업에 변화가 없더라도 이전 분석에서 놓친 위험을 감지할 수 있다. 질병 및 부상 발생 시 작업절차 변경의 필요성을 결정하기 위해 작업안전분석을 즉시 검토해야 하며, 작업안전분석(JSA)이 수정될 때마다 새로운 작업방법, 절차 또는 보호수단에 대한 교육을 해당 근로자에게 실시하여야 한다.

2-3-4 JSA 응용사례

[사례 1] 탱크로리 차량 하역작업의 JSA

작업단계	유해 · 위험요인	대책(또는 안전작업방법)
1. 하역장소로 탱크로리 이동 및 주차	차량 이동 시 추돌사고	하역 담당 작업자는 탱크로리 후진 시 하역장에 안전하게 주차하도록 차량을 안내하여야 한다.
2. 하역작업 준비 (하역작업 점검표 사용)	Leak로 인한 작업자 상해	• 규정된 보호구를 착용한다. • 작업자가 급박한 사정으로 작업지역을 이탈하고자 할 경우 임시로 운전기사에게 업무를 위임하여야 한다. 이때 운전기사는 차량 내부가 아닌 작업지역에서 하역작업을 감시한다.
	화재 및 폭발	• 차량 접지 설비를 이용한다. 　– 접지가 되면 청색, 접지가 되지 않으면 적색 표시와 함께 부저가 울리도록 한다. • 부저 스위치 버튼은 항상 ON에 위치해야 한다. • 소화기를 2개 비치한다.
	추락 및 전도사고	• 바퀴 받침목을 설치한다. • 차량 경고 표지판을 설치한다.

작업단계	유해 · 위험요인	대책(또는 안전작업방법)
3. 이송배관 확인	연결호스 이탈사고	플렉시블 호스 연결부분의 체결상태를 확인하고 손으로 당겨 확인한다.
	벤트 가스 누출	저장탱크의 벤트라인과 탱크로리 벤트라인을 플렉시블 호스로 연결하고, 밸브 개방(Open) 및 연결부분 체결상태를 확인하고 손으로 당겨 최종 확인한다.
4. 하역작업	하역물질 누출	• 탱크로리 하역작업 시 하역작업 점검표에 따라 각 차량 입고 시마다 점검한다. • 입고 시마다 작업자는 연결 호스의 누설여부를 관찰하며 누설 시 즉시 작업을 중단한다.
	과충전(Over flow)	• 하역작업 준비가 완료되면 작업자는 이송펌프 인입 측 밸브를 개방하고, 현장의 펌프 구동 스위치를 작동(ON)시키고, 펌프 토출밸브를 서서히 개방한다. • 작업자는 펌프 토출 측의 압력계를 면밀히 주시하여 펌프의 가동중지(OFF) 시점을 기다린다.
5. 이송완료 후 조치사항	호스 분리 시 잔압으로 인한 충격 및 분출 사고	이송펌프 압력을 확인하고 압력이 떨어지면(Drop) 펌프 토출밸브를 차단(Close)하고, 펌프를 정지시키고, 펌프 인입 측 밸브를 닫은 후 질소로 탱크로리의 플렉시블 호스에 남아 있는 잔량을 탱크로리로 밀어 넣는다.
	• VAM 누출사고 • 벤트가스 누출	저장탱크의 벤트라인 연결 호스를 분리하여 걸이대에 보관하고 밸브는 닫는다.
6. 점검결과 기록 및 보관	점검일지 미기록	• 탱크로리 점검일지에 따라 차량 입고 시마다 작업을 실시하고 이송이 완료되면 점검일지를 기록한다. • 다른 근무자가 하역작업 시 참조할 수 있도록 점검일지에 특이, 기타 주의사항을 상세히 기록하고 비치된 장소에 점검일지를 보관한다.

[사례 2] FRP배관 연결작업의 JSA

작업단계	유해·위험요인	대책(또는 안전작업방법)
1. 연결부 그라인딩	연삭기 날에 접촉	• 연삭기 방호덮개 부착상태 확인 및 점검 • 안전장갑의 착용
	분진의 흡입 및 비산	• 이동식 국소배기장치의 설치 • 방진마스크의 착용 • 보안경의 착용
	파이프의 떨어짐	• 사용 전 거치대의 균열 손상여부 점검 • 안전화의 지급 및 착용
2. 배관의 직진도 확인	배관의 접촉부에 끼임	• 운반 시 파지 위치는 선단부에서 일정 거리 이상 이격할 것 • 운반자 상호간 신호규정 수립 및 준수
	배관의 떨어짐	• 사용 전 거치대의 균열 손상여부 점검 • 배관 운반 시 2인 이상 운반 실시 • 안전화의 지급 및 착용
	줄자의 측면에 베임	• 직각자 또는 스틸자로 대체 사용 • 안전장갑의 착용
3. 접착제 준비 (20~30℃로 예열)	유해물질에 노출	• 국소배기가 설치된 믹싱룸의 설치 및 믹싱 • 작업장 내 국소배기장치 또는 전체환기 조치 • 방독마스크의 착용
	화재발생 우려	• 불티의 비산방지조치 강구 • 가열 시 직접 가열 금지 및 화기감시자의 배치 • 소화기의 비치
4. 접착제를 바르며 Layers를 감기	유해물질에 노출	• 작업장 내 국소배기장치 또는 전체환기 조치 • 방독마스크의 착용 • 내화학성 장갑의 착용
	Layers 파단에 따른 넘어짐	• 적정한 작업자세의 유지 • 무리한 힘을 가하지 말 것
	화재발생 우려	• 주변 화기작업 금지조치 • 작업장 주변 소화기의 비치

작업단계	유해·위험요인	대책(또는 안전작업방법)
5. 배관을 감싼 후 가열(125℃)	열선 접촉에 따른 화상	• 안전장갑의 착용 • 단열조치 시 전원 차단 등 작업절차의 준수 • 냉각상태 확인 후 보온재 제거
	전선의 단선 및 단락 등에 의한 감전 위험	• 누전차단기의 설치 • 바닥에 전선이 지나갈 때 덮개 등 보호조치 강구 • 절연장갑의 착용
6. 배관의 표면 그라인딩	연삭기 날에 접촉	• 연삭기의 방호덮개 부착상태 확인 및 점검 • 안전장갑의 착용
	분진의 흡입 및 비산	• 이동식 국소배기장치의 설치 • 방진마스크의 착용 • 보안경의 착용
7. 접착제에 경화제를 넣고 혼합	유해물질에 노출	• 국소배기장치가 설치된 믹싱룸의 설치 및 믹싱 • 작업장 내 국소배기장치 또는 전체환기 조치 • 방독마스크의 착용
	화재발생 우려	• 불티의 비산방지조치 강구 • 가열 시 직접가열 금지 및 화기감시자의 배치 • 소화기의 비치
8. 접착제를 바르며 Layers를 감기	유해물질에 노출	• 작업장 내 국소배기장치 또는 전체환기 조치 • 방독마스크의 착용 • 내화학성 장갑의 착용
	Layers 파단에 따른 넘어짐	• 적정한 작업자세의 유지 • 무리한 힘을 가하지 말것
	화재발생 우려	• 주변 화기작업 금지조치 • 작업장 주변 소화기의 비치

작업단계	유해 · 위험요인	대책(또는 안전작업방법)
9. 배관을 감싼 후 가열(130℃)	열선 접촉에 따른 화상	• 안전장갑의 착용 • 단열조치 시 전원 차단 등 작업절차의 준수 • 냉각상태 확인 후 보온재 제거
	전선의 단선 및 단락 등에 의한 감전 위험	• 누전차단기의 설치 • 바닥에 전선이 지나갈 때 덮개 등 보호조치 강구 • 절연장갑의 착용
10. 제품 완성	배관의 접촉부에 끼임	• 운반 시 파지 위치는 선단부에서 일정거리 이상 이격할 것 • 운반자 상호간 신호규정 수립 및 준수
	배관의 떨어짐	• 사용 전 거치대의 균열 · 손상여부 점검 • 배관의 운반 시 2인 이상 운반 실시 • 안전화의 지급 및 착용

2-3-5 현장 적용사례

(1) 제기되는 문제들

안전작업허가부서에서 위험성평가 결과를 소홀히 취급하여 제기되는 문제들은 다음과 같다.

① 작업담당부서 또는 안전부서에서 관례적, 타성적으로 승인 남발

㉮ 작업허가 시 위험성평가에서 도출된 위험성 큰 작업 등에 '안전작업허가' 조건의 언급이 누락된다.

㉯ 일부 사업장의 경우 소방, 환경과 안전부서가 별도로 안전작업허가를 승인하고, 화기 취급작업과 인화성 물질 취급작업이 동시에 이루어져 화재폭발의 위험이 발생한다.

㉰ 위험성평가에서 일부 작업의 위험성이 'Red Zone'에 속함에도 추가적인 안전조치 없이 안전작업허가를 승인한다.

동일현장에 점화원(용접)과 인화물이 존재

② 위험성평가 결과 강도의 의도적 저평가 또는 위험성(빈도×강도) 크기를 역으로 표시

  ㉮ 위험성의 강도 크기를 대부분 저평가하여 팀장 관리가 아닌 대리, 파트장 관리로 한 단계씩 관리단계를 낮추려 한다.

  ※ 대부분의 위험성평가 작업을 협력업체에 위임, 검토도 충분히 하지 않음에서 기인되는 것으로 추정

  ㉯ 중량물의 이동, 설치 등을 하는 고소작업의 작업절차는 가능한 한 세분화하여 위험성평가(JSA) 후 작업(이동 → 촌동이동 → 설치)을 실시해야 하나, 한 개 작업(이동)만 위험성평가를 실시, 중요한 사항들이 검토에서 제외된다.

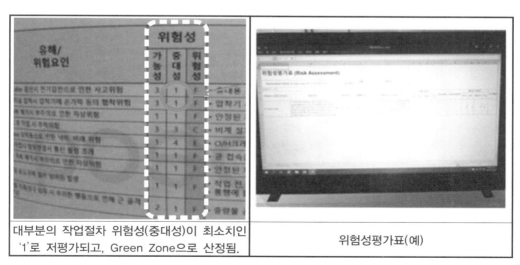

| 대부분의 작업절차 위험성(중대성)이 최소치인 '1'로 저평가되고, Green Zone으로 산정됨. | 위험성평가표(예) |

③ 작업 현장에의 비치와 게시 방법 및 현장확인 방법의 불합리

  ㉮ 안전작업허가서 내에 여러 서류들과 함께 비치함으로써 위험성 평가서류를 찾기 어려울 뿐만 아니라 작업현장 확인 결과, 한 번도 확인해 보지 않음이 확인된다.

ⓘ 2~3일 전에 안전작업허가 승인날짜가 확인되는 경우도 발견된다(최근에는 많이 정착됨).

ⓙ 주의가 필요한 화기취급작업에도 직영의 대리 등이 확인하여 확인란에 절차상의 서명을 할 뿐, 특이 지적사항을 명기하지 않는다.

화기작업 시 사전안전조치(불티비산방지, 용접보호구 등) 미설치

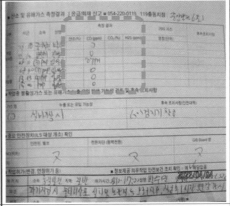
화기작업 시 가연성 가스 농도 미측정

④ 협력업체 소속 일용직들의 위험성평가에 대한 인식저조

ⓐ TBM 등 위험예지훈련을 하지 않는 대부분의 협력업체 작업자들이 위험성에 대한 정보 없이 위험에 노출된다.

ⓑ 대기업의 협력업체 관리부서에서 협력업체 근로자들에 대한 위험성평가 관련 교육이수증 요구 등 별도의 대책이 필요하다.

작업 시작 전 TBM 실시 현장

(2) 개선 대책

① 안전작업허가서 처리 시 위험성평가의 유무, 정도 등을 체크할 수 있는 전산시스템 구축

㉮ 안전작업허가 시 위험성평가 결과서의 첨부 없이는 승인불가조치가 이루어져야 한다.

㉯ 특히 위험성평가 결과 Red Zone에 해당하는 사항이 포함될 시, 선 사전조치 후 안전작업허가서 승인조치가 되도록 시스템화가 필요하다.

② 위험성평가는 공정관계자, 안전보건관리감독자, 관련협력업체의 부서장 등 해당 공정, 안전전문가의 참여가 중요

㉮ 화기작업, 밀폐공간작업, 고소작업 등은 공정의 부서장이 협력업체 책임자를 포함하는 안전협의회를 안전작업허가 승인 전에 개최하여 위험성평가와 안전작업 절차를 세밀히 검토하여야 한다.

㉯ 안전작업허가 후 오전·오후로 안전작업절차가 매뉴얼대로 이루어지고 있는지 수시로 확인하고, 이상 여부를 안전작업허가서 기록란에 기재해야 한다.

③ 협력업체근로자에 대한 위험성평가결과와 대책에 대한 안전교육 또는 훈련이 절대 필요

㉮ 협력업체 근로자의 안전교육은 TBM(Tool Box Meeting)으로 당일 예정된 작업절차에 따른 위험성평가교육과 기타 잠재위험을 찾아내는 반복적 확인교육이 가장 바람직하다.

㉯ 협력업체관리 부서에서는 일시적 입찰로 정해지는 협력업체의 경우, 협력업체 선정 전 해당 작업의 위험성평가교육 실시를 요구하는 방법의 검토가 필요하다.

2-4 작업자실수분석(HEA ; Human Error Analysis) 기법

2-4-1 HEA의 개요

작업자실수분석(HEA) 기법은 운전원, 보수반원, 기술자 등의 불안전행동으로 발생할 수 있는 피해에 대해서 그 원인을 파악·추적하여 문제점들을 개선하기 위한 「정성적 위험성평가기법」이다.

HEA 기법은 「상대위험순위결정 기법」과 공정작업의 위험순위를 선정하여 분석한다는 점에서 유사하다고 볼 수 있다. 공정의 위험순위를 정하는 기준점을 사업장에서 주관적으로 정한다는 점에서 좀 더 현실적인 방법이라 할 수 있다.

이 기법은 현장 작업자들에 대한 면담과 분석전문가의 현장 확인을 통해 잠재위험성이 있는 작업을 가려낸다. 이렇게 가려진 작업들을 단계적으로 나누어서 하나하나 분석함으로써 그 주된 원인을 알아가는 방법이다.

최근 대기업들이 분업화와 위험분산의 목적으로 하도급 형태의 작업을 선호하고 특히, 보수·정비 작업은 대부분 원청업체가 아닌 하청업체로 이관되면서 원청회사의 유해·위험 정보에 익숙하지 못한 협력업체(하청) 근로자들이 위험에 노출되어 사고가 발생하는 경우가 많아지고 이것이 사회문제화되는 실정이다. 정부에서는 이러한 관점에서 근로자의 실수를 줄이는 것이 재해예방의 효과적인 방법이라는 판단하에 2016년 8월 PSM 관련고시를 개정하여 협력업체 근로자의 보호대책으로 「작업자실수분석 기법」을 공정안전보고서의 위험성평가 및 분석기법에 포함하도록 하고 있고, 이에 추가하여 2019년 1월 산업안전보건법을 전면 개정하였다.

작업자실수분석(HEA)에 도움이 되는 자료로는 작업자의 교육정도, 신체적 특성을 알 수 있는 통계자료, 작업여건에 대한 서류 및 현장사진, 작업 실무자와의 면담자료 그리고 작업자의 실수형태를 파악할 수 있는 과거 사고사례 등이다.

2-4-2 HEA 수행절차

다음 [그림 2-10]은 작업자실수분석(HEA)의 수행절차이다.

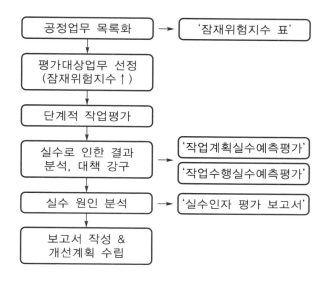

[그림 2-10] 작업자실수분석(HEA) 수행절차

2-4-3 HEA 수행방법

작업자실수분석은 다음과 같이 단계별로 추진한다.

[제1단계] 공정업무 목록화

공정도, 운전절차, 유지관리계획 등의 자료와 작업담당자와의 면담을 통해 전반적인 작업자 업무를 목록화 한다.

[제2단계] 업무 위험정도 파악

세 가지 측면에서 각각의 업무를 분류하여 그 위험정도를 비교한다.

(1) 본질위험점수

작업 자체가 어느 정도의 위험이 잠재하고 있는지를 파악하는 지수

〈표 2-12〉 본질위험점수 계산표

항 목	본질적인 위험	점 수
1	취급량, 취급온도, 취급압력, 인화성, 독성정도 등 위험물질의 취급위험 정도	
2	고소작업, 고열작업, 수중작업 등 작업환경상의 위험정도	
계	S_1	

3단계로 구분하여 위험정도를 높음(3), 보통(2), 낮음(1)으로 기입

$$본질위험점수 = \frac{(S_1 - 2)}{4}$$

(2) 위험취약점수

7개의 질문항목으로 위험취약 정도를 나타내는 지수

〈표 2-13〉 위험취약점수 계산표

항 목	관련성 구분	점 수
1	작업 시 작업원이 위험물질/작업/상황에 직접 접촉되는 가능성 정도	
2	공장설비의 분해/조립작업 정도	
3	기존 공정의 설비변경 정도	
4	공정제어 계통과 작업의 상호관련 정도	
5	작업과 안전체계의 상호관련 정도	
6	공정의 차단/해제가 필요한 정도	
7	특별한 접근이 필요한 정도	
계	S_2	

3단계로 구분하여 위험정도를 높음(3), 보통(2), 낮음(1)으로 기입

$$위험취약점수 = \frac{(S_2 - 7)}{14}$$

(3) 빈도점수

<표 2-14> 빈도점수 계산표

업무 수행 빈도	점수(S_3)
매일 2회 이상	6
매일 1회 이상	5
매주 1회 이상	4
매달 1회 이상	3
매년 1회 이상	2
매년 1회 이하	1

$$빈도지수 = \frac{(S_3 - 1)}{5}$$

(4) 잠재위험지수

업무에 대한 잠재적인 위험을 종합적으로 나타내는 지수

$$잠재위험지수 = \frac{(S_1 + S_2 + S_3)}{3}$$

위험정도를 계산한 점수를 다음 <표 2-15>에 기입

<표 2-15> 잠재위험지수 산출표

대상공정 :　　　　　　검토자 :　　　　　　검토일 :

업무 종류	본질위험정도			위험취약정도								빈 도		잠재 위험 지수
	질문별 점수		본질위험 지수	항목별 점수							위험 취약 지수	점수	빈도 지수	
	1	2		1	2	3	4	5	6	7				

[제3단계] 평가대상업무 선정

〈표 2-15〉 잠재위험지수 산출표를 통해 업무별 잠재위험지수의 크기에 따라 위험순위를 정하고 위험순위가 큰 것부터 평가대상 작업으로 선정한다.

[제4단계] 작업의 세분화

평가대상 작업에 관련된 작업 활동의 성격을 충분히 파악하여 작업 기능에 따라 단계별로 세분화하고 각 개별 작업을 위한 작업표준을 파악한다. 잠재위험도가 높아 수용할 수 없다고 판단되는 작업에 대해서는 추가적으로 하위 작업을 분류한다.

[제5단계] 작업 실수예측 평가

분류된 각 작업에 대해서 발생할 수 있는 실수와 그 영향, 위험정도를 예상하고, 이에 대한 대책을 강구한다.

(1) 작업계획 실수예측 평가

계획상 차질이 생겼을 경우를 예측 평가하여 〈표 2-16〉에 기입한다.

① 사전조건 평가

작업에 필요한 사전조건이 충족되지 않을 경우의 영향을 평가

② 내부계획 평가

작업계획이 절차대로 이행되지 않을 경우의 영향을 평가

③ 실수내용

사전조건이나 작업 상황에 맞는 예상 가능한 실수 내용 기입

④ 결과

실수로 인한 단기적/장기적인 영향을 고려한 결과의 형태 및 이로 인한 손실정도

⑤ 위험등급

근로자, 공장, 공정 및 환경에 대한 영향을 고려하여 발생확률, 피해영향에 대한 기준을 정함. 이때 발생 가능한 실수에 대해 충분한 지식을 가지고 있는 공정 운전자 및 기술진과의 면담을 통해 그 기준을 설정하고 최종적으로 평가자의 의견을 반영

위험도 = 발생확률 × 피해영향

⑥ 복구조치

실수가 발생하였을 경우 사고로 이어지지 않도록 할 수 있는 복구대책 및 안전조치 여부 파악

⑦ 개선방안

위험등급이 허용수준 이상일 경우 개선방안을 마련

〈표 2-16〉 작업계획 실수예측 평가표

작업명 :   분석자 :

분석일 :   페이지 :

작업계획	실수내용	결 과	위험등급			복구조치	개선방안
			발생확률	피해영향	위험도		
〈사전조건〉 〈내부계획〉							

(2) 작업수행 실수예측 평가

작업수행 중 발생할 수 있는 실수에 대한 예측 평가를 실시한다.

각 작업 단계별로 〈표 2-17〉의 실수유형표를 활용, 구체적으로 실수유형을 분류하여 평가를 실시한 뒤 〈표 2-18〉에 기입한다.

〈표 2-17〉 실수유형표

실수유형 / 작업유형	생략	미완료	시기 부적합	대상 부적합	부적합 행위	해석 잘못	부족 및 과다	부적합 대상에 대한 부적합 행위
계 획	계획 생략	계획 미완료	계획시기 부적합	계획대상 부적합	계획 부적합	계획내용 잘못해석	―	―
행 위	행위 생략	행위 미완료	행위시기 부적합	행위대상 부적합	행위 부적합	―	행위의 부족 및 과다	대상선정 부적합 및 행위잘못
점 검	점검 생략	점검 미완료	점검시기 부적합	점검대상 부적합	점검 부적합	점검내용 잘못해석	―	대상선정 부적합 및 점검잘못
정보 및 의사전달	의사 미전달	의사전달 미완료	의사전달 시기 부적합	의사전달 부적합	의사전달 부적합	정보 잘못해석	―	대상선정 부적합 및 잘못된 정보
교 정	교정 생략	교정 미완료	교정시기 부적합	교정대상 부적합	잘못된 교정	교정 잘못해석	교정과다 및 부족	대상선정 부적합 및 잘못된 교정

① 실수유형

〈표 2-17〉을 참조하여 예상 가능한 모든 실수유형을 열거한다.

② 실수내용

해당 실수유형에 대한 실제 실수내용을 기입한다.

③ 결과

실수로 인한 단기적/장기적 영향을 고려하여 결과의 형태, 손실정도를 기입한다.

④ 위험등급, 복구조치, 실수 감소방안

작업계획 실수예측 평가와 동일한 방법으로 기입한다.

〈표 2-18〉 작업수행 실수예측 평가표

작업명 :　　　　　　　　　　　분석자 :
분석일 :　　　　　　　　　　　페이지 :

작업단계	실수유형	실수내용	결 과	위험등급			복구조치	실수 감소 방안
				발생확률	피해영향	위험도		

[제6단계] 실수원인 분석

〈표 2-19〉 실수원인 분류표

관리적 실수인자	일반운영 실수인자	특수운영 실수인자
1. 안전우선 정도 2. 근로자 참여도 3. 의사전달 효율성 4. 사고조사 효율성 5. 절차개발 체제의 효율성 6. 훈련의 효율성 7. 작업설계 효율성	1. 공정관리 2. 작업배치 및 작업계획 3. 안전관리체제 4. 비상조치계획 5. 훈련 6. 작업형태 7. 작업에 대한 압박감 8. 개인적 특성 반영정도 9. 업무 지원 및 절차	1. 컴퓨터 제어체계 2. 제어반 설계 3. 현장 상황 4. 절차 유지관리

작업실수예측평가 결과를 토대로 〈표 2-19〉를 참고하여 실수에 영향을 주는 실수인자의 관리수준을 파악한다.

또한, 현장작업자들과의 면담을 통해서도 관련된 실수인자를 파악한다.

실수인자의 기여도를 판단하여 등급화하고 기여도가 높은 실수인자를 우선적으로 정밀하게 평가한다.

[제7단계] 실수인자 평가 보고서 작성

〈표 2-20〉 실수인자 평가 보고서

순 번	실수인자	현재 상황	개선대책

실수인자를 평가하여 〈표 2-20〉을 작성한다.

결과작성 후 하위작업에 대한 추가적인 실수인자가 필요하다고 판단되면 이에 대한 추가평가를 실시한다.

[제8단계] 분석결과 보고서 작성

보고서 내용은 다음과 같다.

① 작업개요

② 평가팀 구성 및 인적사항

③ 평가방법 개요

④ 작업의 위험특성 및 관찰사항

⑤ 평가 내용 및 결과

⑥ 우선순위 및 일정이 포함된 개선조치 실행 계획서〈표 2-21〉

[제9단계] 개선계획 수립

실수평가 결과에 따라 도출된 모든 위험 감소방안에 대한 개선조치 계획을 수립하고 이를 시행한다.

〈표 2-21〉 작업실수평가결과 개선조치 실행계획서

작업명 :   분석기간 :

번 호	조치순위	위험등급	개선권고사항	책임부서	조치일정	조치진행결과	확 인

2-4-4 HEA 응용사례

[사례 1] 화학약품 제조공장

공정은 다음과 같이 구성된다.

원료 입하	⇨	혼합탱크에 투입	⇨	교 반	⇨	제품 충전	⇨	제품 출하

(1) 공정 업무 목록화

　　① 원료 입하

　　② 원료 운반

　　③ 원료 투입

　　④ 교반

　　⑤ 제품 충전

　　⑥ 제품 운반

　　⑦ 제품 저장·보관

　　⑧ 제품 출하

(2) 잠재위험정도 비교

대상공정 : 제조　　　　　　검토자 : 박 ○ ○　　　　　　검토일 :

업무 종류	본질위험정도		위험취약정도									빈 도		잠재 위험 지수	위험 순위
	질문별 점수	본질 위험 지수	항목별 점수							위험 취약 지수	점 수	빈도 지수		
	1	2		1	2	3	4	5	6	7					
원료 입하	2	1	0.25	2	1	1	1	1	2	3	0.29	4	0.6	0.38	5
원료 운반	2	1	0.25	1	1	1	1	1	1	2	0.07	4	0.6	0.31	7
원료 투입	3	2	0.75	3	2	1	1	1	3	3	0.5	6	1	0.75	1
교반	1	1	0	1	1	1	1	1	2	1	0.07	6	1	0.66	3
제품 충전	3	2	0.75	3	2	1	1	1	3	3	0.5	6	1	0.75	1
제품 운반	2	1	0.25	1	1	1	1	1	1	1	0	6	1	0.42	4
저장 · 보관	1	1	0	1	1	1	1	1	1	1	0	6	1	0.33	6
제품 출하	2	1	0.25	2	1	1	1	1	2	1	0.07	4	0.6	0.31	7

(3) 평가대상업무 선정

　　잠재위험정도 비교 결과 '원료 투입'과 '제품 충전' 작업에서 잠재위험성이 높게 나타났다. 여기서 좀 더 위험성이 높다고 판단되는 '원료 투입' 작업에 대해서 분석하겠다.

(4) 작업을 단계별로 세분화

　　① 운전자 보호구 착용

　　② 원료 운반(원료 저장 · 보관실 ~ 탱크 맨홀)

　　③ 작업자 보호구 착용

　　④ 탱크 내부 상태 확인

　　⑤ 탱크 맨홀 Open

⑥ 원료 개봉

⑦ 원료 투입

⑧ 탱크 맨홀 Close

⑨ 잠금상태 확인

⑩ 빈 통 회수 및 처리

(5) 작업실수예측 평가

① 작업계획 실수예측평가

사전조건	내부계획
• 투입할 원료가 충분히 있을 것 • 작업자 보호구의 기능에 문제가 없을 것 • 작업 시에는 항시 보호구를 착용할 것 • 내부 환기가 적절히 이루어 질 것	①~④ 실시 후 문제가 없으면 ⑤~⑨ 실시 모든 작업을 마친 후 ⑩ 실시

작업명 :   분석자 :   분석일 :   페이지 : 1/1

작업계획 (사전조건)	실수내용	결 과	위험등급			복구조치	개선방안
			발생 확률	피해 영향	위험도		
투입할 원료가 충분히 있을 것	원료 불충분으로 인한 작업 지연	작업 지연으로 발생되는 시간적 손해	1	1	1	원료 보충	재고를 충분히 보유
작업자 보호구의 기능에 문제가 없을 것	보호구 기능 손실로 인한 작업자 상해	인력 손실로 인한 손해	2	2	4	보호구 교체	보호구 정기적 점검
내부환기가 적절히 이루어질 것	환기 불량으로 인한 내부 가스 정체 발생	유해화학물질의 경우 대형사고로 이어질 가능성	1	3	3	국소배기 시스템 정비	국소배기 시스템 정기 점검 실시
①~④ 실시 후 문제가 없으면 ⑤~⑨ 실시 모든 작업을 마친 후 ⑩ 실시	①, ③ 미실시	사고 발생 시 보호 수단 부재	2	2	4	경고 조치	특별교육 실시
	④ 미실시 후 개폐	탱크 상태에 따른 사고 발생	1	3	3	사고에 따른 수습 조치	

② 작업수행 실수예측평가

작업명 :　　　　　　분석자 :　　　　　　분석일 :　　　　　　페이지 : 1/2

작업단계	실수 유형	실수 내용	결　과	위험등급			복구조치	실수 감소방안
				발생 확률	피해 영향	위험도		
① 운전자 보호구 착용	행위 생략	보호구 미착용	사고발생 시 보호수단 부재	2	2	4	사고 수습	착용 의무화
	점검 생략	기능 확인 미실시						정기 점검표 작성
② 원료운반	행위 생략	적재물 미결속	적재물 전도사고	2	2	4	유독물 제거	적재물 결속 의무화
④ 탱크 내부 상태 확인	행위 생략	상태 미확인	탱크 상태에 따른 사고 발생	1	3	3	사고에 따른 수습조치	
⑤ 탱크 맨홀 Open			―					

작업명 :　　　　　　분석자 :　　　　　　분석일 :　　　　　　페이지 : 2/2

작업단계	실수 유형	실수 내용	결　과	위험등급			복구조치	실수 감소방안
				발생 확률	피해 영향	위험도		
⑥ 원료 개봉	행위 부적합	무리한 개봉으로 누출	누출로 인한 피해 발생	1	2	2	누출 원료 수습	
⑦ 원료 투입	행위대상 부적합	다른 원료 투입	원료 소실	2	1	2	탱크 정화 후 작업	
⑧ 탱크 맨홀 Close			―					
⑨ 잠금 상태 확인			―					
⑩ 빈 통 회수 및 처리	점검생략	밀폐 미실시로 원료 누출	누출로 인한 피해 발생	1	2	2	누출 원료 수습	

(6) 실수인자(원인) 파악

관리적 실수인자	일반운영 실수인자	특별운영 실수인자
• 안전우선 정도 • 근로자 참여도	• 비상조치계획 • 훈련	절차 유지관리

(7) 실수인자 평가보고서

순 번	실수인자	현재 상황	개선대책
1	근로자 참여도	작업자들의 안전불감증	사고사례 위주의 안전교육 실시로 경각심 주입
2	절차 유지관리	절차 생략	절차 이동 시마다 관리자의 확인, 점검 실시
3	안전우선 정도	안전보다는 빠른 업무진행을 지향	교육을 통한 인식 개선
4	비상조치계획	실제 사고 발생 시 빠른 대처 불가능	주 혹은 월 주기로 비상훈련 실시
5	훈련	사고 상황에 따른 대처능력 부재	여러 사고 상황을 모의로 한 훈련 실시

(8) 분석 결과보고서 작성 및 후속조치

실수인자 평가보고서를 토대로 현장상황에 따라 개선계획 수립 후 각 담당부서에 개선 조치 명령, 이후 개선 상태를 확인한다.

2-5 공정안전성분석
(K-PSR ; KOSHA-Process Safety Review) 기법

2-5-1 K-PSR의 개요

공정안전성분석(K-PSR) 기법은 사업장 위험관리수준을 향상시키는 목적으로 산업안전보건공단에서 개발하였으며 정성적 평가로 설치·가동 중인 기존의 화학공장에서 위험과 운전분석(HAZOP) 기법 등으로 위험성평가를 실시한 후 다시 정밀하게 공정안전성을 재검토하여 조업단계의 사고위험성을 분석하는 기법이다.

공정안전성분석(K-PSR)은 가동 중인 기계설비의 현장상황에서 발생할 수 있는 다양한 경우의 위험성을 찾아낼 수 있고 특히 누출, 화재/폭발, 공정 이상(Trouble)에 대한 위험성과 발생 원인을 밝히는 데 장점이 많은 기법이다. 이때 변경요소관리를 통해 진행된 위험성평가 시 누락된 잠재위험요인과 안전운전지침에 따라 가동정지, 시운전, 정비·보수작업, 비상조치 시에 발생될 수 있는 위험요인들을 추가 발굴할 수 있도록 관련 공정안전자료에 대한 분석을 철저하게 이행할 필요가 있다.

공정 중에 숨어있는 위험성을 찾아내거나 검토구간을 넓은 범위로 설정할 수 있어 HAZOP에 비해 소요시간 등을 줄일 수 있는 장점이 있으며, 단점으로는 주요 공정설비에 국한되므로 보조설비는 평가 누락 가능성이 많다는 점이 있다. 대부분 화학공장의 연속식 공정과 회분식 공정의 안전성을 평가하는 데 적용된다.

2-5-2 K-PSR 용어의 정의

① "연속식 공정(Flow process)"은 원료가 연속적으로 반응관 내로 공급되고 반응혼합물도 연속적으로 반응관에서 유출되는 제조공정으로, 반응기를 통해 연속적으로 유입된 원료물질이 그 속에서 이동, 반응진행 후 반응기를 빠져 나온다.

② "회분식 공정(Batch process)"은 반응에 필요한 원료를 일괄하여 반응기에 넣고 반응이 끝난 다음 생성물을 꺼내는 제조과정으로, 반응기간 동안에는 어떤 물질이 반응기에 공급되지도 않고 배출되지도 않는다.

평가 시 사용하는 가이드워드는 다음과 같다.

〈표 2-22〉 연속식 공정에 적용되는 가이드워드 예시

위험형태	원인(대분류)	원인(소분류)
누출	파열	오염, 내부 폭굉, 물리적 과압, 팽창, 벤트 막힘, 제어실패, 과충전, 롤오버(Rollover), 수격현상, 순간증발(Flashing)
	펑크	기계적 에너지 발생, 충돌, 기계 진동, 과속 등
	개방구 오조작	벤트, 드레인, 압력방출 후단, 정비실수, 계기 정비, 샘플링 포인트, 블로우 다운, 호스, 탱크입하 및 출하 작업 실수
화재·폭발	누설	플랜지, 밸브, 샘플링 포인트, 펌프 등에서 누유 및 누수 되는 사항 모두 포함
	파열	오염, 내부 폭굉, 물리적 과압, 팽창, 벤트 막힘, 제어실패, 과충전, 롤오버(Rollover), 수격현상, 순간증발(Flashing)
	펑크	기계적 에너지 발생, 충격, 충돌, 기계 진동, 과속 등
	개방구 오조작	벤트, 드레인, 압력방출 후단, 정비실수, 계기 정비, 샘플링 포인트, 블로우 다운, 호스, 탱크입하 및 출하 작업 실수

〈표 2-23〉 회분식, 연속식 공정에 공통 적용되는 가이드워드 예시

위험형태	원인(대분류)	원인(소분류)
누출	부식	내·외부 부식, 응력 부식, 크리프(Creep), 열적반복 등으로 인한 사항
	침식	마모 등으로 발생한 사항 모두 포함
	누설	플랜지, 밸브, 샘플링 포인트, 펌프 등에서 누유 및 누수 되는 사항 등
	기타	위 사항 외 기타 원인
화재·폭발	물리적 과압	입구·출구 측 밸브 등의 폐쇄, 압력방출장치의 고장 등에 의한 과압
	취급제한 화학물질 및 분진	인화성 혼합물에 의한 화재, 폭주반응, 촉매 이상에 의한 화재/폭발, 오염물질에 의한 조성변화 등
	점화원	정전기, 스파크, 용접, 마찰열, 복사열, 차량 등에 의한 착화
	기타	위 사항 외 기타 원인
공정 트러블	조업상 문제	온도, 압력, 농도, pH, 교반, 조업 절차, 냉각실패 등 조업상 실수 등
	원료 및 촉매 등 물질	원료 및 촉매 등 이상에 의한 원인 등
	기타	위 사항 외 기타 원인

위험형태	원인(대분류)	원인(소분류)
상해	추락	장치설비, 리프트, 플랫폼 등 구조물, 사다리, 계단 및 개구부 등에서의 추락, 재료더미 및 적재물 등에서의 추락 등
	전도	누유·빙결 등에 의해 바닥에서의 미끄러짐, 바닥의 돌출물에 걸려 넘어짐, 장치설비, 계단에서의 전도 등
	협착	가동중인 설비, 기계장치에 협착, 물체의 전도, 전복에 의한 협착, 교반기, 임펠러 등 회전체에 감김 등
	충돌	중량물, 파이프랙 등 돌출부에 접촉 및 충돌, 구르는 물체, 흔들리는 물체에 접촉 및 충돌, 차량 등과의 접촉 및 충돌 등
	유해·위험물질 접촉	뜨거운 물체에 접촉하여 화상, 부식성 물질 등에 접촉하여 피부손상 등
	질식	유해가스 발생, 산소 부족 등에 의한 질식
	기타	전류 접촉에 의한 감전사고, 낙하, 비래, 비산, 붕괴, 사고, 중량물 취급 및 원재료 투입 시 요통 발생, 압박, 진동 등 위 사항 외 기타 원인

2-5-3 K-PSR 수행절차

공정안전성분석의 수행절차는 다음 [그림 2-11]과 같다.

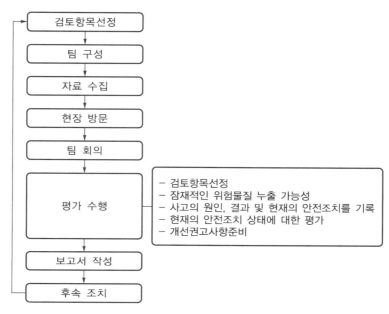

[그림 2-11] K-PSR의 단계별 수행절차

2-5-4 K-PSR 수행내용

앞의 수행절차에 따라 다음과 같은 단계를 통해 공정의 안전성을 평가, 수행해 나간다.

[제1단계] 검토항목 선정

검토항목은 공정의 복잡성 및 팀의 경험에 따라 검토범위가 정해지고 검토항목은 기능상의 구분과 시스템의 복잡성에 따라 구분한다. 가능한 한 공정을 따르며 공정배관계장도(P&ID) 전반을 고려한다. 다음과 같은 경우에는 검토항목을 변경한다.

① 설계목적이 변경될 때

② 공정조건에 중요한 변경이 있을 때

③ 이전 검토항목 다음에 주요기기가 있을 때

검토항목별로 가이드워드에 따라 원인·결과 및 관련된 문제를 도출한다.

다음 [그림 2-12]와 [그림 2-13]은 위험과 운전분석(HAZOP)과 공정안전성분석(K-PSR) 시의 적용구간 선정을 비교한 것이다. K-PSR은 HAZOP에 비해 검토구간이 광범위함을 알 수 있다.

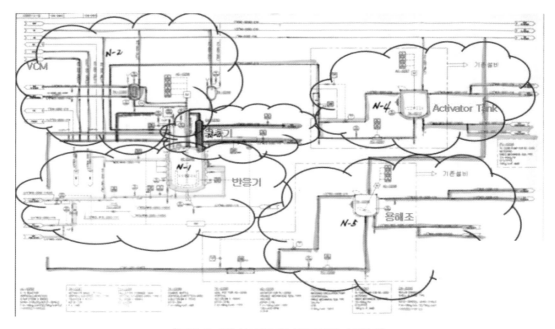

[그림 2-12] HAZOP의 검토구간 선정(예)

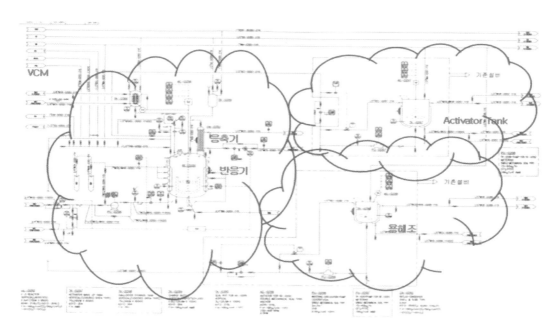

[그림 2-13] K-PSR의 검토구간 선정(예)

[제2단계] 팀 구성

팀 구성은 경험이 풍부한 생산 및 정비 담당자를 반드시 포함하여 리더와 팀원으로 구성한다. 평가항목에 따라 설계목적과 특성을 상세히 논의한 후 가이드워드와 원인 · 결과를 도출한다. 추가적으로 유사설비 사고사례 또한 평가해본다.

[제3단계] 자료수집

평가에 필요한 자료목록은 기존의 위험성평가서(HAZOP 등), 공정안전자료, 안전운전지침(표준안전운전절차, SOP), 비상조치계획 및 기타 필요한 자료를 수집한다.

공정안전자료
공정흐름도(PFD), 공정배관계장도(P&ID), 제어계통 설명서, 방출 및 블로우 다운 보고서, 경보 및 자동운전정지 설정치 목록, 운전 및 수정/변경 사항 이력, 사고 보고서(아차사고 포함)

[제4단계] 현장방문 · 팀 회의

현장 확인을 한 후 팀 회의 때 아래의 항목을 협의하여야 한다.

① 평가목적, 방법 및 관리에 대한 팀 브리핑

② 운전이력, 최초의 설계의도, 기계설비 변경사항, 생산능력

③ 운전 중 취급하는 화학물질 간의 위험성, 사람의 노출, 환경에 대한 영향, 가능한 반응 검토

④ 설계 및 운전상의 특별사항

⑤ 운전, 화학물질, 공정의 중대한 잠재 위험

⑥ 평가범위

⑦ 공정의 지역별, 단계별로 평가항목 선별 방법

[제5단계] 평가수행

위험성평가 진행방법으로는 먼저 검토항목을 선정한 후 잠재적인 위험물질 누출가능성을 확인하고 사고의 원인과 결과를 평가한 후 잠재된 사고가 심각한 위험형태인지를 결정한 후 심각하지 않으면 다음 가이드워드로 계속 진행한다.

다음 〈표 2-24〉의 양식에 원인 · 결과 및 안전조치를 기록한 후 아래 구성된 내용과 적합한지 평가한다.

① 위험물질 누출의 가능성

② 현재의 설계 및 운전기준에 불일치

③ 중요 안전절차의 필요성 또는 사용유무

④ 정량적 위험성평가 등 추가 검토의 필요성

〈표 2-24〉 공정안전성분석(K-PSR) 기법 평가서

1. 공장 또는 공정명 : 　　　　　　　　4. 수행일자 :
2. 팀원 : 　　　　　　　　　　　　　　5. 도면번호 :
3. 검토항목(공정 및 주요설비) :

위험형태	원인 · 결과	관련문제사항	현재안전조치	개선권고사항

현재의 안전조치가 충분하지 않을 경우 개선권고사항을 준비한다. 평가에 의해 도출된 개선권고사항은 조치가 가능하도록 우선순위를 정하고 후속조치 이행팀이 이해할 수 있도록 평가팀이 검토하였던 시나리오, 평가팀에 의해 파악된 발생가능한 결과, 평가팀이 제안한 변경의 요지, 변경대상 또는 권고검토사항을 포함하여 경영진에게 보고하도록 한다.

개선권고사항 작성 시 무슨 조치가 필요한가, 어디에 이 조치가 필요한가, 왜 이 조치가 시행되어야 하는지 등을 고려하여 작성한다.

[제6단계] 평가결과보고서 작성

평가결과보고서에는 공정 및 설비개요, 공정의 위험특성, 검토 범위와 목적, 팀 리더 및 구성원의 인적사항, 검토결과, 우선순위 및 일정 등이 포함된 조치계획으로 구성되어져야 한다.

평가에 의해 사용되었던 모든 자료(평가회의에서 논의된 내용은 작업일자별로 서류화하고, 검토 시 논의된 내용은 기록화 함)는 보관되어야 한다.

[제7단계] 후속조치

평가결과보고서가 발행된 후 1개월 이내에 후속조치 및 이행조치 계획을 수립하도록 한다.

2-5-5 K-PSR 응용사례

[사례 1] 연속식 공정에 대한 K-PSR 기법

1. 공장 또는 공정명 : ○○○공장(연속식)
2. 팀원 : KOSHA ○○○,○○○
3. 검토항목 : XX반응기
4. 수행일자 : 2012.00.00
5. 도면 번호 : 1/4

위험형태	원인·결과	관련문제사항	현재안전조치	개선권고사항
누출	1. 개스킷 노후화 및 조립실수에 의한 개스킷 파열로 유해물질이 방출되어 환경오염 및 인체유해 가능성	1.1. 보수작업 후 작업자 실수로 개스킷 조립 불량 및 명세에 맞지 않는 개스킷 사용 1.2. 플랜지 및 개스킷 명세이력관리 미흡	1. 작업감독자의 적정 개스킷 확인 후 설치	1. 미설치 구간 덮개 설치
	2. 반응저하에 의한 과압으로 압력이 상승하여 화재, 폭발 가능성	2. 없음	2.1. 안전밸브 설치 2.2. 압력조절장치 설치 2.3. 압력경보장치 설치 2.4. 고압경보스위치에 의한 연동장치 작동	2. 없음
	3. 원료주입 펌프 씰 누설로 밴젠이 누출되어 환경오염 및 인체유해 가능성	3. 씰 없는(Non-seal type) 펌프는 안전성이 우수하나, 가격이 고가임	3.1. 가스감지기 설치 3.2. 2시간 간격의 순찰 실시	3. 씰 없는(Non-seal type) 펌프의 설치검토
	4. 운전 시작 시 열적반복에 의한 배관 및 플랜지 변형으로 유해물질이 누출되어 환경오염 및 인체 유해 가능성	4. 없음	4. 표준안전설치 준수	4. 없음
	5. 정비 작업 후 펌프 얼라인먼트 불량에 의한 진동으로 배관 및 플랜지가 파열되어 위험물질 누출 위험성	5. 없음	5. 보수 후 펌프 시험 설치	5. 없음
	6. 부식성 원료에 의한 내부 부식 가능성	6. 없음	6. 특수 재질(Hastelloy-B) 사용	6. 없음

위험형태	원인 · 결과	관련문제사항	현재안전조치	개선권고사항
화재 · 폭발	1. 원료 투입 과정 중 정전기 발생으로 반응기 내부의 가연성 물질이 점화되어 화재 · 폭발 발생 가능성	1. 없음	1.1. 철저한 접지 실시 1.2. 주기적인 접지상태 확인 1.3. 작업자 대전방지복 및 정전화 착용	1. 적정습도 관리 검토
	2. 이상반응에 의한 과압으로 반응기 폭발 가능성	2. 없음	2.1. 온도조절장치 설치 2.2. 고온경보스위치에 의한 연동장치 작동 2.3. 안전밸브 설치 2.4. 압력조절장치 설치 2.5. 압력경보장치 설치 2.6. 고압경보스위치에 의한 연동장치 작동	2. 없음
	3. 펌프 설 불량으로 인한 과열로 화재 · 폭발 가능성	3. 없음	3.1. 소화기 비치 3.2. 소방 설비 설치 3.3. 설 상태 주기적 점검	3. 설 없는(Non-seal type) 펌프의 설치 검토
	4. 회기작업 시 붙티 비산에 의한 화재 · 폭발 가능성	4. 없음	4. 안전작업허가 절차에 의한 작업 실시	4. 안전작업허가 절차를 간단, 명료화(Flowchart 형식 등)하여 효율적인 운영 유도

1. 공장 또는 공정명 : ㅇㅇㅇ공정(연속식)
2. 팀원 : KOSHA ㅇㅇㅇ,ㅇㅇㅇ
3. 검토항목 : XX반응기

4. 수행일자 : 2012.00.00
5. 도면 번호 : 3/4

위험형태	원인·결과	관련문제사항	현재안전조치	개선권고사항
공정 트러블	1. 촉매투입펌프의 고장에 의한 촉매투입 과정 생략으로 반응 저하 가능성	1. 없음	1.1. 유량계 설치 1.2. 안전밸브 설치 1.3. 압력조절장치 설치 1.4. 압력경보장치 설치 1.5. 고압경보스위치에 의한 연동장치 작동	1. 촉매투입펌프의 예방점검 절차
	2. 온도조절장치 고장에 의한 반응온도 유지 실패로 반응 저하 가능성	2. 없음	2.1. 안전밸브 설치 2.2. 압력조절장치 설치 2.3. 압력경보장치 설치 2.4. 고압경보스위치에 의한 연동장치 작동	2. 없음
	3. 원료주입펌프에 의한 냉각 불량으로 온도상승 가능성	3. 없음	3.1. 펌프 트립 알람(Trip alarm) 설치 3.2. 저압 경보제에 의한 예비 펌프 자동작동 3.3. 고압경보스위치에 의한 연동장치 작동	3. 원료주입펌프의 예방점검 절차
	4. 열교환기 튜브 손상에 의한 냉각불량으로 온도상승 가능성	4. 없음	4. 고온경보스위치에 의한 연동장치 작동	4. 없음

1. 공장 또는 공정명 : ㅇㅇㅇ공장(연속식)
2. 팀원 : KOSHA ㅇㅇㅇ,ㅇㅇㅇ
3. 검토항목 : XX반응기
4. 수행일자 : 2012.00.00
5. 도면 번호 : 4/4

위험형태	원인·결과	관련문제사항	현재안전조치	개선권고사항
상해	1. 공정배수로 덮개 미설치 지역에서 실족으로 인한 공정가스 등	1. 일부구간 덮개 미설치	1. 덮개 설치(일부분 미설치)	1. 미설치 구간 덮개 설치
	2. 공정 내 배관 및 돌출부에 충돌 가능성	2. 공정 내 배관 위치 조정이 불가능한 곳 존재	2. 안전모 착용, 교육 실시	2. 일상적 통로로 이용되는 곳에 경고표시 설치 검토
	3. 보수작업 시 중량물 작업에 의한 요통 등 상해 가능성	3. 없음	3.1. 중량물 작업 시 2인 1조 작업 실시 3.2. 장비를 이용한 작업 실시 3.3. 허리보호대 등 안전보호장구 착용	3. 근골격계질환 예방 교육 실시
	4. 작업을 위한 배관 파지 후 호스 해체 시 잔압에 의한 안면 상해 가능성	4. 없음	4. 작업 시 보안경 등 안전보호구 착용	4. 배관벤트 설치 검토
	5. 바닥에 누유 및 제품얼빙으로 인한 전도 가능성	5. 없음	5. 누유 및 결빙 가능 장소 즉시 청소	5. 누유 및 결빙 가능 장소에 기름걸레 등 비치
	6. 스팀트레이싱 부분에 접촉으로 화상 가능성	6. 없음	6. 긴팔 작업복 착용	6. 노출부위 보온 실시
	7. 정비 작업 중 회전기기류에 협착으로 인한 상해 가능성	7. 없음	7. 방호덮개 설치	7.1. 일상점검점검등 강화 7.2. 안전교육 실시

[사례 2] 회분식 공정에 대한 K-PSR 기법

1. 공장 또는 공정명 : ㅇㅇㅇㅇ공정(회분식)
2. 팀원 : KOSHA ㅇㅇㅇ,ㅇㅇㅇ
3. 검토항목 : △△반응기

4. 수행일자 : 2012.00.00
5. 도면 번호 : 1/4

위험형태	원인·결과	관련문제사항	현재안전조치	개선권고사항
반응물질누출(Powder)	1. 원료투입 과정 중 작업자 실수에 의한 (분말)누출에 의한 화재 및 인체상해 가능성	1. 원료가 분말상일 경우 자동화 투입 불가능	1. 분말 소화기 현장비치, 세안·세척시설 설치, 개인보호 장구(내화학성 보호구 등) 착용	1.1. 소화기 추가배치 1.2. 안전작업수칙 보완(누출 시 대체)
반응물질누출(Liquid)	1. 유량계 고장에 의한 원료 물질 과량 투입으로 넘침	1. 반응기 내부온도센서 및 케이지 이상 가능성 존재	1. 온도센서 연 1회 교체	1. 온도계 알람(Alarm) 설치 검토
	2. 원료투입 완료 후 스팀 밸브 조작 실수로 반응집 온도 상승에 의한 화재, 폭발 및 누출(Overflow) 위험성	2. 다량 누출에 대한 확산방지 및 회수방법 검토 필요	2. 온도센서 이중설치	2. 예비온도 센서 비치
	3. 원료투입 완료 후 액체질소 투입부족으로 냉각온도 조절 실패로 폭질 및 수율 저하	3. 없음	3. 케이지 연 2회 자체 검·교정 실시	3. 다량 누출에 대한 물질확산 방지 및 회수방법 검토(방류제, 드레인 등)
	4. 반응기 내부온도 센서 및 케이지 고장으로 폭질 및 수율 저하, 화재, 폭발 및 누출(Overflow) 위험성	4. 없음	4. 케이지 연 2회 자체 검·교정 실시	4. 케이지 검·교정 주기 단축
	5. 벤트밸브 오·조작으로 잔여서 과압에 의한 누출 위험성	5. 없음	5. 압력계 설치(연 2회 자체 검·교정 실시)	5. 작업관련 교육철저
	6. 펌프 진동에 의한 배관 연결부 약화로 인한 물질 누출 위험성	6. 없음	6. 밸로스 점검 절차 및 연결부 플렉시블/방진고무 사용	6. 없음
	7. 부식성 원료에 의한 내부 부식 가능성	7. 없음	7. 스테인리스(STS 304)재질 사용	7. 없음

1. 공장 또는 공정명 : ○○○○공정(회분식)

2. 팀원 : KOSHA ○○○, ○○○

3. 검토항목 : △△반응기

4. 수행일자 : 2012.00.00

5. 도면 번호 : 2/4

위험형태	원인·결과	관련문제사항	현재안전조치	개선권고사항
화재 폭발	1. 원료투입 과정 중 정전기 발생으로 반응기 내부 가연성 물질의 점화에 의한 화재발생 가능성	1. 없음	1.1. 정전기 대전방지용 비닐 사용 1.2. 반응기 내부 질소 퍼지	1. 없음
	2. 반응기 내부 온도 제어 실패 및 작업자 실수로 원료투입 오류에 의한 과압으로 폭발 가능성	2. 없음	2.1. 온도계 점·교정 2.2. 원료투입전 운전기록지 감독자와 작업자 이중 확인 2.3. 안전밸브 설치	2. 작업관련 교육 실시 절차
	3. 반응기 내부 임펠라 용접 작업 중 잔류 인화성 물질에 의한 폭발 가능성	3. 없음	3.1. 안전작업허가에 의한 작업 실시 3.2. 소화기 비치 3.3. 반응기 내부 세척 및 퍼지 실시 후 잔류가스 농도 확인 후 작업 실시 3.4. 작업 실시 중 가스 검지기에 의한 반응기 내부 가스 농도 확인 3.5. 공무실에서 용접 실시	3.1. 세척 및 퍼지 작업절차 3.2. 작업관련 교육 실시 절차

1. 공장 또는 공정명 : ○○○○공정(회분식)

2. 팀원 : KOSHA ○○○, ○○○

3. 검토항목 : XX반응기

4. 수행일자 : 2012.00.00

5. 도면 번호 : 3/4

위험형태	원인 · 결과	관련문제사항	현재안전조치	개선권고사항
공정 트러블	1. 진공펌프 고장으로 인한 압력 조절 실패로 원료투입 중단 시 품질 저하 발생 가능성	1. 정전에 대비한 비상운전대책 수립 필요	1. 유틸리티 유형별 등급에 의한 정기적 예방 점검 실시	1. 비상전원 확보방안 강구
	2. 냉동기, 보일러 이상으로 반 응온도 유지 실패로 인한 품 질 저하 가능성	2. 없음	2. 없음	2. 냉동기 추가 설치 검토
	3. 교반기 이상으로 생산시간 지연에 의한 품질 저하	3. 없음	3. 없음	3. 비상발전기 등 비상전원 확 보수단 검토
	4. 냉각수, 스팀밸브 이물질 (Scale 등)에 의한 막힘으로 생산시간 지연에 따른 품질 저하	4. 없음	4. 없음	4. 배관 막힘 방지조치 검토
	5. 작업순서 미준수에 의한 이 상 반응 및 품질 저하	5. 없음	5. 운전기록상 각 단계별 확인 실시	5. 작업절차 관련 교육 절차

1. 공장 또는 공정명 : ○○○공정(회분식)

2. 팀원 : KOSHA ○○○,○○○

3. 검토항목 : XXX반응기

4. 수행일자 : 2012.00.00

5. 도면 번호 : 4/4

위험형태	원인·결과	관련문제사항	현재안전조치	개선권고사항
상해	1. 바닥에 용매 누출 시 미끄러짐으로 인한 골절 등 상해 가능성	1. 없음	1. 누출 시 흡착포 등에 의한 이한 즉시 제거 실시	1. 누출가능 부위 점검 및 보수
	2. 보행 중 파이프래 등 돌출부에 충돌로 인한 타박상 등 상해 가능성	2. 공정 내 배관위치 변경 불가 지역 존재	2. 파이프래 등 돌출부에 충격 완화장치 및 경고표시 부착	2. 안전교육 실시
	3. 원료투입 시 중량물 작업에 의한 요통 등 상해 가능성	3. 없음	3. 중량물 작업 시 2인 1조로 작업 실시	3. 허리보호대 착용 검토
	4. 작업 시 유해가스 발생에 의한 호흡기 등 질환발생 가능성	4. 없음	4. 국소배기장치 및 공조시설 설치	4. 국소배기장치 용량 검토
	5. 작업 시 화학물질 인체접촉으로 화상 등 피부 상해 가능성	5. 없음	5. 작업 시 보호의 착용	5. 안전교육 실시
	6. 스팀배관 보온 작업 시 화상 가능성	6. 없음	6. 없음	6. 내열장갑 지급 검토
	7. 모터 해체 작업 시 중량물 취급부주의에 의한 협착상 등 상해 가능성	7. 없음	7. 체인블록 사용	7. 체인블록 지지대 보강 검토
	8. 용기내부 입조 작업 시 산소 결핍에 의한 질식사고	8. 타사 사망사고 사례 있음	8.1. 안전작업허가 절차 후 작업 실시, 2인 1조로 작업 실시 8.2. 입조 시 산소농도 측정 후 작업 실시 8.3. 1시간 이상 부재 시 안전 작업 재허가 실시	8.1. 작업 전 안전교육 실시 8.2. 산소농도 측정결과 21% 미만일 경우 안전조치 여부 재확인

[사례 3] K-PSR 기법을 활용한 LNG충전소에 대한 정성적 위험성평가(1)

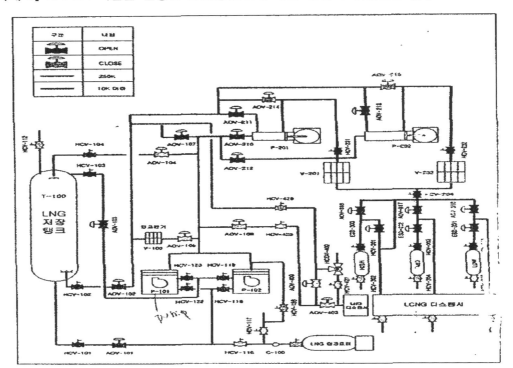

1. Plant : LCNG/LNG 복합충전소
2. Team : ○○대하교 팀
3. Item : T-100

4. Date : 2006.10.
5. Page :
6. Drawing No. :

위험 (Hazard)	원인·결과 (Cause·Consequence)	관련문제사항 (Problem & Concern)	현재안전조치 (Safe guard)	개선권고사항 (Recommendation)
누출	1. LNG 1차 펌프 퍼지포트 결함으로 LNG 누출 후 가스감지기 동작되어 설비 Shut-down		1. 퍼지포트에 Vent line 설치	
	1. 하역작업 중 작업자 실수로 Loading arm 이탈에 의해 LNG 누출		1. 소화기 현장 비치 2. 가스감지기 설치 3. LFL 10% 이상 시 자동으로 Valve closed 및 펌프 기동장치	1. 방류둑 설치 2. 작업자교육 철저 3. Trench 설치
	1. 하역작업 중 진동에 의한 Loading arm 이탈에 의해 LNG 누출		1. 소화기 현장비치 2. 가스감지기 설치 3. LFL 10% 이상 시 자동으로 Valve closed 및 펌프 기동장치	1. 방류둑 설치 2. Trench 설치
화재·폭발	1. 하역작업 중 정전기가 발생되어 화재발생 가능성		1. 접지한 설치 설치 2. 주기적인 접지상태 확인	1. 작업자 안전수칙 숙지 확인
	1. 압력전송기 고장으로 하역 시 과압에 의한 폭발 가능성		1. HCV-148 설치 2. HCV-145 설치	1. 전송기의 주기적인 보수 및 점검 필요
	1. 화기작업 시 불티 비산에 의한 화재 가능성	1. 평소 LNG의 소량 누출	1. 가스감지기 설치 2. 안전작업허가 절차에 의한 작업 실시	1. 안전작업허가가 절차를 간단, 명료화하여 효율적인 운영 유도

위험 (Hazard)	원인 · 결과 (Cause · Consequence)	관련문제사항 (Problem & Concern)	현재안전조치 (Safe guard)	개선권고사항 (Recommendation)
공정 트러블	1. 펌프 고장으로 인한 LNG탱크 압력 저하로 충전효율 저하		1. Stand-by pump 가동	
	1. 압력전송기 고장으로 Set pressure에 도달 못해 충전 압력 부족 가능성	1. 충전압력 부족 시 차량에 충 분한 연료 공급 실패	1. 주기적인 점검 및 보수작업 실시	
	1. LNG 공급중단으로 인한 공정 Shut-down	1. LNG는 재고 없는 상태로 LNG생산기지에서 탱크로 리로 공급	1. PT-101/102 설치 2. TT-101/102 설치	
	1. 탱크배관 및 돌출부에 충돌 가능성	1. 공정 내 배관 위치 조정 불가 능하 곳 존재	1. 안전모 착용, 교육 실시	1. 일상적 통로로 이용되는 곳에 경고 표시 설치 검토
상해 (Injury)	1. 바닥에 거울철 결빙으로 인한 전도가능성		1. 결빙 가능 장소 즉시 청소	1. 결빙 가능 장소에 기름걸레 등 비치
	1. 하역작업 배관 파지 후 Hose 해제 시 잔압에 의한 안면 등 상해 가능성		1. 작업 시 보안경 등 안전보호구 착용 2. Vent valve 확인 후 작업 실시	

[사례 4] K-PSR 기법을 활용한 LNG충전소에 대한 정성적 위험성평가(2)

1. Plant : LCNG/LNG 복합충전소
2. Team : ○○대학교 팀
3. Item : D-301~D303
4. Date : 2006.10.
5. Page :
6. Drawing No. :

위험(Hazard)	원인·결과(Cause·Consequence)	관련문제사항(Problem & Concern)	현재안전조치(Safe guard)	개선권고사항(Recommendation)
누출	1. 설비 가동 중 2차 정보기 고장으로 AOV-215 Full-close 안 됨	1. 정보기 확인 및 점검 미흡	1. 가스감지기 설치 2. 안전밸브 설치	1. 주기적인 확인 및 검사 필요
	1. AOV 213 Stem부 글랜드 너트 이완, 패킹 마모 2. AOV 215 Stem부 글랜드 너트 이완, 패킹 마모	1. 정기점검 시 검사 니트의 조립 볼트량 및 패킹 검사 미흡 2. 글랜드 니트 및 패킹 사양의 이력관리 미흡	1. 가스감지기 설치 2. 안전밸브 설치 3. 수분침투 방지용 도포 비치	1. 점검주기 단축
	1. 개스킷 손상으로 LNG 2차 펌프 인입라인 LNG 누설	1. 보수작업 후 작업자 실수로 개스킷 조립볼량 및 사양에 맞지 않는 개스킷 사용 2. 플랜지 및 개스킷 사양의 이력관리 미흡	1. 작업감독자 개스킷 확인 후 설치(작업 시 펌프기동 정지)	1. 플랜지 및 개스킷 등급 관리 실시
화재·폭발	1. 압력전송기 고장으로 이상 과압에 의한 폭발 가능성		1. HCV-231 설치 2. HCV-232 설치	1. 전송기 주기적인 보수 및 점검 필요
	1. 화기작업 시 불티 비산에 의한 화재 가능성	1. 평소 LNG의 소량 누출	1. 가스감지기 설치 2. 안전작업허가 절차에 의한 작업 실시	1. 안전작업허가 절차를 간단, 명료화하여 효율적인 운영 유도

위험 (Hazard)	원인 · 결과 (Cause · Consequence)	관련문제사항 (Problem & Concern)	현재안전조치 (Safe guard)	개선권고사항 (Recommendation)
공정 트러블	1. P-201 고장으로 Set pressure 에 도달하지 못해 충전압 부족 가능성		1. Stand-by pump 가동	
	1. 압력전송기 고장으로 Set pressure에 도달 못해 충전 압력 부족 가능성	1. 충전압력 부족 시 차량에 충 분한 연료 공급 실패	1. 주기적인 점검 및 보수작업 실시	
	1. 공정배수로 덮개 미설치 지역 에서 실족으로 인한 끼임 가 능성	1. 공정 내 배관위치 조정 불가 능한 곳 존재	1. 덮개 설치(일부분 미설치)	1. 미설치 구간 덮개 설치
상해	1. 배관 및 돌출부에 충돌 가능성	1. 공정 내 배관위치 조정 불가 능한 곳 존재	1. 안전모 착용, 교육 실시	1. 일상적 통로로 이용되는 곳에 경고표지 설치 검토
	1. 바닥에 채움철 설비으로 인한 전도 가능성		1. 결빙 가능 장소 즉시 청소	1. 결빙 가능 장소에 기름걸레 등 비치

[사례 5] K-PSR 기법을 활용한 LNG충전소에 대한 정성적 위험성평가(3)

1. Plant : LCNG/LNG 복합충전소
2. Team : ○○대학교 팀
3. Item : D-301~D303

4. Date : 2006.10.
5. Page :
6. Drawing No. :

위험 (Hazard)	원인·결과 (Cause·Consequence)	관련문제사항 (Problem & Concern)	현재안전조치 (Safe guard)	개선권고사항 (Recommendation)
누출	1. 설비 가동 중 2차 펌프 정보기 교장으로 AOV-316/317/318 Full-close 안 됨	1. 정보기 확인 및 점검 미흡	1. 가스감지기 설치 2. 안전밸브 설치	1. 주기적인 확인 및 검사 필요
	1. AOV 316 Stem부 글랜드 너트 이완, 패킹 마모 2. AOV 317 Stem부 글랜드 너트 이완, 패킹 마모 3. AOV 318 Stem부 글랜드 너트 이완, 패킹 마모	1. 정기점검 시 검사 너트의 조립 불량 및 검사 미흡 2. 글랜드 너트 및 패킹 사양의 이력관리 미흡	1. 가스감지기 설치 2. 안전밸브 설치 3. 수분침투 방지용 도포 비치	1. 점검주기 단축
	1. 개스킷 손상으로 CNG탱크 2차 펌프 인입라인 LNG 누설	1. 보수작업 후 작업자 실수로 개스킷 조립불량 및 사양에 맞지 않는 개스킷 사용 2. 플랜지 및 개스킷 사양의 이력관리 미흡	1. 작업감독자 개스킷 확인 후 설치 실시	1. 플랜지 및 개스킷 등급 관리 실시
화재·폭발	1. 압력 전송기 교장으로 이상 과압에 의한 폭발 가능성		1. HCV-231 설치 2. HCV-232 설치	1. 전송기의 주기적인 보수 및 점검 필요
	1. 화기작업 시 불티 비산에 의한 화재 가능성	1. 평소 LNG의 소량누출	1. 가스감지기 설치 2. 안전작업허가 절차에 의한 작업 실시	1. 안전작업허가 절차를 간단, 명료화하여 효율적인 운영 유도

위험 (Hazard)	원인 · 결과 (Cause · Consequence)	관련문제사항 (Problem & Concern)	현재안전조치 (Safe guard)	개선권고사항 (Recommendation)
공정 트러블	1. 압력 전송기 고장으로 Set pressure로 도달 못해 충전 압력 부족 가능성	1. 충전압력 부족 시 저량에 중 분한 인료공급 실패	1. 주기적인 점검 및 보수작업 설시	
	1. D-301 배관 및 튜블부에 충돌 가능성	1. 공정 내 배관위치 조정 불가 능한 곳 존재	1. 안전모 착용, 교육 실시	1. 일상적 통로로 이용되는 곳에 경고 표시 설치 검토
상해	1. 바닥에 거울철 결빙으로 인한 전도 가능성		1. 결빙 가능 장소 즉시 청소	1. 결빙 가능 장소에 기름걸레 등 비치
	1. CNG 충전작업 후 디스펜서 해제 시 잔압에 의한 상해 가 능성		1. 충전작업 시 보안경 등 안전보호구 착용	

2-6 체크리스트(Checklist) 기법

2-6-1 Checklist의 개요

체크리스트(Checklist) 기법은 사업장 내에 존재하는 위험에 대하여 정성적으로 위험성을 평가하는 방법의 하나로 공정 및 설비의 오류, 결함상태, 위험상황 등을 목록화한 형태로 작성하여 경험적으로 비교함으로써 위험성을 파악하는 방법이다.

이 기법의 특징은 관련전문가들이 법, 규격, 기준, 제조자 요구사항, 운전경험 등을 참조하여 사전에 점검, 확인할 사항과 기준을 토대로 짧은 시간에 목록화한 형태로 작성하여 운전자, 점검자, 평가자 등이 현장에서 체계적으로 비교함으로써 위험성을 파악하는 방법으로, 관련 전문가들이 안전점검을 실시할 때 점검자에 의해 점검개소의 누락이 없도록 활용하는 안전점검기준표라고도 할 수 있다.

체크리스트 기법은 다른 기법에 비해 쉽게 접근이 가능하며 미숙련자 또한 수행이 가능하다. 또한 위험요인의 유무와 사고형태의 결과를 빠르게 도출할 수 있다. 하지만 적용분야가 넓어 위험요인 도출에는 제한적이며 작성자의 경험에 의한 의존도가 클 수밖에 없다. 체크리스트 양식에 따라 위험성평가가 최소수준이 될 수 있으며 누락 및 형식적으로 수행하는 우려가 발생할 수 있는 단점이 있다.

체크리스트를 적용하는 시기는 설계, 시운전, 운전 중, 가동정지 시 활용되며 주 대상은 설계, 운전, 작업행위, 관리적 요인 등이다. 방법은 미리 준비된 체크리스트를 활용하거나 직접 팀을 구성하여 체크리스트를 작성한 후 평가하는 방법이 있다.

2-6-2 Checklist 수행절차

체크리스트의 수행절차는 다음 [그림 2-14]와 같다.

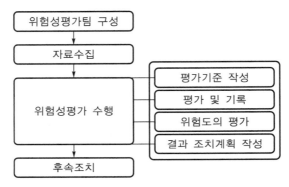

[그림 2-14] 체크리스트 수행절차

2-6-3 Checklist 수행내용

체크리스트 기법의 단계별 수행내용은 다음과 같다.

[제1단계] 위험성평가 팀 구성

체크리스트 기법을 활용하여 위험성평가를 수행할 팀의 구성은 해당 공정 및 설비에 경험이 많은 전문가들로 아래와 같이 구성한다.

① 팀 리더
② 운전기술자
③ 설계기술자
④ 검사 및 정비 기술자
⑤ 비상계획 및 안전관리자

[제2단계] 자료수집

체크리스트 작성에 필요한 서류를 다음과 같이 준비한다.

① 사업의 개요 및 공정설명

② 작업공정도(공정흐름도면, 공정배관ㆍ계장도면 등)

③ 물질안전보건자료(MSDS)

④ 기계장치 및 설비목록과 기계, 배관 및 안전장치 사양

⑤ 공장배치도(기계설비 배치도면 및 폭발위험장소 구분도 등)

⑥ 전기 단선도

⑦ 건축물 각 층의 평면도

⑧ 운전 절차서

⑨ 검사 및 정비 절차서

⑩ 기타 비상 시 조치계획 및 체크리스트 작성에 필요한 서류

[제3단계] 위험성평가

(1) 평가기준 작성

팀 리더는 위험성평가 체크리스트 공정 및 설비개요 예시를 참고하여 위험성평가를 수행하려는 공정 및 설비개요를 팀 구성원들에게 충분히 설명하고 위험성평가 결과 기록지의 평가기준에 따라 작성하도록 한다. 다음은 위험성평가 체크리스트의 예이다.

〈표 2-25〉 위험성평가 체크리스트 예

번 호	평가 항목	평가 대상	비 고
1	위험물 취급 및 관리	저장탱크, 이송펌프, 이송배관, 배기시설 등	• 액상위험물 : 지하 저장탱크에 저장하여 필요시 이송펌프로 각 공정에 배관으로 이송하여 사용
		지게차, 컨베이어 등	• 고상류 : 포대로 지정된 창고에 보관하고 필요시 운반기구로 각 공정에 운반하여 사용
2	공장배치	오ㆍ폐수 배수로, 벙커유 저장소 등	각 공장별 배치 및 위험물저장소 배치
3	건물 및 구축물	공장건물, 배관 지지대	각 공장건물 및 옥외 철구조물
4	공정전반	폐수시설, 위험물시설	접착제 공장의 일반사항
5	화학장치 일반	유틸리티	접착제 공장의 위험과 운전분석(HAZOP) 기법 외의 일반사항
6	저장설비	배기시설, 통기설비 등	위험물 저장시설의 부속설비
7	반응설비	반응기	접착제 공장의 반응기
8	압력용기	용기, 저장조	용기 및 각 탱크류

번 호	평가 항목	평가 대상	비 고
9	보일러설비	보일러, 집진기, 연료저장조	스팀보일러(접착제 공장의 원료탱크 및 반응기 등의 가열, 공장동 난방시설)
10	이송설비	압축기, 펌프, 송풍기	각 공정으로 이송하기 위한 압축기, 펌프류
11	배관	파이프, 밸브	유틸리티 이송배관 및 유기용제 이송배관
12	계장설비	컨트롤 판넬, 압력계, 유량계	각 공정설비의 계장설비
13	안전장치	안전밸브, 파열판	반응기 및 보일러 등에 설치된 압력방출장치
14	전기설비	변압기, 고압이나 저압 판넬	변전실의 변압기 및 각종 판넬
15	소화설비	소방 펌프실, 폼탱크, 주펌프, 소화전	접착제 공장의 소화설비
16	가스감지기	보일러 가스버너	보일러 버너의 예열
17	운전절차 및 교육	작업운전지침서	작업에 대한 일반사항
18	정비절차	장비이력카드	각 공정의 화학설비
19	안전관리	안전관리규정	화학공장의 안전관리일반

① 공정의 흐름을 따라서 검토구간(Node)을 설정한다.

② 각 검토구간별 해당 검토구간에 속한 장치 및 설비, 동력기계, 배관, 계기, 전기설비 등에 대한 평가기준을 작성하는 것을 원칙으로 하고 공통사항은 별도로 작성할 수 있다.

③ 원료, 중간제품, 최종제품, 첨가제 등 모든 화학물질은 종류별로 각각 작성한다.

④ 검토구간으로 구분할 수 없는 공장배치, 운전절차, 검사 및 정비, 안전관리 등은 하나 또는 수개의 항목으로 묶어서 일반사항으로 분리 작성한다.

⑤ ①에서 ④까지의 평가기준은 각 사업장별로 대상 공정, 설비 및 장치의 특성에 따라 필요한 내용을 변경, 보완 또는 추가하여 빠짐없이 작성하도록 한다.

다음은 위험성평가 결과 기록 양식이다.

〈표 2-26〉 위험성평가 결과 기록 양식

1. 검토구간 :   3. 작성일자 :
2. 평가항목 :   4. 평가검토일자 :

번호	평가기준	평가결과		위험도	개선번호	개선 권고사항
		적정	보완			

(2) 체크리스트의 평가 및 기록

팀 리더는 팀 구성원들과 함께 각 평가기준에 따른 현재의 안전조치 적정여부를 검토한 후 평가결과를 적정 또는 보완으로 분류 표기하고 위험도 칸에는 예상되는 발생빈도와 강도를 조합한 위험도를 작성한다. 개선번호는 개선조치 우선순위를 기록하고 보완이 필요한 경우 개선권고사항에 따로 기재한다.

(3) 위험도의 평가

사고의 발생빈도와 유해·위험물질의 누출량, 인명 및 재산 피해, 가동정지 기간 등의 강도를 조합하여 1에서 5까지 위험도를 구분한다. 다음은 위험도 구분 매트릭스의 예이다.

〈표 2-27〉 위험도 구분 예시

강도 ＼ 발생빈도	3(상)	2(중)	1(하)
4(치명적)	5	5	3
3(중대함)	4	4	2
2(보통)	3	2	1
1(경미)	2	1	1

위험도 기준은 사업장의 실정에 맞게 정하되 발생빈도는 현재 안전조치를 고려하고, 강도는 현재 안전조치를 고려하지 않고 결정해야 한다. 〈표 2-28〉, 〈표 2-29〉는 발생빈도와 강도를 구분하는 예이다.

〈표 2-28〉 발생빈도의 구분 예시

발생빈도	내 용
3(상)	설비 수명기간에 공정사고가 1회 이상 발생
2(중)	설비 수명기간에 공정사고가 발생할 가능성이 있음
1(하)	설비 수명기간에 공정사고가 발생할 가능성이 희박함

〈표 2-29〉 강도의 구분 예시

강 도	내 용
4(치명적)	사망, 부상 2명 이상, 재산손실 10억원 이상, 설비 운전정지 기간 10일 이상
3(중대함)	부상 1명, 재산손실 1억원 이상 10억원 미만, 설비 운전정지 기간 1일 이상 10일 미만
2(보통)	부상자 없음, 재산손실 1억원 미만, 설비 운전정지 기간 1일 미만
1(경미)	안전설계, 운전성 향상을 위한 개선 필요, 손실일수 없음

다음 〈표 2-30〉은 위험도 기준과 평가의 예이다.

〈표 2-30〉 위험도 기준과 평가(예)

	위험도	위험관리기준	비 고
5	허용불가 위험	즉시 작업중단(작업을 지속하려면 즉시 개선을 실행해야 하는 위험)	위험작업 불허(즉시 작업을 중지하여야 함)
4	중대한 위험	긴급 임시안전대책을 세운 후 작업을 하되, 계획된 정비·보수 기간에 안전대책을 세워야 하는 위험	조건부 위험작업 수용(급박한 위험이 없으면 작업을 계속하되, 위험감소 활동을 실시하여야 함)
3	상당한 위험	계획된 정비·보수 기간에 안전대책을 세워야 하는 위험	
2	경미한 위험	안전정보 및 주기적 표준작업 안전교육의 제공이 필요한 위험	위험작업 수용(현 상태로 작업계속 가능)
1	무시할 수 있는 위험	현재의 안전대책 유지	

(4) 위험성평가 결과 조치계획 작성

위험성평가에서 제시된 위험도 및 개선권고사항을 고려하여 조치계획을 수립하고 조치계획이 없다고 판단이 되는 경우 비고란에 조치계획이 필요 없는 이유를 기재한다. 개선권고사항에 대한 후속조치가 필요한 경우 우선순위를 정하여 조치하도록 한다.

2-6-4 Checklist 응용사례

[사례 1] 정압기실 체크리스트 분석법

순 번	대 상	평가항목	위험등급	평가결과 적정	평가결과 보완	현재안전조치	개선권고사항	비 고
1	작업준비	필요공구 및 자재준비는 되었는가?	1	○		없음		
2	입실	실내가스 누설 유무확인 및 산소농도 확인 후 입실하였는가?	2	○		가스감지기 설치		
		누설 및 산소농도 부족 발생 시 충분히 환기시킨 후 입실하였는가?	1	○		옥외 설치함		
3	압력계 점검	점검 시 입·출구 압력상태를 확인할 수 있는가?	1	○		확인함		
4	기록지 점검 및 교체	기록지의 압력상태를 점검할 수 있는가?	1	○		점검함		
		정압기 출구에는 가스의 압력을 측정, 기록할 수 있는 장치가 설치되어 있는가?	1	○		압력기록계 설치함		

순번	대상	평가항목	위험등급	평가결과 적정	평가결과 보완	현재 안전조치	개선 권고사항	비고
5	필터 (Filter) 차압 점검 및 부품 (Element) 청소 혹은 교체	차압계를 점검할 수 있는 구조인가?	1	○		점검할 수 있음		중부 도시가스의 공급자 의무규정
		필터(Filter)의 전, 후단 볼밸브(Ball valve)를 차단할 수 있는가?	1	○		차단할 수 있음		
		드레인 밸브(Drain valve)로 용기 내의 가스가 모두 방출할 수 있는 구조인가?	1	○		대기방출		
		Blind flange의 볼트, 너트를 해체하였는가?	1	○		체결함		
		부품(Element) 해체 후 용기(Vessel) 내부를 청소하는가?	1	○		청소함		
		D.P.GAUGE 내부 및 연결배관이 막혔을 경우 분해 청소하는가?	1	○		분해 청소함		
		소리 등에 의해 정상여부를 확인하는가?	1	○		확인함		
		정압기는 설치 후 2년에 1회 이상 분해점검을 실시하고, 1주일에 1회 이상 작동상황을 점검하였는가?	1	○		점검함		
6	본체 각부의 작동상태 점검	본체 각부의 작동상태를 확인하고 이상상태 발생 시 원인 파악 후 조치의 완급을 결정하는가?	1	○		결정함		
7	작동상태 불량판단 시	즉시 조치 가능 경우 조정시행할 수 있는가?	1	○		가스안전 관리자		
		긴급사항이나 즉시 조치 가능하지 않으면 지원요청 후 가능한 빨리 조치를 취할 수 있는가?	1	○		가스안전 관리자 중부 도시가스		
		긴급사항은 아니나 점검이 요구되면 분해점검 일정수립 후 조치하는가?	1	○		실시함		
8	Relief valve 누설점검	Relief valve 후단 Valve를 잠그고 그 사이에 설치된 Vent valve를 열어 누설유무를 점검하는가?	1	○		점검함		
		누설 시 재 Setting 및 분해점검이 가능한가?	1	○		가능함		
		모든 Valve는 개폐상태에서 개폐작동방향을 표시하도록 되어 있는가?	1	○		되어있음		
		안전밸브 전단 Block valve 개폐 확인하였는가?	3		○	-	PSV 전후단 V/V C.S.O. 처리 REG-03후단 V/V C.S.O. 처리	
9	그리스 주입	Fisher 1098EGR과 같은 System에 그리스를 주입하는 Regulator는 3~6개월 주기로 실리콘 그리스를 주입하는가?	1	○		주입함		
10	기타부위의 점검	누설유무를 점검하는가?	1	○		점검함		
		이상음, 진동유무를 확인하는가?	2	○		확인함		
		도색상태를 점검하는가?	1	○		점검함		
		모든 Valve의 정상위치를 확인하는가?	1	○		확인함		
11	퇴실	자물쇠를 확인하는가?	2	○		확인함		

순번	대상	평가항목	위험등급	평가결과		현재 안전조치	개선 권고사항	비고
				적정	보완			
12	주위점검	실외 Box류 점검 및 기타 철조망 등을 확인하였는가?	1	○		정압기 Box		
		입구 및 출구에는 가스차단장치가 설치되어 있는가?	1	○		ESV설치		
13	가스차단 장치	정압기 출구 배관에는 가스 압력이 비정상적으로 상승한 경우 안전관리자가 상주하는 곳에 이를 통보할 수 있는 경보장치가 설치되어 있는가?	1	○		설치됨		
		가스 중 수분의 동결에 의하여 정압 기능을 저해할 우려가 있는 정압기에 동결방지 조치를 하였는가?	1	○		도시가스 공급의무규정		
14	불순물 제거	정압기 입구에는 수분 및 불순물 제거장치가 설치되어 있는가?	1	○		스트레이너 설치		
15	통풍설치	정압기실 통풍은 잘 되는가? 잘 되지 않는 경우 통풍시설이 갖추어져 있는가?(공기보다 무거운 도시가스의 경우 강제 통풍시설을 갖출 것)	1	○		옥외설치됨		
16	전기설비	정압기실에 설치되어 있는 전기설비는 방폭구조인가?	1	○		내압방폭구 조임		
17	예비 정압기	정압기의 분해점검 및 고장에 대비하여 예비 정압기가 설치되어 있는가?	–	–		해당사항 없음		
		정압기실은 철근 콘크리트 등 불연재료를 사용하여 설치하였는가? 또한 내부에는 조작을 하는 데 필요한 공간이 확보되어 있는가?	–	–		해당사항 없음		
		가스공급시설 외의 시설물을 설치하지는 않았는가?	–	–		해당사항 없음		
18	출입제한	정압기실에는 전용 개폐 기구를 사용하여 개폐하는 구조 또는 충분한 강도를 갖는 구조의 자물쇠 채움 등이 설치되어 있는가?	–	–		해당사항 없음		
19	안전	정압기 전체를 차단하기 위한 차단밸브는 정압기실 밖에 설치되어 있는가?	1	○		설치됨		
		시설물을 원격 감시 및 제어를 할 수 있도록 되어 있는가?	2	○		운전자순찰		
		출구압력의 이상상승에 대비한 안전장치가 갖추어져 있는가?	1	○		PSV설치		
		긴급 시 사용할 수 있도록 전화번호를 포함한 참고사항을 기재·게시되어 있는가?	2	○		게시되어 있음		
		긴급 시 가스안전 방출통로가 설치되어 있는가?	1	○		옥외설치		

순 번	대 상	평가항목	위험 등급	평가결과		현재 안전조치	개선 권고사항	비 고
				적정	보완			
19	안전	차단벽은 가스의 기밀성이 확보되어 있는가?	−	−		해당사항 없음		
		지붕은 폭발안전기능으로 폭발 시 벽이 손상되지 않고 떨어져 나가야 하므로 가벼운 재료가 사용되었는가?	1	○		가벼운 재료임		
20	운전 및 유지관리	진단점검, 성능시험을 포함한 모든 작업내용을 시행일자별로 보고서와 같이 보관하고 도표화해 두었는가?	1	○		실시함		
		가동압력이 2~7kg/cm^{2}인 정압장치에 대하여 주요 부속품을 표시한 Flow sheet 설계자료, 설치시험 기록 등을 현장에 비치하였는가?	−	−		해당사항 없음		
		비상시의 절차 및 운전교본을 준비하여 운전 및 유지관리요원에게 잘 숙지시켜 확실하고 효과적인 비상조치를 할 수 있도록 하였는가?	1	○		담당자 지정 운영		
		3~6개월마다 기능시험(Stand−by 상태로 있는 정압기가 제대로 작동하는지를 확인하기 위함)을 행하고 있는가?	−	○		도시가스 규정		
		정압기의 계획작업 및 정기작업 등은 반드시 중앙 통제소(상황실)의 통제를 받도록 체계화되어 있는가?	1	○		체계화됨		
		정기점검, 계획된 유지관리 작업을 하는 동안의 작업내용은 자세히 문서화하여 후일 지침서를 만들 때 활용하고 있는가?	1	○				
		작업허가제도를 도입, 활용함으로써 모든 작업이 체계적으로 이루어지고 있는가?	1	○				
21	안전훈련	가스검지기, 송기식 마스크, 소화장비와 같은 특수기구의 취급방법에 대하여 유지관리요원에게 정기적으로 교육시키고 있는가?	1	○				
		가동시작과 중단절차는 미리 교본으로 만들어 유지관리요원들에게 각 종류별로 교육을 시행하고 있는가?	1	○				
		정압기의 취급기준서는 최소한의 설계기준과 압력조정장치의 유지관리에 대하여 규정하고 책임자에 의해 관리·유지되고 있는가?	1	○				

[사례 2] 보일러실 소화설비 체크리스트 분석법

검토구간 : 보일러실 소화설비 　　　　　　　　　장치명 : 보일러실 소화설비

설계의도 : 보일러실 소화설비 적정배치 및 유지관리

검토일자 : 　　　　　　　　　　도면번호 : 　　　　　　　　　페이지 : 1/1

체크리스트 점검항목	현재안전조치	위험등급	평가결과		개선권고사항	비 고
			적 정	보 완		
소화설비 기능 및 배치는 적절한가?	Sprinkler 설치, 소화기 15개 비치	2	○			
소화설비 등은 주기적인 점검, 정비를 실시하고 있는가?	협력업체가 월간, 분기 점검 실시	2	○			
소화용수 펌프용량은 충분한가?	용량 500m³/hr×3대 설치	1	○			
소화용수 펌프압력은 충분한가?	현장공급압력 7.0bar	1	○			
소화설비에 비상전원을 공급하는가?	엔진소방펌프 2대, 화재중계기는 Ni-Cd 전지 설치	2	○			
화재특성에 맞는 소화기를 비치하였는가?	CO_2 소화기비치	1	○			
소화용수 배관은 동파방지 대책이 되어 있는가?	지하배관 및 지상 배관은 보온	1	○			
자동화재경보장치는 정상 작동되는가?	회로점검 실시	2	○			
내화설비는 적절히 설치되어 있는가?	주요 구조물은 철근 콘크리트로 설치	2	○			
비상시 인근 사업장과 통신수단은 구비되어 있는가?	현장에 조정실, 지역주민과 통화가능한 전화기 설치	1	○			
자위소방대는 구성되었는가?	주간, 야간 자위소방대 편성	1	○			

[사례 3] 보일러실 가스누출경보기 체크리스트 분석법

검토구간 : 보일러실 가스누출감지경보기   장치명 : 보일러실 소화설비

설계의도 : 보일러실 가스누출감지경보기 적정배치 및 유지관리

검토일자 :   도면번호 :   페이지 : 1/1

체크리스트 점검항목	현재안전조치	위험등급	평가결과		개선권고사항	비 고
			적 정	보 완		
가스누출감지경보기 형식은 적정한가?	인화성가스 누출감지경보기	1	○			
가스누출감지경보기 설치장소는 적정한가?	인화성가스누출감지경보기 4개소 설치	1	○			
가스검지기의 변경 또는 추가가 필요한가?	필요 없음	1	○			
조정실에 경보작동설비는 설치되어 있는가?	조정실에 수신반 설치	2	○			
가스누출감지경보기에 비상전원을 공급하는가?	Ni-Cd 전지 설치	1	○			
경보설정치는 적정한가?	1차 LEL 20% 2차 LEL 25% 설정	2	○			
긴급차단밸브와 연동되어있는가?	LEL 25%에서 차단토록 연동	2	○			
경보기는 주기적으로 점검하는가?	매월 1회 회로 점검	2	○			
경보기는 주기적으로 교정하고 기록하고 있는가?	1년마다 자체교정/기록유지	3		○	교정기간 단축, 관리 (2회/년)	
검·교정키트, 표준가스는 보유하고 있는가?	LEL 51.2% 표준가스 보유	1	○			
운전자가 경보기 작동 시 안전작업 수칙을 숙지하고 있는가?	안전운전지침서에 반영/숙지	1	○			

2-7 사고예상질문분석(What-if) 기법

2-7-1 What-if의 개요

사고예상질문분석(What-if) 기법은 공장전반에 대하여 적용할 수 있으며, 주로 공정 및 설비의 이상과 공정의 변화 시에 적용한다. What-if 분석은 원치 않는 사건을 'What-if'로 시작되는 질문으로 공정에 잠재하는 위험성을 확인하여 그 위험과 결과 및 위험을 줄이는 방법을 도출해 내는 기법이다. 사고예상질문에는 장치의 고장, 공정조건의 이상, 제어계통의 고장, 시운전·가동정지 시의 운전절차로부터의 이탈 등이 있다.

What-if 분석은 구체적으로 정해져 있지는 않으나 사용자가 상황에 따라 기본개념을 수정해 가면서 수행할 수 있어 운용의 탄력성이 있다. 이 분석의 수행전제조건은 공정의 전반적인 이해이다. 따라서 해당공정 및 설비에 경험이 있는 전문가가 분석팀에 필요하다.

What-if 분석의 결과는 목록의 형태로 나타나며 사고예상질문, 사고의 결과, 위험등급, 개선권고사항과 조치계획 등은 반드시 포함하여야 한다.

정성적 평가방법이나 경우에 따라 정량적으로 나타낼 수도 있다. What-if 분석의 결과는 작성자가 숙련되어 있으면 이 분석을 통해 좋은 결과를 얻을 수 있다. 하지만 조직적 접근방법(HAZOP 분석, FMEA 분석)처럼 자세하고 체계적이지는 않다. 따라서 What-if 기법으로 대상 공정의 위험성을 완전히 평가할 수 없는 경우에는 체크리스트 기법으로 보완하여야 한다.

2-7-2 What-if 수행절차

What-if 기법의 수행절차는 다음 [그림 2-15]와 같다.

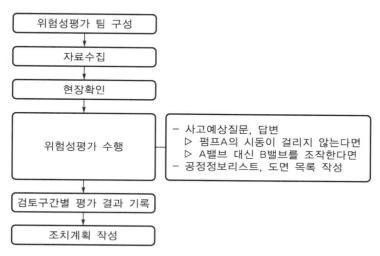

[그림 2-15] What-if 분석의 수행절차도

2-7-3 What-if 수행방법

다음과 같이 단계별로 나누어 수행할 수 있다.

[제1단계] 평가팀 구성

평가팀은 팀 리더와 2~3명의 해당 공정에 경험이 많은 분야별 전문가로 구성한다.

① 팀 리더

② 공정운전기술자

③ 공정설계기술자

④ 검사 및 정비 기술자

⑤ 비상계획 및 안전관리자

[제2단계] 자료수집

    ① 공정설명서(화학반응특성을 포함한다)

    ② 제조공정도면(공정흐름도면, 공정배관·계장도면 등)

    ③ 운전 및 정비 절차서(검사, 예방점검 및 보수절차를 포함)

    ④ 물질안전보건자료(유해·위험물질의 저장 및 취급량 명세 포함)

    ⑤ 공장배치도(기계설비 배치도면 및 폭발위험장소 구분도 등)

    ⑥ 비상조치계획

    ⑦ 운전 절차서 및 운전자의 책무

    ⑧ 기타 사고예방질문분석(What-if) 작성에 필요한 자료

[제3단계] 평가수행

대상공정에 대한 서류검토와 현장 확인 후 평가팀이 모여 사고 예상 질문과 답변을 통해 평가를 실시한다.

각각의 결정변수들의 변화에 따른 성과변수들의 변화를 팀원들 간의 협의를 통해 다음 [그림 2-16]과 같이 정해나간다.

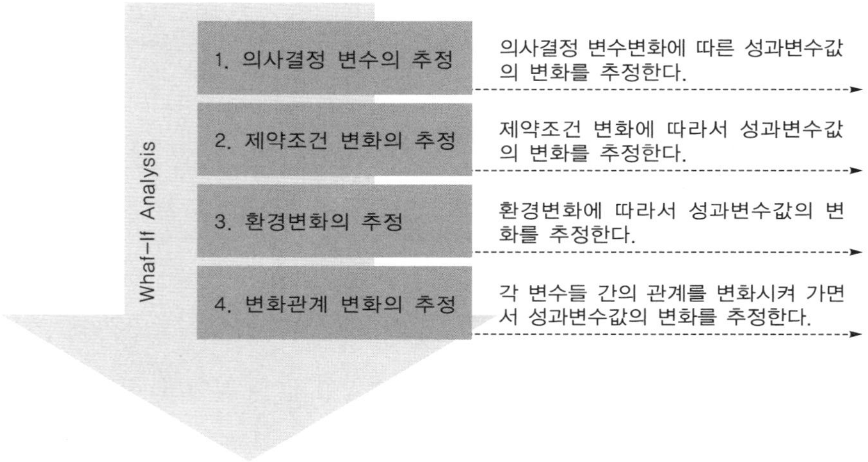

What-If Analysis		
1. 의사결정 변수의 추정	의사결정 변수변화에 따른 성과변수값의 변화를 추정한다.	
2. 제약조건 변화의 추정	제약조건 변화에 따라서 성과변수값의 변화를 추정한다.	
3. 환경변화의 추정	환경변화에 따라서 성과변수값의 변화를 추정한다.	
4. 변화관계 변화의 추정	각 변수들 간의 관계를 변화시켜 가면서 성과변수값의 변화를 추정한다.	

[그림 2-16] 결정변수에 따른 성과변수값의 변화추정절차

예로서 전자제품 생산회사의 최근 판매량 증가에 따른 생산시설 확대 검토단계에서 대안으로 현 공장을 증설할 것인지, 새로운 공장을 건설할 것인지 경제성 분석을 한 결과, 두 대안 모두 타당성을 가지고 있는 것으로 판명, 이들 대안 중 하나를 선택하기 위해서 What-if 분석을 활용할 수 있다.

1. 의사결정 변수의 변화	• 2교대 라인을 투입하면 어떻게 될까? • 생산시설 및 생산프로세스를 변화시키면 어떻게 될까?
2. 제약조건 변화의 추정	• 투자예산이 줄어들면 어떻게 될까? • 인건비가 증가하면 어떻게 될까?
3. 환경변화의 추정	• 현재 가정하고 있는 수요가 감소하면 어떻게 될까? • 수요가 증가하면 어떻게 될까?
4. 변화관계 변화의 추정	• 원가구조가 변화하면 어떻게 될까? • 생산수율이 변화하면 어떻게 될까?

앞의 결정변수와 성과변수를 다음 〈표 2-31〉에 입력한다.

〈표 2-31〉 What-if 분석기법 양식

프로젝트 :   시행일 :
제품명칭 :   참가자 :

What-if	결 과	위험요소	안전장치	권장사항	비 고

What-if 분석기법은 이와 같이 분석팀의 위험성에 대한 예상질문과 답변을 통해 위험성을 평가하는 방법이다.

절차는 다음과 같다.

① 평가팀은 다음 〈표 2-32〉에 공정정보리스트를 입력한다.

〈표 2-32〉 공정정보리스트

PAGE :

공정번호	단위공정	특 성

② 평가팀은 검토구간별로 평가를 수행한 후 도면목록을 〈표 2-33〉의 양식에 입력한다.

〈표 2-33〉 도면목록

공정 :   PAGE :

도면번호	도면이름

③ 평가팀은 검토구간별로 평가를 수행한 후 그 결과를 〈표 2-34〉양식에 입력한다.

〈표 2-34〉 검토구간별 평가

공정 :   검토일 :

도면 :   PAGE :

구간 :

번 호	사고예상질문	사고 및 결과	안전조치	위험등급	개선권고사항

여기서 사고예상질문은 사고를 일으킬 수 있는 가능성을 질문의 형태로 작성한다. 사고 및 결과는 사고예상질문에 대한 답변으로 사고의 내용과 그 결과 및 영향까지도 포함한다.

위험등급은 유해·위험물질의 누출량, 인명 및 재산피해, 가동·정지 기간 등의 중대성과 발생빈도를 감안하여 3~5단계의 위험등급을 표시한다. 위험등급, 발생빈도, 중대성은 위험성평가 기법에 따라 실시하되 다음과 같이 한다.

위험등급 = 발생가능성(빈도) × 중대성(강도)

〈표 2-35〉 위험등급(예)

중대성＼빈도	(1) 상	(2) 중	(3) 하
(1) 치명적	1	1	3
(2) 보통	2	3	4
(3) 경미	3	4	5
(4) 무시	4	5	5

〈표 2-36〉 발생빈도(예)

빈 도	내 용
(1) 상	설비수명기간에 한 번 이상 발생
(2) 중	설비수명기간에 발생할 가능성이 있음
(3) 하	설비수명기간에 발생할 가능성이 희박함

<표 2-37> 중대성(예)

중대성	내 용
(1) 치명적	사망, 다수부상, 설비파손 1억원 이상, 설비운전 정지 기간 5일 이상
(2) 중대함	부상 1명, 설비파손 1,000만원 이상 1억원 미만, 설비운전 정지 기간 1일 이상 5일 미만
(3) 보통	부상자 없음, 설비파손 1,000만원 미만, 설비운전 정지 기간 1일 미만
(4) 경미	안전설계, 운전성 향상을 위한 변경

개선권고사항에는 위험으로부터의 보호수단 및 위험을 줄일 수 있는 방법 또는 사고 대책 등을 입력한다.

④ 평가팀은 평가수행이 완료되면 다음 <표 2-38>의 양식에 따라 조치계획을 작성한다. 조치계획은 대책의 우선순위, 책임부서, 대책마련 시한 및 진행경과 등을 입력한다.

<표 2-38> 조치계획표

번 호	우선순위	위험등급	개선권고사항	책임부서	일 정	진행결과	완료확인	비 고

2-7-4 What-if 응용사례

[사례 1] ○○화학의 DAP(Diammonium Phosphate) 탱크공정

(1) 공정개요

인산용액과 암모니아용액이 각기 유량조절밸브를 통하여 교반기가 설치된 반응로로 주입된다. 반응기에서는 인산과 암모니아가 반응하여 위험성이 없는 DAP(Diammonium Phosphate)를 합성한다. 생성된 DAP는 뚜껑이 없는 DAP 탱크로 보내진다.

인산이 많이 투입되면 Off-spec 제품이 생산되나 반응에는 위험성이 없다. 만일 암모니아가 인산에 비해 과량이 투입되면 미반응된 암모니아가 DAP 탱크로 Carry-over된다. DAP 탱크의 잔여 암모니아가 누출될 경우 작업구역의 오염 및 인체에 영향을 준다. 이에 대비하여 암모니아 감지기 및 경보기가 설치되어 있다.

이에 대한 P&ID는 [그림2-17]과 같다.

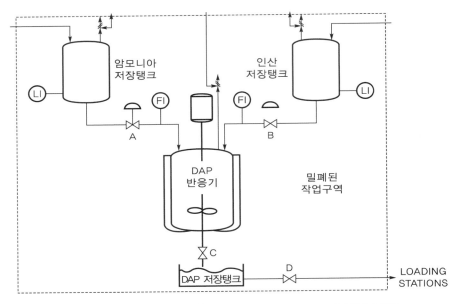

[그림 2-17] ○○화학 DAP(Diammonium Phosphate) 공정 P&ID

(2) 사고예상질문(What-if) 분석표

번 호	사고예상질문	사고 및 결과	안전조치	위험등급	개선권고사항
1	만일 인산 대신에 다른 물질이 투입되는 경우	1) 다른 물질이 인산 또는 암모니아와 반응 위험성 2) Off-spec 제품의 생산	① Vendor의 신뢰성 ② 물질취급 절차서	4	– 물질취급절차의 주기적 교육 – 취급물질에 명확한 Labelling
2	만일 인산농도가 너무 낮은 경우	1) 미반응 암모니아가 DAP 탱크로 Carry-over하여 대기 누출 위험성	① Vendor의 신뢰성 ② 암모니아 감지기 및 경보기	3	– 저장탱크에 주입하기 전에 인산의 농도를 확인
3	만일 인산에 이물질이 포함되어 있는 경우	1) 이물질이 인산 또는 암모니아와 반응 위험성 2) Off-spec 제품의 생산	① Vendor의 신뢰성 ② 물질취급 절차서	4	– 물질 취급절차의 주기적 교육 – 취급물질에 명확한 Labelling
4	만일 인산주입라인의 B밸브가 잠겨져 있는 경우	1) 미반응 암모니아가 DAP 탱크로 Carry-over하여 대기 누출 위험성	① 주기적인 정비 ② 암모니아 감지기 및 경보기 ③ 인산라인의 유량계	4	– 암모니아 경보기 및 긴급차단 밸브설치(A라인의 Low flow 대비)
5	만일 반응기에 암모니아의 비율이 많은 경우	1) 미반응 암모니아가 DAP 탱크로 Carry-over하여 대기 누출 위험성	① 암모니아용액라인의 유량계 ② 암모니아 감지기 및 경보기	4	– 암모니아 경보기 및 긴급차단 밸브설치(B라인의 High flow 대비)

[사례 2] 압축가스 사고

(1) 개요

2000년 9월, 외국 OOO대학교의 강의가 끝난 실험실에서 폭발사고가 발생했다. 실험실 후드에 위치한 스틸강제 실린더가 폭발하면서 후드에 심한 손상이 생겼다. 폭발하기 약 45분 전 연구원이 합성하고 옮긴 메틸아질산(CH$_3$ONO)이 실린더에 포함되어 있었는데, 메틸아질산은 가열 또는 화염에 노출되면 폭발할 수 있으나, 이러한 조건이 발생하지 않았음에도 폭발이 일어났다. 이 실린더는 원래 가스공급업체로부터 트리플루오르메틸요오드화물(CF$_3$I)을 운송하는 데 사용되어 왔고 가장 최근에는 염화니트로실(ClNO)을 저장하는 데 사용되었다.

메틸아질산을 함유한 가스 실린더는 몸체가 비틀렸고 실린더 캡이 떨어져 나갔음은 물론 후드 앞부분, 후드 아래에 있던 캐비닛 도어 및 후드의 뒤쪽과 상단, 후드 위에 위치한 유틸리티 라인을 고정하는 금속지지 브래킷이 변형되고 후드 바로 바깥벽에 균열이 있을 정도로 피해가 컸다. 이때 후드와 아래 캐비닛에 화학물질이 거의 없었고 가연성 물질을 보관하는 캐비닛을 후드에서 멀리 떨어진 곳에 배치함으로써 화재의 확산을 예방할 수 있었다. 다음은 폭발사고 후 피해, 손상된 부분의 사진이다.

파열된 가스 실린더	손상된 후드
손상된 후드 상단	휘어진 지지대

(2) 흄후드에 위치한 독성 또는 인화성 가스 실린더의 사고예상질문(What-if) 분석표

번 호	사고예상질문	사고 및 결과	안전조치	위험 등급	개선권고사항
1	배기팬에 전력이 공급 되지 않는 경우	1) 가스가 계속 흐르면 독성 가스에 노출될 수 있음	① 비상전력 공급 ② 평상시 폐쇄된 가스밸브 설치	3	– 감지기 및 경보기 설치 – 권고된 안전조치 이행
2	배기팬에 기계적 결함이 있는 경우	1) 위와 같음	① 위와 같음 ② 다수의 팬에 연결 검토	4	– 권고된 안전조치 이행
3	실린더 압력조정기 손상 또는 고장으로 실린더 전체 압력이 장치에 가해지는 경우	1) 전체 실린더 압력을 제어 할 수 없는 경우 장치 또는 배관이 파열되며 가스 방출	① 실린더 밸브에 흐름 제한 기능 오리피스 사용 ② 과다 흐름 발생 시 차단되는 밸브 설치* * 인터록 조치한 가 스검지기 설치	5	– 가스 흐름을 차단장치와 연동되는 가스 모니터 고려 – 권고된 안전조치 이행
4	실린더 압력조정기 게이지 파손의 경우	1) 고압가스 누출 및 독성가스에 노출	① 위와 같음	5	– 위와 같음
5	압력조정기 후방에서 가스 누출 시 : 후드면과의 거리 18inches	1) 저압가스의 방출이라도 가스유량이 많아질수록 잠재적 독성가스 노출 증가	① 위와 같음	4	– 위와 같음
6	압력조정기 후방에서 가스 누출 시 ; 후드면과의 거리 30inches이고, 작업자가 후드에서 작업 중인 경우	1) 위와 같고 잠재적 독성가스 노출 위험성이 더 높음	① 위와 같음	4	– 위와 같음 – 송기마스크 등 호흡용 보호구 사용
7	실린더에 잘못된 물질이 들어있는 경우	1) 잠재적인 발열 반응 위험 2) 실험 실패 및 장치 파손 초래	① 실린더 스텐실 및 실린더 택(꼬리표)도 체크	5	– 물질취급절차의 주기적 교육 – 취급물질에 명확한 Labelling – 권고된 안전조치 이행
8	실린더 압력이 잘못된 경우	1) 조정기 게이지 손상 또는 고장으로 급속히 고압가스가 누출	① 위와 같음	5	– 권고된 안전조치 이행
9	가스가 유입될 때 장치에 산소가 포함된 경우	1) 가스가 연소범위에 들고 점화원이 있을 경우 폭발 위험성이 있음	① 점화원이 있을 경우 인화성 가스 도입 전에 불활성가스로 퍼지(Purge) 실시(자동화 검토 필요)	4	– 권고된 안전조치 이행
10	장비를 개방할 때 장비 내에 잔여 공정가스가 있는 경우	1) 독성가스에 대한 잠재적 노출 가능성이 있음	① 위와 같음(가스 테스트 수행)	4	– 송기마스크 등 호흡용 보호구 사용 검토 – 권고된 안전조치 이행

[사례 3] 인화성 액체가 있는 가열교반기의 What-if 분석법

번 호	사고예상질문	사고 및 결과	안전조치	위험등급	개선권고사항
1	환기되지 않는 벤치탑을 사용할 경우	1) 가연성 증기가 축적되어 점화원 존재 시 화재 및 폭발을 일으킬 수 있음 2) 건강에 유해한 독성 증기에 과다 노출	① 국소배기장치와 연결된 후드에서 사용	3	
2	흄후드 배기팬의 기계적 결함이 있는 경우	1) 배기 부족, 기체가 축적하며 점화원이 존재함 2) 화재 발생으로 인한 손실	① 가열교반기 전원을 배기팬에 인터록 연동 ② 방폭용 가열교반기 사용	4	
3	가열교반기 사용 중 정전 (열손실과 교반 손실)	1) 배기 부족으로 증기가 축적될 수는 있지만 알 수 없는 생성물로 잠재적 화재 위험성을 가짐 2) 실험 실패 및 반응이 불안정해짐	① 배기팬을 비상 전원에 연결	4	
4	가열교반기 오작동, 전기 아크(스위치/온도 조절기)	1) 가열교반기에서의 화재 및 용제 증기의 점화	① 전기 연결 장치(플러그 및 와이어)를 확인 ② 가열교반기 사용 전 점검 ③ 방폭용 가열교반기 사용	4	
5	가열교반기 오작동, 과다 열공급 시	1) 인화점 이상의 발열물질로 화재 발생 시 상해, 피해 발생 2) 반응이 불안정해짐 3) 의도하지 않은 반응이 발생하여 유해한 부산물에 노출	① 가열교반기를 온도 피드백 루프에 인터록 연결	4	− 반응 중 자리를 비우지 말 것 − 일정 간격으로 반응 온도 확인 − 일어날 수 있는 반응과 반응물에 대한 검토
6	열공급이 충분치 않을 경우	1) 반응이 성공적이지 못함, 시간과 재료 소비 2) 반응물이 분해하거나 증발하여 유해한 부산물 발생	① 위와 같음	4	− 위와 같음
7	교반이 멈춘 경우	1) 플라스크 안의 내용물의 과열로 용기가 약해지거나 화재 발생 2) 의도하지 않은 반응이 발생하여 유해한 부산물 발생 3) 반응이 성공적이지 못함, 시간과 재료 소비	① 가열교반기를 온도 피드백 루프에 인터록 연결 ② 가열교반기에 반응을 방치하지 말 것	3	− 일어날 수 있는 반응과 반응물에 대한 검토 − 일정 간격으로 반응 온도와 교반 확인
8	가열된 내용물이 흘러나온 경우	1) 갑작스러운 화재 발생으로 화상 등 피해 발생 2) 반응이 성공적이지 못함, 시간과 재료 소비	① 뜨거운 용기를 만지지 말 것	3	− 반응 중 자리를 비우지 말 것

번 호	사고예상질문	사고 및 결과	안전조치	위험등급	개선권고사항
9	가열 시간이 너무 긴 경우	1) 열린 용기의 경우 내용물이 전부 증발하여 말라버리고 반응 실패 2) 용기 파손 및 화재 발생 3) 반응이 성공적이지 못함, 시간과 재료 소비	① 가열교반기 작동이 멈추도록 타이머와 온도를 피드백 루트로 연결	3	- 반응 중 자리를 비우지 말 것
10	가열 시간이 너무 짧은 경우	1) 반응되지 않은 원료의 유해한 부산물 발생 2) 불안정한 생산물의 독성에 노출될 수 있음 3) 반응이 성공적이지 못함, 시간과 재료 소비	① 가열교반기 온도 피드백 루프와 타이머에 인터록 연결 ② 가열교반기 반응 계속 관찰	3	- 일어날 수 있는 반응과 반응물에 대한 검토 - 반응 중 자리를 비우지 말 것
11	용기가 깨진 경우	1) 갑작스러운 화재 발생으로 화상 등 피해 발생	① 사용 전 용기에 손상된 부분이 있는지 확인 또는 새로운 용기사용	3	
12	장치를 열었을 때 잔여 가스가 있는 경우	1) 용기가 깨져 화재, 인체 상해, 피해 발생 2) 용기가 열리지 않아 시간과 재료 소비 3) 의도하지 않은 반응이 발생하여 유해한 부산물 발생	① 용기를 닫은 채로 사용하지 말고 압력 방출이 되는 기기 사용	3	- 일어날 수 있는 반응과 반응물에 대한 검토

2-8 예비위험분석
(PHA ; Preliminary Hazard Analysis) 기법

2-8-1 PHA의 개요

예비위험분석(PHA)은 U.S Military Standard System—Safety Program에서 유래된다. 이 분석의 주목적은 위험을 일찍 인식하여 위험이 나중에 발견되었을 때 드는 비용을 절약하는 데 있다. 기업에서는 공정시스템 내의 위험한 요소가 어떤 위험한 상태에 있는가를 정성적으로 평가하는 방법으로 활용된다. 따라서 PHA는 다른 위험분석에 선행하여 수행함이 바람직하다.

예비위험분석(PHA)은 초기에 위험을 확인하기 위한 효과적인 방법이며 신설 공정처럼 안전문제에 대한 경험이 거의 없는 경우에도 적용할 수 있다. 그러나 공정의 기본요소와 취급물질 관련 자료는 정해진 상태이어야 한다.

예비위험분석(PHA)을 행할 때는 공정이나 운전절차에 대한 상세한 정보를 얻을 수 없기 때문에 주로 위험물질과 주 공정요소에 초점을 맞춘다. 이러한 요소들로는 원료물질, 중간물질, 최종제품과 그들의 반응정도, 공장설비, 시스템 요소 사이의 연결부분, 운전환경, 운전(시험, 관리 등) 편의시설, 안전설비 등이 있다.

PHA의 수행과정을 통하여 바람직하지 않은 결과를 가져올 수 있는 주요 위험 및 사고를 확인하고 이에 대한 위험을 제거하거나 경감할 수 있도록 설계변경 등의 조치를 하여야 한다. 또한 위험한 공정장치 및 물질, 공정장치와 물질 간의 위험성, 공정장치 및 물질에 영향을 주는 환경적 요인, 각종 절차(운전, 테스트, 정비, 비상), 안전관련 장치 등의 위험요인을 고려하여야 한다.

예비위험분석(PHA)의 장점은 숙련된 기술자가 다른 위험분석법에 비해 적은 노력으로 비교적 간단히 수행할 수 있다는 것이다.

2-8-2 PHA 수행절차

다음 [그림 2-18]은 예비위험분석(PHA)의 간단한 수행절차이다.

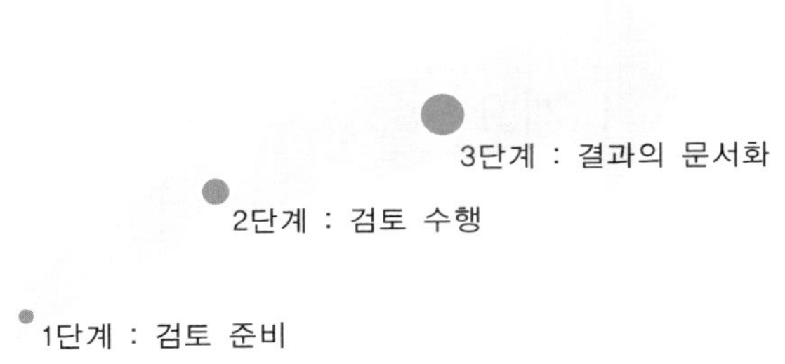

3단계 : 결과의 문서화

2단계 : 검토 수행

1단계 : 검토 준비

[그림 2-18] PHA 절차

[제1단계] 검토의 준비

① PHA 팀은 주요 플랜트 또는 시스템은 물론 유사한 플랜트이거나 서로 다른 공정을 갖고 있지만 유사한 장비와 물질을 사용하는 플랜트의 관련 정보 등 많은 자료를 수집해야 한다.

② PHA 팀은 가능한 한 많은 리스크 근원을 확인하여야 한다. 이러한 리스크 근원을 확인하는 데 유사한 시설물의 리스크 연구, 유사한 시설물에서의 운전 경험, 체크리스트 등을 활용할 수 있다.

③ PHA는 플랜트 수명주기의 초기에 적용하기 때문에 플랜트에 관한 정보는 한계가 있다. 그러나 팀은 PHA를 효율적으로 수행하기 위해 최소한 공정의 개념설계를 서면으로 설명해야 하므로 기본적인 화학 물질, 반응 및 관련된 공정변수는 물론 용기, 열교환기 등 장비의 형태에 대해서도 알아야 한다.

④ 플랜트의 운전목표와 기본적인 수행요건도 시설물의 리스크 형태와 운전환경을 규정하는 데 도움이 된다.

[제2단계] 검토수행

PHA를 수행하면 바람직하지 않은 결과를 야기하는 주요 리스크가 확인되나 PHA를 통해 리스크를 제거하고 감소시키는 설계기준이나 대안도 검토해야 한다.

따라서 PHA를 수행하는 팀은 다음과 같은 절차를 따른다.

① PHA 팀은 각 주요 공정에서 유해 · 위험요인을 확인하고 이러한 유해 · 위험요인과 관련된 잠재적인 사고의 원인과 영향을 평가하여야 한다.

② PHA 팀은 일반적으로 원인에 대한 철저한 목록을 개발하는 것보다 사고발생의 가능성을 충분히 판단할 수 있는 경우의 수를 열거하여야 한다.

③ PHA 팀은 각각의 사고에 대한 영향을 평가한다. 일반적으로 사고의 영향은 최악의 상황을 고려하여 기입하도록 한다.

④ 팀은 잠재적인 각 사고 상황을 사고의 원인과 영향의 중요성에 따라 유해 · 위험요인 범주(Hazard category) Ⅰ~Ⅳ 중에서 하나를 결정하여 유해 · 위험요인을 제거하거나 완화시킬 수 있는 방안을 기록해야 한다.

2-8-3 PHA 작성방법

일반적으로 공정안전에 대해 충분한 배경지식이 있는 1~2명의 엔지니어가 수행하며, 공정의 크기, 복잡성에 따라 분석시간이 달라진다. 분석방법의 성격상 숙련된 엔지니어의 경우는 다른 위험분석방법에 비해 적은 노력으로 수행할 수 있다.

PHA의 작성은 유해 · 위험요인, 원인, 주영향, 유해 · 위험요인 범주 그리고 개선/예방 수단 순으로 다음 〈표 2-39〉의 양식에 입력한다.

그러나 일부 다른 사항도 추가하여 부여된 후속조치와 중요한 문제의 시행 일정, 플랜트작업자가 이행한 실제의 개선조치를 반영한다.

〈표 2-39〉 예비유해 · 위험요인분석(PHA) 양식

지역 :   회의날짜 :

도면 번호 :   팀원 :

유해 · 위험요인	원 인	주영향	유해 · 위험요인 범주	개선/예방 수단

[제1단계] 유해 · 위험요인의 판단

PHA 팀은 각 주요 공정에서 유해 · 위험요인을 확인하고 이러한 유해 · 위험요인과 관련된 잠재적인 사고의 원인과 영향을 평가한다.

PHA 팀은 일반적으로 원인에 대한 철저한 목록을 개발하는 것보다 사고발생의 가능성을 충분히 판단할 수 있는 경우의 수를 열거하여야 한다.

예비위험분석 시 고려하여야 할 요소는 다음 〈표 2-40〉과 같다.

〈표 2-40〉 예비위험분석 시 고려요소

	구 분	고려요소의 예
1	위험한 플랜트 설비 및 원재료	연료, 반응성이 높은 화학물질, 독성물질, 폭발물, 고압장치, 기타 에너지 저장시스템
2	플랜트 설비와 원재료 사이의 안전관련 문제	물질의 상호작용, 화재/폭발 시작과 전파, 제어/방지 장치
3	플랜트 설비와 원재료에 영향을 미칠 수 있는 환경인자	지진, 진동, 홍수, 극한 온도, 정전기, 작업자 보호
4	운전, 시험, 보수, 비상절차	인적오류의 중요성, 인간공학적인 장비 배치도와 접근 가능성, 작업자의 안전 보호 장구
5	시설물 지지대	저장, 시험장비, 훈련, 유틸리티
6	안전 관련 설비	완화 시스템, 화재진압, 개인보호구

[제2단계] 사고의 영향평가와 위험의 범주설정

PHA 팀은 각각의 사고에 대한 영향을 평가한다. 이러한 영향은 잠재적인 사고와 관련된 최악의 경우의 중대성을 표시할 수 있어야 한다.

잠재적인 각 사고 상황을 사고의 원인과 영향의 중요성에 따라 다음의 유해 · 위험요인 범주(Hazard category) 중에서 하나를 결정하여 유해 · 위험요인을 개선하거나 완화시킬 수 있는 방안을 기록한다.

① 유해 · 위험요인 범주 Ⅰ : 무시할 수 있음

② 유해 · 위험요인 범주 Ⅱ : 별로 중요하지 않음

③ 유해 · 위험요인 범주 Ⅲ : 위험한 상태

④ 유해 · 위험요인 범주 Ⅳ : 중대한 재해

[제3단계] 개선/예방 수단 강구

발견된 위험성에 대한 개선대책을 정부의 규격기준에 적합하게 그리고 업계기술기준에 부합하는지를 검토하여 설계단계에서 취해야 할 설계도의 변경이나 저장방법의 구체적인 개선방법 등을 제시한다.

2-8-4 PHA 응용사례

[사례 1] ○○화학의 신설공장 PHA

(1) 개요

분석자가 황화수소(H_2S) 누출에 대해 확인한 위험성은 다음과 같다.
① 가압 저장 실린더의 누출 또는 파열
② 공정이 H_2S를 전부 소비하지 않음
③ H_2S 공정 공급관에서 누출 또는 파열
④ 실린더와 공정의 연결 부분에서 누출이 발생함

위험성평가 및 분석자는 여러 가지 가능한 누출에 대한 교정과 예방 수단을 설명하고 지침과 설계기준을 제공하며 설계자에게 다음과 같은 내용을 제안할 수 있다.
① H_2S보다 독성이 적은 대체 물질을 저장하는 공정
② 공정에서 초과하는 H_2S를 모아서 소각시키는 시스템을 개발
③ H_2S의 누출을 경고하는 경보시스템 설치 및 누출 시 피해 최소화를 위한 자동차단시스템 구축
④ 과다하게 이송하거나 취급하지 않도록 현장에서 H_2S의 저장을 최소화
⑤ H_2S 누출감지기에 연동되는 살수시스템 겸비 실린더 장치
⑥ 저장 실린더를 이송라인에 가까이 설치하지만 작업자의 통행로에서 일정 거리 유지
⑦ H_2S 영향과 비상절차에 관한 훈련 프로그램 개발
⑧ H_2S 누출 가능 모든 시나리오의 재검토 및 이에 적합한 안전밸브 및 파열판 설치

(2) H₂S 시스템의 PHA의 작성

지역 : H₂S 공정   회의 날짜 : 2017/01/10
도면 : 없음   분석자 : ○ ○ ○

유해 위험 요인	원 인	주영향	유해·위험 요인 범주	개선/예방 수단
독성 물질 누출	1. 황화수소 (H₂S)저장 용기 누출	1.1 다량 누출에 의해 사망사고 초래 가 능성	Ⅳ	1.1.1 경고시스템 조치 1.1.2 현장 저장 최소화 1.1.3 인적요인을 감안한 실린더 점검 절차 개발
	2. 황화수소 (H₂S)가 공정 외부 로 누출	2.1 위와 같음	Ⅲ	2.1.1 과잉 황화수소 포집시스템 설계 및 과잉 황화수소 소각 제거 2.1.2 과잉 황화수소 감지 및 공정 가동 정지(S/D)를 위한 제어 시스템 설계 2.1.3 공정 가동 전 과잉 황화수소 소각 제거 시스템을 효과적으로 사용 할 수 있도록 절차 개발

※ 리스크 범주 : Ⅰ-무시할 수 있음, Ⅱ-별로 중요하지 않음, Ⅲ-위험한 상태, Ⅳ-중대한 재해

[사례 2] 스티렌(Styrene) 공정의 PHA

위험성	물 질	원 인	결 과	개선대책
화재 폭발 독성물질 누출	Styrene	1. Line leak 2. Vessel overflow	1.1 반응실의 화재 1.2 … 2.1 1.1과 동일	1. 반응실 스프링클러 설계의 재검토 2. High level limit 의재검토

2-9 고장모드 및 위험성분석(FMECA ; Failure Modes Effects and Criticality Analysis) 기법

2-9-1 FMECA 개요

고장모드 및 위험성분석(FMECA)에 앞서 고장영향분석(FMEA) 프로세스는 1949년 미군에서 임무의 성공수행, 인력과 장비의 안전에 영향을 줄 수 있는 여러 가지 이상요인들을 밝혀내기 위해 개발하였다.

1960년대에는 미국의 아폴로 우주선 개발에 사용되기도 했다. 그 이후 1980년대에 포드자동차에서 모델명 "포드, 핀토"에서 발견된 충돌사고 발생 시 연료탱크의 화재로 이어지는 디자인결함요인을 찾아내기 위하여 FMEA를 사용하였다.

고장영향분석(FMEA)은 시스템이나 서브시스템의 위험분석을 실시하기 위하여 일반적으로 사용되는 전형적인 정성적, 귀납적 분석기법이다. 제품을 구성하는 부품들의 명칭을 나열하고 기능을 서술한 후 고장이 발생하는 원인과 고장모드를 기입하고 마지막에 대책을 제시한다. 필요에 따라서 발생확률(빈도), 고장의 영향 등을 추가한 치명도분석(Criticality Analysis)을 추가하면 이상위험도분석(FMECA)이 된다. 이는 고장의 형태에 따른 영향분석에 따라 확인된 치명적 고장에 대하여 피해와 고장 발생률에 의하여 위험성을 분석, 치명적인 고장을 사전에 예방하고 고장을 피할 수 없는 경우에는 그 피해를 최소화하는 대책을 수립하는 방법이다.

고장모드는 장치가 어떻게 고장이 났는가(Open/Close, On/Off, 누출 등)에 대한 시스템적 설명과정을 알기 쉽게 표로 나타낸 것이다. 고장모드의 결과는 장치고장으로부터 발생하는 시스템 응답이나 사고이다. FMECA는 중대한 사고에 결정적 영향을 미치거나 직접적인 원인이 되는 단일 고장모드를 알 수 있다. 운전자의 실수는 일반적으로 이 분석에서는 확인할 수 없다. 그러나 잘못된 운전의 영향은 보통 장치의 고장모드에 의해 설명된다.

FMECA는 FTA에 비해 간단하고 특별한 훈련이 없더라도 분석이 가능하지만 사고를 야기하는 장치의 이상들 간의 연관성을 알아내는 데는 효율적이지 못하고 분석대상이 물적 요소에 국한되며 상대적으로 타 분석법보다 많은 노력이 든다는 단점이 있다.

주 대상공정은 반응, 증류 등 분리공정, 이송시스템, 전기계장시스템에 주로 사용되며 공정, 원료, 제품, 설비의 변경이 있을 때 효과적이다.

이 기법의 결과는 제품의 운용수명을 증가시키기 위하여 부품과 설계의 어느 부분이 개선되어야 하는가를 결정하는 데 아주 유용하다.

2-9-2 FMECA 수행절차

FMECA에서 하향식(Top-down) 방식은 시스템에서 주요 고장모드를 찾으려할 때 사용된다. 상향식(Bottom-up) 방식은 톱레벨 징후에서 기인하는 더 많은 원인과 고장모드를 찾으려할 때 사용된다.

그러나 이러한 방식들이 서브시스템 내의 여러 가지 이상을 포함하는 복합이상모드를 찾아낼 수는 없으며 상위레벨의 시스템 또는 서브시스템까지의 특정이상모드의 고장간격을 나타내지도 못한다.

다음 [그림 2-19]는 하향식, 상향식 전개방식을, [그림 2-20]은 FMECA의 수행절차도를 나타낸다.

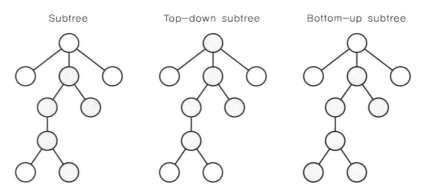

[그림 2-19] 하향식, 상향식 전개방식

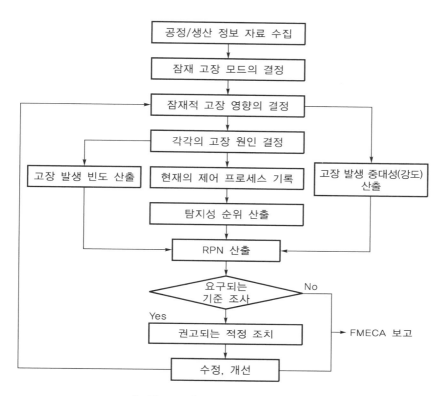

[그림 2-20] FMECA의 수행절차도

2-9-3 FMECA의 작성방법

(1) 분석팀과 필요자료

FMECA에 필요한 인원은 설비 또는 시스템의 크기와 복잡성에 비례하나 최소한 FMECA교육 이수자 또는 FMECA를 사용하는 공정안전관리팀의 일원으로 분석업무에 참여하여 최종보고서 작성에 참여한 사람, 팀장, 공정운전 및 공정설계 기술자, 정비 및 안전관리 관련 기술자 등 해당 설비 또는 시스템에 경험이 있는 전문가들이 참여하는 것이 이상적이다.

준비되어야 할 자료는 다음과 같다.

① 공정설명서(화학반응, 에너지 및 물질수지를 포함)

② 설계 및 설계기준자료(장치 및 공정, 압력방출시스템, 안전시스템의 설계 및 설계기준을 포함)

③ 제조공정도면[공정흐름도(PFD), 공정배관계장도(P&ID)를 포함]

④ 물질안전보건자료(유해·위험물질의 저장 및 취급량 명세를 포함)

⑤ 안전운전지침서(시운전, 정상운전, 가동정지 및 비상운전 포함)

⑥ 점검, 정비, 유지관리 지침서(검사, 예방점검 및 보수절차 포함)

⑦ 신뢰성자료(부품 및 구성품의 신뢰성 자료, 고장 및 사고 기록)

⑧ 기타 FMECA에 필요한 서류 등

(2) 고장모드 위험성 분석(Failure Modes Effects and Criticality Analysis)

FMECA 수행을 위한 분석팀을 구성하고 필요한 자료를 준비하였다면, 고장형태에 따른 영향분석(FMEA)을 수행하여 각각의 잠재된 고장형태에 따른 영향을 확인하여 체계적으로 분류한다. 또한 시스템 운전 시 부품 및 장치의 발생가능한 각각의 고장형태를 분석하고 고장에 따른 영향 또는 결과를 분석한다.

이를 위해 FMECA는 고장모드에 따라 하드웨어 분석법, 기능분석법 그리고 복합분석법으로 나눌 수 있는데 이는 설계의 복잡성과 취급 가능한 자료의 중요도에 따라 분석방법을 달리한다.

하드웨어 분석법은 각각의 하드웨어의 목록을 작성하여 발생 가능한 고장 및 그 영향을 분석한다. 각각의 하드웨어 품목을 도면과 설계 자료를 이용하여 분석하는 방법으로 일반적으로 상향식 접근(Bottom-up approach)방법을 사용한다. 그러나 필요에 따라서는 하향식 접근(Top-down approach)방법을 사용할 수도 있다. 그리고 각각의 확인된 고장형태에 따라 피해의 크기 등급을 설정하고 필요한 개선 권고사항을 도출한다.

기능분석법은 각각의 부품 및 시스템의 기능을 목록화하고 기능을 수행하지 못하는 고장 및 영향을 분석한다. 시스템이 복잡하여 하드웨어 품목으로 단계설정이 어려운 경우에 사용한다.

복합분석법은 하드웨어분석방법과 기능분석방법을 복합적으로 사용해서 분석한다.

위의 분석법에 따라 고장의 형태에 따른 영향분석표를 작성하여야 하며 다음의 내용을 포함하여 작성하고, 〈표 2-41〉을 참조하여 작성한다.

〈표 2-41〉 FMECA의 주요 구성항목

1. 항목	2. 기능	3. 고장의 형태 및 원인	4. 고장 반응 시간	5. 작업 또는 운용단계	6. 고장의 영향				7. 고장 발견 방식	8. 시정 활동	9. 중대성 분석	10. 소견
					서브 시스템	시스템	작업	인원				

① 식별번호 및 품명 또는 기능명

　분석하고자 하는 부품, 구성품, 장치 또는 시스템의 식별번호 및 명칭을 기재한다.

② 기능

　기능 및 출력표를 참조하여 분석하고자 하는 부품, 구성품, 장치 또는 시스템의 기능을 기재한다.

③ 고장 형태 및 원인

　분석대상품목의 출력(성능)에 따라 모든 잠재적 고장을 고려하여 고장을 정의하여 원인과 함께 기술한다.

여기서 고장 메커니즘은 물리적, 화학적, 전기적, 인간적 원인 등으로 아이템이 고장을 일으키는 것(JIS Z 8115)으로 설계 및 대상 아이템 내부의 소재요인이 외부에서 스트레스 및 사용 환경조건의 변화에 따라 물리, 화학적으로 변화하여 고장에 이르는 것을 지칭한다.

고장모드(Failure mode)는 메커니즘을 나타내는 방법으로 이는 징후(Symptom)이지 고장의 근본원인은 아니다.

다음 그림은 고장 메커니즘의 종류를 나타낸다.

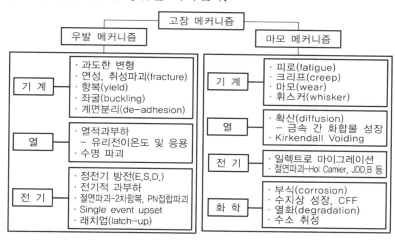

[그림 2-21] 고장(우발적, 마모적) 메커니즘의 종류

고장형태의 예로서 다음 [그림 2-22] 엔진의 기능이상 종류와 영향을 참고하기 바란다.

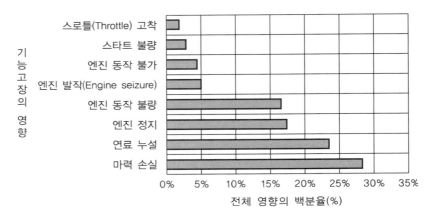

[그림 2-22] 엔진의 기능이상 종류와 영향

다음 그림은 스팀터빈 구성품들의 고장모드이다.

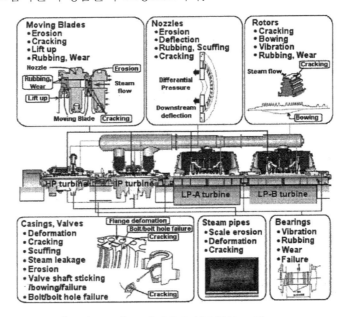

[그림 2-23] 스팀터빈 구성품들의 고장모드

④ 고장반응시간

　고장발생에서 고장의 최종 영향까지 걸린 시간을 기술한다.

⑤ 작업 또는 운용 단계

　위험한 고장이 생길 확률(β)이 있는 작업의 단계를 기술한다.

⑥ 고장형태에 따른 영향의 분석

고장이 상위의 시스템, 서브시스템, 작업 및 인원에게 미치는 영향을 나누어 기술한다. 각각의 고장형태에 따른 영향을 최초 영향, 2차 영향, 최종 영향으로 나누어 기술한다.

예 동력공급차단, 연료누설, 시동불가 등

⑦ 고장발견 방식

고장 발생 시 고장을 발견할 수 있는 방법에 대해 기술한다.

⑧ 시정활동

고장을 수리하거나 또는 위험관리를 위하여 필요한 권고 및 조치 방법을 상세히 기재한다.

⑨ 위험성분석(Criticality analysis)

고장영향분석(FMEA)에 위험성분석(Criticality analysis)과 대응방안을 추가한 것이 고장위험성분석(FMECA)이다. 그리고 위험성은 고장발생가능성과 고장의 결과(강도)에 따라 결정된다. 이에 대해 논해 보기로 하자.

다음 〈표 2-42〉는 고장영향분석의 양식이다.

〈표 2-42〉 고장영향분석(FMECA)표

프로젝트 번호 :   구성요소 :   페이지 번호 :
Drg Nos :   팀 리더 :   날짜 :
　　　　　　　 팀 구성원 :   참고자료번호 :

번 호	구성요소 기능묘사	고장모드	영 향			빈 도	강 도	위험성 (치명도)	대 책
			기타 아이템	시스템	안전				

고장의 형태에 따른 영향분석에 따라 확인된 치명적 고장에 대하여 피해와 고장 발생률에 의하여 위험성을 분석하고 치명적인 고장을 사전에 예방하며 고장을 피할 수 없는 경우에는 그 피해를 최소화하는 대책을 수립하는 방법이다.

고장의 단계 및 영향분석은 0~4까지의 5등급으로 나누어 0 : 전혀 없음(None), 1 : 약간 있음(Slight), 2 : 중간정도(Moderate), 3 : 매우 큼(Extreme), 4 : 심각함(Severe) 등으로 구분한다.

그리고 고장의 영향이 얼마나 클 것인지의 평가와 고장으로 야기되는 위험의 정도는 얼마나 될 것인지 등도 순서에 따라 정해나간다. 최종적으로 고장을 예방하고 영향을 최소화할 수 있는 방법도 연구한다.

다음 [그림 2-24]는 위험성과 이상모드의 관계, 고장 메커니즘과 전체 백분율을 나타낸 그림이다.

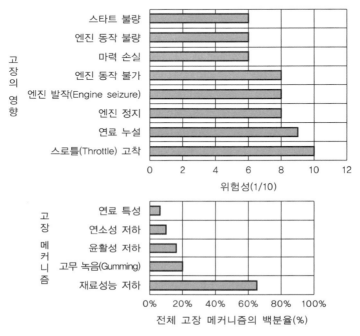

[그림 2-24] 위험성과 이상모드의 관계 및 고장 메커니즘과 전체 백분율(%)

㉑ 발생률(O)과 발생률 감지(D)

발생률에 대한 만족할 만한 통계자료는 없다. 단지, 고장잠재원인에 기반해서 추정할 수 있을 뿐이다.

다음 [그림 2-25]는 자동차 엔진의 고장발생률에 대한 것이다.

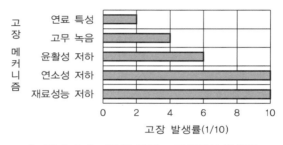

[그림 2-25] 자동차 엔진 고장원인의 발생률

감지율(D : Detection rating)은 재료의 호환성시험에서 알 수 있다. 시험(Testing)으로만 구성품의 고장을 알 수 있기 때문이다.

㉴ 위험성 순위번호(RPN ; Risk Priority Number)

단순한 형태의 FMECA에서 보통 1부터 10까지로 구분되며 세 가지 인덱스를 갖는다. 각 개의 전체 고장리스크는 중대성(S : Severity), 발생률(O : Occurrence) 그리고 감지율(D : Detection rating)에서 산출되는 소위 위험성 순위번호(RPN ; Risk Priority Number)에서 알 수 있다.

> **Overall risk(RPN) = 고장결과 중대성(S) × 고장발생빈도(O) × 고장감지용이성(D)**

보통 1에서 1,000까지로 구분되는 위험도 순위번호(RPN ; Risk Priority Number)는 위험도 저감, 발생빈도수의 감소, 고장감지 향상의 우선순위를 결정하는 데 사용된다.

다음은 엔진구성품의 중대성, 발생률, 감지율 및 위험성을 나타내는 표이다.

〈표 2-43〉 엔진부품의 중대성(강도), 발생률(빈도), 감지율 및 위험성 순위

항 목	중대성(강도)	발생률(빈도)	감지율	위험성 순위
그룹A	RPN>180			
피스톤	8	10	3	240
피스톤 링	8	10	3	240
피스톤 핀	8	10	3	240
베어링	8	10	3	240
크랭크샤프트	8	10	3	240
커넥팅 로드	8	10	3	240
크랭크케이스	8	10	3	240
그룹B	RPN≤100			
스파크플러그	6	10	3	180
배럴 개스킷	9	5	3	135
그룹C	RPN≤120			
연료 탱크	9	10	1	90
연료 픽업 튜브	9	10	1	90
프리머 밸브	9	10	1	90
그룹D	RPN≤60			

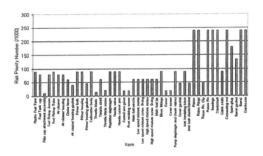

[그림 2-26] 중대성, 발생률, 감지율 및 위험성 순위 그래프

2-9-4 FMECA 응용사례

[사례 1] 자동차회사의 작업공정 FMECA

다음 〈표 2-44〉는 자동차회사 작업공정 FMECA 분석의 예를 나타낸다.

〈표 2-44〉 자동차회사 작업공정의 FMECA 분석

System	1-Automobile	POTNETIAL FAILURE MODE AND EFFECTS CRITICALITY ANALYSIS Front Door L.H.		FMECA Number	1450
Subsystem	2-Closures			Page 1 of 1	
Component	3-Front Door L.H.	Process Responsibility	Body Engineering	Prepared By	J. Ford -X6521-Assy Ops
Model Year(s)/Vehicle(s)	199X/Lion 4dr/Wagon	Key date	3/31/2003	FMECA Date (Orig.)	3/10/2003 (Rev) 3/21/2003
Core Team	A. Tate Body Engrg, J. Smith - OC, R. JAmes - Production, J. Jones - Maintenance				

아이템 공정기능/ 규정사항	잠재 고장 모드	잠재 고장 영향	심각도	잠재원인/ 고장 메커니즘	발생	현형 프로세스 제어 예방	현형 프로세스 제어 검색	검색	RPN	권고되는 조치	책임과 목표 개선 일자	조치결과			
												조치사항	Sev	Occ	Det	RPN

3 - Front Door LH.

도어 안의 왁스 처리 매뉴얼 적용 내부도어 보호, 부식방지를 위한 최소 왁스 두께 유지	특정면 도포한 왁스처리 불충분	도어의 수명저하 - 시간 경과 시 녹 발생으로 고객불만족 대두 - 도어 소재의 기능 저하	7	스프레이헤드를 과다하게 인입시키지 말고 매뉴얼대로 인입시킬 것	8		시간당 비주얼 체크/교대 시 마다 필름 두께 및 도포상태 측정(깊이 측정, meter)	5	280	경계길이 이상 시 정차장치 설치	Mfg Engrg - 3/10 /2003	정치 장치 추가, 스프레이어 라인에서 체크	7	2	5	70
										스프레이의 자동화	Mfg Engrg - 3/10 /2003	동일 라인 다른 도어의 복잡성 등으로 취소				
				스프레이헤드 막힘 - 점성 과다 - 온도 너무 낮음 - 압력 너무 낮음	5	시작과 종료 시에 스프레이 패턴 시험, 헤드의 청소를 위해 예방정비 프로그램 운영	시간당 비주얼 체크 1/교대 필름 두께 및 도포상태 측정	3	105	점성, 온도, 압력에 대한 DOE(Design of Experiments) 디자인 사용	Mfg Engrg - 3/10 /2003	온도, 압력 제한 장치 채택	7	2	5	70
				충격 등으로 스프레이헤드 변형	2	헤드의 보전을 위한 예방정비 프로그램 운영	시간당 비주얼 체크 1/교대 필름 두께 및 도포상태 측정	2	28				7	2	2	28
				스프레이 시간 불충분	8		운전자 교육 및 로트 샘플(10개 도어/시프트)	7	392	스프레이 타이머 설치	Mfg Engrg - 3/10 /2003	자동 스프레이 타이머 설치	7	1	7	49

[사례 2] 열교환기의 FMEA 분석

다음 〈표 2-45〉는 열교환기의 FMEA 분석의 예를 나타낸다.

〈표 2-45〉 열교환기의 FMEA 분석

#	고장모드	고장원인	징후/알림 표시	예견되는 발생빈도	결과(강도)	위험성
1	튜브 고장	액체에 의한 부식 (shell side)	냉각타워에서의 냄새타워에 탄화수소(Hydro-carbon) 감지기 설치	10년에 2번 발생의 주기	탄화수소는 냉각수보다 고압에서 존재 – 인화성 물질이 냉각타워에 인입되거나 화재발생의 원인이 됨	A
2	튜브시트(Tube sheet) 고장	튜브 고장 참조 시트의 고장을 유발시킴 튜브의 진동	#1. 참조	가끔(Rare)	#1. 참조	B
3	릴리프밸브 "열림" 실패	1. 기계적 고장 2. 외부충격	대기 중의 탄화수소 – 화재 및 환경 위험초래	가끔(Rare)	심각(Serious)	C
4	릴리프밸브 "닫힘" 실패	1. 기계적 고장 2. 중합물 조성	None (passive failure)	불규칙	치명적(Critical)	B
5	튜브의 침식	냉각수의 빠른 유속	튜브 고장 참조	가끔(Rare)	치명적–튜브 고장 참조	B
6	벤트밸브 "열림" 실패	기계적 고장	릴리프밸브 "열림" 실패 참조	가끔(Rare)	심각	C
7	벤트밸브 "닫힘" 실패	기계적 고장	None(passive failure)	가끔(Rare)	드물게 턴어라운드 정비 (Turnaround maintenance) 야기	C
8	드레인밸브 "열림" 실패	기계적 고장	릴리프밸브 "열림" 실패 참조	가끔(Rare)	심각	C
9	드레인밸브 "닫힘" 실패	벤트밸브 "닫힘" 참조				C
10	부식(튜브 면)	부적정 프로세스 – composition	튜브 고장 참조	불규칙	치명적	B

[사례 3] 특정 밸브의 FMEA

다음 〈표 2-46〉은 밸브(V9321)에 대한 FMEA이다.

〈표 2-46〉 밸브(V9321)에 대한 FMEA

아이템	구성요소	고장모드	고장원인	고장영향	고장감지
1	밸브 V 9321	밸브 메커니즘의 끼임, 닫힘	스팀 벤트(Steam bent), 피스톤 글랜드(Gland) 고착(Frozen)	A의 저유속	
		밸브동작 모터의 "시동" 실패	케이블 단락, 휴즈 "끊김", 모터 끼임, 제어장치 "실패"	A의 저유속	경광등
		모터동작 밸브 "정지" 실패		A의 고유속	경광등
		밸브 개스킷 "실패"	개스킷 품질불량 개스킷의 부적정 설치 개스킷의 노후화	A의 소량유출	가시적
		밸브 개스킷 "실패"	개스킷 품질불량 개스킷의 부적정 설치 개스킷의 노후화	A의 대량유출	가시적, 저속 시 유속미터 읽음
		"닫힘" 시 밸브 누설	밸브시트 손상, 밸브시트의 금속 찌꺼기, 모터 부적정 조정, 밸브의 부적정 조립	가시적	가시적
		밸브 브레이드 "분리"	밸브의 부적정 조립	A의 비정상 흐름	유속미터의 수치가 일정하지 않고 어떤 경우 읽을 수 없음

2-10 결함수분석(FTA ; Fault Tree Analysis) 기법

2-10-1 FTA의 개요

결함수분석(FTA) 기법이란 1960년대 초 미국의 벨 전화연구소에서 군용으로 개발된 분석기법으로, 기계장치가 규칙적으로 운전되고 있는 상태에서 고장이 발생할 확률은 어느 정도인지를 알아보는, 즉 운전상태의 안전성을 수학적으로 해석하는 방법으로 Fault Tree Analysis의 약자이다. FTA의 목적은 재해나 사고의 발생을 확률적, 정성적 그리고 정량적으로 평가하는 데 있다.

FTA는 시스템고장 또는 사고(정상사상 : Top event)를 발생시키는 원인(기본사상 : Basic event, 중간사상 : Intermediate event)들과의 관계를 논리기호를 사용하여 나뭇가지 모양의 그림(결함수, Fault Tree)을 만들고 이에 의거하여 시스템의 고장확률을 구함으로써 고장이 발생할 수 있는 취약부분을 찾아내어 시스템의 신뢰도를 개선하는 정량적 고장해석 및 신뢰성 평가방법이다.

FTA는 기계부품의 고장률이나 인간의 작업행동의 불안전한 빈도수 등의 자료를 모으거나 작성된 FT도에 주요요소의 발생확률을 기입하고 계산하는 등 정량적인 해석을 원칙으로 하나, 대부분의 나라에서 이들 주요요소들에 대한 고장률 자료가 수집, 정리되어 있지 않기 때문에 정량적 해석으로의 응용은 쉽지는 않다. 그러나 재해요인 분석과 대책수립 등을 그림을 통해 논리적으로 추적해 갈 수 있는 정성적 해석이 가능하여 많은 기업에서 자주 활용하고 있다.

2-10-2 FTA 특징 및 수행절차

(1) FTA의 특징

FTA는 사고를 일으키는 장치의 이상이나 운전자의 실수(Human error)의 조합을 통해 사고의 발생빈도를 알아낼 수 있다.

적용시점은 설계단계와 운전단계에서 공히 가능한데 설계단계에서는 장치의 고장이나 이상상태의 조합으로부터 발생할 수 있는 감춰져 있는 다양한 위험성을 설계 시에 발견할 수 있는 장점이 있다. 운전단계에서는 운전자의 여러 가지 불안전행위와 공정특성을 포함한 FTA로 특정한 사고의 이상상태의 조합으로 발생할 수 있는 다양한 원인들을 찾아낼 수 있다.

필요한 지식이나 지표로는 작업공정을 완전히 이해할 수 있어야 하고 FMECA나 FMEA를 수행해 보고 공장설비의 고장모드(Failure mode)와 공정에 미치는 영향을 잘 알아야 한다.

(2) 준비사항

① 필요한 인원은 한 명 이상이면 가능하지만 다양한 원인을 찾아야 할 필요가 있을 때에는 팀을 구성해서 할 수도 있다.

팀의 구성원은 아래 각 항목에 대하여 지식과 충분한 경험을 갖고 있어야 한다.

㉮ 결함수분석 기법

㉯ 평가 대상 공정의 운전 및 위험요소

㉰ 평가 대상 공정의 설계 개념

㉱ 평가 대상 공정의 정비 보수

② 또한 결함수분석에 필요한 자료는 아래와 같으나, 공정특성에 따라 추가 또는 삭제가 필요하다.

㉮ 기본사상(Basic event)을 발생시킬 수 있는 단위기기 및 설비에 대한 고장률

㉯ 기본사상(Basic event)을 발생시킬 수 있는 단위기기 및 설비에 대한 이용불능도

㉰ 작업자 실수 관련 자료

㉱ 일반적 사고원인이 될 수 있는 사항에 대한 고장확률자료

⑩ 운전절차서

⑪ 공정설명서(PFD, Heat & Material balance 등 설계 기본자료 포함)

⑫ 공정배관계장도

⑬ 제어시스템 및 계통설명서

⑭ 전기적/기계적 안전장치 목록

⑮ 설비 배치도

⑯ 정비절차서 및 정비주기표

⑰ 운전자의 숙련도

⑱ 기타 필요한 사항

(3) 수행절차

수행절차는 [그림 2-27]에서와 같이 크게 4단계로 나눌 수 있다.

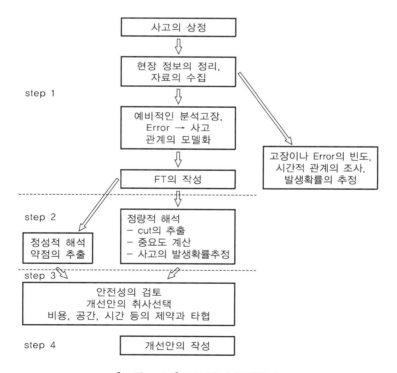

[그림 2-27] FTA의 수행절차도

2-10-3 FTA의 작성방법

FT를 작성할 때에는 먼저 해석하고자 하는 재해(정상사상, Top event)를 최상단에 쓰고, 그 하단에 분석하고자 하는 재해의 직접원인이 되는 기계, 설비 등의 리스크나 작업자의 불안전행동(Human error) 등을 나란히 쓰고 정상사상과의 사이를 게이트(Gate)로 연결한다. 다음으로 두 번째의 각각의 결함사상의 직접원인이 되는 것과 결함사상을 각각 세 번째에 쓰고, 두 번째와 게이트로 연결한다.

일반적으로 「A₁이고 B₂이다.」라는 관계는 A_1 AND B_2로, FT에서는 AND를 ⌂의 기호로 나타내며, 「A₁ 또는 B₂이다.」라는 관계는 A_1 OR B_2로, FT에서는 OR을 ⌂의 기호로 나타낸다.

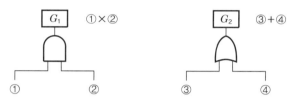

[그림 2-28] FT도에서 AND와 OR의 기호표시

〈표 2-47〉 FT 게이트 및 기본사건 종류

사건 종류	심 벌	비 고
OR 게이트	⌂	OR 게이트, 입력 사건들 중 하나라도 참이면 결과는 참
AND 게이트	⌂	AND 게이트, 입력 사건 모두가 참인 경우
NOT 게이트	○	NOT 게이트, 입력 사건이 거짓이면 결과는 참
Basic event	○	Basic event(입력 사건을 가지지 못함)
House event	⌂	House event는 조건 또는 초기사건을 나타내는 사건에 사용됨
부전개사상	◇	Undeveloped event는 다른 분석을 통하여 확률이 계산되는 사건을 나타낼 때 많이 사용됨

FT도 작성의 바른 이해를 위해 프레스의 금형 사이에 손이 끼여 절단된 사고에 대한 FT도 작성방법을 소개하면 다음과 같다.

정상사상(Top event)으로 「프레스의 금형 사이에 손이 끼임」을 최상단에 쓴다. 그 밑에 이 재해의 직접원인이 되는 기계의 결함이나 작업자의 불안전행동을 나타내는 사항, 「슬라이드의 하강」과 「금형 사이에 손이 들어감」의 직접원인을 두 번째로 이어서 배치하고 앞의 정상사상과 기호를 사용하여 잇는다. 다음에 이 기계의 슬라이드가 "왜 하강했는지"의 기계적 원인과 작업자의 오동작을 상세하게 묘사하고 2단과 분석한 3단을 기호로 연결한다.

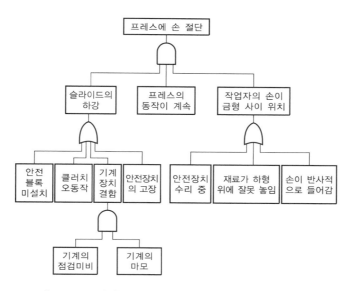

[그림 2-29] "프레스에 손 절단" 사고에 대한 FTA

다음 〈표 2-48〉은 FT도 작성을 위한 구체적 단계별 방법이다.

〈표 2-48〉 FT도 작성을 위한 단계별 작성방법

Step	Step의 설명
1. 정상 사상의 선정 　① System의 안전보건문제점 파악 　② 사고, 재해의 모델화 　③ 문제의 중요도, 우선순위 결정 　④ 해석할 정상사상의 결정	평가 대상이 되는 결함 또는 사고를 정상 사상 결정하는 단계 ① 생산 공정의 구성, 기능, 작동 및 작업방법이나 동작 등의 System에 대하여 현장의 정보에 의거 안전보건상의 문제점을 파악한다. ② 작업자의 실수나 기계, 설비의 트러블(Trouble)이 사고나 재해를 가져오게 한 경과를 모델화한다. ③ 대책을 수립하여야 할 문제점에 대한 중요도 또는 우선순위를 결정한다. ④ 해석할 사상이 되는 항목을 정상사상으로 선정한다.

Step	Step의 설명
2. 사상마다 재해원인, 요인의 규명 ① Level 1 　정상사상의 재해원인 결정 ② Level 2 　중간사상의 재해요인 결정 ③ Level 3~n 　기본사상까지의 전개	① Level 1 　㉮ 정상사상 발생의 직접적인 재해원인(1차 원인)을 물질 및 사람의 측면에서 열거한다. 　㉯ 정상사상과 재해원인과의 인과관계를 논리기호로 잇는다. ② Level 2 　㉮ 1차 원인별로 2차적 재해원인(재해요소)을 물질 및 사람의 측면에서 해석한다. 이들의 재해원인 및 재해요인을 중간사상이라고 한다. 　㉯ 1차 원인 및 2차 원인을 논리기호로 잇고, 부분적 FT도를 작성한다. 　㉰ 필요가 있으면 중간사상의 발생조건을 첨가한다. ③ Level 3~n 　㉮ Level 3 이후는 Level 2의 순서를 반복한다. 　㉯ 더 이상 해석할 수 없는 Level n까지 계속하여 말단의 기본사상을 파악한다. ④ n번째 기본사상 각각에 대한 고장률을 파악한다.
3. FT도의 작성 ① 부분적 FT도를 다시 봄 ② 중간사상의 발생조건의 재검토 ③ 전체의 FT도의 완성	① Step 2에서 작성한 부분적 FT도의 재해원인 및 요인의 상호관계를 다시 보고 필요한 간략화나 수정을 한다. 논리의 기호를 OR로 할 것인가, AND로 할 것인가를 결정한다. 애매할 때에는 먼저 대책을 생각하게 되면 결정하기 쉽다. ② 중간사상의 발생조건에 대하여 재검토한다. ③ 전체의 FT도를 완성한다. ④ n번째 기본사상 각각에 대한 고장률 및 각 사상 간의 관계(AND, OR)를 기준으로 상위 단계로의 이용불능도를 계산하여 정량화한다.
4. 개선계획의 작성 ① 안전성이 있는 개선안의 검토 ② 제약의 검토와 타협 ③ 개선안의 결정 ④ 개선안의 실시계획	① FT도에 의거 안전성을 배려한 효과적인 개선안을 검토한다. 이때 Success Tree(ST도)를 작성하면 편리하다. ② 비용, 공간, 시간 등의 제약을 검토하고 필요에 따라 타협안을 세운다. ③ 개선안을 경제성, 조작성의 면에서 검토하여 취사선택하고 채용할 안을 결정한다. ④ 개선안에 의거하여 실시 계획을 세운다. 　㉮ FT도의 OR에 대해서는 모든 재해원인 및 요인에 대해 대책을 세운다. 　㉯ FT도의 AND에 대해서는 재해원인 또는 요인 가운데 어느 하나에 대해서 대책을 세우면 재해를 방지할 수 있으나 되도록 많은 요인에 대하여 대책을 수립, 이중, 삼중의 안전대책을 수립하는 것이 유리하다.

2-10-4 FTA의 사고발생확률 해석

다음 [그림 2-30]의 FT도에 있어서 사상 G_1은 기본사상 ① 및 ②의 논리곱으로 표시되어 있다. 따라서 사상 G_1은 ① 및 ②가 동시에 존재할 때만 발생하며 그 발생확률은 $P_{G_1} = P_① \times P_②$이다.

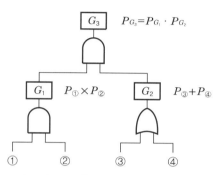

[그림 2-30] 정상사상의 발생확률

또 사상 G_2는 기본사상 ③ 및 ④의 논리합으로 표시되어 있기 때문에 그 발생확률은 $P_{G_2} = P_③ + P_④$이다.

마찬가지로 정상사상 G_3의 발생확률은 $P_{G_3} = P_{G_1} \times P_{G_2} = (P_① \times P_②) \times (P_③ + P_④)$ 이다.

이와 같이 상정된 재해의 발생확률을 구하는 것은 이론적으로는 가능하다. 그러나 산업재해에서 사람은 재해의 요인이 되기도 하고 반대로 재해를 방지하는 행동도 하기 때문에 동작의 확률수치를 구하기가 어렵고 물리적 결함 확률치도 산정하기가 어려워 확률계산에는 한계가 있다.

사고발생확률의 정확한 이해를 위해 예를 하나 더 들어 [그림 2-31]의 FT도에서 정상사상 P(X)의 값을 구해보기로 한다.

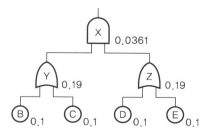

[그림 2-31] 정상사상의 발생확률값

이러한 경우에 Fault tree의 값은 확률 이론을 이용하여 정점사건의 값을 바로 계산할 수 있다.

$P(Y) = P(B) + P(C) - P(B) \times P(C) = 0.1 + 0.1 - 0.1 \times 0.1 = 0.19$

$P(Z) = P(D) + P(E) - P(D) \times P(E) = 0.1 + 0.1 - 0.1 \times 0.1 = 0.19$

$P(X) = P(Y) \times P(Z) = 0.0361$

이상과 같이 X의 값을 정확하게 계산할 수 있다. 또한 최소단절집합(Minimal Cut Set)을 계산하고, 이로부터 확률값을 구할 수도 있다. X에 대한 최소단절집합은 아래와 같이 계산하면 (B, D), (B, E), (C, D), (C, E)와 같이 4개의 최소단절집합이 계산된다.

$X = YZ = (B + C)(D + E) = BD + BE + CD + CE$

최소단절집합으로부터 희사상근사(Rare Event Approximation)를 이용하여 확률값을 계산하며 다음과 같이 계산된다.

$$P(X) = P(B)\,P(D) + P(B)P(E) + P(C)P(D) + P(C)P(E)$$
$$= 0.1 \times 0.1 + 0.1 \times 0.1 + 0.1 \times 0.1 + 0.1 \times 0.1 = 0.04$$

MCUB(Minimal Cut Upper Bound)방법을 이용하여 다음과 같이 확률값을 계산할 수 있다.

$$P(X) = 1 - (1 - P(B)P(D))(1 - P(B)P(E))(1 - P(C)P(D))(1 - P(C)P(E))$$
$$= 1 - (1 - 0.1 \times 0.1)(1 - 0.1 \times 0.1)(1 - 0.1 \times 0.1)(1 - 0.1 \times 0.1)$$
$$= 1 - (1 - 0.01)^4 = 0.0394$$

Inclusion-Exclusion 방법에 따라 다음과 같이 정확히 확률값을 계산할 수 있다.

$$\begin{aligned}
P(X) = &\; P(BD) + P(BE) + P(CD) + P(CE) \\
&- P(BDBE) - P(BDCD) - P(BDCE) - P(BECD) - P(BECE) - P(CDCE) \\
&+ P(BDBECD) + P(BDBECE) + P(BDCDCE) + P(BECDCE) \\
&- P(BDBECDCE)
\end{aligned}$$

여기서 같은 사건들을 정리하면 다음과 같이 된다.

$$\begin{aligned}
P(X) = &\; P(BD) + P(BE) + P(CD) + P(CE) \\
&- P(BDBE) - P(BDC\!\!\not{D}) - P(BDCE) - P(BECD) - P(BEC\!\!\not{E}) - P(CDC\!\!\not{E}) \\
&+ P(BDBEC\!\!\not{D}) + P(BDBECE) + P(BDC\!\!\not{D}CE) + P(BECDC\!\!\not{E}) \\
&- P(BDBEC\!\!\not{D}C\!\!\not{E}) \\
= &\; P(BD) + P(BE) + P(CD) + P(CE) \\
&- P(BDE) - P(BDC) - P(BDCE) - P(BECD) - P(BEC) - P(CDE) \\
&+ P(BDEC) + P(BDEC) + P(BDCE) + P(BECD) - P(BDEC)
\end{aligned}$$

위의 식에 사건의 값을 입력하면 다음과 같이 계산된다.

$$P(X) = 0.01 + 0.01 + 0.01 + 0.01$$
$$- 0.001 - 0.001 - 0.0001 - 0.0001 - 0.001 - 0.001$$
$$+ 0.0001 + 0.0001 + 0.0001 + 0.0001$$
$$- 0.0001$$
$$= 0.0361$$

여기서 불규칙에 따라 P(BB) = P(B)가 되며, 따라서 P(BDBE) = P(BDE)가 된다는 것을 유의할 필요가 있다. 위의 경우에는 결함사상(Fault tree)에서 직접 계산한 값과 Inclusion-Exclusion 방식에 의해 계산된 값이 같게 나타나는 드문 경우이다.

다음은 결함사상(Fault tree) 내에서 중복하여 나타나는 사건을 포함하는 경우이다.

앞의 예제와는 달리 P(T)를 P(X)와 P(Y)의 곱으로 계산하면 X와 Y 사이에 의존성이 있기 때문에 큰 오차가 발생하게 된다.

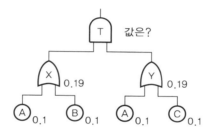

[그림 2-32] 간단한 FT의 예

이 경우에는 결함사상(Fault tree)에서 직접 값을 계산하는 방식을 사용하는 대신에 먼저 최소단절집합을 계산하고, 이로부터 값을 계산하여야 한다. T에 대한 최소단절집합은 아래와 같이 계산하며 (A), (B, C)와 같이 2개의 최소단절집합이 계산된다.

$$T = XY = (A + B) (A + C)$$
$$= AA + AC + AB + BC$$
$$= A + AC + AB + BC$$
$$= A + BC$$

최소단절집합으로부터 희사상근사를 이용하여 확률값을 계산하면, 다음과 같이 계산된다.

$$P(T) = 0.1 + 0.1 \times 0.1 = 0.11$$

MCUB(Minimal Cut Upper Bound) 방법을 이용하여 다음과 같이 확률값을 계산할 수 있다.

$$P(T) = 1 - (1 - P(A)) (1 - P(BC)) = 1 - (1 - 0.1) (1 - 0.01) = 0.109$$

Inclusion-Exclusion 방법에 따라 다음과 같이 정확히 확률값을 계산할 수 있다.

$$P(T) = P(A) + P(BC) - P(ABC) = 0.1 + 0.01 - 0.001 = 0.109$$

위의 fault tree에서는 MCUB 방법과 Inclusion-Exclusion 방식과 같은 결과를 얻었다. 일반적으로 MCUB는 희사상근사 방법에 비해 보다 근접한 값을 제공한다.

※ 최소단절집합(Minimal Cut Set) : 주어진 기본사건의 조합이 계통의 기능을 상실시키는 경우 이 기본사건들의 조합을 단절집합(Cut Set)이라 하고 이들 단절집합들 중 최소가 되는 조합을 최소단절집합이라 한다.

※ Inclusion-Exclusion 법칙 : 집합에서 N개의 사건으로 이루어진 경우, 교집합의 경우는 간단하게 계산되지만 합집합의 경우는 복잡한 식을 이용하여 확률을 계산하여야 한다. 이때 합집합에 대한 계산식을 Inclusion-Exclusion 법칙이라고 부른다.

※ Minimal Cut Upper Bound(MCUB) : 합집합의 근사값을 구하는 방법으로 3차항 근사와 유사한 정확도를 제공하기에 신뢰도 평가 시 많이 사용되는 방법이다.

※ 희사상근사(Rare event approximation) : 합집합의 경우 Inclusion-Exclusion 법칙에서 1차항까지만 계산하는 방법을 1차항 근사 또는 희사상근사라 한다.

2-10-5 미니멀 컷세트와 미니멀 패스세트(Minimal Cut Set and Path Set)

구성된 FT에서는 정상사상이나 중간사상의 발생확률을 계산하여 이것을 예측하는 것도 중요하지만 정상사상 발생에 영향을 미치는 요소를 파악하는 것도 확률계산 못지않게 중요하다고 할 수 있다.

이와 같이 정상사상의 위험성을 효과적이고 경제적으로 감소시키기 위하여 사용하는 방법이 미니멀 컷세트(Minimal Cut Set)와 미니멀 패스세트(Minimal Path Set)이다.

미니멀 컷세트와 미니멀 패스세트는 개개의 기본사상 발생확률과 무관하며 AND와 OR로 구성되는 논리조합의 영향만을 받기 때문에 현실적으로 공정분석에 매우 유용하고 즉각적인 FTA가 가능할 수 있는 것이다.

즉, FTA를 이용하여 재해발생 확률을 계산하려면 각각의 기본사상 발생확률 확보가 전제되어야 하고, 또한 고장률의 신뢰도에 따라 결과의 차이는 엄청나게 클 수 있지만 미니멀 컷세트와 패스세트는 논리조합의 지배를 받기 때문에 분석의 오차를 최소화할 수 있는 장점이 있다.

미니멀 컷세트란 여기에 포함되어 있는 모든 기본사상(통상 생략, 결함사상을 포함)이 일어났을 때 정상사상을 발생시키는 기본사상의 최소 집합이라고 정의할 수 있다.

즉, 정상사상을 발생시키기 위한 기본사상의 미니멀 집합을 최소 컷세트라 할 수 있으며 컷세트에 포함되어 있는 기본사상을 집중관리함으로써 정상사상의 재해발생확률을 효과적이고 경제적으로 감소시킬 수 있는 것이다.

(1) 최소단절집합(Minimal Cut Set)

결함수(Fault tree)분석의 중요한 결과 중 하나는 계통 고장을 일으키는 최소단절집합(Minimal Cut Set)이다. 주어진 기본사건의 조합이 계통의 기능을 상실시키는 경우 이 기본사건들의 조합을 단절집합(Cut Set)이라 하며, 이들 단절집합들 중 최소가 되는 조합을 최소단절집합이라 한다.

[그림 2-37]에서 각 네모는 휴즈라고 할 때, 가) 계통에서 1번 및 3번 휴즈가 고장이라고 하면 계통에 전류가 흐르지 않게 된다. 이와 같이 계통 고장을 일으키는 (1, 3)의 동시 고장을 단절집합이라고 한다. 가) 계통에서 (1, 3), (2, 3), (1, 2, 3)의 조합은 계통 고장을 일으키는 단절집합이 된다. 이 중에 (1, 2, 3)의 휴즈 고장 중 (1, 3) 또는 (2, 3)의 조합만으로도 계통 고장을 일으킬 수 있으므로, 이는 최소단절집합이 아니다. (1, 3) 또는 (2, 3)의 조합은 계통의 고장을 일으키며, 이들이 최소의 조합이므로 최소단절집합이라고 한다.

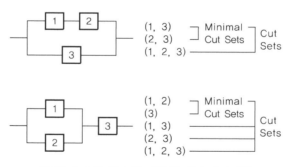

[그림 2-33] 단순한 계통의 최소단절집합

반면 나) 계통에서는 (3), (1, 2), (1, 3), (2, 3), (1, 2, 3) 등의 조합이 계통 고장을 유발하는 단절집합이 된다. 그러나 이중 (1, 2) 와 (3) 2개만이 최소단절집합이 된다. 나머지 조합은 최소단절집합에 다른 기기의 고장을 포함하므로 최소단절집합이 아닌 일반단절집합이 된다.

최소단절집합은 계통의 고장을 일으키는 논리를 나타내므로, 그 자체로서 좋은 정보를 제공해 주며, 또한 최소단절집합과 신뢰도 자료를 결합하여 계통 고장확률을 평가하는 데 사용되므로, 결함수(Fault tree)분석에서 매우 중요한 결과이다.

부울대수(Boolean algebra)를 이용하여 다음과 같이 부울 식을 단순화하여 최소단절 집합을 계산할 수 있다.

예제 1) T = (A + B) * (A + C)

$$= A * A + A * C + A * B + B * C$$
$$= A + A * C + A * B + B * C$$
$$= A + B * C$$

위 식에서 첫 번째 줄을 전개하면 2번째 줄과 같은 식이 나오며, 여기서 A * A = A가 되며, 세 번째 줄에서는 A + A = A,

A + A * C = A, A + A * B = A가 되며, 최종 결과는 A + B * C로서 (A), (B, C) 2개의 최소단절집합이 계산된다.」

예제 2) T = (A + B) * (A + C) + C * (C + D)

$$= A * A + A * C + A * B + B * C + C * C + C * D$$
$$= A + A * C + A * B + B * C + C + C * D$$
$$= A + C$$

위 식에서 첫 번째 줄을 전개하면 2번째 줄과 같은 식이 나온다. 여기서, A * A = A, C * C = C가 되며, 3번째 줄에서는

A + A * C + A * B = A, C + B * C + C * D = C가 된다. 따라서 결과는 A + C로서 (A), (C) 2개의 최소단절집합이 계산된다.

간단하게는 전개한 항들끼리 모두 비교하여 다른 항을 포함하는 항을 삭제하는 과정이 이루어진다. 위에서 첫 번째 항인 A와 다른 항들을 비교하여 A를 포함하는 항들은 삭제한다. 모든 항들을 서로 비교하기 위해서는 $_nC_2$번의 비교가 필요하다. 만일 10개의 항이 전개되었다면 45번의 비교가, 1,000개의 항이면 약 500,000번의 비교가 필요하다. 최소단절집합 계산 중에는 수십만개 이상의 항이 전개되는 경우도 있어 많은 계산 시간이 소요될 수 있다. 최소단절집합 계산 소프트웨어들은 이들의 비교 횟수를 줄이기 위한 다양한 기법을 가지고 있다.

(2) 미니멀 패스세트(Minimal Path Set)

미니멀 패스세트란 여기에 포함되어 있는 기본사상이 일어나지 않으면 정상사상이 발생하지 않는 기본사상의 집합이라고 정의할 수 있다.

이와 같이 최소 단절집합은 어떤 고장이나 에러(Error)를 일으키거나 재해가 일어나게 하는 것, 즉 시스템의 위험성(반대로 말하면 안전성)을 나타내는 것이며, 미니멀 패스세트는 어떤 고장이나 패스를 일으키지 않으면 재해는 일어나지 않는다는 것, 즉 시스템의 신뢰성을 나타내는 것이라 할 수 있다.

2-10-6 FTA 응용사례

[사례 1] 터널화재에 대한 FTA

「전장 2.5km 터널공사의 터널관통 후 가스절단작업 중에 화재가 발생, 작업 중인 근로자 2명과 구조작업원 2명이 일산화탄소 중독으로 사망」에 대한 FTA이다.

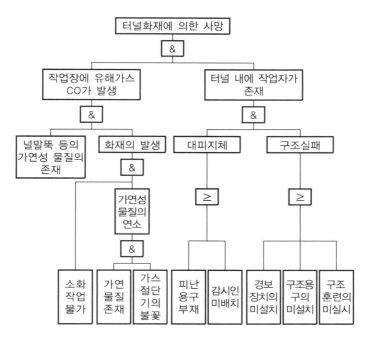

[그림 2-34] 터널화재에 대한 FTA

[사례 2] 탱크 트레인 시스템의 FTA

다음과 같이 2개의 펌프 트레인과 하나의 탱크 트레인으로 구성된 시스템이다. 각 펌프의 트레인은 하나의 펌프와 하나의 모터구동밸브로 구성되어 있으며, 탱크 트레인은 하나의 탱크와 하나의 수동밸브로 다음 [그림 2-35]와 같이 구성되어 있다.

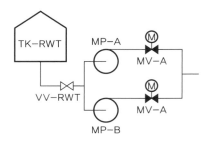

[그림 2-35] 탱크, 펌프, 모터 등의 기본 시스템도

2개의 펌프 트레인 중 하나의 펌프 트레인만 작동하여 물을 공급하면 시스템은 성공하는 것으로 가정할 때 이에 대한 FTA이다.

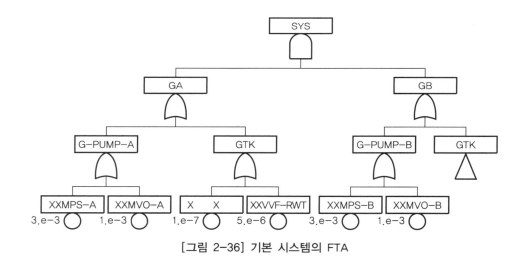

[그림 2-36] 기본 시스템의 FTA

[사례 2]의 시스템에 대하여는 〈표 2-49〉와 같이 6개의 최소단절집합이 계산된다. 최소단절집합으로부터 희사상근사를 이용하면 시스템 고장확률은 2.11×10^{-5}로 평가된다. 〈표 2-49〉에서의 값은 각 최소단절집합이 시스템 계통 고장확률에 차지하는 비율을 나타낸다.

〈표 2-49〉[사례 2] 시스템에 대한 최소단절집합

No.	값	중요도	누적치	최소단절집합	
1	9.00E-06	0.427	0.427	XXMPS-A	XXMPS-B
2	5.00E-06	0.237	0.664	XXVVF-RWT	
3	3.00E-06	0.142	0.806	XXMVO-A	XXMPS-B
4	3.00E-06	0.142	0.948	XXMPS-A	XXMVO-B
5	1.00E-06	0.047	0.995	XXMVO-A	XXMVO-B
6	1.00E-07	0.005	1	XXTKF-RWT	

첫 번째 최소단절집합인 XXMPS-A, XXMPS-B의 값은 9×10^{-6}으로 시스템 고장확률의 42.7%를 차지한다는 것을 의미한다. 최소단절집합만으로도 시스템 고장에 중요요인이 무엇인지 추측할 수 있으며, 만일 시스템의 개선이 필요하다면 어디를 개선하는 것이 효과적인지를 파악할 수 있다.

FTA에서 중요도분석은 매우 중요한 역할을 한다. 중요도분석을 통하여 각 기기의 고장이 시스템 신뢰도에 미치는 영향을 평가할 수 있을 뿐만 아니라 시스템 신뢰도 향상방안을 도출할 수 있다. 중요도 척도는 여러 가지가 사용되며, 대표적인 것으로서 FV(Fussell-Vesely) 중요도, RRW(Risk Reduction Worth), RAW(Risk Achievement Worth) 등이 있다. 다음 〈표 2-50〉은 각 중요도의 척도를 나타낸다.

〈표 2-50〉 중요도의 척도

중요도 척도	설 명	계산식
FV (Fussell-Vesely) 중요도	기기 또는 계통이 전체 위험도에 차지하는 비율을 나타냄 정의 : 특정 기기 또는 계통이 차지하는 위험도 / 기본 위험도	$FV_1 = \dfrac{F^0 - F_1^-}{F^0}$
RRW (Risk Reduction Worth)	기기 또는 계통을 개선할 경우(주어진 기본 사건의 고장확률이 0일 때) 위험도 감소 효과 정의 : 기본 위험도 / 특정 기기 또는 계통 성공 시 위험도	$RRW_1 = \dfrac{F^0}{F_1^-}$
RAW (Risk Achievement Worth)	기기 또는 계통이 Out of Service될 경우(주어진 기본사건의 고장확률이 1)일 때 위험도 증가 효과 정의 : 특정 기기 또는 계통 고장 시 위험도 / 기본 위험도	$RAW_1 = \dfrac{F_1^+}{F^0}$

다음은 [사례 2] 시스템에 대하여 각 기본사건의 중요도를 계산한 결과이다.

〈표 2-51〉[사례 2] 시스템에 대한 기본사건의 중요도

No.	Event	Probability	FV	RRW	RAW
1	XXMPS-A	3.00E-03	0.56872	2.318681	190.005
2	XXMPS-B	3.00E-03	0.56872	2.318681	190.005
3	XXVVF-RWT	5.00E-06	0.236967	1.310559	47394.13
4	XXMVO-A	1.00E-03	0.189574	1.233918	190.384
5	XXMVO-B	1.00E-03	0.189574	1.233918	190.384
6	XXTKF-RWT	1.00E-07	0.004739	1.004762	47394.36

[사례 3] 가정용 온수기 탱크파손에 대한 FTA

다음 [그림 2-37]은 일반 가정에서 사용하는 온수기 시스템을 나타낸다. 탱크가 터진 사고가 발생했다고 가정할 때, FTA는 [그림 2-38]과 같다.

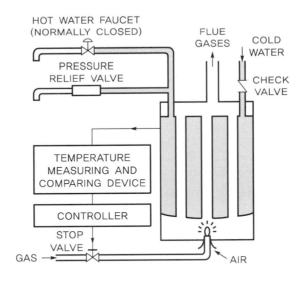

[그림 2-37] 가정용 온수기의 간단 시스템

그림에서 탱크의 파손 이유는 외부 또는 내부의 압력초과에 기인할 수 있고 그 외부적
원인으로는 생산과정이나 제품의 이동과정에서 발생할 수 있는 손상일 수도 있으나 장
시간의 사용 중에 폭발 또는 파손이 있었다면 이는 릴리프밸브(Relief valve)의 고장
또는 작동불량으로 인한 내부적 원인에 기인한 것으로 분석할 수 있다.

그림에서와 같이 내부적인 이상 압력의 발생에 기인되어 탱크 파손이 초래될 수 있고
이는 릴리프밸브의 고장이나 탱크 내의 온수의 과열에 기인할 수 있다. 릴리프밸브의
고장이 아니라면 가스밸브의 오동작이나 컨트롤러의 온도제어장치 미작동 또는 가스밸
브의 개방으로 인한 사고로 분석할 수 있겠다. 여기서 삼각형으로 표시된 [T_1, T_2, T_3,
T_4, T_5]는 더 계속해 분석할 필요가 있으나 여기 예제에서는 생략한다는 표시이다.

[그림 2-38]은 [사례 3]의 FTA이다.

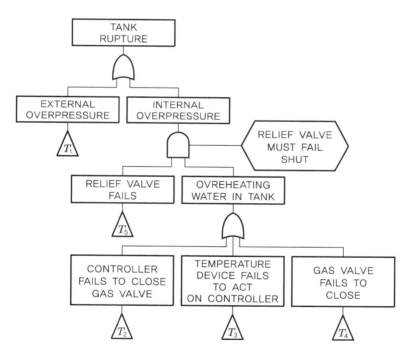

[그림 2-38] 가정용 온수기의 탱크파손에 대한 FTA 분석

2-11 사건수분석(ETA ; Event Tree Analysis) 기법

2-11-1 ETA의 개요

결함수(FTA) 기법이 어떤 사고나 재해에서 시작해서 그 앞 과정에서 있었던 재해발생 원인이나 요인을 분석해 가는데 비해 사건수분석(ETA) 기법은 분석의 방향이 전혀 반대이며 이 분석에 의해서 처음에는 예상할 수 없었던 재해 발생 가능성을 밝혀낼 수 있다.

ETA는 사고나 재해의 발단이 되는 사건이 시스템에 입력(Input)된 이후 그 영향으로 계속해서 어떠한 부적합한 상태로 발전해 가는지를 나뭇가지가 갈래를 쳐 나가는 모양으로 분석을 계속해 나가는 방법이다. 복잡한 시스템에서 대형사고가 발생할 우려가 있는 경우에는 FTA와 ETA를 함께 사용해서 분석하면 더욱 분명한 결과를 얻을 수 있다.

안전기능이 유지되는지 아닌지를 나뭇가지 모양으로 전개해 나가되, 안전기능유지가 안되는 쪽으로 계속 분석해 나가다 보면 최종적으로 우리가 찾는 리스크나 사고를 찾을 수 있게 되고 각각의 사고결과에 대한 시나리오를 예측할 수 있다. 아울러 각 요소의 고장률(Failure likelihood)을 알게 되면 사고의 발생확률도 구할 수 있다. FTA 분석법이 연역적 방법인데 반해 ETA 분석법은 귀납적 분석법이라 할 수 있다.

사건수(ET)는 주로 설계되는 시스템의 적합성을 판정하거나 또는 개선방향이나 개선점을 도출하는 데 사용될 수 있으며 정량적인 값을 산출할 수 있을 때에는 시스템 설계, 개선 시 자원의 할당에 대한 정당성을 확인할 수 있다.

단점으로는 사건에 영향을 미치는 인자들이 많아지면 사고 시나리오가 방대해지고, 이 경우 사고 시나리오를 모두 도출하더라도 이를 모두 정량화하기는 어려울 뿐만 아니라 얻은 정보 또한 분명하지 않아진다.

※ 주요 용어

- 초기사건(Initiating event) : 시스템 또는 기기의 결함, 운전원 실수 등
- 안전요소(Safety function) : 안전요소라 함은 초기의 사건이 실제사건으로 발전되지 않도록 하는 안전장치, 운전원의 조치 등
- 최소 컷세트(Minimal cut set) : 정상사건(Top event)의 발생원인이 되는 기기의 결함 또는 작업자 실수의 최소조합

2-11-2 ETA의 특징과 수행절차

(1) ETA의 특징

사고를 유발하는 초기사건과 후속사건의 순서를 논리적으로 알아낸다.

적용시기는 설계단계에서는 초기사건으로부터 발생하는 가능한 사고를 평가하기 위해 적용되고 운전단계에서는 기존안전장치의 적절성을 평가하거나 장치이상으로 발생할 수 있는 리스크를 조사하기 위해 사용할 수 있다.

사건수분석에 필요한 자료와 지식은 초기사건(사고의 원인)이 될 수 있는 장치의 이상이나 시스템이상에 대한 지식 및 경험과 초기사건의 영향을 완화시킬 수 있는 안전시스템의 기능이나 응급조치에 대한 지식이다.

(2) 수행 전 준비사항

ETA 분석에 필요한 인원은 1명도 가능하나 보통 2~4명으로 구성된 팀이 브레인스토밍(Brainstorming) 등의 방법을 통해 진행하는 것이 바람직하며, 반드시 팀원 중에는 사건수분석(ETA)에 경험이 있는 사람과 시스템의 운전경험이 있는 사람이 포함되어야 한다. 필요한 자료로는 공정설명서, 공정흐름도, 공정배관계장도(P&ID), 운전절차서, 물질안전보건자료, 공장배치도, 연동장치도면, 비상조치계획 등이다.

(3) 수행절차

ETA의 수행절차는 다음 [그림 2-39]와 같다.

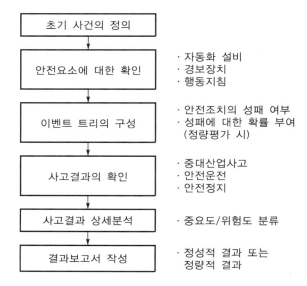

[그림 2-39] ETA의 수행절차

[제1단계] 준비사항

사건수분석을 수행하기 위해 필요한 인원은 한 명 이상이면 가능하지만 다양한 원인을 찾아야 할 필요가 있을 때에는 팀을 구성해서 할 수도 있다.

팀을 구성하는 인원은 아래 각 항목에 대하여 지식과 충분한 경험을 갖고 있어야 한다.

① 사건수분석 기법

② 평가 대상 공정의 운전 및 위험요소

③ 평가 대상 공정의 설계 개념

④ 평가 대상 공정의 정비 보수

또한 사건수분석에 필요한 자료는 아래와 같으나 공정특성에 따라 추가 또는 삭제가 필요하다.

① 사건을 발생시킬 수 있는 단위기기 및 설비에 대한 고장률

② 사고사례를 통한 공정 사고의 발생빈도 관련 자료

③ 작업자 실수 관련 자료

④ 일반적 사고원인이 될 수 있는 사항에 대한 고장확률자료

⑤ 운전절차서

⑥ 공정설명서(PFD, Heat & Material balance 등 설계 기본 개념 자료 포함)

⑦ 공정배관계장도

⑧ 제어시스템 및 계통설명서

⑨ 전기적/기계적 안전장치 목록

⑩ 설비배치도

⑪ 정비절차서 및 정비주기표

⑫ 운전자의 숙련도

⑬ 사건에 대한 비상조치계획

⑭ 기타 필요한 사항

[제2단계] 발생 가능한 초기사건의 선정

① 발생 가능한 시스템/공정의 고장 또는 오류(Failure)나 혼란에 대해 예측한다.

② 이때 예측하여야 할 대상이란 설비나 시설에 반영되어 있는 방호대책을 말한다.

예 산화반응에서의 냉각수 공급 이상

[제3단계] 초기사건을 완화시킬 수 있는 안전요소 확인

① 초기사건의 발생 시 대응할 수 있는 안전조치를 발생순서에 따라 파악한다.

② 일반적으로 대응되는 안전조치의 유형은 다음과 같다.

㉮ 자동안전장치(PSV, 긴급차단밸브 등)

㉯ 경보(온도, 압력, 액위 등)

㉰ 운전자의 대응(비상조치, 비상운전절차 등)

㉱ 위험상황에서의 방호, 각종 인터록, 자동 차단장치 등

[제4단계] ET 작성

① 사건의 진행(대응)순서에 따라 좌에서 우로 기재한다.

② 보통, 성공(Success)은 상부방향으로, 실패(Fail)는 하부방향으로 분할한다.

[제5단계] 사고결과의 확인

① 사건에 대한 대응단계별로 최종결과(재해결과)를 종류별로 분류한다.

② 대응단계별 성공/실패의 확률을 대입하여 결과에 대한 발생률을 예측한다.

③ 예측된 발생률이 수용범위를 벗어날 경우 대응단계별 수정, 보완대책을 수립하거나 추가적인 대응책을 계획한다.

[제6단계] 사고결과 상세분석

필요한 경우 수정, 보완의 절차를 밟는다.

[제7단계] 결과의 문서화

2-11-3 ET(Event Tree)의 작성방법

사건수(Event Tree)는 왼쪽에서 오른쪽으로 쓰되, 초기사건을 왼쪽 중간 부분에 먼저 배치시킨다. 연결선은 초기사건에서 첫 번째 안전기능 순으로 그려나간다. 이때 안전기능은 동작하거나 고장 날 수 있으며 기능동작은 위쪽에 기능고장은 아래쪽에 그린다. 수평으로 연결된 선들은 이들 두 단계로부터 다음 안전기능으로 그려나간다. 만약 안전기능이 더 이상 유효하지 않으면 수평으로 연결된 선은 가지를 형성하지 않고 안전기능을 통과하여 계속 연결되어 나간다.

다음 그림은 ET 작성방법의 예시이다.

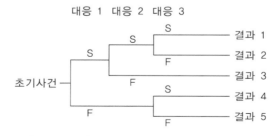

[그림 2-40] 사건수(Event Tree) 작성의 예

다음 [그림 2-41]은 8단 터보압축기에 의한 화재사건의 사건수(ET) 작성 예이다.

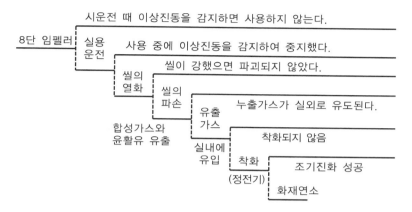

[그림 2-41] 터보압축기 화재사건에 대한 사건수(ET)작성 예

2-11-4 ETA의 사고발생확률 해석

만약 안전기능의 고장률과 초기사상의 발생률에 관한 자료가 타당성이 있다면 사건수 (ET)는 정량화될 수 있다. 예를 들면, 냉각시스템의 결함이 1회/년으로 가정하고, 하드웨어 안전기능이 필요할 경우 1%의 고장률을 갖는다고 가정한다면, 이 경우의 고장률은 0.01고장횟수/필요시고장횟수이다. 또한 작업자가 장치의 이상상태임을 4회 발생에 3회 인식하여 적절한 조치를 성공적으로 수행한다고 가정하면, 이 경우 고장률이 4회에 1이면 즉, 0.25고장횟수/필요시고장횟수이다.

안전기능에 대한 고장률은 컬럼 상단부의 바로 아래에 기입한다. 초기사상에 대한 발생 빈도는 초기사상으로부터 시작되는 라인하단에 기입하며 가지 상단부에는 안전기능이 가 동할 경우를, 가지 하단부에는 안전기능이 실패할 경우를 나타낸다. 연결되는 가지의 빈 도는 상단부 가지의 경우 그 빈도값이 변하지 않고 그대로 전달되어 기입된다. 하단부 가 지와 관련된 빈도는 후속되는 가지의 빈도에 안전기능의 고장률을 곱함으로써 계산된다. [그림 2-42]에서 상단부 가지의 빈도는 1(1년에 1회 발생을 의미)인 반면, 하단부 가지 의 빈도는 0.01(1년에 0.01회 발생)이다.

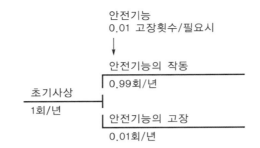

[그림 2-42] 반응기 안전시스템의 정량적 ET분석

예로서 다음 [그림 2-43]의 4번 시나리오에 대한 정량화를 수행해 본다.

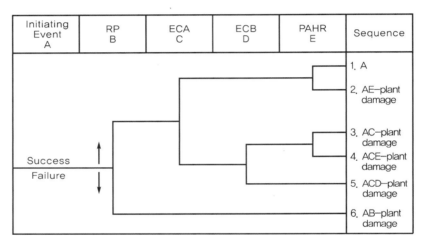

[그림 2-43] 사건수(ET)의 예

정량화의 단순화를 위해 각 표제의 실패사건을 각각 A, B, C, D, E라 칭한다. 이 중 사건 A는 초기사건을 의미한다. 4번 시나리오는 다음과 같은 사건의 교집합으로 간주할 수 있다.

$$\text{Risk } 4 = A \times \overline{B} \times C \times \overline{D} \times E$$

위의 식에서 B, D는 각각의 B, D의 여집합 사건을 의미하며, 위 식으로부터 각 사건의 확률정보가 주어지면, 이를 위의 식에 대입함으로써 각 시나리오의 리스크를 계산할 수 있다.

일반적으로 각 표제의 사건은 간단히 수식으로 주어지는 경우는 많지 않으며, Fault tree 등을 이용한 완화시스템의 신뢰도 분석을 해야 하는 경우가 대부분이다.

2-11-5 ETA 응용사례

[사례 1] 압력용기의 균열(Crack) 발생에 따른 폭발사고 발생

(방아쇠사상) 균열발생	조기 발견	정지 조치	파손 방지	누설 검지	착화 방지	폭발 (확률)

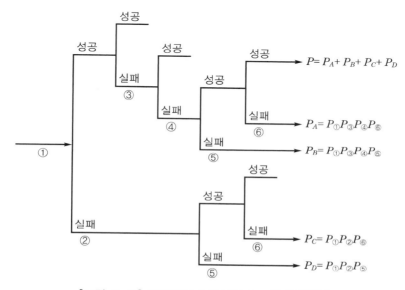

[그림 2-44] 압력용기 폭발사고 ETA의 발생확률

처음 사건의 발단은 ① 균열의 발생이다. 이것에 대한 안전조치의 단계로 ② 조기발견, ③ 정지조치, ④ 파손방지, ⑤ 누설검지, ⑥ 착화방지로, 이것이 실패하면 폭발이 발생한다. 여기서 균열발생확률을 $P_①$, 균열의 조기발견에 실패할 확률을 $P_②$, 정지조치의 실패확률을 $P_③$, 파손방지조치의 실패확률을 $P_④$, 누설검지의 실패확률을 $P_⑤$, 착화방지조치의 실패확률을 $P_⑥$로 정하면 [그림 2-44]에서 알 수 있는 바와 같이 누설검지 실패에 의한 사고 발생확률은 P_B와 P_D가 되며 어느 것이나 $P_① \sim P_⑤$로 되어있다. 또한 착화방지조치의 실패에 의한 사고발생확률은 P_A와 P_C로 나타나며 어느 것이나 $P_① \sim P_⑥$의 곱으로 되어있다. 따라서 폭발 발생확률은 $P = P_A + P_B + P_C + P_D$이기 때문에 폭발이 일어날 수 있는 확률을 제로로 하기 위해서는 $P_①$이 제로이거나 $P_② \sim P_⑥$ 중에서 2개 이상만 제로이면 폭발은 발생하지 않는다.

[사례 2] 산화반응에서의 냉각수 공급 이상

산화반응(Oxidation reaction)은 급격한 발열반응으로서 냉각수 공급 이상, 촉매에 의한 Hot spot, 이상반응, 운전실수 등의 작은 결함에 의하여 반응폭주현상이 발생할 수 있다. 이와 같이 여러 원인들 중 반응기에 공급되는 냉각수 계통에 이상상태가 발생할 때에 초래할 수 있는 결과에 대하여 검토하고자 한다.

안전장치 및 대응관계 검토

① 고온경고(High temperature alarm)

반응기 내부온도가 Set point 이상 상승할 경우 경보 작동

② 조작자(Operator)에 의한 조치

고온경고(High temperature alarm)가 작동할 때 근무자는 냉각수계통 회복에 대하여 적절한 조치 실시

③ 자동차단장치(Automatic shutdown system)

반응기 온도가 허용할 수 있는 범위를 초과할 경우 공정에 대한 자동운전정지 시스템 작동

다음 [그림 2-45]는 [사례 2]에 대한 ETA 작성이다.

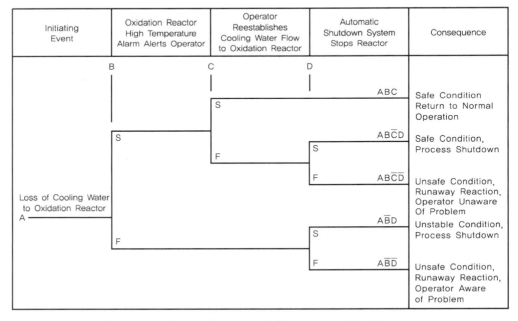

[그림 2-45] 산화반응에서의 냉각수 공급 이상에 대한 ETA

대응단계별로 다음과 같은 기본자료들이 제공되었을 때 재해결과를 해석하면 다음과 같다.

① 고온경고장치(High temperature alarm) : S(0.9), F(0.1)
② 조작자(Operator)에 의한 조치 : S(0.9), F(0.05)
③ 자동차단장치(Automatic S/D system) : S(0.9), F(0.1)

사고발생확률은 다음 〈표 2-52〉와 같다.

〈표 2-52〉 결과에 대한 발생확률 계산

결 과	확 률
ABC	$0.9 \times 0.95 = 0.855$
AB$\overline{C}$D	$0.9 \times 0.05 \times 0.9 = 0.0405$
AB$\overline{C}\overline{D}$	$0.9 \times 0.05 \times 0.1 = 0.0045$
A$\overline{B}$D	$0.1 \times 0.9 = 0.09$
A$\overline{B}\overline{D}$	$0.1 \times 0.1 = 0.01$
TOTAL	1.00

[사례 3] 가연성 배관의 누출 또는 용기파열

배관누출이나 용기파열 사고에 대한 ET분석이다. 진행 및 대응 단계에 대한 검토는 ① 누출 즉시 점화, ② 누출 또는 확산의 차단, ③ 점화 지연, ④ 폭발, ⑤ 폭굉으로 나누어 작성한다. [그림 2-46]은 배관파열에 대한 ET 분석이다.

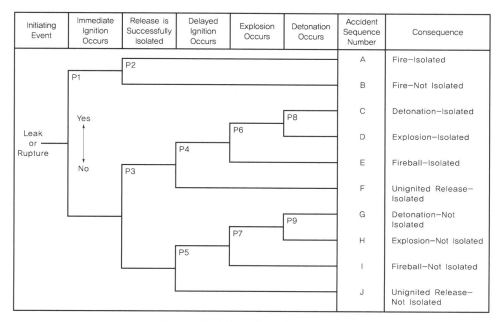

[그림 2-46] 가연성 가스누출에 대한 ETA

[사례 4] 사고 전과 사고 후의 ETA의 활용

사고 전에 ETA는 사고로 나타날 수 있는 원인(고장)이 발생하였을 때 다중요소의 안전조치에 대한 효과를 평가하고 어떤 사고가 발생할 수 있는지를 예측하는 데 이용할 수 있다.

발열반응에서 냉각시스템의 고장으로 인한 사고를 예측하기 위하여 실시한 ETA는 다음 [그림 2-47]과 같다.

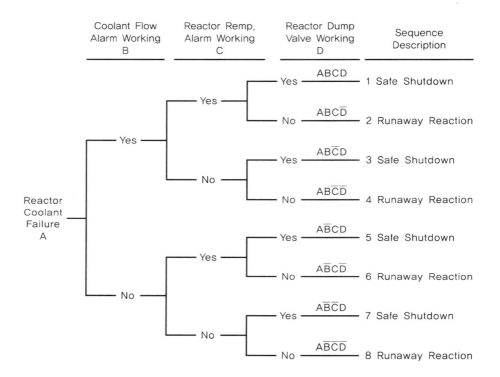

[그림 2-47] 사고 전 냉각시스템의 ETA

사고 후 ETA는 사고가 발생한 후에 어떤 사고결과(증기운 폭발, BLEVE, 플래시화재 등)가 일어날 수 있는지를 예측하는 데 이용할 수 있다.

[그림 2-48]은 가연성 물질이 X지점에서 누출하고 바람방향으로 Y지점에 점화원이 존재할 때의 사고결과를 예측하기 위하여 ETA를 실시한 예이다.

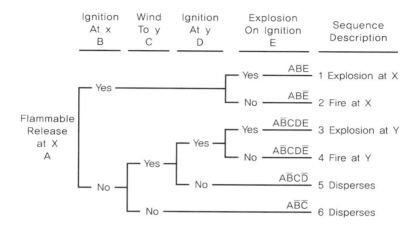

[그림 2-48] 사고 후 폭발·화재 시스템의 ETA

[사례 5] LPG 누출사고에 대한 ETA

LPG 저장탱크에서 압축되어 있던 가연성 물질이 대량으로 누출하게 된 경우에 발생할 수 있는 사고에 대한 ETA를 실시한 예이다.

〈표 2-53〉은 LPG의 누출로 인하여 발생할 수 있는 사고결과를 예측하기 위하여 각각의 사건에 대한 빈도/확률을 나타낸다.

〈표 2-53〉 ETA 기본자료

Event	Frequency or Probability	Source of data
A. 압축된 LPG의 대량누출	1.0×10^{-4}/yr	FTA
B. 탱크에서 즉시 점화	0.1	전문가 의견
C. 바람방향이 주민거주지역임	0.15	기상자료
D. 주민거주지역 근처에서 지연된 점화	0.9	전문가 의견
E. UVCE 발생(플래시화재와 비교하여)	0.5	과거사례
F. 제트화염이 탱크에 접촉	0.2	탱크배치도

기본자료를 이용한 ETA 실시 결과는 다음 [그림 2-49]와 같다.

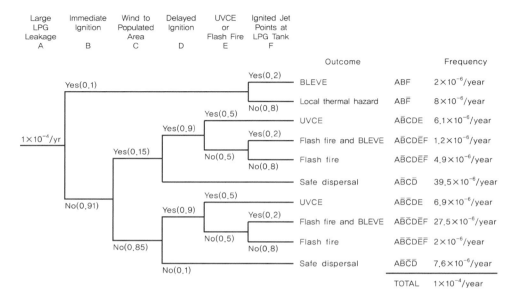

[그림 2-49] LPG 누출사고에 대한 ET

다음은 사고결과별로 사고빈도를 종합한 결과이다.

〈표 2-54〉 사고결과별 사고빈도

사고결과	시나리오	빈도(/yr)
BLEVE	ABF	$2.0 \times 10^{-6} = 2.0 \times 10^{-6}$
플래시화재	$A\bar{B}CD\bar{E}\bar{F}+A\bar{B}\bar{C}DE\bar{F}$	$4.9 \times 10^{-6} + 2 \times 10^{-6} = 6.9 \times 10^{-6}$
플래시와 BLEVE	$A\bar{B}CD\bar{E}F+A\bar{B}\bar{C}DEF$	$1.2 \times 10^{-6} + 27.5 \times 10^{-6} = 28.7 \times 10^{-6}$
UVCE	$A\bar{B}CDE+A\bar{B}\bar{C}DE$	$6.1 \times 10^{-6} + 6.9 \times 10^{-6} = 13 \times 10^{-6}$
복사열 위험	$AB\bar{F}$	$8.0 \times 10^{-6} = 8.0 \times 10^{-6}$
안전하게 소산됨	$A\bar{B}C\bar{D}+A\bar{B}\bar{C}\bar{D}$	$39.5 \times 10^{-6} + 7.6 \times 10^{-6} = 47.1 \times 10^{-6}$

[사례 6] 원자로 축 파손 사고의 ETA

다음은 원자로 시스템의 이상발생에 대한 ETA이다.

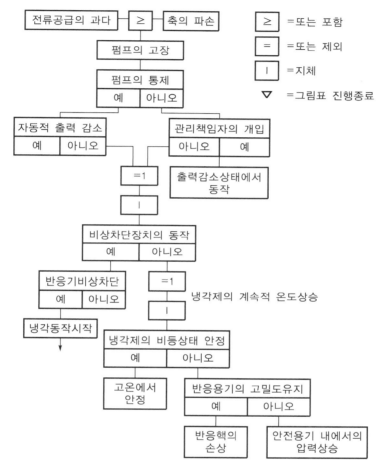

[그림 2-50] 반응로의 펌프 고장에 대한 ETA

2-12 원인결과분석(CCA ; Cause-Consequence Analysis) 기법

2-12-1 CCA의 개요

원인결과분석(CCA) 기법은 결함수분석(FTA ; Fault Tree Analysis)과 사건수분석(ETA ; Event Tree Analysis)을 결합한 것이다.

이는 잠재된 사고의 결과 및 근본적인 원인을 찾아내고 사고결과와 원인 사이의 상호관계를 예측하며 리스크를 정량적으로 평가하는 평가기법이다.

CCA의 주요 장점은 의사전달 매체로서의 사용이다. 즉 원인-결과 또는 사고결과와 그들의 기본원인 사이의 상호관계를 보여준다. 따라서 이 기법은 분석된 사고의 결함이 단순하여 결함수와 사건수를 동일한 도면으로 결합시켜 상세히 표시할 수 있을 때 그리고 결과가 예측되는 경우에 발생빈도를 정량화하는 데 사용된다.

CCA의 수행을 위해서는 사고를 일으켰던 장치의 이상이나 공정의 고장에 대한 지식, 사고의 결과에 영향을 줄 수 있는 안전시스템이나 비상시 운전절차에 대한 자료, 지식 등이 필요하다.

CCA는 다양한 경험을 가진 관리감독자 2~4명의 작은 팀 규모로도 쉽게 수행할 수 있다. 팀원 중 한명은 CCA(또는 FTA와 ETA)에 익숙해 있어야 하고, 나머지 팀원들은 분석할 시스템의 운전과 타 관련 설비들과의 상호 영향요인들에 많은 경험이 있어야 한다.

CCA에 필요한 시간과 경비는 분석할 사건의 수, 복잡성 그리고 그 문제를 해결하기 위한 해답의 수준에 따라 크게 좌우된다.

2-12-2 CCA의 사전준비사항

(1) 분석팀 구성

KOSHA Guide에 의하면 CCA(원인결과분석) 기법에 필요한 인원은 대상공정의 규모에 따라 결정되지만 각각의 분야에서 전문적 지식과 경험을 갖추고 있는 다음과 같은 인력들로 구성하여야 한다.

① 팀 리더
② 리스크 평가 전문가(CCA, FTA, ETA에 경험 필요)
③ 공정운전, 설계, 제어 등의 분야 기술자
④ 검사 및 정비, 전기 및 계장 기술자
⑤ 비상계획 및 안전관리자

(2) 필요 분석자료

CCA를 하기 위해 필요한 자료 목록은 다음과 같다.

① 과거의 리스크 평가실시 결과서
② 공정설명서
③ 공정흐름도(PFD) 및 물질수지
④ 공정배관 계장도(P&ID) 및 기기사양서
⑤ 전체 배치도(Plot plan) 및 기기배치도
⑥ 물질안전보건자료(MSDS)
⑦ 정상 및 비정상 운전절차서
⑧ 경보 및 자동운전정지 설정치 목록을 포함한 인터록 및 자동운전정지 로직(Logic)
⑨ 전기단선도(Single line diagram), 방폭 및 접지 등 전기안전 관련자료
⑩ 점검, 정비 및 유지관리 지침서 등

2-12-3 CCA 수행절차

원인결과분석은 그 결과물인 원인결과 선도가 사건수(Event Tree)와 결함수(Fault Tree)를 모두 포함하고 있으므로 분석할 사건의 경로가 비교적 간단한 경우에 사용하며 다음 [그림 2-51]과 같이 6단계로 구분한다.

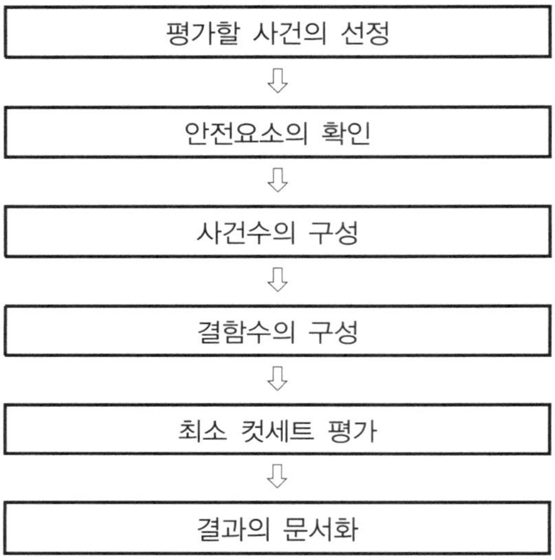

```
┌─────────────────────────┐
│      평가할 사건의 선정        │
└─────────────────────────┘
            ⇩
┌─────────────────────────┐
│       안전요소의 확인         │
└─────────────────────────┘
            ⇩
┌─────────────────────────┐
│        사건수의 구성         │
└─────────────────────────┘
            ⇩
┌─────────────────────────┐
│        결함수의 구성         │
└─────────────────────────┘
            ⇩
┌─────────────────────────┐
│       최소 컷세트 평가        │
└─────────────────────────┘
            ⇩
┌─────────────────────────┐
│        결과의 문서화         │
└─────────────────────────┘
```

[그림 2-51] 원인결과분석 프로세스

2-12-4 CCA 수행방법

[제1단계] 평가할 사건의 선정

① FTA의 정상사상(주요 시스템 사고) 또는 ETA의 초기사건이 CCA에서 분석할 초기사건이 되며 FTA와 ETA의 분석대상 선정방법과 동일하다.

※ 초기사건의 예 : 배관에서의 독성물질 누출, 용기의 파열, 내부 폭발 등

② 정성적인 리스크 평가기법(HAZOP 등), 과거의 기록, 경험 등을 통해 초기사건을 선정하는 방법도 있다.

[제2단계] 안전요소의 확인

① 이 단계는 ETA의 6단계 중 2단계(안전요소 확인)와 같다.

② 1단계에서 선정된 초기사건으로 인한 영향을 완화시킬 수 있는 모든 안전요소를 확인한다. 이때, 안전요소의 예는 다음과 같다.

㉮ 초기사건에 자동으로 대응하는 안전시스템(조업정지시스템)

㉯ 경보 장치

㉰ 운전원의 조치

㉱ 완화장치(냉각시스템, 압력방출시스템, 세정시스템 등)

㉲ 초기사건으로 인한 사고의 영향을 완화시킬 수 있는 시스템

㉳ 주변의 상황(점화원, 바람의 영향 등)

[제3단계] 사건수의 구성

이 단계는 ETA의 6단계 중 3단계(사건수 구성)와 같다.

① 2단계에서 확인된 모든 안전요소를 시간별 작동 및 조치 순서대로 성공과 실패로 구분하여 초기사건에서 결과까지의 사건경로, 즉 사건수를 찾아나간다.

② CCA의 결과물인 원인결과 선도에서 ETA 부분인 사건수는 ETA 기법과 달리 기호를 사용하여 사건경로를 나타낸다.

③ 안전요소의 성공과 실패에 따른 분기점은 [그림 2-52]의 기호로 나타내고, 사고의 결과는 [그림 2-53]의 기호로 나타낸다.

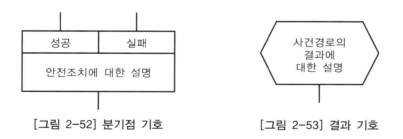

[그림 2-52] 분기점 기호   [그림 2-53] 결과 기호

[제4단계] 초기사건과 안전요소 실패에 대한 결함수 구성

① 초기사건과 3단계의 안전요소 실패에 대해 FTA 기법을 적용하여 기본원인(기본사상)에서 초기사건까지의 사건경로, 즉 결함수를 구성한다.

② FTA에 대한 상세한 방법 및 결함수 기호는 안전보건공단의 안전보건기술지침의 "결함수분석 기법"을 참조한다.

[제5단계] 각 사건경로의 최소 컷세트(Cutset) 평가

① 기본원인에서 결과까지의 각 사건경로에 대한 최소 컷세트는 FTA 기법의 최소 컷세트와 같은 방법으로 결정한다. 이때, 하나의 사건경로가 발생한다는 것은 그 경로에 포함된 모든 사건이 발생한다는 것을 의미한다. 즉, 각 사건경로의 결함수는 그 사건경로의 발생을 정상사상으로 하고, 모든 안전요소의 실패를 AND 게이트에 연결함으로써 얻어진다.

② FTA 기법을 이용하여 사건경로의 최소 컷세트를 결정할 수 있으며, 이를 CCA에서 확인된 모든 사건 경로에 대해 반복한다.

③ CCA의 결과를 평가하는 과정은 두 단계로 구분한다.

    ㉮ 사건경로를 공정안전에 대한 심각도와 중요도를 기준으로 순위를 매긴다.

    ㉯ 중요 사건경로에 대해 사건경로의 최소 컷세트의 순위를 매겨 가장 중요한 기본원인을 결정한다.

[제6단계] 결과의 문서화 및 후속조치

(1) 결과의 문서화

    CCA의 문서화에는 다음 사항을 포함하여야 한다.

    ① 분석한 시스템에 대한 설명

    ② 분석한 초기사건을 포함한 문제 정의

    ③ 가정의 목록

    ④ 얻어진 원인결과 선도

    ⑤ 사건경로 최소 컷세트의 리스트

    ⑥ 사건경로에 대한 설명

    ⑦ 사건경로 최소 컷세트의 중요도에 대한 평가

(2) 후속조치

① 후속조치의 우선순위

고장에 의한 인적·물적 손실이 중대한 것으로 판단되는 경우에는 반드시 개선권고사항에 대한 후속조치를 하여야 한다.

② 감사(Audit)

경영자는 공정안전관리 담당부서로 하여금 평가결과보고서의 내용들이 적절하게 추진되고 있는지를 감사하여야 한다.

③ 관리부서의 지정

후속조치의 관리부서는 회사의 특성에 따라 정비부, 기술부, 사업부 등에서 각각 시행할 수 있도록 지정하여야 하며, 시행결과를 공정안전관리 담당부서에 통보하여, 후속조치에 대한 적절한 사후관리가 이루어져야 한다.

2-12-5 CCA 응용사례

[사례 1] 산화반응기의 냉각기능저하

산화반응이 일어나는 반응기에 대해 원인결과분석을 수행하는 것으로, 이 반응기에 대한 안전장치로 고온에 대한 경보장치, 그보다 높은 온도에서 반응을 정지시키는 자동 작동정지 시스템이 있으며, 각각 별개의 온도 센서가 연결되어 있다.

이 반응기의 냉각 감소를 초기사건으로 선정하고, 관련된 안전요소를 확인하였다. 이 초기 사건과 관련하여 다음 안전요소가 있으며, 이 안전요소들을 발생 순서대로 나열하였다.

① 온도 T1에 작업자에게 산화반응기의 고온을 경보한다(성공은 B, 실패는 $\overline{B}$).

② 운전원은 산화반응기로 냉각수 유량을 회복시킨다(성공은 C, 실패는 $\overline{C}$).

③ 온도 T2에 자동 작동정지 시스템의 반응을 정지시킨다(성공은 D, 실패는 $\overline{D}$).

시간별 작동·조치 순서대로 위 3개의 안전조치의 성공 및 실패에 따라 사건수를 구성하면 [그림 2-54]의 윗부분과 같다. 산화반응기의 냉각 기능 저하에 대한 안전조치의 성공과 실패에 따라 바람직한 결과(안전한 정상조업 또는 안전한 자동 작동정지)가 얻어질 수 있으나, "운전원이 인지 또는 미인지한 위험한 폭주반응"의 바람직하지 않은 결과가 얻어질 수도 있다.

다음 3개의 기본원인(기본사항)이 산화반응기의 냉각기능을 저하시킬 수 있다.

① 냉각수용 물 공급 감소(LOCWS)

② 1차 냉각수 공급밸브의 Fail closed(CWSVFC) 및 2차 냉각수 공급밸브의 수동 개방 실패(OPFTOV)

③ 냉각수시스템 정지(WCSFO)

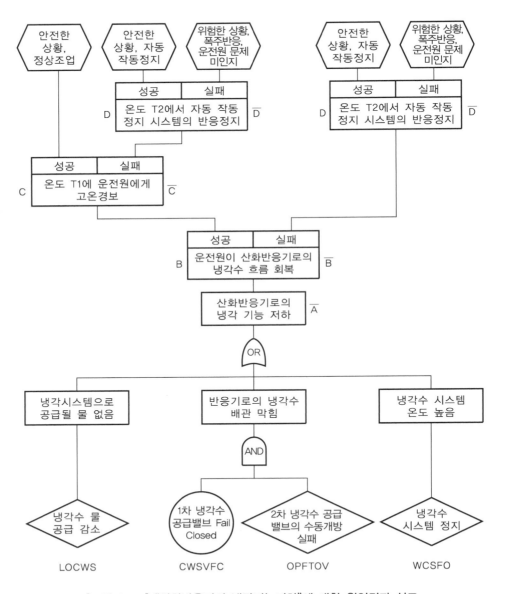

[그림 2-54] "산화반응기의 냉각기능저하"에 대한 원인결과 선도

초기사건에 FTA 기법을 적용하여 이 기본원인들부터 초기사건까지의 결함수를 구성하면 [그림 2-54]의 아랫부분과 같다. 그림을 간단하게 하고자 각 안전요소의 실패에 대한 결함수는 그리지 않았다.

바람직하지 않은 결과를 가져올 수 있는 두 개의 사건경로는 다음과 같다.

① 사건경로 1 : 위험한 상황, 폭주반응, 작업자가 문제를 인지하지 못함

② 사건경로 2 : 위험한 상황, 폭주반응, 작업자가 문제를 인지함

각 사고의 원인을 알기 위해 두 가지 사건경로에 대해 최소 컷세트를 결정하고, 각 컷세트에 포함된 사건의 수와 종류를 기준으로 중요도 순위를 부여했다.

〈표 2-55〉와 〈표 2-56〉은 각 사건경로의 최소 컷세트와 그 중요도에 대한 평가결과이다.

〈표 2-55〉 사건경로 1의 최소 컷세트 및 중요도 순위

순 위	포함된 사건	사건의 종류
1	LOCWS, $\overline{B}$, $\overline{D}$	장치고장, 장치고장, 장치고장
2	WCSFO, $\overline{B}$, $\overline{D}$	장치고장, 장치고장, 장치고장
3	CWSVFC, OPFTOV, $\overline{B}$, $\overline{D}$	장치고장, 작업자실수, 장치고장, 장치고장

〈표 2-56〉 사건경로 2의 최소 컷세트 및 중요도 순위

순 위	포함된 사건	사건의 종류
1	LOCWS, $\overline{C}$, $\overline{D}$	장치고장, 작업자 실수, 장치고장
2	WCSFO, $\overline{C}$, $\overline{D}$	장치고장, 작업자 실수, 장치고장
3	CWSVFC, OPFTOV, $\overline{C}$, $\overline{D}$	장치고장, 작업자 실수, 작업자 실수, 장치고장

2-13 상대위험순위결정
(DMI ; Dow and Mond Indices) 기법

2-13-1 DMI의 개요

상대위험순위결정(DMI) 기법은 공정 및 설비에 존재하는 위험에 대하여 상대위험순위를 수치로서 나타내어 위험정도를 비교하는 기법이다. 공정의 상황에 따라 벌점(사고를 일으킬 수 있는 공정, 물질이나 조건)과 보상(사고의 영향을 완화시키는 특징)을 부여하여 공정의 상대위험순위를 결정하는 지표를 유도한다. 공정의 위험성을 나타내는 여러 가지 지표들이 있지만 그 중 가장 많이 쓰이는 것이 「Dow Chemical」의 화재·폭발지수(Fire & Explosion Index)이다.

화재·폭발지수(F&EI)는 단위공정에 관련된 화재와 폭발의 위험성을 평가하며, 물질의 특성, 공정상태, 공정설계와 운전의 특성, 인접된 지역과의 거리, 안전 및 화재방호 시스템의 존재 등 여러 요인들을 고려하여 각 단위공정의 지수를 결정한다. 이 지수들은 사고의 확산에 따라 발생할 수 있는 손해에 대한 정성적 정보를 제공한다.

다른 위험성평가방법들이 일반적으로 설비의 내용물이 모두 화재 및 폭발로 소실되어 손실규모와 위험성평가치를 높게 설정하는 경향이 있지만 이 기법은 화재·폭발지수를 이용하여 공정설비나 부속설비에서 보다 실제적인 상황이 반영되므로 현실성이 있다고 할 수 있다.

이러한 지수들의 활용방법은 화재 및 폭발 사고 시의 예상손실을 양으로 환산하거나, 사고를 발생시키거나 증폭시킬 가능성이 있는 장치를 분류할 때, 화재 및 폭발의 잠재적인 위험성을 파악할 때 유용하다. 그러나 이 기법은 정성적 평가이면서도 주관성이 많이 작용할 수 있고 특정회사의 기법이라는 이유로 범용성이 많이 떨어져 현재에는 사용이 제한적이다.

2-13-2 DMI 수행절차

다음 [그림 2-55]는 상대위험순위결정(DMI)을 위한 지수산정 절차를 나타낸다.

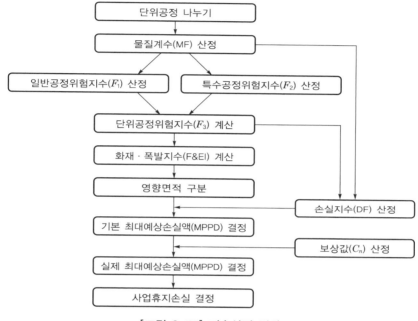

[그림 2-55] 지수산정 절차

수행절차는 지수를 산정할 플랜트(Plant)를 단위공정으로 나누는 것으로 시작한다. 나눠진 각 단위공정은 [그림 2-55]의 흐름에 따라 화재·폭발지수, 최대예상손실액, 사업휴지손실액이 구해지고 그 값들을 다른 공정의 것들과 비교함으로써 위험순위를 얻을 수 있다.

2-13-3 DMI 수행방법

각각의 지표값을 구하는 단계적 방법은 다음과 같다.

[제1단계] 단위공정(Process unit) 나누기

단위공정은 분리된 전제로 쉽게, 그리고 위치적으로 특징지을 수 있는 플랜트(Plant)의 일부분으로 정의된다.

때로는 다른 설비, 이격거리, 방화벽 또는 격벽에 의해 나누어질 수도 있다. 또한, 다른 특정한 위험이 존재하는 지역이 있는 경우도 있다.

[제2단계] 물질계수(Material factor) 산정

물질계수는 본서 [별표 2]에서 확인할 수 있다. [별표 2]에 없는 물질에 대해서는 일반적으로 물질안전보건자료(MSDS)를 활용하여 다음 〈표 2-57〉에서 그 값을 구한다.

〈표 2-57〉 물질계수 산정

물질계수(Material factor) 평가

		인화성	N_f \ N_r	반응성 0	1	2	3	4
액체, 기체, 휘발성 고체의 가연성 또는 연소성	비가연성		0	1	14	24	29	40
	93℃＜인화점		1	4	14	24	29	40
	38℃≤ 인화점＜93℃		2	10	14	24	29	40
	인화점＜38℃		3	16	16	24	29	40
	인화점＜23℃		4	21	21	24	29	49
가연성 분진	St-1(Kst ≤ 200bar m/s)			16	16	24	29	40
	St-2(Kst ≤ 201~300bar m/s)			21	21	24	29	40
	St-3(Kst＞300bar m/s)			24	24	24	29	40
가연성 고체	40mm 이상의 두께		1	4	14	24	29	40
	40mm 이하의 두께		2	10	14	24	29	40
	Foam, 섬유, 본체 등		3	16	16	24	29	40

※ 인화점이 23 ~ 93℃인 가연성 액체를 인화점 이상에서 취급하는 경우의 화재위험은 N_f=4로 간주한다.

※ 60℃를 초과하는 온도에서 산출된 물질계수는 〈표 2-58〉에 따라 보정한다.

(1) N_r = 0 (화재 시에도 안정한 물질)

① 물과 반응하지 않는 물질

② DSC(Differential Scanning Calorimeter)에 의한 실험으로 300℃를 초과하는 온도에서 발열하는 물질

(2) N_r = 1 (높은 온도와 압력을 가하면 불안정할 수 있는 물질)

① 공기, 빛 또는 수분에 폭로되면 변화하거나 분해하는 물질

② DSC에 의한 실험으로 150℃ 초과 300℃ 이하의 온도에서 발열하는 물질

(3) N_r = 2 (높은 온도와 압력을 가하면 격렬하게 화학적 변화를 하는 물질)

① DSC에 의한 실험으로 150℃ 이하에서 발열하는 물질

② 물과 활발히 반응하거나 물과 폭발성 혼합물을 형성하는 물질

(4) N_r = 3 (분해하여 폭굉을 발생하거나 점화원 없이 즉시 제한된 공간 내에서 가열 등으로 폭발적인 반응을 할 수 있는 물질)

① 높은 온도와 압력 상태에서 열 또는 기계적 충격에 민감한 물질

② 열이 없거나 밀폐되지 않은 상태에서 물과 폭발적으로 반응하는 물질

(5) N_r = 4 (보통의 온도와 압력 하에서 자기분해하여 폭굉을 일으키거나 폭발적인 반응을 일으키는 물질)

※ 혼합물질의 물질계수 결정

- 통제 조건하에서 혼합되어 격렬하게 반응하는 연료와 공기, 수소와 염소 같은 혼합물들의 물질계수는 반응 초기 혼합물을 기초로 하여 산출한다.
- 용매–용매, 용매–반응물질의 혼합물은 실험데이터를 사용하여 물질계수를 결정한다. 실험 값이 없을 경우에는 조성 중 물질계수가 가장 큰 값을 갖는 물질의 물질계수를 기준으로 한다.

※ 공기 중의 가연성 액체의 미스트는 인화점 이하에서도 폭발할 수 있으므로 미스트에 대한 물질계수는 N_f와 N_r을 한 단계 높여서 〈표 2–57〉의 물질계수 산정표에 따라 결정한다.

※ 물질계수의 온도 보정은 단위공정의 온도가 60℃ 이상이면 다음 〈표 2–58〉에 따라 N_f와 N_r을 보정한다.

〈표 2–58〉 물질계수 온도 보정

구 분	N_f	S_t	N_r
① N_f(분진의 경우S_t)와 N_r을 기입한다.			
② 온도가 60℃ 이하이면 ⑤항으로 간다.			
③ 온도가 인화점 이상이면 N_f에 1을 기입한다.			
④ 온도가 발열개시온도 이상이거나 자연발화점 이상이면 N_r에 1을 기입한다.			
⑤ N_f, S_t, N_r을 각각 더한다. 만약 그 값이 5 이상이면 4를 적용한다.			
⑥ ⑤항과 〈표 2–57〉을 이용하여 물질계수를 결정한다.			

[제3단계] 일반공정 위험지수(General process hazards, F_1) 산정

기본계수 1.00에 다음의 해당인자에 따라 〈표 2-59〉의 보정치를 더한다.

(1) 발열반응

〈표 2-59〉 발열반응

발열정도	보정치	적용 예시
약간의 발열	0.3	수소화 반응, 가수분해반응, 이성화반응, 중화반응, 설폰화반응
보통의 발열	0.5	알킬반응, 산화반응, 중합반응, 에스테르화반응, 부가반응
	0.75	부가반응 중 산이 강력한 반응을 하는 경우
제어하기 힘든 발열	1.0	할로겐화반응
아주 민감한 발열	1.25	질화반응

※ 수소화반응 : 유기화합물 속의 불포화 결합에 수소를 첨가하는 반응

※ 가수분해반응 : 화학반응 중에 물분자가 작용하여 일어하는 분해반응

※ 이성화반응 : 산이나 염기, 그밖의 화학적 작용에 의하거나 온도·압력의 변화 및 빛의 작용이라는 물리적 작용에 의해 화합물을 구성하는 원자 또는 원자단의 결합상태가 변함으로써 하나의 이성질체에서 다른 이성질체로 변하는 반응

※ 중화반응 : 산과 염기가 반응하여 물과 염을 생성하는 반응

※ 설폰화반응 : $-SO_3H$기에 의한 수소치환기의 치환반응

※ 알킬반응 : 지방족 탄화수소로부터 수소원자 1개가 빠진 것을 알킬기라고 하며, C_nH_{2n+1}의 일반식을 가지며 메틸(CH_3), 에틸(C_2H_5) 등이 있음. 이 알킬기를 다른 화합물에 도입하는 반응

※ 산화반응 : 산화(oxidation)는 분자, 원자, 이온이 전자를 잃고, 산화수(oxidation number)가 증가하는 반응

※ 중합반응 : 분자량이 작은 분자가 연속으로 결합을 하여 분자량이 큰 분자 하나를 만드는 반응. 에틸렌($CH_2=CH_2$), 프로필렌($CH_2=CH-CH_3$)과 같이 이중결합을 갖고 있는 화합물이 첨가반응에 의해 중합되는 것을 첨가중합이라고 함.

※ 에스테르화반응 : 산과 알코올로부터 물이 빠져 생성하는 화합물을 말함. 산의 수소원자를 탄화수소기 R로 치환한 것. 즉 산기와 R이 결합한 반응. 예를 들면 카복실산 R'COOH의 에스테르는 R'COOR이고, 질산(HNO_3)의 에스테르는 RNO_3임.

※ 부가반응 : 이중 결합이나 삼중 결합이 있는 화합물에 다른 분자가 결합하여 하나의 화합물을 이루는 반응

※ 할로겐화반응 : 탄소 화합물에서 탄소 원자와 할로겐 원자의 결합이 이루어지는 반응

※ 질화반응 : 목적물에 질소를 반응시키는 것. 구체적으로는 카바이드, 강 등에 질소 가스를 작용시켜 시안아미드 화합물, 질화물 등을 만드는 것

(2) 흡열반응

일반적으로 흡열반응에는 0.2의 보정치를 적용한다. 그러나 공정에 투입되는 에너지가 연료의 연소에 의한 것인 경우 0.4의 보정치를 적용한다.

① 소성공정(Calcination) : 0.4

② 전기분해 : 0.2

③ 고온분해 또는 크래킹 : 0.2(전기 또는 연소가스), 0.4(직화)

(3) 물질의 취급 및 이송

① 입·출하 작업 시에 인화점이 38℃ 이하인 인화성 액체나 LPG와 같은 액화가스의 이송배관에 커넥터가 있는 경우 0.5의 보정치를 적용한다.

② 원심분리기, 회분식 반응기, 회분식 혼합기 등에 수동으로 어떤 성분을 투입시킬 때 공기가 유입되어 발화할 가능성이 있으면 0.5의 보정치를 적용한다.

③ 창고나 야적장에 저장할 때

〈표 2-60〉 저장 시 보정치

물질의 성상	N_f	보정치
가연성 가스, 인화점 38℃ 미만의 액체	3 or 4	0.85
가연성 고체	3	0.65
	2	0.4
가연성 액체(38℃ ≤ 인화점 < 60℃)		0.25

(다만, 스프링클러가 없는 경우 보정치 0.2를 추가한다.)

(4) 밀폐 또는 실내에 설치된 단위공정

① 먼지 여과기나 집진기가 밀폐된 곳에 있으면 보정치 0.5를 적용

② 인화성 액체가 인화점 이상의 온도에서 취급되는 경우

㉮ 취급량 5,000kg 미만 : 0.3

㉯ 취급량 5,000kg 초과 : 0.45

③ LPG나 인화성 액체가 끓는점 이상의 온도로 밀폐된 곳에서 취급되는 경우

㉮ 취급량 5,000kg 미만 : 0.6

㉯ 취급량 5,000kg 초과 : 0.9

④ 적절한 환기설비가 설치되어 있으면 ①~③ 보정치의 50%만 적용한다.

(5) 접근로

① 접근로가 없는 면적이 925m^2 이상 공정지역 바닥면적이 2,312m^2 이상인 창고 : 0.35

② 접근로가 없는 면적이 925m^2 미만 공정지역 바닥면적이 2,312m^2 미만의 창고 : 0.2

(6) 배수 및 누출관리

① 내용물의 인화점이 60℃ 이하이거나 또는 인화점 이상의 온도에서 취급할 경우와 방류벽 내의 설비들이 화재에 노출될 위험이 있는 경우에 보정치 0.5를 적용

② 다음의 경우 보정치를 0으로 한다.

㉮ 비상대비탱크가 있고 비상대비탱크로 가는 배수로가 일반토인 경우에는 경사도가 2% 이상, 콘크리트 등으로 견고한 경우는 1% 이상인 경우

㉯ 비상대비탱크와 설비 간의 거리가 15m 이상 이격된 경우

㉰ 비상대비탱크의 용량이 가장 큰 탱크의 용량과 두 번째로 큰 탱크 용량의 10% 및 30분간 소화용수량을 합한 양 이상인 경우

[제4단계] 특수공정 위험지수(Special process hazards, F$_2$) 산정

기본계수 1.00에 다음의 해당인자에 따라 보정치를 더한다.

(1) 독성물질

물질의 유독여부에 따라 사람에게 끼치는 손실을 고려해야 하며 이때의 보정치는 0.2 × N$_h$이고 N$_h$값은 아래와 같다.

〈표 2-61〉 독성물질

N$_h$	인체의 영향
0	아무런 위험이 없는 경우
1	약간의 부상이 있을 수 있는 경우
2	일시적인 기능이상을 방지하기 위해 신속한 치료가 필요한 경우
3	심각한 상해를 야기하는 경우
4	약간의 노출로도 중상이나 사망을 야기할 수 있는 경우

(2) 대기압 이하의 압력

공기와의 접촉에 의해 가연성 혼합물이 형성되는 경우에 적용하며 운전압력이 절대압력으로 500mmHg 이하의 시스템에만 보정치 0.5를 적용한다.

(3) 연소범위 내 또는 그 근방에서의 운전

공기가 유입되어 폭발성 분위기를 형성하는 경우에 해당된다.

〈표 2-62〉 연소범위 내 운전

적용대상	보정치	비 고
N_f = 3이나 4인 물질을 탱크에 저장하고 공기를 불어넣거나 배출시킬 경우	0.5	불활성가스를 주입할 경우는 제외
장치나 설비들이 제대로 동작하지 않을 경우에만 폭발 분위기 형성	0.3	
항상 폭발범위 또는 부근에서 운전	0.8	

(4) 분진폭발

〈표 2-63〉 분진폭발

입자크기(μ)	체의 크기(Mesh size)	보정치
175 이상	60 ~ 80	0.25
150 ~ 175	80 ~ 100	0.5
100 ~ 150	100 ~ 150	0.75
75 ~ 100	150 ~ 200	1.25
75 미만	200 초과	2.0

(불활성가스를 봉입하는 경우 보정치를 50% 감할 수 있다.)

(5) 방출압력

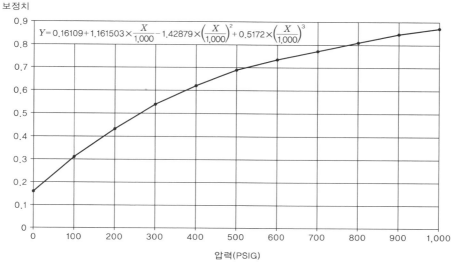

$$Y = 0.16109 + 1.161503 \times \frac{X}{1,000} - 1.42879 \times \left(\frac{X}{1,000}\right)^2 + 0.5172 \times \left(\frac{X}{1,000}\right)^3$$

[그림 2-56] 압력보정치 곡선

① 인화점이 60℃ 미만인 경우 [그림 2-56]에서 보정치를 구한다.

② 기타 다른 물질은 [그림 2-56]에서 얻어진 보정치에 다음을 고려한다.

    ㉮ 타르(Tar), 윤활유 및 아스팔트 등 점도가 높은 물질의 경우 얻어진 보정치에 0.7을 곱한다.

    ㉯ 압축가스나 1kgf/cm²G 이상의 가스로 가압된 가연성 액체는 얻어진 보정치에 1.2를 곱한다.

    ㉰ 액화가스 또는 비점 이상에서 취급되는 인화성 액체는 얻어진 보정치에 1.3을 곱한다.

③ 압출이나 몰딩조작은 적용하지 않는다.

④ 최종보정치 = 얻어진 보정치 $\times \dfrac{\text{운전압력에서의 보정치}}{\text{안전밸브 설정압력에서의 보정치}}$

(6) 저온

① 재료의 연성/취성 천이온도(모를 경우 10℃로 가정) 이하의 온도에서 탄소강을 사용하는 공정의 경우 0.3의 보정치를 적용

② 탄소강 이외의 재료는 0.2의 보정치를 적용

(7) 인화성 물질 및 불안정한 물질의 양

① [그림 2-57], [그림 2-58], [그림 2-59]에 따라 공정지역 내의 가연성 액체/기체, 저장지역의 가연성 액체/기체 및 공정 내의 분진 등 3가지에 대하여 취급량에 대한 보정치를 구하여 이 중에서 물질계수가 큰 물질을 전 지역에 적용한다.

② 공정지역 내의 보유량은 다음 중 큰 것이 10분 동안 모두 누출되는 것으로 한다.

    ㉮ 단위공정 내에서 저장·취급하는 최대량

    ㉯ 단일 배관계 내에 보유하고 있는 최대량

③ 저장탱크에 대한 보유량은 가장 큰 탱크를 기준으로 하고 야적된 드럼은 모든 드럼의 양을 합한다.

④ 하나의 방유제에 둘 이상의 탱크가 있고 비상대비 탱크로 보내지 않는 경우는 방유제 내의 모든 탱크에 저장된 양을 합한다.

⑤ 공정지역 내의 가연성 액체나 가스에 대한 개략적인 보정치는 [그림 2-58]의 A곡선을 이용하여 구한다.

⑥ 불안정한 물질의 연소열에 대한 자료가 없는 경우에는 분해열의 6배 값을 적용한다.

⑦ [그림 2-58]에서 B곡선은 스티렌이나 아크릴로니트릴과 같은 인화점이 38℃ 미만의 인화성 액체이고 C곡선은 디에틸벤젠과 같은 38℃ ≤ 인화점 < 60℃의 인화성 액체에 대한 곡선이다.

⑧ 하나 이상의 물질을 취급하는 경우 총열량을 기준으로 하여 [그림 2-58]의 각 물질에 해당되는 곡선 중 높은 쪽의 것을 택하여 보정치를 정한다.

⑨ 분진의 경우는 [그림 2-59]를 이용하여 보정치를 구한다.

    ㉮ 곡선 A : 겉보기 밀도 $160.2kg/m^3$ 미만인 분진

    ㉯ 곡선 B : 겉보기 밀도 $160.2kg/m^3$ 이상인 분진

⑩ N_r이 2 이상으로 불안정한 분체가 공정 중에 있는 경우 분체 무게를 6배하여 [그림 2-59]의 A곡선에서 보정치를 구한다.

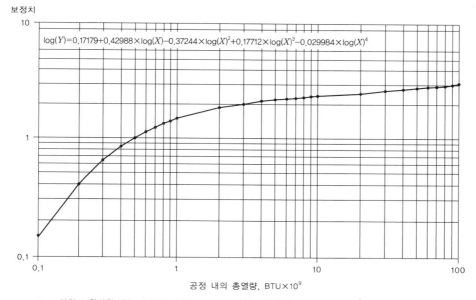

보정치

$$\log(Y) = 0.17179 + 0.42988 \times \log(X) - 0.37244 \times \log(X)^2 + 0.17712 \times \log(X)^3 - 0.029984 \times \log(X)^4$$

공정 내의 총열량, $BTU \times 10^9$

kcal 단위로 환산할 때는 0.252를 곱하고, Joule 단위로 환산할 때는 1.0556×10^3을 곱한다.

[그림 2-57] 공정 내의 액체나 기체

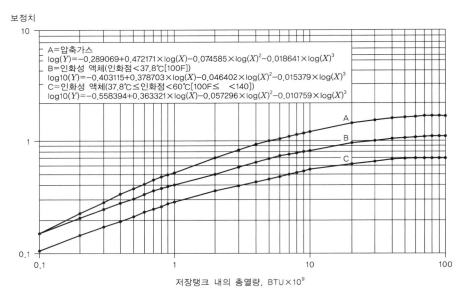

보정치

A=압축가스
$\log(Y)=-0.289069+0.472171\times\log(X)-0.074585\times\log(X)^2-0.018641\times\log(X)^3$
B=인화성 액체(인화점<37.8℃[100F])
$\log10(Y)=-0.403115+0.378703\times\log(X)-0.046402\times\log(X)^2-0.015379\times\log(X)^3$
C=인화성 액체(37.8℃≤인화점<60℃[100F≤ <140])
$\log10(Y)=-0.558394+0.363321\times\log(X)-0.057296\times\log(X)^2-0.010759\times\log(X)^3$

저장탱크 내의 총열량, BTU×10⁹

kcal 단위로 환산할 때는 0.252를 곱하고, Joule 단위로 환산할 때는 1.0556×10³을 곱한다.

[그림 2-58] 저장탱크 내의 가연성 액체·기체

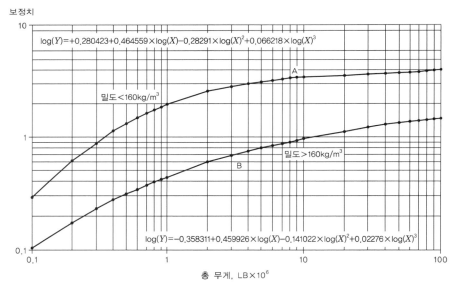

보정치

$\log(Y)=+0.280423+0.464559\times\log(X)-0.28291\times\log(X)^2+0.066218\times\log(X)^3$

밀도<160kg/m³

밀도>160kg/m³

$\log(Y)=-0.358311+0.459926\times\log(X)-0.141022\times\log(X)^2+0.02276\times\log(X)^3$

총 무게, LB×10⁶

kg 단위로 환산할 때는 0.454를 곱한다.

[그림 2-59] 저장되어 있는 가연성 고체

(8) 부식

부식속도	보정치
0.127mm/년 이하	0.1
0.127 ~ 0.254mm/년	0.2
0.254mm/년 이상	0.5
응력부식 균열이 있을 수 있는 경우	0.75
* 부식방지를 위해 라이닝이 필요한 경우	0.2

(9) 누출

상 태	보정치
펌프와 그랜드실에 의해 약간의 누출이 있을 수 있는 경우	0.1
펌프, 압축기, 플랜지에서 일정한 누출이 있을 수 있는 경우	0.3
열과 압력이 주기적으로 변동하는 공정	0.3
공정 내에 마모성 슬러리가 있거나 물질이 침투성이 있거나 실에 간헐적으로 문제를 야기할 수 있는 공정 내에 회전축 실이나 패킹을 사용하는 경우	0.4
사이트글라스, 벨로즈 신축이음이 있는 공정	1.5

(10) 가열로의 사용

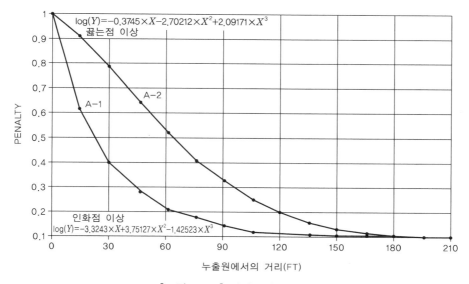

[그림 2-60] 가열로의 보정치

① 가연성 물질의 누출 가능성이 있는 장치로부터 가열로까지의 거리에 따라 [그림 2-60]에서 보정치를 정한다.

② A-1곡선은 인화점 이상에서 누출되는 물질 및 가연성 분진을 취급하는 공정에 적용하고 A-2곡선은 비점 이상에서 누출되는 물질을 취급하는 공정에 적용한다.

③ 가열로 자체에 대한 화재·폭발지수를 평가할 때는 보정치를 1로 한다.

(11) 열매체 열교환 시스템

① 열매가 불연성 물질이거나, 인화점 미만의 온도에서 운전되는 경우는 보정치를 0으로 한다(다만, 미스트를 형성할 수 있는 경우는 보정치를 고려한다).

② 보정치는 열교환되는 물질의 양과 온도에 따라 구한다.

③ 열교환되는 물질의 양은 공정으로 공급되는 배관의 파열로 15분간 누출되는 양과 열매계 내에 있는 열매량 중 작은 쪽을 택한다.

〈표 2-64〉 열매체 열교환 시스템의 보정치

보유량(m³)	보정치	
	인화점 이상	비점 이상
19 미만	0.15	0.25
19 ~ 38	0.3	0.45
38 ~ 95	0.5	0.75
95 초과	0.75	1.15

(12) 회전기기

다음 경우에는 보정치를 0.5 적용한다.

① 동력이 600hp을 초과하는 압축기

② 동력이 75hp을 초과하는 펌프

③ 교반기와 순환펌프의 고장으로 혼합이나 냉각유체의 순환이 되지 않아 열을 축적시킬 수 있는 경우

④ 과거에 중대한 사고가 있었던 원심기와 같은 고속 회전기기

[제5단계] 단위공정위험지수(F_3) 계산

단위공정위험도(F_3) = 일반공정위험지수(F_1) × 특수공정위험지수(F_2)

(F_3은 보통 1~8의 값을 갖는다.)

[제6단계] 화재 · 폭발지수(F&EI ; Fire & Explosion Index) 계산

화재 · 폭발지수(F&EI) = 단위공정위험도(F_3) × 물질계수(MF)

〈표 2-65〉 화재 · 폭발지수에 따른 위험정도 구분

화재 · 폭발지수 범위	위험정도
$1 \sim 60$	경미
$61 \sim 96$	보통의 위험
$97 \sim 127$	위험
$128 \sim 158$	대단한 위험
159 이상	심각한 위험

[제7단계] 영향면적 구분

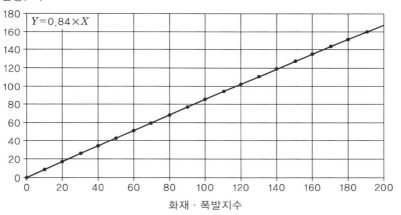

[그림 2-61] 노출면적

① 화재 · 폭발지수가 결정되면 그 값에 0.84를 곱하거나 [그림 2-61]을 사용하여 영향 면적(반경)을 결정한다. 물론 설비의 위치, 바람 등의 영향이 있으나 완전한 원으로 그리며, 폭발이나 화재가 영향을 미치지는 않더라도 단위공정으로부터 [그림 2-61] 에서 얻어진 영향반경 안에 있는 장치들이 화재나 폭발의 피해를 입는다고 본다.

② 노출반경 내에 건물이 있고 건물의 외벽이 방폭형이나 방화벽으로 설계되어 있는 건 물은 피해계산에서 제외한다.

③ 영향반경은 작은 설비는 설비의 중심에서, 큰 설비는 설비의 가장자리를 기준으로 한다.

④ 영향면적은 영향반경을 기초로 πR^2으로 계산하며 영향체적은 실린더로 간주하고 높이는 영향반경과 같은 수치를 적용한다.

[제8단계] 손실지수(DF ; Damage Factor) 산정

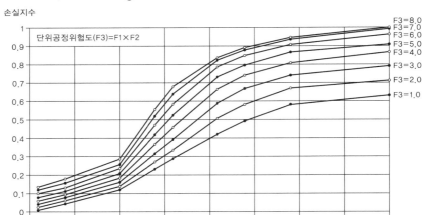

[그림 2-62] 손실지수

① 물질계수와 단위공정위험도가 결정되면 [그림 2-62]를 사용하여 손실지수를 구한다.
② 단위공정위험도가 8 이상인 경우에는 8을 적용하며 외삽하지 않는다.

[제9단계] 기본 최대예상손실액(Base Maximum Probable Property Damage, 기본 MPPD) 결정

기본 MPPD = 노출면적 내 설비 교체비용 × 손실지수(DF)

① 노출면적 내 설비 교체비용

교체비용 = 당초 설치가격 × 0.82 × 물가상승률

(여기에서 0.82는 공장설치 시에 들었던 비용 중에 화재나 폭발에 의해 피해를 받지
않는 경비들의 보정 값이다. 예를 들면 지반을 고르거나 도로를 만들거나 엔지니어링
에 들어가는 경비 등이 이에 해당한다.)

㉮ 노출면적 안에 있는 모든 설비에 대한 비용을 계산하는 것은 상당한 시간을 요하는
것이므로 주요 장치별로 계산한다.

㉯ 오래된 공장의 경우에는 공정지역 면적당 투자경비에 노출면적을 곱하여 대략적인
교체비용 값을 구할 수 있다.

㉰ 공정 내에 잔존하는 제품의 양은 저장탱크의 경우는 용량의 80%를 고려해 주고 그
밖의 설비들에 있어서는 15분간의 유량에 대한 양을 고려한다.

㉱ 물가상승률은 도매물가 상승률을 적용한다.

② 손실지수를 곱하여 기본 MPPD를 구한다.

[제10단계] 보상값(Loss Control Credit Factor) 산정

보상값(C_n) = 공정제어(C_1) × 물질격리(C_2) × 화재방지(C_3)

(해당사항이 없는 경우에는 지수를 1로 적용한다.)

(1) 공정제어에 대한 신뢰지수 C_1

① 비상전원(0.98)

공정상 화재·폭발사고를 예방하기 위해 비상전원을 사용하여 공정제어를 할 때에만 적용

② 냉각(0.97, 0.99)

비정상 조건에서 최소한 10분간 공정을 정상으로 유지할 수 있는 냉각능력이 있으면 0.99를, 최소한 10분간 냉각요구량의 150%를 제공할 수 있도록 설계된 경우 0.97을 적용

③ 폭발제어(0.84, 0.98)

폭굉에 대비한 폭발억제 시스템이 있으면 0.84, 파열판과 같은 과압배출 시스템이 있으면 0.98을 적용

④ 비상운전정지(0.96, 0.98, 0.99)

㉮ 비정상 조업조건이 되면 가동정지 시퀀스를 동작시키도록 하는 부가적인 시스템이 있으면 0.98 적용

㉯ 압축기, 터빈, 팬 등 주요한 회전기기에 진동측정장치가 있어서 경보만 울리면 0.99, 가동정지까지 시키면 0.96을 적용

⑤ 컴퓨터제어(0.93, 0.97, 0.99)

㉮ 컴퓨터가 작업자들의 보조역할을 하고 주된 공정제어에 직접적으로 작용하지 않거나 컴퓨터를 사용하지 않고 운전을 자주하면 0.99 적용

㉯ "Fail-safe" 로직(Logic)을 가지는 컴퓨터를 공정제어에 직접적으로 사용하는 경우 0.97 적용

㉰ 다음 중 하나가 사용되면 0.93 적용
- 여분의 주요한 현장자료 입력
- 주요한 입력을 중지시키는 장치
- 제어시스템에 대한 백업능력

⑥ 불활성가스(0.94, 0.96)

    ㉮ 설비에 연속적으로 불활성가스를 주입하면 0.96 적용

    ㉯ 불활성가스 주입량이 공정 전체 부피를 자동적으로 치환하기에 충분하면 0.94 적용

    ㉰ 불활성가스 치환을 수동으로 하는 경우는 적용하지 않음

⑦ 운전 지침/절차(0.91~0.99)

    ㉮ 시운전 : 0.5

    ㉯ 일상적인 가동정지 : 0.5

    ㉰ 정상조업 조건 : 0.5

    ㉱ 용량을 내려 운전하는 조건 : 0.5

    ㉲ 예비기기 운전조건(전환류공정) : 0.56

    ㉳ 용량증대 운전조건(공정도상의 용량 이상으로) : 1.0

    ㉴ 가동정지 잠시 후에 가동 : 1.0

    ㉵ 보수 후에 공장 재가동 : 1.0

    ㉶ 보수절차(작업허가, 오염제거) : 1.5

    ㉷ 비상가동정지 : 1.5

    ㉸ 장치 및 배관수정과 추가 설치 : 2.0

    ㉹ 예견할 수 있는 비정상적인 고장 : 3.0

$$\text{지수} = 1.0 - \frac{X}{150}$$

⑧ 반응성 화학물질에 대한 검토(0.91, 0.98)

    ㉮ 기존의 공정들이나 신규 공정들을 검토하기 위한 반응성 화학물질 프로그램(Reactive chemical program)이 문서화되어 사용되는 것은 손실방지활동에 있어서 상당히 중요하다.

    ㉯ 화학물질 프로그램이 조업활동의 일부로서 계속 사용되고 있으면 0.91을 적용하고

    ㉰ 가끔 검토할 뿐이면 0.98의 Factor를 적용한다.

    ㉱ 조업자들은 최소한 1년에 한 번씩은 반응성 화학물질에 대한 교육을 받아야 하며 이것이 지켜지지 않으면 적용될 수 없다.

(2) 물질격리에 대한 신뢰지수 C_2

① 원격조절밸브(0.96, 0.98)

비상시에 저장탱크, 공정용기 또는 물질 이송을 위한 주된 배관을 신속히 차단할 수 있도록 먼 곳에서 동작시킬 수 있는 밸브가 있는 경우 0.98 적용

② 긴급배출/블로다운(0.96, 0.98)

㉮ 비상시에 공정 내 안전하게 냉각 및 벤트하면서 받아낼 수 있는 비상저장탱크가 있으면 0.98을 적용하고 이 긴급배출탱크가 공정지역 외부에 있으면 0.96을 적용

㉯ 가스나 증기가 플레어시스템이나 밀폐된 벤트저장조로 배출되도록 배관이 연결되어 있으면 0.96을 적용

③ 배수(0.91, 0.95, 0.97)

㉮ 공정으로부터 다량의 누출물을 제거하기 위해 내용물의 75%가 배출될 수 있는 크기의 배수관로가 최소한 2%의 기울기(견고한 면일 경우에는 1%)로 만들어진 경우에는 0.91을 적용

㉯ 배수로 설계가 다량의 누출물을 누적할 수 있도록 되어 있지만 공정 내용물의 30% 정도만을 처리할 수 있는 것이라면 0.95를 적용

㉰ 일반적으로 대부분의 공정에서 사용되는 배수로는 0.97을 적용

㉱ 누출물들이 고이도록 사면을 막아놓은 방유제가 설치된 저장탱크에는 적용할 수 없음

㉲ 가장 큰 방유제가 설치된 탱크의 내용물을 담을 수 있는 일시 저장탱크가 최소한 탱크 직경만큼 떨어진 곳에 설치되어 있으면 0.95를 적용하고 만약 웅덩이가 탱크 직경만큼 떨어져 있지 않으면 적용하지 않음

④ 연동(0.98)

공정상 물질 흐름이 잘못 형성되어 원하지 않는 반응이 일어나는 것을 방지하기 위해 연동되면 0.98 적용

(3) 화재방지에 대한 신뢰지수 C_3

① 누출감지(0.94, 0.98)

㉮ 가스감지기가 경보를 울려서 누출지역을 알릴 수 있도록 설치되었다면 0.98을 적용

㉯ 경보도 울리고 폭발하한계(Lower flammability limit) 이상이 되지 않게 조치를 취하도록 가스감지기가 설치되었으면 0.94를 적용

② 철구조물(0.95, 0.97, 0.98)

내화조치 높이	신뢰지수
5m 미만	0.98
5 ~ 10m	0.97
10m 이상	0.95
물분무(내화)	0.98

③ 소화용수(0.94~0.97)

㉮ 압력 $7kg/cm^2g$ 이상 : 0.94

㉯ 압력 $7kg/cm^2g$ 미만 : 0.97

④ 특수한 시스템(0.91)

㉮ 특수한 시스템이라 함은 할론, CO_2, 연기와 불꽃감지기, 방폭벽 등을 의미하며 이러한 것이 사용된 장치에는 0.91을 적용

㉯ 2중벽으로 설치된 지상탱크의 경우에는 0.91을 적용

⑤ 스프링클러(0.74~0.97)

㉮ 델루지(Deluge) 시스템의 경우 0.97을 적용

㉯ 실내 공정지역이나 창고에 습식 또는 건식 스프링클러가 설치되었을 경우 아래 표에 따라 지수를 적용

위험도	설계(lpm/m²)	습 식	건 식
경미	6.11~8.15	0.87	0.87
보통	8.56~13.8	0.81	0.84
위험	14.3 이상	0.74	0.81

ⓒ 방화벽에 둘러싸인 바닥면적의 크기에 따라 다음의 보정치를 곱하여 지수로 적용

- 바닥면적 > 930m² = 1.06
- 바닥면적 > 1,860m² = 1.09
- 바닥면적 > 2,800m² = 1.12

⑥ 수막(Water curtain)(0.97, 0.98)

㉮ 발화원과 위험한 증기 배출지역 사이에 자동 수막을 사용, 최고 4.5m의 높이에 한 개 층으로 된 노즐이 설치된 경우 0.98을 적용

㉯ 첫째 노즐층으로부터 1.8m를 벗어나지 않는 높이에 두 번째 노즐층을 설치하면 0.97을 적용

⑦ 폼설비(0.92, 0.94, 0.97)

㉮ 수동으로 원격조절하는 델루지(Deluge), 스프링클러 시스템으로 폼이 투입되도록 설비된 경우 0.94를 적용

㉯ 완전히 자동인 경우에는 0.92를 적용

㉰ 부유지붕식 탱크의 실(seal)을 보호하기 위해 수동폼 설비가 사용되면 0.97을 적용

㉱ 폼설비를 작동시키기 위해 화재감지기를 사용하면 0.94 탱크를 적용

㉲ 가연성 액체 탱크의 외벽주위에 폼설비를 설치하고 수동으로 조작되면 0.97, 자동으로 동작되면 0.94를 적용

⑧ 소화기/모니터건(0.95, 0.97, 0.98)

㉮ 적절한 소화기가 비치되었으면 0.98을 적용. 그러나 다량의 가연물이 누출되어 소화기로는 제어할 수 없는 화재가 발생할 수 있으면 Factor를 적용할 수 없음

㉯ 모니터건이 설치되었으면 0.97을 적용하며, 모니터건을 안전한 지역에서 떨어져 조작할 수 있으면 0.95를 적용

⑨ 전선보호(0.94, 0.98)

㉮ 14~16게이지의 금속판을 트레이 밑에 설치하고 물분무설비를 상부에 장치한 경우 0.98을 적용

㉯ 물분무설비 대신 내화설비를 사용한 경우에는 0.98을 적용

㉰ 케이블이 지하의 트렌치 안에 매립된 경우 0.94를 적용

[제11단계] 최대예상조업중지일수(MPDO ; Actual Maximum Probable Days Outage) 결정
구해진 MPPD 값에 따라 [그림2-63]에서 MPDO 값을 찾는다.
(주요 부품이나 예비품이 충분히 비축되어 있다면 70% 가능 범위 내의 아래 곡선을 적용할 수도 있고, 반면 구하기 어려운 품목 또는 단 한 종류만 있는 품목일 경우는 70% 범위의 위쪽의 곡선 근처에서 MPDO를 찾아야 한다.)

최대가능조업중지일수

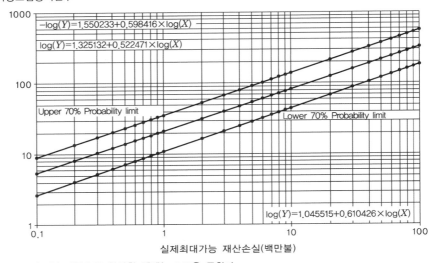

'93년 기준으로 환산할 때에는 1.13을 곱한다.

[그림 2-63] 최대예상조업중지일수 산정도

[제12단계] 사업휴지손실(Business interruption) 결정

$$BI = \frac{MPDO}{30} \times ₩\,VPM \times 0.7 = ₩\,BI$$

여기서, VPM(Value of Products Manufactured)은 한 달간 생산한 제품 값이고, 0.7은 고정비용과 이윤에 대한 보정계수이다.

[참고자료 1] 화재 · 폭발지수 계산양식

사업장명		단위공정		일시	
취급물질 및 공정					
물질(Material)		촉매		용매	

물질계수(Material Factor) (표 1, 부록 I)

	보정치수범위	적용보정치
1. 일반 공정위험		
기본값	1.00	1.00
A. 발열반응	0.3 ~ 1.25	
B. 흡열반응	0.2 ~ 0.4	
C. 물질 취급 및 이송	0.25 ~ 0.85	
D. 밀폐 또는 설비 공정	0.25 ~ 0.95	
E. 접근	0.2 ~ 0.35	
F. 배수 및 누출 관리	0.25 ~ 0.50	
2. 공정 특수 위험		
기본값	1.00	1.00
A. 독성물질	0.20 ~ 0.80	
B. 대기압 이하 압력(<500mmHg)	0.50	
C. 연소범위 내 또는 근방에서의 운전		
( ) 불활성가스 주입 ( ) 불활성가스 미주입		
1. 탱크밀집지역에 저장된 인화성 액체	0.50	
2. 공정 이상 혹은 퍼지 잘못	0.30	
3. 항시 연소범위 내	0.80	
D. 분진폭발(표 7)	0.25 ~ 2.00	
E. 압력(그림 2) 운전압력-Psig, 안전밸브 설정압력		
F. 저온	0.20 ~ 0.30	
G. 인화성 물질 및 불안정한 물질의 양		
양 Lbs Hc=Btu/Lb		
① 공정 내의 액체, 가스, 반응성 물질(그림 3)		
② 저장된 액체 또는 가스(그림 4)		
③ 저장된 가연성 고체 및 공정 내 분진(그림 5)		
H. 부식 및 마모	0.10 ~ 0.75	
I. 누출	0.10 ~ 1.50	
J. 가열로 사용(그림 6)		
K. 열매체 열교환기 시스템(표 3)	0.15 ~ 1.15	
L. 회전기기	0.50	
공정특수위험지수(F_2)		
단위공정위험도($F_1 \times F_2 = F_3$)		
화재 · 폭발지수($F_3 \times MF$) = (F&EI)		

[참고자료 2] 보상값 계산양식

손실관리 신뢰지수 계산

1. 공정제어 신뢰지수(C_1)

조 치	신뢰지수 범위	적용신뢰지수	조 치	신뢰지수 범위	적용신뢰지수
a. 비상전력원	0.98		e. 컴퓨터제어	0.83 to 0.99	
b. 냉각	0.97 to 0.99		f. 불활성가스	0.94 to 0.96	
c. 폭발관리	0.84 to 0.98		g. 운전절차	0.91 to 0.99	
d. 비상운전정지	0.96 to 0.99		h. 반응성 화학물질 검토	0.91 to 0.98	

C_1 값 [　　　　]

2. 물질격리 신뢰지수(C_2)

조 치	신뢰지수 범위	적용신뢰지수	조 치	신뢰지수 범위	적용신뢰지수
a. 원격조절밸브	0.96 to 0.98		c. 배수관로	0.91 to 0.97	
b. 비상투기/블로다운	0.96 to 0.98		d. 연동	0.98	

C_2 값 [　　　　]

3. 소화설비 신뢰지수(C_3)

조 치	신뢰지수 범위	적용신뢰지수	조 치	신뢰지수 범위	적용신뢰지수
a. 누출감지	0.94 to 0.98		f. 수막	0.97 to 0.98	
b. 철구조물	0.95 to 0.98		g. 폼	0.92 to 0.97	
c. 소화용수공급	0.94 to 0.97		h. 소화기/모니터건	0.93 to 0.98	
d. 특수한 시스템	0.91		i. 전선보호	0.94 to 0.98	
e. 스프링클러 시스템	0.74 to 0.97				

C_3 값 [　　　　]

손실관리 신뢰지수 = $C_1 \times C_2 \times C_3$ = [　　　　　　] (아래 7번 칸에 기재)

- -

공정위험성평가 결과

1. 화재·폭발지수(F&EI) ··		
2. 영향반경 ·································· (그림 7)	m	
3. 영향면적 ··································	m^2	
4. 영향면적 내의 설비비 ··································		천만원
5. 손실지수 ·································· (그림 8)		
6. 기본 최대가능 재산손실-(기본 MPPD) [4×5] ··········		천만원
7. 손실관리 신뢰지수 ··································		
8. 실제 최대가능 재산손실-(Actual MPPD)[6×7] ············		천만원
9. 최대가능 조업중지일 ·························· (그림 9)		
10. 사업휴지손실 ··································		천만원

[참고자료 3] 위험성평가 결과 요약

지역/국가 :   부서 :   주소 :

제조공정 :   운전형식 :

작성자 :   총 교체비용 :   날짜 :

공정별 주요 취급물질	물질 계수	F&EI	영향지역 내의 설비비(천만원)	기본 MPPD1 (천만원)	실제 MPPD1 (천만원)	조업중지 일수	사업휴지손실 (천만원)

1. 최대가능 재산손실(Maximum Probable Property Damage)
2. 최대가능 조업중지일수(Maximum Probable Days Outage)
3. 사업휴지손실(Business Interruption)

2-13-4 DMI 응용사례

[사례 1] 가솔린 탱크의 DMI 분석

(1) 개요

주유소에 4개의 펌프가 있는 10,000갤런(Gallon)의 가솔린 탱크가 설치되어 있다. 가솔린 탱크는 지하에 설치되어 있고 탱크는 대기 중으로 환기된다. 화염방지장치가 장착된 배기장치는 탱크를 채우고 비우는 작업 시에 공기의 인입과 배출을 통제하게 되어 있다. 탱크의 재질은 철(Steel)로서 탱크 벽체의 일부는 부식의 가능성도 있다. 고정용과 휴대용의 CO_2 소화장비가 비치되어 있으며 주유소 사무실에는 비상시에 탱크의 가솔린 흐름을 차단할 수 있는 원격조정장치가 설치되어 있다.

(2) DMI 분석

물질계수(MF) : 16

① 일반공정위험지수(F_1)

물자 취급 및 이송 : 0.50

∴ F_1 = 1.50

② 특수공정위험지수(F_2)

㉮ 독성 : 0.20

㉯ 탱크밀집지역에 저장된 인화성 액체 : 0.50

㉰ 항시 연소범위 내 : 0.80

㉱ 인화성 물질 및 불안정한 물질의 양(저장된 액체 또는 가스) : 10,000갤런의 가솔린, 0.7의 비중

$$10{,}000\text{lb} \times \frac{1\,\text{ft}^3}{7.48\text{lb}} \times \frac{62.4\text{lb}/\text{ft}^3}{0.7} = 58{,}400\text{lb}$$

휘발유는 18,800BTU/lb의 연소열을 가지므로, 저장된 가솔린의 총 에너지값은

BTU = 58,400 × (18,800BTU/lb)1.10 × 109

이 값에 대한 보정치(Penalty) : 0.40, 부식 : 0.1

∴ F_2 = 3.00

$F_3 = F_1 \times F_2 = 1.50 \times 3.00 = 4.50$

F&EI = F_3 × MF = 4.50 × 16 = 72.0

따라서, 72.0값은 "적당한 위험"으로 분류된다.

[사례 2] 톨루엔 공급 탱크의 DMI 분석

(1) 화재 및 폭발지수

물건명	thinner supply tar	평가자		검토자	
소재지	도장1공장	제조공정	PCS	도면	BP1-PCS-009

취급물질 및 공정

공정장치 내 취급물질 :				cleaning thinner(toluene)	
운전상태 :			물질계수 산정 기준물질 :		
설계	운전개시	정상운전	운전정지	thinner(tol.)	
		○			
물질계수(부록 〈별표 2〉) 공정온도 60℃(140℉) 이상일 경우 보정 바람					16

1. 일반공정위험			페널티 계수 범위	적용된 페널티 계수
기본계수			1.00	1.00
가. 발열화학반응			0.30 ~ 1.25	
나. 흡열공정			0.20 ~ 0.40	
다. 물질 취급 및 이송			0.25 ~ 1.05	0.00
라. 밀폐식 또는 옥내공정장치			0.25 ~ 1.05	0
마. 접근로			0.25 ~ 0.90	0.20
바. 배출시설 및 유출물 제어	m²	0	0.20 ~ 0.35	0.50
일반공정위험계수(F_1)			0.25 ~ 0.50	1.70
2. 특수공정위험				
기본계수			1.00	1.00
가. 유독물질			0.20 ~ 0.80	0.40
나. 대기압 이하의 압력(<500mmHg)			0.50	0.00
다. 연소범위 내 또는 근처에서 운전				
(1) 탱크저장지역에서 저장된 인화성 액체			0.50	0.00
(2) 공정 이상 또는 불활성가스 봉입 실수			0.30	0.00
(3) 상시 연소범위 내			0.80	0.00
라. 분진폭발			0.25 ~ 2.00	
마. 압력 운전압력 psig(kPa, kg/cm²)		0		
안전변 설정압력 psig(kPa, kg/cm²)		0		0.00
바. 저온			0.20 ~ 0.30	
사. 인화성/불안정한 물질의 양				0.02
물질의 양 kg(lb)		800		
Hc kcal/kg(BTU/lb)		17.4		
(1) 공정 내 액체 또는 가스				0.01
(2) 저장소 내 액체 또는 가스				
(3) 저장소 내 가연성 고체, 공정 내 분진				
아. 부식 및 침식			0.10 ~ 0.75	0.00
자. 누설-조인트 및 패킹			0.10 ~ 1.50	0.10
차. 연속 장치 사용				
카. 열매체유 열교환설비			0.15 ~ 1.15	
타. 회전장치			0.6	0.00
특수공정위험계수(F_2)				1.53
단위공정위험계수($F_1 \times F_2$) = F_3				2.60
화재 및 폭발지수($F_3 \times MF$) = F&EI				41.56
노출반경(F&EI × 0.84 × 0.3048) = R				10.64
노출면적(3.14 × R^2)				355.51
손실계수(F_3, MF)				0.35

(2) 물질계수(MF) 및 특성

해당 물질이 존재할 경우 해당물질의 이름과 MF 수치를 기입하시오.

존재물질	thinner(tol.)	MF	16
미존재물질	XXX	FM	16

구분	존재 : 1 미존재 : 0
1	

존재물질	N_H	N_F	N_R	H_C
thinner(tol.)	2	3	0	17.4

화합물	MF	H_C Btu/lb $\times 10^3$	NFPA 분류			인화점 (℉)	비점(℉)
			N_H	N_F	N_R		
ACETONE	16	12.3	1	3	0	-4	133
AMMONIA	4	8.0	3	1	0	gas	-28
CHLORINE	1	0.0	4	0	0	gas	-29
FLUORINE	40	-	4	0	4	gas	-307
FURAN	21	12.6	1	4	1	<32	88
GASOLINE	16	18.8	1	3	0	-45	100~400
HYDROGEN	21	51.6	0	4	0	gas	-423
HYDROGEN SULFIDE	21	6.5	4	4	0	gas	-76
ISOBUTYL ALCOHOL	16	14.2	1	3	0	82	225
ISOPROPANOL	16	13.1	1	3	0	53	181
POTASSIUM PEROXIDE	14	-	3	0	1	-	[9] 분해
SODIUM HYDRIDE	24	-	3	3	2	-	[4] 가열 시 폭발
TOLUENE	16	17.4	2	3	0	40	232

(3) 미등록물질의 물질계수(MF) 산정 가이드

MF와 보정된 MF의 수치가 다를 경우 보정된 MF를 최종으로 선정

N_F	3
N_R	0
MF	16

보정된 N_F	3
보정된 N_R	0
보정된 MF	16
H_C(화학자료집)	

인화성 또는 가연성 액체 및 기체	NFPA 325 또는 49	반응성 및 불안정성				
		$N_R = 0$	$N_R = 1$	$N_R = 2$	$N_R = 3$	$N_R = 4$
불연물질	$N_F = 0$	1	14	24	29	40
93.3℃(200℉) ≤ F.P.	$N_F = 1$	4	14	24	29	40
37.6℃(100℉) ≤ F.P. < 93.3℃(200℉)	$N_F = 2$	10	14	24	29	40
22.8℃(73℉) < F.P. < 37.8℃(100℉) 또는 22.8℃(73℉) ≤ F.P. 및 37.8℃(100℉) ≤ B.P.	$N_F = 3$	16	16	24	29	40
F.P. < 22.8℃(73℉) 및 37.8℃(100℉) ≤ B.P.	$N_F = 4$	21	21	24	29	40
가연성 분진 및 미스트[3]						
St-1(Kst ≤ 200bar m/s)		16	16	24	29	40
St-2(Kst = 201~300bar m/s)		21	21	24	29	40
St-3(Kst > 300bar m/s)		24	24	24	29	40
가연성 고체						
Dense > 40mm thick[4]	$N_F = 1$	4	14	24	29	40
Open < 40mm thick[5]	$N_F = 2$	10	14	24	29	40
Foam, Fiber, Powder 등[6]	$N_F = 3$	16	16	24	29	40

(4) 물질계수(MF)의 온도보정

순서	물질계수(MF) 온도보정	N_F	St	N_R
①	N_F(분진은 St)와 N_R을 기입할 것	3		0
②	60℃(140℉) 미만인 경우, ⑤로 이동할 것			
③	인화점 또는 60℃(140℉) 이상인 경우, $N_F = 1$를 기입할 것	0		
④	발열시작점 또는 자연발화온도 이상인 경우, $N_R = 1$를 기입할 것			0
⑤	각 항을 더하여, 합이 5인 경우 4를 기입할 것	3		0
⑥	"⑤"와 "11 물질계수산정"을 이용하여, MF를 산정하고, "01 화재 및 폭발지수" 양식에 기입할 것			

(5) 물질 취급 및 이송

번 호	물질 취급 및 이송	페널티	해당될 경우 1을 기입
1	클래스 I의 인화성 물질 또는 액화 석유가스 등의 물질의 배관을 연결하거나 분리하는 하역작업을 하는 곳	0.5	0
2	원심분리기, 회분식 반응기 또는 회분식 혼합장치 등에 어떤 물질을 수동으로 첨가할 때 공기가 유입되면, 인화성 또는 반응성 위험이 발생할 수 있는 곳	0.5	0
3	창고 내 저장물질 또는 야적상태의 물질(저장탱크 제외)		
	① N_F = 3 또는 4의 인화성 액체 또는 가스 (단, 드럼, 실린더, 포터블가요성 컨테이너 및 에어졸 캔 등을 포함)	0.85	0
	② N_F = 3의 가연성 고체	0.65	
	③ N_F = 2의 가연성 고체	0.4	
	④ 가연성 액체에 대해서는 밀폐식 인화점 37.8℃(100°F) 이상 60℃(140°F) 미만	0.25	0
			0

(6) 밀폐된 또는 옥내 공정장치

밀폐된 또는 옥내 공정장치(3면 이상의 벽과 지붕 또는 4면에 벽과 지붕 없음)	페널티	페널티 (환기)	최종 페널티	해당될 경우 1을 기입
1. 분진 필터 또는 집진기가 설치	0.5	0.25	0.25	0
2. 인화성 액체를 그 물질의 인화점 이상의 온도에서 취급하면	0.3	–	0.30	0
액체의 양이 5,000kg(10,000lb), 4m³(1,000gal)을 초과하면	0.45	–	0.45	0
3. LPG 또는 인화성 액체를 그 물질의 비점 이상의 온도에서 취급하면	0.6	0.3	0.30	0
액체의 양이 5,000kg(10,000lb), 4m³(1,000gal)을 초과하면	0.9	0.45	0.45	0
4. 적합하게 설계된 강제환기설비가 설치된 경우 "1", 미설치 "0"을 기입(1과 3에 기록된 패널티를 50% 줄일 수 있음)	1	–	–	–
			0	

(7) 접근로

접근로(최소한 2면에서 접근가능해야 하며, 1개는 도로로부터, 1개는 최소한 화재 시 사용가능한 입구)	페널티	해당될 경우 1을 기입
1. 적합한 접근로가 없는 920m²(10,000ft²) 이상의 모든 공정지역	0.35	0
2. 적합한 접근로가 없는 2,300m²(25,000ft²) 이상의 모든 창고	0.35	0
3. 상기 면적 미만으로서 부적합한 접근로로 인하여 진화작업 시 문제가 있을 수 없다고 판단되면	0.2	1
	0.2	

(8) 배출시설 및 유출물 제어

공정 내 최대저장탱크 용량		m³
공정 내 두 번째로 큰 저장탱크 용량의 10%		m³
30분간 소화용수 방수량		m³
합계		m³

구 분	배출시설 및 유출물 제어	페널티	해당될 경우 1을 기입
1	유출물이 다른 지역으로 흘러가지 않도록 방유제가 설치되어 있으나, 방유제 안의 모든 설비가 노출되어 있는 경우	0.5	0
2	단위공정 주위가 평평하여 화재 발생 시 유출물이 흘러가 넓은 면적이 노출되는 경우	0.5	1
3	3면에 방유제가 설치되어 있고, 유출물을 저유지 또는 노출되지 않은 배유 트렌치로 유도되며, 다음 기준에 적합한 경우에는 페널티를 적용하지 않는다. ⓐ 저유지 또는 트렌치로의 경사도가 지표면의 경우에는 최소 2%, 포장된 표면일 경우에는 1% 이상 ⓑ 가장 가까운 트렌치 또는 저유지의 외곽으로부터 장치까지의 거리가 최소한 15m(50ft) 이상. 단, 이 거리는 방화벽이 설치된 경우에는 완화될 수 있음. ⓒ 저유지 용량은 (1)의 ①과 ②를 더한 양 이상이어야 한다.	0	0
4	저유지 또는 트렌치가 지원설비 라인에 노출 또는 상기 거리 요건을 충족하지 못하는 경우	0.5	0
		0.5	

(9) 독성물질

독성물질		페널티	해당될 경우 1을 기입
① $N_H = 0$	화재 상황에서 짧은 시간 노출 시 일반 가연물질 외에 위험을 유발하지 않는 물질	0	0
② $N_H = 1$	짧은 시간 노출 시 자극을 유발할 수 있으나 경미한 상해를 남기는 물질로, 공기 정화호흡기의 사용을 필요로 하는 물질	0.2	0
③ $N_H = 2$	잠정적 또는 단시간 노출 시 체온 상실 또는 잔류물 상처를 남길 수 있는 물질로, 독립 공기 공급장치가 있는 호흡방호장치의 사용을 필요로 하는 물질	0.4	1
④ $N_H = 3$	짧은 순간 노출 시 고온 또는 잔류물 상처를 유발할 수 있는 물질로 신체에 접촉되지 않도록 보호해야 할 필요가 있는 물질	0.6	0
⑤ $N_H = 4$	아주 짧은 순간 노출 시 사망 또는 치명적인 잔류물 상처를 야기할 수 있는 물질	0.8	0
		0.4	

(10) 대기압 이하의 압력(진공)

대기압 이하의 압력(진공)	페널티	해당될 경우 1을 기입
시스템에 공기 유입 시 위험을 야기할 수 있는 공정조건에 적용해야 한다.	–	
[참고] 위험은 공기와 습기에 민감한 또는 산소에 민감한 물질과의 접촉, 또는 공기의 유입 시 인화성 혼합기를 형성할 수 있음.	–	
절대압력이 $0.68 kgf/cm^2$(500mmHg : 진공 10in.Hg) 미만일 경우에만	0.5	0
	0	

[참고] 페널티를 적용할 때에는 3.3.3.3의 "연소범위 내(근처에서)의 운전" 또는 3.3.3.5의 "릴리프 프레셔"와 중복 적용해서는 안 된다.
　예 대부분의 스트리핑 운전, 일부의 압축기 또는 증류작업

(11) 연소범위 내(또는 근처에서)의 운전

해당물질의 N_F 수치	3

연소범위 내(또는 근처에서)의 운전 공기가 시스템에 유입되어 인화성 혼합기를 형성시킬 수 있는 공정에 적용해야 한다.	페널티	해당될 경우 1을 기입	최종 페널티
(1) N_F = 3 또는 4의 인화성 액체저장 탱크인 경우	–	–	–
① 펌핑할 때 또는 탱크를 급랭시킬 때, 공기가 유입될 수 있는 경우 ② 오픈 벤트 또는 불활성가스가 봉입되어 있지 않은 상태에서 운전되는 진공 릴리프 시스템 ③ 불활성가스의 봉입없이 가연성 액체를 인화점(밀폐식) 이상으로 저장하는 경우 ④ 불활성가스로 봉입된 밀폐식 가연성 증기 회수설비를 사용하며, 공기 유입을 방지할 수 있는 경우에는 노란 칸에 0을 기입	0.5	0	0
(2) 설비 또는 장치의 사고(고장) 시에만 연소범위 내 또는 근처가 될 수 있는 단위공정 또는 공정 저장탱크 연소범위 밖의 상태를 유지하기 위해 불활성가스의 퍼지가 필요한 공정	0.3	0	0
(3) 공정 또는 운전조건이 상시 연소범위 내 또는 근처에 있는 경우	0.8	0	0

(12) 릴리프 프레셔

압력범위 $0 \sim 70.3\text{kgf/cm}^2$ 게이지($0 \sim 6,895\text{kPa}$ 게이지 [1,000psig])에서는 아래식에 따르며 운전압력을 입력한다.

$$Y = 0.1609 + 1.61503X \times 10^{-3} - 1.42879(X \times 10^{-8})^2 + 0.5172(X \times 10^{-3})^3$$

Tank 운전압력	0	kgf/cm^2 g
	0	psig
페널티 P_1	0.16	

안전변 설정압력	0	kgf/cm^2 g
	0	psig
페널티 P_2	0.16	

물질의 특성	보정값	해당될 경우 1을 기입
타르, 역청, 중질 윤활유, 아스팔트 등 고점성 물질	0.7	0
단독으로 사용되는 압축가스 또는 1.054kgf/cm^2 게이지(103kPa 게이지 : 15psig) 이상의 특정 가스로 가압되어 있는 인화성 액체	1.2	0
액체인화성 가스(비점 이상의 온도로 저장된 모든 인화성 물질 포함)	1.3	0

최종페널티	0.00

(13) 인화성 및 불안정한 물질의 양

- 공정 내 액체 또는 가스

  인화성 액체 및 인화점 60℃ 미만의 가연성 액체

  가연성 기체

  액화 인화성 가스

  인화점이 60℃ 이상이고 공정온도가 인화점 이상인 가연성 액체

  반응성 $N_R = 2, 3, 4$인 물질

해당물질	N_R	H_C	
thinner(tol.)	0	17.4	Btu/lb×10^8

$$\log\ Y = 0.17179 + 0.42988(\log X) - 0.37244(\log X)^2 + 0.17712(\log X)^3 - 0.029984(\log X)^4$$

10분간 누출량	800	kg
	1763.672	lb
에너지량	0.03068789	Btu×10^9
페널티	0.01	

(14) 부식 및 침식

부식 및 침식	페널티	해당될 경우 1을 기입
(1) 점식 또는 국부 침식의 위험도에 있어서는 부식률이 0.127mm/년 (0.005in./년 : 0.5mil/년) 미만이면	0.1	0
(2) 부식률이 0.127mm/년(0.5mil/년) 이상 0.254mm/년(1.0mil/년) 미만이면	0.2	0
(3) 부식률이 0.254mm/년(1.0mil/년) 이상이면	0.5	0
(4) 응력부식균열이 성장할 수 있는 위험도에 있어서는(장기간에 걸쳐 염소 증기로 인한 오염에 노출된 공정지역)	0.75	0
(5) 부식방지를 위해 라이닝이 필요한 곳 [참고] 변색방지를 위해 라이닝한 경우에는 페널티를 적용하지 않는다.	0.2	0
		0

(15) 누출-조인트 및 패킹

누출-조인트 및 패킹	페널티	해당될 경우 1을 기입
(1) 펌프 또는 그랜드실 등에서 미량 누출될 가능성이 있는 곳	0.1	1
(2) 펌프, 컴프레서 및 플랜지 조인트 등에서 주기적으로 누출되는 공정	0.3	0
(3) 열 또는 압력순환이 이루어지는 공정	0.3	0
(4) 공정 장치 내 물질이 저절로 스며 나오거나 슬러리에 의한 마찰로 간헐적으로 밀봉에 문제를 일으키는 곳, 회전 샤프트 실 또는 패킹을 사용하는 공정 장치	0.4	0
(5) 투시용 유리(점검창), 벨로즈 부품 또는 신축이음이 설치된 공정 장치	1.5	0
	0.10	

(16) 회전장치

회전장치	페널티	해당될 경우 1을 기입
(1) 600hp(447kW)을 초과하는 컴프레서	0.5	0
(2) 75hp(56kW)을 초과하는 펌프	0.5	0
(3) 결함(고장)이 있을 때, 혼합 또는 냉매순환의 중단으로 냉각능력을 상실하여 공정에 발열을 발생할 수 있는 교반(혼합)용 또는 순환펌프	0.5	0
(4) 중대한 손실사고 이력이 있는 원심분리기 등 외 대형 고속회전장치	0.5	0
	0.00	

2-14 방호계층분석
(LOPA ; Layer of Protection Analysis) 기법

2-14-1 LOPA의 개요

　방호계층의 어원은 1980년대 후반 화학제조업협회(Chemical Manufacturers Association)에서 RC활동의 일환으로 효과적인 공정안전관리를 위한 권고사항의 하나로 "Sufficient layer of protection"을 언급하면서 대두되었다. 이후 1983년 미국화학공학회(AICHE)의 화학공정안전센터(CCPS ; Center for Chemical Process Safety)에서 발간한 "Guidelines for safe automation of chemical process"에서 안전계장기능(Safety instrumented function)에 대한 수준(Integrity level)을 결정하는 하나의 방법으로서 LOPA가 제안되어 여러 회사에서 각각 다른 목적으로 사용하면서 발전되어왔다.

　화학공정안전센터(CCPS)는 2001년 "Layer of protection analysis—simplified process risk assessment"를 발간하면서 LOPA를 하나의 위험성평가기법으로 발전시켰다. 방호계층분석(LOPA)이란 원하지 않는 사고의 빈도나 강도를 감소시키기 위하여 독립방호계층(Independent protection layer)의 효용성을 평가하는 분석도구이다. 어떤 위험한 상황에 대한 독립방호계층을 찾아내고 그 효과를 판단한다는 것은 위험한 상황이 얼마나 더 위험한가를 판단하는 것과 유사하기 때문에 LOPA는 안전조치의 수준을 제시할 수 있는 위험성평가기법 중의 하나로 평가받고 있다. LOPA는 ETA 등 정량적 위험성평가를 수행하기 전 해당 위험성평가 실시가 필요한지 여부를 확인하기 위한 선별도구로 사용되지만 사고 피해규모와 사고발생가능성 등의 산출수준은 다른 정량적 위험성평가에 미치지 못하는 한계가 있다.

　LOPA의 적용은 연구개발, 설계, 운전, 운전정지 단계의 어느 시점에서도 적용할 수 있다. LOPA는 분석대상이 되는 특정한 사고의 발생가능성을 분석하는데, 이때 특정한 사고는 사고의 영향까지 규정한 시나리오가 된다.

2-14-2 LOPA의 수행절차

방호계층분석의 수행절차는 다음 [그림 2-64]와 같다.

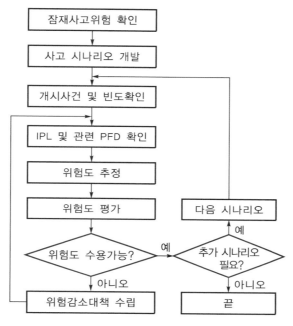

[그림 2-64] 방호계층분석 수행 절차도

2-14-3 용어의 해석

(1) 독립방호계층(IPL ; Independent Protection Layer)

① 초기사고 또는 다른 방호계층의 작동과는 관계없이, 원하지 않는 결과로 전개되지 못하도록 하는 장치, 시스템 또는 작용을 말한다.

② 독립방호계층(IPL)과 안전조치(Safeguard) 비교

공통점	사고의 전개를 억제(방지, 예방 등)하는 조치로 작용
차이점	안전조치는 다른 방호계층과 상호 연관성을 가질 수 있으나 IPL은 초기사고 혹은 다른 방호계층의 작동과 상호연관성이 없이 독립적으로 작용

③ IPL로 고려될 수 없는 안전조치 사례

㉮ 교육 및 인증, 절차서

운전원의 조치가 PFD에 영향을 줄 수는 있으나 그 자체로서 독립방호계층이 될 수는 없다.

㉯ 정기검사, 유지보수

검사주기 선정 및 유지보수 활동의 수준(육안점검/계측장비를 통한 정밀점검 등)에 따라 해당 방호장치의 PFD 결정에 영향을 미치게 되나 그 활동 자체는 독립방호계층이 될 수는 없다.

㉰ 방화(Fire protection)

대부분의 능동적 방화설비는 사건 발생 후에 작동되고, 화재/폭발 등에 의해 방화 능력과 효과가 영향을 받을 수 있으므로 독립방호계층으로 고려되지 않는 경우가 있다.

④ 독립방호계층의 특성

독립방호계층은 다음과 같은 특성을 지녀야 한다.

㉮ 효과성

설계된 대로 작동을 할 때 사고의 결과를 방지하는 데 효과적이어야 한다.

㉯ 독립성

초기사고와 같은 시나리오를 위해 이미 확인된 다른 어떠한 IPL에 대하여 독립적으로 작동하여야 한다.

㉰ 확인가능성

결과의 방지측면에서 가정된 효과성과 PFD는 반드시 확인이 가능하여야 한다.

⑤ LOPA의 주요 방호계층 사례

㉮ 공정(Plant design integrity)의 본질안전설계

공정의 본질안전설계와 시행만으로 방호계층 인정이 가능하며 시나리오 자체가 성립하지 않을 수 있다.

㉯ 기본공정제어시스템(BPCS)을 포함한 제어 및 모니터링 시스템

공정상태를 측정하기 위한 Sensor(Transmitter 등), Logic solver(Programmable logic controller 등), Final element(공정변수 조작장치 On/Off valve 등), 기본공정제어시스템(BPCS ; Basic Process Control System) 등

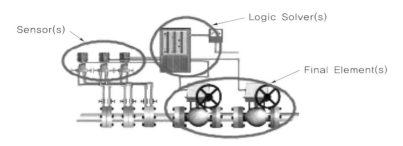

[그림 2-65] 제어 모니터링 시스템

   ㉰ 예방 : 경보시스템, 센서, 안전계장기능

   ㉱ 완화 : 기계적 완화시스템(PSV 등), 물리적 방호장치(방류둑 등)

   ㉲ 비상대응 : 공장 내 비상대응과 지역사회의 비상대응으로 구분하며 대피절차와 비
      상방송 등을 포함한다.

(2) 작동요구 시 고장확률(PFD ; Probability of Failure on Demand)

시스템이 특정한 기능을 작동하도록 요구받았을 때 작동이 실패할 확률로, 신뢰도가 있
는 자료를 활용하여야 한다.

아래 〈표 2-66〉은 PFD에 대한 예시이다. 또한 [KOSHA GUIDE X-40-2011]의
〈별표 1〉, 〈별표 2〉에서 PFD값을 참조할 수 있다.

〈표 2-66〉 PFD 예시

Initiating event	PFD(회/yr)	Initiating event	PFD(회/yr)
Pressure vessel residual failure	1.0E-06	Cooling water failure	1.0E-01
Piping residual failure : 100m, full breach	1.0E-05	Pump seal failure	1.0E-01
Piping leak : 100m, 10% section	1.0E-03	Unloading/loading hose failure	1.0E-01
Atmospheric tank failure	1.0E-03	BPCS instrument loop failure : IEC61511 limit>1E-05/hr (IEC, 2001)	1.0E-01
Gasket/packing blowout	1.0E-02	Regulator failure	1.0E-01
Turbine/diesel engine over-speed with casing breach	1.0E-04	Small external fire(aggregate causes)	1.0E-01
Crane load drop	1.0E-04/ lift	Large external fire(aggregate causes)	1.0E-02
Lightning strike	1.0E-03	LOTO procedure failure : overall failure of a multiple-element process	1.0E-03 /opport- unity
Safety valve opens spuriously	1.0E-02	Operator failure : to execute routine procedure, assuming well trained, unstressed, not fatigued	1.0E-02 /opport- unity

CCPS, "LOPA : Simplified process risk assessment", 2001

※ 1.0E−06=1.0×10^{-6}

※ LOTO(Lock Out Tag Out) : 설비정비 및 유지보수 작업 시 해당 작업여부를 모르는 작업자가 설비를 불시에 작동시키는 행동을 차단함으로써 설비의 불시 가동에 의한 재해 예방
- Lock out : 기계 · 설비 등의 유지보수 작업 시 타 작업자에 의해 불시에 작동되는 것을 막기 위하여 전원을 차단하고 기계 · 설비 등의 전원투입 장치 등에 잠금장치를 설치하는 것
- Tag out : 기계 · 설비 등의 유지보수 작업 시 해당 설비에 작업 중임을 알리고 타 작업자가 전원투입이나 가동 등을 하지 못하도록 해당 전원장치 등에 표지(Tag)를 부착하는 것

아래 표는 KOSHA 및 CCPS 문헌에서 제시하는 몇 가지 고장확률의 범위와 이를 LOPA 사용을 위한 PFD로 선정한 사례이다. PFD 선정 시 여러 문헌의 고장확률을 참조하여 사업장에서 운전경험에 기반한 PFD 값을 결정하는 것이 바람직하다.

〈표 2−67〉 고장확률을 PFD로 선정한 예

IPL	문헌자료	PFD(LOPA)
안전밸브	$1.0 \times 10^{-4} \sim 4.0 \times 10^{-3}$(열림실패) : KOSHA	10^{-2}
비상정지밸브	4.0×10^{-2}(고장) $\sim 9.3 \times 10^{-3}$(열림실패) : KOSHA	10^{-1}
BPCS	$1.0 \times 10^{-1} \sim 1.0 \times 10^{-2}$: CCPS	10^{-1}

〈표 2−68〉 IPL & PFD 예시

Passive IPLs		Active IPLs		Human action IPLs	
IPL	PFD	IPL	PFD	IPL	PFD
Dike	1.0E−02	Relief valve	1.0E−02	Human action with 10min. response time	1.0E−01
Underground drainage system	1.0E−02	Rupture disc	1.0E−02	Human response to BPCS with 40min.	1.0E−01
Open vent(no valve)	1.0E−02	BPCS	1.0E−01	Human action with 40min.	1.0E−01
Fireproofing	1.0E−02	SIS : SIL1	1E−01 ~ 1E−02		
Blast−wall/Bunker	1.0E−03	SIS : SIL2	1E−02 ~ 1E−03		
Inherently safe design	1.0E−02	SIS : SIL3	1E−03 ~ 1E−04		
Flame/Detonation arrestors	1.0E−02	SIS : SIL4	1E−04 ~ 1E−05		

CCPS, "LOPA : Simplified process risk assessment", 2001

〈표 2-69〉 일반적인 방호계층의 작동요구 시 고장확률

방호계층	작동요구 시 고장확률(PFD)
제어루프	1.0×10^{-1}
인적오류(훈련, 스트레스 받지 않음)	1.0×10^{-2}부터 1.0×10^{-4}
인적오류(스트레스 상황)	0.5에서 1.0
경보에 대한 운전원의 대응	1.0×10^{-1}
내부 및 외부의 압력을 받고 있는 상황에서 최대발생 압력 이상으로 계산된 용기압력	10^{-4} 이상(부식예방을 위한 검사나 정비 등이 예정대로 수행되어 용기의 무결성이 유지 시)

(3) 제어루프(Control loop)

폐쇄시스템(Closed system)의 주류를 이루는 것으로, 자동제어방식이라고도 한다. 입력된 정보를 처리하고 그 결과를 출력할 뿐만 아니라 최종 조건이 충족될 때까지 반드시 그 출력의 일부를 어떤 방법으로든 재차 입력측에 되돌려 같은 처리를 하는 제어방식을 말한다.

(4) 안전계장기능(SIF ; Safety Instrumented Function)

한계를 벗어나는(비정상적인) 조건을 감지하고 공정을 기능적으로 안전한 상태로 이끄는 센서, 논리해결, 특정한 안전보존 수준 등의 조합이다. SIF는 기능적으로 BPCS로부터 독립적이다.

(5) 안전계장기능 무결성수준(SIL ; Safety Integrity Level)

공장의 안전을 위해 공정에 설치된 계기설비의 등급을 나타내는 것으로, 안전계장시스템(SIS)의 무결성(온전한 상태)을 나타내는 통계적 기준을 말한다.
아래 〈표 2-70〉은 SIL등급에 따른 신뢰도 수준을 예로 나타낸 것이다.

〈표 2-70〉 SIL등급에 따른 신뢰도 수준 예시

등 급	요구 시 실패확률(PFD)	이용률(1-PFD)	비 고
SIL 1	$1 \times 10^{-1} \sim 1 \times 10^{-2}$	$0.9 \sim 0.99$	Normally implemented with single sensor, logic solver and Final element
SIL 2	$1 \times 10^{-2} \sim 1 \times 10^{-3}$	$0.99 \sim 0.999$	Typically fully redundant from sensor through the logic solver to final element
SIL 3	$1 \times 10^{-3} \sim 1 \times 10^{-4}$	$0.999 \sim 0.9999$	Typically fully redundant from sensor through the logic solver to final element and, careful design and frequent proof test
SIL 4	$1 \times 10^{-4} \sim 1 \times 10^{-5}$	$0.999 \sim 0.9999$	Difficult to design and maintain and, not used in LOPA

(6) 안전계장시스템(SIS ; Safety Instrumented System)

하나 이상의 안전계장기능(SIF)을 수행하는 센서, 논리해결, 최종요소의 조합을 말한다.

2-14-4 LOPA 작성방법

[제1단계] 준비사항

(1) 방호계층 분석팀 구성

    ① 관련 공정을 운전한 경험이 있는 운전원

    ② 공정 엔지니어 및 공정제어 엔지니어

    ③ 생산관리 엔지니어

    ④ 관련 공정에 경험이 있는 계장/전기 보수전문가

    ⑤ 위험성평가 전문가 등으로 구성한다.

(2) 자료수집

    ① HAZOP 등 정성적 위험성평가 실시 결과서

    ② 안전장치 및 설비고장률 자료

    ③ 인간실수율 자료

    ④ 회사 또는 정부에서 정하는 위험허용기준

    ⑤ 공정흐름도면(PFD), 물질 및 열수지

    ⑥ 공정배관 및 계장도면(P&ID)

    ⑦ 공정설명서 및 제어계통 개념과 제어시스템

    ⑧ 정상 및 비정상 운전절차

    ⑨ 모든 경보 및 자동운전정지 설정치 목록

    ⑩ 물질안전보건자료

    ⑪ 설비배치도면

    ⑫ 배관 표준 및 명세서

    ⑬ 안전밸브 및 파열판 사양

    ⑭ 과거의 중대산업사고, 공정사고 및 아차사고 사례 등이다.

(3) 사고영향 결과 평가방법 수립

일반적으로 LOPA 수행을 위해 CCPS에서 제시하는 사고영향 결과 평가방법은 다음과 같다.

① 카테고리(Category) 접근법

근로자의 피해(상해 또는 사망)는 포함하지 않는 범주(카테고리)를 활용하는 방법으로, 물질의 누출 및 확산에 대한 결과를 다양한 범주로 구분하기 위해 행렬(Matrix)을 이용하는 방법이다. 이 방법은 누출의 특성과 크기를 평가하기 쉽기 때문에 사용이 간단하며, 허용기준 범주와 비교를 통해 위험성을 결정하므로 상대적인 위험성 비교가 용이하다는 특징이 있다.

아래 〈표 2-71〉은 누출물질 및 규모에 따른 영향분류 기준을 작성한 사례이다. 사고결과의 형태는 액체의 누출, 기체의 누출, 화재, 폭발 등 여러 가지 형태로 분류할 수 있으며, 그 규모는 액체의 누출인 경우 5kg 미만, 5kg 이상 50kg 미만, 50kg 이상 등 무게로 분류할 수 있다. 또한 동일한 양의 누출이라도 누출된 물질의 위험성에 따라 피해의 심각성이 달라질 수 있기 때문에 단순 누출량을 기준으로 분류하지 않고 피해심각성을 기준으로 분류하는 방법을 고려할 수도 있다.

〈표 2-71〉 누출물질 및 규모에 따른 영향의 분류기준 (CCPS)

물질의 위험성 \ 누출규모	< 5kg	≥ 5kg, < 50kg	≥ 50kg, < 500kg	≥ 500kg, < 5ton	≥ 5ton
독성 기체	II	III	IV	V	V
독성 액체	II	II	III	IV	V
인화성 기체	II	II	III	IV	V
인화성 액체	I	II	II	III	IV

② 인간이 입는 상해에 대한 질적인 추정법

이 방법은 ①의 방법과 같이 단순히 누출의 양이나 형태로 위험을 평가하는 방법이 아니라, 다음과 같은 가능성을 사고발생빈도에 적용하여 이로 인해 인간이 입는 피해정도를 추정하는 방법이다.

㉮ 점화원의 존재 가능성(인화성 액체 증기운 발생 시)

㉯ 근로자가 사건이 발생한 그 지역에 존재할 가능성

㉰ 근로자가 복사열 또는 폭발·과압에 의해 사망 또는 상해를 입을 가능성

이 방법을 통하여 결과의 강도를 추정할 경우 위험성을 방출규모가 아닌 피해정도로 추정하기 때문에 위험도를 이해하는 데 보다 용이하다는 장점이 있으나 강도 추정에 추가적인 변수(점화확률 등)가 필요하다.

(4) 위험도 행렬(Risk matrix) 수립

시나리오의 발생가능성은 초기사고의 발생빈도와 독립방호계층(IPL) 각각의 PFD(작동요구 시 고장확률)의 곱으로 표현된다. 대부분의 경우 발생가능성은 10의 멱급수로 표현되므로, 〈표 2-72〉와 같이 발생가능성의 분류기준을 10의 멱급수로 하는 Risk matrix를 작성할 수 있다.

이때 사고피해규모는 사업장마다 각각의 기준에 맞추어 다르게 작성할 수 있으며 작성된 Risk matrix는 위험의 허용수준을 표시하는 데 사용된다.

〈표 2-72〉 RISK MATRIX 사례

피해규모 분류 발생빈도	I	II	III	IV	V
$< 10^{-1}$	1년 내 조치	6개월 내 조치	6개월 내 조치	즉시 조치	즉시 조치
$< 10^{-2}$	1년 내 조치	1년 내 조치	6개월 내 조치	6개월 내 조치	즉시 조치
$< 10^{-3}$	허용 가능	허용 가능	1년 내 조치	6개월 내 조치	6개월 내 조치
$< 10^{-4}$	허용 가능	허용 가능	허용 가능	1년 내 조치	6개월 내 조치
$< 10^{-5}$	허용 가능	허용 가능	허용 가능	허용 가능	1년 내 조치
$< 10^{-6}$	허용 가능	허용 가능	허용 가능	허용 가능	허용 가능

위의 표에서 "6개월 내 조치", "1년 내 조치"라고 표현한 것은 허용 가능하지만 가능한 한 빨리 제시된 기한 내에 조치가 이루어져야 한다는 것을 의미하며, "즉시 조치"는 현재 상태로는 허용할 수 없는 수준의 심각한 위험임을 의미한다.

(5) 위험도의 허용수준 수립

〈표 2-72〉와 같이 동일한 Risk matrix를 수립한 사업장의 경우 LOPA 수행결과에서 사고의 영향에 상관없이 발생가능성이 10^{-6}/년보다 낮을 경우에는 해당 시나리오는 허용 가능하다. 또한 10^{-3}/년보다 낮을 경우에도 허용 가능하지만, 6개월 또는 1년 이내에 어떠한 개선조치를 취하여야 한다. 즉, 10^{-3}/년보다 낮은 발생가능성이 산출되었다면 10^{-6}/년보다 낮은 가능성을 가질 수 있도록 IPL을 추가하거나 기존의 IPL의 신뢰도를 향상시키는 작업을 하여야 한다. 이는 사업장의 환경, 여건에 따라서 수정 및 변경이 가능하므로 현장상황을 고려하여 신중하게 결정하는 것이 바람직하다.

[제2단계] 사고시나리오 선정과 영향설명 및 강도수준 결정

방호계층분석은 다음 〈표 2-73〉에 따라 작성하되, 제①항의 영향설명은 이전에 실시한 HAZOP 등 정성적 위험성평가 수행 결과에 대하여 방호계층분석이 필요하다고 판단하여 결정한 각각의 시나리오에 대한 영향을 입력한다. 방호계층분석은 한 번에 한 시나리오만 적용하도록 하며 시나리오는 하나의 원인(초기사고)과 쌍을 이루는 하나의 결과로 제한한다.

〈표 2-73〉 방호계층분석 결과서

대상공장		수행일자	
대상공정			
대상설비(장비)		수행팀	
시나리오 번호			
시나리오 제목			
① 영향설명			
② 강도수준		위험도 허용기준	
③ 초기사고 원인		④ 초기사고 발생빈도	비 고
		확 률	빈도수
⑤ 조정계수 (적용가능 시)			
⑥ 완화되지 않은 결과의 빈도수			
		IPL 작용여부	PFD	비 고
⑦ 독립방호계층	일반적인 공정설계	예		
		아니오		
	기본공정제어시스템(BPCS)	예		
		아니오		
	경보	예		
		아니오		
	접근제한	예		
		아니오		
	다이크, 방류둑	예		
		아니오		
	압력방출	예		
		아니오		
⑧ 안전장치(IPL 외)				
⑨ 모든 IPL의 총 PFD				
⑩ 완화된 사고빈도수				
허용기준 충족여부		예	아니오	
⑪ 허용기준 충족을 위해 필요한 추가적인 조치				

강도수준은 아래 〈표 2-74〉에 따라 미약, 심각, 매우 심각으로 구분하여 결정하며 방호계측분석표 제②항에 입력한다.

〈표 2-74〉 강도수준(예)

강도수준	영 향
미약	공정의 일부분에만 사고의 영향이 국한되고 사고로 인한 부상의 정도가 경미
심각	사업장 전반에 사고의 영향이 미치며 사고로 인해 심각한 부상이나 사망을 유발
매우 심각	사업장 외부까지 광범위하게 사고의 영향이 미치며 사고로 인해 다수의 심각한 부상 또는 사망을 유발

[제3단계] 초기사고 원인과 빈도확인

사고에 대한 모든 원인을 서식 제③항에 기입한다. 여기서 중요한 점은 하나의 사고는 많은 원인을 가질 수 있으므로 모든 원인을 나열하는 것이 중요하며 나열된 원인-결과에 대하여 하나의 쌍을 시나리오로 선택하고 그 시나리오에 대한 방호계층분석을 수행한다. 선택된 시나리오의 초기사고 빈도값을 제④항에 입력한다. 빈도값은 연간 사고건수로 표현하며 초기사고의 발생빈도를 선정 시에는 사업장의 운전이력에 기반을 둔 자체적인 신뢰도(Specific failure rate)를 선정하는 것이 가장 바람직한 방법이다. 다만 이와 같은 방법을 통한 빈도를 결정하기 어려운 경우에는 아래와 같은 자료를 활용할 수 있다.

① 동종업종의 자료 등 일반화된 신뢰도 자료
② FTA/ETA에서 활용하는 발생빈도
③ CCPS 발간자료 및 각종 논문/문헌에 따른 확률자료

다음의 〈표 2-75〉, 〈표 2-76〉은 KOSHA GUIDE와 CCPS에서 확인할 수 있는 일반적인 초기사고 빈도값을 나타낸 것이다.

〈표 2-75〉 전형적인 초기사고의 발생빈도

초기사고의 종류	발생빈도	최소범위
배관누출(배관단면적의 10%), 100m 길이당	10^{-3}	$\sim 10^{-4}$
배관파열(배관단면적의 100%), 100m 길이당	10^{-5}	$\sim 10^{-6}$
냉각수 공급 중단	10^{-1}	$\sim 10^{-2}$
펌프 실(Seal) 파손	10^{-1}	$\sim 10^{-2}$
BPCS 실패	10^{-1}	$\sim 10^{-2}$
이송호스(Unloading/loading hose) 파손	10^{-1}	$\sim 10^{-2}$

출처 : CCPS

〈표 2-76〉 초기사고 발생빈도 구분

구 분	설 명	빈도값
저	설비의 예상 수명기간 동안에 매우 낮은 발생확률을 가진 고장이나 연속적인 고장 〈보기〉 • 3개 이상의 계장이 동시에 고장 또는 인간의 오류 • 하나의 탱크 또는 공정용기의 자체고장	$f < 10^{-4}$, /년
중	설비의 예상 수명기간 동안에 낮은 발생확률을 가진 고장이나 연속적인 고장 〈보기〉 • 이중의 계장이나 밸브고장 • 계장설비고장과 운전원 실수의 결합 • 작은 공정배관이나 피팅류의 단일고장	$10^{-4} < f < 10^{-2}$, /년
고	설비의 예상 수명기간 동안에 합리적으로 발생한다고 예상되는 고장 〈보기〉 • 공정누출 • 단일계장이나 밸브고장 • 물질의 누출을 야기할 수 있는 인간의 실수	$10^{-2} < f$, /년

출처 : KOSHA GUIDE

[제4단계] 완화되지 않은 결과의 빈도수 결정

독립방호계층이 고려되지 않은, 완화되지 않은 결과의 빈도수를 계산하고 제⑥항에 기입한다. 이때 사고결과의 평가방법을 [카테고리 접근법]으로 결정하였을 경우에는 제⑤항의 확률값은 결과에 영향을 미치지 않는 항목이므로 '해당 없음' 또는 'N/A'를 기입한다. 만약 사고결과의 평가방법을 [인간이 입는 상해에 대한 질적인 추정법]으로 결정하였을 경우에는 제⑤항에는 각각의 항목에 따른 확률 값을 기입하고 이 값과 초기사고 발생빈도를 곱해 '완화되지 않은 결과의 빈도수'를 구한다.

제⑤항과 관계된 조정계수의 확률 값은 아래와 같은 방법으로 결정하거나 사업장 자체적인 경험치를 활용하여 구할 수 있다.

(1) 점화확률

점화확률은 내부 위험물질의 방출형태와 점화원의 위치에 따라 달라진다. LOPA 수행을 위해 방출형태의 전형적인 상황에 대해 점화확률의 보수적인 추정치를 쓸 수 있고 그 추정치는 다음과 같다.

① 충돌로 인한 방출 : 1.0

② 타 장비와 근접한 곳에서의 큰 방출 : 1.0

③ 일반적 공정지역에서의 방출 : 0.5

④ 탱크 집합지역과 같은 공정지역에서의 방출 : 1.0

(2) 영향지역에 근로자가 있을 확률/근로자가 치명상을 입을 확률

사고범위 내에 작업자가 존재할 확률과 그 사고로 인해 작업자가 치명상을 입을 확률
은 사업장의 공정운전 상황에 따라 적절하게 선정하여 적용한다. LOPA 수행을 위한
추정치는 일반적으로 아래와 같다.

① 공정운전을 위해 사고범위 내에 근로자가 반드시 들어가거나 항상 범위 내 근로자
가 존재하는 경우 : 1

② 공정운전 시 사고범위 내에 근로자가 절대 들어가지 못하는 경우 : 0

③ 운전자는 사고범위 밖에 있으나 공정운전 중 유지보수 등을 위한 근로자가 때때로
출입하는 경우 : 0.5

④ 사고 발생 시 근로자가 치명상을 입을 가능성이 매우 높은 경우 : 1

⑤ 사고 발생 시 근로자가 치명상을 입을 가능성이 거의 없는 경우 : 0

⑥ 사고로 인해 근로자가 치명상을 입을 가능성 여부를 예측할 수 없을 경우 : 0.5

[제5단계] 독립방호계층 확인

다음 [그림 2-66]은 일반적인 화학공정 산업현장에서 적용되는 다중방호계층을 나타낸
다. 각각의 방호계층은 다른 방호계층과 연관하여 작동하는 장치나 행정적인 제어의 결
합으로 구성되어 있으며 높은 신뢰도를 가지고서 시나리오가 원하지 않는 방향으로 진
행하지 못하도록 방지할 수 있는 역할을 한다. 이때 다른 방호계층의 작동에 대하여 독
립적으로 작용되어 원하지 않는 결과로 전개되는 것을 차단하여 사고로 이어지지 않도
록 하는 장치 등은 독립방호계층으로서 인정된다. 독립방호계층은 기본적으로 다른 방
호계층의 고장 등으로 인한 영향을 받지 않아야 한다.

LOPA 수행 시 방호계층에 해당하는 PFD 값은 해당 항목이 독립방호계층으로 인정될
때만 적용해야 한다. 초기사고의 원인이 해당 방호계층의 실패로 인한 것이라면 해당
방호계층은 독립방호계층으로 인정될 수 없고, 따라서 사고빈도를 계산할 때 해당 PFD
값은 제외되고 계산되어야 한다.

본 책자의 방호계층분석기법(LOPA)은 CCPS(미국 화학공학엔지니어협회 화학공정안전 센터)에서 발간한 방호계층분석(단순화된 안전해석기법, 2001)을 참고하여 작성되었으며 이는 KOSHA GUIDE에서 제시하는 계산방법과는 약간의 차이가 존재한다. CCPS에서는 [일반적인 공정설계], [기본공정 제어시스템], [경보], [추가적인 완화대책(접근제한 등)] 등이 독립방호계층으로 작용될 경우에만 해당 항목에 대한 작동요구 시 고장확률(PFD) 값을 적용하여 계산을 하는 방법을 채택하고 있으나, KOSHA GUIDE에서는 상기 항목들이 독립방호계층으로 작용하지 않더라도 이들의 작동요구 시 고장확률(PFD) 값을 기본적으로 방호계층 항목에 넣어 분석하고 있다. KOSHA GUIDE를 활용한 방호계층분석방법은 응용사례의 [사례 3]을 참조하기 바란다.

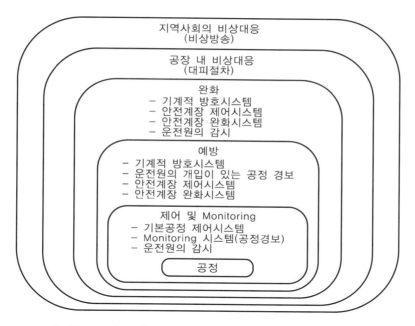

[그림 2-66] 공정설비에서 발견되는 일반적인 위험감소방법

(1) 공정 설계 항목이 초기사고 발생에 대한 빈도를 감소시키기 위한 독립방호계층으로 작용될 경우 해당 PFD 값을 제⑦항 [일반적인 공정설계]란에 기입한다.

(2) 기본공정 제어시스템(BPCS)이 독립방호계층으로 작용될 경우 해당되는 PFD 값을 제 ⑦항 [기본공정 제어시스템]란에 기입한다.

(3) 운전원에게 경보를 발하고 운전원의 개입을 활용하는 경보설비가 독립방호계층으로 작용할 경우 이에 대한 PFD 값을 제⑦항의 [경보 등]란에 작성한다.

(4) 기타 독립방호계층의 확인

압력방출장치, 방류둑(Dike, Bund), 출입제한조치 등 모든 완화대책이 독립방호계층으로 적용되는지 판단하고 독립방호계층으로 적용된다면 이에 대하여 적절한 PFD 값을 결정하고 그 결과를 서식 제⑦항에 기록한다. 또한 양식에 기록된 항목 외 추가적인 독립방호계층이 존재한다면 이에 대한 항목을 추가하여 작성한다.

완화대책은 일반적으로 기계설비, 구조물, 절차 등과 관련이 있으며 영향사고의 강도를 감소시킬 수는 있으나 발생 자체는 예방할 수 없다.

[제6단계] 안전장치의 확인

독립방호계층(IPL)과는 별개로 작용하는 안전장치가 존재할 경우 이에 대한 내용을 제⑧항에 기록한다.

[제7단계] 위험도 추정 및 평가

(1) 제⑦항의 PFD 값을 곱하여 모든 IPL의 총 PFD 값을 제⑨항에 기입한다. 그리고 이 값을 제⑥항의 결과와 곱하여 완화된 사고빈도수를 구하고 그 값을 제⑩항에 기입한다.

(2) 계산된 결과 값이 허용기준을 만족한다면 이것으로 방호계층분석은 완료된다.

(3) 계산된 결과 값이 허용기준을 만족하지 못한다면 허용기준을 충족할 수 있는 추가적인 조치를 제안하여야 한다. 예를 들어 회사의 허용수준은 10^{-6}/년이고 완화된 결과의 빈도수는 10^{-5}/년일 경우 10^{-1}보다 적은 고장확률을 갖는 IPL을 추가하거나, 기존 IPL의 고장확률을 10^{-1}만큼 감소시킬 방안을 마련하여야 한다. 이때 중요한 점은 "안전밸브를 설치한다."와 같은 제안을 하는 것이 아니라 "10^{-x}보다 적은 PFD를 갖는 독립방호계층으로 작용하는 SIF를 추가한다."라는 제안을 하는 것이다.

(4) 제안된 안전계장기능(SIF)에 대한 설명은 제⑪항에 기록하고 제⑦항에 새로운 칸을 만들어 새로운 SIF에 대한 내용 및 PFD 값을 기록한다. 그리고 추가된 IPL 항목의 PFD를 반영하여 제⑨항과 제⑩항에 수정된 결과를 기입한다.

2-14-5 LOPA 응용사례

[사례 1] 헥산 서지(Hexane Surge) 탱크에 대한 LOPA

(1) 팀 구성과 자료수집

팀 구성 및 자료수집에 관한 내용은 생략하였으며 본 예시에서 이해를 돕기 위하여 화재에 따른 위험도 허용기준은 1.0×10^{-5}/년으로 가정하였다.

(2) 사고시나리오 선정과 영향설명 및 강도수준 결정

① 공정설명

헥산이 다른 공정단위로부터 헥산 서지탱크로 흐른다. 헥산 공급 도관은 언제나 압력하에 있다. 서지탱크의 수면 높이는 탱크의 수면을 감지하고 수면 높이를 조절하기 위해 수면 높이 밸브(LV-90)를 막는 수면 제어 회로(LIC-900)에 의해 통제된다. 헥산은 하류의 공정설비를 통해 사용된다. LIC 회로는 기사에게 경보를 알리기 위해 높은 액위 알람(LAH-90)을 포함하고 있다. 탱크는 보통 반 정도 차있는 상태에서 사용된다. 탱크의 총 용량은 헥산 80,000lb이다. 탱크는 헥산 120,000lb까지 담을 수 있는 방류둑(Dike) 안에 위치하고 있다.

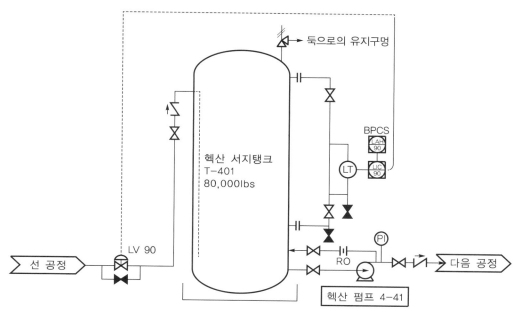

[그림 2-67] 헥산 공정

② 시나리오 선정

해당 공정에서 헥산 서지탱크가 넘칠 경우 아래와 같이 2가지의 시나리오가 발생 가능하다.

㉮ 시나리오 1A

– 서지탱크에서 넘친 헥산이 둑을 넘어 둑 밖으로 확산

㉯ 시나리오 1B

– 서지탱크에서 넘친 헥산이 둑 안에 담김

본 예시에서는 「시나리오1A」에 대하여 사고영향 결과 평가방법은 [인간이 입는 상해에 대한 정성적인 추정법]을 선정하여 작성하였다.

③ 영향설명

방호계층분석결과표의 제①항 영향설명란에 "탱크 넘침과 둑의 방호 실패로 둑 너머로 점화로 인한 근로자의 사망위험 잠재성을 가진 헥산의 방출"을 기입한다.

④ 사고에 의한 영향에 따른 강도수준은 사업장 내부에만 영향을 미치는 것으로 판단되어 "심각"으로 결정하고 서식 제②항에 "심각"을 기입한다.

(3) 초기사고원인과 발생빈도 적용

① 본 시나리오에서 헥산이 넘치는 초기사고원인 분석결과 "BPCS LIC 회로의 고장"일 경우로 확인되었다. 따라서 제③항에 "BPCS LIC 회로의 고장"을 기입한다.

② 초기사고의 발생빈도는 〈표 2-76〉에 따라 $1 \times 10-1$/년으로 확인 가능하므로 이 값을 제④항에 기입한다.

(4) 조정계수

① 점화확률은 해당 헥산 서지탱크가 탱크 집합지역에 위치하므로 [탱크 집합지역과 같은 공정지역에서의 방출에 대한 확률값 : 1.0]을 적용하였다.

② 영향지역에 근로자가 있을 확률 : 해당 공정지역에는 근로자의 출입이 잦은 곳은 아니지만 별도로 출입을 제한하는 등의 조치는 이루어지지 않은 구역이고 때때로 근로자가 출입하는 지역이므로 이에 대한 확률값 0.5를 적용하였다.

③ 영향지역의 근로자가 치명상을 입을 확률 : 치명상을 입을 확률은 예측이 불가능하다고 판단하고 분석팀은 이 확률값을 0.5로 결정하여 적용하였다.

위에서 도출된 값을 제⑤항의 각 항목에 기입한다.

(5) 완화되지 않은 결과의 빈도수

제④항과 ⑤항의 값을 곱하여 계산하면 다음과 같고 이 값을 제⑥항에 기입한다.
$1 \times 10^{-1} \times 1 \times 0.5 \times 0.5 = 2.5 \times 10^{-2}$

(6) 독립방호계층 규명

① 일반적인 공정설계 : BPCS의 LIC 회로 고장 시 공정설계 조건으로 헥산의 넘침을 방지하지 못하였기 때문에 일반적인 공정설계 항목은 독립방호계층으로 적용될 수 없다.
② 기본공정제어시스템(BPCS) : 초기사고의 원인이 BPCS의 LIC 회로 고장이므로이 또한 독립방호계층으로 적용될 수 없다.
③ 경보 및 인간의 개입 : 경보발생 시 인간의 개입이 필요하나 해당 알람은 BPCS에 의존하는 알람이므로 BPCS 실패가 초기사고의 원인이 되므로 독립방호계층으로 적용될 수 없다.
④ 방류둑(Dike) : 초기사고 발생 시 다른 방호계층과 무관하게 독립적으로 작용이 가능하므로 둑은 독립방호계층으로 인정된다. 따라서 〈표 2-68〉에 따라 둑의 PFD 값 1×10^{-2}을 제⑦항에 입력한다.

본 시나리오 분석 결과 방류둑을 제외한 다른 독립방호계층은 없는 것으로 확인되었다.

(7) 안전장치

본 시나리오에서 인간의 활동은 독립방호계층(IPL)이 될 수 없다. 다만 인간의 감시 등으로 탱크 넘침 시 대응을 통해 사고를 완화할 수 있으므로 인간의 대응을 안전장치로 볼 수 있다. 따라서 제⑧항에 인간의 개입에 대한 내용을 기입한다.

(8) 모든 IPL의 총합과 완화된 결과의 빈도수 계산

모든 IPL의 총합은 제⑦항 방류둑 항목 하나만 독립방호계층으로 인정되므로 1×10^{-2}이고 따라서 완화된 결과의 빈도수는 2.5×10^{-4}이 된다.

(9) 위험허용수준 충족여부 확인

위의 제(8)항에서 계산된 값은 회사에서 정한 위험허용수준보다 높아 위험허용수준을 충족하지 못한다. 따라서 위험을 완화할 수 있도록 "10^{-2}보다 적은 작동요구 시 고장확률(PFD)를 갖는 독립방호계층으로 작용하는 안전계장기능(SIF)을 추가한다."라는 권고를 하고 이 내용을 제⑪항에 기입한 뒤 제⑦항에 추가되는 SIF와 이에 따른 PFD 값을 입력하고 제⑨항과 ⑩항을 다시 계산한다.
다시 계산된 제⑨항과 ⑩항의 값은 각각 1×10^{-4}, 2.5×10^{-6}이 되며 이 값은 회사에서 정한 위험허용수준을 만족하므로 LOPA 수행은 종료된다.
다음 〈표 2-77〉은 [사례 1]의 방호계층분석 결과서이다.

〈표 2-77〉 방호계층결과서(CCPS 접근법)

대상공장			수행일자	
대상공정				
대상설비(장비)			수행팀	
시나리오 번호				
시나리오 제목	헥산 서지탱크 넘침. 헥산이 둑을 넘어 흘러 흐름이 멈추지 않음.			
① 영향설명	탱크 넘침과 둑의 방호실패로 둑 너머로 점화로 인한 근로자의 사망 잠재성을 가진 헥산의 방출			
② 강도수준	심각		위험도 허용기준	$<1\times10^{-5}$
③ 초기사고 원인	BPCS LIC 회로의 고장		④ 초기사고 발생빈도	비고
			1×10^{-1}/년	
⑤ 조정계수 (적용가능 시)			확률	빈도수
	점화확률		1	
	영향지역에 근로자가 있을 확률		0.5	
	영향지역의 근로자가 치명상을 입을 확률		0.5	
	기타		N/A	
⑥ 완화되지 않은 결과의 빈도수				2.5×10^{-2}
⑦ 독립방호계층		IPL 작용여부	PFD	비고
	일반적인 공정설계	예		
		(아니오)		
	기본공정제어시스템 (BPCS)	예		
		(아니오)		
	경보	예		
		(아니오)		
	접근제한	예		
		(아니오)		
	방류둑	(예)	1×10^{-2}/년	
		아니오		
	SIF 추가	(예)	1×10^{-2}/년	
		아니오		
⑧ 안전장치(IPL 외)	인간 활동은 IPL이 아님. BPCS로 작동되는 알람에 의존하기 때문. BPCS 실패가 초기사고이기 때문에 IPL 사용될 수 없음			
⑨ 모든 IPL의 총 PFD			1×10^{-4}/년	
⑩ 완화된 사고빈도수	2.5×10^{-6}			
허용기준 충족여부	(예, 제⑪항의 추가적인 조치를 통해)			아니오
⑪ 허용기준 충족을 위해 필요한 추가적인 조치				
10^{-2}보다 적은 PFD를 갖는 독립방호계층으로 작용하는 SIF를 추가한다.				

[사례 2] 헥산 저장탱크에 대한 LOPA

(1) 팀 구성과 자료수집

팀 구성 및 자료수집에 관한 내용은 생략하였으며 본 예시에서 이해를 돕기 위하여 화재에 따른 위험도 허용기준은 1.0×10^{-5}/년으로 가정하였다.

(2) 사고시나리오 선정과 영향설명 및 강도수준 결정

① 공정설명

헥산은 「펌프3-40」을 통해 탱크 트럭에서 내려져서 80,000lb 용량의 마무리 「저장탱크 T-301」로 간다. 주변의 방류둑(Dike)은 120,000lb의 헥산을 넣을 수 있도록 설계되었다. 트럭은 4일마다 또는 해마다 90번 헥산을 내린다. 마무리 저장 창고는 액위 높이 표시기(LI-80)와 제어실에 통보하는 높은 액위의 알람(LAH-80)으로 장치되어 있다. 이 작업에는 보통 두 명의 기사가 투입된다. 한 명은 운반 트럭 기사와 함께 이동을 시작하는 현장에 있는 사람이고, 다른 한 명은 컴퓨터로 여러 공정의 기능을 감시하고 조종하는 조종실에 있는 사람이다. 운전사는 이동을 관리하기 위해 필요하다.

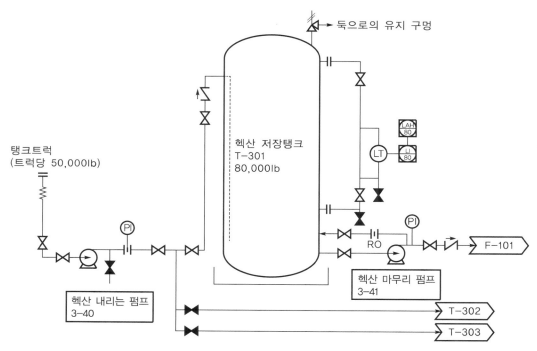

[그림 2-68] 헥산 저장탱크의 P&ID

② 시나리오 선정

해당 공정에서 헥산 저장탱크가 넘칠 경우 아래와 같이 2가지의 시나리오가 발생 가능하다.

㉮ 시나리오 2A

– 저장탱크에서 넘친 헥산이 방류둑(Dike)을 넘어 둑 밖으로 확산

㉯ 시나리오 2B

– 저장탱크에서 넘친 헥산이 둑 안에 담김

본 예시에서는 「시나리오2A」에 대한 사고영향 결과 평가로 [인간이 입는 상해에 대한 정성적인 추정법]을 선정하여 작성하였다.

③ 영향설명

방호계층분석결과표의 제①항 영향설명란에 "탱크 넘침과 둑의 방호 실패로 둑 너머 점화로 인한 근로자의 사망 잠재성을 가진 헥산의 방출"을 기입한다.

④ 사고에 의한 영향에 따른 강도수준은 사업장 내부만 영향을 미치는 것으로 판단되어 "심각" 결정하고 서식 제②항에 "심각"을 기입한다.

(3) 초기사고원인과 발생빈도 적용

① 본 시나리오에서 헥산이 넘치는 초기사고원인 분석결과 "BPCS LIC 회로의 고장"일 경우로 확인되었다. 따라서 제③항에 "BPCS LIC 회로의 고장"을 기입한다.

② 초기사고의 발생빈도는 〈표 2-76〉에 따라 1×10^{-1}/년으로 확인 가능하므로 이 값을 제④항에 기입한다.

(4) 조정계수

① 점화확률은 해당 헥산 저장탱크가 탱크 집합지역에 위치하므로 [탱크 집합지역과 같은 공정지역에서의 방출에 대한 확률값 : 1.0]을 적용하였다.

② 영향지역에 근로자가 있을 확률 : 탱크로리에서 헥산을 내려 저장탱크로 옮기는 작업을 위해 반드시 작업자가 공정 내에 있으므로 확률은 1이 된다.

③ 영향지역의 근로자가 치명상을 입을 확률 : 치명상을 입을 확률은 예측이 불가능하다고 판단하고 분석팀은 이 확률값을 0.5로 결정하여 적용하였다.

위에서 도출된 값을 제⑤항의 각 항목에 기입한다.

(5) 완화되지 않은 결과의 빈도수

제④항과 ⑤항의 값을 계산하면 다음과 같고 이 값을 제⑥항에 기입한다.
$$1 \times 10^{-1} \times 1 \times 1 \times 0.5 = 5 \times 10^{-2}$$

(6) 독립방호계층 규명

① 일반적인 공정설계 : BPCS의 LIC 회로 고장 시 공정설계 조건으로 헥산의 넘침을 방지하지 못하였기 때문에 일반적인 공정설계 항목은 독립방호계층으로 적용될 수 없다.

② 기본공정제어시스템(BPCS) : 초기사고의 원인이 BPCS의 LIC 회로 고장이므로 이 또한 독립방호계층으로 적용될 수 없다.

③ 경보 : 경보발생 시 인간의 개입이 필요하나 해당 알람은 BPCS에 의존하는 알람이므로 BPCS 실패가 초기사고의 원인이 되므로 독립방호계층으로 적용될 수 없다.

④ 방류둑(Dike) : 초기사고 발생 시 다른 방호계층과 무관하게 독립적으로 작용이 가능하므로 둑은 독립방호계층으로 인정된다. 따라서 〈표 2-68〉에 따라 둑의 PFD 값 1×10^{-2}을 제⑦항에 입력한다.

⑤ 인간의 개입 : 기사가 헥산을 내리기 전 수면높이를 확인하고 이상을 발견하여 탱크로 주입하지 않는다면 사고가 일어나지 않으므로 인간의 개입활동은 IPL로 인정된다. 또한 기사가 하역작업장 주변에서 작업을 관리하므로 누출발생 시 즉각 반응하여 조치가 가능하다. 따라서 〈표 2-68〉에 따라 HUMAN ACTION IPL의 PFD값인 1×10^{-1}을 제⑦항에 입력한다.

(7) 모든 IPL의 총합과 완화된 결과의 빈도수 계산

모든 IPL의 총합은 1×10^{-3}이고 따라서 완화된 결과의 빈도수는 5×10^{-5}이 된다.

(8) 위험허용수준 충족여부 확인

위의 제(7)항에서 계산된 값은 회사에서 정한 위험허용수준보다 높아 위험허용수준을 충족하지 못한다. 따라서 위험을 완화할 수 있도록 "10^{-1}보다 적은 PFD를 갖는 독립방호계층으로 작용하는 SIF를 추가한다."라는 권고 내용을 제⑪항에 기입한 뒤 제⑦항에 추가되는 SIF와 이에 따른 PFD 값을 입력하고 제⑨항과 ⑩항을 다시 계산한다.

다시 계산된 제⑨항과 ⑩항의 값은 각각 1×10^{-4}, 5×10^{-6}이 되며 이 값은 회사에서 정한 위험허용수준을 만족하므로 LOPA 수행은 종료된다.

다음 〈표 2-78〉은 예시에 대한 방호계층분석결과서이다.

〈표 2-78〉 방호계층분석결과서

대상공장			수행일자	
대상공정				
대상설비(장비)			수행팀	
시나리오 번호				
시나리오 제목	헥산 저장탱크 넘침. 헥산이 둑을 넘어 흘러 흐름이 멈추지 않음			
① 영향설명	탱크 넘침과 둑의 방호 실패로 둑 너머로 점화로 인한 근로자의 사망 잠재성을 가진 헥산의 방출			
② 강도수준	심각		위험도 허용기준	$<1\times10^{-5}$
③ 초기사고 원인	BPCS LIC의 회로 고장		④ 초기사고 발생빈도	비고
			1×10^{-1}/년	
⑤ 조정계수 (적용가능 시)			확률	빈도수
	점화확률		1	
	영향지역에 근로자가 있을 확률		1	
	영향지역의 근로자가 치명상을 입을 확률		0.5	
	기타		N/A	
⑥ 완화되지 않은 결과의 빈도수			5×10^{-2}/년	
⑦ 독립방호계층		IPL 작용여부	PFD	비고
	일반적인 공정설계	예		
		⊂아니오⊃		
	기본공정제어시스템 (BPCS)	예		
		⊂아니오⊃		
	경보	예		
		⊂아니오⊃		
	접근제한	⊂예⊃	1×10^{-1}/년	
		아니오		
	다이크, 방류둑	⊂예⊃	1×10^{-2}/년	
		아니오		
	압력방출	⊂예⊃	1×10^{-1}/년	
		아니오		
⑧ 안전장치(IPL 외)				
⑨ 모든 IPL의 총 PFD			1×10^{-4}/년	
⑩ 완화된 사고빈도수	5×10^{-6}			
허용기준 충족여부	⊂예, 제⑪항의 추가적인 조치를 통해⊃			아니오
⑪ 허용기준 충족을 위해 필요한 추가적인 조치				
10^{-1}보다 적은 PFD를 갖는 독립방호계층으로 작용하는 SIF를 추가한다.				

[사례 3] 헥산 서지탱크의 안전성 향상에 대한 LOPA

(1) 고장확률

〈표 2-79〉 주요 개시사건의 전형적인 빈도 값의 예

구분	개 시 사 건	빈 도
1-1	Pressure Vessel Failure(고압용기 파열)	1×10^{-6}
1-2	Piping Rupture/100m(배관 파열)	1×10^{-5}
1-3	Piping Leak/100m(배관 누출, 10% 상당직경)	1×10^{-3}
1-4	Atmosphere Tank Failure(상압탱크 파열)	1×10^{-3}
1-5	Gasket/Packing Blowout(플랜지 등 개스킷 파손)	1×10^{-2}
1-6	Turbine/Diesel Engine Overspeed with Casing Breach (터빈 등의 Overspeed로 인한 Casing 파손)	1×10^{-4}
1-7	Third-party Intervention(External Impact by Back-hoe, Vehicle, etc.) 외부 충격(차량 등)	1×10^{-2}
1-8	Lightning Strike(낙뢰)	1×10^{-3}
1-9	Safety Valve Open(Failure)(안전밸브 고장)	1×10^{-2}
1-10	Cooling Water Failure(냉각수 공급 중단)	1×10^{-1}
1-11	Pump Seal Failure(펌프 고장)	1×10^{-1}
1-12	Unloading/Loading Hose Failure(입출하 시설 누출)	1×10^{-1}
1-13	BPCS Instrument Loop Failure(BPCS 결함)	1×10^{-1}
1-14	Regulator 등 Failure(조절밸브 고장)	1×10^{-1}
1-15	소규모 외부화재	1×10^{-1}
1-16	대규모 외부화재	1×10^{-2}

(2) 감소율

〈표 2-80〉 수동적 완화장치(독립방호장치)의 안전도 향상도 값의 예

구분	장치	CONTENTS	감소율
P-1	Dike	탱크로부터의 누출범위를 축소시킴	1×10^{-2}
P-2	Underground Drainge System (지하 누출배관설비)	배관으로부터의 누출범위를 축소시킴	1×10^{-2}
P-3	Open Vent with no valve	과압방지설비	1×10^{-2}
P-4	Fire Proofing(내화설비)	장비로의 열전달 보호로 인한 비상조치 가능시간을 길게 함	1×10^{-2}
P-5	Blast Wall/Bunker	대형 사고에 대한 범위를 축소시킴	1×10^{-3}
P-6	Inherently Safety Design	위험성평가 등을 고려한 근본적인 안전설계(위험성평가 자료 보관 및 주기적 교육조건)	1×10^{-2}
P-7	Flame Detonation Arrestor	화염원의 탱크 또는 배관으로의 인입 제한(설계, 정비자료 보관 조건)	1×10^{-2}
P-8	기타 수동적 완화장치	상기 장치 이외의 수동적 완화장치	

〈표 2-81〉 능동적 완화장치(독립방호장치)의 안전성 향상도 값의 예

구분	장치	CONTENTS	감소율
A-1	가스검지기 및 긴급차단밸브 (긴급차단시스템)	누출 시 즉시 감지하여 조치토록 하는 설비	1×10^{-1}
A-2	Relief Valve/Rupture Disc	기준 이상의 Over Pressure를 방지함	1×10^{-2}
A-3	Basic Process Control System	공정자동화시설	1×10^{-1}
A-4	기타 능동적 완화장치	상기 장치 이외의 능동적 완화장치	

(3) 안전성 향상

〈표 2-82〉 수동적/능동적 완화장치 목록 서식

구 분	완화장치(해당 항목 기록)		
수동적 완화장치 (적용되는 모든 것에 표시)	☐ 방벽 ☐ 배수시설	☐ 방호벽 ☐ 저류조	☐ 방류벽 ☐ 기타(　　　)
능동적 완화장치 (적용되는 모든 것에 표시)	☐ 중화설비(세정기 등) ☐ 과류방지밸브 ☐ 긴급차단시스템	☐ 소화설비 ☐ 플래어시스템 ☐ 기타(　　　)	☐ 수막설비

(4) A 헥산 서지탱크의 위험도 감소율(고장율)

　　무시 : 배관 누출, 배관 파열, 용기 파열, 상압탱크 파열, 외부차량 충격, 낙뢰, 대규모 화재, 관리적 대책(유지보수계획, 점검순찰 등)

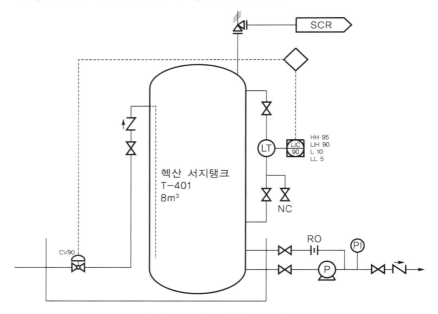

[그림 2-69] A 헥산 서지탱크

고장부위	빈 도	개 수	안전장치	수 동	능 동	계
플랜지, 개스킷	10^{-2}	12	Dike, LIC	10^{-2}(P−1)	10^{-1}(A−3)	12×10^{-5}
안전밸브	10^{-2}	1				10^{-2}
펌프	10^{-1}	1	PI			10^{-1}
BPCS	10^{-1}	1	Dike	10^{-2}(P−1)		10^{-3}
컨트롤밸브	10^{-1}	1	Dike	10^{-2}(P−1)	10^{-1}(A−3)	10^{-4}
소규모 외부화재	10^{-1}	1	Dike, PSV	10^{-2}(P−1)	10^{-2}(A−2)	10^{-5}
위험도 감소율						0.11123

(5) B 헥산 서지탱크의 위험도 감소율(고장율)

＊ BPCS의 SIL 3로 가정

게이지는 고장률을 SIL 3(신뢰도)라 가정하고 설계한다.

안전무결수준 운전상의 요구상태	평균 작동요구 시 고장확률	위험도 감소
4	$10^{-5} \sim 10^{-4}$	$10,000 \sim 100,000$
3	$10^{-4} \sim 10^{-3}$	$1,000 \sim 10,000$
2	$10^{-3} \sim 10^{-2}$	$100 \sim 1,000$
1	$10^{-2} \sim 10^{-1}$	$10 \sim 100$

Level Sensor 병렬 설치 : $1-(1-0.999)(1-0.999)=0.999999 \leftrightarrow 10^{-6}$

Pressure Sensor : $1-(1-0.999)=0.999 \leftrightarrow 10^{-3}$

Leak Sensor : $1-(1-0.999)=0.999 \leftrightarrow 10^{-3}$

Safety Valve 병렬 설치 : $1-(1-0.99)(1-0.99)=0.9999 \leftrightarrow 10^{-4}$

Rupture Disk : $0.999 \leftrightarrow 10^{-3}$

고장부위	빈 도	개 수	안전장치	수 동	능 동	계
플랜지, 개스킷	10^{-2}	32	Dike, LIC, PIC1, PIC2, LS1, LS2, LS3, LS4	10^{-2}(P−1)	10^{-6}(A−3) 2×10^{-3}(A−3) 4×10^{-3}(A−3)	$32 \times 8 \times 10^{-16}$
안전밸브	10^{-2}	2	RD, PIC2		10^{-3}(A−2) 10^{-3}(A−3)	2×10^{-8}
펌프	10^{-1}	1	Dike, PIC1, LS1, LS2	10^{-2}(P−1)	10^{-3}(A−3) 2×10^{-3}(A−3)	2×10^{-9}

고장부위	빈도	개수	안전장치	수동	능동	계
BPCS	10^{-1}	3	Dike, LIC, PIC1, PIC2, RD, PSV	10^{-2}(P-1)	10^{-6}(A-3) 2×10^{-3}(A-3) 10^{-3}(A-2) 10^{-4}(A-3)	6×10^{-19}
컨트롤밸브	10^{-1}	4	Dike, LIC, PIC1, PIC2, RD, PSV	10^{-2}(P-1)	10^{-6}(A-3) 2×10^{-3}(A-3) 10^{-3}(A-2) 10^{-4}(A-3)	8×10^{-19}
소규모 외부화재	10^{-1}	1	Dike, RD, PSV	10^{-2}(P-1)	10^{-3}(A-2) 10^{-4}(A-3)	10^{-10}
위험도 감소율						0.221×10^{-7}

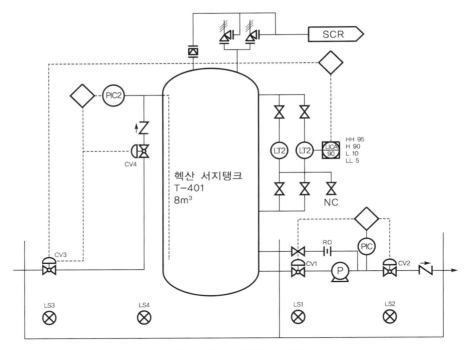

[그림 2-70] B 헥산 서지탱크

(6) LOPA 설계 시의 안전성 향상

A탱크 고장률 : 0.11123

B탱크 고장률 : 0.221×10^{-7}

안전성 향상 : $0.11123 \rightarrow 0.221\times10^{-7}$ / 5,033,031배(503만 배) 향상

[사례 4] KOSHA GUIDE 접근법에 따른 방호계층분석

＊ 회분식 중합반응기에 대한 LOPA

(1) 팀 구성 및 자료수집

팀 구성 및 자료수집에 관한 내용은 앞서 기술한 내용과 동일하며 본 예시에서 사업장에서의 위험허용기준은 1×10^{-9}으로 가정하였다. 또한 방호계층분석 결과서도 CCPS 접근법과는 다른 양식을 사용하며 해당 양식은 〈표 2-83〉을 참고하기 바란다.

(2) 사고시나리오 선정과 영향설명 및 강도수준 결정

① 시나리오 선정

회분식 중합반응기에 대한 HAZOP 평가 중 고압에 의한 증류탑 파열로 인한 화재를 시나리오로 선정하였다. 시나리오의 발생원인은 고압에 따른 증류탑 파손으로 확인되었고 고압이 발생한 초기사고의 원인은 "냉각수 손실"로 확인되었다. 본 시나리오에 의한 강도수준은 사업장 내부에만 영향을 미치는 것으로 판단되어 "심각"으로 결정하였다.

② 영향설명

방호계층분석결과표 제1항 영향설명란에 "증류탑 파열로 인한 화재"를 기입한다.

③ 사고에 의한 영향에 따른 강도수준은 "심각"으로 확인되어 서식 제2항에 "심각"을 기입한다.

(3) 초기사고의 원인과 발생빈도 적용

① 본 시나리오의 초기사고원인은 냉각수 손실로 확인되었으므로 제3항에 "냉각수 손실"을 기입한다.

② 초기사고의 발생빈도는 공정운전경험상 15년에 한 번 정도의 냉각수 공급실패의 경험을 가지고 있어 보다 엄격한 기준적용을 위해 10년 1회로 적용하고 10^{-1}로 결정하였고 이 수치를 제4항에 기입한다.

(4) 방호계층 설계

① 일반적인 공정설계

해당 공정지역은 방폭지역으로 설계되어 있으며 공정안전관리계획을 가지고 있다. 전기설비에 의한 점화원이 존재한다고 판단하였고 위험지역 내에서 전기설비 교체 시에는 변경관리 절차에 따라 작업을 수행한다. 따라서 공정운전경험에 따라 일반적인 공정설계에 대한 평균 작동요구 시 고장확률(PFD) 값은 10^{-1}로 결정하였다.

② 기본공정제어시스템

㉮ 기본공정제어시스템은 반응기의 온도를 기준으로 반응기 자켓으로 투입되는 스팀량을 조절할 수 있는 제어루프를 가지고 있다.

㉯ 기본공정제어시스템은 반응기의 온도가 설정값 이상으로 상승 시 투입되는 스팀을 자동으로 차단한다. 고압을 예방하기 위해 스팀을 차단하는 것만으로도 충분하기 때문에 기본공정제어시스템은 방호계층이다.

㉰ 기본공정제어시스템은 매우 신뢰할 수 있는 분산제어시스템이다.

㉱ 생산 관련 운전원은 온도제어회로의 작동을 못하게 할 수 있는 고장을 단 한 번도 경험하지 못했다.

따라서, 〈표 2-67〉에 따라 기본공정제어시스템의 PFDavg는 제어루프의 평균적인 PFD 값인 10^{-1}로 결정하고 이 값을 제5항 [기본공정제어시스템]란에 기입한다.

③ 경보

㉮ 응축기로 투입되는 냉각수 공급배관에 계전기가 설치되어 있고 그 회로는 기본공정제어시스템(BPCS)의 입력 및 제어기에 연결되어 있다.

㉯ 콘덴서로 투입되는 저온 냉각수의 유량이 적을 때는 경보를 울리고 스팀을 차단하기 위해 운전자가 개입하도록 되어 있으며, 이 경보는 온도제어회로보다는 다른 기본공정제어시스템이 제어기에 위치하고 있기 때문에 방호계층으로 인정될 수 있다.

㉰ 평가팀은 운전원이 항상 제어실에 있기 때문에 〈표 2-69〉 경보에 따른 운전원의 대응에 대한 PFD 값인 10^{-1}으로 결정하는 데 동의하고 이 값을 제5항의 [경보]란에 입력한다.

④ 추가적인 완화대책

㉮ 운전지역으로의 접근은 공정이 가동 중일 때는 제한된다.

㉯ 설비가동 중지 및 Lock-out/Tag-out 상태일 때만 정비가 허용된다.

㉰ 공정안전관리계획상 모든 비운전 인력은 공정출입 시 반드시 등록 및 허가를 받고 공정 운전원에게 통보하여야 한다.

㉱ 공정운전경험상 가동 중인 공정 내에 비운전 인력이 출입하여 가동 중인 설비의 수리를 실시한 경험은 단 한 번도 없었으나 기준적용을 위해 10년에 1번 정도 공정안전관리계획상의 실수가 발생한다고 가정하여 10^{-1}로 결정하였고 이 수치를 제6항에 기입한다.

⑤ 독립방호계층

㉮ 반응기에는 냉각수 손실에 따른 온도 및 압력에 따라 생성된 가스를 적절히 방출하도록 계산된 안전밸브가 설치되어 있다.

㉯ 안전밸브는 FRP탑의 설계압력 이하로 설정되고 운전기간동안 안전밸브로부터 이 탑을 고립시킬 수 있는 인간실수의 가능성이 없으므로 안전밸브는 방호계층으로 고려한다.

㉰ 안전밸브는 1년 1회 분리하여 성능시험을 실시하고 15년간 운전되면서 안전밸브 또는 배관 내에서 어떠한 막힘 현상도 발생하지 않았다.

㉱ 안전밸브는 독립방호계층기준을 만족하며 〈표 2-67〉의 안전밸브항목을 참조하여 PFD 값은 10^{-2}으로 결정하였고 그 결과를 제7항에 입력한다.

(5) 중간단계 사고빈도 결정

중간단계의 사고빈도는 제4항에서 제7항까지의 값을 곱한 값으로 그 결과는 10^{-7}이고 이 결과를 제8항에 입력한다.

(6) 안전계장무결성수준 결정

화재로 인한 사망위험도는 아래 식에 따라 계산되었다.

$$f_i^{fire\ injury} = f_i^{I} \times [\Pi \prod_{j=1}^{J} PFD_{ij}] \times P^{ignition} \times P^{person\ present} \times P^{injury}$$

여기서, $f_i^{fire\ injury}$ = 화재로 인한 사망위험

$f_i^{I} \times [\Pi \prod_{j=1}^{J} PFD_{ij}]$: 누출된 모든 인화성 물질의 완화된 사고빈도

$P^{ignition}$ = 점화확률

$P^{person\ present}$ = 그 지역에 사람이 있을 확률

P^{injury} = 화재로 치명상을 입을 확률

$f_i^{fire\ injury} = 10^{-7} \times 0.1 \times 0.5 \times 0.5 = 0.025 \times 10^{-7}$

사업장에서 정한 허용기준은 $<1 \times 10^{-7}$이므로 허용기준 만족을 위해 "10^{-2}보다 적은 고장확률을 갖는 IPL을 추가한다."고 권고하였고 아래와 같은 IPL을 추가하기로 합의하였다.

〈권고사항〉

㉮ 반응기 자켓 스팀공급배관에 있는 차단밸브에 연결된 솔레노이드 밸브의 전원 차단을 위한 전류스위치와 계전기로 구성된 안전계장기능(SIF)를 추가한다.

㉯ 이 안전계장기능은 SIL 1의 낮은 범위까지 설계되고 10^{-2}의 PFDavg 값을 가진다.

따라서, 이 값을 제9항에 입력하고 제10항 완화된 사고발생빈도를 다시 계산하면 완화된 사고빈도는 10^{-9}이 되며 제10항에 수정된 값을 입력한다.

(7) 전체 위험도 평가 및 향후 조치권고

추가된 IPL이 반영된 완화된 사고발생빈도 값을 적용하여 계산한 화재로 인한 사망위험도는 아래와 같다.

$$f_i^{\,fire\;injury} = f_i^{\,I} \times [\Pi \prod_{j=1}^{J} PFD_{ij}] \times P^{\,ignition} \times P^{\,person\;present} \times P^{\,injury}$$

여기서, $f_i^{\,fire\;injury}$ = 화재로 인한 사망위험

$f_i^{\,I} \times [\Pi \prod_{j=1}^{J} PFD_{ij}]$: 누출된 모든 인화성 물질의 완화된 사고빈도

$P^{\,ignition}$ = 점화확률

$P^{\,person\;present}$ = 그 지역에 사람이 있을 확률

$P^{\,injury}$ = 화재로 치명상을 입을 확률

$f_i^{\,fire\;injury} = 10^{-9} \times 0.1 \times 0.5 \times 0.5 = 0.025 \times 10^{-9}$

이 수치는 회사의 위험허용기준 이하이므로 더 이상의 위험감소대책은 경제적으로 적정하지 않다고 고려되며, 이것으로 방호계층분석은 종료된다.

〈표 2-83〉 방호계층분석결과서(KOSHA GUIDE)

방호계층분석 예시

#	1	2	3	4	5	6	7	8	9	10	11
					방호계층						
순서	영향 설명	강도 수준	초기 사고 원인	초기 사고 빈도	일반적인 공정 설계	기본 공정 제어 시스템	경보등	추가적인 완화대책, 접근제한 등	독립 방호계층, 추가적인 완화대책, 다이크, 압력방출	중간 단계의 사고 빈도	안전 계장 기능 무결 수준	완화된 사고 빈도	비고
1	증류탑 파열로 인한 화재	심각	냉각수 손실	10^{-1}	10^{-1}	10^{-1}	10^{-1}	10^{-1}	10^{-2}	10^{-7}	10^{-2}	10^{-9}	

[사례 5] 탱크로리에서 저장탱크 이송에 대한 LOPA

(1) 팀 구성과 자료수집

팀 구성은 설비, 운전, 안전 전문가로 구성하였고, 자료수집은 HAZOP 결과와 10년간 사고결과를 분석한 결과 현재의 사고빈도는 10년에 3.4건으로 사고확률은 1×10^{-3}/년 으로 누출에 의한 위험도 허용기준은 1.0×10^{-6}/년으로 설정하였다.

(2) 사고시나리오 선정과 영향설명 및 강도수준 결정

① 공정설명

탱크로리에서 저장탱크로 이송하는 공정이다. 한 명이 운반 트럭 기사와 함께 이송 현장에서 감시하고, 다른 한 명은 컴퓨터로 여러 공정의 기능을 감시하고 조종하는 조종실에서 감시하는 사람이다.

② 시나리오 선정

해당 공정에서 탱크로리에서 저장조로 이송하는 중에 밸브 등 연결부위에서 누출될 수 있는 사고 시나리오를 선정하였다.

(3) 초기사고원인과 발생빈도 적용

초기사고의 발생빈도는 1×10^{-1}/년으로 초기 사고확률은 1×10^{-3}/년이다.

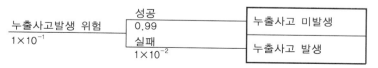

※ 사고발생확률은 $(1 \times 10^{-1}) \times (1 \times 10^{-2}) = 1 \times 10^{-3}$

다음 독립방호계층 설계에 따른 작동요구 시 고장확률(PFD) 값은 사업장에서 운전 경험에 기반하여 결정하였다.

(4) 독립방호계층 설계

탱크로리에서 저장조로 이송하기 전에 질소를 사용하여 사전누출검사를 하는 절차를 추가함으로써 독립방호계층으로 적용될 수 있다.

(5) 모든 독립방호계층(IPL)의 총합과 완화된 결과의 빈도수 계산

모든 IPL의 총합에 따라서 완화된 결과의 빈도수는 7.4×10^{-7}이 된다.

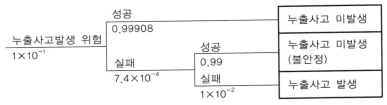

※ 사고발생확률은 $(1 \times 10^{-1}) \times (7.4 \times 10^{-4}) \times (1 \times 10^{-2}) = 7.4 \times 10^{-7}$

(6) 결과분석

위의 제(5)항에서 계산된 값은 회사에서 정한 위험허용수준보다 낮아 위험허용수준을 충족한다.

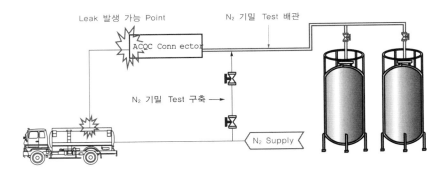

[그림 2-71] 방호계층분석 결과에 따른 개선내용

2-15 공정위험분석(PHR ; Process Hazard Review) 기법

2-15-1 PHR의 개요

공정위험분석(PHR) 기법은 기존 공장 및 설비에 대한 위험성평가 및 분석기법으로 화학공장에서의 위험물질 누출의 잠재성은 그것이 어떤 원인으로 발생하든지 간에 공정시설에 가장 심각한 위험이 될 수 있으며, 이러한 잠재위험성에 집중하여 주요 핵심 인력의 참여하에 위험성을 제거하거나 예방수단을 강구하는 팀 연구 방법이다.

PHR 기법은 HAZOP의 체계화된 검사기법을 이용하여 만들었으나 적용에 있어 타 기법보다 유연하며, 현재 운전되고 있는 공장의 관리, 운전, 정비의 산 경험을 이용할 수 있는 장점이 있고 생산, 저장, 이송 등 공정운전시설을 점검하기 위하여 주로 적용한다. 또한 PHR은 잠재 위험을 확인하는 데 효과적일 뿐만 아니라 경제적이고 효율적이다. PHR은 잠재적인 위험물질 누출사건 및 그 결과로써 발생하는 화재, 폭발, 그리고 독성물질 누출과 같은 가능성에 대해 일차적으로 집중하는 것인데, 이것은 직접적인 공장의 운전성 및 경제적 손실 방지 보다는 위험물질 누출사건의 안전 · 환경 측면에 집중하기 위한 것이다.

PHR은 운전관리 및 사업관리 측면에서 운전 중에 발생할 수 있는 잠재위험 사고 및 그에 따른 가능한 결과를 충분히 알고 있는지 확인할 수 있고, 현재의 기계설비 및 운전절차가 적절한 지침 내에서 위험을 감내할 수 있는 수준에 있는지 그리고 중요한(Critical) 안전 절차가 있어야 하는 지역이 어디인지, 장치 설계의 특별요소가 무엇인지 등을 파악할 수 있다.

PHR을 통해 얻을 수 있는 장점은 특히 최초 설계의도 검토 및 현재까지의 운전경험을 통해서 운전관리자는 공장의 안전실태와 기계설비 및 운전시스템이 연속운전에 적합한지 광범위한 상황을 알 수 있고 제한된 경영자원을 효율적으로 이용하면서 인지된 문제에 우선순위를 정해서 효율적으로 접근할 수 있는 것이다. 또한 핵심 인력의 참여에 의한 팀 연구로 시너지 효과를 얻을 수 있을 뿐만 아니라 연구결과를 간결한 보고서 형태로 나타낼 수 있는 장점도 가지고 있다.

2-15-2 PHR 진행절차

PHR 프로그램을 효율적으로 시행하기 위해서는 다음과 같은 관리적인 요소가 검토되어야 한다.

① 경영진의 목표에 대한 선언(서약)
② 프로그램 관리자의 선임
③ 큰 공장은 단위시설로 나누어 실시
④ 연구 목록을 작성하고 시작회의, 연구회의, 보고서 발행 등의 계획표 작성
⑤ 위험성평가 리더 및 팀원 선정
⑥ 제기된 문제점들의 추적관리

다음은 PHR의 진행절차도이다.

팀 구성 → 자료수집 → 현장방문 → 스케줄 검토 → 회의개최 → 보고서 초안 → 보고서 최종안

(1) PHR 팀 구성

① PHR 리더 : 자질, 경험, 교육훈련 보유자
② 운전관리자, 설계관리자, 감독자 및 운전원
③ 독립팀 구성원 : 기술관리자, 기술지원 엔지니어, 안전기술자
④ 부분참여(Part-time) 구성원 : 외부전문가, 공정엔지니어, 계장엔지니어, 안전보건관리자

(2) PHR 자료수집

① 최초 설계(Design) 매뉴얼, 장치 사양
② PFD, P&ID, Control 개념
③ 방출 및 Blow-down 보고서, Trip & Alarm schedule
④ 운전 및 정비, 비상조치 지시서
⑤ 운전 및 수정/변경사항 이력
⑥ 안전보건 관련 서류(사고조사포함), 위험성평가, HAZOP 결과서
⑦ 화재 검토, 독성가스 누출 연구

(3) PHR 회의개최

① 단기계획으로 탄력 유지(일주일에 2~3번 회의, 하루에 3시간 정도)
② 전형적인 공장은 6~9회 미팅, 우선순위를 강조(다른 것에 밀리지 않도록)

2-15-3 PHR 진행방법

PHR의 작성 서식은 다음 〈표 2-84〉와 같다.

〈표 2-84〉 PHR 보고서의 서식

Page of

Project			Date	
Node	Description : Design Intent :		DWG No.	

번 호	아이템 및 위험	원인 및 결과	문제점	치명적 사항

① 운전 첫 번째 단계의 첫 번째 설비(Item)를 선정한다.
② 잠재 위험물질 누출사고를 확인한다.
③ 그 사고의 결과를 대략 평가한다.
④ 잠재된 사고가 심각한 위험인지 결정한다.
⑤ 심각하지 않으면 다음의 설비(Item)를 결정하고 다음 운전단계로 진행한다.
⑥ 사고 메커니즘(Mechanism)이 심각한 위험을 유발하면 기록하고 그 사고의 가능성 및 결과를 최소화하기 위한 중요사항들을 목록화(List)한다.

⑦ 이러한 조치들이 다음 4가지 범주를 만족하는지 평가한다.

   ㉮ 위험물질 누출의 잠재성

   ㉯ 현재의 표준에 부합여부

   ㉰ 중요 안전 절차의 필요성 또는 사용 유무

   ㉱ 추가 연구의 필요성

⑧ 잠재 결과를 줄이기 위해 본질안전사항을 고려한다.

⑨ 다음 설비(Item) 선택, 그리고 다음 공정(Process) 선택(끝날 때까지)

⑩ 추적관리

   ㉮ PHR 작성 보고서 발행 후 1개월 이내에 이행조치 계획을 수립하여 승인을 득하고 계획의 추진 부서를 정한다.

   ㉯ 조치계획 : 어떤 조치, 완료 기한, 누가, 소요예산 등을 기록한다.

⑪ PHR 검토자료

   ㉮ 1차 년도에 기 제출했던 공정안전보고서(위험성평가 결과 및 이행계획서, MSDS 포함)

   ㉯ 공정·설비 사고(Trouble) 및 동종업계 사고사례

   ㉰ 설비 점검 및 정비 이력(MMS History)

   ㉱ SOP(안전운전절차 및 비상조치 시나리오)

   ㉲ 공정안전보고서 제출 이후 발생한 변경관리 이력

   ㉳ 공정배관계장도(P&ID), 설계자료(Design package) 등

⑫ PHR 대상 범위 설정

공정 조건(온도, 압력)과 공정 유체의 특성, 사고사례, 시운전 이래의 운전 및 점검·정비 이력을 토대로 대상 범위를 정한다.

```
┌─────────────────────────────────────────────────────────────────┐
│                      [PHR 진행 참조사항]                            │
│                                                                   │
│  ■ 위험물질 누출에 대한 주요 메커니즘(Mechanism) 및 예방방법         │
│     • 파열(Rupture)                                               │
│     • 약화(Weakened)                                              │
│     • 누출(Leak)                                                  │
│     • 터짐(Puncture)                                              │
│     • 개방구(Opening) 잘못 조작                                    │
│  ■ 완화방법                                                       │
│     • 누출(Leak) 감지                                             │
│     • 수용(Containment)                                           │
│     • 화재(Fire) : 예방/감지/보호/소방                            │
│     • 폭발방지                                                    │
│     • 독성 누출방지                                               │
│  ■ 중대 사건에 대한 평가                                          │
│     • 위험물질 누출에 대한 잠재 위험                               │
│     • 현재의 표준과 불일치                                        │
│     • 중요 안전절차에 대한 필요성 또는 사용 유무                   │
│     • 추가 실시를 위한 필요성                                     │
│     • 중대성 평가방법                                             │
│  ■ 본질 안전 국면                                                 │
│     사고의 결과를 감소시키기 위한 시설이나 공정의 전체적인 특징 중 본질적인 사항 │
└─────────────────────────────────────────────────────────────────┘
```

제 **3** 장

위험성평가 및
분석기법 지원시스템

위험성평가 및 분석결과에 기반하여 해당 기업 내에서는 물론, 기업 밖으로까지 미치는 영향 평가에 대하여 컴퓨터 프로그램을 이용하여 사고결과, 영향 등을 평가할 수 있는 응용 프로그램 중 무료로 이용 가능한 지원시스템 중심으로 소개하였다. 또한 이번 개정판에는 정확도 등으로 이용도가 높은 유료 프로그램인 PHAST를 추가하였다.

3-1 사고결과분석(CA ; Consequence Analysis) 기법 활용법

3-1-1 CA의 개요

사고결과분석(CA)은 가상사고 발생에 대해 정량적으로 피해수준을 예측하여 안전거리 확보 등 위험성 감소대책 수립에 활용함으로써 근로자는 물론 인근 주민의 피해를 최소화하기 위한 분석기법이다.

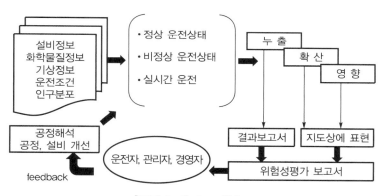

[그림 3-1] CA 개념도

2020년 1월 15일 개정된 고용노동부의 「공정안전보고서의 제출·심사·확인 및 이행 상태평가 등에 관한 규정」에서는 단위공장별로 인화성가스·액체에 따른 화재·폭발 및 독성가스 누출사고에 대한 정량적 위험성평가를 실시하고 사업장 배치도 등에 표시하도록 의무화할 정도로 사고결과분석을 중요시하고 있다.

피해영향범위 산정방법으로는 수 계산에 의한 방법, 엑셀 시트를 이용한 방법, 프로그램을 이용한 방법으로 나눌 수 있다.

최근에는 화학물질안전원에서 화학물질관리법 시행에 따른 '장외영향평가'를 지원하기 위해 무료 프로그램(KORA)을 개발, 보급하고 있다. 그 외에도 미국 환경보호청 EPA(United States Environmental Protection Agency)에서 개발한 ALOHA도 사고결과분석(CA)에 많이 사용되고 있다.

CA는 실제 사고 발생 가능한 시나리오를 먼저 선정하여야 한다. 여러 가지 사고 시나리오 중 '최악의 시나리오'와 '대안의 시나리오'를 선정하여야 하는데, 시나리오 선정을 위해서는 정성적 위험성평가가 우선 이루어져야 한다. 최근 경주에서 발생한 지진으로 우리나라도 지진발생 안전지역이 아니라는 우려가 커지면서 CA 분석과 피해 최소화에 대한 기업과 관련 부처의 관심이 높아지고 있다.

3-1-2 CA 분석방법

CA 분석방법은 이미 선정된 최악 또는 대안의 시나리오의 결과(Consequence)에 영향을 미치는 7가지 변수들의 값을 찾아야 하며 그 결정방법은 다음과 같다.

[변수 1] 끝점

과압 또는 복사열, 독성물질 등이 일정수치에 도달하는 지점(거리)을 말한다. 끝점거리는 다음과 같이 독성물질의 경우는 끝점의 농도, 인화성물질의 경우는 화재, 폭발 시의 과압, 복사열이 미치는 거리로 구분할 수 있다.

(1) 독성물질

독성물질에 따라 다음과 같은 끝점결정방법이 사용될 수 있다.

① 미국 산업위생학회(AIHA)의 ERPG2(Emergency response planning guideline 2)

ERPG2 값은 좌측의 QR코드 스캔으로 다운로드 가능하다. 아래는 ERPG2 데이터 일부이다.	
Acetaldehyde	200ppm
Acetic Acid	35ppm
Acetic Anhydride	15ppm

② 미국 환경보호청(EPA)의 AEGL2(1시간)(Acute Exposure Guideline Level 2)

56-23-5 Carbon tetrachloride(ppm)

	10min	30min	60min	4hr	8hr
AEGL1	NR	NR	NR	NR	NR
AEGL2	27	18	13	7.6	5.8
AEGL3	700	450	340	200	150

NR : Not recommended due to insufficient data

③ ERPG2 또는 AEGL2 값이 없는 경우에는 미국 에너지부(DOE)의 PAC-2 (Protective action criteria 2) 값을 적용한다.

56-23-5 Carbon tetrachloride(ppm)

No.	Chemical Name	CASRN	PACs based on AEGLs, ERPGs, or TEELs		
			PAC-1	PAC-2	PAC-3
1	Abrin	1393-62-0	6.60E-07	7.20E-06	4.30E-05
2	Acenaphthene	83-32-9	3.6	40	240
3	Acenaphthylene	208-96-8	10	110	660

④ PAC-2 값도 없는 경우에는 미국 안전보건연구원(NIOSH)의 IDLH(Immediately Dangerous to Life or Health Concentrations) 값의 10%를 적용할 수 있다.

Substance	Original IDLH Value	Revised IDLH Value
Acetaldehyde	10,000ppm	2,000ppm
Acetic acid	1,000ppm	50ppm
Acetic anhydride	1,000ppm	200ppm
Acetone	20,000ppm	2,500ppm[LEL]
Acetonitrile	4,000ppm	500ppm

⑤ IDLH 값도 없는 경우에는 다음 수치 중 하나를 IDLH 값으로 사용한다.

㉮ $0.2 \times LC_{50}$

㉯ $1 \times LC_{50}$

㉰ $0.01 \times LD_{50}$(경구)

㉱ $0.1 \times LC_{50}$(흡입)

※ 인화성 가스 및 인화성 액체(가연성 물질 포함)
- 폭발인 경우
  $0.07kgf/cm^2$의 과압이 걸리는 지점
- 화재인 경우
  40초 동안 $5kW/m^2$의 복사열에 노출되는 지점
- 기타 폭발, 화재가 아니라도 누출된 물질의 폭발하한농도에 도달하는 지점

[변수 2] 풍속 및 대기안정도

(1) 최악의 누출 시나리오 분석

　① 지상 10m 높이에서 초당 1.5m의 풍속

　② 대기안정도는 F급으로 가정

(2) 대안의 누출 시나리오 분석

　① 통상의 기상조건 또는 지상 10m 높이에서 초당 3m의 풍속

　② 대기안정도는 D급으로 가정

〈표 3-1〉 대기안정도

바람속도, S (m/s)	낮			밤	
	복사강도의 크기				
	강	중	약	흐림	맑음
$S \leq 2$	A	A-B	B	F-G	G
$2 < S \leq 3$	A-B	B	C	E	F
$3 < S \leq 5$	B	B-C	C	D	E
$5 < S \leq 6$	C	C-D	D	D	D
$6 < S$	C	D	D	D	D

• A : 매우 불안정함　　• B : 불안정함　　• C : 약간 불안정함　　• D : 중간
• E : 약간 안정함　　• F : 안정함　　• G : 매우 안정함

[변수 3] 대기온도 및 습도

(1) 최악의 누출 시나리오

　과거 3년간 낮 동안의 최대 온도 및 평균 습도

(2) 대안의 누출 시나리오

　과거 1년 이상의 그 지역의 통상 온도 및 습도 또는 인근 지역의 기상청 자료 사용가능

[변수 4] 누출원의 높이

(1) 최악의 누출 시나리오

　지표면에서 누출로 가정 또는 실제 높이 사용

(2) 대안의 누출 시나리오

　실제 높이 또는 지표면 누출 가정

[변수 5] 지표면의 굴곡상태

　지표면의 상태는 도시와 시골지형 중에 선택하여 사용한다. 도시지형은 건물이나 나무 등이 많아 바람의 흐름에 지장을 많이 주는 지형을 말하며, 시골지형은 평야지대의 논, 밭과 같은 지형으로서 바람의 흐름에 지장을 주는 장애물이 없는 지형을 의미한다.

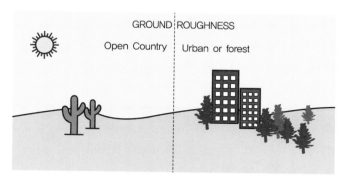

[그림 3-2] 시골지형 vs 도시나 숲 지형

[변수 6] 누출물질의 온도

　(1) 최악의 누출 시나리오

　　① 냉동액체를 취급하는 경우에는 운전온도를 사용

　　② 냉동액체 이외의 액체는 낮 시간의 최고온도 또는 운전온도 중 큰 수치

　(2) 대안의 누출 시나리오

　　운전온도 또는 대기온도

[변수 7] 누출량 산정

　(1) 최악의 누출 시나리오

　　누출량은 다음 수치 중 큰 것으로 한다.

　　① 사고 시 비상조치가 가능한 범위 내에서 단일 용기에 저장되는 최대량

　　② 사고 시 비상조치가 가능한 범위 내에서 단일 배관계에 보유하고 있는 최대량

　　　※ 누출시간 : 10분으로 가정

　　취급물질의 성상 및 유형에 따라 누출량을 산정하여야 한다.

〈표 3-2〉 독성물질(가스)의 누출량 산정

독성물질(가스)			
대기온도에서 저장·취급하는 가스(압축가스, 액화가스)		냉동액체	
건물 외부	건물 내부	확산방지 조치 없음, Puddle 높이 1cm 이하	확산방지 조치 있음(방유제 등), Puddle 높이 1cm 이상
$R_R = \dfrac{Q_R}{10}$	$R_R = 0.55 \times \dfrac{Q_R}{10}$	모두 누출되어 확산	액체층 표면에서 해당물질의 비점에서의 증발속도로 가정

※ R_R : 누출속도(kg/min), Q_R : 누출량(kg)

※ 증발속도 계산방법

$$R_E = \frac{1.4 \times U^{0.78} \times M_W^{2/8} \times A \times P_V}{82.05 \times T}$$

여기서, R_E : 증발속도(kg/min)

$\quad\quad U$: 풍속(m/sec)

$\quad\quad M_W$: 분자량

$\quad\quad A$: 액체층의 표면적(m^2)

$\quad\quad P_V$: 증기압(mmHg)

$\quad\quad T$: 온도(K)

〈표 3-3〉 독성물질(액체)의 누출량 산정

독성물질(대기온도에서 취급하는 액체)		
실외 취급설비		실내 취급설비
확산방지 조치 없음	확산방지 조치 있음(방유제 등)	
Puddle 높이 1cm로 가정하여 액체층의 표면적 계산	방유제 등의 면적을 액체층의 표면적으로 계산	실외 취급 경우의 10% 적용

※ 증발속도는 25℃에서의 증발속도로 가정

(2) 대안의 누출 시나리오

누출공의 크기는 〈표 3-4〉를 참조하여 선정하고 누출시간은 〈표 3-5〉를 참조하되 운전압력을 고려하여 누출량을 산정한다.

〈표 3-4〉 배관 및 누출공 크기

배관 크기(in)	누출공 크기(in)	배관 크기(mm)	누출공 크기(mm)
$\frac{1}{2}$	$\frac{1}{2}$	12.7	12.7
$\frac{3}{4}$	$\frac{3}{4}$	19.05	19.05
1	1	25.4	25.4
$1\frac{1}{2}$	1	38.1	25.4
2	1	50.8	25.4
3	$1\frac{1}{5}$	76.2	30.48
4	$1\frac{2}{5}$	101.6	35.56
5	$1\frac{1}{2}$	127	38.1
6	$1\frac{3}{5}$	152.4	40.64
8	$1\frac{4}{5}$	203.2	45.72
10	2	254	50.8
12	$2\frac{2}{5}$	304.8	60.69
16	$3\frac{1}{5}$	406.4	81.28
18	$3\frac{3}{5}$	457.2	91.44
20	4	508	101.6
22	4	558.8	101.6
24	4	609.6	101.6
24 초과	4	609.6	101.6

<표 3-5> 검출 및 차단 시스템에 기반한 누출시간

검출 시스템 등급	차단 시스템 등급	누출공 크기(in)	누출시간(min)
A	A	1/4	20
		1	10
		4	5
A	B	1/4	30
		1	20
		4	10
A	C	1/4	40
		1	30
		4	20
B	A 또는 B	1/4	40
		1	30
		4	20
B	C	1/4	60
		1	30
		4	20
C	A, B 혹은 C	1/4	60
		1	40
		4	20

검출시스템과 차단시스템의 등급은 <표 3-6>을 참조하여 결정한다.

<표 3-6> 검출 및 차단 시스템 등급

유 형		등 급
검출 시스템	차단 시스템	
시스템 운전조건의 변화에 따라 압력, 흐름 등의 손실을 검출하기 위해 특별히 고안된 시스템	운전자의 개입 없이 공정기기나 검출기로부터 직접 차단되는 시스템	A
압력설비 밖에 물질이 존재하는지를 결정하기 위해 적절히 설치된 검출기(누액감지기)	누출 영역에서 멀리 떨어져 있는 제어실 또는 기타 적절한 위치에 있는 운전자에 의해서 제어되는 차단 시스템	B
육안검출, 카메라	수동 운전 밸브에 의한 차단	C

상기 변수에 대한 개념을 숙지하고 있어야 ALOHA나 KORA 같은 CA 응용 프로그램에 올바른 변수값을 입력할 수 있다.

응용 프로그램 사용법에 대해서는 다음 절에서[1] 소개한다.

3-1-3   CA에 사용되는 주요 응용 프로그램

주로 많이 사용되는 프로그램으로 ALOHA, KORA, PHAST, TRACE 등이 있다. 이 중 대중적으로 사용되는 것은 ALOHA와 KORA 같은 무료 프로그램이다.

KORA는 한글화가 되어 있고 우리나라의 기상정보 및 인구밀도 등의 데이터와 연계가 되어 있어, 제한적이긴 하지만 LOPA(Layer of Protection Analysis)의 적용이 가능한 장점이 있다. 다음은 프로그램별 특성을 비교한 것이다.

〈표 3-7〉 프로그램별 비교

구 분	ALOHA	KORA	TRACE	PHAST
소유/운영	NOAA, EPA	대한민국 환경부/화학물질안전원	SAFER System, Dupont	DNV
적용	단순한 DEGADIS, 신속한 대응	ORA 최적화, LOPA적용	상업용으로 널리 사용	상업용으로 널리 사용
비용	무료	무료	고비용	고비용

〈표 3-7〉의 각종 프로그램 중 일반적으로 접할 수 있는 프로그램은 ALOHA와 KORA 같은 무료 프로그램이며, 국내 일부 위험성평가 전문기관이나 화학공장 등 대형 사업장에서 PHAST나 TRACE 등의 유료 프로그램을 사용하는 곳도 있다.

다음 [그림 3-3]과 [그림 3-4], [그림 3-6]은 TRACE와 PHAST, ALOHA의 평가결과 예이다.

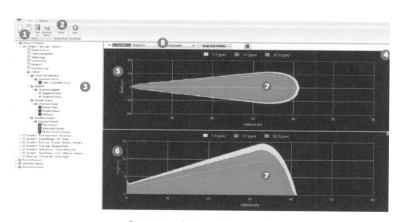

[그림 3-3] TRACE(SAFER)

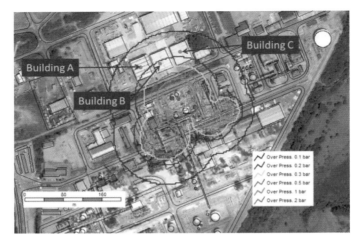

[그림 3-4] PHAST

이러한 상용 프로그램들은 ALOHA나 KORA 같은 무료 배포 프로그램보다는 많은 기능을 가지고 있으며 더욱 정확한 평가를 가능하게 해준다. 가령 PHAST에서는 '3D Explosions' 이라는 기능을 사용함으로써 가연성 증기운 프로파일과 사방이 막힌 공정지역 내에서의 3차원 해석이 가능하다.

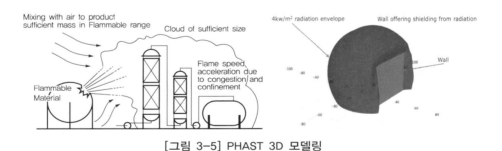

[그림 3-5] PHAST 3D 모델링

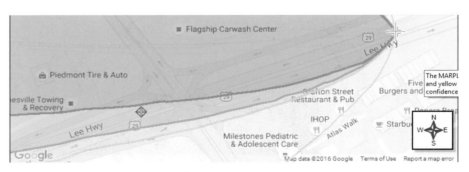

[그림 3-6] ALOHA

다음 〈표 3-8〉은 프로그램별 결과 비교를 위한 '염소 누출사고 개요 및 적용조건'이다.

〈표 3-8〉 염소 누출 사고 개요 및 적용조건

구 분	Graniteville, SC
사고일시	2005.1.6. 02:45
누출개요	열차 충돌로 탱크 파열 • 파열 직경 : 4~5″ • 누출량 : 약 120,000lb • 누출시간 : 처음 1분 내에 대부분 누출 • 잔량 : 수시간 동안 누출
적용조건	Location : L Lat 33°34′00″, W Lon 81°48′30″ Date and time : 6 January 2005 2:45am Total released : 54,480kg Upstream pressure in tank : 90psig Temperature in tank : 13℃ Release height : 1m Equivalent hole size : 268mm Weather/Environment : Clear skies, Low-lying haze and fog Atmospheric stability : E Wind speed : 3 Characteristics of surroundings : Small-town industrial park, in midst of parking lots, trees and residences, slightly hilly with slope up to north Surface Roughness(mm) : 100 Discharge Rate : 0.2kg/s(vapor only) Duration : 3,600s vapor only, starting after the two-phase release ceases Total Release : 720kg Initial Velocity : 0.01m/s Initial Density : 3kg/m^3

다음은 〈표 3-8〉의 사고를 각 프로그램별로 모델링을 한 결과이다.

〈표 3-9〉 주요 프로그램별 모델링 결과 비교

농 도	거 리(km)			
	ALOHA	KORA	TRACE	PHAST
2,000ppm	1.8	—	0.66	1.37
400ppm	4	—	1.8	2.75
20ppm	11	—	20.1	16.4
ERPG-2(3ppm)	—	20.6	—	—

ALOHA, TRACE, PHAST의 경우에는 관심농도를 사용자가 임의로 지정하여 피해거리를 평가할 수 있으나 KORA의 경우에는 오직 ERPG-2에 근거한 피해거리 산정밖에 할 수 없어 객관적인 비교는 큰 의미가 없다 하겠다. 또한 프로그램별로 평가결과에 거의 2배가량의 차이가 있어 프로그램별 신뢰도에 의문점이 대두된다.

3-1-4 CA 응용사례

[사례] 프로판 저장탱크의 BLEVE 시나리오에 PHAST Software를 활용한 CA
(이란 반다아바스 가스정제공장 사례)

(1) 요약

화학 산업계에서의 화학물질 누출 및 그로 인해 야기되는 사고피해(Consequences)를 최소화하기 위한 특별한 방호계층(Special layers of protection)이 있음에도 불구하고, 휴먼에러(Human error)는 여전히 발생되고 있으며 정비작업(Maintenance practices) 및 공정운전(Operating control)시 등에서 부정적인 공장 또는 사고가 발생되고 있다.

석유 및 가스(Oil & Gas) 업계에서 가장 파괴적인 리스크의 하나로 확인된 것은 폭발(Explosion)이며, 그중에서도 특히 BLEVE(Boiling Liquid Expanded Vapor Explosion, 비등액체 팽창 증기폭발)이다. 따라서 이러한 현상에 대한 연구와 여러 단계에서 그 결과 분석을 할 필요가 있다. 최근의 연구결과에 의하면, 수학적 모델을 이용하여 BLEVE 폭발에 따른 피해결과를 예측하는 것이 BLEVE를 효과적으로 관리하는 데 필요하다고 주장하고 있다. 사례연구로 고압의 프로판 저장탱크(V-3001/A)에서의 BLEVE 결과분석(CA ; Consequence Analysis)은 좋은 사례일 수 있다. 물론 이는 한 단계 더 나은 비상조치 마련 및 변경조치 이행을 하기 위함이다.

화학물질 누출 결과를 모델화하기 위한 Software로는 PHAST, ALOHA, SLAB, DEGADIS 등 여러 종류가 있다.

모델링 역량의 유효성, 저장탱크 폭발에 관한 PHAST Software의 특징을 특별히 감안하여 이란(Iran) Bandar Abbas Condensate Refinery에서의 BLEVE 현상과 그 결과(Consequences)를 분석하기 위하여 PHAST software를 채택하였다.

먼저, 정비(Maintenance), 플랜트(Plant), 공정(Process), 안전 엔지니어 및 관련 운전원(Operator)으로 전문가 팀(Expert team)을 구성하고 BLEVE 시나리오를 선정하기 위해 몇 차례 회의를 실시하였다.

PFD, 상세설계내용, 프로판 저장탱크의 공정변수(질량, 용량, 온도, 압력 등 포함) 등 PHAST software(Version 6.7)에 반영된 사항들에 주목하였다. 이 모델에서 채택한 Bandar Abbas city에서 가장 통상적인 기상조건은 온도 42℃, 상대습도 90%, 풍속 3.5m/s로 선정하였다. 폭발파(Explosion wave)로 인해 초래되는 설비피해 추정(Estimated losses)에는 인근 설비들인 펌프, 압축기, 가스터빈, 배관, 구형 및 원통형 탱크(Spherical and cylindrical tanks)를 포함하였다.

본 연구 결과는 주변 설비 중 일부는 BLEVE 과압파(Overpressure wave)로부터 치명적 피해를 입는다는 것을 입증하고 있다. 반면 그 설비들의 대부분은 폭발파 압력 0.1psi 미만에서는 어떠한 피해도 입지 않을 것이다. 따라서 본 사례연구에서는 배관 주위에 방호벽(Protective wall)을 설치하게 되면 폭발로 인한 압력파를 상당히 억제할 수 있을 것으로 추천하였다. 덧붙여 몇몇 원통형 탱크는 다른 곳으로 이전이 권장되었다.

앞으로 연쇄효과(Chain effects), 복사열 분석(Radiation analysis), 충격파(Shock waves) 및 시정조치에 대한 효과성 등 다양한 확인을 통해 좀 더 보완된 사례연구결과가 도출될 수 있을 것이라 제안한다.

(2) 도입부

미국 산업안전보건청(OSHA)에 따르면 화학공장에서의 사건발생률은 1945년 0.49%, 1998년 0.35%, 1986년 0.4%, 1990년 1.2%였다(Daniel A. Crowl 2002). OSHA는 또한 이러한 종류의 모든 사고들은 전형적인 패턴(Typical pattern)을 보이고 있으며 이러한 패턴은 조사자들(Investigators)이 그러한 사건들을 예측하는 데 도움을 준다고 판단하였다.

일반적으로 화학 플랜트에는 화재, 폭발, 화학물질 누출과 같은 3종류의 공통적 위험이 존재한다. 각각의 위험은 다시 발생 가능성, 사망 및 경제적 손실의 잠재성 (Potential for fatalities and economic loss)의 3가지 형태 범주로 나눌 수 있다. 게다가 Daniel A. Crowl은 독성물질 누출이 가장 치명적인 것이긴 하지만, 화재가 화학 플랜트에 있어서 가장 흔히 발생하는 위험이라고 주장하였다. 그는 또한 폭발이 그 밖의 위험에 비해 더 많은 경제적 손실을 초래할 수 있다고 주장하였다.

〈표 3-10〉 화학 플랜트 사고 유형 3가지(Daniel A. Crowl 2002)

구 분 사고 유형 (Type of Accident)	발생 가능성 (Probability of occurrence)	사망 잠재성 (Potential fatalities)	경제적 손실 잠재성(Potential for economic loss)
화 재	고	저	중
폭 발	중	중	고
독성물질 누출	저	고	저

사고의 3가지 유형 중에서 BLEVE는 이러한 사고들 중 최악의 형태인데 이는 통상의 대기압 하에서 비점보다 높은 온도의 액(Liquid)을 담고 있는 압력탱크(Pressurized vessel)가 파손(Failure)되면서 발생되는 폭발의 물리적 현상으로 정의되고 있다. 일반적으로 BLEVE는 과압파, 복사열 그리고 심지어 2차적 화재 때문에 주변 설비에 치명적인 피해(Disastrous damaging effect)를 가져온다(Abbasi and Abbasi 2007). 그래서 이 위험에 대한 심도 있는 연구 및 다양한 장소에서의 사고결과 분석(Analysis of its consequences on various area)이 기업에서의 우선순위(Organizational priority)가 된다. 더욱이 그 폭발 리스크를 효과적으로 관리하기 위하여 폭발의 피해(The damaging effect of the explosion)를 수학적 모델을 가지고 예측하는 것이 핵심(Key)이다(Planas-Cuchi, Salla et al. 2004).

이러한 이유들 때문에 PHAST(Process Hazard Analysis Software Tool)를 이용하여 구형 프로판 저장탱크 폭발사고결과를 산정하기로 하였다. 특별히 Layout 관련 전반적인 안전을 체크하고, 설비 및 인접 건물의 방호 상태(Protection status)를 평가하고, 폭발발생 시 비상대응 준비상태 및 폭발로 인한 폭발파(Blast wave) 추정치를 평가하고 결과적으로는 폭발로 인한 잠재적 피해(Potential effects)를 가능한 낮게 줄일 수 있는 실질적인 해법(Practical solutions)을 발견하고자 하였다.

(3) 자료와 방법(Material and method)

Bandar Abbas Refinery는 중동아시아 최대의 가스 압축설비(Gas condensation unit)이다. 이 공장단지(Complex)는 하루에 360,000배럴(Barrels)의 정제(Condensate)를 하도록 설계되었다. 이 콤플렉스 전체를 다음과 같이 5개 지역으로, [그림 3-7]과 같이 구분하였다.

① Region 1 : Off-site(프로판, MTBE 등 저장탱크) 지역, 빨강
② Region 2 : 공정지역, 노랑
③ Region 3 : 유틸리티 지역, 파랑
④ Region 4 : 플레어 및 관련 탱크(Flare and its vessels), 초록
⑤ Region 5 : 관리동 및 공정 외 지역, 검정

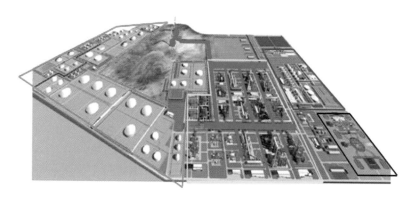

[그림 3-7] Bandar Abbas Refinery Complex의 개략도

본 사례연구는 Region 1에서 수행하였다. 동 지역에는 55개의 고정지붕식 원통형 탱크(Fixed roof cylinder tanks)와 13개의 구형 탱크가 있다. 그러나 3001-A 저장탱크를 CA 대상으로 선택하였는데, 그 이유는 동 저장탱크가 프로판 저장량이 많으며 상당압력이 걸려있고, 다른 저장탱크들과 근접해 있으며 폭발성 증기형성 잠재성이 클 뿐만 아니라 그로 인해 BLEVE 현상이 발생할 가능성이 있기 때문이다. 3001-A 탱크의 구조는 탄소강(Carbon steel, A537 CL.2)으로 제작되고 직경 15.5m, 높이 18m(기초 포함), 운전압력 12.8bars, 운전온도는 40℃이다([그림 3-8] 참조).

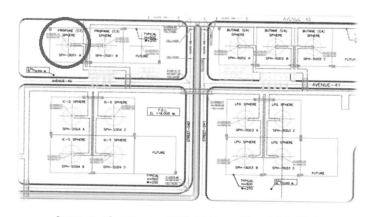

[그림 3-8] Off-site 지역 3001-A 탱크 주변 설비

먼저 Refinery complex 내의 문제될 수 있는 자산 및 설비(Critical assets and equipment)를 찾기 위해 예비평가(Preliminary review)를 수행하였다. 대학교수, 정비 전문가(Maintenance practitioner), 운전원(Operator) 그리고 공정 엔지니어들로 구성된 전문가들과 인터뷰를 통해 리서치 팀을 구성하였다. 그 다음 Plot plan, PFD, P&ID, PM(Preventive Maintenance) 및 기타 관련 공정 서류(Process document)를 검토하였다.

BLEVE 시나리오를 결정하기 위해 팀은 선정된 자산(Selected asset)의 위험을 가장 보편적인 테크닉(예 HAZOP, What-if 및 FMEA)을 이용하여 분석하였다. 그 결과 3001-A 저장탱크가 예방 및 안전대책을 수립하여야 할 필요가 있는 허용 불가한 위험으로 분류되어 다음 [그림 3-9]와 같이 단계별로 검토하기로 하였다.

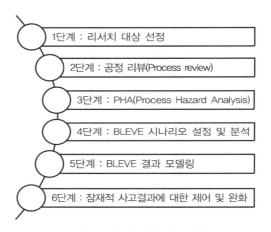

[그림 3-9] 단계별 검토계획

화학물질 누출에 따른 결과를 모델링하기 위한 도구로는 PHAST, ALOHA, SLAB 및 DEGADIS 등이 있다. 그러나 모델링 유효성 및 저장탱크 폭발 관련 특정 고려사항을 감안하여 PHAST 6.7 software를 선택하였다.

검토대상 저장탱크의 화학적 특성은 탱크 형태(Type), 탱크의 질량(Mass) 및 용량, 공정 온도 및 압력, 그리고 기타 변수(Parameters)로서 Software에 입력된다. 기상자료는 국가 기상보고서에 따르며, 기상조건을 다음과 같이 간주하였다.

① 온도 : 42℃
② 상대습도 : 90%
③ 풍속 : 3.5m/s

(4) 결과(Results)

Software에서 시나리오를 전개하였을 때, 3001-A 탱크 폭발 시 도출된 결과는 다음과 같다.

① 충격파(Shock wave)의 전파

선 그래프(Line graph)를 보면 압력파는 꾸준한 방식은 아니지만, 거리가 멀어짐에 따라 감소하고 있다. 그러나 폭발 중심(반경 약 30m) 부근에서는 압력파가 약 13bar 약간 아래에서 머물러 있지만 조금만 더 멀어지면 약 0.7bar(95m 정도)까지 급감하며, 그 후로는 압력파가 0에 도달할 때까지 꾸준히 감소하는 경향을 보여주고 있다([그림 3-10] 참조).

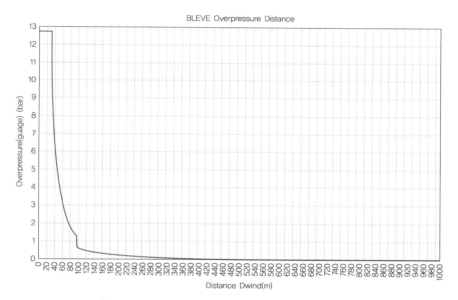

[그림 3-10] 거리에 따른 BLEVE 과압 전개 현황

② 폭발파 반경(Blast wave radius)

아래의 선 그래프는 3가지 서로 다른 색상으로 표기된 폭발반경을 나타내고 있다. 노란선은 폭발이 발생하였을 때 자산(Assets)이 고압으로 인한 피해를 입을 수 있는 압력을 나타내고 있으며, 녹색선과 파란선은 구조물에 가해지는 압력이 좀 더 낮은 것을 나타내고 있다([그림 3-11]).

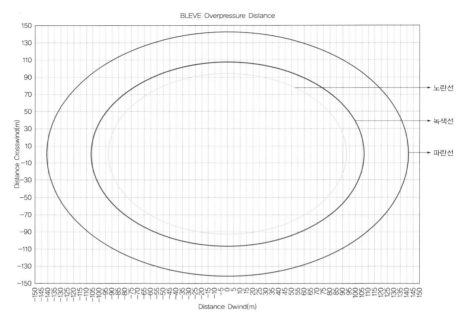

[그림 3-11] 폭발압력파의 반경

다음의 그림은 구글 맵(Google Map)과 배치도(Plot plan)에서의 압력파 반경을 묘사하고 있다([그림 3-12] 및 [그림 3-13] 참조).

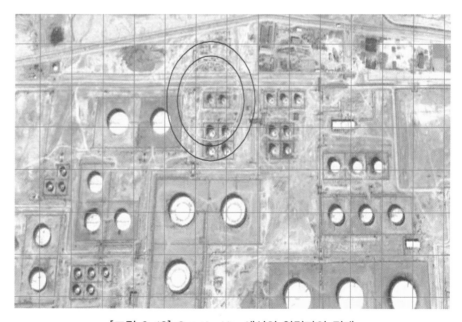

[그림 3-12] Google Map에서의 압력파의 전개

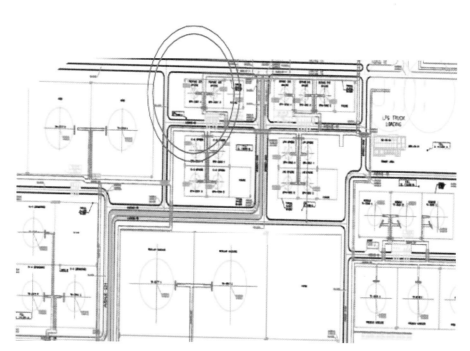

[그림 3-13] Off-site 지역에서 충격파(Shock wave)의 영향을 받는 설비

(5) 피해추정과 제안

모델링 결과를 보면, 허용 가능한 최소한의 압력을 1psi라고 간주할 때 인접한 구조물에는 폭발파로 인한 피해영향이 없는 것으로 나타나 있다. 북측 도로에는 종업원도 없고 차량통행도 거의 없긴 하지만 이 압력파가 어느 정도 피해를 끼칠 수 있는 것으로 판단된다. 다른 한편으로는 주변의 구형 탱크, 즉 2004-A/C 및 3001-B는 완전히 파괴될 것으로 예상되는 반면 2004-B/D, 3002-A/B/C 및 3003-A/B/C/D와 같은 탱크는 [그림 3-13]과 같이 피해반경 지역 바깥에 있게 된다.

뿐만 아니라 남동쪽에 위치한 인접 펌프 및 저장탱크들은 압력파에 심하게 노출되어 설비가 기초에서 이탈하고 완전히 날아가는 현상이 발생될 것으로 예상된다. 반면 다른 설비들은 안전거리 또는 밖에 위치하고 있으므로 피해가 없을 것으로 보인다.

마지막으로 저장탱크 지역에 위치한 변전소(Electrical substations)에 대하여 평가하였다. 폭발 시나리오에 가장 가까운 곳에 있는 것은 북동쪽에 있는 SS-30-01 변전소인데, 이 설비는 안전지역(Safe zone)에 위치하고 있어 아무런 피해가 없을 것으로 보인다.

전체적으로 볼 때 3001-A 저장탱크에서 BLEVE가 발생하게 되면, 특히 인화성 액체를 저장하고 있는 구형 및 원통형 탱크들이 인접하여 있으므로 심각한 피해를 초래하게 된다. 다행스럽게도 폭발의 중심과 주변의 주요 자산(사무실 건물, 발전소, Condensate 탱크, 항공유 탱크, 휘발유 및 나프타 저장탱크 등)과는 거리상으로 멀리 이격되어 있어 BLEVE가 발생하더라도 모두 안전할 것으로 보인다.

따라서 설계 및 건설 과정에서 배관 주위에 방호벽을 설치하고 또 몇몇 원통형 탱크의 이전 설치 등 약간의 변경관리를 추진할 것이 권고된다.

3-2 e-CA 프로그램 활용법

3-2-1 e-CA의 개요

안전보건공단에서는 산업안전보건법 제44조(공정안전보고서의 작성·제출)에 근거하여 화학사고 예방을 위한 PSM 사업장 화학사고 위험경보제를 도입·시행하고 있다. e-CA 는 화학사고 위험경보제 지원시스템(ePSM)의 일환으로, 사업장에서 직접 사고영향평가 (CA)를 손쉽게 수행할 수 있도록 만들어진 프로그램이다.

e-CA DOWNLOAD Version 0.9.1.27
소프트웨어 크기 : 29.9MB

3-2-2 e-CA 사용법

e-CA 프로그램을 실행시키면 [그림 3-14]와 같은 창이 열린다.

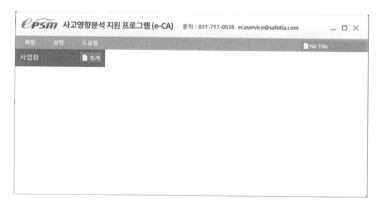

[그림 3-14] e-CA 시작화면

시작화면에는 '파일', '설정', '도움말' 탭이 있다. '파일' 탭에서는 프로젝트 열기 · 저장을 할 수 있고, '설정' 탭에서는 프로그램에 탑재되어 있지 않은 물질(사용물질) 추가 및 생성하는 시나리오의 기본값(영향모델)을 설정할 수 있으며, '도움말' 탭에서는 e-CA 사용자 설명서를 확인할 수 있다.

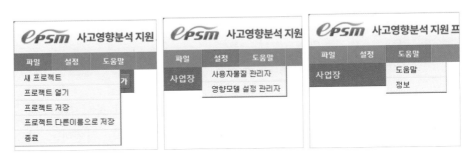

[그림 3-15] 각 탭의 기능

사업장 '추가' 버튼을 누르고 사업장명을 입력하면 시나리오가 생성된다. 생성된 시나리오에서 사업장명을 클릭하면 사업장의 Layout을 GIS 맵이나 도면(이미지맵)을 이용하여 추가할 수 있다. GIS 맵에서는 지번 검색을 통하여 손쉽게 사업장 위치를 파악할 수 있다.

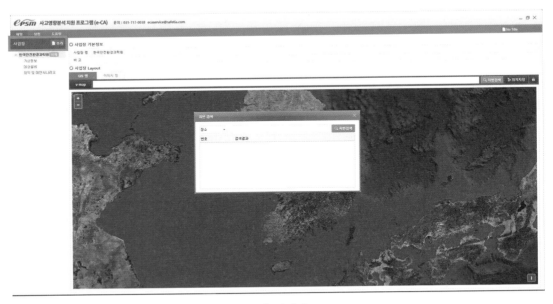

[그림 3-16] 사업장 Layout

사업장의 위치정보를 입력한 후에는 기상정보를 입력하여야 한다. 기상정보에 관한 엑셀파일을 보유하고 있다면 '기상청 엑셀파일'을 클릭하여 바로 기상정보를 등록할 수 있으며, 파일을 보유하고 있지 않다면 기상자료개방포털의 기상데이터를 다운로드하여 사용할 수 있다.

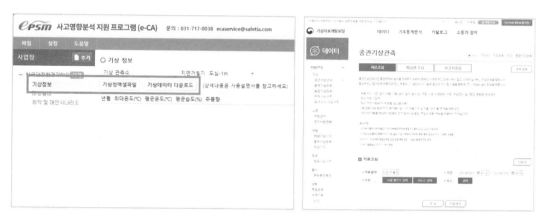

[그림 3-17] 기상정보 입력

기상정보 입력 후에는 시나리오를 작성할 설비정보를 입력하여야 한다. '대상설비'를 클릭한 후 '설비추가'를 하여 설비의 모양, 직경 등 설비에 관한 기본정보 및 누출물질, 운전온도, 운전압력 등 운전정보를 입력하면 설비를 등록할 수 있다.

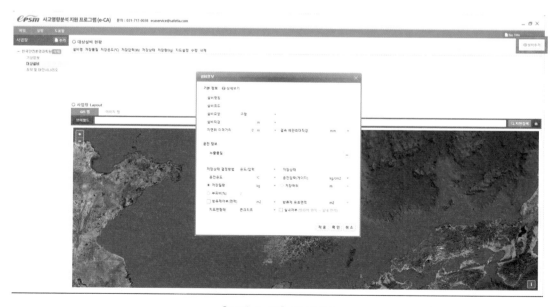

[그림 3-18] 설비추가

　　대상설비 현황에 설비가 등록되면 '지도설정'으로 사업장 Layout에 설비의 정확한 설치 위치를 표시할 수 있다.

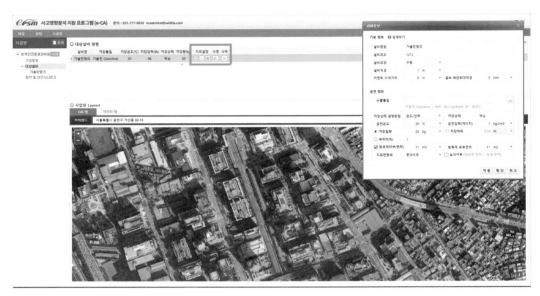

[그림 3-19] 대상설비 등록

　　설비 등록이 끝나고 나면 시나리오를 작성할 수 있다. 대상설비의 이름을 클릭하면 '시나리오 목록' 창이 나오고 ✚ 버튼을 누르면 시나리오 작성을 할 수 있다.

[그림 3-20] 시나리오 작성

시나리오 설정은 '설비 및 누출정보'와 '환경 및 영향' 탭으로 나뉜다.

'설비 및 누출정보'에서는 시나리오의 형태(일반, 최악, 대안)를 고르고 설비 운전정보와 누출형태, 누출높이, 누출공 직경 등의 누출정보를 원하는 상황설정에 맞게 입력하면 된다.

'환경 및 영향'에서는 풍향, 대기안정도, 지면거칠기 등 기상 및 지형정보를 입력할 수 있으며, 복사열, 과압, 확산(가연성), 확산(독성)의 피해기준을 설정할 수 있다. 또한 원하는 영향모델(화구, 풀화재, 제트화재 등)을 정하여 시나리오 구동 결과를 확인할 수 있다.

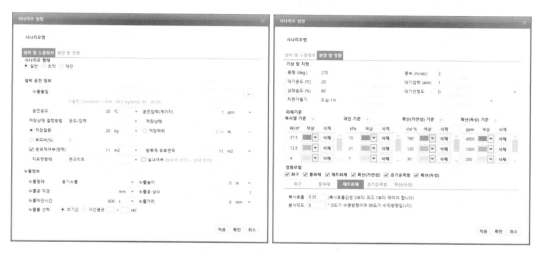

[그림 3-21] 시나리오 설정

시나리오 설정을 마치면 시나리오 목록에 완성된 시나리오가 생성된다. 생성된 시나리오 목록을 클릭하면 [그림 3-22]와 같이 사고의 영향범위를 그래프뿐만 아니라 지도에서도 확인할 수 있다.

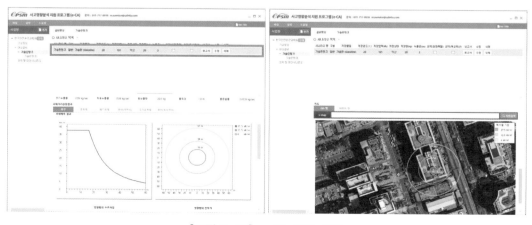

[그림 3-22] e-CA 구동 결과

ePSM 홈페이지

화학사고 위험경보제 지원시스템(ePSM)의 홈페이지는 [그림 3-23]과 같다.

[그림 3-23] ePSM 홈페이지

e-CA 프로그램 및 사용설명서는 아래 [그림 3-24] 및 경로를 참고하여 쉽게 다운로드할 수 있다.

[그림 3-24] e-CA 다운로드 및 사용설명서

※ 경로 : miis.kosha.or.kr/epsm/ → 위험성평가 모듈 → 사고영향분석(e-CA) 모듈

3-3 ALOHA(Areal Locations of Hazardous Atmospheres) 프로그램 활용법

3-3-1 ALOHA의 개요

ALOHA는 미국 환경청 EPA(United States Environmental Protection Agency)와 국립해양기후처 NOAA(National Oceanic and Atmospheric Administration)에서 개발한 프로그램으로, 화학물질의 비상대응이나 계획수립 등을 위해 개발되었다. NOAA에서 개발하여 해상은 물론이고 육상에서의 사고 시나리오의 평가도 가능하다.

ALOHA는 가우시안(Gaussian) 대기확산 및 DEGADIS(Dense Gas Dispersion Model) 누출모델을 사용한다. 모델링 결과는 Google Earth 프로그램과 연동하여 피해영향 범위를 지도상에 나타낼 수 있다.

ALOHA는 무료 프로그램이고 사용하기 편하며, 문제가 생기거나 도움이 필요할 경우 RMP Reporting Center(RMPRC@epacdx.net)를 통해 지원을 받을 수도 있다. 또한, ALOHA는 개발 이후 지속적인 업데이트가 이루어지고 있으며 풍부한 데이터를 가지고 있는 장점이 있다.

모델링은 풍속, 풍향, 대기안정도, 표면거칠기 및 대기 역전층을 고려한다. 하지만 대기 중 화학반응을 묘사하지 못하고 지형의 변화를 고려하지 않고 3차원 농도분포 계산이 불가능한 한계를 가지고 있어 상용 프로그램인 PHAST, TRACE(SAFER)보다는 정확도가 떨어진다.

2017년 1월 기준 최신버전은 5.4.7이며 윈도우10을 지원한다. EPA 홈페이지나 아래 QR코드를 스캔하면 다운로드 가능하다.

ALOHA DOWNLOAD Version 5.4.7, 2016년 9월 배포
소프트웨어 크기 : 7.33MB
OS 지원 : Windows 7, 8.1, 10(MAC 버전은 별도 제공)

3-3-2 ALOHA 사용법

ALOHA 프로그램을 다운로드 받고 실행시키면 [그림 3-25]와 같은 창이 열리게 된다.

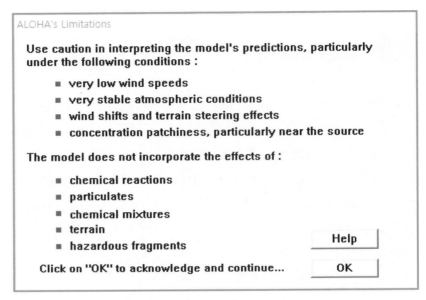

[그림 3-25] ALOHA's Limitations

이 화면은 ALOHA 프로그램의 제한 사항을 설명한다. 그 내용은 매우 낮은 바람속도, 매우 안정한 대기조건, 바람 및 지형의 변화, 지형의 급격한 변화지점에서는 사용에 주의가 필요하고, 화학반응, 입자, 여러 조성의 혼합물, 지형 고려 등에 대해서는 이 모델이 적절치 않다는 내용이다. 읽어보고 OK를 click하면 [그림 3-26]과 같은 화면이 나타난다.

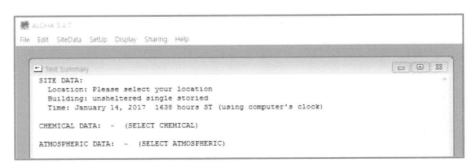

[그림 3-26] ALOHA 초기화면

상단 메인 메뉴바는 File, Edit, SiteData, SetUp, Display, Sharing, Help로 구성
되어 있으며, 마우스 포인터를 각 메뉴 위로 이동시키면 [그림 3-27]과 같이 하부에 선택
가능한 실행 버튼들이 나타나게 된다.

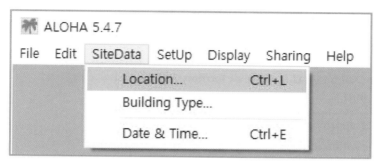

[그림 3-27] SiteData 선택

CA평가를 위해서 우선 평가대상설비 등의 위치정보(Location information)를 입력해
야 한다. [그림 3-27]의 'Location...' 버튼을 누르면 [그림 3-28]과 같은 창이 나타나
는데 미국 전 지역에 대한 정보만 입력되어 있다. 미국 외 지역의 정보를 생성하기 위해
서 Add 버튼을 클릭한다.

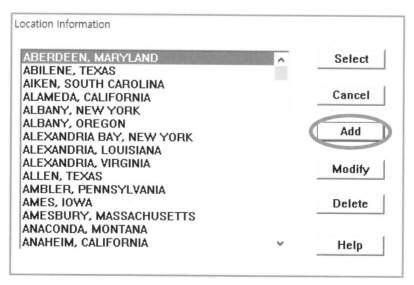

[그림 3-28] Location information

Add 버튼을 누르면 [그림 3-29]와 같은 창이 나타나는데 〈표 3-11〉과 같이 조건을 입력하고 OK를 클릭한다.

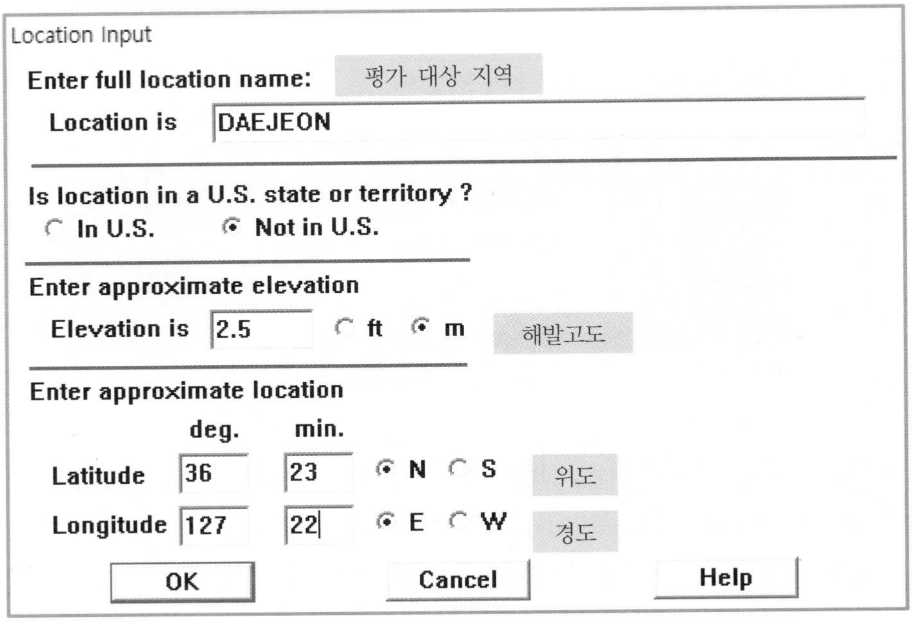

[그림 3-29] Location Input

〈표 3-11〉 Location Input 입력방법 및 예시

구 분	입력방법	예 시
Location is	평가 대상물이 있는 지역명 입력	DAEJEON
Is location is a U.S. state territory?	평가 대상물이 미국 내에 있으면 'In U.S.' 미국 외에 있으면 'Not in U.S.' 선택	Not in U.S.
Elevation is	해발고도 입력 후 단위 선택(ft, m)	2.5m
Latitude	평가 대상물의 위도값을 입력	36deg, 23min, N
Longitude	평가 대상물의 경도값을 입력	127deg, 22min, E

OK 버튼을 클릭하면 'Foreign Location Input' 창이 나타나며 [그림 3-30]과 같이 입력한다.

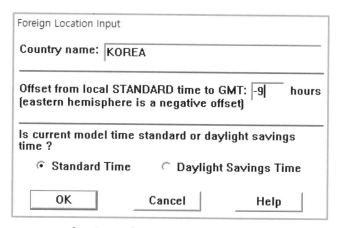

[그림 3-30] Foreign Location Input

OK 버튼을 누르고 메인 메뉴 SiteData의 'Building Type...'을 클릭하면 [그림 3-31] 'Infiltration Building Parameter' 입력창이 나타난다.

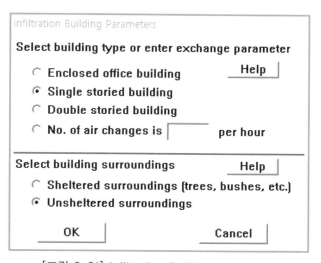

[그림 3-31] Infiltration Building Parameter

빌딩타입을 선택하고, 환기율 및 지형구분은 〈표 3-12〉를 참조하여 입력한다.

〈표 3-12〉 환기율 및 지형 구분

구 분		입력방법
Select building type or enter exchange parameter	Enclosed office building	환기율 0.5회/hr
	Single storied building	환기율 0.45회/hr
	Double storied building	환기율 0.33회/hr
	No, of air changes is ( ) per hour	환기율을 알고 있을 경우 0.01~60회/hr 범위에서 입력
Select building surroundings	Sheltered surroundings	도시지형, 주변에 바람의 흐름을 방해하거나 건물, 나무, 숲 등의 장애물이 많은 지형일 경우 선택
	Unsheltered surroundings	전원지형, 주변에 다른 장애물이 없어 직접 바람을 받는 경우 선택

환기율 및 지형을 설정한 후 메인 메뉴 Sitedata의 'Date & Time...'을 클릭하여 시간을 설정한다.

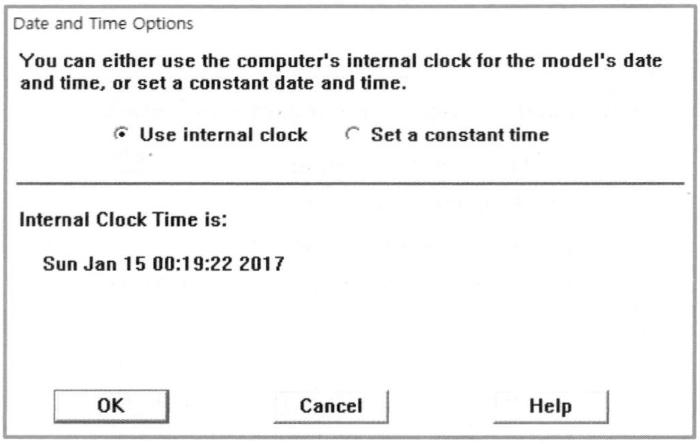

[그림 3-32] Date and Time Options

'Use internal clock'은 컴퓨터의 시간이 적용되고, 'Set a constant time'은 임의의 시간을 적용시킬 수 있게 해준다.

상단 메뉴의 'SetUp' → 'Chemical...'을 선택하면 평가대상 화학물질을 선택할 수 있다.

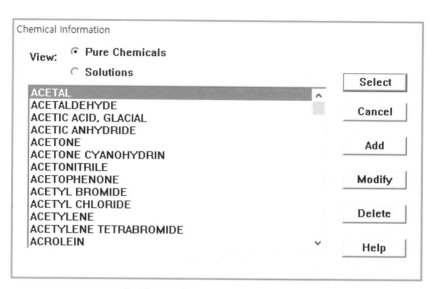

[그림 3-33] Chemical information

View에서 Pure Chemical을 선택하고 목록에 있는 물질 중 평가하기 원하는 물질을
선택하고 Select 버튼을 누른다. 원하는 물질이 없을 경우에는 Add 버튼을 누르고 화학
물질의 물성치를 입력하여 추가할 수 있다.

View에서 Solution을 선택하면 암모니아, 염산, 불산, 질산, 발연황산 수용액의 평가
가 가능하다.

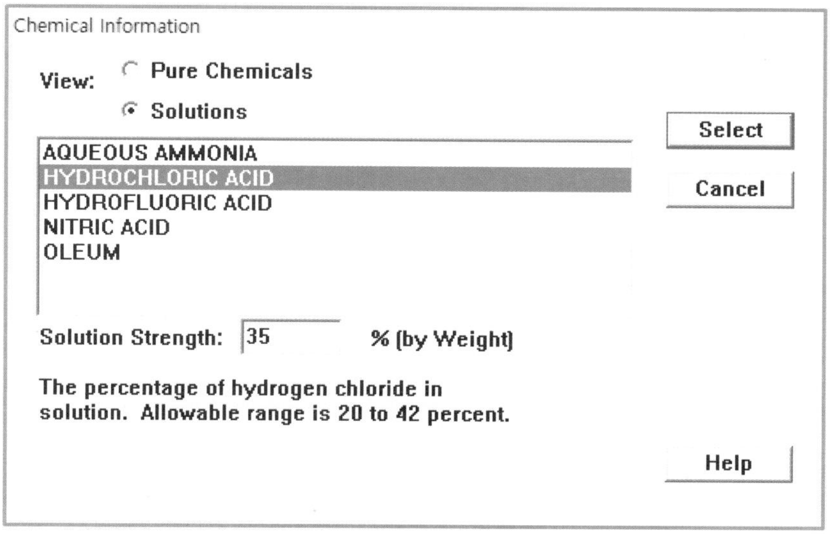

[그림 3-34] Chemical information

평가대상 물질을 입력한 후에는 대기상태정보를 입력한다. 기상정보는 메인 메뉴 'SetUp → Atmospheric → User input…'에서 입력한다.

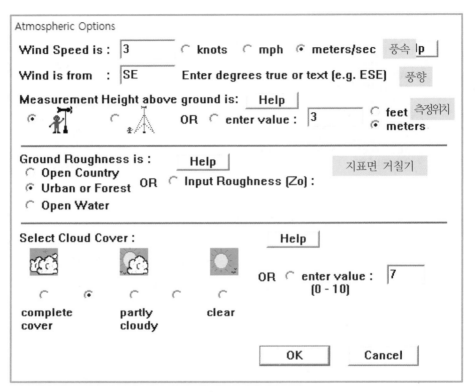

[그림 3-35] 대기상태정보 입력 1

평가대상 지역의 풍속과 풍향을 입력한다. 풍향은 다음 〈표 3-13〉을 참조하여 입력한다. 풍향은 N, E, S, NNE, NE, SE, WDW 등으로 입력한다.

〈표 3-13〉 풍향 데이터(Data)

N : 0deg	E : 90deg	S : 190deg	W : 270deg
NNE : 22.5deg	ESE : 112.5deg	SSW : 202.5deg	WNW : 292.5deg
NE : 45deg	SE : 135deg	SW : 225deg	NW : 315deg
ENE : 67.5deg	SSE : 157.5deg	WSW : 247.5deg	NNW : 337.5deg

풍속 및 풍향 측정 높이는 enter value에 직접 입력하거나 ✲(3m)을 선택하거나 ⚊(10m)을 선택한다.

Ground Roughness는 다음 [그림 3-36]을 참조하여 유사한 지형을 선택한다.

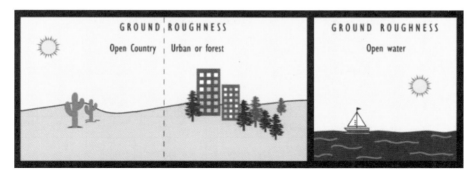

[그림 3-36] Ground Roughness 구분

지표면 거칠기(Z_O)를 알면 직접 입력이 가능한데 입력 가능 범위는 0.001~200cm이다. 위 값을 입력하고 OK를 누르면 [그림 3-37]이 나타난다.

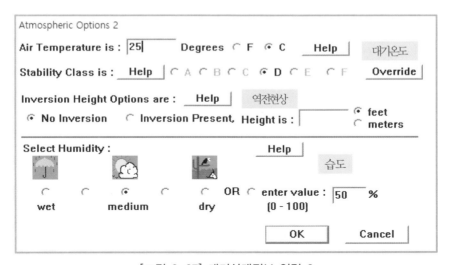

[그림 3-37] 대기상태정보 입력 2

평가대상 지역의 온도를 입력하면 대기안정도(Stability Class)가 자동으로 선택된다. 임의로 대기안정도를 바꾸고자 할 경우에는 Override 버튼을 누르고 A~F 중 선택을 할 수 있다. 대기안정도는 〈표 3-14〉에 의해 분류되어 선택된다.

⟨표 3-14⟩ 대기안정도 구분

Wind Speed			Day : Incoming Solar Radiation			Night : Cloud Cover	
Miles per Hour	Knots	Meters per Second	Strong	Moderate	Slight	More than 50%	Less than 50%
Less than 4.5	Less than 3.9	Less than 2	A	A−B	B	E	F
4.5−6.7	3.9−5.8	2−3	A−B	B	C	E	F
6.7−11.2	5.8−9.7	3−5	B	B−C	C	D	E
11.2−13.4	9.7−11.7	5−6	C	C−D	D	D	D
More than 13.4	More than 11.7	More than 6	C	D	D	D	D

다음은 메인 메뉴 SetUp → Source로 들어가 'Direct', 'Puddle', 'Tank', 'Gas Pipeline' 중 하나를 선택한다. ⟨표 3-15⟩를 참조하여 적절한 Source를 선택한다.

⟨표 3-15⟩ 누출형태 구분

구 분		비 고
Direct Source	누출률을 알거나 다른 옵션을 선택할 수 없는 경우	누출률이 일정
Puddle	화학물질이 액체 Pool을 형성했을 경우	• 시간에 따라 압력 등이 변화 • 초기엔 누출률이 높으나 시간이 흐름에 따라 낮아짐
Tank	화학물질이 저장탱크에서 누출되었을 경우	
Gas Pipeline	화학물질이 흐르는 가스배관이 파열된 경우	

① Direct

Direct를 누르면 [그림 3-38]과 같은 창이 나타난다.

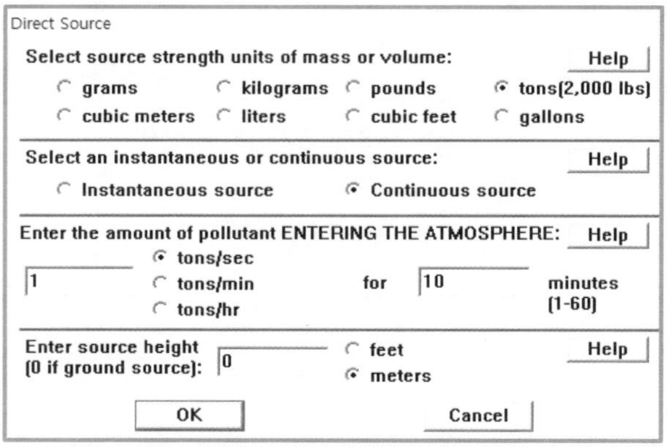

[그림 3-38] Direct Source

누출형태가 순간누출(Instantaneous source)인지 연속누출(Continuous)인지를 선택한다. 순간누출은 1분 이내의 누출을 의미한다. 'Enter the amount of pollutant ENTERING THE ATMOSPHERE'에는 누출률을 입력한다.

누출률(ton/min) = 누출량(ton)/시간(min)

② Puddle

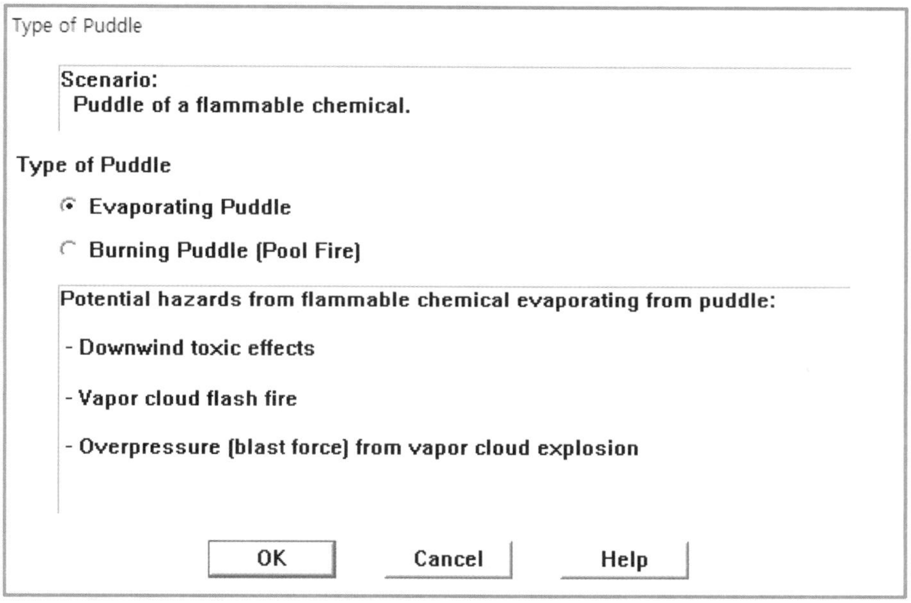

```
Type of Puddle

    Scenario:
      Puddle of a flammable chemical.

Type of Puddle
      ⦿ Evaporating Puddle
      ○ Burning Puddle (Pool Fire)

    Potential hazards from flammable chemical evaporating from puddle:

    - Downwind toxic effects

    - Vapor cloud flash fire

    - Overpressure (blast force) from vapor cloud explosion


          ┌─────────┐    ┌─────────┐    ┌─────────┐
          │   OK    │    │ Cancel  │    │  Help   │
          └─────────┘    └─────────┘    └─────────┘
```

[그림 3-39] Type of Puddle

Puddle은 웅덩이 형태로 누출된 경우를 말한다. Type of Puddle은 〈표 3-16〉과 같이 구분되므로 평가하기 원하는 것을 선택한다.

〈표 3-16〉 Type of Puddle

선 택	결 과
Evaporating Puddle	증기운의 독성범위 증기운 폭발지역 VCE 과압지역
Burning Puddle	Pool Fire

Evaporating Puddle을 선택하고 OK를 누르면 [그림 3-40]이 나타난다.

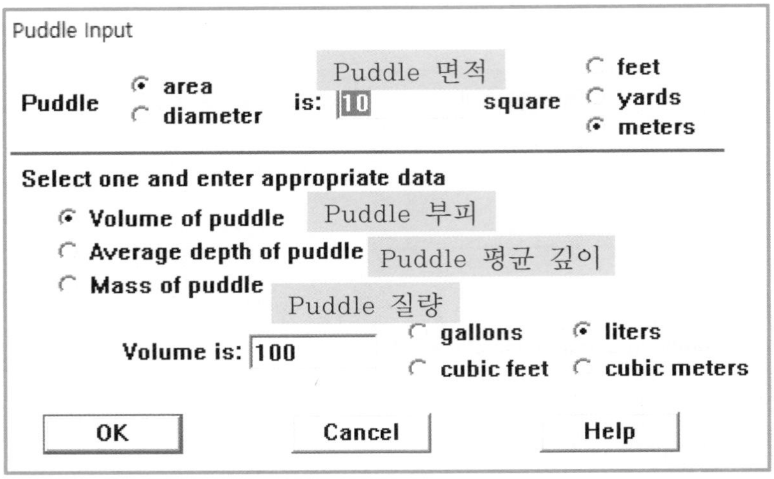

[그림 3-40] Puddle input

[그림 3-40]을 참조하여 Puddle 면적, 부피, 깊이, 질량 등을 입력하고 OK를 누르면 [그림 3-41]이 나타난다.

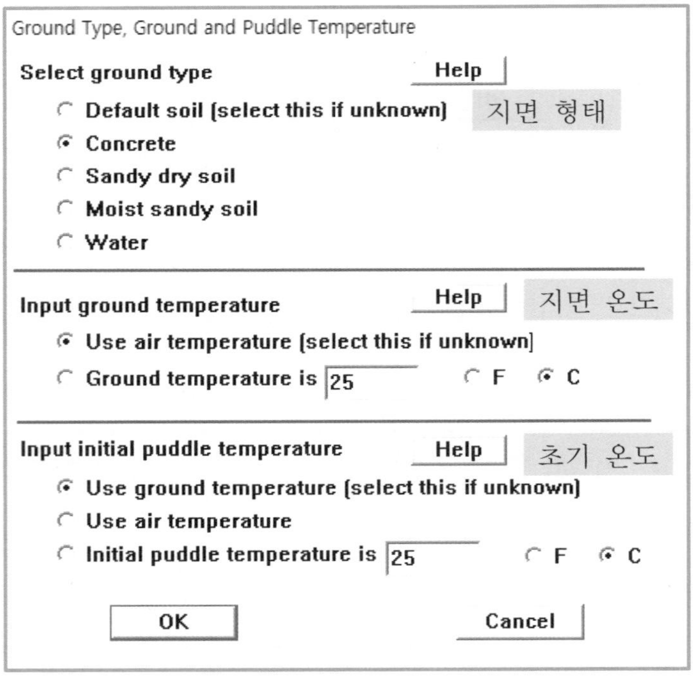

[그림 3-41] Ground Type

[그림 3-41]을 참조하여 각 항목을 입력하고 OK를 누른다.

③ Tank Source Input

Tank Source Input은 저장탱크에서 화학물질이 누출되었을 경우를 평가한다. 메인 메뉴 'SetUp → Source → Tank...'를 누르면 [그림 3-42]가 나타난다.

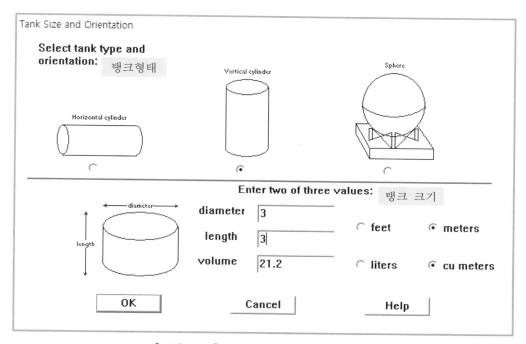

[그림 3-42] Tank Size and Orientation

화면 설명에 따라 탱크의 형상을 선택하고 직경(Diameter), 길이(Length)를 입력하면 용적(Volume)은 자동으로 계산된다. 직경은 0.2~1,000m, 길이는 0.5~1,000m 범위 내에서 입력한다.

값을 입력하고 OK를 누르면 [그림 3-43] 'Chemical State and Temperature' 입력창이 나타난다.

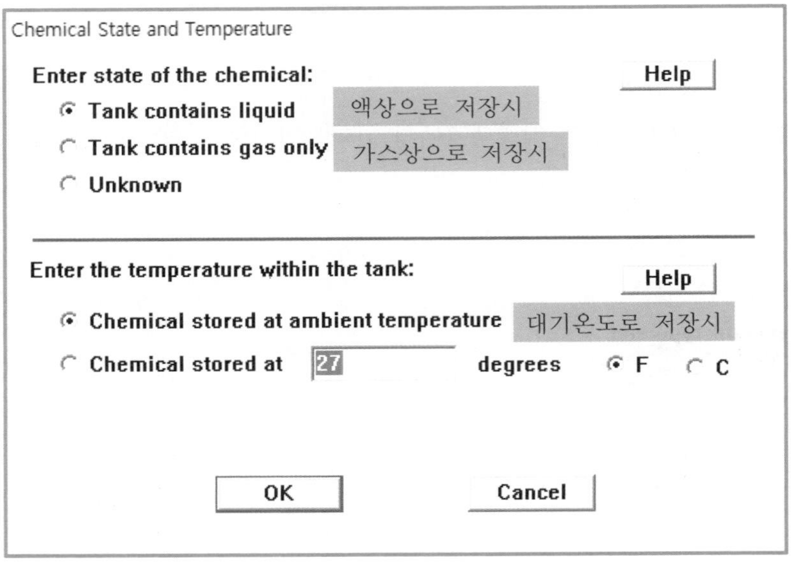

[그림 3-43] Chemical State and Temperature

[그림 3-43]을 참조하여 평가대상 화학물질의 상(Phase)을 선택하고 저장온도(온도 범위 -273~5,503℃)를 입력한다. OK를 누르면 [그림 3-44] 'Liquid Mass or Volume'이 나타난다.

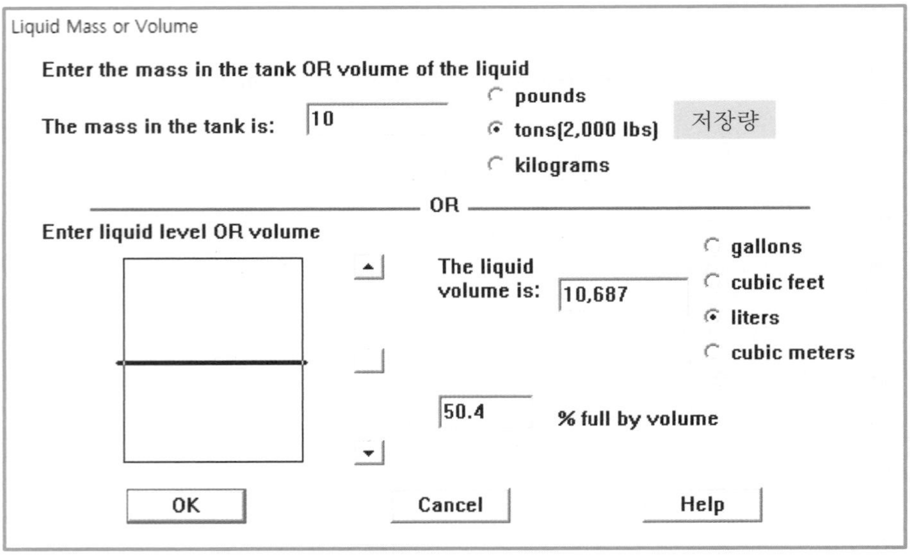

[그림 3-44] Liquid Mass or Volume

[그림 3-44] 상단의 Mass(저장무게)를 입력하거나 또는 Volume(저장체적), 저장량 %를 입력할 수도 있다. 저장량 입력 후 OK를 누르면 [그림 3-45] 'Type of Tank Failure'가 나타난다.

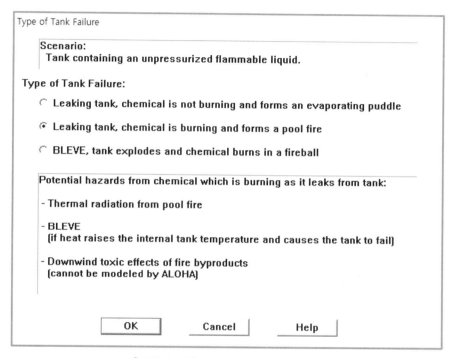

[그림 3-45] Type of Tank Failure

여기서는 탱크에서 누출이 발생되었을 경우 사고의 유형을 선택한다. 사고의 유형은 다음 〈표 3-17〉에서 3가지 중에 1개를 선택할 수 있다.

〈표 3-17〉 탱크 누출 시 사고의 유형

구 분	해 설
Leaking tank, chemical is not burning and forms an evaporating puddle.	누출 시 화재는 없으며 Puddle에서 증발 발생
Leaking tank, chemical is burning and forms a pool fire	누출 시 화재가 발생(Pool fire)
BLEVE, tank explodes and chemical burns in a fireball	탱크에서 비등액체가 팽창하면서 증기폭발 시 Fireball(화구) 형성

사고유형 선택 후 OK를 누르면 [그림 3-46] 'Area and Type of Leak'가 나타난다.

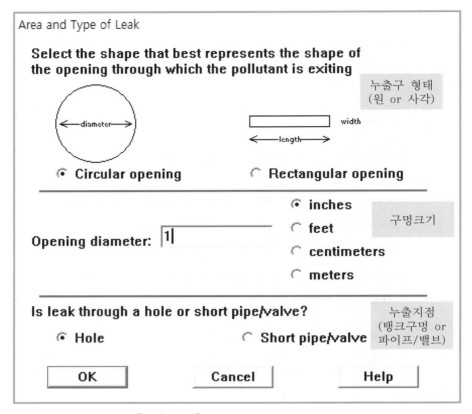

[그림 3-46] Area and Type of Leak

[그림 3-46]의 설명을 참조하여 누출구의 형태, 누출공의 크기, 누출지점을 입력하고 OK를 누르면 [그림 3-47] 'Height of Tank Opening' 입력 창이 나타난다.

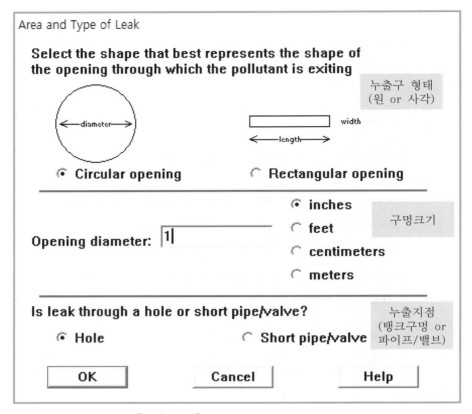

[그림 3-47] Height of Tank Opening

여기서는 탱크누출지점의 높이를 선택한다. 누출지점의 높이(m)를 입력하거나 용량 부피%를 입력하여 선택한다. 누출지점의 높이를 선택 후 OK를 누르면 [그림 3-48] 'Maximum Puddle Size' 입력창이 나타난다.

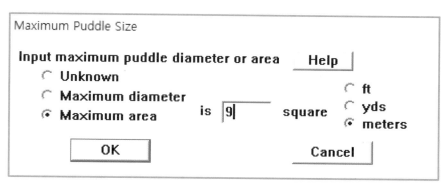

[그림 3-48] Maximum Puddle Size

저장탱크 주변에 방유제나 방유턱 같은 대책이 어려워 누출을 방지할 수 없는 경우에는 'Unknown'을 선택한다. 'Unknown'을 선택하면 ALOHA는 땅에서는 Puddle의 높이가 0.5cm가 될 때까지의 거리(최대 200m)를 계산한다. 물에서는 0.17cm의 높이로 계산하고 거리제한은 없다. 방유제가 있는 경우에는 'Maximum diameter' 또는 'Maximum area'를 선택하고 지름이나 면적을 입력한다. 이 경우에는 Puddle의 형성면적을 해당 값으로 제한하고, 그에 따라 화학물질의 증발률을 계산하게 된다.

④ Gas Pipeline Source Inputs

'Gas Pipeline Source Inputs'은 가스 파이프에서 누출이 발생했을 경우의 사고결과를 예측한다. 메인 메뉴의 'SetUp → Source → Gas Pipeline…'을 누르면 [그림 3-49] 'Type of a Pipeline Failure'가 나타난다.

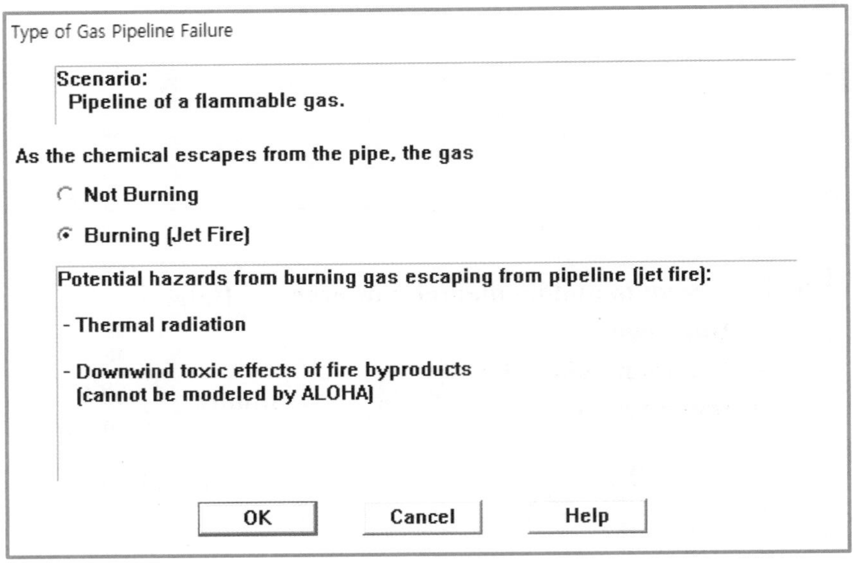

[그림 3-49] Type of a Pipeline Failure

여기서는 'Not Burning'인지 'Jet fire'인지 사고결과형식을 선택하고 OK를 누른다.

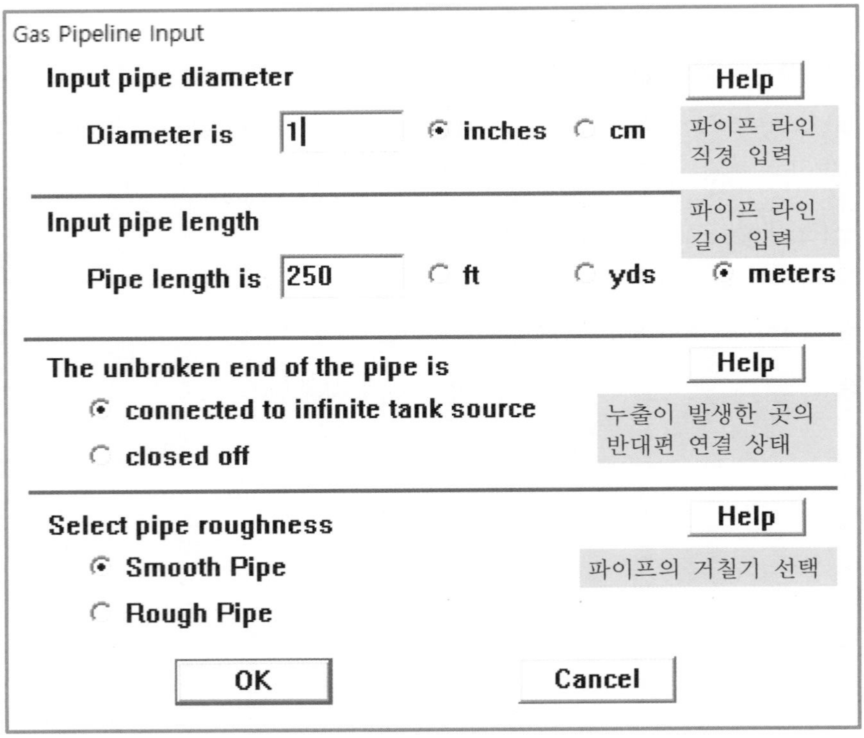

[그림 3-50] Gas Pipeline Input

'Gas Pipeline Input' 단계에서는 파이프라인 직경, 길이, 누출이 발생한 곳의 연결 상태 여부, 파이프의 거칠기를 입력한다.

Smooth Pipe는 금속, 유리, 플라스틱 파이프와 같은 종류이고, Rough Pipe는 부식된 파이프나 이송유체에 의해 안쪽 면에 스케일이 많이 형성된 파이프를 의미한다.

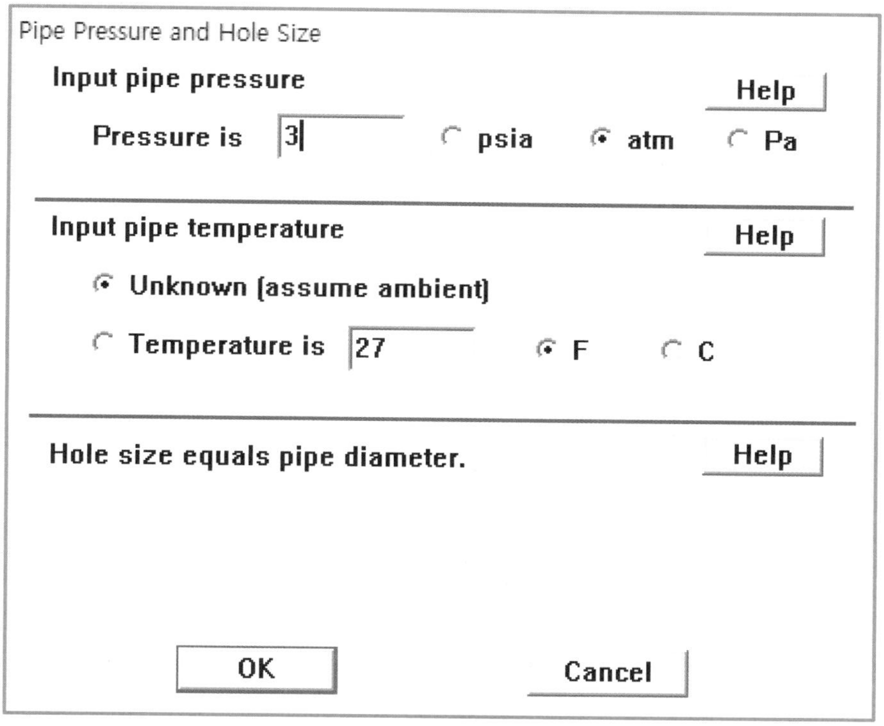

[그림 3-51] Pipe Pressure and Hole Size

마지막으로 [그림 3-51]의 창이 나타나면 파이프의 압력과 온도를 입력한다. 여기서 배관 내의 유체는 기상 물질 누출만 적용된다. 액상일 경우는 Pipe가 아니라 Tank 또는 Direct source option을 선택하여 평가를 실시한다.

⑤ Display Inputs

이번 단계는 모든 평가 조건을 입력하고 사고시나리오에 따라 결과를 Display하기 위한 단계로서 메인 메뉴 'Display → Threat zone...'을 누르면 [그림 3-52]가 나타난다.

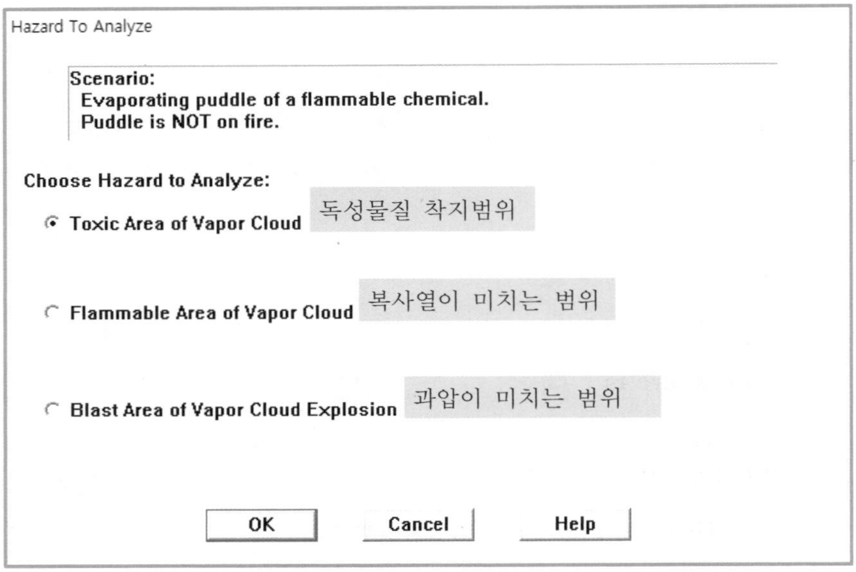

[그림 3-52] Hazard To Analyze

물질의 종류나 평가 조건에 따라 [그림 3-52]의 화면이 나타나지 않는 경우도 있으니 당황하지 않도록 한다. 여기서는 3가지 사고유형 중 1개를 선택한다.
선택 후 OK를 누르면 [그림 3-53]과 같은 창이 나타난다.

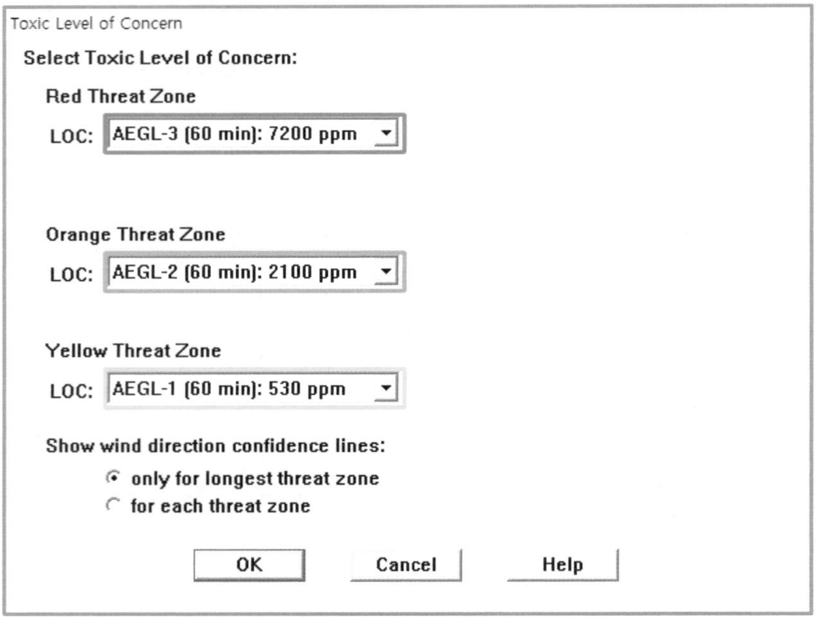

[그림 3-53] Toxic Level of Concern

여기서는 관심농도(Level of Concern)를 3단계로 구분하여 선택할 수 있도록 해준다. 선택버튼(▼)을 누르면 ERPG, PAC, AEGL 등의 농도를 선택할 수 있게 해준다. 목록에 원하는 단위가 없을 경우에는 'User specified'를 선택하면 사용자가 원하는 값을 입력할 수 있다.

3개의 관심농도를 지정하고 OK를 누르면 다음과 같이 결과가 나타난다.

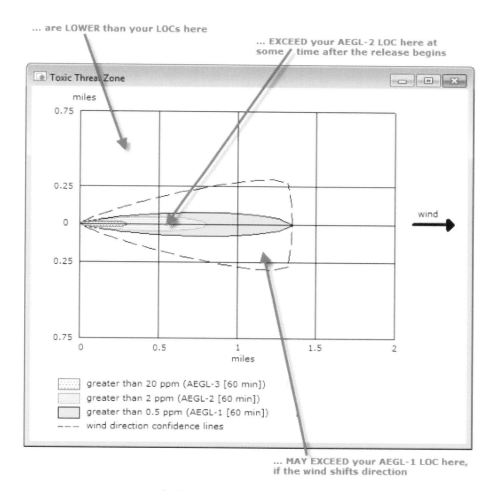

[그림 3-54] Toxic Threat Zone

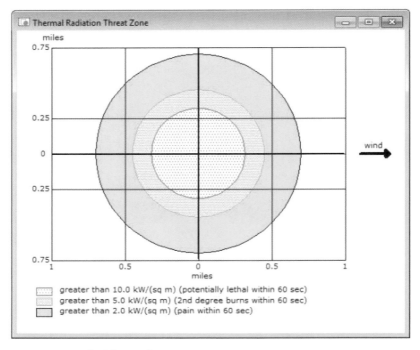

[그림 3-55] Thermal Radiation Threat Zone

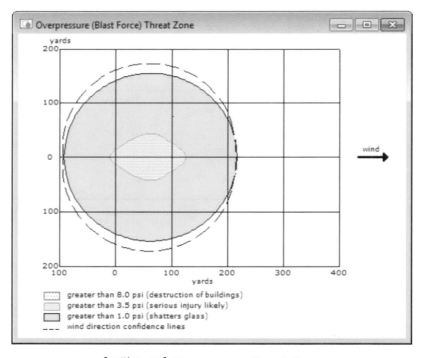

[그림 3-56] Overpressure Threat Zone

Flammable Level of Concern은 폭발할 수 있는 농도의 값(LEL, LEL×0.6, LEL×0.1)으로 선택할 수 있으며 Thermal Radiation은 복사열에 의한 피해값 10kW(60초 안에 치명적으로 상해를 입을 수 있는 열량), 5kW(60초 안에 2도 화상을 입을 수 있는 열량), 2kW(60초 안에 고통을 받을 수 있는 열량) 및 사용자 지정 값으로 선택할 수 있다. Overpressure Level of Concern은 폭발압력 8.0psi(빌딩이 파괴될 수 있는 압력), 3.5psi(심하게 상처받을 수 있는 압력), 1.0psi(유리창이 깨질 수 있는 압력) 및 사용자 지정 값으로 선택할 수 있다.

⑥ Mapping(Google Earth 사용)

Google Earth를 이용해 사고 피해범위를 지도 위에 나타낼 수 있다. Mapping을 위해서는 먼저 Google Earth를 다운로드 하여 PC에 설치해야 한다. Google Earth 설치 후 ALOHA 메인 메뉴의 'File → Export Threat Zone'을 클릭하면 [그림 3-57] 'Export Threat Zone'이 나타난다.

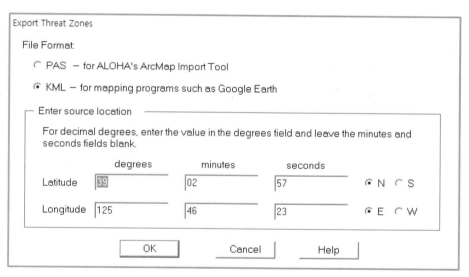

[그림 3-57] Export Threat Zone

여기서 KML을 선택하고 위도와 경도를 입력하고 OK를 눌러 KML 파일을 저장한
다. 그리고 Google Earth를 실행하여 메인 메뉴의 'File → 열기'로 저장된 KML
파일을 불러오거나 또는 저장된 KML 파일을 직접 더블클릭하여 실행시키면 [그림
3-58]과 같이 Google Earth 지도 위에 사고영향범위가 표시된다.

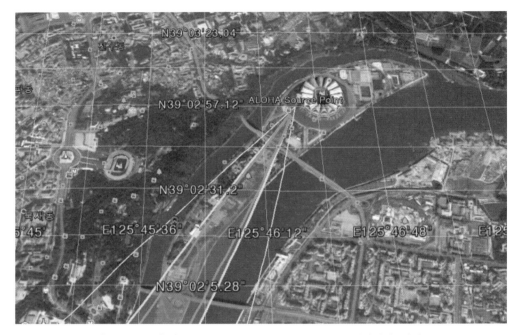

[그림 3-58] Google Earth 지도에 Mapping된 평가결과 예시

3-4 KORA(Korea Off-site Risk Assessment Supporting Tool) 프로그램 활용법

3-4-1 KORA의 개요

KORA는 2015년 화학물질관리법 시행에 따라 유해화학물질을 취급하는 사업장에서는 의무적으로 장외영향평가서를 화학물질안전원에 제출해야 하는데 따라 사업장에서 장외영향평가서 작성을 돕기 위해 2014년 12월에 1차 버전이 개발, 배포되었다. 현재는 2021년 3월 배포된 5차 버전이 사용되고 있으며, 「화학물질안전원 화학사고예방관리계획서 자료실」이나 아래의 QR코드를 스캔하여 다운로드 받을 수 있다.

윈도우10에서는 프로그램 운영이 되지 않으므로 주의를 요한다.

KORA, 2021년 3월 배포
사용자 설명서 포함
소프트웨어 크기 : 약 36MB
OS 지원 : Windows XP, VISTA, 8, 7(MAC 버전 없음)

화학사고예방관리계획서 작성지원 프로그램(KORA)은 평가서 및 계획서 작성을 지원하기 위해 사업장 공정정보, GIS엔진(지도), 고시에 따른 서식지원, 시나리오 영향범위 평가, 설비위험도 산정 기능을 제공한다.

사업장은 화학사고예방관리계획서 작성에 필요한 정보를 입력하여 워드 파일(Word file) 서식의 평가결과를 출력할 수 있다. 출력된 보고서에는 작성규정에 따라 본 프로그램에서 제공하지 않는 공정흐름도 등 작성항목을 추가하여 평가서·계획서를 완성하면 된다.

다음 [그림 3-59]는 시스템의 기능 구성에 대한 설명이다.

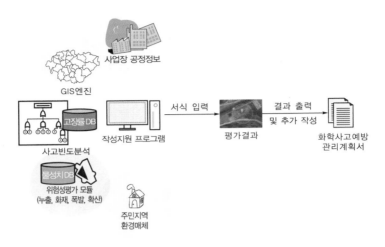

[그림 3-59] 시스템 기능 구성 개요

3-4-2 KORA 활용법

[제1단계] 프로그램 시작

KORA 프로그램을 실행시키면 화학물질안전원의 화학사고예방관리계획서 작성지원 프로그램인 다음 [그림 3-60]의 메인화면이 나타난다.

[그림 3-60] KORA 메인화면

신규 평가서 작성 시 평가서명, 형태, 작성수준, 제출연도를 모두 기재해야지만 프로그램이 실행된다. 평가서 형태는 화학사고예방관리계획서이고 작성수준은 표준과 간이, 표준 1~3으로 구분된다. 평가서 형태에 따라 작성양식이 달라질 뿐 두 가지 모두 영향평가 프로그램이 동일하게 적용되어 있기 때문에 CA 작성 시에는 어느 것을 선정하여도 가능하다.

[그림 3-61] 화학사고예방관리계획 보고서 설정

화학사고예방관리계획서는 「화학물질관리법 시행규칙 제19조에 따른 유해화학물질별 소량기준」을 적용하여 선정한다.

※ 보고서 형태는 한번 작성하면 변경이 불가하다.

[제2단계] 평가서 작성

평가서 작성 시 사업장 일반사항과 사업장 위치 및 주변 입지사항을 먼저 작성한다. 영향평가 프로그램을 이용하려면 사업장 위치 및 주변 입지를 우선적으로 선정해야지만 실행이 가능하다. 작성한 보고서는 저장하여 파일로 출력이 가능하다.

다음은 보고서 작성의 서식목록이다.

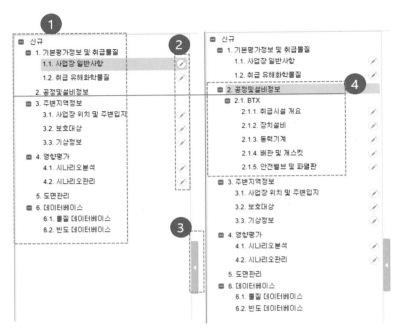

[그림 3-62] 보고서 서식 목록

기본평가정보 및 해당 물질 [그림 3-63], [그림 3-64]를 각각 작성완료 시 저장버튼을 눌러 저장한다. 취급유해화학물질 작성은 취급물질로서 물질을 한 개씩 입력하는 방식과 서식을 내려 받아 작성 후 엑셀 가져오기를 하여 일괄적으로 입력하는 방식이 있다.

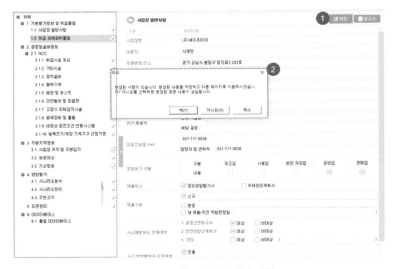

[그림 3-63] 사업장 일반사항

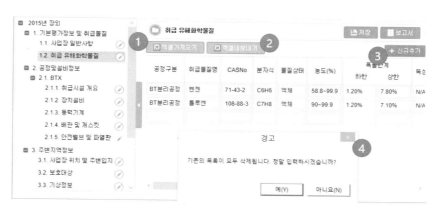

[그림 3-64] 취급물질 작성

[제3단계] 공정 및 설비정보 목록 작성

공정목록 작성 시 공정별로 평가서 서식 목록이 추가된다. 먼저 공정 통합의 취급시설 개요를 작성하고 공정별로 추가하여 작성한다.

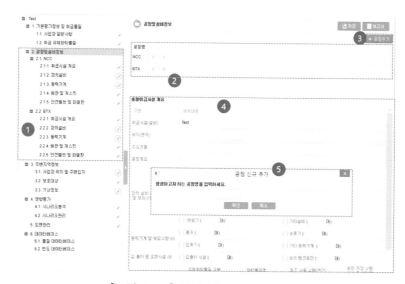

[그림 3-65] 공정 및 설비 목록 작성

참고로 화학사고예방관리계획서의 각 공정 및 설비정보 서식 작성목록은 다음과 같다.

<표 3-18> 공정 및 설비정보 서식 작성목록(예)

화학사고예방관리계획서		
취급시설개요	항목	입력
장치설비	목록	입력
동력기계	목록	입력
배관 및 개스킷	목록	입력
안전밸브 및 파열판	목록	입력
고정식 유해감지시설	목록	입력
방제장비 및 물품	목록	입력
비정상 운전조건 연동시스템	목록	입력
방폭전기/계장 기계기구 선정기준	목록	입력

설비정보는 한 개씩 추가하여 작성하거나 미리 작성한 엑셀파일을 이용하여 일괄 입력이 가능하며 공정마다 해당 물질 취급시설 여부와 도면작성여부를 표시하도록 한다.

※ 엑셀 파일 입력 시 입력된 설비는 모두 삭제됨

[그림 3-66] 설비 작성 상세(예)

[제4단계] 주변지역정보 입력

사업장의 영역을 표시하는 방법은 각 모서리를 클릭하여 이어주고 마지막엔 더블클릭하여 닫힌 도형으로 영역표시를 한다. 통계지리서비스를 통한 입지정보갱신은 최악의 시나리오가 설정되어있을 경우 정보를 얻을 수 있으므로 설정된 이후에 클릭 및 표시를 한다.

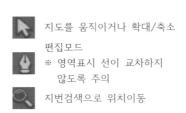

지도를 움직이거나 확대/축소

편집모드
※ 영역표시 선이 교차하지
  않도록 주의

지번검색으로 위치이동

[그림 3-67] 아이콘 정의

[그림 3-68] 사업장 위치 및 주변 입지

※ 보고서는 저장한 상태로 지도가 반영되므로 사업장 전체 영역 및 피해 범위 등 주변 요소가 충분히 입력된 상태에서 저장하도록 한다.

보호대상 작성은 직접 작성하거나(사용자 지정) 자동검색으로 정보를 얻을 수 있다. 선정된 방식은 근거에 자동으로 인식된다.

사용자지정버튼 사용 시 '위치지정'을 클릭하여 보호대상 위치를 지정한 후 구분, 보호대상, 명칭, 비고를 입력하면 거리는 자동으로 입력된다.

자동검색버튼은 최악의 시나리오가 결정된 후에 정상작동이 되며 최악의 시나리오 반경 내에 위치한 보호대상이 자동으로 입력된다.

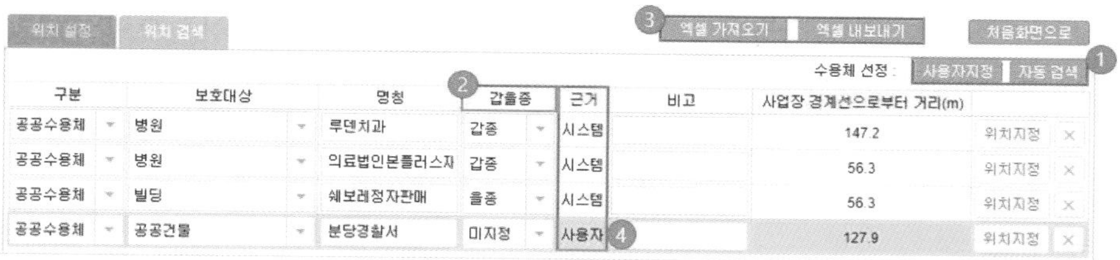

구분	보호대상	명칭	갑을종	근거	비고	사업장 경계선으로부터 거리(m)	
공공수용체	병원	루덴치과	갑종	시스템		147.2	위치지정 ×
공공수용체	병원	의료법인본플러스지	갑종	시스템		56.3	위치지정 ×
공공수용체	빌딩	쉐보레정자판매	을종	시스템		56.3	위치지정 ×
공공수용체	공공건물	분당경찰서	미지정	사용자		127.9	위치지정 ×

[그림 3-69] 보호대상 작성화면

갑·을종의 구분은 외벽으로부터의 보호대상까지의 기준으로 사용된다.

갑 종	을 종
문화집회시설, 종교시설, 판매시설, 운수시설, 의료시설, 교육연구시설, 노유자 시설, 숙박시설, 관광휴게시설, 수련시설, 주택 등	주택·업무시설, 근린생활시설, 위험물 저장 및 처리시설, 기타

※ 환경부고시 제2021-64호 유해화학물질 취급시설 외벽으로부터 보호대상까지의 안전거리 고시 참조

[제5단계] 기상정보 작성

기상정보는 영향평가 시 활용되며 기상청에서 제공하는 데이터를 엑셀로 삽입(통계 데이터 클릭)하거나 사용자가 직접 입력(사용자 정의 클릭)이 가능하다.

[그림 3-70] 기상정보 작성

지표면의 굴곡상태는 도시와 전원지형 중 선택하여야 하며 '도시지형'은 건물과 나무 등이 많은 지형물, '전원지형'은 평탄한 지형을 말한다. 대기안정도는 아래 〈표 3-19〉를 참조하여 대안의 사고시나리오 분석기준으로 실제 해당지역의 기상조건을 작성한다. 풍속 및 대기안정도를 확인할 수 없는 경우에는 풍속은 초당 3m로 대기안정도는 'D'로 산정한다.

(1) 최악 시나리오 조건

　① 대기온도 : 25℃, 대기습도 : 50%, 풍속 : 1.5m/sec, 대기안정도 : F

　② 누출률 : 설비 내 물질이 10분 내에 모두 누출되는 누출률

(2) 대안 시나리오 조건

　현지기상을 적용하는 경우 최소 1년간 해당지역의 평균온도 및 평균습도 적용

〈표 3-19〉 대기안정도

바람속도, S (m/s)	낮 복사강도의 크기			밤	
	강	중	약	흐림	맑음
$S \leq 2$	A	A~B	B	F~G	G
$2 < S \leq 3$	A~B	B	C	E	F
$3 < S \leq 5$	B	B~C	C	D	E
$5 < S \leq 6$	C	C~D	D	D	D
$6 < S$	C	D	D	D	D

※ 안전보건공단 지침 P-107-2020 최악 및 대안의 누출 시나리오 선정에 관한 기술지침 참조

- A : 매우 불안정함   • B : 불안정함   • C : 약간 불안정함   • D : 중립
- E : 약간 안정함   • F : 매우 안정함

■ 기상정보 사이트 사용방법

'국가기후데이터센터' 검색 ⇒ '기후자료' 클릭 ⇒ '스마트검색' 클릭하면 아래와 같은 화면이 제공된다. '관측 분야'에서 '지상기상관측' 선택 후 사용자 사업장과 가장 근접한 지역을 선택한 후 다음 버튼을 눌러 기후요소화면으로 이동한다.

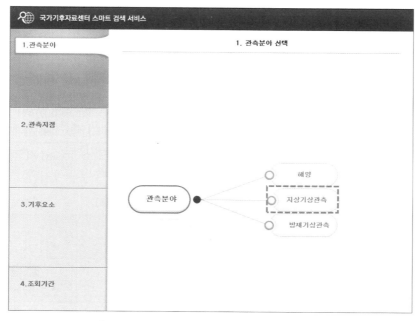

[그림 3-71] 관측 분야-지상기상관측 선택

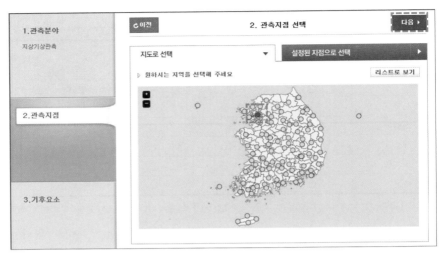

[그림 3-72] 지상기상 지점선택

기후요소에서는 통계자료를 클릭한 후 기온은 평균기온, 바람은 평균풍속과 최다발생풍향, 습도는 평균습도를 선택한 뒤 다음을 클릭하여 조회기간으로 넘어간다. 조회기간은 보고서 제출시기 기준으로 하여 작년에 해당하는 기간을 '월별'로 지정하여 1월부터 12월까지의 기간을 선택한다.

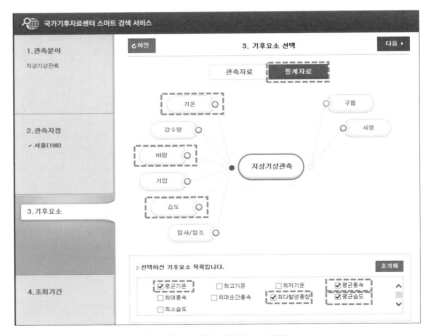

[그림 3-73] 기후요소 선택

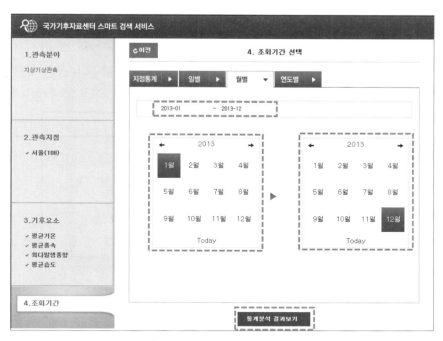

[그림 3-74] 조회기간 선택

마지막으로 '통계분석 결과보기'를 클릭하여 통계결과를 엑셀로 저장한다.

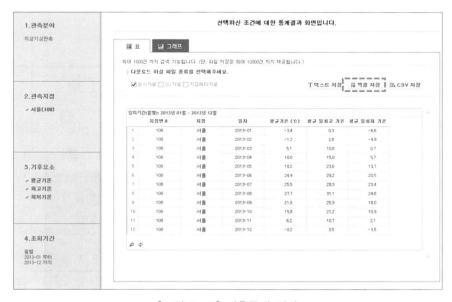

[그림 3-75] 기후통계 결과

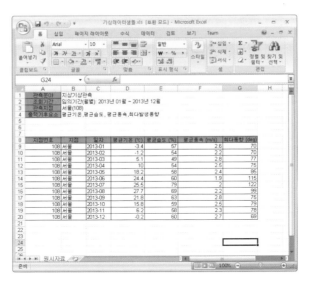

[그림 3-76] 기상정보 엑셀 샘플

※ 기상청에서 제공하는 기상정보 데이터 주소 참조

http://sts.kma.go.kr/jsp/home/contents/climateData/smart/smartStatisticsSearch.do

[제6단계] 영향평가 작성

영향평가는 취급시설(설비)에 대한 물질별 영향평가로서 최악의 시나리오가 판별되면 사업장 위치 및 주변입지 화면에 영향범위가 표시된다.

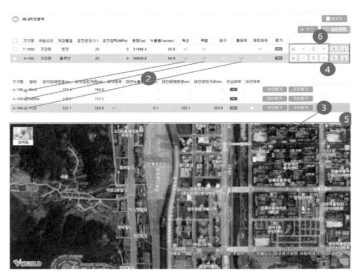

[그림 3-77] 공정위험분석 입력화면

영향평가 작성 순서로는 먼저 대상설비(취급물질)를 등록한다. 상세내용은 다음에 있는 '(1) 위험요인 대상설비 설정 및 최악조건 시나리오 평가'를 참조하고 작성을 마친 후 설비목록에서 계산기 버튼을 누르면 해당 설비 설정 정보로부터 최악의 조건 시나리오로 평가된다. 최악조건으로 평가된 모든 시나리오에 대해 대안의 조건으로 평가한 뒤 결과에 따라 대안의 시나리오를 선정하게 된다.

설정된 시나리오를 복사, 설비정보편집, 기기정보 삭제, 표시된 화살표 버튼을 사용하여 기기의 순서를 변경할 수 있고 지도 위의 영역 경계를 드래그(Drag)하여 지도영역과 기기목록영역의 크기 산정이 가능하다. 등록된 설비목록은 엑셀파일로 다운 가능하며 설비의 위치를 확인할 수 있는 링크가 추가로 제공된다.

	G	H	I	J	K	L	M
Pa)	저장용량(kg)	독성	폭발	화구	증화재	제트화재	설비위치
0.0	1000 ○						34.8024382354787,127.652450173296
0.0	1000 ○						34.8024382354787,127.652450173296

[그림 3-78] 설비목록 - 설비위치 링크

※ 설비목록에서 대상설비를 편집(연필 버튼)하여 설비 설정을 변경하면 해당 설비의 종속된 모든 사고유형 평가목록은 사라지므로 유의하여 평가한다.
※ 가우시안 모델이 특성상 10km 이상의 범위에 대해서는 신뢰성이 떨어지므로 확산의 피해범위가 10km 초과 시 10km까지만 피해범위로 산정한다.

(1) 위험요인 대상설비 설정 및 최악조건 시나리오 평가

[그림 3-79] 위험요인 대상설비 입력화면－KORA 자체평가 1/2

① 기본정보

기기명은 사용자가 식별이 가능한 것으로 명칭을 정하고 위험요인으로는 해당 설비의 가장 중요한 위험요인(저장량/고온, 고압/독성)이 무엇인지 선정한다. 설비모양은 저장용기로 간주하여 구형, 수직 실린더, 수평 실린더 3가지 형태 중 가장 부합되는 것을 선택하고 설비의 직경과 높이, 지면 위 이격거리를 각각 기입한다.

※ 설비모양과 설비직경은 용기 내 저장물질의 저장량이나 저장 액위를 결정하므로 최대한 정확히 기입한다.

② 운전정보

누출물질에 저장물질을 기입하거나 ⊡을 클릭하여 물질입력 테스트 박스를 이용하여 선택한다. 물질을 먼저 선택하지 않으면 대부분의 입력이 제한된다. 누출물질 작성 이외 운전정보기입은 아래의 〈표 3-20〉을 참고하여 작성하도록 한다.

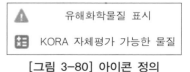

[그림 3-80] 아이콘 정의

〈표 3-20〉운전정보기입(예)

운전온도	용기의 저장온도 입력	
운전압력	용기의 저장압력 입력 ※ 압력은 게이지압력이 기준이 되므로 상압저장인 경우 0을 기입	
저장질량	용기 내 저장질량 입력 ※ 액상인 경우에만 입력가능하며 기상인 경우 자동 산정 ※ 액상의 경우 저장질량과 저장 액위가 서로 상호관계에 있기 때문에 저장질량 과 저장 액위 중 하나만 설정할 수 있으며 나머지 하나는 자동 결정된다.	
결속배관 최대 직경	용기에 결속 배관의 최대직경 입력 ※ 결속배관이란 용기에 직접 입력된 배관이나 주입구 등을 의미함(결속배관이 여럿일 경우 최대 크기로 작성)	
방류둑	설비 하단에 방류둑이 있을 경우 선택 후 면적 입력	
실내여부	설비가 실내에 위치한 경우 선택	
완화설비	능동	완화율은 대안 시나리오에만 적용되며, 최악의 시나리오에는 능동 완화설비 고장(미작동)을 가정
	수동	완화율은 대안 시나리오 및 최악의 시나리오에 적용 가능

※ 자체평가가 불가능한 물질에 대해 보고서를 작성한 경우 "외부평가"를 선택하여 작성하도록
한다.

※ 장외영향평가서와 위해관리계획서 작성 시 수동 및 능동 완화설비 항목은 안전원과 상의와
협의가 필요하다.

(2) 피해영향모델 설정

이어서 피해영향모델로 설비에서 발생할 수 있는 피해산정모델로는 독성(Toxic), 증
기운 폭발(VCE), 화구(BLEVE에 따른 Fireball), 풀화재(Pool fire), 제트화재(Jet
fire)로 5개 중 설비 및 주변 환경의 특성을 판단하여 선택한다.

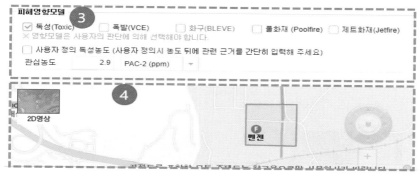

[그림 3-81] 위험요인 대상설비 입력화면-KORA 자체평가 2/2

KORA에서는 아래의 〈표 3-21〉과 같이 특성에 따라 모델선택을 제한하고 있다.

〈표 3-21〉 모델선택 제한

물질/저장상태	영향모델 선택 불가능
비가연성 물질	화재, 폭발
기상 혹은 상압 액상 저장	화구(BLEVE에 따른 Fireball)
기상일 경우	풀화재(Pool fire)
설비가 실내에 위치한 경우	화구(BLEVE에 따른 Fireball), 풀화재(Pool fire), 제트화재(Jet fire)

① 독성(Toxic)을 선택하였을 경우 독성기준과 농도를 반드시 입력해야 하며 KORA에서는 ERPG 2값이 해당 물질과 함께 제공된다. ERPG값이 내장된 물질을 선택한 경우 자동으로 독성농도가 ERPG 2값으로 설정된다.

② 증기운 폭발(VCE : Vapor Cloud Explosion)은 폭연을 일으키는 증기운 중 화염전파가 너무 빨라 심각한 과압이 형성되는 경우로, 아래 표의 조건을 참고하여 선택한다.

증기운 폭발 과압 형성의 조건
• 방출물질이 가연성이고 압력 및 온도가 폭발에 적합한 조건인 경우
• 발화하기 전에 충분한 크기의 구름이 형성되어 확산되는 상태인 경우
• 충분한 양의 구름이 연소범위 내로서 강한 과압 형성의 원인이 되는 경우
• 증기운 폭발의 폭풍압 효과는 크게 변하며 화염전파속도에 의해 결정되는 경우

③ 화구(BLEVE에 따른 Fireball)현상으로는 가압상태의 액체나 액화가스 저장탱크가 주변의 화염에 의해 점차 가열되면서 탱크 내 액체의 부피가 급격하게 팽창되어 파열되는 현상을 말한다.

④ 풀화재(Pool Fire)는 개방된 용기 내에 탄화수소계가 저장된 상태에서 증발되는 연료에 점화되어 발생한 난류적인 확산형 화재로 풀의 상부 표면에서 연소가 일어나는 것을 말한다.

⑤ 제트화재(Jet Fire)는 가스 또는 액체의 과압 방출로 인한 화재로 분사화재라고도 한다.

[그림 3-82] 피해영향모델 관심 농도 단위 선택

제공되지 않는 물질의 경우 ERPG 2(ppm), LD_{50}(mg/kg), LC_{50}(ppm), IDLH (ppm) 중 사용자가 설정 후 입력 시 자동으로 ERPG 2로 변환된다.

※ mg/m^3 단위로 독성기준을 알고 있는 경우 이를 ppm으로 변환하여 입력하여야 한다.
　[참조] http://www.aresok.org/npg/nioshdbs/calc.htm

설비의 위치를 지도상에 표기하는 기능으로 설비가 실제 존재하는 위치에 마우스로 클릭한다. 설비위치는 마우스로 설정하는 것 외에 위도, 경도 좌표로 설정 가능하다. 위도, 경도 좌표는 스마트폰의 GPS 좌표 앱 등을 통해 파악이 가능하다. 별도의 위험성평가 프로그램을 사용하거나 KORA에서 지원하지 않는 물질에 대한 보고서 작성 시 '외부평가'를 선택하여 작성한다.

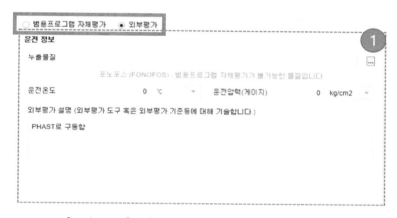

[그림 3-83] 위험요인 대상설비 입력화면 – 외부평가

운전정보, 피해영향모델은 (1) 위험요인 대상설비 설정 및 최악조건 시나리오 평가 내용과 같다.

(3) 위험요인 대상설비 설정 및 대안 시나리오 평가
최악조건으로 평가된 모든 시나리오에 대해 대안의 조건으로 평가한다.

[그림 3-84] 대안평가 수행

대상설비 목록을 선택하면 각 영향모델별로 피해거리가 평가된 것을 하위목록에서 비교하여 확인할 수 있다. 모든 최악 및 대안 시나리오가 장외를 벗어나지 않는 경우에 대안여부를 체크하여 해당 대안시나리오에 대한 시나리오 관리를 작성할 수 있도록 한다. 대안평가 버튼을 선택하면 대안평가 시나리오를 설정할 수 있도록 각 영향모델별로 특성을 입력하도록 설정창이 나타난다.

[그림 3-85] 대안평가 수행－제트화재

[그림 3-86] 대안평가 수행－증기운 폭발

누출정보입력은 영향모델이 달라도 설정해야 되는 목록은 동일하므로 아래 〈표 3-22〉를 참조하여 작성하도록 한다.

〈표 3-22〉 누출정보 설정 목록

누출정보	작성방법
누출형태	용기에서 누출되는 경우와 배관에서 누출되는 경우 중 선택한다. (배관누출을 선택하는 경우 배관정보를 입력한다.) 누출 배관정보 배관재질　Commercial Steel ▼ 배관직경　　　　　　 mm ▼　　　배관길이　　　　 m ▼
누출높이	누출이 발생한 지면으로부터의 높이를 말한다.
누출공	누출크기는 용기의 경우 결속배관 직경의 20%로 산정하고 고온·고압의 운전조건이나 배관의 파손확률이 높을 경우 배관의 단면적을 누출공의 크기로 산정한다. 임의로 설정 한 경우 산정근거를 제시해야 한다. [참고자료] 〈누출공 산정방법〉 	구 분	핀 홀	배관누출	안전밸브
---	---	---	---
"A"형	10mm	1/5 내경	트림 내경
"B"형	5mm	1/10 내경	1/2 트림 내경
"C"형	1mm	1/25 내경	| • "A"형 : 공정압력이 진공, 50kg/cm² 이상 혹은 공정온도 150℃ 이상 　　　(펌프의 경우 압력비가 2 이상 혹은 압력차가 50kg/cm² 이상) • "B"형 : 공정압력 혹은 공정온도가 "A"형 이하이면서 "C"형의 조건에서 벗어날 때 • "C"형 : 공정압력과 공정온도가 대기압의 200% 범위 [KOSHA GUIDE(P-110-2012) 화학공정의 피해최소화 대책수립에 관한 기술지침] 〈위험기반 검사 분석에 사용되는 누출공〉 | 누출공	범 위	대표치
---	---	---
소형	0-1/4인치	1/4인치
중형	1/4-2인치	1인치
대형	2-6인치	4인치
파열형	>6인치	설비의 전체 직경(최대 16인치)	 [미국 석유화학협회의 위험기반검사 기준(API 581)에 따른 누출공 산출방법] [KOSHA GUIDE(P-92-2012) 누출원 모델링에 관한 지침]

누출정보	작성방법
누출 지속시간	누출시간은 현실적으로 발생 가능성이 있는 누출시간을 적용한다. [참고자료] **〈검출 및 차단시스템의 등급결정 기준〉** *(아래 표 참조)* **〈검출 및 차단시스템에 기반한 누출시간〉** *(아래 표 참조)* [미국 석유화학협회의 위험기반검사 기준(API 581)에 따른 누출공 산출방법]
누출공 상수	용기 혹은 배관의 누출률 감소인자로 누출구멍이 완전한 원형모양일 경우 1로 설정한다.

〈검출 및 차단시스템의 등급결정 기준〉

검출 시스템 유형	검출 등급
시스템 운전조건의 변화에 따라 물질의 송실(즉, 압력 혹은 흐름 손실)을 검출하기 위하여 특별히 고안된 시스템	A
압력설비 밖에 물질이 존재하는지를 결정하기 위해 적절히 설치된 검출기	B
육안검출, 카메라 혹은 검출기	C

차단 시스템 유형	차단 등급
어떠한 운전자의 개입 없이 공정 기기나 검출기로부터 직접 차단되는 시스템	A
누출 영역에서 멀리 떨어져 있는 제어실 또는 기타 적절한 위치에 있는 운전자에 의해서 제어되는 차단 시스템	B
수동 운전 밸브에 의한 차단	C

〈검출 및 차단시스템에 기반한 누출시간〉

검출 시스템 등급	차단 시스템 등급	누출시간
A	A	1/4인치 누출의 경우엔 20분 1인치 누출의 경우엔 10분 4인치 누출의 경우엔 5분
A	B	1/4인치 누출의 경우엔 30분 1인치 누출의 경우엔 20분 4인치 누출의 경우엔 10분
A	C	1/4인치 누출의 경우엔 40분 1인치 누출의 경우엔 30분 4인치 누출의 경우엔 20분
B	A 또는 B	1/4인치 누출의 경우엔 40분 1인치 누출의 경우엔 30분 4인치 누출의 경우엔 20분
B	C	1/4인치 누출의 경우엔 1시간 1인치 누출의 경우엔 30분 4인치 누출의 경우엔 20분
C	A, B 혹은 C	1/4인치 누출의 경우엔 1시간 1인치 누출의 경우엔 40분 4인치 누출의 경우엔 20분

이어서 각각의 피해영향모델 대안평가작성 방법이다.

〈표 3-23〉 피해영향모델 대안평가작성

피해 영향모델 (②, ③)	② 제트화재	누출방향은 누출에 대한 방향으로 수평, 수직 중 선택한다.
	③ 증기운 폭발	〈화염팽창형태 작성 시〉 • D-1 : 선행팽창 • D-2 : 두 개의 평판 사이에서 화염선단의 전파 • D-3 : 3차원 형태로 화염선단의 전파
		〈장애물 밀도〉 • High : 가연물을 소지하고 있는 공간 내부의 장애물이 차지하는 부피가 전체 공간부피의 30% 이상을 차지하고 장애물간 간격이 3m 이내로 조밀배치 • Medium : 가연물을 소지하고 있는 공간 내부의 장애물이 차지하는 부피가 전체 공간부피의 30% 이하이고 장애물간 간격이 3m 이상으로 조밀배치 • Low : 가연물을 소지하고 있는 공간 내부에 장애물이 거의 없는 경우
		〈혼합물반응성〉 • High : 가연물의 압축, 통기 등을 통해 자연 점화 가능 물질 • Medium : 점화되는 정도가 High와 Low의 중간 수준 • Low : 스파크, 화염, 가열된 표면 등에 의한 직접적인 요인에 의해 점화되는 물질
		〈폭발 효율성(KORA는 3%를 기본 값으로 함)〉 탄화수소계역의 인화성 물질의 경우 0.01~0.05의 값을 가진다.
		〈Charge Strength〉 화염팽창상태, 혼합물 반응성, 장애물 밀도를 고려하여 자동 산출

[제7단계] 시나리오 관리

영향평가를 기본으로 산출된 대안 시나리오에 대한 주변지역평가, 위험도분석, 안전성 확보 방안을 작성한다. 주변지역평가는 영향범위 내 주민 수, 공공수용체, 환경수용체 는 통계서비스에 의해 자동으로 설정되며 보다 정확한 정보가 파악된다면 사용자가 수 정가능하다.

[그림 3-87] 시나리오 관리 – 주변지역 환경평가

위험도분석은 고장률과 완화장치를 해당 사업장에 알맞게 작성하도록 한다.

개시사건 고장률은 사용자가 직접 입력이 가능하지만 대체로 내장 OGP(고장률 그룹) 또는 LOPA(Layer of Protection Analysis, 방호계층분석) 빈도의 데이터를 활용하여 작성한다.

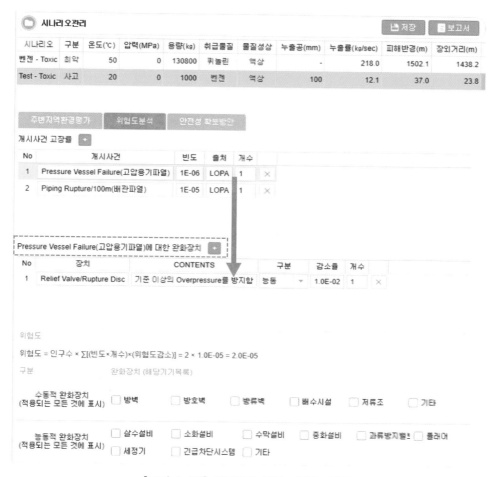

[그림 3-88] 시나리오 관리 – 위험도분석

OGP(고장률 그룹) 빈도 활용 시에는 고장률 그룹 선택 후 개시사건을 선택하여 사건함에 추가하도록 하고 LOPA 고장률을 이용할 경우에는 개시사건 목록 중 해당되는 것을 클릭하면 된다.

아래 [그림 3-89], [그림 3-90]의 개시사건 선택 작성방법 예시가 있으므로 참조하여
사업장에 맞게 작성하도록 한다.

[그림 3-89] 개시사건 선택－내장 OGP(고장률 그룹) 빈도

구분	개시사건	빈도
I-1	Pressure Vessel Failure(고압용기파열)	1.0E-06
I-2	Piping Rupture/100m(배관파열)	1.0E-05
I-3	Piping leak/100m(배관누출, 10%상당 직경)	1.0E-03
I-4	Atmosphere Tank Failure(상압 탱크 파열)	1.0E-03
I-5	Gasket/Packing Blowout(플랜지 등 가스켓 파손)	1.0E-02
I-6	Turbine/Diesel Engine overspeed with casing breach(터빈 등의 Overspeed로 인한 Casing 파손)	1.0E-04
I-7	Third-party intervention(external impact by Back-hoe, vehicle, etc)외부 충격(차량 등)	1.0E-02
I-8	Lightning strike(낙뢰)	1.0E-03
I-9	Safety valve open(Failure)(안전밸브고장)	1.0E-02
I-10	Cooling Water failure(냉각수 공급 중단)	1.0E-01
I-11	Pump Seal Failure(펌프 고장)	1.0E-01
I-12	Unloading/ Loading Hose Failure(입출하 시설 누출)	1.0E-01
I-13	BPCS Instrument Loop Failure(BPCS 결함)	1.0E-01
I-14	Regulator 등 Failure(조절밸브 고장)	1.0E-01
I-15	소규모 외부화재	1.0E-01
I-16	대규모 외부화재	1.0E-02

[그림 3-90] 개시사건 선택－LOPA 고장률

완화장치도 KORA에 내장된 장치와 사용자 정의 장치를 설정할 수 있다.

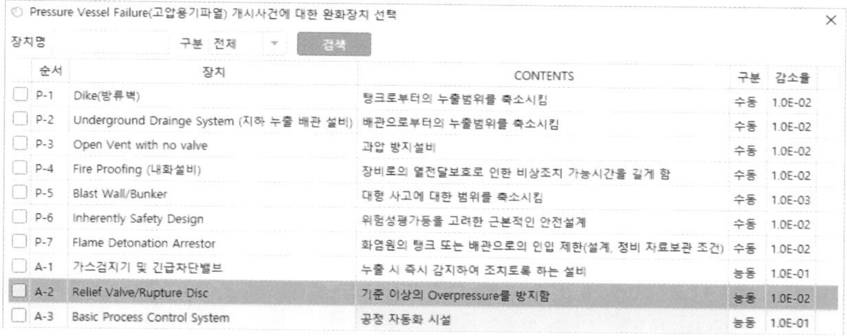

[그림 3-91] LOPA에 대한 완화장치 선택

※ 주황색으로 표시된 항목은 화학사고예방관리계획서 작성 시 화학물질안전원에서 권장하는 완화
  장치이다.

추가적으로 안전성 확보방안인 기술적·관리적 대책을 입력한다.

[제8단계] 보고서 출력

장외영향평가서/위해관리계획서 작성지원 KORA는 MS Word 형식의 파일보고서로 만
들어진다. KORA 보고서 출력은 메인화면에서나 서식 작성 시에 모두 제공된다.

[그림 3-92] 보고서 출력 요청

보고서 출력 요청 시 아래와 같은 화면이 나타난다. 사용자 방식에 따라 알맞게 선택 후 보고서 출력 및 저장하면 된다.

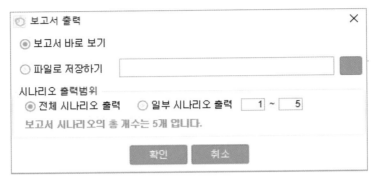

[그림 3-93] 출력 방식 선택창

3-5 화학사고 대응 정보시스템(CARIS) 활용법

3-5-1 CARIS의 개요

화학사고 대응 정보시스템(CARIS ; Chemical Accident Response Information System)은 화학물질로 인한 사고테러 발생 시 대응기관에 화학물질정보와 취급업체정보, 피해예측범위 선정결과를 제공하는 정보시스템으로 화학물질안전원에서 제공하는 정보시스템이다.

3-5-2 CARIS 인증 및 사용

(1) 인증 신청

CARIS를 설치한 후에 아이콘을 실행하여 회원가입 신청을 하고 화학물질안전원에 연락하여 별도의 신청을 하여야 한다. 회원가입 인증신청서를 보낼 때에는 공문과 개인정보수집이용동의서를 작성하고 서명하여 함께 보내야 한다.

(2) CARIS의 사용범위

CARIS는 비공개 소프트웨어로, 화학사고 대응 유관기관에서만 사용이 가능하다.

3-5-3 CARIS 제공정보

(1) 지리정보

국토지리정보원의 정사영상 등을 제공하며 지리정보시스템(GIS)을 활용하여 화학사고 현장의 공간정보를 확인할 수 있다.

(2) 대응정보

화학물질의 특성, 위험성, 방재방법 등과 유해화학물질 취급업체 정보 등을 제공한다.

(3) 피해예측범위 시뮬레이션(Simulation)

화학사고가 발생한 시설의 화학물질 저장량, 공정온도 등 공정조건, 사고위치, 풍향, 온도 등 기상정보 등을 활용하여 피해예측범위를 산정한다.

3-5-4 CARIS 정보시스템 화면(예시)

[그림 3-94] 화학사고 대응 정보시스템의 화면

※ 경로 : https://nics.me.go.kr → 화학사고 대응 → 화학사고 대응 정보시스템

3-6 PHAST(Process Hazard Analysis Software Tool) 프로그램 활용법

3-6-1 Phast의 개요

Phast는 DNV GL(노르웨이 오슬로)에서 개발하여 보급하고 있는 상용(商用) 프로그램 중 하나로, 현재 한국을 위시하여 전세계적으로 가장 널리 보급·사용되고 있는 소프트웨어라고 할 수 있다.

Phast는 프로세스에 대한 위험분석 소프트웨어로서, 초기 누출로부터 액체풀(liquid pool)의 전개 및 기화, 가연성 및 독성 영향을 포함한 원거리 확산 분석에 이르는 잠재적 사고의 진행을 평가하기 위해 개발되었다. Phast 개발의 시작은 롬앤하스(Rohm and Hass)로부터 발주된 프로젝트의 일환이었으며, DNV GL의 정량적 위험성평가(QRA ; Quantitative Risk Assessment) 툴인 Safeti의 consequence modeling 파트가 그 모체에 해당된다. 이후 지속적인 개발을 거쳐 1989년 6월 노르웨이 오슬로에서 버전 2로서 첫 상용 버전이 출시되었다.

Phast는 육상뿐만 아니라 해상에서의 사고 시나리오 평가도 가능하다. 또한 독자적인 UDM(Unified Dispersion Model)을 사용하는데, 지표면 또는 대기 상에서의 기상(vapor phase) 누출이나 2상(two-phase) 고압 누출에 대한 확산(dispersion)을 모델링하며 다음과 같은 확산모델을 구하는 데 특히 탁월하다.

① 순간 팽창(instantaneous expansion)
② 제트 확산(jet dispersion)
③ 액체방울(droplet)의 대기 중 기화(evaporation), 강하(rainout) 및 풀 형성(touchdown)
④ 풀의 전개 및 기화(pool spreading and vaporization)
⑤ 무거운 가스 확산(heavy gas dispersion)
⑥ 비활성 가스 확산(passive gas dispersion)

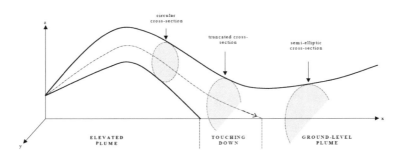

[그림 3-95] UDM의 확산 모델링 전개과정

Phast는 상용 프로그램으로서 꾸준한 개발 및 업데이트가 이루어지고 있으며, 고객지원센터를 통해 사용상 문제점에 대한 조언을 쉽게 얻을 수 있다.

2019년 3월 기준으로 최신버전은 8.2이며, 윈도우10을 지원한다. DNV GL 홈페이지나 아래 QR코드를 스캔하면 7일간 사용해 볼 수 있는 평가판을 요청할 수 있다.

Phast 7days Trial License Request. Version 8.2(2019년 3월 배포)
OS 지원 : Windows 7 SP1, 8, 8.1 and 10(32-bit or 64-bit)

3-6-2 Phast의 사용법

Phast 프로그램을 설치하고 실행시키면 [그림 3-96]과 같은 창이 열린다.

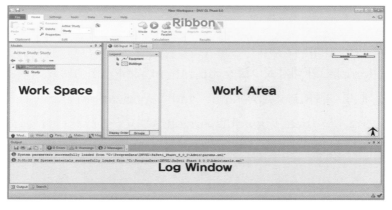

[그림 3-96] Phast 프로그램 초기 실행화면

Ribbon은 상단 메인바를 의미하며 File, Home, Settings, Tools, Data, View, Help로 구성된 7개의 주요 풀다운 메뉴가 위치해 있고, 필요할 때마다 해당되는 특정 메뉴들이 활성화되어 디스플레이된다. 'File' 탭에는 파일 관리에 해당되는 새파일 만들기, 기존파일 불러오기 및 저장 등의 기능이 있고, 'Home' 탭에는 편집과 관련된 잘라내기, 복사, 붙여넣기 및 맵 화면과 관련된 기능과 계산 관련 기능 그리고 결과보기 등의 기능이 있다.

Work Space는 시나리오를 포함한 모델 데이터를 입력할 수 있는 영역이다. 표준 Phast 의 Work Space는 Models, Weather, Parameters, Materials 및 Map의 5개의 탭으로 구성되어 있다. 참고로 추가 모듈을 장착하게 되면 탭 수가 더 늘어날 수도 있다.

Work Area는 입력 데이터를 넣거나 편집할 수 있는 창이 열리는 영역이다. 동시에 Work Area를 통해 텍스트 및 그래픽 결과보고서를 생성시켜 볼 수 있는 영역이기도 하다. 여기에는 맵뷰(GIS View) 결과보기도 포함된다.

마지막으로, Log Window는 계산 진행에 대한 메세지와 에러 또는 경고 메세지를 확인할 수 있는 영역이다.

Phast는 사용자의 입력을 통해 계산을 진행하게 되는데, 진행 과정은 [그림 3-97]과 같고 사용자가 데이터를 입력하면 이 과정은 Phast에서 자동 수행된다.

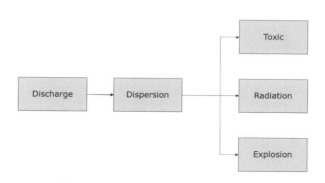

[그림 3-97] Phast 모델링 진행 과정

[그림 3-97]과 같은 모델링을 진행하기 전에 스터디에 대한 선처리 과정을 먼저 시작하여야 한다. 가장 첫 단계로 맵(map) 화면을 구성한다. Phast에서 사용할 수 있는 맵은 두 가지로 나눌 수 있는데, 첫 번째는 래스터 이미지(raster image)로서 GIS(Geographic Information System) 관련 데이터와 무관한 JPG, PNG, TIFF 형태 등의 그림파일을 사용한다. 두 번째로는 벡터 이미지(vector image)를 사용할 수 있는데, GIS 데이터가 포함될 수 있으며 CAD 이미지가 사용될 수도 있다.

여기서는 래스터 이미지 파일 사용에 대해서만 설명하도록 하겠다. 다만, 결과를 맵 상에 표출할 목적이 아니라면 본 단계는 생략할 수도 있다. 우선 래스터 이미지는 단순 그림파일이기 때문에 맵 이미지 상에 척도(scale) 및 원점(origin)을 설정하는 것이 필요하다. 실행된 Phast 초기화면([그림 3-96] 참조)의 Work Space에서 'Map' 탭으로 이동한 후 Raster Image Set 폴더 아이콘 위에서 마우스 오른쪽 버튼을 클릭하여 나타나는 메뉴 중 Insert의 Raster Image를 선택한다. 이때 열리는 파일 탐색기를 통해 원하는 맵 파일(JPG, PNG, TIFF 등)을 선택한 후 OK(또는 확인) 버튼을 클릭한다. 이때 아래 그림과 같이 Work Area 내에 맵 윈도우(GIS Input)가 열리게 되는데 십자(+) 모양의 마우스 커서를 올려 드래그앤드롭 방식으로 사각형 모양을 형성한 후 그림파일을 삽입한다.

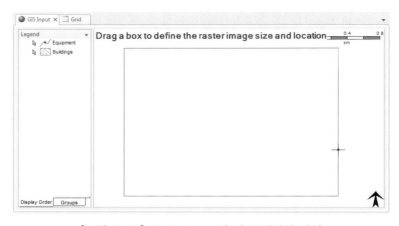

[그림 3-98] Work Space에 맵 그림파일 삽입

Phast 내에 제공되는 줌인/줌아웃 기능을 필요에 따라 활용하면 척도 및 원점 지정에 도움이 될 수 있다. 줌인/줌아웃 기능은 상단 메뉴 중 'General' 탭을 선택하여 활용한다.

[그림 3-99] Raster image에 대한 줌인/줌아웃 기능

[그림 3-100]은 맵에서 척도(scale)와 원점(origin)을 설정하기 위한 메뉴이다. 맵 상에서 마우스 오른쪽 버튼을 클릭하면 나타나는 메뉴를 활용하여 척도와 원점을 설정한다.

[그림 3-100] 맵 Raster image의 척도(scale)와 원점(origin)의 설정

먼저 맵의 척도(scale)를 지정하기 위하여 [그림 3-100]의 'Set Scale'을 선택한 후 십자(+) 모양의 마우스 커서를 이용하여 드래그앤드롭 방식으로 화살표를 지정하고 이미 파악하여 알고 있는 거리를 직접 입력한다.

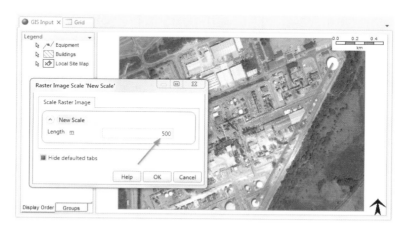

[그림 3-101] 맵의 척도(scale) 설정

다음은 맵의 기준점이 될 수 있는 원점(origin)을 설정하도록 한다. 마찬가지로 맵 상에서 마우스 오른쪽 버튼을 클릭하고, 이번에는 'Set Origin'을 선택한 후 East 및 North의 값을 입력하여 원점을 설정한다. 일반적으로 원점에 대한 값은 찾기 쉽도록 0을 사용하는 경우가 많다.

[그림 3-102] 맵의 원점(origin) 설정

이번에는 확산모델에 사용될 기후(weather) 데이터 설정에 대해 알아보도록 하겠다. 일반적으로 Phast에서는 다음과 같이 3개의 기후 데이터를 디폴트로 기본 제공하고 있다. 참고로 [그림 3-103]의 기후 데이터 중 Category 1.5/F에서 숫자 1.5는 풍속 1.5m/s를 가리키며, 알파벳 F는 Pasquill Stability의 F등급을 의미한다.

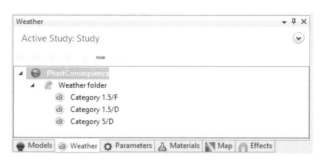

[그림 3-103] Phast의 디폴트 기후 데이터

디폴트 기후 데이터 외에 사용자가 원하면 'Weather folder'에 마우스 커서를 올리고 오른쪽 버튼을 클릭 후 'Insert'를 선택하여 기후(weather) 데이터를 추가할 수도 있으며, 마찬가지로 사용자가 원한다면 [그림 3-104]와 같이 설정된 기후 데이터 중 계산에서 배제하려고 하는 기후(weather) 데이터에 마우스 커서를 올리고 오른쪽 버튼 클릭으로 나타나는 메뉴 중 'Exclude from calculation'을 선택하여 배제시킬 수도 있다.

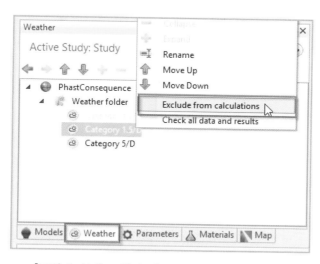

[그림 3-104] 모델링 과정에서 기후 데이터 배제

기후 데이터 입력값에는 풍속과 Pasquill Stability 등이 있는데, 〈표 3-24〉를 참조하여 풍속과 Pasquill Stability의 상관관계를 활용하면 보다 편리하게 추정하여 입력할 수 있다.

〈표 3-24〉 풍속 및 주간/야간 기후상황에 따른 Pasquill Stability

Windspeed		Day : Solar Radiation			Night : Cloud Cover		
(m/s)	(mph)	Strong	Moderate	Slight	Thin < 40%	Moderate	Overcast > 80%
< 2	< 5	A	A~B	B	—	—	D
2~3	5~7	A~B	B	C	E	F	D
3~5	7~11	B	C	C	D	E	D
5~6	11~13	C	C~D	D	D	D	D
> 6	> 13	C	D	D	D	D	D

만일 스터디 전개에 있어 순수물질을 사용하려 한다면 별다른 선처리 과정이 필요하지 않으나, 혼합물을 사용하고자 한다면 미리 준비해 두어야 한다. 표준 Phast에는 총 62종의 기본 물질이 미리 준비되어 있다. 만일 스터디에 필요한 물질이 이 기본물질에 포함되어 있지 않다면 Phast의 Admin Materials를 실행하여 추가로 등록하여 사용하여야 한다.

　　Phast의 Admin Materials에는 총 1,600여 종 이상의 물질에 대한 DIPPR 물성이 갖추어져 있으며, Phast에서 혼합물은 최대 18종의 순수물질까지 구성할 수 있다. 하지만, 구성물질을 최대한 단순화하여 일반적으로 최대 6종까지만 구성할 것을 추천한다. 표준 Phast에서는 혼합물을 Pseudo-component 방식으로 구성하는데, 이는 개별 성분들의 각각의 물성에 대해 화학양론적 평균값을 취하여 구성하는 방식이다. 만일 Multi-component 방식으로 혼합물을 구성하고자 한다면 추가 모듈을 구매하여야 한다.

　　Phast에서 혼합물을 구성하려면 일단 Work Space에서 'Materials' 탭으로 이동하여야 한다. 'Materials' 탭 내의 'Materials' 폴더에 마우스 커서를 올리고 오른쪽 버튼의 메뉴 중 'Insert'를 통하여 'Mixture'를 선택한다. 이후 열리는 창에서 'New Mixture'에 체크한 후 OK 버튼을 클릭한다. 이후에 Materials 폴더 아래 새로이 생성된 'New mixture' 아이콘을 더블클릭하여 열리는 창의 'Components' 탭에서 혼합물을 구성하는 순수물질을 왼쪽 리스트로부터 오른쪽 리스트로 선택하여 이동시킨 다음, 각 물질의 조성을 몰 베이스 또는 질량 베이스로 입력한다. 그런 다음 'Properties' 탭으로 옮겨 'Calculate' 버튼을 클릭하면 혼합물이 최종적으로 구성되며 모델링 계산에 활용할 수 있다.

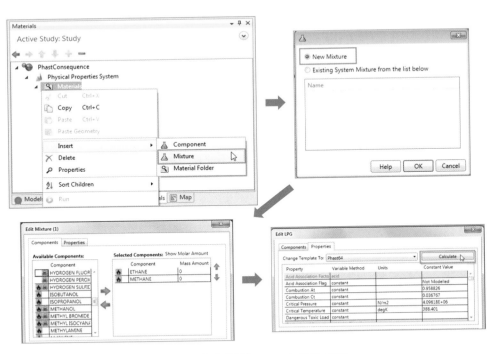

[그림 3-105] 혼합물(mixture) 등록 과정

이제 개략적인 스터디 선처리 과정(preprocessing)을 마쳤다. 본격적으로 설비 및 사고 시나리오에 대해 설정해 보도록 하겠다. 다시, Work Space에서 'Models' 탭으로 이동하여 설비(equipment)와 시나리오(scenario)를 입력하도록 한다. [그림 3-106]과 같이 모든 시나리오는 관련된 설비(equipment)를 설정한 후 그 하위에 위치시켜야 한다.

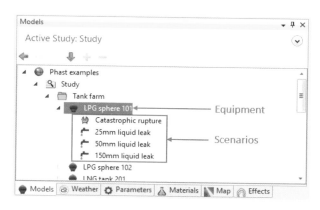

[그림 3-106] 설비(equipment)와 시나리오(scenario)의 계층구조

Phast에서는 4가지의 설비(equipment)를 구성할 수 있으며, 각각의 설비에 설정할 수 있는 시나리오는 다음과 같다.

〈표 3-25〉 설비에 따른 설정 가능 시나리오

설 비	설정 가능 시나리오
Pressure Vessel	가압 하에 누출되는 경우 • Catastrophic rupture • Leak • Fixed duration release • Short pipe(line rupture, disc rupture, release valve) • Time varying leak • Time varying short pipe release • User defined source
Atmospheric Storage Tank	상압에서 누출되는 경우 • Spill scenario • Vent from vapor space • Catastrophic rupture • Leak • Fixed duration release • Short pipe(line rupture, disc rupture, release valve) • Time varying leak • Time varying short pipe release • User defined source

설 비	설정 가능 시나리오
Standalones	화재/폭발/BLEVE/풀형성 등의 독자 모델 구성 • TNT explosion • Multi energy explosion • Baker Strehlow Tang explosion • Fireball • Jet fire • Pool vaporization • Pool fire • BLEVE blast
Long Pipeline	가스나 오일 등의 긴 배관망 모델의 누출

설비를 구성할 때 사전에 상단 Ribbon 바 메뉴의 'Settings' 탭에서 [그림 3-107]과 같이 설정을 해 두면 맵 상에서 바로 원하는 위치로 설비를 설정하는 것이 가능하다. 만일 이러한 설정을 하지 않고 바로 'Models' 탭에서 설비를 구성한다면 모든 설비는 원점 (origin)에 위치하게 된다.

[그림 3-107] 맵 상에서 설비의 위치 직접 지정

이 설정을 마친 다음, [그림 3-108]과 같이 'Models' 탭의 'Study' 폴더에 마우스 커서를 위치시킨 후 오른쪽 버튼을 클릭하여 나타나는 메뉴 중 'Insert'의 해당되는 설비를 선택하면 마우스 커서가 십자 모양으로 바뀌는데, 맵 상에서 원하는 위치를 클릭하여 설비를 지정한다.

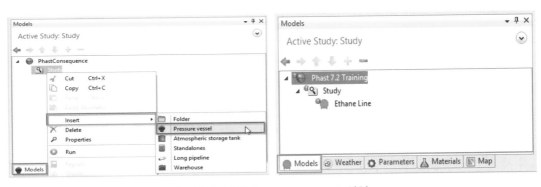

[그림 3-108] Pressure vessel 삽입

이후 해당 설비를 더블클릭하면 [그림 3-109]와 같이 설비 관련 데이터(물질, 운전 압력/온도 등)를 입력할 수 있는 창이 열린다.

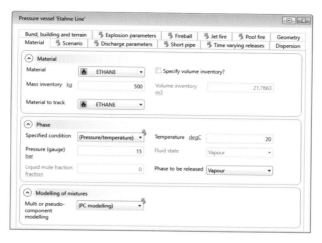

[그림 3-109] 설비 관련 데이터 입력창

설비 설정을 마친 후 해당 설비에서 발생할 수 있는 사고 시나리오를 입력한다. 앞에서 밝혔듯이 해당 설비 아래에 시나리오를 위치시켜야 한다. 시나리오를 설정하려면 해당 설비에 마우스 커서를 위치시킨 후 오른쪽 버튼을 클릭하여 'Insert'를 통해 원하는 시나리오를 선택한다. [그림 3-110]은 'Insert'를 통해 'Short pipe' 시나리오를 선택한 상태를 보여준다. 'Models' 탭의 설비명과 시나리오명은 디폴트로 자동 지정되나, 마우스 오른쪽 버튼의 메뉴 중 'Rename'을 사용하여 원하는 이름으로 변경할 수 있다.

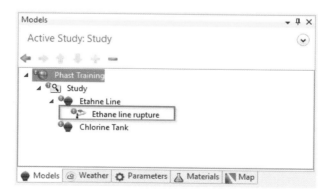

[그림 3-110] 설비의 시나리오 삽입

설비와 마찬가지로 해당 시나리오를 더블클릭하면 시나리오 관련 데이터를 입력할 수 있는 창이 열린다.

[그림 3-111] 시나리오 관련 데이터 입력창

참고로, 설비(equipment)와 시나리오(scenario) 트리에서 계산과 관련된 표식이 아이콘의 왼쪽 또는 오른쪽 상단에 표시되는데, 각각의 의미는 다음과 같다.

트 리	표식(표시위치)	표식의 의미
▲ 🔍 Study 　▲ 📁 Tank farm 　　▲ 🔴? LPG sphere 101	❓ (오른쪽 상단)	시스템이 트리를 처리하는 과정 중임을 의미하며, 처리과정이 종결되면 정상 아이콘으로 환원된다.
▲ ❗🔍 Study 　▲ ❗📁 Tank farm 　　▲ ❗🔴 LPG sphere 101 　　　❗🔧 Liquid leak	❗ (왼쪽 상단)	필수 데이터가 누락되었음을 의미한다.
▲ 🔍✔ Study 　▲ 📁✔ Tank farm 　　▲ 🔴✔ LPG sphere 101 　　　🔧✔ Liquid leak	✔ (오른쪽 상단)	정상적으로 계산이 완료되었고, 결과를 확인해 볼 수 있음을 의미한다.
▲ 🔍❗ Study 　▲ 📁❗ Tank farm 　　▲ 🔴❗ LPG sphere 101 　　　🔧❗ Liquid leak	❗ (왼쪽 상단)	계산상 에러가 발생하였음을 의미한다. Log Window를 통해 관련 에러가 무엇인지 확인할 필요가 있다.

아울러 데이터 입력창에서도 다음과 같은 표식이 보여지는데, 그 의미는 다음과 같다.

데이터 입력창	표 식	표식의 의미
	❗	해당 탭의 필수 데이터 입력 필드에 데이터 입력이 누락되었음을 의미한다. 필수 데이터 입력 필드는 빨간색 박스로 둘러싸여 있다.
	5	이 표식이 표시된 탭은 디폴트 값으로 입력값이 채워져 있음을 의미한다. 디폴트 값이 입력되어 있는 데이터 필드는 연두색 박스로 둘러싸여 있다. 사용자는 이 값을 그대로 사용할 수도 있고, 필요에 따라 변경하여 사용할 수도 있다.

데이터 입력 시 단위변환(unit conversion)이 필요할 경우, 상단 Ribbon 바에서 'Tools' 탭으로 이동하여 [그림 3-112]와 같이 'Units of Measure' 메뉴에서 원하는 단위조합 (unit set)을 선택하여 사용할 수도 있고, 사용자 지정 단위조합을 새로이 구성하여 사용할 수도 있다.

[그림 3-112] 단위조합(unit set)의 선택 및 구성

또 다른 방식으로는 데이터 입력창의 하이퍼링크로 되어 있는 각각의 단위를 클릭함으로써 직접 단위를 변경할 수도 있는데 [그림 3-113]을 참조하기 바란다.

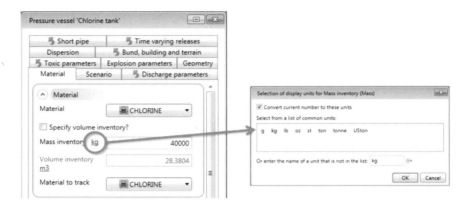

[그림 3-113] 데이터 입력창에서의 단위 변환

이렇게 확산 모델링을 위한 데이터 입력을 마치면 계산을 진행하여야 하는데, 사용자의 계산 모드(Mode) 선택에 따라 방출모델(discharge model)만 구하거나 방출모델/확산모델/영향모델을 포함한 전체 모델(consequence model)을 구할 수 있다.

계산(Run) 버튼은 아래와 같이 상단 Ribbon 바의 'Home' 탭에 위치해 있다.

[그림 3-114] Phast의 모델 계산 실행

계산 모드(Mode)에서 Consequence를 선택한 후, 계산(Run) 버튼을 클릭하면 Phast 내에 구현된 로직에 따라 일차적으로 방출모델(discharge model)을 계산하고, 그 다음으로 확산모델(dispersion model)을 구하는데, 이 단계에서 시간 경과에 따른 증기운(cloud)의 진화, 전체 증기운의 크기 및 관심농도(concentration of interest)에 도달하는 거리 등이 계산된다. 이를 바탕으로 확산모델과 연계된 가능한 영향모델(effect model)을 구하는데, 확산모델과 연계하여 제트화재(jet fire), 화구(fireball), 풀화재(pool fire), 폭발(explosion) 및 플래시화재(flash fire) 등 부합되는 영향모델을 구하게 되는 것이다.

모델의 계산이 완료되면 결과를 조회할 수 있으며, Phast에서 결과를 볼 수 있는 방식은 텍스트, 그래프 및 맵 상으로 보기 등이 가능하다. 결과보기(Results)는 [그림 3-115]와 같이 상단 Ribbon 바의 'Home' 탭에 위치해 있다.

[그림 3-115] Phast의 결과보기 실행

텍스트 형식의 결과보기(Reports)는 선택된 물질과 시나리오에 따라 바뀔 수 있는데, Phast 내에는 대략 40여 종의 보고서가 존재한다. 일반적인 텍스트 형식의 보고서로는 discharge, summary, jet fire, pool fire, fireball, time varying discharge, long pipeline, in-building, toxic 등이 있다.

Discharge 보고서에는 입력값에 대한 요약, 누출구경으로부터의 계산값[유량, 누출시간, 누출압력·온도·속도 및 방출계수(discharge coefficient) 등] 및 대기 중으로의 팽창과 관련된 계산값[최종온도(final temperature), 액체의 질량분율(liquid mass fraction), 액체방울의 크기(droplet size) 및 최종방출속도(final velocity) 등]이 포함된다.

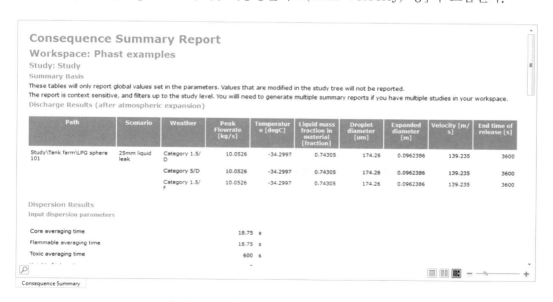

[그림 3-116] Summary Report 예시화면

Summary 보고서에는 모든 입력값과 방출모델(discharge model)의 계산값에 대한 요약이 포함되며, 그 외에도 농도대에 미치는 거리, 독성 흡입량(toxic dose)에 미치는 거리, 잠재적 화재 결과[제트화재(jet fire), 풀화재(pool fire), 화구(fireball) 등], 잠재적 화재에 대한 방사열(radiation) 수준에 도달하는 거리, 초기폭발(early explosion)/지연폭발(late explosion)에 대한 결과 및 기후(weather) 데이터에 대한 요약 등이 담겨있다.

Commentary 보고서에는 모든 모델링 계산 단계에 걸쳐 확산에 대한 동적 거동이 상세히 묘사되어 있다. 특히 관심을 가질만한 강하(rainout) 지점, 비활성 변이(passive transition)에 도달하는 거리 및 풀(pool)/증기운(cloud) 형성과정이 상세히 설명되어 있다.

[그림 3-117] Commentary Report 예시화면

그래프 형식의 결과보기(Graphs) 역시 선택된 물질과 시나리오에 따라 바뀔 수 있는데, Phast에서는 확산모델 관련 그래프와 영향모델 관련 그래프의 두 부류의 결과보기가 존재한다.

확산모델(dispersion model) 그래프로는 거리 대 농도중심선, 시간 대 농도, 항공뷰(footprint), 옆면도(side view) 및 단면도(cross section) 등이 있다.

영향모델(effect model) 그래프에는 화재 결과[방사열/치사율(lethality) 대 거리 및 방사열 영향거리 등], 폭발 결과[폭발과압(overpressure) 대 거리 등], 독성 영향에 대한 결과[독성 복용량(toxic dose), 프로빗(probit) 함수 결과, 치사율(lethality) 대 거리 및 항공뷰 등], 긴 배관망(long pipeline) 누출 결과, 풀 기화(pool vaporization) 결과 등이 포함된다.

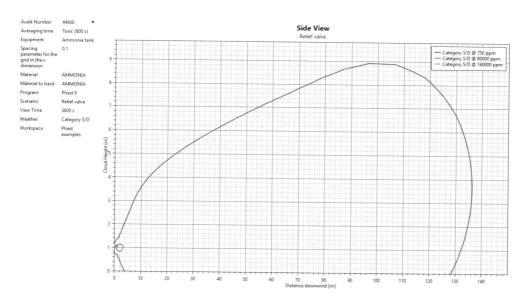

[그림 3-118] 옆면도(side view) 그래프 결과보기 예시화면(시간에 따른 변화추이 보기 가능)

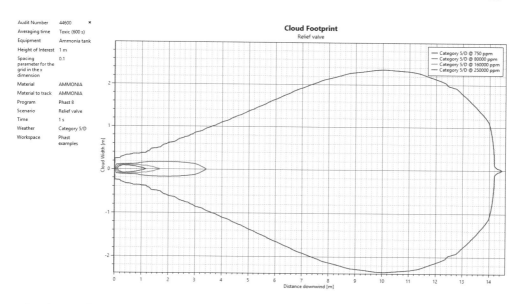

[그림 3-119] 항공뷰(footprint) 그래프 결과보기 예시화면(시간에 따른 변화추이 보기 가능)

기타 확산과 관련된 그래프의 종류는 [그림 3-120]과 같은 것들이 있다.

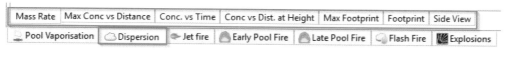

[그림 3-120] 확산모델(dispersion model) 관련 그래프 종류

독성 관련 그래프의 종류는 [그림 3-121]과 같다.

[그림 3-121] 독성 영향모델(toxic effect model) 관련 그래프 종류

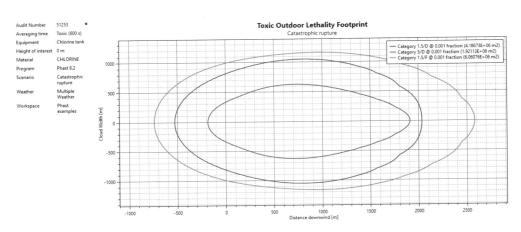

[그림 3-122] 독성 영향모델(toxic effect model) 그래프 결과보기 예시화면

폭발 및 화재 관련 그래프의 종류는 [그림 3-123]과 같다.

[그림 3-123] 화재/폭발 영향모델(flammable effect model) 관련 그래프 종류

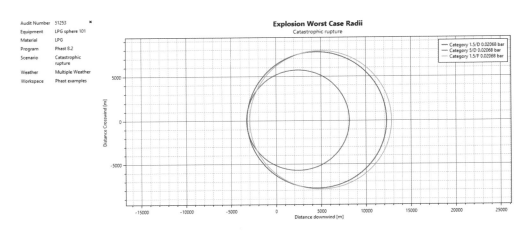

[그림 1-124] 화재/폭발 영향모델(flammable effect model) 그래프 결과보기 예시화면

맵 상에서 결과보기(GIS)는 텍스트 및 그래프 형식의 결과를 맵 도면 위에서 가시적으로 확인해 볼 수 있는 편리한 기능으로, Phast에서 GIS라고 칭한다.

결과보기 중 GIS를 선택한 후 상단 Ribbon 바의 'Consequence' 탭에서 보고자 하는 결과를 선택한다.

[그림 3-125] 맵 상에서 결과보기(GIS) 실행 순서

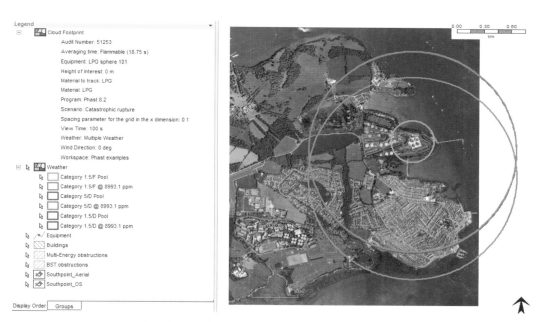

[그림 3-126] 맵 상에서 결과보기(GIS) 예시화면

맵 상에서 결과보기 역시 그래프 결과보기와 마찬가지로 시간에 따른 증기운 형성과정의 변화를 볼 수 있다. [그림 3-127]과 같이 상단 Ribbon 바의 'Animation' 탭을 선택한 후 관련 기능을 실행하면 시간에 따른 변화상태를 확인할 수 있다.

[그림 3-127] 증기운의 시간에 따른 변화 확인 기능

또한, [그림 3-128]과 같이 상단 Ribbon 바 'Consequence' 탭의 'Wind Direction'을 실행하여 풍향을 지정한 후 각 결과의 풍향에 따른 영향거리를 확인할 수도 있다.

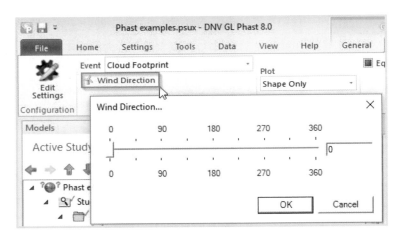

[그림 3-128] 맵 상에서 결과보기(GIS)의 풍향설정기능

위에서 기술한 내용은 Phast의 간략한 사용법이며, 경우에 따라 디폴트 값으로 설정된 Parameter 등의 값을 사용자가 변경하면 다양하고 심오한 결과값을 구할 수 있다.

사용 중에 의문이 있거나 조언이 필요할 경우 일차적으로 도움말 기능을 활용하면 보다 편리하게 사용할 수 있다. Phast에서는 열리는 창마다 Help 버튼이 기본적으로 갖춰져 있어 해당 창에서 모르는 부분에 대해 아주 쉽게 해답을 구할 수 있다.

[그림 3-129]의 예에서 볼 때, 열려 있는 창의 내용 중 Pasquill Stability에 대한 설명이 필요하다면 바로 'Help' 버튼을 클릭함으로써 관련 내용에 대한 설명을 참조할 수 있다.

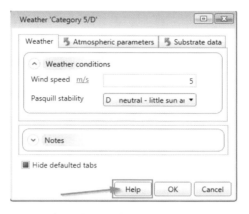

[그림 3-129] 열려 있는 창에서 Help 기능 작동하기

또한 상단 Ribbon 바의 'Help' 탭에서 'Show Help'를 클릭하면 주도움말(Help) 창이 열리며, 'Contents' 탭에서 목차 위주로 찾거나 'Search' 탭에서 찾고자 하는 내용의 키워드 검색을 통해 손쉽게 도움말 기능을 활용할 수 있다.

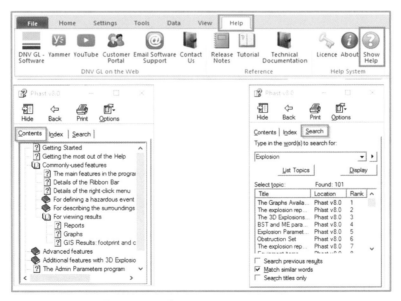

[그림 3-130] Phast의 주도움말 기능

제 **4** 장

기타 위험성평가 및
분석기법

공정안전관리(PSM)에 많이 사용되고 있지는 않지만 주로 일반적, 대중적 위험성평가 및 분석기법으로 많이 알려진 기타 위험성평가 및 분석기법들 중 사고의 근본원인분석(RCA), 4M 위험성평가, 특성요인도분석 기법 등을 소개하였다.

4-1 사고의 근본원인분석
(RCA ; Root Cause Analysis) 기법

4-1-1 RCA의 개요

사고의 근본원인분석기법(RCA)은 1950년대 미국 국립항공우주국(NASA)의 공식연구 과제가 되면서 관계자의 주목을 받게 된다. NASA가 개발한 새로운 문제해결방법들에는 소위 MORT(Management Oversight Risk Tree)라는 수준 높은 문제분석 방법이 소개되었고, 이 이론이 근본원인분석기법(RCA)의 주된 방법이 되었다.

사고의 근본원인분석(RCA)은 사고 상황을 체계적으로 분석하여 근본적인 사고원인을 규명하고 개선할 수 있도록 함으로써 폭넓은 재발방지효과를 얻는 것이 목적이다. 이 기법은 미국 에너지성(Department of Energy)의 DOE Order 5000.3A(Occurrence Reporting and Processing of Operation Information)에서 근본원인분석(RCA)의 실시 등을 지침으로 규정하고 있다.

근본원인분석은 문제의 원인을 확인하고 분석하는 절차로서 문제를 해결할 수 있는 방법과 재발을 방지하는 방법을 결정한다. 근원분석은 이해관계자가 문제의 원인들을 충분히 인식하여 문제의 영구적인 해결책을 찾는 프로세스로, 무엇이 발생했고 왜 발생했으며 문제해결책은 무엇인지를 찾는 것이다.

여기에서의 근원은 어떤 관련된 상황(조건)의 가장 기본적이며, 근본적인 원인들 중의 하나를 말한다. 상황(조건)은 보통 물리적 조건, 인간의 행동, 시스템, 프로세스 등 여러 가지의 영향을 받으므로 몇 개의 근원을 찾을 수 있다.

RCA 기법은 안전보건과 관련된 모든 유형의 사고조사, 원인분석 및 동종재해예방대책 수립에 적용할 수 있다.

4-1-2 RCA 수행절차

[제1단계] 자료의 수집과 사고개요 파악

사고조사는 가능한 빠른 시간 내에 착수하고 사고현장에 도착한 후 사고 장소에 대한 기록, 측정, 그림, 사진 및 영상촬영 증거물과 관련자와의 면담 등을 통하여 사고와 관련된 기인물을 규명한다.

사고가 설비와 관련이 있을 경우 해당 설비의 규격 및 특성들에 관한 자료를 수집하고 결함이 발생하게 된 설계상의 문제, 유지관리상의 문제 등을 규명한다.

사고가 화학물질과 관련이 있을 경우 해당물질에 대한 물질안전보건자료(MSDS)를 확보하고 유해·위험성을 검토하고 취급조건과 공정조건을 파악하여 사고로 이르게 된 과정을 규명한다. 사고와 관련된 공정, 작업에 대한 내부운전절차(SOP) 또는 기준이 있을 경우에는 이를 확보하고 절차내용의 적정성을 검토한다. 사고와 관련하여 수집된 증거 및 면담결과를 토대로 사건의 발생시간부터 종결시간까지의 관련된 모든 기인물 및 상황변화에 따른 사고의 발생과정 등을 파악한다. 사고조사 전반에 걸쳐 '무엇이', '어떻게', '왜' 발생하였는지를 계속 파악하고 규명한다. 조사내용은 책임소재의 규명보다는 사고의 재발방지를 위한 기능 및 관리적 결함의 규명에 초점을 맞추어 진행한다. 원인은 기술적, 인적 원인파악에 주력한다.

사고내용이 충분히 파악되었거나 추가적인 자료수집이 불가능하다고 판단될 때까지 자료를 수집한다.

[제2단계] 평가(Assessment)

① 어떤 근본원인분석이라도 다음 사항은 지켜야 한다.

    ㉮ 문제의 파악

    ㉯ 문제의 중요도 결정

    ㉰ 문제를 둘러싼 그리고 앞선 원인(상태와 행위) 파악

    ㉱ 앞 단계에서 존재하는 원인을 파악하고 근본원인인지를 반복 확인, 분명한 근본원인이 찾아지면 종결

② 대부분의 근본원인분석에 사용되는 방법은 다음과 같다.
  ㉮ 사건 및 불특정요인 분석(Events and Casual Factor Analysis)
  ㉯ 변경분석(Change Analysis)
  ㉰ 방벽분석(Barrier Analysis)
  ㉱ 관리부실과 리스크 트리(Management Oversight and Risk Tree)
  ㉲ 작업자 행동특성분석(Human Performance Evaluation)
  ㉳ 케프너-트레고 문제해결 및 결정(Kepner-Tregoe Problem Solving and Decision Making)

[제3단계] 개선조치(Corrective Action)

각각의 원인에 대한 문제발생 가능성을 감소시키고 안전과 신뢰도를 향상시킬 수 있는 효과적이고 적절한 조치이행단계이다.

[제4단계] 보고, 주지(Inform)

보고, 주지 프로세스는 발생보고와 프로세싱 시스템(Occurrence Reporting and Processing System : ORPS)에 따른다. 여기에는 문제발생에 관계된 인원과 관리적 사항 그리고 적정행동에 대한 분석을 포함한다. 추가하여 해당 설비 이외의 다른 설비에 대한 정보의 제공도 잊어서는 안 된다.

[제5단계] 확인관리(Follow-up)

이행단계에서는 문제해결에 적정행동의 유용성 여부도 포함되어야 한다. 효율적인 확인이 되려면 적정행동이 이행되었고 문제발생의 예방에 기여하였는지를 확인하는 것이다.

4-1-3 RCA 분석방법

다음은 미국 에너지성(U.S Department of Energy), 미국 핵에너지청(Office of Nuclear Energy), 미국 핵안전표준청(Office of Nuclear Safety Policy and Standard)에서 발간한 사고근본원인분석 지침(Root Cause Analysis Guidance Document)에 의한 분석 접근방법이다.

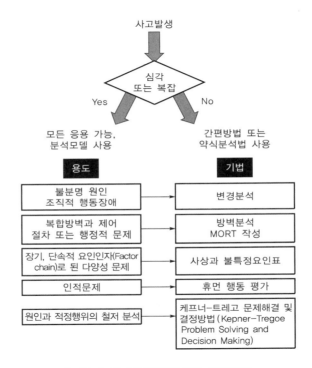

[그림 4-1] 근본원인분석의 종합정리

여기서는 미국화학공정안전센터(Center for Chemical Process Safety: CCPS)의 산업공정의 휴먼에러 예방 가이드라인(Guidelines for preventing human error in process industries)과 영국화학공학회(Institution of Chemical Engineers)의 인간행동과 휴먼에러(Human behavior and human error)를 참고하여 안전보건공단에서 제정한 안전보건기술지침에 소개된 내용 중심으로 소개하려 한다. 접근법에서 미국 에너지성의 휴먼행동평가와 큰 차이는 없다.

(1) 사고진행 내용기록

사고의 기본원인분석은 모든 기초자료들이 모이면 사고와 관련된 기인물 및 시간별 진행상황을 순차적으로 기록한다. 기인물별 진행상황을 보다 세부적으로 조사하여 기인물별 연관성을 체계적으로 파악할 필요가 있을 경우 다음 〈표 4-1〉의 양식에 따라 기인물별 사고진행 흐름도를 작성한다.

〈표 4-1〉 기인물별 사고진행 흐름도(작성 예시 표)

기인물	시간(→)
기인물 1	
기인물 2	
기인물 3	

① 수집된 자료를 바탕으로 사고의 시작에서부터 사고의 종료에 이르기까지 기인물 및 시간의 행렬에 맞게 블록 내에 표시하고 필요한 경우 관련 내용을 병기한다.
② 사상의 상호관련성에 맞게 관련된 기인물 간에 흐름선을 긋는다.
③ 기인물의 상태를 파악함에 있어 기인물이 시작하여 종료되는 과정에서 중간에 내용이 단절되거나 모호한 상태가 방치되지 않도록 충분히 현장상황이 파악되어야 한다.
④ 기인물 또는 사건의 내용이 각각의 사상이 발생할 수 있는 충분한 사유가 되는지 확인하여 타당성이 부족한 경우 다른 기인물이나 사건을 파악하여야 한다.
⑤ 사고 진행 흐름도를 검토하여 내용상 기인물간의 연결이 타당하지 않거나 기인물의 시간대별 상태파악에 있어 단절 및 의문점이 발생할 경우 사건 전개내용을 재검토하거나 추가 조사를 통하여 내용을 정정하거나 정정하기 어려울 경우 사유를 보고서에 명시한다.
⑥ 사고 진행 흐름도로 각 시간대별로 관련된 기인물간의 관계 및 각각의 사건별 원인을 파악한다.
⑦ 각 사건별 원인 중 사고와 밀접한 관련이 있는 결함사항은 다음 예와 같이 작성한다.
　　예 • 교대자간의 인수·인계가 부적절하였음
　　　　• 협력업체의 작업내용이 생산 관련 책임자에게 보고되지 않음
⑧ 사고발생 공정이나 작업에 대한 위험과 운전분석(HAZOP), 결함수분석(FTA), 작업자 신뢰성분석(HRA) 등의 위험성평가자료가 있을 경우 이를 참조하여 사고원인을 분석한다.

LPG가스 누출사고에 대한 사고진행 흐름도 작성 사례는 [그림 4-2]와 같다.

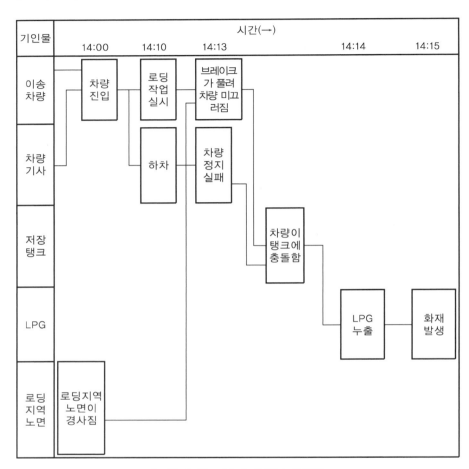

[그림 4-2] LPG 누출사고 흐름도

(2) 사고원인 조사

앞에서 파악된 각각의 결함내용에 대하여 다음 방법에 따라 사고가 발생한 근본원인을 단계적으로 파악한다. 다음은 그 6단계이다.

[제1단계] 결함내용별 발생원

각 결함내용별 발생원의 종류에 따른 분류로서 기기결함, 운전결함, 기술결함, 기능유지결함, 물질결함, 천재지변, 태업 등으로 나눈다.

[제2단계] 관련 부서

사고와 관련된 회사 내의 조직분류에 따라 분류한다.

[제3단계] 설비적 결함분류

설비적 결함의 종류로서 반복고장, 예측하지 못한 고장, 설계, 예방보전, 정비계획 등으로 분류한다.

[제4단계] 사고원인 대분류

사고원인의 대분류 단계로서 사고원인을 구체적으로 분류하며 행정체계, 설계사양, 설계검토, 예방정비, 작업절차서 등으로 분류한다.

[제5단계] 사고원인 중분류

사고의 원인의 중분류 단계로서 사고의 근본원인에 대한 개선조치 미실시, 부적절한 사양, 설계검토 부적절 등으로 분류하며 더 이상 분류가 불가능할 경우 5단계의 내용을 사고의 근본원인으로 정할 수 있다.

[제6단계] 사고의 근원적 원인

사고의 근본원인으로서 사고원인을 가장 구체적으로 표현하며 예를 들면 복구조치 부적절, 절차서 미비, 설비 사용 환경 부적절 등을 들 수 있다.

근원적 사고원인 조사를 단계별로 한 번 더 설명하면 분석하고자 하는 사건이 다음 [그림 4-3]의 1단계 중 어느 분야에 해당하는지 파악하고 1단계에서 선정된 항목의 선을 따라 2단계의 관련 조직 중 해당되는 조직을 선정하고 계속해서 각 사건에 대하여 더 이상 분석할 수 없는 세부적이고 구체적인 마지막 하위 단계의 근본적인 사고원인을 규명한다. 작업자 실수로 인한 사고발생 시 왜 그러한 실수가 발생하였는지 구체적인 관리적, 인간공학적 결함사항이 다음 ⓔ와 같이 파악되어야 한다.

ⓔ • 발생 내용 : 작업자의 밸브 오조작
　• 파악필요사항
　　− 작업절차가 복잡하여 이해하기가 어렵지 않았는지 여부
　　− 밸브의 표시가 작업자의 혼돈을 예방할 수 있도록 명확히 하였는지 여부 등
협력업체의 작업내용이 보고되지 않은 결함내용의 경우에 대하여 작업자에 대한 작업절차서가 불편하여 사용하지 않음, 작업자의 상부에 대한 보고지시가 누락하는 등의 여러 가지의 원인을 파악할 수 있다.

[그림 4-3]에 표시된 각 항목은 재해유형(협착, 끼임, 직업병, 감전 등), 사업장의 업종 및 특성에 따라 항목체계와 내용을 구성하여 활용하거나 항목을 추가, 조정하여 적용할 수 있다.

[그림 4-3]의 사고원인 흐름도를 응용할 경우 사고근본원인의 항목은 왜 사고가 발생하는지에 따라 관리적으로 개선 가능한 것을 추적하여야 하며 '작업자 부주의'와 같은 구체적으로 개선하기 어렵거나 책임전가성 항목은 사고의 근본원인으로 채택하지 않는다.

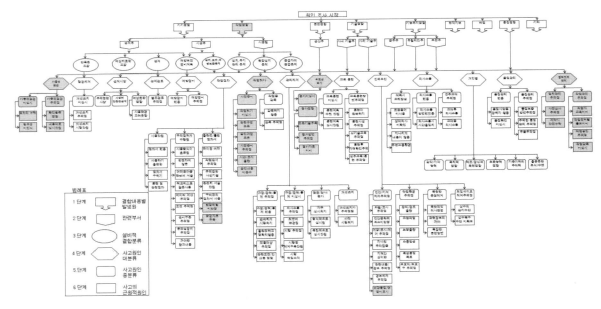

[그림 4-3] 사고원인 흐름도

(3) 개선조치

사고조사 후 도출된 각각의 사고원인들에 대해 사고 가능성 및 예상 피해를 감소시키기 위하여 개선이 필요한 사항들을 파악하고 이를 검토한다. 예를 들면 밸브 오조작에 대한 개선조치로 '작업현장의 밸브표시내용이 작업절차서의 밸브와 관련된 사항과 일치하는지', '밸브조작절차에 관한 사항을 훈련내용에 포함' 등으로 구체적이고 명료해야 한다. 개선조치사항들에 대한 효율적인 수행방법을 검토한 후 담당부서를 지정하여 개선조치들이 시행되도록 한다.

개선조치사항은 사고발생설비뿐만 아니라 동일한 사고원인이 잠재한 유사 공정 및 작업에도 반영해야 함은 물론이다.

발생보고와 프로세싱 시스템(ORPS)의 전자보고나 사고원인조사의 변경 등에 대해서는 생략한다.

4-1-4 RCA 응용사례

[사례 1] 바이오 디젤 증발기 폭발

(1) 재해발생 개요

2016년 12월 22일(목) 17시 32분경 바이오 디젤 증류 1호기 증발기(Evaporator) 부분에서 폭발이 발생된 후 화염 전파로 인하여 부스터 펌프 스테이션(지상으로부터 약 2.3m 높이에 설치됨) 상부에서 작업하고 있던 근로자 1명이 사망한 재해임.

(2) 재해발생 과정

① 16:20' : 1호기(BDS-6301) 순찰 중 부스터 펌프(BBP-6301) 회전부 냉각수 공급배관 다량 누출 확인

② 16:26' : (A씨) 원료공급 밸브 닫음, 열매유 공급밸브 닫음

　　　　　　 (B씨) 제품이송 순환 전환, 부스터 펌프 정지

③ 17:16' : (B씨) 진공펌프 정지, 질소밸브 및 벤트밸브 개방

※ 질소밸브 및 벤트밸브 조작에 대해서는 확인할 수 없어 #1증발기 압력 변화를 감안, 추정하여 기술함

④ 17:30' : (A, B씨) 2m 정도 상부에 설치된 부스터 펌프 스테이션 상부에서 냉각수 배관 플랜지볼트를 조이는 작업을 시작함

(C씨) 부스터 펌프 하단에서 작업을 감독함

⑤ 17:31' : 증발기 압력이 상압(743mmHgA, 절대압)으로 진공(부압) 해제됨

⑥ 17:32'50" : "펑" 소리와 함께 폭발

⑦ 17:32'51" : 인접 설비로 화재 확산

⑧ 17:33'31" : 작업자(B, C씨) 1층으로 대피 – 상황 전파 및 소방서에 비상 연락 조치

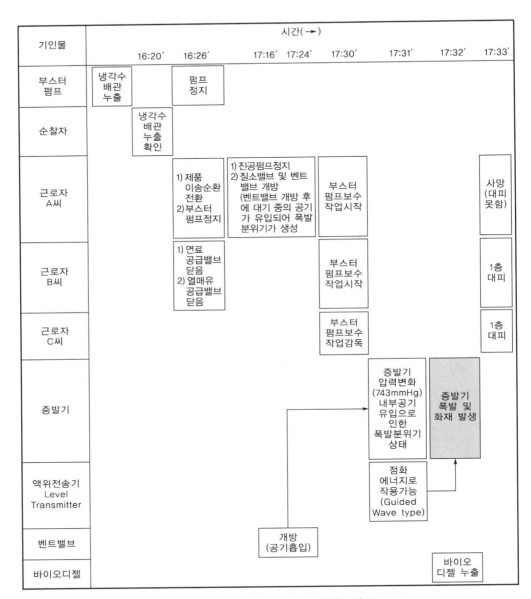

[그림 4-4] 바이오 디젤 증발기 폭발사고의 RCA도

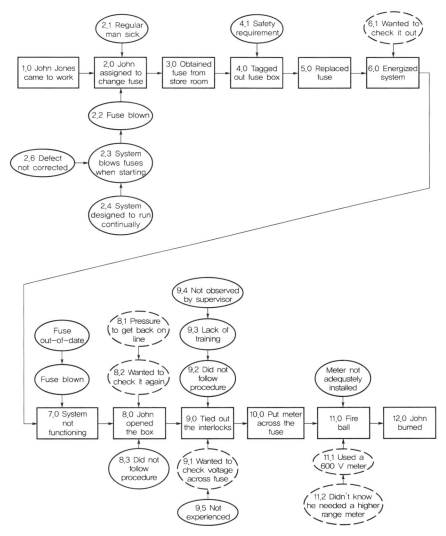

[사례 2] 퓨즈 교체작업 중 화상사고

정규직원의 병가로 임시직 존 존스(John Jones)씨가 대신 출근하여 퓨즈 교체작업 중 입은 화상사고를 사고의 근본원인분석법(Root Cause Analysis) 중 Events and Casual Factors Chart로 분석한 사례이다.

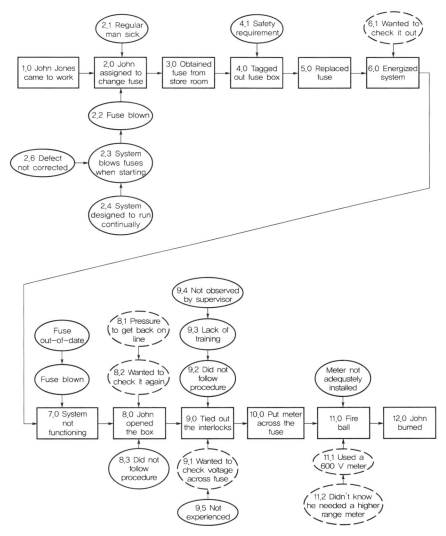

[그림 4-5] 퓨즈 교체작업 중 입은 화상사고의 RCA도

4-2 4M 위험성평가 (4M RA ; 4M Risk Assessment) 기법

4-2-1 4M의 개요

4M 위험성평가 기법은 안전보건공단의 기술지침(KOSHA GUIDE)으로 2008년 제정되었다. 이 기법의 제정목적은 산업안전보건법 제42조(유해위험방지계획서의 작성·제출 등)와 같은 법 시행령 제4조(산업 안전 및 보건 경영체제 확립 지원)에 따라 사업장 내 유해·위험요인을 효과적으로 찾아내기 위함이며, 독일과 영국의 위험성평가제도를 참고하여 제정하였다.

4M 위험성평가 기법은 공정 내 잠재하고 있는 유해·위험요인을 Man(인적), Machine(기계적), Media(물질·환경적), Management(관리적) 등 4가지 분야로 위험도를 파악하여 위험제거대책을 제시하는 위험성평가방법으로 공정을 새로 신설하는 경우, 새로운 설비 도입 및 공정·작업의 변경이 필요하거나 기존 사용하고 있는 물질 이외의 새로운 물질을 사용할 경우 그리고 기존공정·작업에 대한 위험도를 정기적으로 검토할 때, 중대사고, 재해 또는 아차사고(Near miss)가 발생한 경우 평가를 실시할 수 있다.

4M 위험성평가 기법은 안전하고 쾌적한 일터인지 여부를 확인하거나 생산활동 및 지원 활동 과정에서 내재된 산업재해발생 위험요인을 파악하고 그 요인을 제거 또는 감소시키는 업무에 활용이 가능하다. 또한 4M 위험성평가 기법은 4M 항목별로 유해·위험요인을 도출하기 쉽고, 유해·위험요인에 대한 개선대책을 수립하는 데도 용이한 장점이 있다.

4M 위험성평가는 평가대상 공정의 선정, 유해·위험요인의 도출, 위험도 계산 및 위험도 평가, 유해·위험요인에 대한 관리계획의 수립 등의 절차 및 방법으로 진행된다.

4-2-2 4M 수행절차

위험성평가의 수행은 위험성평가팀을 구성하고 팀장이 중심이 되어 수행하여야 하며, 팀장은 팀 구성원이 브레인스토밍을 통해 4M의 항목별 유해·위험요인을 도출하도록 유도하고, 도출된 유해·위험요인에 대한 발생빈도(발생 가능성) 및 피해강도(피해 중대성) 를 결정하여 위험도를 계산한다. 유해·위험요인에 대한 위험도가 허용 가능한 위험인지, 허용 할 수 없는 위험인지 여부를 판단 후 허용할 수 없는 유해·위험요인의 경우, 실행 가능하고 합리적인 대책인지를 검토하여 위험도관리계획을 수립하여야 하며 위험도관리계획 실행 후 유해·위험요인에 대한 위험도는 가능한 한 허용할 수 있는 범위 이내가 되도록 하여야 한다.

수행절차는 다음 [그림 4-6]과 같다.

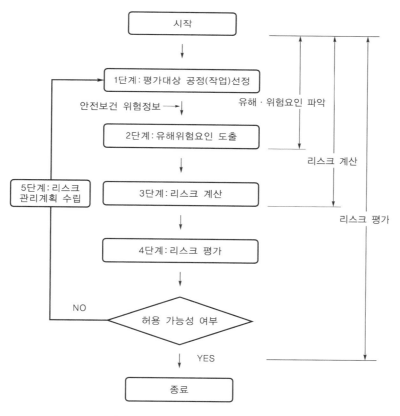

[그림 4-6] 4M 위험성평가 절차

4-2-3 4M의 수행방법

4M의 항목별 유해ㆍ위험요인의 예시는 다음 〈표 4-2〉와 같다.

<표 4-2> 4M의 항목별 유해ㆍ위험요인(예시)

항 목	유해ㆍ위험요인
Man (인적)	• 근로자 특성(장애자, 여성, 고령자, 외국인, 비정규직, 미숙련자 등)에 의한 불안전 행동 • 작업에 대한 안전보건정보의 부적절 • 작업자세, 작업동작의 결함 • 작업방법의 부적절 • 휴먼에러(Human error) • 개인 보호구 미착용 등
Machine (기계적)	• 기계ㆍ설비 구조상의 결함 • 위험 방호장치의 불량 • 위험기계의 본질안전 설계의 부족 • 비상시 또는 비정상 작업 시 안전연동장치 및 경고장치의 결함 • 사용 유틸리티(전기, 압축공기 및 물)의 결함 • 설비를 이용한 운반수단의 결함 등
Media (물질ㆍ환경적)	• 작업 공간(작업장 상태 및 구조)의 불량 • 가스, 증기, 분진, 흄 및 미스트 발생 • 산소결핍, 병원체, 방사선, 유해광선, 고온, 저온, 초음파, 소음, 진동, 이상기압 등 • 취급 화학물질에 대한 중독 등
Management (관리적)	• 관리조직의 결함 • 규정, 매뉴얼의 미작성 • 안전관리계획의 미흡 • 교육ㆍ훈련의 부족 • 부하에 대한 감독ㆍ지도의 결여 • 안전수칙 및 각종 표지판 미게시 • 건강검진 및 사후관리 미흡 • 고혈압 예방 등 건강관리 프로그램 미운영 등

[제1단계] 평가 대상공정의 선정

① 평가대상을 [그림 4-7]과 같이 공정별로 분류한다.

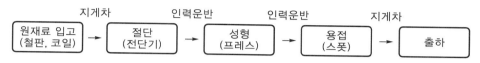

원재료 입고
(철판, 코일) → 지게차 → 절단
(전단기) → 인력운반 → 성형
(프레스) → 인력운반 → 용접
(스폿) → 지게차 → 출하

[그림 4-7] 자동차 업종의 브라켓트 제조공정 흐름도(예시)

② 분류된 공정이 1개 이상의 단위작업으로 구성되고 단위작업이 세부 단위작업으로 구분될 경우 단위작업을 하나의 평가대상으로 정한다.

③ 작업공정 흐름도에 따라 평가대상 공정이 결정되면 사업장 안전보건상의 위험정보를 작성하여 평가대상 및 범위를 확정한다.

  ㉮ 제조공정(작업)별로 작성

  ㉯ 원(재)료, 생산품, 근로자수 파악 기재

  ㉰ 제조공정을 세부 작업순서대로 기재

  ㉱ 기계·기구는 운반기계, 전동구동기계 등 공정 내 모든 기계·기구 파악 기재

  ㉲ 유해화학물질은 주원료뿐만 아니라 첨가제 등 공정 내에서 소량 사용하는 물질도 파악 기재

  ㉳ 그 밖의 안전보건상 정보에는 과거의 발생재해(공장 포함), 아차사고 및 근로자 (장애자, 여성, 고령자, 외국인, 비정규직, 미숙련자 등) 특성 기재

④ 위험성평가 대상공정에 대한 안전보건상의 위험정보를 사전에 파악한다.

  ㉮ 과거 3년간 사고현황(아차사고 사례 포함)

  ㉯ 교대작업 유무

  ㉰ 근로자의 고용형태 및 작업경력

  ㉱ 근로자 특성(장애자, 여성, 고령자, 외국인, 비정규직, 미숙련자 등)

  ㉲ 작업에 대한 특별안전교육 필요 유무

  ㉳ 안전작업 허가증 필요 작업 유무

  ㉴ 작업할 기계·설비

  ㉵ 사용하는 전기공구류

  ㉶ 취급물질에 대한 취급량, 취급시간, 무게 및 운반높이

  ㉷ 운반수단(운반차량, 인력)

⑦ 사용 유틸리티(전기, 압축공기 및 물)
⑪ 사용 화학물질의 물질안전보건자료(MSDS) 확인
⑭ 근로자의 노출물질(분진, 가스, 증기)
⑮ 작업환경측정결과(최근 2년간)

[제2단계] 유해 · 위험요인의 도출

① 유해 · 위험요인 대상은 사용기계 · 기구 및 물질에 대한 위험원, 예상되는 잘못 사용 및 고장, 노출 등 작업환경을 살피고 작업 중 예상되는 근로자의 불안전한 행동과 무리한 동작을 유발하는 불안정한 공정, 작업간 물류이동(운반), 보수 및 수리 등 비정상 작업 등을 대상으로 위험원을 확인한다.

② 위험을 Man(사람), Machine(기계), Media(물질, 환경), Management(관리) 등 4개 항목으로 구분평가하여 유해 · 위험요인을 도출한다. '기계' 항목은 모든 생산설비의 불안전 상태를 유발시키는 설계 · 제작 · 안전장치 등을 포함한 기계자체 및 기계 주변의 위험평가이며, '물질, 환경' 항목은 소음, 분진, 유해물질 등 작업환경 평가이다. '사람' 항목은 작업자의 불안전 행동을 유발시키는 인적 위험평가이고, '관리' 항목은 안전의식 미흡으로 사고를 유발시키는 관리적 사항 평가를 말한다.

③ 유해 · 위험요인별 영향을 받을 수 있는 피해 대상자를 파악하되, 신규채용자, 작업 전 환자 및 연소자, 장애인 및 임산부, 이주노동자, 작업장에 비정상적으로 출입하는 자(비정규직, 계약업체 종사자, 방문객, 청소원 등) 산재취약 대상자는 반드시 파악하여 기록한다.

④ 유해 · 위험요인별 발생 가능한 재해형태를 파악한다.

⑤ 위험도평가표를 작성한다.
   ⑦ 평가대상 공정명 및 공정의 구체적인 작업내용을 기재
   ⑪ 유해 · 위험요인을 4M으로 구분하여 도출
   ⑭ 평가대상 작업발생주기 및 작업시간
   ⑮ 유해 · 위험요인, 피해대상, 재해형태
   ⑯ 기존 위험도관리활동
   ⑰ 추가 위험도관리계획
   ⑱ 현재 위험도, 위험도관리 후 위험도 기재

[제3단계] 위험도 계산

2단계에서 파악된 대상공정 및 작업의 유해·위험요인에 대하여 파악된 기존의 위험도관리활동을 고려하여 그 유해·위험요인이 사고로 발전할 수 있는 발생빈도(발생 가능성)와 발생 시 피해강도(피해 중대성)를 단계별로 위험수준을 결정한다. 각 유해·위험요인에 대한 위험도 계산은 발생빈도와 피해강도의 곱으로 위험도(위험의 크기) 수준을 결정한다. 위험도 계산에 필요한 발생빈도의 수준을 5단계로, 피해의 중대성의 수준을 4단계로 정할 수 있다. 다만, 사업장 특성에 따라 빈도 및 강도수준의 단계를 조정할 수 있다.

> **위험도(RISK) = 가능성(발생빈도) × 중대성(피해강도)**

① 발생빈도는 과거의 재해 또는 아차사고 등 발생 내용과 향후 예상되는 위험의 빈도를 고려하여 결정한다.

〈표 4-3〉 가능성(발생빈도)

단 계	빈도수준	내 용
5	빈번함	3년간 중대재해 1건 이상 발생 또는 연간 재해 3건 이상 발생 또는 아차사고 8건 이상 발생
4	높음	3년간 재해 2건 발생 또는 연간 아차사고 7건 발생
3	있음	3년간 재해 1건 발생 또는 연간 아차사고 5~6건 발생
2	낮음	연간 아차사고 3~4건 발생
1	거의 없음	연간 아차사고 1~2건 발생

② 중대성(피해강도)은 과거의 재해발생과 예상되는 위험의 강도를 고려하여 결정한다.

〈표 4-4〉 중대성(피해강도)

단 계	강도수준	재해로 인한 손실일수	소 음	화학물질에 의한 건강장해 정도
4	매우 심각	손실일수 310일 이상	90dB(A) 이상	천식, 암, 유전자 손상
3	심각	손실일수 100일~309일	85~89dB(A)	피부감작, 화학적 질식작용, 생식독성
2	보통	손실일수 99일 이하	80~84dB(A)	단일노출로 비가역적 건강영향, 강한 부식성, 단일노출로 강한 자극 증상
1	영향 없음	손실일수 없음	80dB(A) 미만	피부, 눈의 경미한 점막 자극

③ 유해·위험요인에 대한 위험도 계산은 빈도의 단계와 강도의 단계를 조합하여 위험 크기 수준을 결정하고 최종적인 위험도 결정 시 기존 위험도관리활동을 고려하여 빈도와 강도의 수준을 정하여 위험도를 계산한다.

④ 위험도 결정(예시)은 〈표 4-5〉와 같다.

〈표 4-5〉 위험도 결정

빈번함	5	5	10	15	20
높음	4	4	8	12	16
있음	3	3	6	9	12
낮음	2	2	4	6	8
거의 없음	1	1	2	3	4
빈도		1	2	3	4
	강도	영향 없음	보통	심각	매우 심각

[제4단계] 위험도 평가

① 위험도 평가는 3단계에서 행한 유해·위험요인별 위험도 계산값(수준)에 따라 허용할 수 있는 범위의 위험인지, 허용할 수 없는 위험인지를 판단한다.

② 이 판단을 위하여 평가된 위험도 계산값에 따라 위험도 수준에 따른 관리기준을 정하되, 사업장 특성에 따라 관리기준을 달리할 수 있다.

③ 위험도 평가(예시)는 〈표 4-6〉과 같다.

〈표 4-6〉 위험도 평가

위험도 수준		관리 기준	비 고
1~3	무시할 수 있는 위험	현재의 안전대책 유지	위험작업을 허용함(현 상태로 계속 작업 가능)
4~6	미미한 위험	안전정보 및 주기적 표준작업안전 교육의 제공이 필요한 위험	
8	경미한 위험	위험의 표지부착, 작업절차서 표기 등 관리적 대책이 필요한 위험	
9~12	상당한 위험	계획된 정비·보수기간에 안전대책을 세워야 하는 위험	조건부 위험작업 허용(작업을 계속하되, 위험감소 활동을 실시하여야 함)
15	중대한 위험	안전대책을 세운 후 작업을 하되 계획된 정비·보수기간에 안전대책을 세워야 하는 위험	
16~20	매우 중대한 위험	작업을 지속하려면 즉시 개선을 실행해야 하는 위험	위험작업 즉시 개선(즉시 작업을 개선하여야 함)

④ 유해·위험요인에 대한 발생빈도와 피해강도의 수준을 조합한 위험도(위험크기) 수준을 유해·위험요인별로 위험성평가표에 기입한다.

[제5단계] 위험도 관리계획의 수립

① 추가 위험도관리계획서를 유해·위험요인별 위험도관리계획, 위험도관리계획 실시 일정, 실행 여부에 대한 확인 등을 고려하여 작성한다.

② 위험도가 허용할 수 없는 위험인 경우 추가 위험도관리계획을 수립한다.

③ 유해·위험요인별 추가 위험도관리계획은 기존 위험도관리활동을 고려하여 수립하되, 다음의 원칙을 순차적으로 검토하여 적절한 조치를 결정한다.

㉮ 위험을 완전히 제거할 수 있는지 검토한다.

㉯ 위험을 대체할 수 있는지 검토한다.

㉰ 위험을 방호하거나 격리시킬 수 있는지 검토한다.

㉱ 유해·위험요인에 적합한 보호구를 지급하고 착용하도록 한다.

④ 유해·위험요인별로 추가 위험도관리계획을 시행할 경우 위험 수준이 어느 정도 감소하는지 개선 후 위험도 계산을 [제3단계]의 순서에 따라 실시한다.

4-2-4 4M 응용사례

[사례 1] 4M기법을 활용한 브라켓트 제조공정의 위험성평가

(1) 안전보건상 위험정보의 작성

제조공정		브라켓트 공정		안전보건상 위험정보 (자동차 부분품 제조업)			생산품	자동차 도어 개폐장치용 브라켓트
원(재)료		철판					근로자수	50명
공정(작업) 순서	기계 · 기구 및 설비		유해화학물질			기타 안전보건상 정보		
	기계 · 기구 및 설비명	수량	화학물질명	취급량/일	취급시간			

공정(작업) 순서	기계·기구 및 설비명	수량	화학물질명	취급량/일	취급시간	기타 안전보건상 정보

원재료 입고 ↓	지게차	2	–	–	–	• 3년간 재해발생사례
						  – 산재 3건(전단기 손가락절단 : 1,
						                프레스 손가락절단 : 2)
						• 아차사고 사례
						  – 아차사고 2건(지게차충돌 : 1, 밀링협착 : 1)
						• 근로자 구성 및 경력 특성

절단 ↓	전단기	5	–	–	–	
프레스 성형 ↓	프레스	15	–	–	–	
용접 ↓	스폿용접기	10	–	–	–	여성근로자 ■ 1년 미만 미숙련자 ■ 고령근로자 ■ 비정규직 근로자 ■ 외국인 근로자 □ 장애근로자 □
검사 ↓	검사기	2	세척제 (n–Hexane)	5ℓ	2	• 교대작업 유무(유 ■, 무 □) : 2교대
출하	지게차	2	–	–	–	• 운반수단(기계 ■, 인력 □) : 지게차, 이동대차 • 안전작업허가증 필요작업 유무(유 □, 무 ■)

(부대공정) 금형가공	밀링
	선반
	평면연삭기
	휴대용연삭기
		3
		2
		2
		3
			–	–	–	• 중량물 인력취급 시 단위중량(12kg) 및 취급형태
						  (들기 ■, 밀기 □, 끌기 □)
						• 작업환경측정 측정 유무
						  (측정 ■, 미측정 □, 해당무 □) : n-Hexane
						  측정치 : 4ppm(노출기준 : 50ppm)
						• 작업에 대한 특별안전교육 필요 유무
						  (유 ■, 무 □)

(2) 위험성평가표 작성(원재료 입고)

평가대상공정명	원재료 입고 및 출하(A)			위험성평가표 (4M-Risk Assessment)					평가자 (팀장 및 팀구성원)		이상탁, 윤상철, 박승국, 박다솔		
평가일시	2017. 2. 7								평균위험도		현재		개선후
											8.6		3.7

작업내용	평가구분	위험요인 및 재해형태	현재 안전조치	현재 위험도			개선대책	코드번호	개선후 위험도		
				빈도	강도	위험도			빈도	강도	위험도
지게차를 이용하여 원재료 (철판) 운반작업	기계적	• 전조등 및 후미등 상태(충돌)	후미등만 설치	4	3	12	• 2.5톤 지게차(1대) 전조등 교체	A-1	2	3	6
		• 지게차 경보등 및 경보음(충돌)	설치	2	2	4	–	–	2	2	4
		• 타이어 마모 상태 (낙하)	양호	2	2	4	–	–	2	2	4
		• 급선회시 핸들 Knob 사용(협착)	부착 사용	4	3	12	• 핸들 Knob 제거	A-2	2	2	4
		• 안전벨트 부착(협착)	없음	4	4	16	• 지게차(2대) 안전 벨트 부착	A-3	2	2	4
	물질 · 환경적	• 작업장 바닥상태 (충돌, 전도)	양호	2	2	4	–	–	2	2	4
		• 작업장 조명상태 (충돌, 전도)	양호 (측정 : 170Lux)	–	–	2	–	–	–	–	2
		• 지게차 전용통로 (충돌)	있음	2	2	4	–	–	2	2	4
	인적	• 무자격자 운전(충돌, 협착)	자격없음	5	4	20	• 지게차 유자격자만 운전	A-5	2	2	4
		• 지게차 포크상부에서 고소작업 실시(추락)	없음	3	4	12	• 안전난간이 부착된 전용운반구 제작 사용	A-6	1	2	2
		• 화물과다 및 편하중 적재(협착, 전도)	미확인	5	4	20	• 화물과다 및 편하 중 적재금지	A-7	2	2	4
	관리적	• 지게차 관리전담자 지정	지정	–	–	3	–	–	–	–	3
		• 지게차 운행구간별 제한속도 표지판	양호	–	–	4	–	–	–	–	4
		• 작업표준 및 안전 수칙 게시	게시	–	–	3	–	–	–	–	3

(3) 위험성평가표 작성(절단 공정)

평가대상공정명	절단(B)		위험성평가표 (4M-Risk Assessment)						평가자 (팀장 및 팀구성원)		이상탁, 윤상철, 박승국, 박다솔		
평가일시	2017. 2. 8								평균위험도		현재 8.5		개선후 3.6

작업내용	평가구분	위험요인 및 재해형태	현재 안전조치	현재 위험도			개선대책	코드번호	개선후 위험도		
				빈도	강도	위험도			빈도	강도	위험도
전단기를 이용한 철판 절단작업	기계적	• 전단기 안전장치(광전자식, 손접촉 예방, 방호울)(협착)	방호울 설치(설치간격 부적절)	5	3	15	• 전단기(1호기) 손접촉예방 방호울 간격 조정(8mm 이하)	B-1	1	2	2
		• 동력전달부 방호덮개(협착)	없음	3	3	9	• 전단기(3호기) 동력전달부 방호덮개 설치	B-2	1	2	2
		• 전단기 풋스위치 덮개(협착)	없음	3	3	9	• 전단기(5대) 풋스위치 덮개 설치	B-3	2	2	4
		• 구동모터 접지(감전)	미실시	3	4	12	• 전단기(2호기) 모터 접지	B-4	1	3	3
		• 기동스위치 등 충전부 방호조치(감전)	양호	2	2	4	–		2	2	4
	물질·환경적	• 절단작업 시 소음	발생[측정치 : 92dB(A)]	–	–	9	• 해당 작업 근로자 귀마개(한국산업안전공단 인증필) 착용	B-5	–	–	3
		• 작업장 바닥상태(전도)	양호	2	2	4	–		2	2	4
		• 운반기구(이동대차) 운행통로 확보(충돌)	미확보	4	3	12	• 이동대차 통로 확보(정리정돈)	B-6	3	2	6
		• 작업장 정리정돈(전도, 충돌)	미흡	3	3	9	• 철스크랩 청소 등 작업장 정리정돈	B-7	3	2	6
	인적	• 중량물 취급방법(근골격계 질환) – 근골격계 부담작업 "4"호	부적절	–	–	12	• 철판 적재대 위치 이동 또는 전단기 방향 변경(90도)	B-8			4
	관리적	• 안전보건표지 부착	없음	–	–	9	• 귀마개 착용 표지판 부착	B-9			3
		• 작업표준 및 안전수칙 게시	있음	–	–	3	–				3
		• 검사(정기, 자체)	실시	–	–	3	–				3
		• 안전보건교육	미실시	–	–	9	• 정기 및 특별안전교육 실시	B-10	–	–	3

(4) 위험성평가표 작성(프레스 성형 공정)

평가대상공정명	프레스 성형(C)	위험성평가표 (4M-Risk Assessment)					평가자 (팀장 및 팀구성원)			이상탁, 윤상철, 박승국, 박다솔		
평가일시	2017. 2. 8						평균위험도			현재	개선후	
										8.1	3.6	
작업내용	평가구분	위험요인 및 재해형태	현재 안전조치	현재 위험도			개선대책	코드번호	개선후 위험도			
				빈도	강도	위험도			빈도	강도	위험도	
프레스를 이용한 펀칭 및 벤딩작업 후 반제품 이동	기계적	• 프레스 안전장치(광전자식, 양수조작식, 수인식, 손쳐내기식)(협착)	없음	3	5	15	• 마찰클러치형 프레스(150톤 : 1대) 광전자식 방호장치 설치	C-1	2	3	6	
		• 플라이휠 방호덮개(협착)	없음	3	3	9	• 핀클러치형 프레스(5대) 플라이휠 방호덮개 설치	C-2	1	2	2	
		• 원재료 공급방법 적정성(협착)	없음	3	5	15	• 핀클러치형 프레스 마그네틱 수공구 사용 및 마찰클러치형 프레스 지그 설치	C-3	3	1	3	
		• 구동모터 접지(감전)	미실시	4	3	12	• 핀클러치형 프레스(5대) 모터 접지	C-4	1	3	3	
		• 기동스위치 등 충전부 방호조치(감전)	없음	4	3	12	• 핀클러치형 프레스(5대)기동스위치 교체	C-5	1	3	3	
	물질·환경적	• 프레스와 프레스의 설치간격(충돌)	양호	2	2	4	–	–	2	2	4	
		• 성형작업 시 소음	발생[측정치 : 105dB(A)]	–	–	9	• 해당 작업근로자 귀마개(한국산업안전보건공단 인증필) 착용	C-6	–	–	3	
		• 작업장 바닥상태(전도)	양호	2	2	4	–	–	2	2	4	
		• 운반기구(이동대차) 운행통로 확보(충돌)	양호	2	2	4	–	–	2	2	4	
		• 작업장 정리정돈(전도, 충돌)	미흡	3	3	9	• 프레스 금형적재대 정리정돈을 실시하여 안전통로 확보	C-7	3	2	6	
	인적	• 중량물 취급방법(근골격계질환) – 근골격계 부담작업 "8"호	양호	2	2	4	–	–	2	2	4	
	관리적	• 안전보건표지 부착	없음	–	–	9	• 귀마개 착용 표지판 부착	C-8	–	–	3	
		• 작업표준 및 안전수칙 게시	있음	–	–	3	–	–	–	–	3	
		• 검사(정기, 자체)	실시	–	–	3	–	–	–	–	3	
		• 안전보건교육	미실시	–	–	9	• 정기 및 특별안전교육 실시	C-9	–	–	3	

(5) 위험성평가표 작성(용접 공정)

평가대상공정명	용접(D)	위험성평가표(4M-Risk Assessment)						평가자(팀장 및 팀구성원)		이상탁, 윤상철, 박승국, 박다솔		
평가일시	2017. 2. 9							평균위험도		현재		개선후
										7.4		3.4

작업내용	평가구분	위험요인 및 재해형태	현재 안전조치	현재 위험도			개선대책	코드번호	개선후 위험도		
				빈도	강도	위험도			빈도	강도	위험도
스폿 용접기를 이용한 용접작업	기계적	• 스폿용접기 풋 스위치 덮개(협착)	없음	3	3	9	• 스폿용접기(10대) 풋 스위치 덮개 설치	D-1	1	2	2
		• 분전반 충전부 방호조치(감전)	없음	3	3	9	• 부스바(1개소) 전면에 아크릴로 방호덮개 설치	D-2	1	3	3
	물질·환경적	• 용접작업 시 불티 비산(폭발/화재)	발생	3	3	9	• 인화성 물질(종이) 제거 및 보안경 착용	D-3	2	2	4
		• 용접작업 시 흄 발생(분진)	발생	–	–	9	• 국소배기설비(10대) 또는 방진마스크(한국산업안전보건공단 인증필) 착용	D-4	–	–	3
		• 작업장 바닥상태(전도)	양호	2	2	4	–	–	2	2	4
		• 작업장 정리정돈(전도, 충돌)	양호	2	2	4	–	–	2	2	4
		• 작업자 의자(근골격계질환)	불량	–	–	9	• 높낮이 조절가능 의자 구입 사용	D-5	–	–	3
	인적	• 용접모제 투입방법(협착)	불량	3	3	9	• 스폿용접기(10대) 핀셋류 수공구 사용	D-6	3	1	3
		• 중량물 취급작업(근골격계 질환) – 근골격계 부담작업 "8"호	부적절	–	–	12	• 적재중량조정 및 이동대차사용	D-7	–	–	6
	관리적	• 안전보건표지 부착	있음	–	–	3	–	–	–	–	3
		• 작업표준 및 안전수칙 게시	있음	–	–	3	–	–	–	–	3
		• 안전보건교육	미실시	–	–	9	• 정기안전교육 실시	D-8	–	–	3

(6) 위험성평가표 작성(검사 공정)

평가대상 공정명		검사(E)	위험성평가표 (4M-Risk Assessment)						평가자 (팀장 및 팀구성원)		이상탁, 윤상철, 박승국, 박다솔		
평가일시		2017. 2. 9							평균위험도		현재		개선후
											4.7		3.6

작업내용	평가구분	위험요인 및 재해형태	현재 안전조치	현재 위험도			개선대책	코드번호	개선후 위험도		
				빈도	강도	위험도			빈도	강도	위험도
반제품을 세척제(N-Hexane)로 오염, 이물질 등을 제거	기계적	• 취급장소 소화기 비치(화재/폭발)	양호	2	2	4	–	–	2	2	4
		• 방폭전기기계기구 설치(화재/폭발)	양호	2	2	4	–	–	2	2	4
		• 세척기 접지 (감전, 화재)	미실시	4	3	12	• 세척기 접지	E-1	1	3	3
	물질·환경적	• 세척기 국소배기설비	양호	–	–	4	–	–	–	–	4
		• 노말헥산 보관장소 (화재/폭발)	지정보관	2	2	4	–	–	2	2	4
	인적	• 화기휴대 여부 확인 (화재/폭발)	양호	2	2	4	–	–	2	2	4
		• 관계자외 세척제 취급	금지	–	–	4	–	–	–	–	4
		• 취급 시 호흡기 자극	미흡	–	–	9	• 유기가스용 방독마스크(한국산업안전보건공단 인증필) 착용	E-2	–	–	4
		• 피부에 접촉 시 세안 세척설비	있음	–	–	4	–	–	–	–	4
	관리적	• MSDS 자료교육 및 게시	있음	–	–	3	–	–	–	–	3
		• 정기건강진단	실시	–	–	3	–	–	–	–	3
		• 자체검사 (국소배기설비)	실시	–	–	3	–	–	–	–	3
		• 화기취급 금지표지판	있음	–	–	3	–	–	–	–	3

4-3 특성요인도분석(FA ; Fishbone Analysis) 기법

4-3-1 FA의 개요

특성요인도(Cause and Effect Diagram)분석은 문제의 근본원인을 찾아 나가는 과정을 그림으로 표시한 것으로, 그림이 마치 물고기의 뼈 같은 모양을 하고 있어 피쉬본 다이어그램(Fishbone diagram 또는 Ishikawa diagram)이라고도 한다. 이 기법은 문제의 잠재적 원인을 순서대로 범주화하고 그 범주(카테고리)에 속하는 프로세스상의 문제들(잠재적 원인들)을 모두 기술한 뒤에 그 중에서 근본적인 주요원인들을 찾아가는 방식으로 진행된다.

잠재적인 원인을 찾기 위한 브레인스토밍은 평가팀의 사고력을 자극하고, 여러 가지 가능한 원인간의 관계 파악을 위한 구조를 제공하며, 기본프레임을 제공한다. 또한 연구된 원인을 시각적으로 보여주고, 조직 내 의사소통에 기여하는 등의 특징을 가지고 있다.

다음 [그림 4-8] 다이어그램의 구조를 보면 왼쪽에는 원인(Cause)이 배치되며 원인은 주요 원인 범주로 분류되고, 식별 원인은 다이어그램을 작성할 때 적절한 원인 범주에 배치하게 된다. 다이어그램 오른쪽에는 효과(Effect)가 나열되며 효과는 원인을 식별하기 위한 문제점의 진술로서 특성요인도를 작성하게 된다.

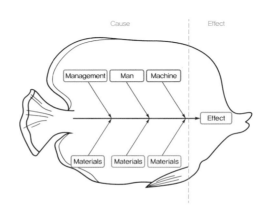

[그림 4-8] Fishbone Diagram

특성요인도 구성 항목의 분류는 다음의 〈표 4-7〉과 같다.

〈표 4-7〉 특성요인도 구성항목의 분류 - 6M

구성항목	정 의
Machine(Equipment)	작업을 수행하는 데 필요한 장비, 컴퓨터, 도구 등
Method(Process)	프로세스 수행방법 및 정책, 절차, 규칙, 규정 및 법률과 같은 특정 요구 사항
Man(People)	프로세스와 관련된 모든 사람
Material	최종 제품생산에 사용된 원자재, 부품, 펜, 종이 등
Mother Nature(Environment)	프로세스가 운영되는 위치, 시간, 온도 및 문화와 같은 조건
Management	프로세스를 계획·통제하는 관리

4-3-2 FA 수행절차

특성요인도분석의 수행절차는 다음 [그림 4-9]와 같다.

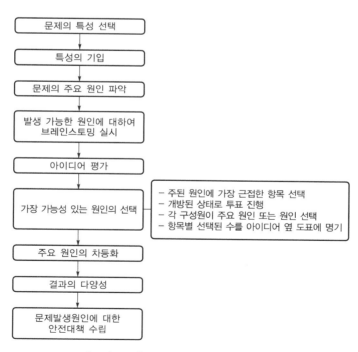

[그림 4-9] 특성요인도분석 수행절차

4-3-3 FA의 수행내용

[제1단계] 문제의 특성 선택

특성은 일의 결과로서 제품의 품질, 로트(Lot) 생산량, 안전 등 현장에서 문제가 발생하는 것으로 가능한 한 구체적으로 나타낸다. 문제는 파레토(Pareto) 분석기법을 사용하여 한정할 수 있으며 다음 [그림 4-10]은 파레토 차트이다.

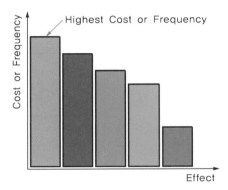

[그림 4-10] 파레토 차트(Pareto Chart)

[제2단계] 특성의 기입

주가지선은 다음 [그림 4-11]과 같이 왼쪽에서 오른쪽으로 Problem(또는 Effect) 박스에 닿도록 그린다.

[그림 4-11] 주가지선

[제3단계] 문제의 주요 원인 파악

① 주가지의 끝에 주요 원인 또는 요소의 이름을 쓴다.

② 주요 요소에는 근로자, 기계, 물질, 환경, 방법, 관리 또는 측정 등의 항목을 포함하여야 한다. 이때 문제의 원인파악에 주력하여야 하며, 대책으로 건너뛰지 말아야 한다. 그렇지 않으면, 많은 아이디어 및 대부분의 가능 요인을 잃어버릴 수 있다.

다음 [그림 4-12]는 주요 요소를 기입한 특성요인도이다.

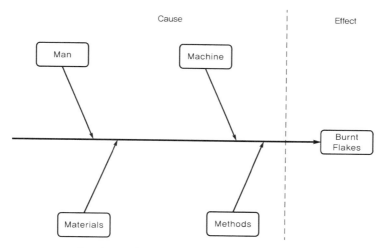

[그림 4-12] 주요 요소를 기입한 특성요인도

[제4단계] 발생 가능한 원인에 대하여 브레인스토밍 실시

주요 원인의 각 세부 원인을 확인하기 전에 각 공정의 전문가가 참여한 팀을 구성하여 가능한 모든 원인(문제)에 대한 브레인스토밍(Brainstorming)을 실시한다. 다만 브레인스토밍에서는 어떠한 내용의 발언이라도 그에 대한 비판을 해서는 안 되며, 오히려 자유분방하고 엉뚱하기까지 한 의견을 출발점으로 해서 아이디어를 전개시켜 나가야 한다.

[브레인스토밍(Brainstorming)의 필요성]

① 한 사람보다 다수가 제안하는 아이디어가 많다.

② 아이디어의 수가 많을수록 질적으로 우수한 아이디어가 나올 가능성이 많다.

③ 일반적으로 아이디어는 비판이 가해지지 않으면 더욱 많아진다.

[제5단계] 아이디어 평가

브레인스토밍에서 잠재적 원인을 다이어그램으로 옮겨 각 원인을 적절한 범주에 배치한다. 원인이 하나 이상의 범주에 적합하다면 복제가 허용되나 이것이 반복적으로 발생하면 범주가 잘못되었다는 단서가 될 수 있고, 세부 원인은 '무엇?', '왜?', '어떻게?', '어디서?'와 같은 질문을 함으로써 더 발전될 수 있다.

① 모든 아이디어는 특성요인도에 주요 원인을 적고 항목별로 적정하게 묶는다.

② 아이디어들을 기록하여 도표를 완성시킨다.

③ 평가단계 포함사항

㉮ 아이디어의 명확화

㉯ 유사한 아이디어의 결합

㉰ 속하지 않는 아이디어의 제거

④ 아이디어는 브레인스토밍의 결과이며, 주요 원인은 아래의 [그림4-13]과 같이 특성 요인도에 적용된다.

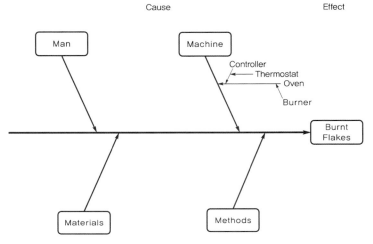

[그림 4-13] 브레인스토밍 결과 특성요인도

⑤ 완성된 특성요인도는 다음과 같다. 문제(Problem)를 '물고기'의 머리에 위치한 후 제시된 주요 항목(카테고리)을 포함한다.

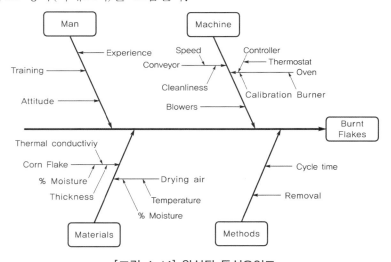

[그림 4-14] 완성된 특성요인도

[제6단계] 가장 가능성 있는 원인의 선택

평가팀은 문제의 주된 원인에 가장 근접하다고 생각하는 항목을 선택하고, 투표는 온전히 개방된 상태로 진행한다. 각 구성원은 주요원인 또는 원인을 선택하고, 항목별 선택된 수를 아이디어 옆의 도표에 명기하여 특성요인도의 작성을 완료한다.

[제7단계] 주요 원인의 차등화

어떤 효과가 가장 근본적인 원인인지 참가자들 간의 공개토론을 통해 견해와 경험을 공유하고 선택하며, 반복되는 원인이나 특정 범주와 관련된 원인의 수를 찾는다. 이때 상대적으로 적은 수의 세부 원인이 결합되면, 더욱 범위를 좁힐 수 있다.

예 주요 원인 5가지

- Cycle time : 6, Thermostat : 6, Temperature : 5
- Burner : 4, Thickness : 4

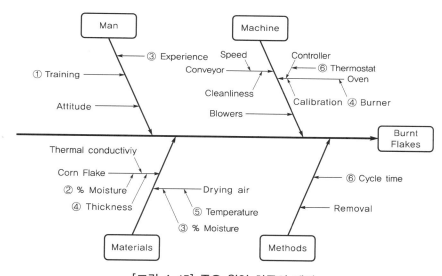

[그림 4-15] 주요 원인 차등의 예시

[제8단계] 결과의 다양성

지속적인 데이터의 수집 및 가장 가능성이 높은 원인을 평가하며, 전문가의 의견을 반영으로 결과는 수정 및 변경될 수 있고, 데이터의 결과는 다양화해진다.

[제9단계] 문제발생 원인에 대한 안전대책 수립

문제의 원인에 대한 안전대책을 수립하여 유해·위험요소를 제거한다.

4-3-4 FA 응용사례

[사례 1] 세제의 중량 미달

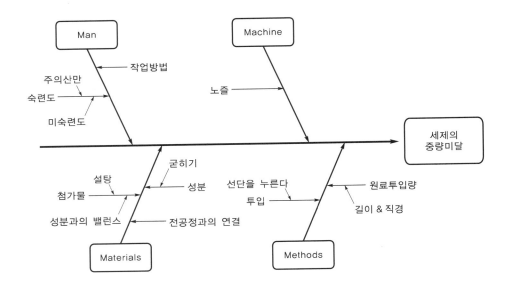

[사례 2] 품질기준의 미달

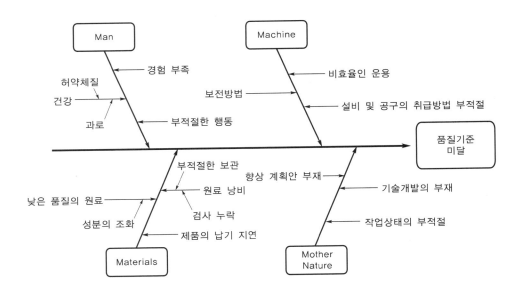

[사례 3] 금형 사이에 협착 사고

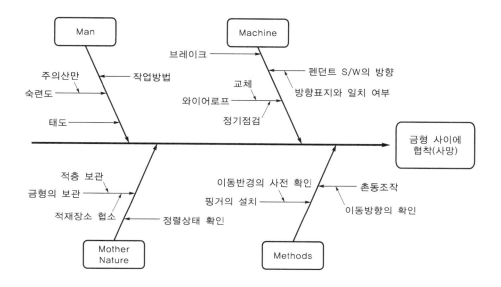

부록

별표

별표 1. 사업장 위험성평가에 관한 지침
별표 2. 사고사망 핵심위험요인(SIF) 평가표
별표 3. PSM 기반 위험성평가 및 분석기법 비교
별표 4. 주요 물질별 물질계수 및 물성
별표 5. 국내 PSM 관련 중대산업사고 사례
별표 6. 암모니아 관련 주요 사고 사례
별표 7. 외국의 중대산업사고 사례
별표 8. 외국의 중대사고 사례
별표 9. KOSHA GUIDE 공정안전지침(P) 목록
별표 10. 열화 메커니즘(Deterioration Mechanisms)
별표 11. 주요 위험화학물질 폭발범위
별표 12. PSM 관련 국내 및 해외 웹사이트

별표 1 사업장 위험성평가에 관한 지침(고용노동부고시 제2023-19호)

제정 2012. 9. 26. 고용노동부고시 제2012-104호
개정 2013. 12. 31. 고용노동부고시 제2013-79호
개정 2014. 3. 13. 고용노동부고시 제2014-14호
개정 2014. 12. 1. 고용노동부고시 제2014-48호
개정 2016. 3. 25. 고용노동부고시 제2016-17호
개정 2017. 7. 1. 고용노동부고시 제2017-36호
개정 2020. 1. 14. 고용노동부고시 제2020-53호
개정 2023. 5. 22. 고용노동부고시 제2023-19호

제1장 총칙

제1조(목적) 이 고시는 「산업안전보건법」 제36조에 따라 사업주가 스스로 사업장의 유해·위험요인에 대한 실태를 파악하고 이를 평가하여 관리·개선하는 등 필요한 조치를 통해 산업재해를 예방할 수 있도록 지원하기 위하여 위험성평가 방법, 절차, 시기 등에 대한 기준을 제시하고, 위험성평가 활성화를 위한 시책의 운영 및 지원사업 등 그 밖에 필요한 사항을 규정함을 목적으로 한다.

제2조(적용범위) 이 고시는 위험성평가를 실시하는 모든 사업장에 적용한다.

제3조(정의) ① 이 고시에서 사용하는 용어의 뜻은 다음과 같다.

1. "유해·위험요인"이란 유해·위험을 일으킬 잠재적 가능성이 있는 것의 고유한 특징이나 속성을 말한다.

2. "위험성"이란 유해·위험요인이 사망, 부상 또는 질병으로 이어질 수 있는 가능성과 중대성 등을 고려한 위험의 정도를 말한다.

3. "위험성평가"란 사업주가 스스로 유해·위험요인을 파악하고 해당 유해·위험요인의 위험성 수준을 결정하여, 위험성을 낮추기 위한 적절한 조치를 마련하고 실행하는 과정을 말한다.

4. 삭제

5. 삭제

6. 삭제

7. 삭제

8. 삭제

② 그 밖에 이 고시에서 사용하는 용어의 뜻은 이 고시에 특별히 정한 것이 없으면 「산업안전보건법」(이하 "법"이라 한다), 같은 법 시행령(이하 "영"이라 한다), 같은 법 시행규칙(이하 "규칙"이라 한다) 및 「산업안전보건기준에 관한 규칙」(이하 "안전보건규칙"이라 한다)에서 정하는 바에 따른다.

제4조(정부의 책무) ① 고용노동부장관(이하 "장관"이라 한다)은 사업장 위험성평가가 효과적으로 추진되도록 하기 위하여 다음 각 호의 사항을 강구하여야 한다.

    1. 정책의 수립·집행·조정·홍보

    2. 위험성평가 기법의 연구·개발 및 보급

    3. 사업장 위험성평가 활성화 시책의 운영

    4. 위험성평가 실시의 지원

    5. 조사 및 통계의 유지·관리

    6. 그 밖에 위험성평가에 관한 정책의 수립 및 추진

② 장관은 제1항 각 호의 사항 중 필요한 사항을 한국산업안전보건공단(이하 "공단"이라 한다)으로 하여금 수행하게 할 수 있다.

제2장 사업장 위험성평가

제5조(위험성평가 실시주체) ① 사업주는 스스로 사업장의 유해·위험요인을 파악하고 이를 평가하여 관리 개선하는 등 위험성평가를 실시하여야 한다.

② 법 제63조에 따른 작업의 일부 또는 전부를 도급에 의하여 행하는 사업의 경우는 도급을 준 도급인(이하 "도급사업주"라 한다)과 도급을 받은 수급인(이하 "수급사업주"라 한다)은 각각 제1항에 따른 위험성평가를 실시하여야 한다.

③ 제2항에 따른 도급사업주는 수급사업주가 실시한 위험성평가 결과를 검토하여 도급사업주가 개선할 사항이 있는 경우 이를 개선하여야 한다.

제5조의2(위험성평가의 대상) ① 위험성평가의 대상이 되는 유해·위험요인은 업무 중 근로자에게 노출된 것이 확인되었거나 노출될 것이 합리적으로 예견 가능한 모든 유해·위험요인이다. 다만, 매우 경미한 부상 및 질병만을 초래할 것으로 명백히 예상되는 유해·위험요인은 평가 대상에서 제외할 수 있다.

② 사업주는 사업장 내 부상 또는 질병으로 이어질 가능성이 있었던 상황(이하 "아차사고"라 한다)을 확인한 경우에는 해당 사고를 일으킨 유해·위험요인을 위험성평가의 대상에 포함시켜야 한다.

③ 사업주는 사업장 내에서 법 제2조제2호의 중대재해가 발생한 때에는 지체 없이 중대재해의 원인이 되는 유해·위험요인에 대해 제15조제2항의 위험성평가를 실시하고, 그 밖의 사업장 내 유해·위험요인에 대해서는 제15조제3항의 위험성평가 재검토를 실시하여야 한다.

제6조(근로자 참여) 사업주는 위험성평가를 실시할 때, 법 제36조제2항에 따라 다음 각 호에 해당하는 경우 해당 작업에 종사하는 근로자를 참여시켜야 한다.

1. 유해·위험요인의 위험성 수준을 판단하는 기준을 마련하고, 유해·위험요인별로 허용 가능한 위험성 수준을 정하거나 변경하는 경우

2. 해당 사업장의 유해·위험요인을 파악하는 경우

3. 유해·위험요인의 위험성이 허용 가능한 수준인지 여부를 결정하는 경우

4. 위험성 감소대책을 수립하여 실행하는 경우

5. 위험성 감소대책 실행 여부를 확인하는 경우

제7조(위험성평가의 방법) ① 사업주는 다음과 같은 방법으로 위험성평가를 실시하여야 한다.

1. 안전보건관리책임자 등 해당 사업장에서 사업의 실시를 총괄 관리하는 사람에게 위험성평가의 실시를 총괄 관리하게 할 것

2. 사업장의 안전관리자, 보건관리자 등이 위험성평가의 실시에 관하여 안전보건관리책임자를 보좌하고 지도·조언하게 할 것

3. 유해·위험요인을 파악하고 그 결과에 따른 개선조치를 시행할 것

4. 기계·기구, 설비 등과 관련된 위험성평가에는 해당 기계·기구, 설비 등에 전문 지식을 갖춘 사람을 참여하게 할 것

5. 안전·보건관리자의 선임의무가 없는 경우에는 제2호에 따른 업무를 수행할 사람을 지정하는 등 그 밖에 위험성평가를 위한 체제를 구축할 것

② 사업주는 제1항에서 정하고 있는 자에 대해 위험성평가를 실시하기 위해 필요한 교육을 실시하여야 한다. 이 경우 위험성평가에 대해 외부에서 교육을 받았거나, 관련 학문을 전공하여 관련 지식이 풍부한 경우에는 필요한 부분만 교육을 실시하거나 교육을 생략할 수 있다.

③ 사업주가 위험성평가를 실시하는 경우에는 산업안전·보건 전문가 또는 전문기관의 컨설팅을 받을 수 있다.

④ 사업주가 다음 각 호의 어느 하나에 해당하는 제도를 이행한 경우에는 그 부분에 대하여 이 고시에 따른 위험성평가를 실시한 것으로 본다.

1. 위험성평가 방법을 적용한 안전·보건진단(법 제47조)

2. 공정안전보고서(법 제44조). 다만, 공정안전보고서의 내용 중 공정위험성 평가서가 최대 4년 범위 이내에서 정기적으로 작성된 경우에 한한다.

3. 근골격계부담작업 유해요인조사(안전보건규칙 제657조부터 제662조까지)

4. 그 밖에 법과 이 법에 따른 명령에서 정하는 위험성평가 관련 제도

⑤ 사업주는 사업장의 규모와 특성 등을 고려하여 다음 각 호의 위험성평가 방법 중 한 가지 이상을 선정하여 위험성평가를 실시할 수 있다.

1. 위험 가능성과 중대성을 조합한 빈도 · 강도법

2. 체크리스트(Checklist)법

3. 위험성 수준 3단계(저 · 중 · 고) 판단법

4. 핵심요인 기술(One Point Sheet)법

5. 그 외 규칙 제50조제1항제2호 각 목의 방법

제8조(위험성평가의 절차) 사업주는 위험성평가를 다음의 절차에 따라 실시하여야 한다. 다만, 상시근로자 5인 미만 사업장(건설공사의 경우 1억원 미만)의 경우 제1호의 절차를 생략할 수 있다.

1. 사전준비

2. 유해 · 위험요인 파악

3. 삭제

4. 위험성 결정

5. 위험성 감소대책 수립 및 실행

6. 위험성평가 실시내용 및 결과에 관한 기록 및 보존

제9조(사전준비) ① 사업주는 위험성평가를 효과적으로 실시하기 위하여 최초 위험성평가 시 다음 각 호의 사항이 포함된 위험성평가 실시규정을 작성하고, 지속적으로 관리하여야 한다.

1. 평가의 목적 및 방법

2. 평가담당자 및 책임자의 역할

3. 평가시기 및 절차

4. 근로자에 대한 참여 · 공유방법 및 유의사항

5. 결과의 기록 · 보존

② 사업주는 위험성평가를 실시하기 전에 다음 각 호의 사항을 확정하여야 한다.

1. 위험성의 수준과 그 수준을 판단하는 기준

2. 허용 가능한 위험성의 수준(이 경우 법에서 정한 기준 이상으로 위험성의 수준을 정하여야 한다)

③ 사업주는 다음 각 호의 사업장 안전보건정보를 사전에 조사하여 위험성평가에 활용할 수 있다.

1. 작업표준, 작업절차 등에 관한 정보
2. 기계·기구, 설비 등의 사양서, 물질안전보건자료(MSDS) 등의 유해·위험요인에 관한 정보
3. 기계·기구, 설비 등의 공정 흐름과 작업 주변의 환경에 관한 정보
4. 법 제63조에 따른 작업을 하는 경우로서 같은 장소에서 사업의 일부 또는 전부를 도급을 주어 행하는 작업이 있는 경우 혼재 작업의 위험성 및 작업 상황 등에 관한 정보
5. 재해사례, 재해통계 등에 관한 정보
6. 작업환경측정결과, 근로자 건강진단결과에 관한 정보
7. 그 밖에 위험성평가에 참고가 되는 자료 등

제10조(유해·위험요인 파악) 사업주는 사업장 내의 제5조의2에 따른 유해·위험요인을 파악하여야 한다. 이때 업종, 규모 등 사업장 실정에 따라 다음 각 호의 방법 중 어느 하나 이상의 방법을 사용하되, 특별한 사정이 없으면 제1호에 의한 방법을 포함하여야 한다.

1. 사업장 순회점검에 의한 방법
2. 근로자들의 상시적 제안에 의한 방법
3. 설문조사·인터뷰 등 청취조사에 의한 방법
4. 물질안전보건자료, 작업환경측정결과, 특수건강진단결과 등 안전보건 자료에 의한 방법
5. 안전보건 체크리스트에 의한 방법
6. 그 밖에 사업장의 특성에 적합한 방법

제11조(위험성 결정) ① 사업주는 제10조에 따라 파악된 유해·위험요인이 근로자에게 노출되었을 때의 위험성을 제9조제2항제1호에 따른 기준에 의해 판단하여야 한다.

② 사업주는 제1항에 따라 판단한 위험성의 수준이 제9조제2항제2호에 의한 허용 가능한 위험성의 수준인지 결정하여야 한다.

제12조(위험성 감소대책 수립 및 실행) ① 사업주는 제11조제2항에 따라 허용 가능한 위험성이 아니라고 판단한 경우에는 위험성의 수준, 영향을 받는 근로자 수 및 다음 각 호의 순서를 고려하여 위험성 감소를 위한 대책을 수립하여 실행하여야 한다. 이 경우 법령에서 정하는 사항과 그 밖에 근로자의 위험 또는 건강장해를 방지하기 위하여 필요한 조치를 반영하여야 한다.

    1. 위험한 작업의 폐지·변경, 유해·위험물질 대체 등의 조치 또는 설계나 계획 단계에서 위험성을 제거 또는 저감하는 조치

    2. 연동장치, 환기장치 설치 등의 공학적 대책

    3. 사업장 작업절차서 정비 등의 관리적 대책

    4. 개인용 보호구의 사용

② 사업주는 위험성 감소대책을 실행한 후 해당 공정 또는 작업의 위험성의 수준이 사전에 자체 설정한 허용 가능한 위험성의 수준인지를 확인하여야 한다.

③ 제2항에 따른 확인 결과, 위험성이 자체 설정한 허용 가능한 위험성 수준으로 내려오지 않는 경우에는 허용 가능한 위험성 수준이 될 때까지 추가의 감소대책을 수립·한다.

④ 사업주는 중대재해, 중대산업사고 또는 심각한 질병이 발생할 우려가 있는 위험성으로서 제1항에 따라 수립한 위험성 감소대책의 실행에 많은 시간이 필요한 경우에는 즉시 잠정적인 조치를 강구하여야 한다.

제13조(위험성평가의 공유) ① 사업주는 위험성평가를 실시한 결과 중 다음 각 호에 해당하는 사항을 근로자에게 게시, 주지 등의 방법으로 알려야 한다.

    1. 근로자가 종사하는 작업과 관련된 유해·위험요인

    2. 제1호에 따른 유해·위험요인의 위험성 결정 결과

    3. 제1호에 따른 유해·위험요인의 위험성 감소대책과 그 실행 계획 및 실행 여부

    4. 제3호에 따른 위험성 감소대책에 따라 근로자가 준수하거나 주의하여야 할 사항

② 사업주는 위험성평가 결과 법 제2조제2호의 중대재해로 이어질 수 있는 유해·위험요인에 대해서는 작업 전 안전점검회의(TBM ; Tool Box Meeting) 등을 통해 근로자에게 상시적으로 주지시키도록 노력하여야 한다.

제14조(기록 및 보존) ① 규칙 제37조제1항제4호에 따른 "그 밖에 위험성평가의 실시내용을 확인하기 위하여 필요한 사항으로서 고용노동부장관이 정하여 고시하는 사항"이란 다음 각 호에 관한 사항을 말한다.

1. 위험성평가를 위해 사전조사 한 안전보건정보

2. 그 밖에 사업장에서 필요하다고 정한 사항

② 시행규칙 제37조제2항의 기록의 최소 보존기한은 제15조에 따른 실시 시기별 위험성평가를 완료한 날부터 기산한다.

제15조(위험성평가의 실시 시기) ① 사업주는 사업이 성립된 날(사업 개시일을 말하며, 건설업의 경우 실착공일을 말한다)로부터 1개월이 되는 날까지 제5조의2제1항에 따라 위험성평가의 대상이 되는 유해·위험요인에 대한 최초 위험성평가의 실시에 착수하여야 한다. 다만, 1개월 미만의 기간 동안 이루어지는 작업 또는 공사의 경우에는 특별한 사정이 없는 한 작업 또는 공사 개시 후 지체 없이 최초 위험성평가를 실시하여야 한다.

② 사업주는 다음 각 호의 어느 하나에 해당하여 추가적인 유해·위험요인이 생기는 경우에는 해당 유해·위험요인에 대한 수시 위험성평가를 실시하여야 한다. 다만, 제5호에 해당하는 경우에는 재해발생 작업을 대상으로 작업을 재개하기 전에 실시하여야 한다.

1. 사업장 건설물의 설치·이전·변경 또는 해체

2. 기계·기구, 설비, 원재료 등의 신규 도입 또는 변경

3. 건설물, 기계·기구, 설비 등의 정비 또는 보수(주기적·반복적 작업으로서 이미 위험성평가를 실시한 경우에는 제외)

4. 작업방법 또는 작업절차의 신규 도입 또는 변경

5. 중대산업사고 또는 산업재해(휴업 이상의 요양을 요하는 경우에 한정한다) 발생

6. 그 밖에 사업주가 필요하다고 판단한 경우

③ 사업주는 다음 각 호의 사항을 고려하여 제1항에 따라 실시한 위험성평가의 결과에 대한 적정성을 1년마다 정기적으로 재검토(이때, 해당 기간 내 제2항에 따라 실시한 위험성평가의 결과가 있는 경우 함께 적정성을 재검토하여야 한다)하여야 한다. 재검토 결과 허용 가능한 위험성 수준이 아니라고 검토된 유해·위험요인에 대해서는 제12조에 따라 위험성 감소대책을 수립하여 실행하여야 한다.

1. 기계·기구, 설비 등의 기간 경과에 의한 성능 저하

2. 근로자의 교체 등에 수반하는 안전·보건과 관련되는 지식 또는 경험의 변화

3. 안전·보건과 관련되는 새로운 지식의 습득

4. 현재 수립되어 있는 위험성 감소대책의 유효성 등

④ 사업주가 사업장의 상시적인 위험성평가를 위해 다음 각 호의 사항을 이행하는 경우 제2항과 제3항의 수시평가와 정기평가를 실시한 것으로 본다.

1. 매월 1회 이상 근로자 제안제도 활용, 아차사고 확인, 작업과 관련된 근로자를 포함한 사업장 순회점검 등을 통해 사업장 내 유해·위험요인을 발굴하여 제11조의 위험성결정 및 제12조의 위험성 감소대책 수립·실행을 할 것

2. 매주 안전보건관리책임자, 안전관리자, 보건관리자, 관리감독자 등(도급사업주의 경우 수급사업장의 안전·보건 관련 관리자 등을 포함한다)을 중심으로 제1호의 결과 등을 논의·공유하고 이행상황을 점검할 것

3. 매 작업일마다 제1호와 제2호의 실시결과에 따라 근로자가 준수하여야 할 사항 및 주의하여야 할 사항을 작업 전 안전점검회의 등을 통해 공유·주지할 것

제3장 위험성평가 인정

제16조(인정의 신청) ① 장관은 소규모 사업장의 위험성평가를 활성화하기 위하여 위험성평가 우수사업장에 대해 인정해 주는 제도를 운영할 수 있다. 이 경우 인정을 신청할 수 있는 사업장은 다음 각 호와 같다.

1. 상시 근로자 수 100명 미만 사업장(건설공사를 제외한다). 이 경우 법 제63조에 따른 작업의 일부 또는 전부를 도급에 의하여 행하는 사업의 경우는 도급사업주의 사업장(이하 "도급사업장"이라 한다)과 수급사업주의 사업장(이하 "수급사업장"이라 한다) 각각의 근로자 수를 이 규정에 의한 상시 근로자 수로 본다.

2. 총 공사금액 120억원(토목공사는 150억원) 미만의 건설공사

② 제2장에 따른 위험성평가를 실시한 사업장으로서 해당 사업장을 제1항의 위험성평가 우수사업장으로 인정을 받고자 하는 사업주는 별지 제1호서식의 위험성평가 인정신청서를 해당 사업장을 관할하는 공단 광역본부장·지역본부장·지사장에게 제출하여야 한다.

③ 제2항에 따른 인정신청은 위험성평가 인정을 받고자 하는 단위 사업장(또는 건설공사)으로 한다. 다만, 다음 각 호의 어느 하나에 해당하는 사업장은 인정신청을 할 수 없다.

1. 제22조에 따라 인정이 취소된 날부터 1년이 경과하지 아니한 사업장

2. 최근 1년 이내에 제22조제1항 각 호(제1호 및 제5호를 제외한다)의 어느 하나에 해당하는 사유가 있는 사업장

④ 법 제63조에 따른 작업의 일부 또는 전부를 도급에 의하여 행하는 사업장의 경우에는 도급사업장의 사업주가 수급사업장을 일괄하여 인정을 신청하여야 한다. 이 경우

인정신청에 포함하는 해당 수급사업장 명단을 신청서에 기재(건설공사를 제외한다)하여야 한다.

⑤ 제4항에도 불구하고 수급사업장이 제19조에 따른 인정을 별도로 받았거나, 법 제17조에 따른 안전관리자 또는 같은 법 제18조에 따른 보건관리자 선임대상인 경우에는 제4항에 따른 인정신청에서 해당 수급사업장을 제외할 수 있다.

제17조(인정심사) ① 공단은 위험성평가 인정신청서를 제출한 사업장에 대하여는 다음에서 정하는 항목을 심사(이하 "인정심사"라 한다)하여야 한다.

    1. 사업주의 관심도

    2. 위험성평가 실행 수준

    3. 구성원의 참여 및 이해 수준

    4. 재해발생 수준

② 공단 광역본부장·지역본부장·지사장은 소속 직원으로 하여금 사업장을 방문하여 제1항의 인정심사(이하 "현장심사"라 한다)를 하도록 하여야 한다. 이 경우 현장심사는 현장심사 전일을 기준으로 최초인정은 최근 1년, 최초인정 후 다시 인정(이하 "재인정"이라 한다)하는 것은 최근 3년 이내에 실시한 위험성평가를 대상으로 한다. 다만, 인정사업장 사후심사를 위하여 제21조제3항에 따른 현장심사를 실시한 것은 제외할 수 있다.

③ 제2항에 따른 현장심사 결과는 제18조에 따른 인정심사위원회에 보고하여야 하며, 인정심사위원회는 현장심사 결과 등으로 인정심사를 하여야 한다.

④ 제16조제4항에 따른 도급사업장의 인정심사는 도급사업장과 인정을 신청한 수급사업장(건설공사의 수급사업장은 제외한다)에 대하여 각각 실시하여야 한다. 이 경우 도급사업장의 인정심사는 사업장 내의 모든 수급사업장을 포함한 사업장 전체를 종합적으로 실시하여야 한다.

⑤ 인정심사의 세부항목 및 배점 등 인정심사에 관하여 필요한 사항은 공단 이사장이 정한다. 이 경우 사업장의 업종별, 규모별 특성 등을 고려하여 심사기준을 달리 정할 수 있다.

제18조(인정심사위원회의 구성·운영) ① 공단은 위험성평가 인정과 관련한 다음 각 호의 사항을 심의·의결하기 위하여 각 광역본부·지역본부·지사에 위험성평가 인정심사위원회를 두어야 한다.

    1. 인정 여부의 결정

    2. 인정취소 여부의 결정

3. 인정과 관련한 이의신청에 대한 심사 및 결정

4. 심사항목 및 심사기준의 개정 건의

5. 그 밖에 인정 업무와 관련하여 위원장이 회의에 부치는 사항

② 인정심사위원회는 공단 광역본부장·지역본부장·지사장을 위원장으로 하고, 관할 지방고용노동관서 산재예방지도과장(산재예방지도과가 설치되지 않은 관서는 근로개선지도과장)을 당연직 위원으로 하여 10명 이내의 내·외부 위원으로 구성하여야 한다.

③ 그 밖에 인정심사위원회의 구성 및 운영에 관하여 필요한 사항은 공단 이사장이 정한다.

제19조(위험성평가의 인정) ① 공단은 인정신청 사업장에 대한 현장심사를 완료한 날부터 1개월 이내에 인정심사위원회의 심의·의결을 거쳐 인정 여부를 결정하여야 한다. 이 경우 다음의 기준을 충족하는 경우에만 인정을 결정하여야 한다.

1. 제2장에서 정한 방법, 절차 등에 따라 위험성평가 업무를 수행한 사업장

2. 현장심사 결과 제17조제1항 각 호의 평가점수가 100점 만점에 50점을 미달하는 항목이 없고 종합점수가 100점 만점에 70점 이상인 사업장

② 인정심사위원회는 제1항의 인정 기준을 충족하는 사업장의 경우에도 인정심사위원회를 개최하는 날을 기준으로 최근 1년 이내에 제22조제1항 각 호에 해당하는 사유가 있는 사업장에 대하여는 인정하지 아니 한다.

③ 공단은 제1항에 따라 인정을 결정한 사업장에 대해서는 별지 제2호서식의 인정서를 발급하여야 한다. 이 경우 제17조제4항에 따른 인정심사를 한 경우에는 인정심사 기준을 만족하는 도급사업장과 수급사업장에 대해 각각 인정서를 발급하여야 한다.

④ 위험성평가 인정 사업장의 유효기간은 제1항에 따른 인정이 결정된 날부터 3년으로 한다. 다만, 제22조에 따라 인정이 취소된 경우에는 인정취소 사유 발생일 전날까지로 한다.

⑤ 위험성평가 인정을 받은 사업장 중 사업이 법인격을 갖추어 사업장관리번호가 변경되었으나 다음 각 호의 사항을 증명하는 서류를 공단에 제출하여 동일 사업장임을 인정받을 경우 변경 후 사업장을 위험성평가 인정 사업장으로 한다. 이 경우 인정기간의 만료일은 변경 전 사업장의 인정기간 만료일로 한다.

1. 변경 전·후 사업장의 소재지가 동일할 것

2. 변경 전 사업의 사업주가 변경 후 사업의 대표이사가 되었을 것

3. 변경 전 사업과 변경 후 사업간 시설·인력·자금 등에 대한 권리·의무의 전부를 포괄적으로 양도·양수하였을 것

제20조(재인정) ① 사업주는 제19조제4항 본문에 따른 인정 유효기간이 만료되어 재인정을 받으려는 경우에는 제16조제2항에 따른 인정신청서를 제출하여야 한다. 이 경우 인정신청서 제출은 유효기간 만료일 3개월 전부터 할 수 있다.

② 제1항에 따른 재인정을 신청한 사업장에 대한 심사 등은 제16조부터 제19조까지의 규정에 따라 처리한다.

③ 재인정 심사의 범위는 직전 인정 또는 사후심사와 관련한 현장심사 다음 날부터 재인정 신청에 따른 현장심사 전일까지 실시한 정기평가 및 수시평가를 그 대상으로 한다.

④ 재인정 사업장의 인정 유효기간은 제19조제4항에 따른다. 이 경우, 재인정 사업장의 인정 유효기간은 이전 위험성평가 인정 유효기간의 만료일 다음날부터 새로 계산한다.

제21조(인정사업장 사후심사) ① 공단은 제19조제3항 및 제20조에 따라 인정을 받은 사업장이 위험성평가를 효과적으로 유지하고 있는지 확인하기 위하여 매년 인정사업장의 20퍼센트 범위에서 사후심사를 할 수 있다.

② 제1항에 따른 사후심사는 다음 각 호의 어느 하나에 해당하는 사업장으로 인정심사위원회에서 사후심사가 필요하다고 결정한 사업장을 대상으로 한다. 이 경우 제1호에 해당하는 사업장은 특별한 사정이 없는 한 대상에 포함하여야 한다.

1. 공사가 진행 중인 건설공사. 다만, 사후심사일 현재 잔여공사기간이 3개월 미만인 건설공사는 제외할 수 있다.

2. 제19조제1항제2호 및 제20조제2항에 따른 종합점수가 100점 만점에 80점 미만인 사업장으로 사후심사가 필요하다고 판단되는 사업장

3. 그 밖에 무작위 추출 방식에 의하여 선정한 사업장(건설공사를 제외한 연간 사후심사 사업장의 50퍼센트 이상을 선정한다)

③ 사후심사는 직전 현장심사를 받은 이후에 사업장에서 실시한 위험성평가에 대해 현장심사를 하는 것으로 하며, 해당 사업장이 제19조에 따른 인정 기준을 유지하는지 여부를 심사하여야 한다.

제22조(인정의 취소) ① 위험성평가 인정사업장에서 인정 유효기간 중에 다음 각 호의 어느 하나에 해당하는 사업장은 인정을 취소하여야 한다.

1. 거짓 또는 부정한 방법으로 인정을 받은 사업장

2. 직·간접적인 법령 위반에 기인하여 다음의 중대재해가 발생한 사업장(규칙 제2조)

   가. 사망재해

   나. 3개월 이상 요양을 요하는 부상자가 동시에 2명 이상 발생

   다. 부상자 또는 직업성질병자가 동시에 10명 이상 발생

3. 근로자의 부상(3일 이상의 휴업)을 동반한 중대산업사고 발생사업장

4. 법 제10조에 따른 산업재해 발생건수, 재해율 또는 그 순위 등이 공표된 사업장 (영 제10조제1항제1호 및 제5호에 한정한다)

5. 제21조에 따른 사후심사 결과, 제19조에 의한 인정기준을 충족하지 못한 사업장

6. 사업주가 자진하여 인정 취소를 요청한 사업장

7. 그 밖에 인정취소가 필요하다고 공단 광역본부장·지역본부장 또는 지사장이 인정한 사업장

② 공단은 제1항에 해당하는 사업장에 대해서는 인정심사위원회에 상정하여 인정취소 여부를 결정하여야 한다. 이 경우 해당 사업장에는 소명의 기회를 부여하여야 한다.

③ 제2항에 따라 인정취소 사유가 발생한 날을 인정취소일로 본다.

제23조(위험성평가 지원사업) ① 장관은 사업장의 위험성평가를 지원하기 위하여 공단 이사장으로 하여금 다음 각 호의 위험성평가 사업을 추진하게 할 수 있다.

1. 추진기법 및 모델, 기술자료 등의 개발·보급

2. 우수사업장 발굴 및 홍보

3. 사업장 관계자에 대한 교육

4. 사업장 컨설팅

5. 전문가 양성

6. 지원시스템 구축·운영

7. 인정제도의 운영

8. 그 밖에 위험성평가 추진에 관한 사항

② 공단 이사장은 제1항에 따른 사업을 추진하는 경우 고용노동부와 협의하여 추진하고 추진결과 및 성과를 분석하여 매년 1회 이상 장관에게 보고하여야 한다.

제24조(위험성평가 교육지원) ① 공단은 제21조제1항에 따라 사업장의 위험성평가를 지원하기 위하여 다음 각 호의 교육과정을 개설하여 운영할 수 있다.

1. 사업주 교육

2. 평가담당자 교육

3. 전문가 양성 교육

② 공단은 제1항에 따른 교육과정을 광역본부·지역본부·지사 또는 산업안전보건교육원(이하 "교육원"이라 한다)에 개설하여 운영하여야 한다.

③ 제1항제2호 및 제3호에 따른 평가담당자 교육을 수료한 근로자에 대해서는 해당 시기에 사업주가 실시해야 하는 관리감독자 교육을 수료한 시간만큼 실시한 것으로 본다.

제25조(위험성평가 컨설팅지원) ① 공단은 근로자 수 50명 미만 소규모 사업장(건설업의 경우 전년도에 공시한 시공능력 평가액 순위가 200위 초과인 종합건설업체 본사 또는 총 공사금액 120억원(토목공사는 150억원) 미만인 건설공사를 말한다)의 사업주로부터 제5조제3항에 따른 컨설팅지원을 요청 받은 경우에 위험성평가 실시에 대한 컨설팅지원을 할 수 있다.

② 제1항에 따른 공단의 컨설팅지원을 받으려는 사업주는 사업장 관할의 공단 광역본부장·지역본부장·지사장에게 지원 신청을 하여야 한다.

③ 제2항에도 불구하고 공단 광역본부장·지역본부·지사장은 재해예방을 위하여 필요하다고 판단되는 사업장을 직접 선정하여 컨설팅을 지원할 수 있다.

제4장 지원사업의 추진 등

제26조(지원 신청 등) ① 제24조에 따른 교육지원 및 제25조에 따른 컨설팅지원의 신청은 별지 제3호서식에 따른다. 다만, 제24조제1항제3호에 따른 교육의 신청 및 비용 등은 교육원이 정하는 바에 따른다.

② 교육기관의장은 제1항에 따른 교육신청자에 대하여 교육을 실시한 경우에는 별지 제4호서식 또는 별지 제5호서식에 따른 교육확인서를 발급하여야 한다.

③ 공단은 예산이 허용하는 범위에서 사업장이 제24조에 따른 교육지원과 제25조에 따른 컨설팅지원을 민간기관에 위탁하고 그 비용을 지급할 수 있으며, 이에 필요한 지원 대상, 비용지급 방법 및 기관 관리 등 세부적인 사항은 공단 이사장이 정할 수 있다.

④ 공단은 사업주가 위험성평가 감소대책의 실행을 위하여 해당 시설 및 기기 등에 대하여 「산업재해예방시설자금 융자 및 보조업무처리규칙」에 따라 보조금 또는 융자금을 신청한 경우에는 우선하여 지원할 수 있다.

⑤ 공단은 제19조에 따른 위험성평가 인정 또는 제20조에 따른 재인정, 제22조에 따른 인정 취소를 결정한 경우에는 결정일부터 3일 이내에 인정일 또는 재인정일, 인정취소일 및 사업장명, 소재지, 업종, 근로자 수, 인정 유효기간 등의 현황을 지방고용노동관서 산재예방지도과(산재예방지도과가 설치되지 않은 관서는 근로개선지도과)로 보고하여야 한다. 다만, 위험성평가 지원시스템 또는 그 밖의 방법으로 지방고용노동관서에서 인정사업장 현황을 실시간으로 파악할 수 있는 경우에는 그러하지 아니한다.

제27조(인정사업장 등에 대한 혜택) ① 장관은 위험성평가 인정사업장에 대하여는 제19조 및 제20조에 따른 인정 유효기간 동안 사업장 안전보건 감독을 유예할 수 있다.

② 제1항에 따라 유예하는 안전보건 감독은 「근로감독관 집무규정(산업안전보건)」 제10조제2항에 따른 기획감독 대상 중 장관이 별도로 지정한 사업장으로 한정한다.

③ 장관은 위험성평가를 실시하였거나, 위험성평가를 실시하고 인정을 받은 사업장에 대해서는 정부 포상 또는 표창의 우선 추천 및 그 밖의 혜택을 부여할 수 있다.

제28조(재검토기한) 고용노동부장관은 이 고시에 대하여 2023년 7월 1일 기준으로 매 3년이 되는 시점(매 3년째의 6월 30일까지를 말한다)마다 그 타당성을 검토하여 개선 등의 조치를 하여야 한다.

부칙 〈제2012-104호, 2012.9.26〉

제1조(시행일) 이 고시는 2013년 1월 1일부터 시행한다. 다만, 제3장의 규정은 근로자 수 50명 이상 사업장(건설공사를 제외한다)에 대해서는 2014년 1월 1일부터 시행한다.

제2조(인정신청 사업장에 관한 적용례) 제3장의 규정은 이 고시 시행 후 위험성평가 인정 신청서를 제출한 사업장에 대하여 적용한다.

부칙 〈제2013-79호, 2013.12.31〉

이 고시는 2014년 1월 1일부터 시행한다.

부칙 〈제2014-14호, 2014.3.13〉

이 고시는 2014년 3월 13일부터 시행한다.

부칙 〈제2014-48호, 2014.12.1〉

제1조(시행일) 이 고시는 발령한 날부터 시행한다.

제2조(위험성평가 시기에 관한 적용례) 제13조의 규정에 의한 최초평가는 2015년 3월

12일까지 실시하여야 한다. 다만, 2014년 3월 13일 이후 설립된 사업장은 설립일로부터 1년 이내에 최초평가를 실시하여야 한다.

부칙 〈제2016-17호, 2016.3.25.〉

이 고시는 발령한 날부터 시행한다.

부칙 〈제2017-36호, 2017.7.1.〉

이 고시는 발령한 날부터 시행한다.

부칙 〈제2020-53호, 2020.1.14.〉

이 고시는 2020년 1월 16일부터 시행한다.

부칙 〈제2023-19호, 2023.5.22.〉

이 고시는 발령한 날부터 시행한다.

별표 2 사고사망 핵심위험요인(SIF) 평가표

안전보건공단에서는 「사고사망 핵심위험요인(SIF) 평가표」를 업종별로 구분하여 최근 5년간('17~'21년) 발생했던 고위험작업/상황(Potential) 및 재해유발요인(Precursor)을 도출, 사망재해를 분석한 바 있다. 따라서 「사고사망」 핵심 위험요인(SIF) 평가표를 참고하여 각 사업장 특성에 맞게 활용하면 위험성 평가에 도움이 될 수 있다.

[제조업]

고위험작업/상황 (Potential)	재해유발요인(Precursor)	해당 여부	영향을 받는 근로자	현재의 안전조치	추가 조치사항 (현재의 안전조치 미흡 시 수립)	담당자	개선 예정일	개선 완료일
① 설비의 정비, 점검 또는 청소와 같은 비정형 작업 소 계 263 명 3대 사고 사망 유형 — 추락 28 명 / 끼임 154 명 / 부딪힘 16 명 / 기 타* 65 명 * 감전 14명, 맞음 12명, 질식 8명, 그 외 31명	1-1. 설비에 설치된 안전장치*를 미설치하거나, 해제(무력화)한 상태로 사용 중 끼임 위험 [8대 위험요인] * 감지센서, 덮개 등	□						
	1-2. 설비 작동 스위치에 작업자 외 근로자가 설비를 임의로 작동하지 못하도록 조치*하지 않아 [감지기] 작동된 설비 때문에 작업자가 끼임 위험 [8대 위험요인] * 잠금장치, 키 스위치, 정비작업 안내표지							
	1-3. 설비를 정지하지 않은 상태에서 정비, 수리, 교체 및 청소 등의 작업을 하다 끼임 위험	□						
	1-4. 높은 장소에서 작업을 위해 밟고 있던 구조물*이 파손되어 떨어짐 위험 * 폴리스티렌 재질 채광창, 천막 등	□						
	1-5. 매달아 올리거나 적재한 상태가 불량한 물체가 떨어져 지거나 무너져 깔림 위험	□						
	1-6. 밀폐된 공간*에서 지속적으로 가스농도를 측정 및 환기를 시키지 않아 유해가스 발생 또는 누출, 산소 결핍으로 중독 · 질식 위험 * 맨홀, 피트, 오 · 폐수처리시설 등	□						
	1-7. 주변 설비*와 안전거리를 확보하지 않거나 움직임을 인지하지 못해 부딪히거나 끼임 위험 * 차량, 물류설비, 크레인 등	□						
···	···	□						

[운수·창고·통신업]

고위험작업/상황 (Potential)	재해유발요인 (Precursor)	해당여부	영향을 받는 근로자	현재의 안전조치	추가 조치사항 (현재의 안전조치 미흡 시 수립)	담당자	개선 예정일	개선 완료일
① 자동차 및 원동기 운전 (화물자, 이륜차, 버스, 택시, 자전거 등) 소 계 193 명 사고 사망 / 3대 사고 유형: 추 력 1 명 / 끼 임 2 명 / 부딪힘 7 명 기 타* 183 명 * 교통사고 182명, 깔림 1명	1-1. 차량의 상태*를 정기적으로 점검하지 않아 사고 발생 위험 * 냉각수, 타이어 마모상태, 엔진오일 등	☐						
	1-2. 술이 덜 깬 상태, 무면허 운전, 운전자 피로 누적으로 돌발상황에 대처하지 못해 운전 중 사고 발생 위험	☐						
	1-3. 돌발상황 발생 시 제한속도 초과 운전, 도로 노면 상태(빗길, 설빙, 포트홀 등) 때문에 차량을 제어하지 못해 사고 발생 위험	☐						
	1-4. 사람이 많은 지역에서 사각지대를 확인하지 않고 차량을 운행하여 사고 발생 위험	☐						
② 작업차량(지게차, 화물차량, 건설기계 등)을 사용한 작업 소 계 33 명 사고 사망 / 3대 사고 유형: 추 력 8 명 / 끼 임 9 명 / 부딪힘 7 명 기 타* 9 명 * 맞음 5명, 깔림 4명	2-1. 작업 차량이 운행 경로상의 급경사, 급커브, 사업장 바닥의 요철부*로 인해 넘어지면서 근로자가 깔리거나 끼일 위험 [8대 위험요인] * 출입구의 단차, 과속방지턱, 포트홀 등	☐						
	2-2. 작업자* 간 작업 상황에 대해 의사소통을 하지 않아 작업차량에 부딪히거나 끼일 위험 [8대 위험요인] * 운전자, 작업지휘자	☐						
	2-3. 운전석 이탈 시 작업차량이 움직이는 것을 방지하기 위한 조치*를 실시하지 않아 차량이 움직여 사고 발생 위험 * 바킷, 포크를 지면에 안착, 사이드브레이크 등	☐						
...	...							

[임업]

고위험작업/상황 (Potential)	재해유발요인 (Precursor)	해당 여부	영향을 받는 근로자	현재의 안전조치	추가 조치사항 (현재의 안전조치 미흡 시 수립)	담당자	개선 예정일	개선 완료일
① 벌목작업 소 계 38명 3대 사고 사망 추락 1명 / 끼임 0명 / 부딪힘 36명 / 절단 1명	1-1. 기계톱에 설치된 **안전장치*를 해제(무력화)하거나 파손된 상태로 사용 중** 기계톱이 작업자 방향으로 튀어 올라(킥백) 베이거나 접촉 위험 8대 위험요인 * 반발방지장치(체인브레이크) 등	☐						
	1-2. **벌도목이 의도하지 않은 방향으로 쓰러지거나** 주변 장애물에 걸려 작업자의 안면 또는 머리를 가격할 위험	☐						
	1-3. 주변에 쓰러진 나무, 바위 등의 위에서 **균형을 잃고 떨어지면서 머리를 부딪힐 위험**	☐						
	1-4. 작업자 방향으로 **주변에서 작업하던 벌도목이 넘어** 지거나, 수목에 걸려있던 벌도목이 떨어지면서 머리를 가격할 위험	☐						
② 원목 집단 작업 소 계 4명 3대 사고 사망 추락 0명 / 끼임 0명 / 부딪힘 4명 / 기타 0명	2-1. 기계톱에 설치된 **안전장치*를 해제(무력화)하거나 파손된 상태로 사용 중** 기계톱이 작업자 방향으로 튀어 올라(킥백) 베이거나 접촉 위험 8대 위험요인	☐						
	2-2. 능선(경사로)에 **적재 또는 쓰러진 벌도목이** 능선 아래에 사람이 있는 방향으로 굴러 부딪힐 위험	☐						
③ 적재 및 운반작업 소 계 11명 3대 사고 사망 추락 2명 / 끼임 0명 / 부딪힘 4명 / 넘어짐 5명	3-1. **주변 작업 차량*과 안전거리를 확보하지 않거나** 서로의 움직임을 인지하지 못해 부딪히거나 끼일 위험 8대 위험요인 * 운반차량, 중장비 등	☐						
	3-2. 과적, 적재불량, 바닥면의 요철 등으로 차량이 넘어져 근로자가 깔릴 위험	☐						
…	…	☐						

[건물 등의 종합관리사업]

고위험작업/상황 (Potential)	재해유발요인 (Precursor)	해당여부	영향을 받는 근로자	현재의 안전조치	추가 조치사항 (현재의 안전조치 미흡 시 수립)	담당자	개선 예정일	개선 완료일
① 시설물 설치, 철거 정비, 점검과 같은 비정형 작업 사고사항 소계 39명 3대사고유형: 추락 19명, 끼임 1명, 부딪힘 2명, 기타* 17명 * 넘어짐 13명, 질식 4명	1-1. 이동식 사다리 위에 올라가 작업하던 중 균형을 잃고 떨어질 위험 8대 위험요인	□						
	1-2. 미끄러운 상태의 바닥(오일, 빙판 등)을 밟거나 바닥의 요철부에 걸려 넘어져 머리가 부딪힐 위험	□						
	1-3. 가동 중인 설비와 안전거리를 확보하지 않거나 운전중임을 인지하지 못해 부딪히거나 끼일 위험	□						
	1-4. 난간이 없는 작업대 또는 설비 구조물을 밟고 올라서 작업하던 중 떨어질 위험	□						
	1-5. 밀폐된 공간*에서 지속적으로 가스농도를 측정 및 환기를 시키지 않아 유해가스 발생 또는 누출, 산소결핍으로 중독 · 질식 위험 * 맨홀, 피트, 오 · 폐수처리시설 등	□						
② 주차 및 차량 안내 작업 사고사항 소계 15명 3대사고유형: 추락 0명, 끼임 0명, 부딪힘 15명, 기타 0명	2-1. 차량 경로상에서 작업하여 운전 미숙 차량에 근로자가 부딪히거나 끼일 위험 8대 위험요인	□						
③ 조경 또는 제초 작업 사고사항 소계 9명 3대사고유형: 추락 8명, 끼임 0명, 부딪힘 0명, 동물상해 1명	3-1. 이동식 사다리 위에 올라가 작업하던 중 균형을 잃고 떨어질 위험 8대 위험요인	□						
...	...	□						

[위생 및 유사 서비스업]

고위험작업/상황 (Potential)	재해유발요인 (Precursor)	해당 여부	영향을 받는 근로자	현재의 안전조치	추가 조치사항 (현재의 안전조치 미흡 시 수립)	담당자	개선 예정일	개선 완료일
① 설비의 정비, 점검 또는 청소와 같은 비정형 작업 소계 28명 3대 사고 사망 유형 주락 12명 끼임 112명 부딪힘 3명 깔림 1	1-1. 설비 작동 스위치에 작업자 외 근로자가 설비를 임의로 작동하지 못하도록 조치*하지 않아 갑자기 작동된 설비 때문에 작업자가 끼일 위험 8대 위험요인 * 잠금장치, 키 스위치, 정비작업 안내표지	☐						
	1-2. 이동식 사다리 위해 올라가 작업하던 중 균형을 잃고 떨어질 위험 8대 위험요인	☐						
	1-3. 높은 장소에서 작업을 위해 밟고 있던 구조물*이 파손되어 떨어질 위험 * 플라스틱 채질 채광창, 천막 등	☐						
	1-4. 설비를 정지하지 않은 상태에서 정비, 수리, 교체 및 청소 등의 작업을 하다 끼일 위험	☐						
	1-5. 매달아 올리거나 적재한 상태가 불량한 물체가 떨어지거나 무너져 깔릴 위험	☐						
② 작업지량(지게차, 화물 차량 건설기계 등)을 이용한 작업 소계 15명 3대 사고 사망 유형 주락 0명 끼임 0명 부딪힘 14명 깔림 1	2-1. 작업 차량이 운행 경로상의 근로자, 금커브, 사업장 바닥의 요철부*로 인해 넘어지면서 근로자가 깔리거나 끼일 위험 8대 위험요인 * 출입구의 단차, 과속방지턱, 포트홀 등	☐						
	2-2. 작업 차량과 근로자의 이동통로를 구분하지 않아 작업중인 차량에 근로자가 부딪히거나 끼일 위험 8대 위험요인	☐						
	2-3. 작업 중 안전거리를 확보하지 않아 주변의 구조물*에 부딪히거나 깔릴 위험 8대 위험요인 * 적재물, 차량 등	☐						
…	…	☐						

별표 3 PSM 기반 위험성평가 및 분석기법 비교

방법	개요	목적	적용시기	결과의 형태	결과의 성격	필요한 정보	필요한 인원
위험과 운전분석 (Hazard and Operability Studies)	• Guide Word를 사용하여 Brainstorming 방법으로 진행 • Guide Word : No, Less, More, Part of, As well as, Reverse, Other than	위험요소 및 조업상의 문제점 사전 파악	• 신규 공정 • 설계도면이 거의 완성된 시점 • 기존 공정	• 문제점 도출 • 수정안 제시 • 보완·후속연구 제안	정성적	설계도 (P&ID, PFD, Manual)	5~7명/팀 작은 규모 (2~3명 가능)
작업안전분석 (Job Safety Analysis)	특정한 작업을 주요 단계로 구분하여 각 단계별 유해·위험요인과 사고적인 사고를 파악하고, 유해·위험요인과 사고를 제거, 최소화 및 예방하기 위한 대책을 개발하기 위해 작업을 연구하는 기법	각 작업단계의 위험요인 파악 및 제거	• 작업수행 전 • 사고발생 시 • 공정 또는 작업방법 변경 시	작업 시 유해·위험요인 안전대책	정성적	• 과거의 리스크 평가 결과서 • 정상 및 비정상 운전 절차서 • P&ID 등 도면 • MSDS • 작업환경측정결과 등	2~3명/팀
작업자실수분석 (Human Error Analysis)	• 작업자가 작업에 영향을 미칠 요소를 평가 • 설계의 변경이 작업자의 작업에 미치는 영향 • 하드웨어에서 특성과 작업설계의 특징 확인	작업자의 실수에 영향을 미칠 요인 파악	• 설계 • 건설 • 조업	• 에러행태 목록 • 시스템 변경사항	• 과실의 영향을 받는 시스템 • 과실의 상대적 순위	• 안전절차 • 면담정보 • 제어, 정보 시스템	평가 전문가
공정안전분석 (Kosha-Process Safety Review)	조업단계에서 가이드워드를 사용하여 공정상의 안전성 재검토	HAZOP 기법 등으로 위험성평가를 실시한 후 다시 공정상의 안전성을 재검토 또는 분석	조업단계	• 문제점 도출 • 수정안 제시 • 보완·후속연구 제안	정성적	• P&ID • PFD • Manual	5~7명/팀 작은 규모 (2~3명 가능)
체크리스트 (Checklist)	프로젝트의 개발을 조정·확인하기 위하여 기준매크로표(Checklist)를 활용하는데, 어느 기준·절차에 대한 확인의 기능을 가지며, 작성자의 경험에 기반을 두기 때문에 주의를 요함	일반적인 위험요소들의 확인 및 일이 진행되기 기준·절차에 의한가를 확인	• 설계 • 건설 • Start-up • 운전 • S/D	매크로표를 이용한 사실의 확인	기준·절차에 대한 Yes/No의 설정	• 매크로표 • 매뉴얼 • 시스템공정의 지식	숙련된 관리자 또는 엔지니어
사고예상질문분석 (What-if Analysis)	• 사용자가 특별한 상황에 맞추어 기본개념을 수정해 가면서 수행 • 원치 않는 사건이 발생할 경우를 가정하여 이로 인한 결과를 예측하고 대응책을 마련	공정에 잠재하는 위험요소에 의한 확인 및 감소방법 제시	• 공정 개발단계 • 초기 Start-up	• 잠재사고의 시나리오 • 재해 검소 및 예방 방법	정성적	• 조업 관계서류 • 조업자 면담	2~3명이 분야별 전문가

방법	개 요	목 적	적용시기	결과의 형태	결과의 성격	필요한 정보	필요한 인력
예비위험분석 (Preliminary Hazard Analysis)	• 공정 초기, 신 공정 등에 적용 • 안전분석에 대한 경험이 거의 없는 경우 예도 적용 가능	설계자에게 도움을 주기 위함	설계 초기단계(공정 및 물질이 기본요소가 정해진 상태)	위험요소의 목록표 제안사항	정성적 목록표	• 설계기준 • 장치특성 • 물질특성	1~2명의 숙련된 엔지니어
원인결과분석(Cause−Consequence Analysis)	• 결함수+사건수의 혼합형 • 빠르게 수 있는 결함요인을 찾으려 할 때 유용	사고결과와 사고원인 규명	• 설계 • 조업	사고 원인, 결과를 정량적으로 계산	정량적 (정성적 기능 포함)	• 사고 History • 안전시스템의 기능, 지식	다양한 경험의 2~4명/팀
이상위험도분석 (Failure Modes, Effects and Criticality Analysis)	• 중대사고에 영향을 미치는 치명적인 원인 되는 시스템, 설비 등을 파악 • 작업자의 실수는 확인되지 않음	장치, 이상유지, 시스템, 공정 등에서 발생하는 이상상태에 대한 영향 파악	• 설계 • 건설 • 조업	체계적 참고목록	정성적 (다소 정량적)	• 장치목록 • 장치기능	시스템 대상의 크기와 수에 따라 다름
결함수분석 (Fault Tree Analysis)	• 특정 사고에 대한 연역적 해석 • 특정 사고가 발생하기 위한 사건의 원인을 파악 • 설비결함 및 작업자의 실수도 포함	장치 이상이나 작업자 실수의 조합을 발견	• 설계 • 조업	과실의 집합목록	정량적	공정의 완전한 이해	1인 또는 팀
사건수분석 (Event Tree Analysis)	초기사건(특정 장치 결함, 조업자 실수)으로부터 발생되는 잠재적 사고결과를 평가하는 기법	초기사건의 초기사건과 후속사건의 순서 파악	• 설계 • 조업	사고, 사건의 순서를 제공	정량적 (정성적 기능 포함)	• 사건, 사고의 원인 기능 • 안전시스템의 기능, 지식	2~4명/팀 (Brainstorming)
상대위험순위결정 (Dow and Mond Indices)	화학공정에 존재하는 위험에 대하여 간단하고 직접적인 상대위험순위를 제공	공정 상대위험순위의 제공	• 설계 • 운전	공정의 상대위험 순위	정성적 정보	• Layout • Process Flow & Operation • Condition • 소방 관련 자료 • 공정설비의 배응 자료	공장 설계에 능통한 최장기술자 2~3개 단위공정/1인
방호계층분석 (Layer of Protection Analysis)	사고 시나리오에 따른 독립방호계층(IPL)의 효과성을 평가하여 적절한 안전대응수 립 및 여부 검증	공정의 수명주기 동안 기본적인 설계 대안을 검토하고 더 나은 종류의 IPL 검토	• 공정 설계단계 • 조업단계	• 현재의 위험성 • 시나리오별 사고의 결과 • 안전체계기능에 대한 수준 결정	정성 · 정량적	• 위험성평가결과서 • 안전장치 및 설비의 고장률 자료 • 인간 실수율 자료 • PFD/P&ID • MSDS • 설비 레이아웃 • 설비 사양서 등	5~7명/팀 작은 규모 (2~3명 가능)
사고결과분석 (Consequence Analysis)	사고발생 시 위험물질의 폭발이나 누출로 인한 과압, 복사열, 독성물질 누출 등에 의한 피해영향범위 산정	피해영향범위를 산출하여 적절한 비상대응조치방안을 수립하여 피해를 최소화	• 공정 설계 시 • 공정 및 설비 변경 시	• 과압 • 복사열 • 독성물질 누출	정량적	• P&ID, PFD • 모델링 프로그램 • PC 설비 사양서 • 운전절차서 • MSDS	2~3명/팀

별표 4 주요 물질별 물질계수 및 물성

물질명	MF	Hc(BTU/LB)×10³	N(H)	N(F)	N(R)	인화점(℉)	비점(℉)
아세트알데히드(Acetaldehyde)	24	10.5	3	4	2	−36	69
초산(Acetic Acid)	14	5.6	3	2	1	103	244
무수초산(Acetic Anhydride)	14	7.1	3	2	1	126	282
아세톤(Acetone)	16	12.3	1	3	0	−4	133
아세톤시아노히드린 (Acetone Cyannohydrin)	24	11.2	4	2	2	165	203
아세토니트릴(Acetonitrile)	16	12.6	3	3	0	42	179
염화아세틸(Acetyl Chloride)	24	2.5	3	3	2	40	124
아세틸렌(Acetylene)	29	20.7	0	4	3	Gas	−118
아세틸에탄올아민 (Acetyl Ethanolamine)	14	9.4	1	1	1	355	304~308
아세틸과산화물 (Acetyl Peroxide)	40	6.4	1	2	4	−	(4)
아세틸살리실산 (Acetyl Salicylic Acid)[8]	16	8.9	1	1	0	−	−
아세틸트리부틸사이트레이드 (Acetyl Tributyl Citrate)	4	10.9	0	1	0	400	343(1)
아크로레인(Acrolein)	29	11.8	4	3	3	−15	127
아크릴아마이드(Acrylamide)	24	9.5	3	2	2	−	257(1)
아크릴산(Acrylic Acid)	24	7.6	3	2	2	124	286
아크릴로니트릴(Acrylonitrile)	24	13.7	4	3	2	32	171
알릴알코올(Allyl Alcohol)	16	13.7	4	3	1	72	207
알릴아민(Allylamine)	16	15.4	4	3	1	−4	128
브롬화알릴(Allyl Bromide)	16	5.9	3	3	1	28	160
염화알릴(Allyl Chloride)	16	9.7	3	3	1	−20	113
알릴에테르(Allyl Ether)	24	16.0	3	3	2	20	203
염화알루미늄 (Aluminum Chloride)	24	(2)	3	0	2	−	(3)
암모니아(Ammonia)	4	8.0	3	1	0	Gas	−28
질산암모늄 (Ammonium Nitrate)	29	12.4(7)	0	0	3	−	410
아밀아세테이트(Amyl Acetate)	16	14.6	1	3	0	60	300
질산아밀(Amyl Nitrate)	10	11.5	2	2	0	118	306~315
아닐린(Aniline)	10	15.0	3	2	0	158	364
바륨염소산염(Barium Chlorate)	14	(2)	2	0	1	−	−

물질명	MF	Hc(BTU/LB)×10³	N(H)	N(F)	N(R)	인화점(℉)	비점(℉)
스테아르산바륨 (Barium Stearate)	4	8.9	0	1	0	-	-
벤즈알데히드(Benzaldehyde)	10	13.7	2	2	0	148	354
벤젠(Benzene)	16	17.3	2	3	0	12	176
벤조익산(Benzoic Acid)	14	11.0	2	1	1	250	482
벤질아세테이트(Benzyl Acetate)	4	12.3	1	1	0	195	417
벤질알코올(Benzyl Alcohol)	4	13.8	2	1	0	200	403
염화벤질(Benzyl Chloride)	14	12.6	2	2	1	162	387
과산화벤질(Benzyl Peroxide)	40	12.0	1	3	4	-	-
비스페놀A(Bisphenol A)	14	14.1	2	1	1	175	428
브롬(Bromine)	1	0.0	3	0	0	-	138
브롬화벤젠(Bromobenzene)	10	8.1	2	2	0	124	313
오르소브롬화톨루엔 (o-Bromotoluene)	10	8.5	2	2	0	174	359
1,3-부타디엔(1,3-Butadiene)	24	19.2	2	4	2	-105	24
부탄(Butane)	21	19.7	1	4	0	-76	31
1-부타놀 [1-Butanol(Butyl alcohol)]	16	14.3	1	3	0	84	243
1-부텐(1-Butene)	21	19.5	1	4	0	Gas	21
부틸아세테이트(Butyl Acetate)	16	12.2	1	3	0	72	260
부틸아크릴레이트 (Butyl Acrylate)	24	14.2	2	2	2	103	300
n-부틸아민(n-Butylamine)	16	16.3	3	3	0	10	171
브롬화부틸(Butyl Bromide)	16	7.6	2	3	0	65	215
염화부틸(Butyl Chloride)	16	11.4	2	3	0	15	170
2,3-산화부틸렌 (2,3-Butylene Oxide)	24	14.3	2	3	2	5	149
부틸에테르(Butyl Ether)	16	16.3	2	3	1	92	288
t-부틸하이드로퍼옥사이드 (t-Butyl Hydroperoxide)	40	11.9	1	4	4	<80 or above	(9)
부틸나이트레이트(Butyl Nitrate)	29	11.1	1	3	3	97	277
t-부틸과아세테이트 (t-Butyl Peracetate)	40	10.6	2	3	4	<80	(4)
t-부틸과벤조에이트 (t-Butyl Perbenzoate)	40	12.2	1	3	4	>190	(4)
t-과산화부틸(t-Butyl Peroxide)	29	14.5	1	3	3	64	176
칼슘카바이드(Calcium Carbide)	24	9.1	3	3	2	-	-
스테아린산칼슘 (Calcium Strarte[6])	4	-	0	1	0	-	-
이황화탄소(Carbon Disulfide)	21	6.1	3	4	0	-22	115
일산화탄소(Carbon Monoxide)	21	4.3	3	4	0	Gas	-313
염소(Chlorine)	1	0.0	4	0	0	Gas	-29

물질명	MF	Hc(BTU/LB)×10³	N(H)	N(F)	N(R)	인화점(℉)	비점(℉)
이산화염소(Chlorine Duixide)	40	0.7	3	1	4	Gas	50
염화클로로아세틸 (Chloroacetyl Chloride)	14	2.5	3	0	1	−	223
염화벤젠(Chlorobenzene)	16	10.9	2	3	0	84	270
클로로포름(Chloroform)	1	1.5	2	0	0	−	143
클로로메틸에틸에테르 (Chloro Methyl Ethyl Ether)	14	5.7	2	1	1	−	−
1-클로로 1-니트로에탄 (1-Chloro 1-Nitroethane)	29	3.5	3	2	3	133	344
o-클로로페놀(o-Chlorophenol)	10	9.2	3	2	0	147	47
클로로피크린(Chloropicrin)	29	5.8(7)	4	0	3	−	234
2-클로로프로판 (2-Chloropropane)	21	10.1	2	4	0	−26	95
클로로스타이렌(Chlorostyrene)	24	12.5	2	1	2	165	372
코마린(Coumarin)	24	12.0	2	1	2	−	554
큐멘(Cumene)	16	18.0	2	3	1	96	306
큐멘하이드로퍼옥사이드 (Cumene Hydroperoxide)	40	13.7	1	2	4	175	(4)
시안아미드(Cyanamide)	29	7.0	4	1	3	286	500
사이크로부탄(Cyclobuthane)	21	19.1	1	4	0	Gas	55
사이크로헥산(Cyclohexane)	16	18.7	1	3	0	−4	179
사이크로헥산올(Cyclohexanol)	10	15.0	1	2	0	154	322
사이크로프로판(Cyclopropane)	21	21.3	1	4	0	Gas	−29
DER* 331	14	13.7	1	1	1	485	878
이염화벤젠(Dichlorobenzene)	10	8.1	2	2	0	151	357
1,2-이염화에틸렌 (1,2-Dichloroethylene)	24	6.9	2	3	2	36~39	140
1,3-이염화프로펜 (1,3-Dichloropropene)	16	6.0	3	3	0	95	219
2,3-이염화프로펜 (2,3-Dichloropropene)	16	5.9	2	3	0	59	201
3,5-이염화살리실산 (3,5-Dichloro Salicylic Acid)	24	5.3	0	1	2	−	−
이염화스타이렌(Dichlorostyrene)	24	9.3	2	1	2	225	−
디큐밀퍼옥사이드 (Dicumyl Peroxide)	29	15.4	0	1	3	−	−
디사이크로펜타디엔 (Dicyclopentadiene)	16	17.9	1	3	1	90	342
디젤연료(Diesel Fuel)	10	18.7	0	2	0	100~130	315

물질명	MF	Hc(BTU/LB)×10³	N(H)	N(F)	N(R)	인화점(℉)	비점(℉)
디에탄올아민(Diethanolamine)	4	10.0	1	1	0	342	514
디에틸아민(Diethylamine)	16	16.5	3	3	0	−18	132
m−디에틸벤젠 (m−Diethyl Benzene)	10	18.0	2	2	0	133	358
디에틸카보네이트 (Diethyl Carbonate)	16	9.1	2	3	1	77	259
디에틸렌글리콜 (Diethylene Glycol)	4	8.7	1	1	0	255	472
디에틸에테르(Diethyl Ether)	21	14.5	2	4	1	−49	94
디에틸퍼옥사이드 (Diethyl Peroxide)	40	12.2	−	4	4	(4)	(4)
디이소부틸렌(Diisobutylene)	16	19.0	1	3	0	23	214
디이소프로필벤젠 (Diisopropyl Benzene)	10	17.9	0	2	0	170	401
디메틸아민(Dimethylamine)	21	15.2	3	4	0	Gas	44
2,2−디메틸 1−프로판올 (2,2−Dimethyl 1−Propanol)	16	14.8	2	3	0	98	237
1,2−디니트로벤젠 (1,2−Dinitrobenzene)	40	7.2	3	1	4	302	606
2,4−디니트로페놀 (2,4−Dinitro Phenol)	40	6.1	3	1	4	−	−
1,4−디옥산(1,4−Dioxane)	16	10.5	2	3	1	54	214
디옥소레인(Dioxolane)	24	9.1	2	3	2	35	165
디페닐옥사이드(Diphenyl Oxide)	4	14.9	1	1	0	239	496
디프로필렌글리콜 (Dopropylene Glycol)	4	10.8	0	1	0	250	449
디−t−부틸퍼옥사이드 (Di−tert−butyl Peroxide)	40	14.5	3	2	4	65	231
디비닐아세틸렌 (Divinyl Acetylene)	29	18.2	−	3	3	< −4	183
디비닐벤젠(Divinylbenzene)	24	17.4	2	2	2	157	392
디비닐에테르(Divinyl Ether)	24	14.5	2	3	2	< −22	102
DOW ANOL* DM	10	10.0	2	2	0	197(Seta)	381
DOW ANOL* EB	10	12.9	1	2	0	150	340
DOW ANOL* PM	16	11.0	0	3	0	90(Seta)	248
DOW ANOL* PnB	10	−	0	2	0	138	338
DOWICIL* 75	24	7.0	2	2	2	−	−
DOWICIL* 200	24	9.3	2	2	2	−	−
DOWFROST*	4	9.1	0	1	0	215(TOC)	370

물질명	MF	Hc(BTU/LB)×10³	N(H)	N(F)	N(R)	인화점(℉)	비점(℉)
DOWFROST* HD	1	–	0	0	0	None	240
DOWFROTH* 250	1	–	0	0	0	300(Seta)	473
DOWTHERM* 4000	4	7.0	1	1	0	252(Seta)	330
DOWTHERM* A	4	15.5	2	1	0	232	495
DOWTHERM* G	4	15.5	1	1	0	266(Seta)	551
DOWTHERM* HT	4	–	1	1	0	322(TOC)	650
DOWTHERM* J	10	17.8	1	2	0	136(Seta)	358
DOWTHERM* LF	4	16.0	1	1	0	240	550~558
DOWTHERM* Q	4	17.3	1	1	0	249(Seta)	513
DOWTHERM* SR-1	4	7.0	1	1	0	232	325
DURSBAN*	14	19.8	1	2	1	81~110	–
이피클로로히드린 (Epichlorohydrin)	24	7.2	3	3	2	88	241
에탄(Ethane)	21	20.4	1	4	0	Gas	-128
에탄올아민(Ethanolamine)	10	9.5	2	2	0	185	339
에틸아세테이트(Ethyl Acetate)	16	10.1	1	3	0	24	171
에틸아크릴레이트 (Ethyl Acrylate)	24	11.0	2	3	2	48	211
에탄올(Ethyl Alcohol)	16	11.5	0	3	0	55	173
에틸아민(Ethylamine)	21	16.3	3	4	0	< 0	62
에틸벤젠(Ethyl Benzene)	16	17.6	2	3	0	70	277
에틸벤조에이트(Ethyl Benzoate)	4	12.2	1	1	0	190	414
브롬화에틸(Ethyl Bromide)	4	5.6	2	1	0	None	100
에틸부틸아민(Ethylbutylamine)	16	17.0	3	3	0	64	232
에틸부틸카보네이트 (Ethyl Butylcarbonate)	14	10.6	2	2	1	122	275
에틸부틸레이트(Ethyl Butyrate)	16	12.2	0	3	0	75	248
염화에틸(Ethyl Chloride)	21	8.2	1	4	0	-58	54
에틸클로로폼메이트 (Ethyl Chloroformate)	16	5.2	3	3	1	61	203
에틸렌(Ethylene)	24	20.8	1	4	2	Gas	-155
에틸렌카보네이트 (Ethylene Carbonate)	14	5.3	2	1	1	290	351
에틸렌디아민(Ethylenediamine)	10	12.4	3	2	0	110	239
에틸렌디클로라이드 (Ethylene Dichloride)	16	4.6	2	3	0	56	181~183
에틸렌글리콜(Ethylene Glycol)	4	7.3	1	1	0	232	387
에틸렌글리콜디메틸에테르 (Ethylene Glycol Dimethyl Ether)	10	11.6	2	2	0	29	174
에틸렌글리콜모노아세테이트 (Ethylene Glycol Monoacetate)	4	8.0	0	1	0	215	347

물질명	MF	Hc(BTU/LB)×10³	N(H)	N(F)	N(R)	인화점(℉)	비점(℉)
에틸니아민(Ethylenimine)	29	13.0	4	3	3	12	135
산화에틸렌(Ethylene Oxide)	29	11.7	3	4	3	−4	51
에틸에테르(Ethyl Ether)	21	14.4	2	4	1	−49	94
에틸포름메이트(Ethyl Formate)	16	8.7	2	3	0	−4	130
2-에틸헤자날(2-Ethylhezanal)	14	16.2	2	2	1	112	325
1,1-에틸디엔디클로라이드 (1,1-Ethylidene Dichloride)	16	4.5	2	3	0	2	135~138
에틸메르캅탄(Ethyl Mercaptan)	21	12.7	2	4	0	<0	95
에틸나이트레이트(Ethyl Nitrate)	40	6.4	2	3	4	50	190
에틸프로필에테르 (Ethyl Propyl Ether)	16	15.2	1	3	0	<−4	147
p-에틸톨루엔(p-Ethyl Toluene)	10	17.7	3	2	0	887	324
불소(Fluorine)	40	−	4	0	4	Gas	−307
불화벤젠(Fluorobenzene)	16	13.4	3	3	0	5	185
포름알데히드(무수) [Formaldehyde(Anhydrous Gas)]	21	8.0	3	4	0	Gas	−6
포름알데히드(용액 37~56%) [Formaldehyde, solutions(37~56%)]	10	−	3	2	0	140~181	206~212
포름산(Formic Acid)	10	3.0	3	2	0	122	213
연료유 #1(Fuel Oil #1)	10	18.7	0	2	0	100~162	304~574
연료유 #2(Fuel Oil #2)	10	18.7	0	2	0	126~204	−
연료유 #4(Fuel Oil #4)	10	18.7	0	2	0	142~240	−
연료유 #6(Fuel Oil #6)	10	18.7	0	2	0	150~270	−
후란(Furan)	21	12.6	1	4	1	<32	88
가솔린(Gasoline)	16	18.8	1	3	0	−45	100~400
글리세린(Glycerine)	4	6.9	1	1	0	390	340
글리콜로니트릴(Glycolonitrille)	14	7.6	1	1	1	−	−
헵탄(Heptane)	16	19.2	1	3	0	25	209
헥사클로로부타디엔 (Hexachlorobutadiene)	14	2.0	2	1	1	−	−
헥사클로로디페닐옥사이드 (Hexachloro Diphenyl Oxide)	14	5.5	2	1	1	−	−
헥사날(Hexanal)	16	15.5	2	3	1	90	268
헥산(Hexane)	16	19.2	1	3	0	−7	156
히드라진(무수) [Hydrazine(anhydrous)]	29	7.7	3	3	3	100	236
수소(Hydrogen)	21	51.6	0	4	0	Gas	−423
시안화수소(Hydrogen Cyanide)	24	10.3	4	4	2	0	79
과산화수소(40~60%) [Hydrogen Peroxide(40 to 60%)]	14	(2)	2	0	1	−	226~237
황화수소(Hydrogen Sulfide)	21	6.5	4	4	0	Gas	−76

물질명	MF	Hc(BTU/LB)×10³	N(H)	N(F)	N(R)	인화점(℉)	비점(℉)
하이드록시아민(Hydroxylamine)	29	3.2	2	0	3	(4)	158
2-하이드록시에틸 아크릴레이드 (2-Hydroxyethyl Acrylate)	24	8.9	2	1	2	214	410
하이드록시프로필아크릴레이트 (Hydroxypropyl Acrylate)	24	10.4	3	1	2	207	410
이소부탄(Isobutane)	21	19.4	1	4	0	Gas	11
이소부틸알코올(Isobutyl Alcohol)	16	14.2	1	3	0	82	225
이소부틸아민(Isobutylamine)	16	16.2	2	3	0	15	150
이소부틸클로라이드 (Isobutylchloride)	16	11.4	2	3	0	<70	156
이소펜탄(Isopentane)	21	21.0	1	4	0	<−60	82
이소프렌(Isoprene)	24	18.9	2	4	2	−65	93
이소프로판올(Isopropanol)	16	13.1	1	3	0	53	181
이소프로페닐아세틸렌 (Isopropenyl Acetylene)	24	−	2	4	2	<19	92
이소프로필아세테이트 (Isopropyl Acetate)	16	11.2	1	3	0	34	194
이소프로필아민(Isopropylamine)	21	15.5	3	4	0	−15	93
이소프로필클로라이드 (Isopropyl Chloride)	21	10.0	2	4	0	−26	95
이소프로필에테르 (Isopropyl Ether)	16	15.6	2	3	1	−18	156
제트유 A 및 A-1 (Jet Fuel A & A-1)	10	21.7	0	2	0	110~150	400~550
제트유 B(Jet Fuel B)	16	21.7	1	3	0	−10 to +30	−
경유(Kerosene)	10	18.7	0	2	0	100~162	304~574
라우릴브로마이드 (Lauryl Bromide)	4	12.9	1	1	0	291	356
라우릴메르캅탄 (Lauryl Mercaptan)	4	16.8	2	1	0	262	289
라우릴퍼옥사이드 (Lauryl Peroxide)	40	15.0	0	1	4	−	−
(LORSBAN* 4E)	14	3.0	1	2	1	85	165
윤활유(광유)[Lube Oil(Mineral)]	4	19.0	0	1	0	300~450	680
마그네슘(Magnesium)	14	10.6	0	1	1	−	2025
말레익안하이드라이드 (Maleic Anhydride)	14	5.9	3	1	1	215	395
메스아크릴산(Methacrylic Acid)	24	9.3	3	2	2	171	325
메탄(Methane)	21	21.5	1	4	0	Gas	−258
메틸아세테이트(Methyl Acetate)	16	8.5	1	3	0	14	140

물질명	MF	Hc(BTU/LB)×10³	N(H)	N(F)	N(R)	인화점(℉)	비점(℉)
메틸아세틸렌(Methylacetylene)	24	20.0	2	4	2	Gas	−10
메틸아크릴레이트 (Methyl Acrylate)	24	18.7	3	3	2	27	177
메탄올(Methyl Alcohol)	16	8.6	1	3	0	52	147
메틸아민(Methylamine)	21	13.2	3	4	0	Gas	21
메틸아밀케톤 (Methyl Amyl Ketone)	10	15.4	1	2	0	102	302
메틸보레이트(Methyl Borate)	16	–	2	3	1	<80	156
메틸카보네이트(Methyl Carbonate)	16	6.2	2	3	1	66	192
메틸셀룰로스(백 포장) [Methylcellulose(bag Storage)]	4	6.5	0	1	0	–	–
메틸셀룰로스 분진 (Methylcellulose Dust[8])	16	6.5	0	1	0	–	–
메틸클로라이드(Methyl Chloride)	21	6.5	1	4	0	−50	−12
메틸클로로아세테이트 (Methyl Chloroacetate)	14	5.1	2	2	1	135	266
메틸사이크로헥산 (Methylcyclohexane)	16	19.0	2	3	0	25	214
메틸사이크로펜타디엔 (Methyl Cyclopentadiene)	14	17.4	1	2	1	120	163
메틸렌클로라이드 (Methylene Chloride)	4	2.3	2	1	0	–	104
메틸렌디페닐디이소시아네이트 (Methylene Diphenyl Diisocyanate)	14	12.6	2	1	1	460	(9)
메틸에테르(Methyl Ether)	21	12.4	2	4	1	Gas	−11
메틸에틸케톤 (Methyl Ethyl Ketone)	16	13.5	1	3	0	16	176
메틸포르메이트 (Methyl Formate)	21	6.4	2	4	0	−2	89
메틸히드라진 (Methyl Hydrazine)	24	10.9	4	3	2	21	190
메틸이소부틸케톤 (Methyl Isobutyl Ketone)	16	16.6	2	3	1	64	242
메틸메르캅탄(Methyl Mercaptan)	21	10.0	4	4	0	Gas	43
메틸메스아크릴레이트 (Methyl Methacrylate)	24	11.9	2	3	2	50	213
2-메틸프로페날 (2-Methylpropenal)	24	15.4	3	3	2	35	154

물질명	MF	Hc(BTU/LB)×10³	N(H)	N(F)	N(R)	인화점(℉)	비점(℉)
메틸비닐케톤 (Methyl Vinyl Ketone)	24	13.4	4	3	2	20	179
광유(Mineral Oil)	4	17.0	0	1	0	380	680
미네랄실오일(Mineral Seal Oil)	10	17.6	0	2	0	275	480~680
모노클로로벤젠 (Monochlorobenzene)	16	11.3	2	3	0	84	270
모노에탄올아민 (Monoethanolamine)	10	9.6	2	2	0	185	339
납사(나프타) (Naphtha, V.M.&P, Regular)	16	18.0	1	3	0	28	212~320
납사렌(Naphthalene)	10	16.7	2	2	0	174	424
니트로벤젠(Nitrobenzene)	14	10.4	3	2	1	190	411
니트로비페닐(Nitrobiphenyl)	4	12.7	2	1	0	290	626
니트로클로로벤젠 (Nitrochlorobenzene)	4	7.8	3	1	0	261	457~465
니트로에탄(Nitroethane)	29	7.7	1	3	3	82	237
니트로글리세린(Nitroglycerine)	40	7.8	2	2	4	(4)	(4)
니트로메탄(Nitromethane)	40	5.0	1	3	4	95	213
니트로프로판(Nitropropanes)	24	9.7	1	3	2	75~93	249~269
p-니트로톨루엔 (p-Nitrotoluene)	14	11.2	3	1	1	223	460
N-SERV*	14	15.0	2	2	1	102	300
옥탄(Ocatane)	16	20.5	0	3	0	56	258
t-옥틸메르캅탄 (t-Octyl Mercaptan)	10	16.5	2	2	0	115	318~329
발연황산(Oleic Acid)	4	16.8	0	1	0	372	547
펜타메틸렌옥사이드 (Pentamethylene Oxide)	16	13.7	2	3	1	-4	178
펜탄(Pentane)	21	19.4	1	4	0	<-40	97
과초산(Peracetic Acid)	40	4.8	3	2	4	105	221
과염산(Perchloric Acid)	29	(2)	3	0	3	-	66(9)
원유(Petroleum-Crude)	16	21.3	1	3	0	20~90	-
페놀(Phenol)	10	13.4	4	2	0	175	358
2-피콜린(2-Picoline)	10	15.0	2	2	0	102	262
폴리에틸렌(Polyethylene)	10	18.7	-	-	-	NA	NA
폴리스타이렌폼 (Polystyrene Foam)	16	17.1	-	-	-	NA	NA
폴리스타이렌(필렛) (Polystyrene Pellets)	10	-	-	-	-	NA	NA
금속칼륨[Potassium(metal)]	24	-	3	3	2	-	1410
칼륨염소산염 (Potassium Chlorate)	14	(2)	1	0	1	-	752
질화칼륨(Potassium Nitrate)	29	(2)	1	0	3	-	752
과염화칼륨 (Potassium Perchlorate)	14	-	1	0	1	-	-

물질명	MF	Hc(BTU/LB)×10³	N(H)	N(F)	N(R)	인화점(℉)	비점(℉)
과산화칼륨(Potassium Peroxide)	14	–	3	0	1	–	(9)
프로판알(Propanal)	16	12.5	2	3	1	−22	120
프로판(Propane)	21	19.9	1	4	0	Gas	−44
1,3−프로판디아민 (1,3−Propanediamine)	16	13.6	2	3	0	75	276
프로파르길알코올 (Propargyl Alcohol)	29	12.6	4	3	3	97	237~239
프로파글리브로마이드 (Propargyl Bromide)	40	13.6(7)	4	3	4	50	192
프로프리오닉니트릴 (Proprionic Nitrile)	16	15.0	4	3	1	36	207
프로필아세테이트 (Propyl Acetate)	16	11.2	1	3	0	55	215
프로필알코올(Propyl Alcohol)	16	12.4	1	3	0	74	207
프로필아민(Propylamine)	16	15.8	3	3	0	−35	120
프로필벤젠(Propylbenzene)	16	17.3	2	3	0	86	319
프로필클로라이드 (Propylchloride)	16	10.0	2	3	0	< 0	115
프로필렌(Propylene)	21	19.7	1	4	1	−162	−54
프로필렌디클로라이드 (Propylene Dichloride)	16	6.3	2	3	0	60	205
프로필렌글리콜 (Propylene Glycol)	4	9.3	0	1	0	120	370
산화프로필렌(Propylene Oxide)	24	13.2	3	4	2	−35	94
n−프로필에테르 (n−Propyl Ether)	16	15.7	1	3	0	70	194
n−프로필니트레이트 (n−Propyl Nitrate)	29	7.4	2	3	3	68	230
피리딘(Pyridine)	16	59	2	3	0	68	240
나트륨(Sodium)	24	–	3	3	2	–	1619
소디움염소산염 (Sodium Chlorate)	24	–	1	0	2	–	(4)
소디움디클로메이트 (Sodium Dichlomate)	14	–	1	0	1	–	(4)
소디움하이드라이드 (Sodium Hydride)	24	–	3	3	2	–	(4)
소디움하이드설파이트 (Sodium Hydrosulfite)	24	–	2	1	2	–	(4)
과염소산나트륨 (Sodium Perchlorate)	14	–	2	0	1	–	(4)
과산화나트륨(Sodium Peroxide)	14	–	3	0	1	–	(4)
스테아린산(Stearic Acid)	4	15.9	1	1	0	385	726
스타이렌(Styrene)	24	17.4	2	3	2	88	293

물질명	MF	Hc(BTU/LB)×10³	N(H)	N(F)	N(R)	인화점(℉)	비점(℉)
염화황(Sulfur Chloride)	14	1.8	3	1	1(5)	245	280
이산화황(Sulfur Dioxide)	1	0.0	3	0	0	Gas	14
SYLTHERM* 800	4	12.3	1	1	0	>320(10)	398
SYLTHERM* XLT	10	14.1	1	2	0	108	345
TELONE* 11	16	3.2	2	3	0	83	220
TELONE* C-17	16	2.7	3	3	1	79	200
톨루엔(Toluene)	16	17.4	2	3	0	40	232
톨루엔 2,4-디이소시아네이트 (Toluene 2,4-Diisocyanate)	24	10.6	3	1	2	270	484
트리부틸아민(Tributylamine)	10	17.8	3	2	0	145	417
1,2,4-트리클로로벤젠 (1,2,4-Trichlorobenzene)	4	6.2	2	1	0	222	415
1,1,1-트리클로로에탄 (1,1,1-Trichloroethane)	4	3.1	2	1	0	None	165
트리클로로에틸렌 (Trichloroethylene)	10	2.7	2	1	0	None	189
1,2,3-트리클로로프로판 (1,2,3-Trichloropropane)	10	4.3	3	2	0	160	313
트리에탄올아민 (Triethanolamine)	14	10.1	2	1	1	354	650
트리에틸알루미늄 (Triethylaluminum)	29	16.9	3	4	3	−	365
트리에틸아민(Triethylamine)	16	17.8	3	3	0	16	193
트리에틸렌글리콜 (Triethylene Glycol)	4	9.3	1	1	0	350	546
트리이소부틸알루미늄 (Triisobytylaluminum)	29	18.9	3	4	3	32	414
트리이소프로필벤젠 (Triisopropylbenzene)	4	18.1	0	1	0	207	495
트리메틸알루미늄 (Trimethylaluminum)	29	16.5	−	3	3	Ignites spontaneously in air	
트리프로필아민(Tripropylamine)	10	17.8	2	2	0	105	313
비닐아세테이트(Vinyl Acetate)	24	9.7	2	3	2	18	163
비닐아세틸렌(Vinyl Acetylene)	29	19.5	2	4	3	Gas	41
비닐알릴에테르 (Vinyl Allyl Ether)	24	15.5	2	3	2	<68	153
비닐부틸에테르 (Vinyl Butyl Ether)	24	15.4	2	3	2	15	202
비닐클로라이드(Vinyl Chloride)	24	8.0	2	4	2	−108	7
4-비닐사이크로헥산 (4-Vinyl Cyclohexane)	24	19.0	0	3	2	61	266
비닐에틸에테르 (Vinyl Ethyl Ether)	24	14.0	2	4	2	<−50	96

물질명	MF	Hc(BTU/LB)×10³	N(H)	N(F)	N(R)	인화점(℉)	비점(℉)
비닐리디엔클로라이드 (Vinylidene Chloride)	24	4.2	2	4	2	0	89
비닐톨루엔(Vinyl Toluene)	24	17.5	2	2	2	125	334
p-자이렌(p-Xylene)	16	17.6	2	3	0	77	279
염화아연(Zinc Chlorate)	14	(2)	1	0	1	–	–
스테아린산아연 (Zinc Stearate[8])	4	10.1	0	1	0	530	–

[비고] Hc는 연소생성물인 H_2O가 증기상태의 값이며, kcal/gm mole을 BTU/lb로 단위환산할 경우에는 1,800을 곱하고 분자량으로 나눈다.

[1] 진공증류
[2] 높은 수준으로 산화된 물질
[3] 승화
[4] 가열하면 폭발
[5] 물에서 분해
[6] MF는 충전된 물질의 것
[7] Hc는 분해열(Ha)의 6배
[8] 분진으로 평가
[9] 분해

Seta : Setaflash법
TOC : Tag Open Cup 시험법
기타는 Close Cup 방법임
NA : 적용 안함

국내 PSM 관련 중대산업사고 사례

일 자	사업장명	사고개요	피해정도			주요 사고원인
			사 망	부 상	재산 피해 (억원)	
1995.01.03	○○㈜	톨루엔 회수용기 주위에서 화재사고	0	0	0	스파크
1995.01.04	○○석유㈜	지하저장탱크에 주입하던 중 화재·폭발사고	2	1	18	스파크
1995.02.02	○○정유㈜	유조차에 제품 교환 적재 중 화재·폭발	1	0	0	정전기
1995.04.15	○○-실㈜	도료경화제 제조공장 내에서 위험물 분해폭발과 함께 화재	2	17	0.18	점화원, 인화성·반응성 물질의 통제 미흡
1995.04.27	○○정유㈜	탱크용접 중 폭발	1	1	0	용접 불티
1998.05.05	○○화학㈜	암모니아 공장에서 화재사고	0	2	0	과열
1995.05.21	○○정유㈜	탱크 내부에서의 질식사고	1	1	0	—
1995.06.12	○○화학공업㈜	용접부위 파열로 인한 염화수소가스 방출사고	0	0	0	—
1995.06.29	○○화학㈜	전기 스파크에 의한 화재사고	1	0	0.73	전기 스파크
1995.07.02	○○화학공업㈜	압출기 청소작업 중 화재사고	1	0	0	직화
1995.07.25	○○화학공업㈜	독성가스 누출사고	0	0	0	—
1995.07.26	○○산업사	고제놀 작업 중 폭발사고	0	6	4	전기 스파크
1995.08.05	○○석유화학㈜	부타디엔 가스 폭발화재	0	3	0.33	스파크
1995.08.11	○○화학㈜	폐수처리장에서의 폭발사고	0	1	0	자연발화
1995.10.09	○○화학㈜	수소 폭발	2	0	7.4	스파크
1995.12.01	○○합섬㈜	반응기 내에 입조작업 중 압축공기 대신 잘못 주입된 질소가스에 의해 질식	2	0	0	안전작업허가절차 미준수
1996.01.04	○○실업	반응기 상부의 염산탱크 연결덕트 보수공사 중 반응기 폭발	1	2	6	폐철과 폐염산의 혼합반응에 의한 수소가스 발생
1996.02.10	○○화학㈜	아황산소다(Na_2SO_3) 용해탱크	1	0	0	아황산소다 용해탱크로 H_2 gas가 물 배관을 통해 역류
1996.02.26	○○정유㈜	용기타워 내부에 트레이 설치 위해 반응기 내부로 들어가는 도중 질식	1	4	0	밀폐공간의 산소농도 측정 미실시
1996.03.02	○○종합화학	복합수지 공장 PP 원료 저장소 내부에서 질소가스에 의한 질식	1	0	0	밀폐공간의 산소농도 측정 미실시
1996.03.05	㈜○○여수공장	포장공실에서 추진제(화약) 절단작업 중 급격한 연소에 의한 화재	5	1	1.5	규정량보다 많은 양의 추진제 절단작업 실시
1996.03.15	○○정유㈜	원유 누설에 의한 화재사고	0	0	2	펌프의 정기검사 미실시

일 자	사업장명	사고개요	피해정도			주요 사고원인
			사 망	부 상	재산 피해 (억원)	
1996.03.19	○○화학㈜	보일러 가동 시 화재·폭발	0	3	7	인화성 증기의 폭발분위기 내에서 계기 조작
1996.04.16	○○㈜	도료, 수기 제조공장에서의 화재사고	1	3	0	–
1996.04.23	○○종합화학㈜	LLDPE 공장 탈기조(Degasser)에서 화재	1	1	0	탈기조 하부의 토출배관의 파우더 제거 시 용기 내부 잔류가스에 의한 화재
1996.05.05	○○산업㈜	알루미늄 용해로에 폐알루미늄 장입 중 수증기 폭발	1	1	0	수증기 폭발
1996.05.05	○○정유㈜	REFC 공정 OFFSITE AREA STORM WATER PIT에서의 화재·폭발사고	0	0	0	정전기
1996.05.17	○○화학㈜	탱크 내부의 V.A.M 잔량 확인 중 화재·폭발사고	0	1	7	탱크 내부의 인화성 증기 존재
1996.06.04	○○정유㈜	P-XYLENE 공장에서 화재사고	0	0	7	플래어 불꽃
1996.07.05	㈜○○제넥스	탱크로리 호스를 이용하여 솔비톨을 반응액 저장조인 조정조에 투입시키는 작업 중 폭발	0	2	0.05	과열
1996.07.11	○○정유㈜	배관 및 탱크에 잔류해 있는 혼합유(디젤)와 가연성 가스의 누출로 인한 사고	0	3	0	밸브 제거 후 안전조치 미흡
1996.08.03	○○우레탄㈜ 여천공장	탄화수소가 함유된 폐수가 폐수처리장 반응기로 유입·분해되면서 열분해 반응기 파열	1	3	0	교반기 고장으로 탄화수소 농도가 높은 폐수가 반응기로 유입
1996.08.12	㈜○○	냉동실에서 공기압축기를 가동 중에 Expansion Joint가 파열되어 유분이 포함된 고온·고압의 압축공기가 점화되어 화재	0	3	0.04	고온·고압의 압축공기 점화
1996.08.13	○○㈜ 울산 COMPLEX	Flare Stack 화재사고	0	2	0	–
1996.10.26	○○산업㈜	산화 반응기에서 개발시험을 위해 반응 진행 중 가설투광기의 전구가 반응기 내부로 떨어지면서 반응부산물(수소, 암모니아)에 점화폭발	1	0	0	비방폭형 전등(전기 스파크) 사용
1996.10.29	○○환경산업㈜	소각장에서 폐기물 소각작업 중 소각로 등 일련설비 폭발	3	6	2	작업자의 안전의식 결여
1996.11.11	○○화학상사	뇌관 반출작업 중 폭발	0	4	0.15	작업자의 안전의식 결여
1996.11.26	○○중공업㈜	용접작업 중 용접 불티가 룸 내부에 존재하고 있는 가연성 물질에 점화	0	0	2.95	용접 불티
1996.12.03	○○정유㈜ 제3원유정제공장	플랜지 개스킷 파열로 인한 화재사고	0	0	0	과열

일 자	사업장명	사고개요	피해정도		재산피해(억원)	주요 사고원인
			사 망	부 상	재산피해(억원)	
1996.12.12	○○산업㈜ 울산공장	원심분리기 폭발사고	0	2	0	정전기
1996.12.17	㈜○○인강 공장	자재여두를 뒤집어 들고 작업대 위에 놓인 소분용 쟁반에 쏟던 중 폭발	1	0	0	마찰충격
1997.01.26	㈜○○	PPS 시험생산 중 폭주반응에 의한 반응기 폭발	0	7	9	반응폭주
1997.02.20	○○EP고무㈜	Decanter의 Drain Line으로 헥산이 누출되어 점화화재	0	0	2	안전작업절차 무시
1997.03.03	㈜○○	코발트 용해조에서 내부의 용해상태를 확인 중 가스 폭발	1	2	0.0	감시창 및 불활성 가스 주입설비 미설치
1997.03.13	○○정유 ㈜온산공장	휘발유 저장탱크의 맨홀 커버 설치작업 중 화재	0	0	0.4	탱크 내부의 휘발유 증기 미제거
1997.03.16	○○정유㈜	배관 Elbow가 파열되어 수소를 포함한 탄화수소가 누출되어 화재	0	0	0.0	배관 Elbow 부분의 마모로 인한 파열
1997.03.28	○○화성㈜	SPG의 원심분리 공정 운전 중 폭발화재	3	5	0.0	증기누출에 의한 증기운 형성
1997.04.11	○○산업㈜	프로필렌을 생산하는 공장 시운전 중 가스히터 후단 블록 밸브의 보닛 개스킷이 열팽창에 의해 늘어나 수소가 누출되어 자연발화	0	0	0.0	증기누출에 의한 증기운 형성
1997.04.15	㈜○○	정비실 출입문 보수를 위하여 용접작업 중 제품 포장제(스티로폼)에 인화되어 화재 및 붕괴 매몰	3	0	0.6	용접작업 부주의 및 무리한 작업 수행
1997.04.16	㈜○○	투명래커 제조혼합탱크 화재	1	3	0.0	비방폭 전기기계·기구 사용
1997.04.24	㈜○○	탱크 내부의 인화성 증기에 의한 화재·폭발	2	1	0.1	인화성 유류의 증기치환 미실시
1997.05.10	㈜○○화학 VCM 공장	밸브 개방 중 배관 내부의 VCM, EDC, HCI 등이 누출되면서 화재	0	1	0.2	작업 전 안전조치 미흡 및 배관설계 잘못
1997.05.05	○○석유화학㈜	CTA 제조공정 중 밸브 수리를 위해 볼트를 분해하는 순간 빙초산 누출	0	2	0.0	유지보수 및 점검절차 미준수
1997.05.06	○○중공업㈜	탱크 내 도장작업 중 폭발	1	9	0.0	환기설비 미설치
1997.06.02	㈜○○환경	옥내 폐기물 저장소에 인화성 액체 폐기물 운반 중 폭발	2	1	0.0	폐기물 소각로 연소용 공기 공급방법 잘못
1997.06.14	○○실업	반응기 내 혼합물질이 위로 분출하여 화재	0	3	0.0	전기 스파크
1997.07.23	○○정유㈜ ○○기업	수첨분해 공정의 열교환기 Shell 내부 청소작업 중 화재	0	4	0.0	전기 스파크

일 자	사업장명	사고개요	피해정도			주요 사고원인
			사 망	부 상	재산피해(억원)	
1997.07.23	○○폴리켐㈜	노말헥산에 의한 폭발	0	1	0.0	인화성 물질에 전기 스파크로 폭발
1997.08.15	○○㈜	휘발유 저장탱크의 내부 부유 지붕식 저장탱크 실(seal) 부위에서 화재	0	0	0.0	탱크 실 부위 산화철 퇴적에 따른 자연발화 또는 실 부위 변형, 손상에 의한 유증기 누출
1997.08.26	○○전력㈜	Light vapor에 점화되어 탱크 상부의 증기공간이 폭발	0	0	0.2	증기운 형성
1997.09.11	○○㈜	폐수처리장 집수조 상부의 볼트를 용접기로 연결작업 중 가연성 물질 폭발	0	4	0.0	집수조에 체류된 가연성 증기운 형성
1997.10.08	㈜○○ 보온공장	Ammonium Perchlorate 보관창고에서 자연발화로 화재·폭발	0	0	1	포장방법 부적합 및 작업수칙 부적합
1997.10.09	○○폴리켐㈜	연차 보수작업 완료 후 시운전과정에서 제품건조기의 배기가스 배출설비에서 헥산에 의한 폭발	0	0	0.02	Stripping 되지 못한 헥산이 후속공정인 건조공정으로 유입
1997.10.27	㈜○○조선	산소-에틸렌가스 절단기로 배관 용단작업 중 탱크 내부에 잔류한 가연성 가스에 인화·화재	9	8	0.0	가연성 가스 폭발분위기 형성
1997.12.26	㈜○○	등유를 입화하기 위해 이송펌프 가동중 탱크에서 폭발	0	4	0.0	정전기
1997.01.09	○○자동차㈜	페인팅 작업 중 화재	0	1	0	직화
1998. 01	○○화학공업㈜	접착제 제조 반응기 내부의 불량제품 제거 중 유해가스에 중독 사망	1	0	0	유해가스 누출
1998.02.12	○○석유화학㈜	제품건조기의 대기 Vent Blower 끝 부위 지붕 위에 쌓여 있던 SBS CRUMB에서 화재	0	0	썬라이트 4장 소실	-
1998.02.19	㈜○○제철화학	증기분무식 버너의 가열로 운전 중 화재	0	0	3	-
1998.03.03	㈜○○유화	반응기의 벤트 배관에 차단밸브 잠금 상태에서 반응폭주로 반응기 폭발로 반경 1km 이내 건축물 파손	1	37	5	반응폭주
1998.05.29	○○석유화학㈜	연차 보수작업 중 질소로 퍼지된 스팀드럼에 입조하여 질식 사망	2	0	0	안전작업허가 미실시
1998.05.31	㈜○○	DPT 건조공정에서 화재·폭발	0	1	5.45	열분해
1998.06.06	㈜○○○	혼합의 내부에 용제 및 분말원료의 혼합이 잘 되지 않아 스테인리스 봉으로 문제 해결 중 폭발	0	3	0	정전기 또는 스파크
1998.06.18	○○㈜	사이클로헥산 저장탱크에서 고정식 저장탱크의 구조 변경을 위해 슬러지 배출 작업 중 폭발	0	3	T-8107 파손	수중펌프와 저장탱크의 마찰 스파크

| 일 자 | 사업장명 | 사고개요 | 피해정도 | | | 주요 사고원인 |
			사 망	부 상	재산 피해 (억원)	
1998.07.23	○○㈜	불완전한 유탄을 재조립하는 과정에서 폭발	1	0	0.013	뇌관
1998.10.03	○○종합화학㈜	가성소다 누출사고	0	0	0	―
1998.12.08	○○석유화학㈜	카본블랙 공장 화재	0	0	0.0064	과열
1999.01.04	○○정유㈜ 온산공장	탱크로리에 등유 주입 중 화재·폭발	0	3	0.5	가솔린이 남아 있는 탱크에 등유 주입 시 정전기 발생
1999.02.03	○○㈜	플랜지 용접작업 중 내부에 체류해 있던 크실렌 증기가 배관 내부에서 폭발화재	1	1	0	테스트플러그의 부적절한 사용
1999.04.19	㈜○○산업	탱크로리의 폐기물 하역 중 가스가 발생하여 중독	2	2	0	기존 폐기물과 묽은 황산과의 화학반응에 의한 유독가스 발생
1999.05.13	○○㈜	HOU PLANT의 Unicracking 공정에서 가스가 누출되면서 폭발 및 Oil, 수소 등이 분출되면서 화재	0	3	1,000	수소 부풀림 현상으로 인해 배관의 강도, 경도 등 기계적 성질이 취약
1999.05.15	○○㈜	수소를 가압하던 중 밸브가 완전히 잠겨 있지 않아 수소가 누출되어 정전기에 의해 발화	0	1	0.002	현장운전원의 운전미숙
1999.07.13	○○산업㈜	제품보관창고에서의 화재	0	0	0	원인 미상(전기누전 추정)
1999.08.13	○○㈜	독성 가스 누출	0	1	0	전단의 밸브에서 누출 또는 공기 등의 치환작업 일부를 생략
1999.09.03	○○㈜ 울산콤플렉스	개스킷 이상에 의한 수소가스 누출로 화재·폭발	0	0	0	―
1999.11.24	㈜○○화학	열매보일러 파열	0	1	0	열매보일러 내부에 잔류하고 있던 연료가스가 제거되지 않음
2000.01.11	○○공업㈜	건조기 용접작업 중 용접불꽃이 접착제 제조용 원료인 인화성 물질에 점화하여 화재	0	0	1.5	정전기 제거 또는 발생 완화대책 미흡
2000.01.31	㈜○○테크	톨루엔 증기가 반응기 상단에 분출되어 정전기로 점화	0	1	7	반응기 내 온도 상승 시 스팀 공급 미차단 및 냉각수 미공급
2000.02.25	○○㈜complex	드레인 밸브를 열다가 수소 및 황화수소 등 위험물질의 누출로 중독	1	0	0	고압의 배관을 가동 중에 임의로 조작
2000.03.24	○○CHEMICAL㈜	중합공정 정기보수작업 중 세정 후 잔류물을 질소가압으로 배출하기 위해 배관 플랜지 부위 Blind Flange 취부 중 화재	1	3	0	안전작업허가절차 미준수에 의한 화재

| 일 자 | 사업장명 | 사고개요 | 피해정도 | | | 주요 사고원인 |
			사 망	부 상	재산 피해 (억원)	
2000.04.03	○○화학㈜	멜라민 반응기 내 튜브가 파열되면서 누출되어 화재	0	0	0.05	열매회수드럼의 액위가 상승하여 온도, 압력이 상승
2000.04.06	○○㈜ 울산유화공장	맨홀 도어를 개방하는 순간 미상의 점화원에 의한 발화	0	5	0	설비를 완전히 냉각하지 않고 맨홀을 개방
2000.04.09	○○미디어㈜	용제 혼합탱크 교반작업 중 펌프 주위에서 화재	0	0	0.21	펌프축 금속부 마찰에 의한 발화
2000.04.24	○○화학㈜ 여천공장	VAM 회수공정으로 보내는 중 백필터를 청소하는 과정에서 화재	0	4	0	라인업을 잘못하였고, 질소 퍼지를 생략한 상태에서 대기 방출
2000.04.28	㈜○○	건조기의 화재 및 분진 포집기 폭발	0	2	0	단백피 건조기 내부 화재
2000.05.23	○○화학㈜ 여천공장	오일 히터를 분리시키기 위해 볼트·너트를 해체하는 순간 오일이 비산되어 암모니아 누출	0	4	0	용기의 부속장치를 수리하기 위해서는 내부의 윤활유를 배출시킨 후 실시하여야 하나 배출시키지 않음
2000.08.24	○○㈜	MEK-PO 제조 중 MEK-PO의 급격한 분해로 폭발	7	18	31	중간 생성물 저장조에서 적절한 중화처리를 하지 않아 잔존 황산과 MEK-PO가 분해 폭발
2000.11.02	㈜○○화학	방부제인 DBNE의 재생과정 중 반응기 폭발	5	48	2.6	전문인력 감축으로 인한 안전관리 미흡 및 시설 노후화
2000.11.27	○○○○	에탄올 추출조에 공급한 후 농축 시 회수한 에탄올 드럼을 복도 측에 놓음	0	6	0	가연성 증기 누출 및 체류 가능성
2000.12.28	○○화학㈜ 여수공장	PVC 제조공정 중 슬러리 속에 잔류하는 미량의 미반응 VCM을 회수하기 위해 Stripping 칼럼을 설치하고 슬러리 탱크와 배관을 연결하는 과정에서 폭발	0	5	0	슬러리 탱크 내부에 잔류하던 VCM 증기에 용접불똥이 떨어져 탱크 내부에서 폭발
2001.03.18	㈜○○화학	Pyrazinamide 제조공장 결정조에서 재해자가 내부 이물질 청소차 용기에 들어가 작업 중 질식	1	0	0	질소배관을 용기로부터 분리하거나 맹판을 설치하여야 하나 이를 이행하지 않아 질소가 누출되어 체류됨
2001.05.11	○○석유화학㈜	암모니아 지하배관 중 누출	0	0	0	암모니아 배관의 PE 코팅부를 손상시키고, 배관을 마모시켜 암모니아 배관이 관통
2001.05.19	㈜○○	재압출작업을 실시하기 위해 압출기램을 실린더 내로 하강시키던 중 추진제가 들어 있는 실린더 내에서 폭발	0	4	0.0008	폭발성 물질인 추진제가 존재

| 일 자 | 사업장명 | 사고개요 | 피해정도 | | | 주요 사고원인 |
			사 망	부 상	재산피해(억원)	
2001.08.06	㈜○○규산	용해조에 원료를 넣고 고온·고압의 스팀밸브를 사용하여 용해작업 중 제품 중간저장탱크가 파열	1	0	0	이상 발열 및 이상 압력 상승을 대비한 안전장치 미설치
2001.08.09	○○산업㈜ 울산공장	아크릴 공장 내에서 건조공정 일부가 화재	0	0	0	누전에 의한 화재
2001.09.14	㈜○○유화	옥외 클로로술폰산 저장탱크의 드레인 노즐에서 누출	0	0	0	배관 연결부 용접 불량
2001.09.24	○○석유화학㈜	농황산 공급탱크의 황산공급 배관에 생긴 핀홀을 용접방법으로 수리하기 위해 그라인딩 작업 중 탱크 폭발	1	1	9	핀홀 수리를 위한 용접 준비작업으로 그라인딩 작업을 하던 중 발생된 열이 점화원으로 작용하여 폭발
2001.10.05	○○석유화학㈜	납사 저장탱크의 화재사고	4	0	0	저장탱크 내부에 납사 성분 잔류
2001.10.15	○○NCC㈜	BTX 공정의 수소라인에서 밸브 덮개 부위 너트를 풀어내던 중 충전되어 있던 수소가스가 누출되어 폭발	1	1	11	작업 전 사전 안전조치 미흡
2012.02.17	○○㈜ 온산제련소	무수황산 저장탱크 주위에서 무수황산 누출	0	0	0	—
2002.03.21	㈜○○	송진탱크의 여과기 노후로 송진 흐름을 돕기 위하여 가열하던 중 배관에 압력을 이기지 못하고 파열되어 내용물이 비산되면서 화재	0	0	0	—
2002.03.23	㈜○○ 울산공장	원사중합공장의 화재	0	3	0	기름증기에 불티가 옮겨 발화
2002.03.26	㈜○○실업	중화조에서 수산화칼슘을 이용하여 폐유기용제 중화작업 중 화재·폭발	2	1	2	중화조 하부에 퇴적되어 배출구가 막힘
2002.05.25	㈜○○ 보관터미널	MEK 저장탱크에서 폭발	0	0	0	흡착탑의 활성탄과 MEK의 발열반응으로 발화
2002.05.29	㈜○○○○	원심분리기 내에서 폭발이 발생하여 화재로 전파	0	6	0	원심분리기 상부의 질소공급용 밸브를 개방하지 않은 채 작업을 하여 정전기에 의한 스파크로 핵산, 톨루엔의 공기가 폭발
2002.06.16	○○석유화학㈜	저장탱크 순환배관에 용접작업을 하던 중 초산증기가 들어 있던 배관을 통해 화염이 탱크로 전파되어 저장탱크 폭발	0	0	0.011	저장탱크의 위험물을 제거하지 않은 상태에서 화기작업 실시
2002.07.05	㈜○○ 동래공장	뇌관 저장실에 인접한 분배실에서 포장 작업 중 폭발	3	0	3	마찰에 의한 폭약분 점화

일 자	사업장명	사고개요	피해정도			주요 사고원인
			사 망	부 상	재산 피해 (억원)	
2002.07.18	○○양행	래커 신나 보관창고에서 신나 저장 캔 외부의 페인트를 걸레로 닦아내고 라이터를 켜는 순간 신나에 인화	0	0	1.5	위험지역에서의 라이터 작동
2002.08.18	○○화인켐㈜	Epoxy 접착제 제조설비의 이상온도 상승으로 폭발	3	12	15	제품의 열분해에 의한 폭발화재
2002.10.08	○○화학공업사	잉크용 수지제조용 반응기에서 사각탱크로리에 제품을 충전하기 위해 Air 공급 중 과압 생성으로 반응기 폭발	0	0	1	밸브 설정압력 부적정 및 비방폭 전기설비 사용
2002.11.05	○○칼라	블루크루드 안료 제조공정의 반응기에서 폭발	2	0	4	반응기에 설치된 교반기의 Seal 쪽으로 누출되어 발화
2003.01.24	○○산업㈜	농약원제를 합성한 후 진공증류방법으로 정제하는 과정에서 화재·폭발	0	3	0	냉각수 공급밸브 대신 스팀 공급밸브를 잘못 개방 가능
2003.01.25	○○화학	공장 내부에서 화재	0	0	0.3	정전기에 의한 스파크
2003.01.26	○○㈜	납사 성분의 용제 출하작업 중 탱크로리에서 폭발	0	0	0	위험성평가 없이 임의의 필터를 설치·사용함으로써 정전기로 인한 사고
2003.01.28	○○화공㈜	연습용 축사탄 장약을 대형 용기에서 소용기로 옮기는 중 장약이 폭발	0	1	0	전기적 점화원이 발화원으로 작용
2003.03.05	○○특수가스㈜	충전 중 실란이 누출되어 점화되어 충전실 내에 있던 실란 및 충전실 내부가 전소된 화재	0	0	0	실란 충전 파이프라인에 연결된 플렉시블 호스 연결부위에서 누출
2003.03.12	○○㈜ SM공장	가성소다 세척드럼 내부를 물로 세척 중에 내부에 체류되어 있던 공정물질의 증기가 폭발	1	2	0	위험물배관 미격리 및 위험물 제거 미흡
2003.03.25	㈜○○유화	왁스 성형탑 상부에서 왁스 분사상태를 점검하던 중 화재가 발생하여 사망	1	0	0	─
2003.05.14	㈜○○쎄미켐	염소 충전공정에서 벤트 밸브가 열린 상태에서 염소를 충전하여 액체염소가 이송되어 스크러버를 통하여 대기 중으로 누출되어 중독	0	12	0	밸브 오조작
2003.05.29	㈜○○화학	이형제 제조업체에서 이형제 원료인 톨루엔 등 유기용제를 저장드럼에서 주입펌프를 이용하여 소형 용기로 주입하던 중 화재	1	3	0	─
2003.06.03	㈜○○2공장	콩기름 원료 등이 누출되어 화재	0	6	27	전기누전
2003.06.18	○○정밀화학㈜	NaSH 저장탱크 상부 벤트라인 설치를 위해 화기작업 중 탱크 내부에 체류된 H_2S 증기에 의해 인화·폭발	1	3	0	가연성 물질 배출 미실시 및 위험지역에서 화기작업 실시

일 자	사업장명	사고개요	피해정도			주요 사고원인
			사 망	부 상	재산 피해 (억원)	
2003.06.23	㈜○○	작업장 내 폐과산화수소 지하저장탱크 상부에서 분해탱크로 이송하던 중 이송펌프 인입라인에 설치된 엘보가 파열되면서 머리에 충돌하여 사망	1	0	0	–
2003.07.08	㈜○○인더스트리	탱크로리에서 화재폭발	0	2	0	정전기에 의한 폭발로 추정
2003.09.13	○○㈜	핵산 회수공정에서 결정조 하부 재킷 위의 응축수가 누수되어 보수작업을 하기 위해 용접작업을 하던 중 불꽃이 메탄올 저장조에 비산되어 용기가 폭발	1	1	0	–
2003.09.22	㈜○○유화텍	옥내저장소 내 화재	0	2	0.012	위험물 포장용기 부적절
2003.09.25	○○공사 가스시설 생산공사장	배관작업 중 화재·폭발	1	3	0	가연성 증기에 의한 인화
2003.10.03	㈜○○석유화학	폴리에틸렌(PE) 3공장에서 PE 반응기 하부의 펌프 흡입 측 Strainer를 청소하기 위하여 해체한 상태에서 차단밸브가 개방되어 헥산 등 내용물이 누출되어 폭발	1	7	0	Strainer를 청소하기 위해 해체한 밸브를 닫지 않고 운전
2003.10.06	㈜○○악기	집진기 안에 있던 톱밥과 스크류 마찰열로 목 분진폭발	0	12	0	집진기의 폭발 방산구 미작동
2003.10.11	㈜○○정밀화학	포장공정에서 이소프로필알코올 혼합증기에 인화되어 1차 폭발, 2차 화재	1	6	–	폭발분위기에서 정전기 방전
2003.10.16	㈜○○오일뱅크	열분해장치 가열로 Outlet Flange 개스킷에서 고온의 유분(감압 B-C유) 누출화재	0	0	0.1	코크스의 막힘으로 인한 배관 내 압력 상승
2003.10.17	㈜○○화학	압력이 비정상적으로 상승하였으며, 과압방출장치인 안전밸브가 작동하지 않아 용해조가 파열(물리적 폭발)되면서 105~110m 비래하고 공장설비 붕괴	3	5	0	용해조 내부의 이상압력 상승 및 안전밸브 기능 상실
2003.10.20	㈜○○석유화학	연구실험동(RPP ; Rubber Pilot Plant)에서 중앙(대덕)연구소 파견 근로자 1명이 촉매로 쓰이는 알킬알루미늄(Diiso-butylaluiminum Choride)을 20L 용기에서 희석드럼으로 이송하는 도중 호스의 연결부위에서 알킬알루미늄이 누출되면서 화재	0	3	0	고온 Sulfur 부식에 의한 두께 감소로 내압에 의한 파열
2003.10.22	㈜○○Complex	제1중질유 분해공장(HOU) UC(Unicrac-king) 공정의 Prefractiontor Reboiler Heater Tube가 파열(추정)되어 Tube 내부의 물질(증류된 중질유)이 Heater 내부의 고열에 의한 화재	0	0	2.3	고온 Sulfur 부식에 의한 두께 감소로 내압에 의한 파열

일 자	사업장명	사고개요	피해정도			주요 사고원인
			사 망	부 상	재산 피해 (억원)	
2003.11.18	㈜○○ 보온공장	고폭탄 제조공실에서 완성탄 조립작업 중 조립 불량이 발생되어 공실 내에서 다른 작업 중이던 작업자를 불러 조립 불량 해소작업 중 자탄 탄체가 폭발	2	1	0.532	자탄의 탄두케이스 압입 이상 시 무리한 작업 수행
2004.01.13	○○환경산업	열교환기 개조작업을 위해 절단작업을 하는 과정에서 폭발사고 발생	3	0	0	인화성 물질이 있는 장소에서 화기작업
2004.01.14	㈜○○화학	클로로술폰산 저장탱크 상부 용단작업 중 폭발	1	0	0.01	용단작업 중 탱크 내부 가연성 가스에 점화
2004.01.25	○○종합화학	공장 내 화재 발생	0	0	0.95	전기누전
2004.01.29	㈜○○산업	아크릴 생산공장 곤포작업장 화재 (화재 발생공정은 비대상임)	0	0	0.7	전기누전
2004.02.08	㈜○○○	폴리스티렌 Pellets을 사일로로 하역하던 중 벌크로리 폭발	1	0	0	과압
2004.03.09	㈜○○케미칼	신나 이송 중 점화원에 의해 화재·폭발	0	1	0.4	전기 스파크
2004.04.01	○○양행	방청제 주원료가 담긴 드럼통 덮개를 개방상태로 방치하여 인화성 증기가 누출되어 화재·폭발	0	3	2	전기 스파크
2004.04.08	무허가 등록업체	불법 휘발유를 포장하기 위해 주유기를 캔 내부에 삽입하는 순간 축적된 정전기 등에 의한 화재	1	4	0.15	비방폭형 전기설비 가동
2004.04.09	㈜○○산업	원료저장탱크 내부 바닥의 슬러지를 청소하던 중 폭발	1	1	0.06	가스농도 미측정
2004.04.10	㈜○○ 평택공장	합성섬유 원단 코팅 중 건조기 내부에서 폭발	1	2	0	폭발 방산구 미설치
2004.04.22	○○제넥스 울산공장	수소탱크 내부 용접작업 중 폭발사고	3	0	0	용접 불티
2004.04.23	㈜○○ 울산공장	안료 중간체 생산공정에서 공장 천장을 철거하던 중 화재	0	0	0.0006	용접 불티
2004.04.27	㈜○○페스(고체)	CMC 제조공정에서 탱크 내부 청소작업 중 점화원에 의해 화재·폭발	0	0	0.0006	용접 불티
2004.05.25	㈜○○코퍼레이션	메틸알코올 저장탱크 지지철물 설치작업 중 용접 불꽃에 의해 탱크 내부에서 폭발	2	0	0.4	역화방지기 미설치
2004.05.30	○○화학	반응기 원료투입배관의 일부인 테플론 재질의 Flexible Hose가 파열되어 배관 내 유체인 PE5, HCL, HF 등이 누출되면서 대기 중의 확산	0	0	0	플렉시블 호스 설치 및 사용의 부적합으로 인한 파열
2004.06.06	무허가 등록업체	유사 휘발유 제조 중 실화에 의한 화재 사고	2	1	0	직화
2004.06.18	○○화학	내부의 Sample 중 반응기 맨홀 뚜껑이 내부 잔압에 의해 열리면서 가슴에 충격 사망	1	0	0	과압

일자	사업장명	사고개요	피해정도			주요 사고원인
			사 망	부 상	재산 피해 (억원)	
2004.07.25	㈜○○실업	저장탱크(질산) 액위계 하단밸브의 고무패킹 열화에 의한 누출사고	0	0	0	열화
2004.07.25	○○석유화학㈜	이물질을 제거하는 공정(KLP PLANT)에서 황 제거 반응기의 촉매 교체 준비 작업 중 폭발	1	1	0.3	밸브 오조작
2004.08.29	㈜○○	유류 저장탱크 내부 청소작업 중 조명등의 스파크에 의한 화재·폭발	1	0	0	전기 스파크
2004.09.05	㈜○○ 부산물류센터	육상출하 개시를 위하여 탱크로리 유창의 해치(Hatch)를 여는 순간 유창 내에 축적된 증기가 정전기에 의해 폭발	1	1	0	정전기
2004.09.20	㈜○○Complex 합성수지공장	폴리프로필렌(P.P) 공정 내 압축기 인입 측의 퍼지라인(내부 가스 치환용 질소배관)을 통해 누설된 수소가스가 조작판넬 내부에 들어가 스위치 조작에 의한 전기 스파크로 순간적인 폭발	2	0	0	전기 스파크
2004.09.30	㈜○○에너지	폐유 저장탱크에서의 이송작업 중 폭발	2	3	0	분해반응
2004.10.20	㈜○○	밸브 교체작업을 하던 중 미치환된 인화성 증기에 의한 화재·폭발	0	5	0	—
2004.11.19	○○화학㈜	섬유 코팅액 생산작업 도중 원인불명의 화재 발생으로 옆에 있던 톨루엔 드럼통이 열을 받아 폭발	0	10	0.8	—
1996.08.15	전남 여수시 ㈜○○○	산소 공급공정에 대한 시운전 중 압축기 후단에 설치되어 있는 차단밸브와 스트레이너 사이의 배관 내부에 기름 등이 완전히 제거되지 않은 상태에서 산소가 공급되면서 산화반응을 일으켜 폭발	0	1	0	산소 취급설비 내부의 가연물 미제거
1999.08.05	충북 충주시 ○○○가스충전소	산소가스 충전 중 용기 내에 혼재되어 있는 유지류와 산소가 반응하면서 산소 용기 폭발	1	1	—	산소 취급설비 내부의 가연물 미제거
2003.06.21	전남 여수시 오천동 ○○○○○	배관작업 및 샌드위치판넬 설치작업 중 기존의 냉동설비와 연결지점에 설치된 차단밸브의 하부 용접부위가 파열되면서 누출된 암모니아에 의해 중독	1	2	—	밀폐된 공간에서 암모니아에 의한 중독 및 화상
2005.02.25	경기 의왕시	합성수지실 수지 제조공정 내에서 수지 제조작업을 종료한 후 작업자가 반응기 내부를 유기용제(Xylene)로 세정작업을 하던 중 화재 발생	1	0	—	정전기 대전에 의한 점화원 발생

일 자	사업장명	사고개요	피해정도			주요 사고원인
			사 망	부 상	재산 피해 (억원)	
2005.12.24	경남 함안군	팩스지 감열 중간제 제조공정의 반응기에서 운전 중 폭주반응으로 추정되는 이상반응으로 인해 파열판이 파열되어 인화성 증기가 파열판 토출 측 및 벤트배관을 통해 작업장에 다량으로 확산된 상태에서 외부 점화원에 의해 1차적으로 폭발 및 화재가 발생하고, 2차적으로 작업장 내에 있는 인화성 물질 및 드럼용기의 연쇄적 화재 및 폭발 발생	0	2	–	폭주반응에 의한 압력 상승
2007.08.25	전북 완주군	회분식 반응기 상부 맨홀을 열고 고체원료를 투입한 후 용제인 Toluene을 배관을 통해 투입하면서 맨홀 덮개를 닫는 순간 반응기 내부의 Toluene 증기가 점화원에 의해 폭발하면서 맨홀 덮개가 재해자에게 충격을 가함	1	0	–	정전기 대전에 의한 점화원 발생
2008.03.01	김천시 대광동	페놀수지계 수지 제조를 하던 중 폭주반응으로 인해 Catcher Tank 및 Vacuum Tank가 폭주압력을 견디지 못해 폭발하여 건물 붕괴와 화재 발생	2	10	–	페놀수지계 제조 반응기 폭주반응
2008.06.23	경북 경산시 ○○○○○	공장에서 신설 열처리로의 시험가동 중 원인 미상의 점화원에 의해 열처리로 폭발	0	2	0	점화 전 퍼지 미흡
2008.08.00	울산 울주군 화학공장 폐수처리장	Oily Sewer를 통해 유입되는 폐수 및 강우 시 유입되는 우수를 저장하는 폐수 집수조 내부에서 폭발 발생	0	0	–	폐수 집수조 내부 액위 측정계의 비방폭형 전기기계·기구 사용
2009.01.08	대전시 ○○○○ ㈜중앙연구소	라텍스 연구팀에서 연구원 2명이 반응기 내용물의 샘플 분석을 위해 반응기 하단의 드레인 밸브(수동밸브)를 열고 샘플을 채취(Sampling)한 후 밸브를 완전히 잠그지 않아 드레인 라인을 통해 인화성 물질인 1, 3–부타디엔, 아크릴로니트릴, 메타크릴산 등 반응내용물이 누출되어 화재·폭발 발생	1	1	8	작업자의 실수로 볼밸브를 완전하게 닫지 않음으로 인한 누출
2011.08.17	울산 남구	폴리스티렌 제조공정에서 정기보수 후 시운전 중 중합조의 폭주반응으로 인한 압력 상승으로 파열판이 파열되면서 파열판의 토출배관으로 다량의 유증기가 분출되어 증기운을 형성한 상태에서 증기운 폭발 및 화재 발생	0	8	–	중합조 폭주반응으로 인한 증기운 폭발·화재
2012.04.12	대구 달서구	작업자가 건조작업을 위해 열처리로 중간밸브를 개방하고 점화를 시도하던 중 버너의 지연점화에 의해 가스가 누출하여 폭발	0	0	0	점화 전 퍼지 미흡

일자	사업장명	사고개요	피해정도			주요 사고원인
			사망	부상	재산피해 (억원)	
2012.08.23	충북 청주시	반제품 재결정작업 중 용매로 사용한 인화성 액체를 드럼으로 회수하는 과정에서 정전기 등의 점화원으로 인한 화재·폭발	8	3	–	정전기 대전에 의한 점화원 발생
2012.09.27	경북 구미시	불화수소 하역작업장에서 컨테이너에 저장되어 있는 불화수소를 작업공정으로 이송시키는 작업 준비과정에서 작업자의 실수로 밸브를 개방시켜 다량의 불화수소가 대기 중으로 확산	5	7,174	–	작업자의 실수로 불화수소 공급밸브 개방
2012.10.26	충남 보령시	지붕재 생산공정의 코팅기 하부 지하공간 펌프 회전축에서 누출된 아스팔트 고형물을 브레이커 등을 이용하여 제거작업 중 열매체유가 누출되어 화재 발생	1	0	–	펌프 회전축의 열매체유 누출 화재
2012.11.07	충남 홍성군 농어촌 정비현장	농어촌 하수로 정비작업 현장의 맨홀 지하 1층에서 코어드릴작업을 하던 중 일산화탄소에 중독되어 의식을 잃고 개구부 아래로 추락	2	0	0	연료가 불완전연소되어 일산화탄소 농도 증가
2013.01.11	전북 완주군	원심분리기 내부로 대상물질을 공급받던 중 대상물질에 포함된 톨루엔 증기의 농도가 폭발범위 내에 있는 상태에서 원심분리기의 고속회전으로 발생한 정전기에 의해 폭발 발생	1	0	–	원심분리기의 고속회전으로 발생한 정전기
2013.01.28	경기 화성시	사고 당일 화학물질 공급실(CCSS Room)에 설치되어 있는 불산 저장탱크 하부에서 불산이 누출되고 있어 협력업체 직원들이 보수작업을 하던 중 50% 불산에서 발생한 불화수소가스에 노출	1	4	–	누출된 불산에서 발생한 불화수소에 직접 노출
2013.02.18	경기 화성시	신제품 양산 시험과정에서 사이클로헥산이 포함된 중간생성물을 누체여과기에서 감압 여과하던 중 사이클로헥산 증기가 발생된 상태에서 정전기로 추정되는 점화원에 의해 누체여과기 액면에서 화재 발생	0	2	–	정전기로 추정되는 점화원에 의한 화재
2013.05.21	경북 ㈜○○○	반응기 후단 필터 정비작업을 하던 중 필터 플랜지를 분리하고 필터 카트리지를 꺼내는 과정에서 화재 발생	0	0	0	배관 내부에 잔류해 있던 가연물질이 누출되며 폭발분위기 형성
2013.05.22	경기 시흥시 ㈜○○○○○○	실란 출하장에서 충전을 마친 47L 실란 실린더 용기의 밸브 토출구로부터 실란가스가 누출되면서 자연발화	–	–		밸브 예방정비 부족, 수명에 따른 정기교환 미실시

일자	사업장명	사고개요	피해정도			주요 사고원인
			사 망	부 상	재산 피해 (억원)	
2013.05	울산 남구 화학공장 폐수처리장	폐수의 유량조정조 역할을 하는 폐수 집수조의 폐수 이송용 수직펌프 3개 중 1개의 고장으로 정비작업 중 휴식을 위해 휴게실로 간 사이 공정에서 유입된 폐수 중의 탄화수소가 점화원에 의해 폭발	0	0	–	집수조 수직펌프 베어링 파손에 의한 마찰열 및 스파크
2013.07.15	경기 시흥시 ○○○○	건조로 가동온도인 170℃로 온도가 상승하지 않고 약 100℃ 정도에서 가동이 중지되어 작업자가 재점화하는 과정에서 가스버너 조작 중 폭발	1	2	0	점화 전 퍼지 미흡
2013.08.18	경북 상주시 ㈜○○○○	반응기 전단의 공급배관에 부착된 플랜지 부분에서 삼염화실란과 모노실란이 포함된 가스가 누출되어 개방공간 폭발 및 화재	–	–	–	플랜지 부위와 체결볼트의 부식으로 플랜지가 일시에 파단되고 발화성 물질 누출
2013.11.26	충남 당진시 ㈜○○파워	발전시설의 가스 예열기 내부에서 보수작업 중에 가스 중독사고가 발생	1	8	–	가스 유입
2014.02.13	경기 남양주시 ○○○ ㈜도농공장	유닛쿨러에서 암모니아가스가 누출된 후 미상의 점화원에 의해 폭발하여 인근 지역에 암모니아가스 누출 피해	1	3	–	유닛쿨러의 팬 블레이드가 파손되면서 쿨러의 코일을 손상, 손상부위로부터 암모니아가스 누출
2014.05.08	㈜○○ 울산공장	열풍 가열로 도시가스 버너에 대한 초기 가동 중 폭발사고	1	4	0	점화 전 퍼지 미흡
2014.05.09	㈜○○○	열풍로 연료인 혼합가스(BFG+COG)를 차단하기 위해 가스 인입 측에 설치된 GCV(Gas Control Valve)를 분리하고 맹판 설치를 위한 체결볼트 해체작업 중 배관 내 잔류가스가 폭발	0	1	–	믹싱가스 공급배관 내부의 퍼지 불완전
2014.07.01	전남 광양시 ㈜○○○○	연주공정의 스카핑머신 시운전과정에서 산소 홀더 하부에 설치된 감압밸브의 개도를 조절하던 중 산소 배관 내부에 잔류하고 있는 유지분이 고압의 산소에 의해 발화된 후 배관에 화재 발생	3	0	–	감압밸브 본체 및 디스크 충돌에 의한 불꽃 발생, 감압밸브에 가연성 오일 주입 후 세척작업 미실시
2014.08.23	충남 홍성군	OLED 전자재료 생산공정 반응기에서 무수초산과 질산을 투입하여 반응하던 중 상반응(발열반응)에 의한 과압이 발생하여 반응기 맨홀로 초산증기가 누출	0	45	–	반응기 이상반응으로 초산증기 누출
2014.08.24	충남 금산군 ㈜○○테크놀러지	하역장에서 불화수소 누출	0	1	–	하역작업 안전수칙 미준수
2015.03.17	전남 여수시 ○○케미칼	계면활성제 제조 반응기에서 폭주반응으로 인한 폭발 및 화재 발생	0	3	–	폭주반응에 의한 압력 상승

일자	사업장명	사고개요	피해정도			주요 사고원인
			사망	부상	재산피해(억원)	
2015.03.18	충북 진천군	방수제 생산공정에서 배합이 완료된 제품의 점도를 맞추기 위하여 저장탱크에서 플라스틱 용기를 이용하여 내부의 솔벤트를 담아 올리는 작업 중 정전기 등의 점화원으로 인한 솔벤트 저장탱크 상부에서 화재·폭발 발생	2	0	–	정전기 대전에 의한 점화원 발생
2015.05.13	전남 나주시 ㈜○○○	필름에 접착제를 도포·경화하여 산업용 테이프를 생산하는 공장에서 접착제, Toluene 등을 일정 비율로 계량하는 작업 중 정전기 등의 점화원으로 인한 화재 발생	0	1	–	순환배관 내에서 장시간 대전된 전하 축적으로 인한 정전기
2015.05.25	울산 남구 ○○○	수지공장동 접착제 생산공정에서 폴리머 저장탱크의 온도유지를 위해 공급하는 열매체유가 전기히터 Tube 측에서 누출되어 화재 발생	0	0	–	전기히터 Tube 측 열매체유 누출 화재
2015.07.03	울산 남구 ㈜○○○	고농도 폐수 집수조 상부에서 폐수 이송배관 연결작업을 하던 중 폐수 집수조 내부에서 폭발 발생	6	1	–	폐수 집수조의 배풍기 미가동
2015.03.18	경기 이천시 ○○주식회사 연구동	반도체 지르코늄을 증착하는 확산공정 중 발생된 가스를 이송하는 배기배관에 '반응부산물인 산화지르코늄'과 '퇴적되어 있는 미반응 분체'를 제거하여 이송효율을 높이고자 히트레이싱 공법을 이용하여 배관 온도를 353.15K 이상으로 올리던 중 진공펌프 후단의 신축배관이 파열되면서 가스와 분체 누출	0	0	–	미반응 TEMAZ 분해에 의한 부피 팽창으로 배관 파열
2015.09.04	경기 ㈜○○	혼합용제 포장공정에서 원료용제를 교반·혼합 후 200L 드럼용기에 포장을 위해 주입하던 중 폭발	0	1	–	원료 오투입으로 인한 폭발분위기 형성, 정전기 대전에 의한 점화원 발생
2015.11.16	울산 남구 ○○화학	정기보수작업 후 무수불산 및 노말파라핀 등의 혼합물로 공정 보충작업 중 반응기와 열교환기 연결배관 사이의 드레인 배관과 밸브의 용접이음부에서 무수불산 혼합물 누출	0	0	–	드레인 배관의 용접부 부식으로 인한 누출
2016.01.14	충남 아산시 ㈜○○○○	원료 의약품 합성3공장에서 록소프로펜나트륨(Loxoprofen Sodium)을 제조하기 위하여 분말상태의 원료(Loxoprofen Acid)를 아세톤과 정제수 혼합물이 들어 있는 반응기에 투입 중 화재·폭발 발생	0	2	–	정전기로 추정되는 점화원에 의한 화재
2016.02.12	경북 칠곡군 ㈜○○○	지하 보일러실 내에 설치된 열매체유 순환펌프의 베어링 파손으로 열매체유가 다량 누출되면서 화재 발생	0	0	–	화학설비 및 그 부속설비에 대한 사용 전 점검 미실시

일 자	사업장명	사고개요	피해정도			주요 사고원인
			사 망	부 상	재산피해(억원)	
2016.03.15	경기 연천군 ○○○○○	가소제 생산공정 내에서 유기용제(옥탄올)가 투입된 반응기에 분말상태의 원료(PTA)를 투입 중 반응기 내부의 옥탄올 증기가 점화원에 의하여 화재·폭발 발생	0	1	–	정전기로 추정되는 점화원에 의한 화재
2016.05.19	경남 양산시 ㈜○○신소재	메탄올 배합탱크에서 배합물질이 누출되어 화재 발생	–	1	–	배합물질 누출
2016.05.27	전남 여수시 한국 ○○○㈜	맹판 전환설치를 위해 배관 연결부 해체 중 배관 내 잔류한 포스겐가스 누출	1	–	–	포스겐가스 누출
2016.06.04	충남 논산시 ○테크놀러지㈜	제조소 불산 이송과정 중 필터하우징 파열판이 터지면서 불산 누출	–	1	–	불산 누출
2016.06.28	울산 ○○○○㈜ 온산제련소	황산타워 배관 드레인라인에서 드레인용 맨홀의 플랜지 덮개를 분리하는 작업 중 황산 누출	2	4	–	황산 비산
2016.07.27	경남 양산시 ㈜○○켐텍	알키드수지 제조공정의 자일렌 보조 저장탱크에서 자일렌이 누출되어 화재 발생	1	2	–	자일렌 누출 및 화재
2016.08.03	㈜○○ 용연공장	삼불화질소(NF_3) 제조공정 내 정제탑 하부 이송펌프 고장으로 예비펌프를 가동하던 중 폭발	–	7	–	이송펌프 고장
2016.08.26	전남 여수시 ○○폴리켐㈜	합성고무 생산공정에서 교반기의 맨홀 체결 결함으로 헥산 등이 누출되어 화재 발생	–	5	–	교반기 맨홀 체결 결함
2016.09.01	대전 ㈜○○ 대전사업장	나노구조 연료조성 결합체 개발실험을 위해 산화구리분말과 알루미늄분말 등을 알코올류에 용해시켜 합성 후 취급과정에서 폭발	–	1	–	실험물질 합성에 의한 폭발
2016.10.02	충북 청주시 ㈜○○텍	점착제 제조공정의 배합실 교반기에서 고무 투입 후 솔벤트 투입과정에서 화재·폭발	1	–	–	솔벤트 투입 중 화재·폭발
2016.12.02	경기 안산시 ㈜○○산업	바이오디젤 증발기 부분에서 폭발 발생	1	–	–	증발기 폭발
2017.05.08	경남 창원시 ㈜○○제강	스테인리스 강관용접 공정에서 기존에 사용하던 용접용 수소 분배기를 신규 분배기로 교체하기 위해 철거하던 중 폭발 발생	–	2	–	작업 전 수소 제거조치 미흡
2017.08.18	경남 양산시 ○○산업㈜	워셔액(에탄올 55%, 인화점 25℃) 제조설비 정비보수작업 중 용접으로 저장탱크의 워셔액에 점화되어 탱크 폭발	–	2	–	작업 전 탱크 내 인화성액체 제거조치 미실시

일자	사업장명	사고개요	피해정도			주요 사고원인
			사 망	부 상	재산 피해 (억원)	
2017.09.27	충북 증평군 ㈜○○ 전자	건조설비에 공급되는 열매체유 배관에서 온도의 오지시를 확인하기 위해 온도계기의 상부 커버를 열고 분리하던 중 열매체유(250℃)가 작업자에 분출 및 화재 발생	–	1	–	열매체유 운전 중 설비 점검작업 실시
2017.12.18	부산 ○○공업㈜	페인트 혼합조에서 배합원료를 투입하던 중 화재 발생	–	2	–	폴리프로필렌 재질 포대 원료 투입 중 정전기 발생
2018.01.25	충북 보은군 ㈜○○	점화약 제조공정에서 점화약을 도전성 용기에 옮겨 담던 중 화재·폭발	–	1	–	점화원에 의한 화재·폭발
2018.04.17	대전 ○○공업㈜	수지 제조공장 반응기의 맨홀을 열고 금속용기를 이용해 과투입된 MMA를 회수하는 과정에서 반응기 내부에 국부 화염 발생	–	1	–	정전기 예방조치 미실시
2018.05.01	울산 ○○케미칼㈜	황산탱크 로딩장에서 탱크로리의 황산을 탱크로 이송하는 과정 중 플렉시블 호스 연결부에서 황산 누출	–	1	–	커플링 체결 불량
2018.05.09	충남 보령시 한국○○발전㈜	복수 탈염설비 및 스트레이너 교체작업 중 염산 누출	–	1	–	밸브 차단 미실시
2018.05.17	울산 ○○케미칼㈜	염소 하역장에서 탱크로리(19톤)에 있는 염소를 저장탱크로 이송작업 중 플렉시블 호스가 파열되면서 염소 누출	–	3	–	플렉시블 호스 파열
2018.05.29	대전 ㈜○○ 대전사업장	슬레드(Sled) 추진기관 충전 작업장에서 믹서볼 내 추진제를 추진체에 충전하는 작업 중 원인 미상의 점화원에 의해 화재·폭발 발생	5	4	–	밸브 조작 시 마찰 또는 충격 발생
2018.08.17	전남 여수시 ○○NCC㈜	BD 추출공정에 열교환기 덮개를 크레인으로 설치 중 가동 중인 증류 칼럼에서 혼합 C_4가스 및 디메틸포름아미드 누출	–	1	–	공기구동밸브 작동 차단 미조치
2018.08.19	경기 평택시 ㈜○○하이텍	수지배합교반기(KT-03)에 고무와 솔벤트를 1차 투입, 교반된 상태에서 솔벤트를 추가 펌핑 투입 후 추가원료인 수지를 맨홀로 투입하기 위해 지게차를 사용하여 수지원료 포대를 교반기 맨홀 2층으로 올리던 중 실내에 체류한 유증기 폭발	–	1	–	실내 유증기 체류공간에 비방폭 지게차 진입
2018.10.12	㈜○○발전	수폐수 처리공정의 옥외약품저장소 내 황산(95%) 배관에 설치된 수동차단밸브를 오조작하여 누설로 인해 황산 배관에서 황산 누출	–	1	–	작업방법 불량

일 자	사업장명	사고개요	피해정도			주요 사고원인
			사 망	부 상	재산 피해 (억원)	
2018.11.23	○○인터스트리㈜	아스팔트 도료 제조공정에서 혼합기의 맨홀로 분말형태의 부원료인 카올린 (Aluminum Silicate)을 포대로 투입하던 중 혼합기 내에 있던 인화성 액체의 유증기가 점화되어 화재	–	2	–	유증기 점화로 화재
2018.12.07	충남 천안시 ㈜○○메탈	LPG 공급배관의 긴급차단밸브(MOV) 본체 상부가 이탈되면서 LPG가 누출되어 화재·폭발	1	1	–	LPG 누출로 인한 화재·폭발
2018.12.26	전남 여수시 ㈜○○화학	열교환기 플랜지에서 반응물질(에틸렌, 프로필렌 등)이 누출되어 화재 발생	–	1	–	플랜지 볼트 체결 부적정
2019.01.07	전북 전주시 ㈜○○페이퍼	초지기 정기보수작업 중 LNG를 원료로 사용하는 열풍기를 셧다운하는 과정에서 열풍기 내부에 잔류한 LNG 폭발	–	1	–	열풍기 내 잔류 LNG가 점화원에 의해 폭발
2019.02.12	충남 보령시 ○○토탈㈜	EVA 공장에서 생산제품 변경을 위해 공장을 정지하고 저압분리기 내부 세정을 위하여 상부 덮개 볼트를 풀고 이동식 크레인으로 30cm 정도 들어 올리는 순간 화염 발생	–	9	–	인화성 가스 제거조치 미흡
2019.02.14	대전 ㈜○○ 대전사업장	경화가 완료된 추진체 코어의 이형작업을 위해 유압실린더 하우징을 하강하여 추진체 상부 코어에 고리를 수작업으로 확인하면서 체결하는 중 폭발	3	2	–	충격·마찰로 인한 화재·폭발
2019.05.17	OO토탈㈜	정제공정 저장탱크 내부 이상중합반응으로 탱크 상부 비상압력방출 맨홀로 1차 SM혼합물이 분출·누출되었고, 그 후 잔류물질이 중합반응하여 추가 누출	–	–	–	이상중합반응(중합억제제 관리 불량) 발생
2019.07.02	㈜OOO	망간 용해공정에서 용해조에 망간(브라켓) 투입 후 황산으로 용해작업 중 발생한 수소에 의한 폭발·화재 발생	–	2	–	생성된 수소 증기 배출 불량
2019.07.09	OO인더스트리㈜	공정동 수첨유 이송펌프 단관 내 잔존 수첨유를 배출하기 위하여 드레인 배관에 고무호스를 연결하여 작업 중 고무호스가 이탈되면서 고온의 수첨유 누출	–	1	–	드레인 배관과 고무호스 연결상태 불량
2019.08.30	㈜OO케미코	공장 제조동 화장품원료 제조 반응기에서 옥텐 등에 의한 반응폭주로 폭발·화재가 발생하여 공장이 전소, 인근 사업장 화재 전파 및 공장 외벽 등이 파손	1	8	–	반응폭주 제어 불량(위험성평가 미흡 및 안전작업절차 준수 불량)

일자	사업장명	사고개요	피해정도			주요 사고원인
			사망	부상	재산피해(억원)	
2019.09.23	㈜OO케미칼	케미칼 수소공장에서 Process conden-sate separator 주변 플랜지에서 수소를 포함한 공정가스 누출로 인해 화재 발생	-	3	-	Blind 체결 작업불량
2019.10.30	OOO인더스트리㈜ OO공장	공장 내 Slop oil 저장탱크 외벽에서 소방설비 설치를 위한 지지대 설치 용접 중 탱크 내부 폭발	-	2	-	탱크 내부 Inerting 불량 및 화기작업 전 탱크 내 사전 Gas 존재 여부 확인 불량
2019.12.12	OOO키스코㈜	공장동 3층 합성반응실 내에서 인화성 액체 등을 취급하는 반응기에 원료인 1,3-디옥솔란을 투입하던 중 화재 발생		5	-	정전기에 의한 점화
2019.12.18	OO산업㈜ 석유화학공장	공장 내 과산화수소 제조공정 입·출하설비에서 생산된 과산화수소의 출하를 위해 탱크로리에 주입 시 사용한 호스를 제거하는 과정에서 과산화수소가 누출	-	1	-	작업자의 절차 미준수로 인한 누출
2019.12.24	㈜OO ICT	공장 내 ORC(organ rankine cycle) 발전 배열 회수공정의 축열설비에서 2차 시험을 위해 고온(약 320℃)의 열매유로 축열설비를 축열 후 방열 중 폭발	-	5	-	축열설비를 시험운전 중 원인 미상의 폭발
2020.02.02	OOO코리아	NF3 튜브 트레일러 충전장에서 튜브 트레일러 충전 완료 후 연결 배관 내 NF3 잔가스 퍼지작업 중 벤트밸브 후단 배관라인에서 화재 발생	-	1		배관 Purge 전 밸브 개폐 미확인
2020.02.24	OO팜㈜	반응기(R-202) 세정작업을 위해 플라스틱 바가지를 사용하여 인화성 액체(DMF)를 반응기 내부에 뿌리는 과정에서 화재·폭발		2	-	정전기 발생에 따른 화재폭발
2020.03.03	OO제철 공장	공장2 고로 냉각반 냉각수 라인 호스 교체작업 중 고로 철피 Crack으로 고로가스가 누출되어, 휴식 중이던 작업자의 CO가스 흡입	-	2	-	작업 시 호흡용 보호구 미착용 및 철피 Crack 유지보수 미흡
2020.03.04	OO케미칼 공장	NCC공장 압축공정의 가스압축기 3단 토출부 신축이음 연결배관에서 가스류(에틸렌, 프로필렌 등)가 누출되면서 원인 미상의 점화원에 의해 화재·폭발	-	24	-	가스가 누출 및 원인 미상의 점화원에 의해 폭발

일 자	사업장명	사고개요	피해정도			주요 사고원인
			사 망	부 상	재산 피해 (억원)	
2020.03.06	OO정밀화학㈜	전해C공장 황산순환 펌프를 수리하기 위한 질소 퍼지 작업 중 펌프 후단 배출 배관에 연결된 가압용 질소 호스를 분리하자 황산 비산	–	1	–	질소 압력에 의해 황산 비산
2020.03.06	OO화학	일부 패싱된 펜탄 및 반응기 내에 스케일로 존재하는 EPS(Expandable Polystyrene)가 함유하고 있던 펜탄이 용접 불꽃에 의해서 폭발	1	2	–	용접 불꽃에 의한 펜탄 폭발
2020.03.18	㈜OO씨 공장	유기실리콘(실란트) 제조공장 MCS 증류공정에서 대정비 보수작업 중, 기존 배관(3/4") 절단 작업 중 배관 내부의 위험물질이 누출되면서 폭발·화재	–	2	–	잔류액체 누출·비산에 의한 폭발·화재
2020.03.24	OO제약㈜	이동식 개방형 여과기에서 제품(라베프라졸 나트륨)과 용제(헵탄)를 여과막으로 거르는 여과공정 중 인화성 액체(헵탄)에 의한 화재 발생	–	1	–	정전기 발생에 따른 화재
2020.04.02	OOO화학㈜	이산화티타늄 생산공정 내 용해환원공정에서 도급업체 근로자 2명이 황산(98%) 혼합탱크 상부 자동밸브 플랜지 볼트를 해체하는 순간 황산 비산	–	2	–	플랜지 볼트를 해체하기 전 드레인을 미실시
2020.04.04	㈜OO제약	합성2공장 4층에서 근로자 1명이 반응기 내부 초산에틸로 인한 인화성 액체 증기가 발생된 상태에서 분말 형태의 원료를 반응기에 투입하던 중 화재 발생	–	1	–	정전기에 의해 화재 발생
2020.05.19	㈜OO화학 공장	공장 촉매연구개발센터에서 이동식 용기(TOTE BIN)에 제품 충전작업 중 과압에 의해 안전밸브 동작, 포장실 내로 배출되며 폭발·화재 발생	1	2	–	안전밸브 토출측이 실내로 되어 있어 실내에서 자연발화 및 폭발
2020.06.01	㈜OOO화약	산업용 전기 뇌관 제조공정 내 저항치 불량이 발생한 뇌관들에 대해 수동으로 저항을 재측정하는 작업과정에서 뇌관 1발이 폭발해 뇌관 파편이 뜀	–	4	–	휴대용 저항계 과전류로 인한 뇌관 폭발
2020.06.15	OO산업㈜	신BT공장 1층 외곽의 폐수집수조 펌프의 작동 이상으로 폐수가 overflow 되어, 폐수에 함유된 인화성 액체의 유증기가 미상의 점화원에 의해 착화	–	1	–	인화성 액체의 유증기가 미상의 점화원에 의해 착화

일 자	사업장명	사고개요	피해정도			주요 사고원인
			사 망	부 상	재산 피해 (억원)	
2020.07.01	OO제련㈜	화성공정 내 도급 근로자 3명이 Scrubber 산 Return Line Leak 보수작업 중 배관교체작업 후 플랜지 볼트 체결부에서 황산 비산	–	1	–	플랜지 볼트 체결 불량으로 황산 누출
2020.10.16	OO케미칼㈜ 공장	공장 내 NCC공장 Demethanizer 후단 배관의 기밀시험 준비를 위해 그라인더를 사용하여 플랜지 볼트 절단 작업 중 화재 발생	–	2	–	잔류가스가 점화원에 의하여 착화
2021.01.04	OO칼텍스㈜	정유생산부문 항공유정제공정 CLAY 필터 내부에서 진공 흡입차를 이용하여 CLAY 제거작업 중 잔류 등유 (KERO MEROX)가 점화되어 화재 발생	–	2	–	등유 점화에 의한 화재
2021.01.11	OO㈜바이오	가성소다 배관의 스팀 트레이싱 라인(동관) 설치 작업 중 보온재 해체작업 시 근로자가 사용하던 수공구에 의해 인접한 염산 배관(PVC)이 파손되어 염산 누출	–	2	–	작업자의 부주의
2021.01.29	OO테크노㈜	BATH 설비 내부에 혼합가스(H_2+N_2)가 잔존한 상태에서 정전테스트 후 복전 중 원인 미상의 점화원으로 폭발		9		혼합가스가 원인 미상의 점화원에 의해 폭발
2021.03.23	㈜OOO생명과학	혼합물(톨루엔, 규조토) 여과작업을 하던 중 압력용기 형태의 누체여과기 용기 내부로 혼합물을 투입 중 증기(톨루엔) 형성, 정전기에 의해 폭발	–	2	–	증기(톨루엔)가 정전기에 의한 폭발
2021.04.06	OO닉스㈜	CO_2 분석기를 제조사에서 테스트하던 중 화학물질 리크 알람이 발생하여 리크 부위를 확인하던 중 누출부분을 조이다가 불산 누출	–	1	–	설비결함 및 보호구 미착용
2021.06.02	OO케미칼㈜	라텍스공정 기액분리기 후단 폐수집수조에서 overflow된 폐수에 포함된 인화성 액체에 의해 폭발분위기가 형성, 미상의 점화원에 의하여 화재 발생	–	2	–	인화성 액체 폭발분위기가 점화원에 의한 화재
2021.06.17	㈜OO	열처리공정 배치로8호기 세척설비 이상으로 세척액 공급 공압밸브 보수작업 중 세척설비 내부의 세척액 및 증기가 누출되면서 화재 발생	–	2	–	주변에 있던 가열로 불꽃에 의해 화재

일 자	사업장명	사고개요	피해정도			주요 사고원인
			사 망	부 상	재산 피해 (억원)	
2021.06.29	OO시	공공하수처리장 소화조 수선고아 현장에서 하수슬러지 발효공정 소화조 D 상부 옥상에서 소화조 교반기 인양용 와이어로프 교체작업 중 폭발	–	3	–	메탄가스가 잔존한 상태에서 원인 미상의 점화원으로 인해 폭발
2021.07.08	OO머트리얼즈	저순도 TSA 저장탱크 내부 세척작업을 위해 물을 투입한 후 45% KOH (수산화칼륨)을 투입하자 폭발과 함께 화염 발생	–	3	–	인화성 액체인 TSA에 의해 가연성 가스가 발생하여 폭발
2021.07.15	㈜OO	단조사업장에서 가스공급업체 소속 작업자가 사내 LPG저장탱크 에 입고 작업 중, 인근 25톤 트레일러 차량이 LPG 플렉시블 호스와 충돌, 호스의 접속부가 이탈하면서 LPG 가스가 누출되고, 미상의 점화원에 의해 화재 발생	–	1	–	인근 토치 작업으로 인한 불꽃 추정
2021.07.24	OO한농㈜	황산탱크 하단부에 위치한 벨로우즈 배관의 과압해소를 위해 밸브 조작 중 벨로우즈가 파열되면서 인근에 작업 중이던 근로자에게 황산이 비산	–	1	–	벨로우즈 파열
2021.08.09	㈜OOO켐	회분식 반응기에 부틸알콜, 물 투입 후 승입하여 60℃ 상태에서 플라스틱 통을 사용하여 과망간산칼륨을 반응기에 투입 중 내부물질 누출	–	4	–	반응기 내 이상반응에 따른 외부 누출
2021.12.09	㈜OO화학	점착제 제조공정에서 작업자가 반응기 내부로 첨가제 투입 중 폭발	–	1	–	반응기 내 정전기에 따른 폭발
2021.12.13	OO산업㈜	위험물저장탱크 상부 VOC 배관 연결 작업 중 폭발 및 화재 발생	3	–	–	원인 미상의 폭발 발생
2022.01.04	㈜OOO켐	의약품중간체 정제공정에서 소속 노동자가 정제된 제품(1,4-디옥산 혼합물)을 반응기에서 드럼용기로 내려받던 중 미상의 점화원에 의해 화재 발생	–	1	–	정전기 스파크
2022.01.21	㈜OOO비엠	양극재 제조공장 내 열매유(인화성 물질)로 인한 화재폭발 발생	1	3	–	화재폭발
2022.03.02	㈜OO화학공장	PE공장 HDPE 1라인에서 예정된 정비작업을 수행하기 위해 사전작업으로 배관 내 노말헥산을 비우기 위한 드레인 작업 중 원인 미상의 화재 발생	–	1	–	화재폭발

일 자	사업장명	사고개요	피해정도			주요 사고원인
			사 망	부 상	재산피해(억원)	
2022.04.01	OO피앤피㈜	조약공정에서 황산탱크 밸브 및 배관 교체작업 중 배관에 잔류된 황산(농도 : 96%)이 밸브 플랜지 틈으로 비산	–	2	–	배관에 잔류된 황산 미제거로 인한 비산
2022.04.02	OO센트릭㈜ 공장	톨루엔 저장탱크 개방검사를 위해 내부청소 후 Foam Seal 제거하는 작업 중 원인 미상의 화재 발생	2	–	–	화재
2022.05.19	OO주식회사	알킬레이션공정 컴프레서 후단의 밸브 고착해소를 위한 정비작업 중 원인 미상의 폭발로 화재 발생	1	9	–	화재폭발
2022.05.31	㈜OOO실리콘	공정 내 3% 폐황산을 저장용기(1.27m³)에서 IBC용기로 이송 중 정전기로 인해 폭발 발생	–	1	–	화재폭발
2022.08.03	OO팜㈜	톨루엔을 교반탱크에 약 3,800L를 투입한 후 이물질 제거용 필터 전단의 밸브를 잠그던 중 원인 미상의 점화원에 의해 화재 발생	–	1	–	톨루엔이 원인 미상의 점화원으로 인한 화재
2022.08.16	㈜OO사업장	성형공실(Y9C6)에서 근로자가 프레스로 점화제 파우더를 성형하는 작업 중 호퍼에서 파우더 막힘을 해결하기 위한 작업 중 폭발	–	1	–	화재폭발
2022.08.31	OO센트릭㈜ 공장	LLDPE공정에서 밸브 패싱(valve passing) 현상으로 밸브 점검하던 중 안전밸브가 터지면서 배관 내부 사이클로헥산이 대기 중으로 배출되어 원인 미상의 점화원으로 화재·폭발	1	6	–	화재폭발
2022.09.04	OOO놀로지	Resin 처리 필터의 슬러지를 아세톤을 이용하여 세척하던 중 화재	–	2	–	화재
2022.09.30	OO약품㈜	반응기 하부 배관 연결부를 해체하는 과정에서 내부의 물질(아세톤 등)이 분출되어 유증기가 발생하였고, 이후 미상의 점화원에 의해 폭발	1	17	–	유증기가 원인 미상의 점화원으로 인한 폭발

별표 6 암모니아 관련 주요 사고 사례

번호	날짜	사고유형	국가	사망	중상	부상	사고개요
1	2019.3.7	누출	한국	−	13	10	차량의 적재함 덮개가 암모니아 가스배관과 충돌하여 누출
2	2016.8.22	누출	한국	−	−	1	암모니아 저장탱크에서 암모니아 누출
3	2015.10.25	누출	한국	−	1	41	특수가스 제조업체에서 암모니아가스 누출
4	2014.7.31	누출	한국	1	−	21	조선소 선박 수리 중 용기 누출
5	2014.2.13	폭발	한국	1	−	3	식품회사 냉동기 누출·폭발
6	2013.9.7	누출	인도	7	4	−	식품 냉동창고 누출
7	2013.8.30	누출	중국	15	6	20	냉동창고 누출
8	2013.8.6	누출	우크라이나	5	8	20	화학공장 저장고 수리 중 누출
9	2013.4.7	폭발	인도	3	−	−	유제품공장 냉동기 폭발
10	2013.2.13	누출	인도	1	2	−	생선 가공공장 냉동기 누출
11	2013.2.24	누출	오스트리아	−	62	−	냉장창고 누출
12	2011.11.12	폭발	인도	3	1	−	얼음공장 암모니아탱크 폭발
13	2011.5.12	폭발, 누출	대만	10	27	−	대만 어선 폭발 후 파이프에서 누출
14	2011.1.30	누출	프랑스	1	−	−	유조선 냉동설비 누출
15	2009.11.27	누출	미국	1	1	2	화학공장 내 주유소 누출
16	2009.7.15	누출	미국	1	−	−	탱크로리 누출
17	2009.6.20	누출	미국	1	4	−	가금류 가공공장 누출
18	2009.6.9	폭발	미국	4	20	18	식품공장 NG 폭발 후 누출
19	2009.5.14	누출	미국	2	−	−	냉장창고 누출
20	2008.11.20	폭발	에콰도르	5	−	30	어선 냉동시스템 파이프 파손·폭발
21	2008.1.22	폭발	이탈리아	1	1	−	아이스링크 냉동설비 폭발
22	2007.9.2	누출	미국	1	1	−	정육 가공공장 냉동설비 누출
23	2006.10.31	누출	미국	1	1	−	식품공장 냉동설비 누출

별표 7 외국의 중대산업사고 사례

재해형태	발생장소	날 짜	사고개요	피 해
폭발	루드비히(독일)	1948	디메틸에테르	사망 24명, 부상 3,800명
	피츠버그(독일)	1954	등유	사망 32명, 부상 16명
	루이지애나(미국)	1967	이소부탄	사망 7명, 부상 13명
	루이지애나(미국)	1968	Oil Slops	사망 2명, 부상 15명
	일리노이(미국)	1972	프로필렌	부상 230명
	일리노이(미국)	1974	프로판	사망 7명, 부상 152명
	Flixborough(영국)	1974	사이클로헥산	사망 28명, 부상 89명
	비크(네덜란드)	1975	프로필렌	사망 14명, 부상 107명
	휴스턴(미국)	1989	폴리프로필렌 반응기 폭발	사망 24명, 부상 132명
	캘리포니아(미국)	1992	Texaco 정유공장 폭발	부상 16명
	지바현(일본)	1992	후지 정유공장 탈황설비 폭발	사망 9명, 부상 8명
	레바논	2013.01	농산물 처리공장 폭발	사망 1명, 부상 13명
	터키	2013.01	전기도금공장 폭발	사망 8명, 부상 13명
	멕시코	2013.02	국영 석유회사 폭발	사망 37명, 부상 100명 이상
	러시아	2013.02	석탄광산 폭발	사망 18명, 부상 3명
	미국	2013.03	주물공장 폭발	부상 10명
	일본	2013.04	용해로 폭발	사망 2명, 부상 2명
	미국	2013.04	텍사스 비료공장 폭발	사망 14명, 부상 200명
	중국	2013.05	화약공장 폭발	사망 23명, 부상 19명
	중국	2013.07	화학공장 폭발	사망 2명, 부상 7명
	중국	2013.07	탄광 폭발	사망 10명
	중국	2013.09	가스 폭발	사망 5명
	베트남	2013.10	폭죽공장 폭발	사망 24명, 부상 100여명
	멕시코	2013.10	사탕공장 폭발	사망 1명, 부상 40명
	중국	2013.11	폭죽공장 폭발	사망 11명, 부상 17명
	일본	2013.11	폐유처리공장 폭발	사망 2명, 부상 18명
	일본	2014.01	화학공장 폭발	사망 5명, 부상 12명
	방글라데시	2014.03	산소 실린더 폭발	사망 2명, 부상 10명
	벨기에	2014.03	1차 세계대전 포탄 폭발	사망 2명, 부상 2명
	중국	2014.04	광산 가스 폭발	사망 14명
	베트남	2014.04	용해된 쇳물 폭발	부상 13명
	자메이카	2014.04	배수관 폭발	사망 1명, 부상 7명
	미국	2014.04	텍사스 유전 폭발	사망 2명, 부상 9명
	미국	2014.07	GM 공장 폭발	사망 1명, 부상 수명
	미국	2014.07	물고기 기름공장 폭발	사망 1명, 부상 3명

재해형태	발생장소	날 짜	사고개요	피 해
폭발	중국	2014.08	자동차 부품공장 폭발	사망 69명, 부상 187명
	태국	2014.08	보일러 폭발	부상 22명
	미국	2014.08	재활용공장 폭발	사망 2명, 부상 1명
	인도	2014.08	보일러 폭발	사망 2명, 부상 2명
	불가리아	2014.10	공장 폭발 (폭발성 물질 10톤 이상 저장)	사망 15명, 부상 3명
	인도	2014.11	폭죽 제조공장 폭발	사망 3명
	중국	2014.11	석탄공장에서 폭발로 인한 화재	사망 24명, 부상 52명
	중국	2015.01	자동차 부품공장 폭발	사망 17명, 부상 20명
	우크라이나	2015.03	광산 폭발	사망 24명, 실종 9명
	중국	2015.03	석유화학공장 폭발	부상 14명 이상
	런던(영국)	2015.07	노위치 공업지구 공장 폭발	사망 2명
	중국	2015.07	폭죽창고 폭발	사망 21명
	이탈리아	2015.07	불꽃놀이제품 제조공장 폭발	사망 9명
	이집트	2015.07	가구공장 가스실린더 폭발	사망 25명
	나이지리아	2015.08	화학공장 폭발	사망 8명, 부상 100명
	멕시코	2015.08	정유공장 가스관 폭발	사망 5명
	방글라데시	2015	조선소 가스관 폭발	사망 4명 및 부상자 발생
	미국	2015	천연가스 발전소 폭발	사망 3명
	스페인	2016	바이오디젤 공장 폭발	사망 2명
	인도	2016	사탕수수 압착공장 보일러 폭발	사망 7명, 부상 8명
	베트남	2016	타일공장 가마 폭발	사망 2명
	미국	2016	가스관 폭발	사망 2명, 부상 1명
	중국	2016	발전소 폭발	사망 22명, 부상 4명
	파키스탄	2016	선박 해체작업 중 가스 폭발	사망 11명
	중국	2017	탄광 폭발	사망 8명, 부상 3명
	루트비히스하펜(독일)	2016	최대의 화학회사 시설에서 액화가스 폭발	사망 2명, 부상 6명
	우크라이나	2017	Lviv 지역에 위치한 탄광에서 가스 폭발	사망 8명, 부상 6명
	미국	2017.08	허리케인이 강타하여 침수로 화학공장의 냉각기 전원공급이 되지 않아 화학물질 온도상승 및 폭발	부상 10명
	미국	2018.05	화학공장 폭발	부상 20명
	중국	2018.07	화학공장 폭발	사망 13명
	중국	2019.03	농약공장 폭발	사망 47명, 부상 730명
	미국	2019.04	KMCO Crosby 화학공장 폭발 (Isobutylene)	사망 1명, 부상 2명

재해 형태	발생장소	날 짜	사고개요	피 해
화재	오하이오(미국)	1944	메탄 누출, 화재	사망 136명, 부상 77명
	페진(프랑스)	1966	LPG 누출로 BLEVE 현상의 화재 발생	사망 18명, 부상 90명
	뉴욕(미국)	1973	LPG 누출, 화재	사망 40명
	산타크루즈(멕시코)	1978	메탄 누출, 화재	사망 52명
	멕시코시티(멕시코)	1979	LPG 누출로 BLEVE 현상의 화재 발생	사망 650명, 부상 2,500명
	번스필드(영국)	2005	번스필드(Buncefield) 유류저장기에서 화재사고 발생	부상 43명
	사우디아라비아	2012.12	산업폐기물 처리공장 화재	사망 6명, 부상 10명
	방글라데시	2013.10	의료공장 화재	사망 10명
	남아프리카공화국	2014.02	금광 화재	사망 8명
	일본	2014.03	석유공장 화재	사망 6명
	인도	2014.08	재활용플라스틱 창고 화재	사망 4명
	중국	2015.11	채소 포장공장 화재	사망 18명, 부상 13명
	방글라데시	2015.01	플라스틱 공장 화재	사망 13명, 부상자 수십 명
	필리핀	2015	신발 제조공장 화재	사망 72명
	이집트	2015.07	가구공장 화재	사망 20명
	산둥성(중국)	2015	화학공장 화재	사망 1명, 부상 9명
	네팔	2015	건설현장 화재	사망 4명
	인도	2016	헬멧 공장 화재	사망 2명
	멕시코	2016	석유굴착 플랫폼 화재	사망 3명, 중상 7명
	사우디아라비아	2016	석유화학공장 화재	사망 12명, 부상 11명
	인도	2016	봉제공장 화재	사망 3명
	인도	2016	산업단지 화재	사망 5명, 부상 140명
	카타르	2016	근로자숙소 화재	사망 11명
	인도	2016	제지공장에서 건조기가 높은 증기압에 의해 폭발	사망 3명, 부상 19명
	인도	2016	불법 봉제공장 화재	사망 13명
	필리핀	2017	제조공장 화재	100명 이상 부상
	인도	2017	공기냉각기 공장 화재	사망 6명

재해 형태	발생장소	날 짜	사고개요	피 해
누출	포자리카(멕시코)	1950	포스겐 저장탱크에 누출사고	사망 10명, 부상 7명
	휠섬(독일)	1952	염소 누출사고	주민 등 수만 명 부상, 동·식물 대량 피해
	세베소(이탈리아)	1976	Dioxin 위험물질 누출	
	볼티모어(미국)	1978	SO_2 누출	근로자 100명 부상
	시카고(미국)	1978	H_2S 누출	사망 8명, 부상 29명
	보팔(인도)	1984	MIC 누출	사망 2,500명 이상, 부상 100,000명 이상
	미국	2013.08	냉동창고 일산화탄소 누출	사명 1명, 부상 16명
	터키	2013.08	선박 해체작업 중 가스 누출	사망 2명, 부상 8명
	중국	2013.08	암모니아 누출	사망 15명, 부상 25명
	독일	2013.10	이산화탄소 누출	사망 3명
	스페인	2013.10	광산가스 누출	사망 6명, 부상 5명
	미국	2013.11	광산가스 누출	사망 2명, 부상 20명
	영국	2014.09	일산화탄소 누출	사망 1명, 부상 3명
	미국	2014.11	메탄 누출	사망 4명, 부상 1명
	인도	2016	제지공장에서 유해가스 누출	사망 3명
	인도	2016	포스겐가스 누출	사망 4명, 부상 13명

별표 8 외국의 중대사고 사례

날 짜	발생장소	사고형태	위험물질	사 망	부 상	대 피
'70. 1. 24	인도네시아, 자바	탱크 화재	경유	50	—	—
12. 17	이란, 아그하자리	폭발	천연가스	34	>1	—
—	일본, 오사카	지하철 폭발	가스	92		
'71. 1. 11	영국, 샨넬	선박 충돌	석유화학	29	—	—
2. 3	미국, 우드바인	폭발	마그네슘	>25	61	
6. 26	폴란드, 체코위스	폭발	오일	33	—	—
'72. 1. 22	미국, 세인트루이스	폭발(철도)	프로필렌	—	230	>100
3. 30	브라질, 카시아스	공정고장	LPG	39	51	
4. 6	미국, 도라빌	화재	휘발유	2	161	
7. 1	멕시코, 치와와	폭발(철도)	부탄	>8	800	
'73. 2. 10	미국, 스테이튼섬	폭발	가스	40	2	—
8. 29	인도네시아, 자카르타	화재 · 폭발	불꽃화약	52	24	>10
—	체코	폭발	가스	47	—	—
'74. 4. 26	미국, 시카고	누출(저장)	사염화물	1	300	2,000
4. 29	미국, 이글패스	도로운송	LPG	17	34	
4. 30	일본, 요카이치	선박운송	염소	—	521	—
6. 1	영국, 플릭스보로	폭발	사이크로헥산	28	104	3,000
7. 19	미국, 데카투어	철도운송	이소부탄	7	349	—
9. 21	미국, 휴스턴	폭발(철도)	부타디엔	1	235	1,700
1. 31	인도, 알라바미드	폭발(철도)	화기작업	42	—	—
11. 9	일본, 도쿄만	충돌 · 폭발	납사	33	—	—
12. 27	스페인, 말라가	누출	염소	4	129	
—	일본, 미츠시마	바다 근처에서 누출	중유	—	—	—
'75. 1. 31	미국, 마커스훅	선박운송	원유, 페놀	26	35	
5. 11	미국, 휴스턴	—	암모니아	6	178	
6. 16	독일, 아인스텐	창고 화재	산화질소	—	—	10,000
12. 14	미국, 나이아가라	폭발	염소	4	176	—
—	인도, 차스날라	산업체	—	431	—	—
'76. 2. 23	미국, 휴스턴	사이로 폭발	곡물 분진	7	—	10,000
3.	미국, 디어파크	도로운송	암모니아	5	200	—
4. 13	핀란드, 라푸아	폭발	화약	43	>70	
7. 10	이탈리아, 세베소	대기누출	TCCD(다이옥신)	—	>200	730
12. 10	미국, 바톤루즈	폭발(공장)	염소	—	—	10,000
12.	콜롬비아, 카사딘	폭발	암모니아	30	30	—
3. 7	멕시코, 쿠나바카	누출	암모니아	2	500	2,000
'77. 6. 19	멕시코, 푸에블라	누출	염화비닐	1	5	>10,000
7. 13	미국, 록우드	도로운송	브롬화수소	1	30	>10,000
10. 7	미국, 미시간	누출	염소	—	>50	>13,000
11. 12	대한민국, 이리	폭발(철도운송)	다이너마이트	57	1,300	—

날 짜	발생장소	사고형태	위험물질	사 망	부 상	대 피
12. 23	미국, 웨스트웨고	폭발(저장)	옥수수 분진	35	9	—
—	콜롬비아, 파사카볼로	—	암모니아	30	22	—
'78. 2.	미국, 영스타운	누출(철도운송)	염소	8	138	—
3. 2	캐나다, 온타리오	관로	LPG	—	—	20,000
6. 12	일본, 센다이	저장	원유	21	350	—
6.	미국, 코빙턴	누출(저장)	염소	—	240	—
7. 7	튀니지, 마누바	폭발	질산암모늄	3	150	—
7. 11	스페인, 산카를로스	도로운송	프로필렌	216	200	—
7. 15	멕시코, 질라도텍	폭발(도로운송)	가스	100	200	—
8. 3	이탈리아, 만프레도니아	공장	암모니아	—	—	10,000
11. 2	멕시코, 센치마갈	관로폭발	가스	41	32	—
'79. 1. 8	이레랜드, 밴트리만	폭발(해양운송)	오일, 가스	50	—	—
2.	폴란드, 바르샤바	누출, 폭발	가스	49	77	—
3. 28	미국, 스리마일섬	반응기 고장	핵	—	—	200,000
4. 12	파키스탄, 라왈핀디	폭발	불꽃화약	>30	100	—
6. 3	태국, 팽나가	폭발	오일	50	15	—
6. 3	멕시코만	플랫폼 파손	오일	—	—	—
7. 5	미국, 멤피스	폭발	메틸파라치온	—	150	>2,000
7. 2	타바고, 캐리비안해	화재	원유	26	—	—
10. 1	그리스, 수다만	폭발(다른 배에 옮김)	프로판	7	140	—
11. 1	미국, 가브레스톤만	폭발	원유	32	—	—
11. 11	캐나다, 미시소가	폭발(철도운송)	염소, LPG	—	—	226,000
11. 15	터키, 이스탄불	폭발(해양)	원유	52	>2	—
12. 25	미국, 켄드릭만	항해 중	—	30	—	—
—	러시아, 노보시비르스크	공장	화학물질	300	—	—
'80. 3. 11	아프리카	폭발	원유	36	—	—
4. 3	미국, 서머빌	철도운송	삼염화인	—	418	23,000
5. 3	인도, 맨디아아소드	공장폭발	화약	50	—	—
6. 5	말레이시아, 포트클랑	화재	화학제품	3	200	>3,000
8. 16	일본, 시즈오카	폭발	프로판	14	199	—
8. 19	이란, 데보로스	화재·폭발	다이너마이트	80	45	—
11. 16	태국, 방콕	군수장비 폭발	화약	54	353	—
11. 24	터키, 다나시오바시	사용	부탄	107	—	—
11. 29	스페인, 오르투엘라	폭발	프로판	51	90	—
—	미국, 알래스카	플랫폼 화재	오일	51	—	—
—	이탈리아, 로마	선박 충돌	오일	25	26	—
'81. 2. 13	미국, 루이스빌	누출, 폭발	헥산	—	4	>100
5. 19	미국, 푸에르토리코	누출	염소	—	200	1,500
6. 1	미국, 게이스마르	누출	염소	—	125	—
7. 23	미국, 브릴더	누출(도로운송)	질산	—	—	15,000
8. 4	멕시코, 몬타나주	철도운송	염소	28	1,000	5,000
8. 21	미국, 샌프란시스코	도로운송	사염화실리콘	—	28	7,000
8. 25	미국, 샌프란시스코	누출(배관)	오일, PCB	—	—	30,000

날 짜	발생장소	사고형태	위험물질	사 망	부 상	대 피
─	미국, 빙햄톤	사무실 화재	PCB	─	─	─
'82. 3. 5	호주, 멜버른	운송	부타디엔	─	>1,000	─
4. 25	이탈리아, 토니	폭발(사용 중)	가스	34	140	─
9. 28	미국, 리빙스톤	탈선, 화재	화학물질	─	─	3,000
12. 11	미국, 타후트	폭발	아크로레인	─	─	20,000
12. 19	베네수엘라, 타코아	탱크폭발	연료유	>153	500	40,000
12. 22	미국, 베논	누출	메틸아크로레이트	─	355	─
'83. 5.	이집트, 나일강	폭발(운송)	LPG	317	44	─
5. 7	터키, 이스탄불	폭발(사용)	─	42	50	─
8. 31	브라질, 포주카	화재, 폭발	휘발유	42	>100	>1,000
9. 29	인도, 두출와리	폭발	휘발유	41	>100	─
10. 10	니카라과, 코린토	탱크폭발	연료유	─	17	25,000
11. 3	인도, 두라바리	화재	오일	76	>60	─
'84. 1. 22	미국, 사우겔	사업장	사염화인	─	125	─
2. 25	브라질, 쿠바타오	관로폭발	휘발유	89	─	2,500
5. 10	미국, 피바리	가죽공장 화재	벤젠	1	125	>100
8. 16	브라질, 리오데자네이로	누출, 플랫폼 화재	가스	36	19	─
9. 3	미국, 오마하	누출(저장)	질산	─	─	10,000
10. 6	미국, 린덴	탱크과열	파라치온	─	161	─
10. 30	인도네시아, 자카르타	화재	탄약	>14	>200	10
11. 19	멕시코, 세인트J	폭발(저장탱크)	LPG	>500	2,500	>200,000
12. 3	인도, 보팔	누출	MIC	2,800	50,000	200,000
12. 17	멕시코, 마파오로스	운송	암모니아	─	182	3,000
12.	파키스탄, 가리도다	배관폭발	가스	60	─	─
─	루마니아	공장	화학물질	100	100	─
─	미국, 덴버	누출(저장)	휘발유	─	─	─
'85. 1. 21	미국, 린덴	사업장	디메토에이트	─	200	─
3.	인도네시아, 자카르타	누출(공장)	암모니아	─	130	─
4. 13	캐나다, 케노라	도로수송	PCB	─	─	─
5. 14	인도, 코친	누출	헥사사이클로펜타디엔	─	200	─
5. 19	이탈리아, 프리오로	누출	프로필렌	─	─	>20,000
5. 26	스페인, 알게시라스	다른 선박에 선적 중	오일	33	37	─
6. 22	미국, 아나에임	화재(저장)	살충제	─	12	10,000
2. 26	미국, 코첼라	화재	살충제	─	236	2,000
7. 16	미국, 세다래피드	하수처리장	폴리베닐클로라이드	─	56	10,000
8. 15	미국, 연구소	누출	알디칼르복심	─	430	3,100
8. 26	미국, 사우스찰레스톤	누출	염화수소	─	135	─
9.	인도, 타밀나두	운송	휘발유	60	─	─
11. 1	인도, 파다발	화재	휘발유	>43	82	─
12. 4	인도, 뉴델리	누출	황산	1	340	>10
─	인도	─	염소	1	150	─
'86. 4. 26	러시아, 체르노빌	반응기폭발	핵	31	299	135,000
7. 8	미국, 미아미스버그	화재(철도운송)	인산	─	400	40,000

날 짜	발생장소	사고형태	위험물질	사 망	부 상	대 피
9. 19	영국, 헤멜헴스테드	도로운송	산화납	—	150	—
12. 25	멕시코, 카데나스	누출(관로)	가스	—	2	>20,000
11. 1	스위스, 바젤	창고화재	화학물질	—	—	—
—	미국, 노스빌	오일터미널에서 누출	휘발유	—	—	—
—	이탈리아, 내풀스	—	석유	5	150	2,000
—	미국, 린치버그	운송	염화산화인	—	125	—
'87. 3. 24	미국, 난티초크	화재	황산	—	—	18,000
4. 4	미국, 미노	화재	파라치온	—	20	10,000
4. 11	미국, 피츠버그	열차탈선	인	—	14	16,000
4. 14	미국, 설트레이크시	누출	삼염화에틸렌	1	6	30,000
6. 24	인도, 보팔	누출	암모니아	—	—	200,000
7. 7	미국, 아나우	철도운송	염소	—	200	—
7. 17	독일, 헤르본	철도운송	휘발유	6	24	—
10. 29	프랑스, 낭트	화재	비료	—	24	25,000
10. 30	미국, 텍사스시	공정사고	불산	—	255	4,000
12. 5	스페인, 라코로그네	해양에서 화재	나트륨	23	—	20,000
12. 15	멕시코, 미나티트란	공정사고	AN	—	>200	1,000's
12. 21	이집트, 알렉산드리아	폭발	스모크폭탄	8	142	>1,000
—	중국, 상해	잘못 사용	비료	—	1,500	30,000
—	중국, 광주 지역	—	메탄올	55	3,600	—
'88. 1. 2	미국, 홀로레훼	누출(저장)	디젤	—	—	—
4. 10	파키스탄, 이슬라마바드	폭발(저장)	폭발물	>100	3,000	—
4. 22	캐나다, 해양	폭발(운송)	휘발유	29	—	—
5. 5	미국, 헨더슨	폭발, 화재	과염화암모니아	2	350	17,000
5. 6	중국, 리유탄슈	폭발	석탄가스	45	5	—
5. 23	미국, 로스엔젤레스	화재	화학물질	—	—	11,000
5. 25	멕시코, 치화화	폭발(저장)	오일	—	7	15,000
6. 4	러시아, 아르자마스	폭발(철도운송)	폭발물	73	230	90,000
6. 8	프랑스, 투어스	화재	화학물질	—	3	200,000
6. 15	이탈리아, 제노아	폭발	수소	3	2	15,000
6. 17	미국, 스프링휠드	누출, 화재	차아염소산소다	—	275	20,000
6. 23	멕시코, 몽떼리	폭발	휘발유	4	15	10,000
7. 4	미국, 차크노무니아	누출(운송)	살충제	—	—	20,000
7. 6	영국, 북해	폭발, 화재(프랫폼)	오일, 가스	167	—	—
8. 23	캐나다	화재	PCB	—	—	3,800
9. 3	미국, 로스엔젤레스	공정사고, 누출	차아염소산소다	—	37	27,000
9. 4	미국, 로스엔젤레스	2차 누출	차아염소산소다	—	7	20,000
9. 23	유고, 시배닉	공정사고, 화재	비료	—	—	>60
10. 4	러시아, 세버드로브스크	폭발(철도운송)	폭발물	5	1,020	—
10. 22	중국, 상해	정유공장 폭발	석유화학물질	25	17	—
11. 9	인도, 봄베이	정유공장 화재	오일	35	16	—
11. 15	영국, 서브로미치	누출	질산	—	22	50,000
11. 31	방글라데시, 치타공	폭발	가연성 증기	33	—	—

날 짜	발생장소	사고형태	위험물질	사 망	부 상	대 피
12. 1	중국	폭발	가스	45	23	—
12. 11	멕시코, 멕시코시	폭발	불꽃화약	62	87	—
12. 22	인도, 쥬루쿨리	누출	이산화황	—	500	
'89. 1. 5	미국, 로스엔젤레스	누출	염소	—	—	11,000
1. 17	인도, 바하틴다	누출	암모니아	—	500	
1. 19	중국, 헤난	폭발	불꽃화약	27	22	
3. 20	러시아, 이오나바	폭발화재	암모니아, 비료	6	53	30,000
5. 5	인도, 브리타니아 초우크	누출	염소	—	200	
6. 4	러시아, 아차우하	폭발(관로)	가스	575	623	
9. 21	러시아, 유르가	폭발	탄약	1	3	20,000
10. 23	미국, 파서다나	폭발	에틸렌	23	125	1,300
11. 16	파키스탄, 가란차쉬	폭발	탄약	40	>20	
'90. 1. 17	독일, 알스휄드	트럭에서 누출	염소	—	>182	
3. 18	한국, 대산	누출	황화수소	—	>100	>10,000
4.	인도, 바스티	음식에 독성	설프리오스	150	>150	
4.	인도, 패트나 인근	누출(운송사고)	가스	100	100	
4. 1	호주, 시드니	화재·폭발(저장)	BLEVE	—	—	10,000
4. 9	미국, 와렌	폭발, 화재	부탄	—	—	
6. 22	한국, 울산	누출	초산	—	36	>10,000
7.	인도, 럭나우	냉동공장 누출	암모니아	—	200	
7. 5	미국, 샨넬비유	폭발	화학물질	—	—	
7. 22	한국, 울산	폭발	부탄	—	—	>10,000
9. 25	태국, 방콕	운송사고	LPG	>51	>54	—
11. 3	미국, 찰메트	정유공장 폭발	증기운			
11. 5	인도, 나고타네	누출	에탄, 프로판	32	22	
11. 25	미국, 덴버	화재(공항 연료저장)	등유			
11. 30	사우디, 라스탄	정유공장 화재	등유, 벤젠	—	—	
—	인도, 패트나 인근	열차에서 폭발	가스	95	100	
—	인도, 우타 파라데쉬	식품공장	독성물질	150	—	
'91. 1. 12	미국, 포트오더	정유공장 화재	석유	—	—	
2. 14	한국, 대산	폭발	수소	—	2	
2. 15	태국, 방콕	운송사고	다이너마이트	171	100	
3. 3	미국, 레이크찰스	폭발, 화재	석유	—	—	
3. 11	멕시코, 코차콜로아스	폭발(석유화학)	염소	2	122	
3. 12	미국, 씨드리프트	폭발(화학공장)	메탄, 기타	—	—	
4. 10	이탈리아, 리보노	폭발	석유	141	—	
4. 13	미국, 싸위니	정유공장 폭발	석유	—	—	
5. 6	미국, 헨데르손	공장에서 누출	염소	—	55	15,000
5.	미국, 스틸링톤	공장에서 폭발	니트로메탄	>8	>123	500
5. 21	멕시코, 멕시코시	운송사고	염산	—	200	
5. 30	프랑스, 베르엘땅	누출(화학공장)	에틸렌	—	4	
5. 30	중국, 동부강	화재(섬유공장)	—	71	—	

날 짜	발생장소	사고형태	위험물질	사 망	부 상	대 피
6. 15	프랑스, 세크린	화재(사무실)	플라스틱	–	–	–
6. 20	방글라데시, 다카	폭발	비료	8	22	
7. 12	인도, 미남팔티	폭발(불꽃제조공장)	불꽃화약	38	–	
8. 21	호주, 멜버른	화재(저장탱크)	독성화학물질 증기운	–	–	>1,000
9. 3	영국, 이밍햄	공정사고(비료)	독성화학물질 증기운	–	127	–
9. 3	미국, 햄릿	저장창고폭발	화학물질	25	41	
10.	인도, 신봄베이	운송사고	암모니아	1	150	
10.	인도, 후디아나	시장	불꽃화약	>40		
10. 5	스위스, 나이온	PVC공장누출	염소	–	–	12,000
11. 3	미국, 비몽트	정유공장화재	탄화수소	–	–	
11.	인도, 메드란	운송사고(누출)	인화성 액체	93	25	
12.	인도, 켈커타	누출(배관)	염소	–	200	
12. 5	미국, 리치몬드	밸브결함	분진, 검정방출	–	300	
12. 10	독일, 젤스엔크리히	누출·폭발	정유제품	–	8	
–	이디오피아, 아디스아바바	폭발	탄약	100	200	
–	말레이시아, 칼라룸푸르	폭발	불꽃화약	41	61	
'92. 2. 23	한국, 광주	폭발(저장탱크)	LPG	–	16	20,000
3. 24	세네갈, 다카르	땅콩공장사고	암모니아	>40	>300	–
4. 22	멕시코, 가달라자라	도시하수구 폭발	오일, 가스	>206	>1,500	500
4. 29	인도, 뉴델리	폭발(창고)	화학물질	43	20	–
6. 20	리비아, 알산노우아니	공장폭발	불꽃화약	17	143	
6. 30	미국, 달라스	열차탈선	벤젠	–	20	80,000
7. 28	미국, 웨스트레이크	폭발(화학공장)	–	–		
8. 22	미국, 리치몬드	누출	질산	–	130	–
10. 8	미국, 웰링톤	누출(정유)	수소, 탄화수소	–	–	
10. 16	일본, 소데가우라	누출, 폭발	수소	10	7	
10. 23	독일, 쉬코파우	누출	염소	–	186	
11. 9	프랑스, 쉬래우네우	누출(정유)	프로판, 부탄, 납사	6	1	–
–	인도, 크하디	폭발(군수공장)	–	10	3	200
'93. 2. 9	프랑스, 코닐레	화재	플라스틱	–	–	–
2. 22	독일, 프랑크푸르트	누출	오르소니트로아니졸	–	1	
4. 6	벨기에, 마첼렌	폭발·화재	용매	–	–	>100
5. 10	태국, 낙혼	완구공장화재	플라스틱	240	547	–
7. 26	미국, 리치몬드	누출	황산	–	>6,250	–
7. 27	프랑스, 에브리	화재·폭발(인쇄기)	화학물질	–	–	
8. 2	미국, 베이튼루즈	누출·화재	탄화수소	–	–	
8. 6	중국, 쉐첸	창고폭발	화학물질, 가스	>12	168	
8. 20	프랑스, 리모끼스	가게화재	플라스틱	–	2	–
8. 24	프랑스, 미랑드	화재·폭발	플라스틱	–	–	
9. 19	중국, 구이용	인형공장화재	–	81	19	

날 짜	발생장소	사고형태	위험물질	사 망	부 상	대 피
9. 28	베네수엘라, 테제리아스	하수구폭발	가스	53	35	—
10. 11	중국, 배회	폭발	천연가스	70	—	—
11. 4	베트남, 남케	누출·폭발(관로)	—	39	62	—
—	홍콩, 난핑	폭발	불꽃화약	27	2	—
'94. 1. 24	프랑스, 노이엘레스간	폭발	아연	—	9	—
2. 17	프랑스, 듀케이	화재	폴리우레탄	—	7	—
3. 8	스위스, 취리히	화물열차탈선	휘발유	—	7	120
3. 30	프랑스, 코베보이	누출	가스	1	59	—
5. 7	대만, 가오슝	폭발(화학공장)	플라스틱	1	—	—
5. 27	미국, 벨프레	화재(화학공장)	스티렌	3	—	1,000
6. 17	중국, 쥬하이	섬유공장폭발	—	76	150	20miss
7. 12	한국, 서울 아현동	시내에서 폭발	LNG	7	50	>10,000
7. 24	영국, 펨브르크	정유공장폭발		—	26	—
7. 26	한국, 인천	폭발(의약품)	HOBT	6	39	>10,000
8. 2	중국, 광익스	폭발(저장)	다이나마이트, 폭발물	73	99	
8. 23	프랑스, 바라노드	화재(육가공공장)	화학물질	—	—	—
10.	인도, 태인	운송사고	염소	4	298	—
10. 4	인도, 미드야	폭발(저장)	폭죽	30	100	—
11.	이집트, 드로우카	Flash Flood	연료유	>200	—	—
11. 13	인도, 뉴델리	화학약품상화재	독성물질증기운	—	500	—
12. 28	베네수엘라	관로폭발	—	50	10	—
12.	모잠비크, 팔메이라	운송사고	가스	36	—	—
'95. 3. 12	인도, 마드라스	운송사고	연료	~100	23	—
4. 28	한국, 대구	지하철공사장폭발	LPG	101	140	>10,000
5. 14	프랑스, 제라과드머	섬유공장화재	염료	—	7	—
7. 15	프랑스, 안네시	폭발·화재	가스	—	4	—
7. 15	이란, 아스타라	누출	염소	3	200	—
7. 16	브라질, 보퀘레이로	창고폭발	군수품	100	—	—
7. 24	프랑스, 볼츠네임	화재	폭발	—	1	—
9. 10	스위스	화재(시계공장)	윤활유	—	—	—
10. 24	인도네시아, 실라카프	정유공장화재·폭발	가스	—	—	—
11. 3	아르헨티나, 리오테르세로	공장폭발	군수품	13	—	>10,000
11. 8	자마이카, 킹스톤	폭발·화재	화학물질	—	—	—
12.	인도, 마하라스투라	운송사고	암모니아	—	2,000	—
12. 24	프랑스, 듀레욱스	화재(자동차장비공장)	삼염화에틸렌	—	3	—
'96. 1. 1	중국, 규조우	식수오염	화학물질	—	407	—
1. 11	러시아, 토야티	화학공장폭발	화학물질	—	—	—
1. 31	중국, 샤우양	폭발(저장)	폭발물	125	400	—
2. 15	아프카니스탄, 가불	폭발	군수품	60	>125	—
2. 20	멕시코, 멕시코시	폭발(화학공장)	메르캅탄	—	>125	>100
6. 29	중국, 피아	공장폭발	—	36	52	—
7. 16	하이티	약물중독	디에틸렌글리콜	>60	—	—
7. 19	토고	탱크로리 사고		40	—	—

날 짜	발생장소	사고형태	위험물질	사 망	부 상	대 피
8. 1	중국	관로 폭발	석유	40	57	−
8. 6	프랑스, 헤일리에코트	운송사고	염소	>20	>125	<1,000
'97. 1.	파키스탄, 라오레	운송사고	염소	>25	>125	1,000
1.	인도, 뭄바이	화물터미널	유황	−	−	−
1.	미국, 마르티네츠	화재 · 폭발	탄화수소	1	>44	−
2. 19	러시아, 카바로브스크	폭발(화학공장)	염소	1	208	
1. 21	인도, 보팔	누출(운송사고)	암모니아		400	
3. 8	프랑스, 아네린	화재	플라스틱	−	−	
4. 1	살바도르, 아카주라	세척제 공장	염소	−	400	>100
6. 22	미국, 디어파크	증기운 폭발	탄화수소	−	1	
7. 3	터키, 키릭칼레	군수품 폭발	군수품, 불꽃화약	1	1	200,000
7. 4	에콰도르, 퀴트	폭발	군수품	3	187	
9. 14	인도, 위시카합튼람	정유공장 화재	−	>22	15	>70,000
9. 20	중국, 진지양	신발공장 화재	−	32	4	
10. 25	남아공화국, 스랭거	도로사고	석유, 벤젠	34	2	
11. 22	프랑스, 세인트니콜라스	화재(육가공 공장)	플라스틱	−	−	
'98. 1. 24	중국, 북경	폭발(도로사고)	불꽃화약	40	100	
2. 14	카메룬, 야운시	운송사고	석유제품	120	130	
'99. 12. 2	태국, 샘차방	누출(운송사고)	석유	7	15	
'00. 5. 13	네덜란드, 엔쉐드	화약폭발	불꽃화약	20	600	
6. 25	쿠웨이트, 아라메드	가스누출	탄화수소	5	50	
'11. 1. 29	인도 하도이	가스누출	포스젠	3	7	
6. 13	영국 링컨셔	폭발	알코올	5	1	
'12. 4.	캐나다 브리티시컬럼비아	폭발	분진	2	22	
4.	일본 서부	폭발	접착제	1	16	
6. 14	인도, 안드라 프라데시	폭발	가스	11	16	
'13. 1. 31	멕시코	폭발	인화성 가스	37	100	
2. 11	러시아	폭발	메탄가스	18	3	
2. 25	일본 도쿄	누출	니켈도금 박리액	−	−	
'14. 2. 6	남아공 요하네스버그	화재	−	8	9	
5. 30	필리핀 마닐라	화재	−	8		
8. 2	중국 장수성	폭발	알루미늄 분진	69	187	
8. 17	태국	폭발	−	−	22	
8. 28	인도 타밀나두	화재	−	4	−	
'15. 3. 4	우크라이나 도네츠크	폭발	메탄가스	33	−	
3. 14	필리핀 발렌수엘라	화재	고무원료	72	−	
10. 8	미국 루이지애나	폭발	천연가스	3	−	

자료 : OECD, MHIDAS, TNO, SEI, SIGMA, UNEP, BARPI, 한국산업안전보건공단 재해사례

별표 9   KOSHA GUIDE 공정안전지침(P) 목록

숫 자	지침번호	지침명
1	P-21-2010	불산 취급공정의 안전에 관한 기술지침
2	P-6-2011	인화성 액체의 분무 공정에서 화재폭발 예방에 관한 가이드
3	P-7-2011	이동식 인화성 액체 저장용기의 안전에 관한 가이드
4	P-72-2011	옥외 불꽃공연에 관한 안전기술지침
5	P-73-2011	사업장 소방대의 안전활동기준에 관한 기술지침
6	P-74-2011	포장된 위험물의 창고저장에 관한 기술지침
7	P-75-2011	인화성 액체의 안전한 사용 및 취급에 관한 기술지침
8	P-76-2011	화학물질을 사용하는 실험실 내의 작업 및 설비안전 기술지침
9	P-77-2011	원격차단밸브의 선정 및 설치에 관한 기술지침
10	P-78-2011	정유 및 석유화학공정의 핵심성과지표 활용에 관한 기술지침
11	P-79-2011	기계공장에 대한 위험과 운전분석기법(M-HAZOP)
12	P-80-2011	불활성 가스 치환에 관한 기술지침
13	P-118-2012	체크리스트를 활용한 공정안전지침
14	P-119-2012	노후설비의 관리에 관한 기술지침
15	P-120-2012	설계 및 재설계 과정에서의 재해예방 기술지침
16	P-121-2012	공기분리설비의 안전설계 및 운전에 관한 기술지침
17	P-122-2012	반도체 공정에서 가스를 취급하는 벌크시스템의 안전에 관한 기술지침
18	P-123-2012	공업용 가열로의 안전에 관한 기술지침
19	P-124-2012	파열판 점검 및 교환 등에 관한 기술지침
20	P-125-2012	화학제품의 취급 등에 관한 기술지침
21	P-126-2012	이황화탄소 드럼작업에 관한 기술지침
22	P-127-2012	반도체 제조공정의 안전작업에 관한 기술지침
23	P-128-2012	금속분진 취급 공정의 화재폭발예방에 관한 기술지침
24	P-56-2012	발포플라스틱의 보관 시 화재예방 기술지침
25	P-1-2012	공기를 이용한 가연성 물질의 안전운송에 관한 기술지침
26	P-2-2012	저장탱크 과충전방지에 관한 기술지침
27	P-3-2012	소형탱크 세정작업을 위한 안전에 관한 기술지침
28	P-4-2012	공장건물의 위험관리에 관한 기술지침
29	P-5-2012	인쇄공정에서 유기용제의 화재폭발 위험 관리에 관한 기술지침
30	P-8-2012	위험성평가 실시를 위한 우선순위 결정기술지침
31	P-9-2012	PVC 제조공정의 화재폭발 위험성평가 및 비상조치 기술지침

숫 자	지침번호	지침명
32	P-10-2012	소형 염소설비의 안전작업 기술지침
33	P-11-2012	발포폴리스티렌의 취급 시 화재예방 기술지침
34	P-12-2012	전자산업에서의 특수가스 취급안전 기술지침
35	P-14-2012	FRP 제조 시 화재폭발 위험관리 기술지침
36	P-15-2012	위험기반검사(RBI) 기법에 의한 설비의 신뢰성 향상 기술지침
37	P-16-2012	반도체 제조설비의 화재방지 및 방호기술지침
38	P-17-2012	침지탱크의 작업안전관리 기술지침
39	P-18-2012	인화성 물질의 누출에 대한 안전조치 기술지침
40	P-19-2012	공정안전문화 향상 기술지침
41	P-20-2012	회분식공정의 인적오류 사고방지 기술지침
42	P-22-2012	드라이크리닝 공정의 안전관리 기술지침
43	P-23-2012	연료가스 배관의 사용전 작업의 위험관리에 관한 기술지침
44	P-24-2012	탄화수소 상압저장탱크의 연마작업 시 폭발방지를 위한 안전작업 기술지침
45	P-25-2012	화재방지를 위한 방화벽 및 방화방벽 설치에 관한 기술지침
46	P-26-2012	인화성 액체의 혼합작업에 관한 기술지침
47	P-27-2012	폐용제 회수작업에 관한 기술지침
48	P-28-2012	선박용기에서 가스위험제어를 위한 안전관리 기술지침
49	P-29-2012	수소누출감지기에 관한 기술지침
50	P-30-2012	수소충전소의 안전에 관한 기술지침
51	P-31-2012	인화성 액체 이송용 탱크차량의 안전에 관한 기술지침
52	P-32-2012	산소공급설비의 안전기술지침
53	P-33-2012	건조염소 배관시스템에 관한 기술지침
54	P-34-2012	인화성 액체 드럼 보관장소의 화재예방에 관한 기술지침
55	P-35-2012	소규모 사업장의 화기작업 안전에 관한 기술지침
56	P-36-2012	펄프 지류 제조업의 안전관리에 관한 기술지침
57	P-37-2012	인화성 잔류물이 있는 탱크의 청소 및 가스제거에 관한 기술지침
58	P-38-2012	발열화학반응의 위험에 관한 일반 안전기술지침
59	P-39-2012	위험물질의 운송사고 시 비상대응에 관한 기술지침
60	P-40-2012	공정안전 성과지표 작성에 관한 기술지침
61	P-41-2012	분진 폭발방지를 위한 폭연방출구 설치방법에 관한 기술지침
62	P-42-2012	주정 증류공정의 안전에 관한 기술지침
63	P-43-2012	화학설비의 소방용수 산출 및 소방펌프 유지관리에 관한 기술지침
64	P-44-2012	장난감용 불꽃 안전저장 및 취급에 관한 기술지침
65	P-45-2012	산화성 액체 및 고체의 안전관리에 관한 기술지침

숫 자	지침번호	지침명
66	P-46-2012	클린룸의 안전관리에 관한 기술지침
67	P-47-2012	자동차용 수소연료전지 시스템의 안전에 관한 기술지침
68	P-48-2012	압축가스 실린더의 압력방출장치에 관한 기술지침
69	P-49-2012	분진폭발위험이 있는 설비의 공정시스템 선정에 관한 기술지침
70	P-50-2012	유해 폐기물 취급 및 비상대응에 관한 기술지침
71	P-51-2012	경고표지를 이용한 화학물질 관리에 관한 기술지침
72	P-52-2012	공장 및 장치의 안전격리에 관한 기술지침
73	P-53-2012	발열반응 공정의 사고 예방 및 방호에 관한 기술지침
74	P-54-2012	아세틸렌 제조 및 충전 공정의 안전관리에 관한 기술지침
75	P-55-2012	황을 사용하는 공정의 화재 및 폭발 방지에 관한 기술지침
76	P-57-2012	사업장의 방화문 및 내화창 안전관리 기술지침
77	P-58-2012	위험물질 사고대응에 관한 기술지침
78	P-59-2012	염산 및 질산의 탱크 저장에 관한 기술지침
79	P-60-2012	암모니아 냉매설비의 안전관리 기술지침
80	P-61-2012	지하매설 저장탱크의 안전진입에 관한 기술지침
81	P-62-2012	유기도료 제조설비의 안전관리 기술지침
82	P-63-2012	공기조화 및 환기설비의 안전관리 기술지침
83	P-64-2012	정유 및 석유화학 공정에서 황화철 취급에 관한 안전관리 기술지침
84	P-65-2012	폭주반응에 대비한 파열판 크기 산출에 관한 기술지침
85	P-66-2012	연소 소각법에 의한 휘발성 유기 화합물(VOC) 처리설비의 기술지침
86	P-67-2012	폭주반응 예방을 위한 열적 위험성평가에 관한 기술지침
87	P-68-2012	알루미늄 분진의 폭발방지에 관한 기술지침
88	P-69-2012	화학공정 설비의 운전 및 작업에 관한 안전관리 기술지침
89	P-70-2012	화염방지기 설치 등에 관한 기술지침
90	P-71-2012	건조설비설치에 관한 기술지침
91	P-81-2012	위험성평가에서의 체크리스트(Check list) 기법에 관한 기술지침
92	P-82-2012	연속공정의 위험과 운전분석(HAZOP) 기법에 관한 기술지침
93	P-83-2012	사고예상질문분석(WHAT-IF) 기법에 관한 기술지침
94	P-84-2012	결함수분석기법
95	P-85-2012	이상위험도 분석기법 기술지침
96	P-86-2012	회분식 공정에 대한 위험과 운전분석기법에 관한 기술지침
97	P-87-2012	사건수 분석기법에 관한 기술지침
98	P-88-2012	사고피해영향 평가에 관한 기술지침
99	P-89-2012	회분식공정의 안전운전지침

숫 자	지침번호	지침명
100	P-90-2012	작업자 실수분석 기법에 관한 기술지침
101	P-91-2012	화학물질폭로영향지수(CEI) 산정지침
102	P-92-2012	누출원 모델링에 관한 기술지침
103	P-93-2012	유해위험설비의 점검 정비 유지관리지침
104	P-96-2012	공정안전에 관한 근로자 교육훈련 기술지침
105	P-97-2012	가동전 안전점검에 관한 기술지침
106	P-98-2012	변경요소관리에 관한 기술지침
107	P-99-2012	자체감사에 관한 기술지침
108	P-100-2012	공정사고 조사계획 및 시행에 관한 기술지침
109	P-101-2012	비상조치계획 수립에 관한 기술지침
110	P-103-2012	위험도 계산카드 사용기법에 관한 기술지침
111	P-104-2012	휘발성 유기화합물(VOC) 처리에 관한 기술지침
112	P-107-2012	최악의 누출 시나리오 선정에 관한 기술지침
113	P-108-2012	안전운전절차서 작성에 관한 기술지침
114	P-109-2012	유기과산화물 및 그 제제의 저장에 관한 기술지침
115	P-110-2012	화학공장의 피해 최소화 대책 수립에 관한 기술지침
116	P-111-2012	공정안전성 분석(K-PSR) 기법에 관한 기술지침
117	P-113-2012	방호계층분석(LOPA) 기법에 관한 기술지침
118	P-114-2012	화학설비 및 부속설비에서 정전기의 계측 제어에 관한 기술지침
119	P-115-2012	정유 및 석유화학 공장의 소방설비에 관한 기술지침
120	P-116-2012	경보시스템의 효율적인 관리에 관한 기술지침
121	P-117-2012	화학보호의의 선정, 사용 및 유지에 관한 기술지침
122	P-94-2013	안전작업허가 지침
123	P-102-2013	사고피해예측 기법에 관한 기술지침
124	P-133-2013	화학공장의 인터록 관리에 관한 기술지침
125	P-134-2013	설비 배치에 관한 기술지침
126	P-135-2013	인화성 가스 검지 및 경보장치 등의 설치 및 유지보수에 관한 기술지침
127	P-136-2013	독성 가스검지 및 경보장치 등의 설치, 운전 및 보수에 관한 기술지침
128	P-137-2013	산소 검지 및 경보장치 등의 설치, 운전 및 유지보수에 관한 기술지침
129	P-138-2013	산소 과잉 분위기의 화재 위험성 및 방지대책에 관한 기술지침
130	P-139-2013	가스용기의 비상조치방법에 관한 기술지침
131	P-140-2013	작업안전분석(Job safety analsis) 기법에 관한 기술지침
132	P-129-2013	화학공장 계측기의 관리 및 점검에 관한 기술지침
133	P-130-2013	화학설비 고장율 산출기준에 관한 기술지침

숫 자	지침번호	지침명
134	P-131-2013	화학공정에서의 분진폭발 방지에 관한 기술지침
135	P-132-2013	화학공장의 혼합공정에서 화재 및 폭발 예방에 관한 기술지침
136	P-105-2014	자체감사 점검표 작성에 관한 기술지침
137	P-112-2014	마그네슘 분진폭발 예방에 관한 기술지침
138	P-141-2014	산화에틸렌 취급설비의 안전에 관한 기술지침
139	P-142-2014	히드록실아민의 화재폭발 예방에 관한 기술지침
140	P-143-2014	용해로의 설치 및 유지보수에 관한 기술지침
141	P-144-2014	농산물 및 식료품 공정의 분진 화재·폭발예방에 관한 기술지침
142	P-41-2015	분진폭발방지를 위한 폭연 방출구 설치방법에 관한 기술지침
143	P-147-2015	화학물질 시료채취 안전에 관한 기술지침
144	P-148-2015	화학공장 폐수 집수조의 안전조치에 관한 기술지침
145	P-145-2015	화학공장의 도급업체 자율안전관리에 관한 기술지침
146	P-146-2015	소규모 화학공장의 비상조치계획 수립에 관한 기술지침
147	P-70-2016	화염방지기 설치 등에 관한 기술지침
148	P-107-2016	최악 및 대안의 누출 시나리오 선정에 관한 기술지침
149	P-149-2016	저장캐비닛의 가스 실린더 보관에 관한 기술지침
150	P-95-2016	도급업체의 안전관리계획 작성에 관한 기술지침
151	P-106-2016	중대산업사고 조사에 관한 기술지침
152	P-150-2016	유해위험공간의 안전에 관한 기술지침
153	P-151-2016	사고의 근본원인분석(Root Cause Analysis) 기법에 관한 기술지침
154	P-152-2016	화학물질 취급 사업장에서의 보안 취약성 평가에 관한 기술지침
155	P-153-2016	독성가스 취급시설 등의 안전관리에 관한 기술지침
156	P-154-2016	정비보수작업계획서 작성에 관한 기술지침
157	P-155-2017	공정안전보고서 등의 통합서식 작성방법에 관한 기술지침
158	P-156-2017	하수 슬러지 탄화공정의 안전작업에 관한 기술지침
159	P-157-2017	정기적인 공정위험성평가에 관한 기술지침
160	P-158-2017	장거리 이송배관 안전거리에 관한 기술지침
161	P-159-2017	산소 및 불활성 기체의 대기벤트 설계에 관한 기술지침
162	P-160-2017	니트로셀룰로오스의 저장 및 취급에 관한 기술지침
163	P-161-2017	폐용제 정제공정의 안전에 관한 기술지침
164	P-162-2017	정유 및 석유화학 산업의 고정식 물분무설비(Water Spray System)의 설계 등에 관한 기술지침
165	P-163-2017	사고시나리오에 따른 비상대응계획 작성에 관한 기술지침
166	P-164-2018	연구실험용 파일럿플랜트(Pilot plant)의 안전에 관한 기술지침

별표 10 열화 메커니즘(Deterioration Mechanisms)

두께감소

열화 메커니즘	내용(Description)	부식용 현상(Behavior)	주요 변수(Key Variables)	예(Examples)
염산	• 일반적으로 탄소와 저합금강에서 국부부식을 일으키는데, 특히 초기 시험점(<400°F)에서 잘 발생 • 오스테나이트계 스테인리스강은 공식(Pitting)과 틈새부식(Crevice corrosion) 발생, 니켈합금은 산화조건 하에서 부식이 일어날 수 있음	국부부식	pH, 산%, 온도, 제작재료	상압증류설비 오버헤드(Crude unit atmospheric column overhead), 수소화처리 방출물 트레인(Hydrotreating effluent trains), 촉매개질 방출물과 재생시스템(Catalytic reforming effluent and regenerating systems)
갈바닉 부식 (Galvanci corrosion)	두 금속이 결합되거나 전해질(Electrolyte)에 노출될 때 발생	국부부식	결합된 제작재료, 갈바닉전위열 (Galvanic series)	바닷물과 일부 냉각수 사용 (Some cooling water services)
이황화 암모니아 (Ammonic bisulfide)	탄소강과 에드머럴티 황동(Admiralty brass)에서 마식(Erosion corrosion)에 기인하는 매우 국부적인 금속 손상	국부부식	NH_4, HS% in water(Kp), 속도, PH	수소화처리(Hydrotreating), 코킹(Coking), 촉매분해(Catalytic cracking), 아민처리와 산성수 방출 그리고 기체분리 시스템 등에서 열 또는 촉매에 의한 균열에 의해서 생성
이산화탄소 (Carbondioxide)	• 이산화탄소는 물속에서 분해되어 탄산(H_2CO_3)이 되었을 때 부식을 일으키는 약산성 기체로, 처리 전의 상류 부분(Upstream sections)에서 발견됨 • 탄소와 저합금강이 형성 이산화탄소 부식은 양극에서 철이 분해되고 음극에서 수소가 발생되는 전기화학공정 반응과 함께 일어나며, 상태에 따라서 보호성의 철 수도 있고 $FeCO_3$(또는 Fe_3O_4)의 얇은 막이 생김	국부부식	pH, 산%, 온도, 제작재료	정유증기 응축물(Condensate) 시스템, 수소 플랜트와 촉매분해설비의 증기회수부분(Vapor recover section of catalytic cracking unit)
황산	다양한 물질에서 금속손실을 야기하고 많은 제수들에 의존하는 매우 강한 산	국부부식	산%, pH, 제작재료, 온도, 속도, 산화제	황산알킬화 설비, 탈염수(Demineralized water)
불산 (Hydrofluoric)	다양한 물질에서 금속손실을 일으키는 매우 강한 산	국부부식	산%, pH, 제작재료, 온도, 속도, 산화제	불산알킬화 설비, 탈염수
인산	• 금속손상을 야기하는 약산 • 보통 물 처리과정에서 생물학적 부식을 막기 위해 첨가	국부부식	산%, pH, 제작재료, 온도	수리히 플랜트
페놀 (석탄산, Carbolic acid)	다양한 합금에서 부식과 금속손실을 유발하는 약유기산 (Weak organic acid)	국부부식	산%, pH, 제작재료, 온도	중유와 탈납(Dewaxing) 플랜트

열화 메커니즘	내용(Description)	부작용 현상(Behavior)	주요 변수(Key Variables)	예(Examples)
아민 (Amine)	• 분해된 CO₂와 H₂S 산 가스를 제거하기 위한 기체 처리 예에 이용 • 일반적으로 흡수제에서 제거된 산성 기체(Desorbed acid gases) 또는 아민 염화 산물(Products)	낮은 속도에서는 전면부식, 높은 속도에서는 국부부식	아민 유형과 농도(Concentration), 제작재료, 온도, 산성기체 하중, 속도	아민기체 처리설비
대기 중 부식	탄소강(Fe)이 산화철(Fe₂O₃)로 변환되는 대기조건 하에서 진행되는 전면부식 과정	전면부식	산소의 존재, 온도범위와 물·습기의 이동 가능성	이 과정은 탄소강이 방식 도장 없이 이용되는 온 고온공정에서 명백히 드러남
보온 밑 부식	• 보온 밑 부식(CUI)은 물·습기의 온도와 농도가 높아질 수 있는 곳에서의 대기 중 부식의 특별한 경우임 • 종종 잔여 트레이스 부식 요소는 보온재 내에 집적될 수 있으며 더욱 부식을 일으킬 수 있는 환경을 만들 수 있음	전면부식에서 국부부식까지	산소의 존재, 온도범위와 물·습기, 이동 가능성, 보온재 내의 부식성 조성물질	보온 배관·용기
토양 부식 (Soil corrsion)	토양(Soil)과 접촉하는 금속 구조물은 부식을 일으킴	전면부식에서 국부부식까지	제작재료, 토양의 특성, 도장 유형	탱크 바닥, 지하배관
고온황화 부식 w/o H₂	산소의 존재 하에서의 대기 중 부식과 유사한 부식성 과정(Process)으로, 탄소강(Fe)은 황의 존재 하에서 황화철(FeS)로 변하며, 변환율(부식율)이라 불리는 것은 운전온도와 황 농도에 의존함	전면부식	황의 농도와 온도	• 온도가 충분하고(최소온도 450°F) 황이 0.2% 이상 존재하는 모든 위치 • 일반적인 위치로는 상압증류설비, 코커(Coker), FCC, 그리고 수소공정설비 등을 들 수 있음
H₂와 동반하는 고온황화 부식	수소의 존재 하에서 상당히 공격적인 황화 작용(황화 부식)이 일어나는 경우가 존재할 수 있음	전면부식	황·수소의 농도와 온도	• 온도가 충분하고(최소온도 450°F) 황이 0.2% 이상 존재하는 모든 위치, 수소공정설비 • 반응기의 영역에서 수소 혼합물의 하향, 반응기 방출물, 교환기, 가열기, 분락기, 배관 등을 포함하는 계순환 수소기체 등을 공급
나프텐산 부식	• 350~750°F 범위에서의 대기 중 응축하는 유기산에 의한 강한 함금의 침식 • 연소에 잔재되으로 해를 끼칠 수 있는 양의 나프텐산이 존재하는 것은 0.5를 넘어서는 중화가(Neutralization number)에 의해서 알 수 없음	전면부식	나프텐·유기산의 농도와 온도	상압증류설비(주로 MVGO cut)에서의 진공상부 가운데 부분(Section)으로 상압증류설비, 노 및 이송배관 (Transfer lines) 등에서 이용가능
산화	특정 온도(탄소강의 경우 975°F, 9Cr~1Mo의 경우 1,400°F)를 넘어서는 온도에서 금속이 금속산화물로 변환되는 고온부식반응	전면부식	온도, 공기의 존재, 제작재료	노관의 외부, 노판 경이음(Hanger) 및 과도한 공기를 내포하고 있는 연소기체에 노출된 노의 기타 내부 구조물

응력부식 균열

열화 메커니즘	내용(Description)	부작용 현상 (Behavior)	주요 변수 (Key Variables)	예(Examples)
염화물 균열 (Chloride cracking)	• 오스테나이트계 스테인리스강 설비의 ID나 OD로부터 시작되는 균열로서, 주로 제조(Fabrication)나 잔여응력에 기인 • 가해진 응력은 균열을 일으킬 수 있음	입내균열	산(염화물)농도, pH, 온도, 제조(Fabrication), 항복점 근사응력(Stresses approaching yield)	• 외부적으로는 보온상태가 나빠고 비바람에 견디는 설비와 냉각수 분사방향으로 Fire water에 노출된 설비에서 응축 • 내부적으로는 상업증류설비의 대기 감압 오버헤드와 반응기 방출물 응축 증류수 같은 물과 함께 염화물이 존재할 수 있는 곳이면 어디든지 존재
부식성 균열	• 주로 탄소강 설비의 ID로부터 시작되는 균열로서, 제조나 잔여응력에 기인	입계 및 입내 균열	부식성 농도, pH, 제작재료, 온도, 응력	부식처리 세척, 부식이 수반되는 사용, 메드컵탄(Mercaptan) 처리, 상압증류설비 예열 발열(Crude unit feed preheat desalting)
다중티온산 균열	• 주변의 습한 곳에 다중티온산이 존재하는 예민한 조건에서의 오스테나이트계 스테인리스강의 균열(고온노출과 용접에 기인) • 다중티온산은 물과 산소가 존재하는 상황에서 FeS가 변환되어 발생	입내균열	제작재료, 물의 존재, 다중티온산	촉매분해설비 반응기와 배출가스 시스템, 탈황가 노 및 수소공정설비 등의 오스테나이트계 스테인리스강 재료에서 주로 발생
암모니아 균열	탄소강과 애드미럴티 황동(Admirally brass)의 균열	입내균열	제작재료, 온도, 응력	암모니아가 중화제로 작용하는 오버헤드 응축기와 같은 암모니아 생산·취급과정에서 일반적으로 나타남
수소유기 균열, 수소응력 균열	• 물과 H_2S 존재 시 탄소와 저합금강 재료에서 발생 • 재료특성의 영향도 다른 부식의 재료 속으로 퍼져 들어가서 생성된 후 다른 원자수소와 반응하여 강 재료를(Inclusion)에서 분자수소 기체를 만들어내는 원자수소에 의해 야기됨 • 열화는 응력이 줄어드는 설비에서도 부품에 오른 형태를 불응하는 부품의 형태를, 응력이 감소되지 않은 설비에서는 균열의 형태를 취함	평면균열 (부풀음), 입내균열 발생	H_2S 농도, 물, 온도, pH, 제작재료	상업증류설비, 촉매분해암수와 기체회수, 수소화처리(Hydroprocessing), 산성수, 축매변형과 코커리(Cokers) 설비 등과 같은 H_2S와 물과 함께 존재하는 모든 곳

열화 메커니즘	내용(Description)	부식응 현상 (Behavior)	주요 변수 (Key Variables)	예(Examples)
황화물응력 균열	• 물과 H_2S 존재 시 탄소와 저함금강 재료에서 발생 • 재료특성의 열화는 부식이 재료 속으로 퍼져 들어가서 생성된 후 다른 원자수소와 강 계제물(Inclusion)에서 분자수소를 만들어내는 원자수소에 의해 야기됨 • 열화는 응력이 줄어드는 설비에서도 부풀어 오른 형태를, 응력이 감소되지 않은 설비에서는 균열의 형태를 취함	제좌, 부착, 보수, 용접 등과 정상적으로 관련된 임내균열	H_2S 농도, 물, 온도, pH, 제작재료, 용접 후 열처리조건, 경도(Hardness)	상업증류설비, 축매분해암축과 기체회복, 수소화처리(Hydroprocessing), 산성수, 축매변형과 코커(Cokers) 설비 등과 같은 H_2S가 물과 함께 존재하는 모든 곳
수소 부풀음 (Hydrogen blistering)	• 물과 H_2S 존재 시 탄소와 저함금강 재료에서 발생 • 재료특성의 열화는 부식이 재료 속으로 퍼져 들어가서 생성된 후 다른 원자수소와 반응하여 강 계제물(Inclusion)에서 분자수소를 만들어내는 원자수소에 의해 야기됨 • 열화는 응력이 줄어드는 설비에서도 부풀어 오른 형태를, 응력이 감소되지 않은 설비에서는 균열의 형태를 취함	평면균열 (부풀음)	H_2S 농도, 물, 온도, pH, 제작재료	상업증류설비, 축매분해암축과 기체회복, 수소화처리(Hydroprocessing), 산성수, 축매변형과 코커(Cokers) 설비 등과 같은 H_2S가 물과 같은 모든 곳
시안화수소 (Hydrogen cyanide)	철 황화물 보호표면 Scale을 불안정화시킴으로써 시안화수소가 열화(SOHIC, SCC 및 부풀음)를 촉진시킬 수 있을 경우에 존재함	평면균열 (부풀음)과 임내균열	HCN의 존재, H_2S 농도, 물, 온도, pH, 제작재료	상업증류설비, 축매분해암축과 기체회복, 수소화처리(Hydroprocessing), 산성수, 축매변형과 코커(Cokers) 설비 등과 같은 H_2S가 물과 같은 모든 곳

금속 및 환경 고장

열화 메커니즘	내용(Description)	부작용 현상(Behavior)	주요 변수(Key Variables)	예(Examples)
고온수소 침식	• 대개 탄화수소 흐름이 일부로서 고온상태이며 수소가 존재할 때 탄소와 저함금강 재료에서 발생 • 상승된 온도에서($>500°F$) 재료 특성이 열화는 결정립계를 따라 틈을 형성하는 메탄가스에 의해서 야기됨 • Process를 이루는 일부분으로서 분자수소는 재료 속으로 확산되어 틈여가서 강재(Steel)의 탄소와 반응하여 메탄가스를 생성	입내 틈 균열	제작재료, 수소부분 압력, 온도, 운전시간	수첨항가(Hydrodesulfurizer), 수소-균형기, 물 형성과 수소 생산설비 등과 같은 탄화수소 처리설비의 반응면(Reaction section)에서 일반적으로 발생
결정립 성장 (Grain growth)	• 일정 온도를 초과하여 강재(Steel)가 가열될 때 발생하는데, 이때의 온도는 CS의 경우 $1,100~1,350°F$가 가장 잘 알려져 있음 • 오스테나이트계 스테인리스강과 고 니켈-크롬 합금은 $1,650°F$를 초과하는 온도에 이를 때까지 결정립 성장이 일어나지 않음	국부부식	도달하는 최대온도, 최대온도에서의 시간, 제작재료	노관 고장
흑연화 (Graphitization)	강재에 있는 정구 펄라이트 결정립이 $835~1,400°F$의 온도범위에 장기간 노출되어 부드럽고 약한 페라이트계 결정립과 흑연단괴로 분해될 때 발생	국부부식	제작재료, 노출 온도와 시간	FCC 반응기 오버헤드(Overhead)
시그마상 취성 (Sigma phase embrittlement)	오스테나이트계와 17% 이상의 크롬을 함유하고 있는 기타 스테인리스강이 확장된 시간 동안 $1,000~15,500°F$의 온도범위에 놓여 있을 때 발생	전면부식	제작재료, 노출 온도와 시간	주형(Cast) 노관과 부재, FCC 설비에서의 축열 집진 장치(Regenerator cyclones)
885°F 취성	$650~1,000°F$의 온도범위에서 스테인리스강을 포함하는 페라이트계 강이 노화 후에 발생하며 상온연성손실(Loss of ambient temperature ductility)을 가져옴	전면부식	제작재료, 온도	운전정지 동안 주조하고 단련된 강철의 균열 (Cracking of wrought and cast steels during shutdowns)

열화 메커니즘	내용(Description)	부식응 현상(Behavior)	주요 변수(Key Variables)	예(Examples)
뜨임 취성	• 장기간 동안 저함금강이 700~1,050°F의 온도에 놓여 있을 때 발생 • 인성의 손실이 있으며, 어느 사용온도에서는 명확하게 드러나지 않지만 상온에서 나타나며 취성파괴를 가져올 수도 있음	전면부식	제작재료, 노출 온도와 시간	• 운전정지와 운전개시 조건에 있는 동안 문제점이 발생할 수 있음 많은 충분히 오랜 시간 동안 가동되어 온 낮은 정제설비(Refinery units)에서 문제점이 드러날 수 있음 • 수소처리(Hydrotreating)와 수소화분해(Hydro-cracking) 설비는 상승된 온도에서 이용되기 때문에 중요함
액체 금속 취성	액체 금속과 접촉하고 있거나 접촉해 있으며 인장응력을 받고 있을 때 야기되고, 일반적으로 연성금속(Ductile metal)의 심한 취성 파괴의 형태	국부부식	제작재료, 인장응력, 액체 금속의 존재	• 수은이 몇몇 원유에서 발견되는데, 부식적인 정체 증류는 응축기 설비와 같은 설비의 저점에서 수은을 응축시킬 수 있음 • 수은을 이용하는 공정 기구의 고장으로 인해 액체 금속을 정체 흐름 속으로 도입시키게 되는 것으로 알려짐
탄화 (Carburization)	상승된 온도에서 강철 속으로 탄소가 확산됨으로써 야기되며, 증가된 탄소 함량으로 인해 페라이트에 경의 경화성이 발생되고, 탄화된 강철(Steel)가 냉각될 때 취성 구조가 만들어질 수 있음	국부부식	제작재료, 노출 온도와 시간	코크(Coke)가 퇴적되어 있는 노관에 있는 탄화의 좋은 후보자임
탈탄화 (Decarburization)	탄소와 반응하는 배지에서 열을 가함으로써 만들어지는 철합금제(Ferrous alloy)의 표면으로부터 탄소를 잃에 는 것	국부부식	제작재료, 온도	탄소강 노관(OD), 과도한 가열(화)의 결과
금속 먼지털기 (Metal dusting)	900~1,500°F의 온도범위에서 수소, 메탄, CO, CO_2 및 경질 탄화수소의 혼합물로 노출된 강철의 고도로 부분적인 탄화	국부부식	온도, 공정흐름 조성 (Process stream composition)	탈수소설비, 판식 가열기(Fire heaters), 코카(Coker) 가열기, 분해설비(Cracking units)와 가스터빈
선택 부식 (Selective leaching)	다중 위상 함금(Multiphase alloy)에서 하나의 합금 위상(One alloy phase)의 우선적인 손실	국부부식	공정유체흐름 조건 (Process stream flow conditions), 제작재료	정체 냉각수 시스템에서 이용되는 에드머럴틴관 (Admiralty tubes)

기계적 고장

열화 메커니즘	내용(Description)	부식용 현상(Behavior)	주요 변수(Key Variables)	예(Examples)
불링하거나 결함 있는 재료	정제기 고장(Refinery failures)은 설치되고 있는 재료가 불량하거나 결함이 있는 것에 기인하여 발생할 수 있음	N/A	설비 설계, 운전 절차	• 판매자는 특정 재료와 동등하거나 그보다 더 우수하다고 여겨지는 것으로 대체할 수 있음 • 누르기 않은 강제 부속품이 항상 탄소강 부속품에 대한 개선책인 것은 아니며, 특히 공식(Pitting)이나 SCC에 대해서 성립
기계적 피로	재료의 내구한도를 초과하는 반복응력이 지속적으로 적용된 후 균열에 의하여 야기되는 부재의 고장	국부부식	반복응력 수준, 제작재료	펌프와 압축기에서 왕복운동이 일어나는 부분 및 회전기계의 샤프트
부식 피로	부식 과정(Process)이 존재하는 곳에서의 피로 유행, 일반적으로 공식(Pitting corrosion)은 기계적 피로 과정(Process)에 추가되거나 혹은 기계적 피로 과정을 증진시킴	국부부식	반복응력 수준, 제작재료, 공정(Process) 흐름의 공식(Pitting) 잠재성	증기드럼 헤더, 보일러관
캐비테이션 (Cavitation)	금속 표면에서 압력 변화의 결과로써, 예상되 증기 거품이 급격하게 형성되고 사라짐에 의해서 야기됨	국부부식	공정 유체의 흐름(Flow of process stream)을 따라 설치되 임펠러드펌브	펌프 임펠러(Pump impellars)의 후방, 엘보(Elbows)
기계 열화 (Mechanical deterioration)	대표적인 예로 도구와 설비의 잘못된 사용, 바람 열화(Wind deterioration), 설비를 옮기거나 세울 때의 부주의한 취급 등이 있음	N/A	설비 설계, 운전 절차	플랜지(Flange) 표면과 다른 구석화된 좌석의 표면이 덮개로 보호되지 않거나 조심스럽게 다루어지지 않을 때 손상될 수 있음
과부하 (Overloading)	설비 시에 고려된 최대허용응력을 넘어서는 과중한 짐이 설비에 부과될 때 발생	N/A	설비 설계, 운전 절차	• 수압 테스트는 작동되고 있는 과도한 무게로 인하여 지지구조물에 많은 부담을 줄 수 있음 • 팽창과 수축은 과작 문제를 유발할 수 있음
과압 (Over-pressuring)	고려 중인 설비의 최대 허용사용압력을 초과하는 압력을 가하는 것	N/A	설비 설계, 운전 절차	비정상 공정 조건으로 인해 발생하는 과도한 열은 과압을 유발하며, 공정(Process)의 최대임계에 대처할 수 있도록 설계되지 않은 설비는 더 이상 가동되지 못하게 만들 수 있음

열화 메커니즘	내용(Description)	부작용 현상 (Behavior)	주요 변수 (Key Variables)	예(Examples)
취성 파괴	강재(Steel)가 낮은 노치 인성(Notch toughness) 또는 낮은 충격강도를 가지는 것으로 여겨지는 부분에서의 연성(Ductility) 손실	국부부식	제작재료, 온도	예비적인 주의조치가 없는 상황에서 설비에 압력이 가해지는 동안
크리프 (Creep)	표준항복강도를 밑도는 응력 하에 있는 동안 금속에 지속적인 소성변형이 일어나는 고온 가열장치	국부부식	제작재료, 온도, 가해진 응력	노관과 지지물
응력 파단 (Stress rupture)	표준항복강도를 밑도는 응력 하에서 상승된 온도에 놓여 있는 금속이 파괴(Failure) 시간	국부부식	제작재료, 온도, 가해진 응력, 노출시간	노관
열충격 (Thermal shock)	• 차이(Differential)를 나타내는 팽창이나 수축에 기인하여 비교적 짧은 시간 동안 하나의 설비에서 크고 균일하지 않은 응력이 발달할 때 야기됨 • 설비의 운동이 제한된다면 재료의 항복강도를 넘어서는 응력이 발생할 수 있음	국부부식	설비 설계, 운전 절차	때때로 발생하는 짧은 시간 동안의 흐름 중단(Flow interruptions)과 관련이 있거나 화재가 진행되고 있는 동안
열피로 (Thermal fatigue)	• 설계 피로 온도 변화율이 활선 금 • 온도 구배(Temperature gradient)의 크기가 활선 작다는 점에서 연충력과 다름	국부부식	설비 설계, 운전 절차	• 코크 드럼(Coke drums)은 반복되는 열(Thermal cycling)과 관련된 열피로 균열의 영향을 받음 • 반복적인 온도 사비스에서 반응기에 용접 보강재가 있는 바이패스 밸브(Bypass valves)와 배관 또는 열 피로를 받기 쉬움

별표 11 주요 위험화학물질 폭발범위

위험화학물질명	폭발범위	인화점
수소(H$_2$)	4.0 ~ 75%	–
시안화수소(청산, HCN)	6 ~ 41%	–18℃
황화수소(Hydrogen Sulfide, H$_2$S)	4.0 ~ 44.0%	–
이황화탄소(CS$_2$)	1.2 ~ 44.0%	–
일산화탄소(Carbon Monoxide, CO)	12.5 ~ 74.0%	–
암모니아(NH$_3$)	15 ~ 28%	–
메탄(CH$_4$)	5.0 ~ 15.0%	–188℃
에탄(C$_2$H$_6$)	3.0 ~ 12.4%	–
프로판(C$_3$H$_5$)	2.4 ~ 9.5%	–105℃
부탄(C$_4$H$_{10}$)	1.8 ~ 8.4%	–
펜탄(C$_5$H$_{12}$)	1.4 ~ 7.8%	–40℃ 이하
노르말 헥산(C$_6$H$_{14}$)	1.2 ~ 7.4%	–22℃
벤젠(C$_6$H$_6$)	1.4 ~ 6.7%	–
톨루엔(메틸벤젠, C$_6$H$_5$CH$_3$)	1.3 ~ 6.7%	–
크실렌[자일렌, C$_6$H$_4$(CH$_3$)$_2$, o-, m-, p-의 3종류의 이성질체]		
o-크실렌	0.9 ~ 7%	17.2℃
m-크실렌	1.1 ~ 7.0%	23℃
p-크실렌	1.1 ~ 7.0%	23℃
에틸벤젠(C$_6$H$_5$C$_2$H$_5$)	1.0 ~ 6.7%	–
휘발유(Gasoline)	1.4 ~ 7.6%	–43℃
등유(Kerosene, C9 ~ C18)	1.1 ~ 6.0%	–
경유(Diesel, C15 ~ C20)	1 ~ 6.0%	–
아세틸렌	2.5 ~ 81%	–
아세톤(디메틸케톤, CH$_3$COCH$_3$)	2.6 ~ 13%	–18℃
디보란(다이보레인, Diborane, B$_2$H$_6$)	0.8 ~ 88%	–
DCS(Dichlorosilane)	4.1 ~ 98.8%	–
에테르(에틸에테르 또는 디에틸에테르, C$_2$H$_5$OC$_2$H$_5$)	1.7 ~ 48%	–45℃
에틸렌(C$_2$H$_4$)	2.7 ~ 36.0%	–136℃
산화에틸렌(C$_2$H$_4$O)	3.0 ~ 80.0%	–
산화프로필렌(CH$_3$CHOCH$_2$)	2.1 ~ 38.5%	–
프로필렌(C$_3$H$_6$)	2.4 ~ 10.3%	–108℃
이소프렌[CH$_2$=C(CH$_3$)CH=CH$_2$]	2 ~ 9%	–54℃
펜타보란(B$_5$H$_9$)	4 ~ 98%	–
MEK(메틸에틸케톤, CH$_3$COC$_2$H$_5$)	1.4 ~ 11.4%	–1℃
에틸알코올(C$_2$H$_5$OH)	3.3 ~ 19%	13℃
메틸알코올(CH$_3$OH)	7.3 ~ 36.0%	12℃
아닐린(아미노벤젠, C$_6$H$_5$NH$_2$)	1.3 ~ 11%	70℃
테레핀유(송정유, 피넨, C$_{10}$H$_{16}$)	0.8 ~ 0.86%	35℃

위험화학물질명	폭발범위	인화점
스티렌(비닐벤젠, $C_6H_5CHCH_2$)	1.1 ~ 7%	32℃
클로로벤젠(염화페닐, C_6H_5Cl)	1.3 ~ 7.1%	32℃
의산에틸(개미산에틸, $HCOOC_2H_5$)	2.8 ~ 16%	−20℃
이소프로필알코올(프로필알코올, 프로판올, IPA, C_3H_7OH)	2 ~ 12.7%	12℃
초산(아세트산, CH_3COOH)	5.4 ~ 16%	40℃
의산(개미산, 포름산 $HCOOH$)	18 ~ 57%	69℃
아크릴산($CH_2CHCOOH$)	2.4 ~ 8.0%	46℃
피리딘(아딘, C_5H_5N)	1.8 ~ 12.4%	−
초산메틸(아세트산메틸, CH_3COOCH_3)	3.1 ~ 16%	−10℃
초산에틸(아세트산에틸, $CH_3COOC_2H_5$)	2.2 ~ 11.4%	−4℃
정초산프로필(초산프로필, 아세트산프로필, CH_3COOCH_7)	2 ~ 8%	14℃
의산메틸(개미산메틸, $HCOOCH_3$)	5.9 ~ 20%	−19℃
트리클로로실란($HSiCl_3$)	7.0 ~ 83%	−28℃
아세트알데히드(CH_3CHO)	4.1 ~ 57%	−39℃
이소프로필아민[$(CH_3)_2CHNH_2$]	2.0 ~ 10.4%	−28℃
비닐에테르[$(CH_2=CH)_2O$]	1.7 ~ 27%	−30℃
황산디메틸[$(CH_3)_2S$]	2.2 ~ 19.7%	−38℃
에틸셀로솔브($C_2H_5OCH_2CH_2OH$)	12.8 ~ 18%	40℃

별표 12 PSM 관련 국내 및 해외 웹사이트

(1) 화학물질 정보 사이트 중 주로 사용하는 4가지 웹사이트

① 화학물질종합정보시스템

화학물질의 물리화학적 성질, 사고 위험 정보, 유해성 등이 포함된 MSDS 정보 제공

https://icis.me.go.kr/main.do

② 안전보건공단 화학물질정보(MSDS)

화학제품과 회사에 관한 정보, 유해성, 위험성, 구성성분의 명칭 및 함유량, 응급조치요령 등

http://msds.kosha.or.kr/

③ 국가위험물정보시스템

폭발 및 화재 위험성, 누출 시 대처요령, 물리화학적 특성, 응급조치 등

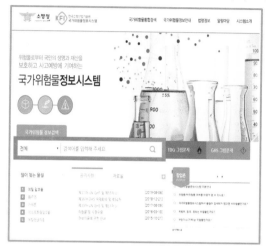
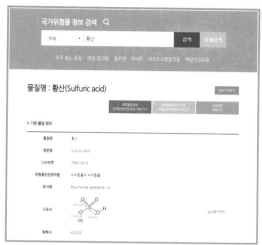

http://hazmat.mpss.kfi.or.kr/index.do

④ 화학공학소재 연구정보센터

문헌DB, 전문연구정보, 화학공정DB, 참고문헌DB 등

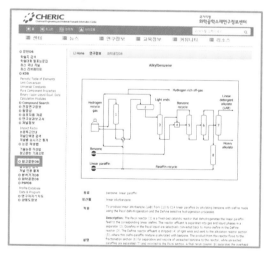

https://www.cheric.org/

(2) 각 나라별 설비표준(규격)에 관한 웹사이트

① 국가기술표준원(KS)

http://kats.go.kr/main.do

② 국제표준기구(ISO)

http://www.iso.org/iso/home.html

③ 미국 재료시험협회(ASTM)

http://www.astm.org/

④ 일본 규격협회(JIS)

http://www.jisc.go.jp/eng/index.html

⑤ 독일 규격협회(DIN)

http://www.din.de/en

(3) PSM 관련 해외 웹사이트

① Center for Chemical Process Safety(CCPS)

화학공정안전센터는 AIChE 내의 비영리단체로 화학, 제약 및 석유 산업 내에서 공정안전을 다룸

https://www.aiche.org/ccps

② American Institude of Chemical Engineers(AIChE)

미국 화학공학회, 협회 일정, 세미나 자료, 간행물 검색, 지역모임, 교육자료 수록

https://www.aiche.org/

③ Occupational Safety and Health Administration(OSHA)

미국 산업안전보건청으로 기준 및 표준을 설정하고 시행함으로써 모든 근로자의 안전하고 건강한 근로환경을 보장

https://www.osha.gov/

④ American Industrial Hygiene Association(AIHA)

미국 산업위생협회 사이트로 주제(분석 예, 위험평가 등)에 따라서 다양한 자료 제공

https://www.aiha.org/Pages/default.aspx

⑤ Safety and Chemical Engineering Education(SAChE)

안전 및 화학공학 교육 프로그램으로 화학공정안전센터(CCPS)와 공학 학교 간의 협력을 통해 학부 및 대학에 공정안전 교육자료 및 프로그램 등을 제공

http://www.sache.org/

⑥ U.S. CHEMICAL SAFETY BOARD(CSB)

미국 화학사고 조사위원회로 산업사고 및 안전영상 시청 가능

http://www.csb.gov/videos/

제1장 위험성평가와 응용

- Dr. Gyongyver B.Lenkey, Risk Based Inspection and Maintenance in Central Eastern Europe-Experience at the Hungarian Oil- and Gas Company, Bay Zoltan Foundation for Applied Research Institute for Logistics and Productions Systems
- 정진우, 위험성평가해설, 중앙경제, 2014, pp.20, 32, 50, 82-89, 101-105
- 한국가스안전공사, 안전보건공단, PSM/SMS제도의 합리적 개선방안 연구, pp.4-28, 64-78
- Dr.-Ing.R.Skiba Taschenbuch Arbeitssicherheit, Erich Schmiidt Verlag, 1985, pp.28-29
- www.dynamicrisk.net/, Risk Matrix or Risk Ranking Matrix

- 통계청, 「우리나라 2005~2015년 사망 및 사망원인 통계결과」, 2016
- Gert Koppen, European Ethylene Producers Committe, 4thAnnual HSE Conference, The Hague, 4 Oct. 2001
- 한국안전환경과학원, SK○○ 안전진단보고서 2015, pp.14-16.
- 심상훈, API 기준에 근거한 RBI 절차개발 및 소프트웨어의 구현, 한국산업안전학회, 2002, pp.66-72
- Prasanta Kumar Dey, Stephen O. Ogunlana, Sittichai Naksuksakul, Risk based main-tenance model for offshore oil and gas pipelines: a case study, Journal of Quality in Maintenance Engineering Volume 10, 2004, pp.169-183
- http://research.dnv.com/rimap
- ASME, Risk Based Inspection Vol. 1 General Document, Vol. 3 Fossil Fuel Fired Electric Power Generating System
- ISO 14121, Safety of machinery - Principles of risk assessment
- Risk Assessments, How and What, UNIV of BRISTOL
- 위험성평가 실무 길라잡이, 고용노동부, 안전보건공단
- 위험성평가 해설지침서, 고용노동부, 안전보건공단
- 위험성평가지원시스템(KRAS)사용자 매뉴얼, 안전보건공단, 2016
- 화학물질 위험성평가(CHARM) 매뉴얼, 안전보건공단, 2016
- 사업장 위험성평가에 관한 지침, 고용노동부 고시, 2016
- 위험성평가 인정업무 처리규칙, 안전보건공단 규칙, 2016
- 위험성평가 해설지침서, 안전보건공단, 2016
- 건설공사 위험요소 프로파일 개발연구보고서, 국토교통부, 2014
- 건설공사 안전관리 업무 매뉴얼, 국토교통부, 2014

- 위험성평가 실무 길라잡이, 안전보건공단, 2016
- 화학물질 및 물리적 인자의 노출기준, 고용노동부 고시, 2016
- 위험성평가 사업주 교육교재, 안전보건공단, 2017
- 위험성평가 담당자 교육교재, 안전보건공단, 2017
- 산재예방요율제 사업주교육 교재, 안전보건공단, 2017
- 설계안전성검토 업무 매뉴얼, 국토교통부, 2017
- 김천시 강남·북 연결도로 개설공사 설계안전검토 보고서, 김천시, 2018(p.2, p.8, pp.11−13, pp.18−19, p.25, p.27, p.29, p.31, p.33, p.35, p.41)

제2장 공정안전관리(PSM)에 기반한 위험성평가 및 분석기법

- HAZOP Guidelines, NSW, 2011.1
- Marvin Rausand, HAZOP, System Reliability Theory (2nd ed), Wiley, 2004
- HAZOP 사례, 안전보건공단, pp.171~243
- Dena Shewring, HAZOP STUDY REPORT, REMEDIATION OF THE FORMER, ORICA VILLAWOOD SITE, 17. April. 2013
- KOSHA GUIDE P−82−2012 연속공정의 위험과 운전분석(HAZOP)기법에 관한 기술지침, 안전보건공단
- KOSHA GUIDE P−86−2012 회분식 공정에 대한 위험과 운전분석기법에 관한 기술지침, 안전보건공단
- Job Safety Analysis_cis−wsh−cetsp32−137664−7_MIOSHA(Michigan Occupational Safety & Health Administration)
- Job Hazard Analysis, OSHA 3071, 2002
- KOSHA GUIDE P−140−2013 작업안전분석(Job safety analysis) 기법에 관한 기술지침, 한국산업안전보건공단
- NASA, Langley Research Center, Job Hazard Analysis Program, National Aeronautics and Space Administration, 2007
- KOSHA GUIDE P−90−2012 작업자 실수분석 기법에 관한 기술지침, 안전보건공단
- KOSHA GUIDE P−111−2012 공정안전성 분석(K−PSR)기법에 관한 기술지침, 안전보건공단
- 이재민·유진환·고재욱, K−PSR을 이용한 LNG충진소에 대한 정성적 위험성평가, 광운대학교 화학공학과(2006년12월11일 접수, 2006년 12월23일 채택), pp.64−68
- Eco−station의 사고피해영향 평가 및 안전성에 관한 연구
- KOSHA GUIDE P−81−2012 위험성평가에서의 체크리스트(Check list)기법에 관한 기술지침, 안전보건공단
- KOSHA GUIDE P−118−2012 체크리스트를 활용한 공정안전지침, 안전보건공단

- 공정안전보고서 작성예시집, 안전보건공단 전문기술총괄실 중대산업사고 예방팀, 공정위험성 평가 예시, pp.505~516
- KOSHA GUIDE P-83-2012 사고예상질문(WHAT-IF)기법에 관한 기술지침, 안전보건 공단
- KOSHA GUIDE X-47-2011 사고예상질문/체크리스트분석 결합기법에 관한 기술지침, 안전보건공단
- KOSHA GUIDE X-01-2014 리스크 관리의 용어 정의에 관한 지침, 안전보건공단
- 공정위험성분석 개요 - 화학물질안전원
- What-If Questions for Biodiesel, OSHA(Occupational Safety and Health Administration)
- Ruptured Gas Cylinder Destroys Laboratory Hood, AIHA(American Industrial Hygiene Association)
- What-if Analysis, ACS(American Chemical Society), 2015
- National Minerals Industry Safety and Health Assessment Guideline, Version4. 2005, pp.144~157
- ISO 14121: Safety of machinery, Principles of risk assessment
- KOSHA GUIDE X-8-2012 예비위험분석에 관한지침, 안전보건공단
- H. R. Greenberg and J. J. Cramer (eds.), Risk Assessment and Risk Management for the Chemical Process Industry, ISBN 0-442-23438-4, Van Nostrand Reinhold, New York, 1991
- CCPS, Guideline for Chemical Process Quantitative Risk Analysis, AIChE, New York, 1999
- CCPS, Guideline for Hazard Evaluation procedures, AIChE, New York, 1989
- Department of Defense, Military Standard System Safety Program Requirements, MIL-STD-882B(updated by Notice 1), washington, DC, 1987
- J. Stephenson, System Safety 2000-A Practical Guide for Planning, Managing, and Conducting System Safety Programs, (ISBN 0-0442-23840-1), Van Nostrand Reinhold, New York, 1991
- W. Hammer, Handbook of System and Product Safety, Prentice Hall, Inc., New York, 1972
- KOSHA GUIDE X-43-2011 원인결과분석(CCA)기법에 관한 기술지침, 안전보건공단
- CCPS, Guideline for Hazard Evaluation procedures, AIChE, New York, 1985
- KOSHA GUIDE P-87-2012 사건수 분석기법, 안전보건공단
- KOSHA GUIDE P-84-2012 결함수 분석기법, 안전보건공단

- KSA IEC60812 고장모드 영향분석 절차(FMEA)
- IEC 60812 Ed. 1.0 b: Analysis techniques for system reliability−Procedure for failure mode and effects analysis(FMEA)
- ISO 14121: Safety of machinery − Principles of risk assessment
- KOSHA GUIDE M−32−2000 기계류의 위험성평가 지침, 안전보건공단
- 박필수, 산업안전관리론, 중앙경제사, 1997, pp.458~481
- IEC 61025 : Fault Tree Analysis(FTA)
- P. Chatterjee, Modularization of Fault Tree − A Method to Reduce the Cost of Analysis. SIAM, 1975, pp.101~126
- R.C. Erdmann, F.L Leverenz, and h.kirch, "WAMCUT, A Computer Code for Fault Tree Evaluation", Science Applications, Inc. EPRI NP−803, 1978
- J. B. Fullell and W.E. Vesely, "A New Methodology for Obtaining Cut Sets for Fault Trees." Trans, ANS, VOL. 15, 1972, pp.262
- KOSHA GUIDE P−84−2012 결함수 분석기법, 안전보건공단
- CCPS : Guideline for engineering process quantitative risk analysis, 2000
- Antoine Rauzy, New algorithms for fault trees analysis, Reliability Engineering and System Safety, 1993, pp.203~211
- Ebook 2 : Process Risk Management 1st edition, Sutton Technical Books, 2007
- KOSHA GUIDE P−87−2012 사건수 분석기법에 관한 기술지침, 안전보건공단
- KOSHA GUIDE P−13−1998 상대위험순위 결정지침, 안전보건공단
- 방호계층분석(단순화된 안전해석기법) CCPS(미국 화학공학엔지니어 협회 화학공정안전센터), 2001
- KOSHA GUIDE P−113−2012 방호계층분석(LOPA)기법에 관한 기술지침, 안전보건공단
- PHR(Process Hazard Review) Overview, CEC 기술사 사무소, 차스텍이앤씨

제3장 위험성평가 및 분석기법 지원시스템

- Consequence Analysis of BLEVE Scenario in the Propane Tank, IJSET
- ALOHA 프로그램 적용, 안전보건공단, 2013.6
- KOSHA GUIDE P−107−2016 최악 및 대안의 누출시나리오 선정에 관한 기술지침, 안전보건공단
- 고재욱, 정량적 위험성평가, 광운대학교 화학공학과
- Abbasi, T. and S. Abbasi, "The boiling liquid expanding vapour explosion (BLEVE) : Mechanism, consequence assessment, management." Journal of Hazardous Materials, 2007, 141(3) : pp.489~519

- Arunraj, N. and J. Maiti, "Risk—based maintenance—techniques and applications." Journal of Hazardous Materials, 2007, 142(3) : pp.653~661
- Arunraj, N. S. and J. Maiti, "Risk—based maintenance—Techniques and applications.", Journal of Hazardous Materials, 2007, 142(3) : pp.653~661
- Daniel A. Crowl, J. F. L, Chemical process safety : fundamentals with applications, Prentice Hall, 2002
- Dunjó, J., et al, "Hazard and operability (HAZOP) analysis. A literature review." Journal of Hazardous Materials, 2010, 173(1-3) : pp.19~32
- Hu, J. and L. Zhang, "Risk based opportunistic maintenance model for complex mechanical systems.", Expert Systems with Applications, 2014, 41(6) : pp.3105~3115
- Jo, Y.—D. and D. A. Crowl, "Individual risk analysis of high—pressure natural gas pipelines.", Journal of Loss Prevention in the Process Industries, 2008, 21(6) : pp.589~595
- Mannan, S. and F. P. Lees, Lee's loss prevention in the process industries : hazard identification, assessment, and control, Elsevier, 2005
- Mitchison, N. and S. Porter, Guidelines on a major accident prevention policy and safety management system, as required by Council Directive 96/82/EC (SEVESO II), European Commission, 1998
- Planas—Cuchi, E., et al, "Calculating overpressure from BLEVE explosions.", Journal of Loss Prevention in the Process Industries, 2004, 17(6) : pp.431—436
- Sa'idi, E., et al, "Fuzzy risk modeling of process operations in the oil and gas refineries.", Journal of Loss Prevention in the Process Industries, 2014, 30(0) : pp.63—73
- Sepeda, A. L, "Lessons learned from process incident databases and the process safety incident database (PSID) approach" sponsored by the Center for Chemical Process, 2006
- U.S. ENVIRONMENTAL PROTECTION AGENCY, NATIONAL OCEANIC AND ATMOSPHERIC ADMINISTRATION, ALOHA USER'S MANUAL, 2007.2
- 화학물질안전원, 장외영향평가서·위해관리계획서 작성지원 프로그램 사용자 설명서(게제용) KORA, 16.1.25
- KOSHA GUIDE P—107—2016 최악 및 대안의 누출시나리오 선정에 관한 기술지침, 안전보건공단
- KOSHA GUIDE P—110—2012 화학공장의 피해최소화대책 수립에 관한 기술지침, 안전보건공단
- PHAST 사용 매뉴얼, DNV GL

제4장   기타 위험성평가 및 분석기법

- DOE-NE-STD-1004-94, DOE GUIDELINE, Root cause analysis-Guidance Document 1992, U.S. Department of Energy, Office of Nuclear Energy, pp.9~11, C-4
- D.Fillmore and A. Trost, Investigating and Reporting Accident Effectively, SSDC-41
- by Risk & Reliability Division, ABS Group, Inc. Root Cause Analysis Handbook: A Guide to Effective Incident Investigation, Root Cause Map. 2005, pp.215
- B. Andersen, T.Fagerhaug, Root Cause Analysis: Simplified Tool and Techniques, ASQ Quality Press, 2006
- KOSHA GUIDE P-151-2016 사고의 근본원인분석(Root Cause Analysis)기법에 관한 기술지침, 안전보건공단
- 4M 기법 위험성평가 매뉴얼_안전보건공단
- KOSHA GUIDE X-14-2014 4M 리스크 평가 기법에 관한 기술지침, 안전보건공단
- 양보석, Risk-based Maintenance(RBM) Pukyong National Univ. 지능역학연구실, 2007
- R.Keith Mobley, Root Cause Failure Analysis, Plant Engineering Maintenance Series
- Root Cause Analysis Handbook: A Guide To Effective Incident Investigation, by Risk& Reliability Division, ABS Group, Inc. Root Cause Map, 2005
- Robert J. Latino, Kenneth C. Latino, Root Cause Analysis: Improving Performance for Bottom Line Results

중대재해처벌법, PSM에 기반한

위험성평가 및 분석기법

2017. 8. 10. 초 판 1쇄 발행
2024. 5. 8. 개정증보 4판 1쇄(통산 5쇄) 발행

지은이 | 송지태, 이준원
펴낸이 | 이종춘
펴낸곳 | **BM** (주)도서출판 **성안당**

주소 | 04032 서울시 마포구 양화로 127 첨단빌딩 3층(출판기획 R&D 센터)
　　 | 10881 경기도 파주시 문발로 112 파주 출판 문화도시(제작 및 물류)

전화 | 02) 3142-0036
　　 | 031) 950-6300

팩스 | 031) 955-0510
등록 | 1973. 2. 1. 제406-2005-000046호
출판사 홈페이지 | **www.cyber.co.kr**
ISBN | 978-89-315-2986-9(13500)
정가 | 40,000원

이 책을 만든 사람들
기획 | 최옥현
진행 | 박현수
교정·교열 | 곽민선
전산편집 | 이다혜
표지 디자인 | 박원석
홍보 | 김계향, 유미나, 정단비, 김주승
국제부 | 이선민, 조혜란
마케팅 | 구본철, 차정욱, 오영일, 나진호, 강호묵
마케팅 지원 | 장상범
제작 | 김유석

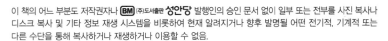